Ralph Schattkowsky

Osteuropaforschung in Polen 1918–1939

Ralph Schattkowsky

Osteuropaforschung in Polen 1918–1939

2019
Harrassowitz Verlag · Wiesbaden

Gedruckt mit Unterstützung der Deutschen Forschungsgemeinschaft.

Bibliografische Information der Deutschen Nationalbibliothek
Die Deutsche Nationalbibliothek verzeichnet diese Publikation in der Deutschen Nationalbibliografie; detaillierte bibliografische Daten sind im Internet über http://dnb.dnb.de abrufbar.

Bibliographic information published by the Deutsche Nationalbibliothek
The Deutsche Nationalbibliothek lists this publication in the Deutsche Nationalbibliografie; detailed bibliographic data are available in the internet at http://dnb.dnb.de

Informationen zum Verlagsprogramm finden Sie unter
http://www.harrassowitz-verlag.de

Gedruckt auf alterungsbeständigem Papier.
Druck und Verarbeitung: Hubert & Co., Göttingen
Printed in Germany
ISBN 978-3-447-11337-3

„Nicht an Wissen mangelt es uns. Was fehlt, ist der Mut, begreifen zu wollen, was wir wissen, und daraus die Konsequenzen zu ziehen.“

(Sven Lindqvist: Durch das Herz der Finsternis, Frankfurt/M 1999, S. 224.)

Inhalt

Abkürzungsverzeichnis IX

Vorbemerkung XI

Einleitung 1
- 1 Gegenstandsbestimmung 1
- 2 Methode und Fragestellungen 2
- 3 Forschungslage 5

I Polen und der Osten 13
- 1 Selbstverortung 13
- 2 Geopolitischer Imperativ 23
- 3 Antemurale-Mythos 33
- 4 Messianismus und Prometheismus 36
- 5 Eurasianismus 42

II Wissenschaftsverfassung und Strategien 47
- 1 Wissenschaft als Aufgabe und nationale Verpflichtung 47
- 2 Forschungsstrategien und Forschungsfelder 52

III Institutionalisierung 61
- 1 Universitäten 61
- 1.1 Warschau 61
- 1.1.1 Oskar Halecki 61
- 1.1.1.1 Die Polnisch-Litauische Union als Leitmotiv 63
- 1.1.1.2 Die Teilung Osteuropas 70
- 1.1.1.3 Das politische Engagement 83
- 1.1.1.4 Schüler und Kritiker 88
- 1.2 Wilno 91
- 1.2.1 Das Milieu 91
- 1.2.2 Die Stefan-Batory-Universität (USB) 98
- 1.2.2.1 Feliks Koneczny 98
- 1.2.2.2 Marian Zdziechowski 112
- 1.2.2.3 Die Fakultät für Recht und Sozialwissenschaften 127
- 2 Institute 130
- 2.1 Das Wissenschaftliche Forschungsinstitut für Osteuropa (INBEW) 130
- 2.1.1 Aufgaben und Zielstellung 130
- 2.1.2 Forschungsfelder und Lehre 133
- 2.1.3 Konflikte 145
- 2.2 Das Ost-Institut (IW) 150
- 2.2.1 Gründungsprozess 150

2.2.2 Funktion ... 153
2.2.3 Publizistik ... 158
2.2.4 Konflikte ... 160
2.2.5 Włodzimierz Bączkowski ... 162
2.3 Das Forschungsinstitut für Nationalitätenfragen (IBSN) ... 168
2.3.1 Institut ... 168
2.3.2 Intellektueller Diskurs und politische Realität ... 172

IV Zwischen Wissenschaft und Politik: Osteuropa im Diskurs ... 177
1 Die Ukraine ... 177
1.1 Diskursive Ausgangslage ... 177
1.2 Institutionalisierung ... 179
1.3 Die Frage nach einer ukrainischen Identität ... 185
1.4 Eigenstaatlichkeit und Autonomie ... 190
1.5 Die Minderheitenfrage ... 196
2 Russland ... 205
2.1 Ausgangslage ... 205
2.2 Russlandforschung ... 210
2.3 Bolschewismus und Kommunismus ... 218
3 Litauen ... 243
3.1 Die Union als Gegenstand ... 243
3.2 Die politische Dimension historischer Bewertung ... 249
4 Kresy ... 255

V Wirkung und Rezeption ... 270
1 Paradigmen einer Osteuropaforschung ... 270
1.1 Was ist Osteuropa? ... 271
1.2 Zivilisatorische Kategorisierung und kulturhistorische Verortung ... 275
1.3 Revolution und Bolschewismus ... 282
1.4 Das „Totale“ ... 287
1.5 Deutsche Kontakte ... 292
2 (Nach)Wirkungen und Schicksale ... 294

Quellen- und Literaturverzeichnis ... 301

Personenverzeichnis ... 339

Abkürzungsverzeichnis

BPU	Biuletyn Polsko-Ukraiński (Polnisch-Ukrainisches Bulletin)
CICI	Commission Internationale de Coopération Intellectuelle (Internationale Kommission für geistige Zusammenarbeit)
DGSO	Deutsche Gesellschaft zum Studium Osteuropas
FKN	Fundusz Kultury Narodowej (Fond für Nationalkultur)
IBSN	Instytut Badań Spraw Narodowościowych (Forschungsinstitut für Nationalitätenfragen)
IGS	Instytut Gospodarstwa Społecznego (Institut für Sozialwirtschaft)
INBEW	Instytut Naukowo-Badawczy Europy Wschodniej (Wissenschaftliches Forschungsinstitut für Osteuropa)
IW	Instytut Wschodni (Ost-Institut)
KPP	Komunistyczna Partia Polski (Kommunistische Partei Polens)
MWRiOP	Ministerstwo Wyznań Religijnych i Oświecenia Publicznego (Ministerium für Religion und öffentliche Bildung)
MSZ	Ministerstwo Spraw Zagranicznych (Ministerium für Auswärtige Angelegenheiten)
NÖP	Neue Ökonomische Politik
OKM	Orientalistyczne Koło Młodych (Orientalistische Zirkel der Jugend)
PPS	Polska Partia Socjalistyczna (Polnische Sozialistische Partei)

PSL	Polskie Stronnictwo Ludowe (Polnische Volkspartei)
UIN	Ukraiński Instytut Naukowy (Ukrainisches Forschungsinstitut)
USB	Uniwersytet Stefana Batorego (Stefan-Batory-Universität)
ZZNO	Związek Zbliżenia Narodów Odrodzonych (Vereinigung zur Annäherung der wiedergeborenen Völker)

Vorbemerkung

Die Monographie ist das Ergebnis von Forschungsprojekten, die durch die Deutsche Forschungsgemeinschaft gefördert wurden (SCHA 1639/4-1, SCHA 1639/5-1).

Die Anregung zu der Thematik verdankt der Verfasser umfangreichen Studien zur Geschichte Polens und der deutsch-polnischen Beziehungen, die seine wissenschaftliche Tätigkeit nachhaltig geprägt haben. Wesentlich dabei waren der fachliche Austausch mit Kollegen aus Polen und anderen ostmitteleuropäischen Ländern sowie der Aufenthalt in wissenschaftlichen Einrichtungen Osteuropas.

Das Zustandekommen der Arbeit wurde durch eine enge Zusammenarbeit mit der Nikolaus-Kopernikus-Universität in Toruń ermöglicht. Die Universität hat bei ihrer Gründung 1945 eine ganze Reihe von Wissenschaftlern der Stefan-Batory-Universität in Wilno (Vilnius) aufgenommen und sieht sich in der Tradition dieser 1939 geschlossenen polnischen Universität. Sie sammelt gezielt Literatur über Wilno, Litauen sowie die historisch-kulturelle Dimension der Polnisch-Litauischen Union und verwaltet Nachlässe einiger in Wilno aktiver Professoren. Die Universitätsbibliothek bot dem Verfasser nahezu alle Möglichkeiten, das Forschungsvorhaben zu realisieren.

In der Fakultät für Politologie und Internationale Studien der Nikolaus-Kopernikus-Universität fand der Verfasser beste Arbeitsbedingungen und Unterstützung. Dafür gilt der Dank besonders den Dekanen Prof. Dr. Roman Bäcker und Prof. Dr. Zbigniew Karpus.

Zu danken ist Dr. Anne Blaudzun für das Lektorat und Dr. Holger Rossow für die Unterstützung bei der Anfertigung des druckfertigen Manuskriptes.

Vor allen anderen Anna, Nina und Sylvina!

Ralph Schattkowsky
Rostock im September 2019

Einleitung

1 Gegenstandsbestimmung

Mit der Gründung der Zweiten Republik nach dem Ersten Weltkrieg entsteht Polen als moderner Nationalstaat. In ihm fließen die machtpolitischen Erfahrungen und kulturellen Prägungen der Teilungsmächte ein und bündeln sich in einem ausgeprägten nationalen Bewusstsein. Die Organisierung des Staates durch die Zusammenführung der drei Teilungsgebiete unter den Bedingungen multinationaler Existenz und latenter territorialer Forderungen stellten an Staat und Gesellschaft hohe Ansprüche. Die formulierten und auch praktizierten Bedrohungen mächtiger Nachbarn erzeugten ein gesellschaftliches Klima, das ein besonderes Verantwortungsgefühl der Eliten gegenüber Staat und Gesellschaft erwartete. Wesentliche Bestandteile der Akzeptanz dieser Aufgabenstellung waren die gewissenhafte Beobachtung der Nachbarn und die Bereitstellung von Studien zu ihrer Beurteilung.

Die osteuropäische Dimension des polnischen Staates ist ein konstitutives Element seiner machtpolitischen Entfaltung. Ihre identitätsstiftende Rolle ist nicht nur bei den Prozessen staatlicher Konfiguration von wesentlicher Bedeutung, sondern bestimmt auch die moderne Nationsbildung in entscheidendem Maße. Gleichwohl ergibt sich aus der Gewissheit einer Zugehörigkeit zum westeuropäisch-lateinischen Kulturkreis eine geopolitische Ausnahmesituation, die, untersetzt durch historische Erfahrungen, einer besonderen Legitimation bedurfte. Unter diesen Bedingungen sahen sich Politik und Gesellschaft vor außergewöhnliche Ansprüche gestellt, die in der Klärung und Vergewisserung dieser Position in einer situativen Dynamik bestanden. Dabei spielen Wissenschaft und Forschung, die historische Forschung in besonderer Weise, eine zentrale Rolle.

Die Konstruktion des modernen polnischen Staates in Gestalt der Zweiten Republik erfolgte territorial und auch in seiner politischen Verfasstheit nicht unwesentlich im Abgleich mit Russland, und das sowohl hinsichtlich der von beiden beanspruchten Grenz- oder Übergangsräumen als auch aus einer permanenten Bedrohung durch imperiale russische Politik heraus. Ohne die Berücksichtigung dieser Tatsache bleibt das Bemühen um eine kulturgeographische Abgrenzung Ostmitteleuropas unverständlich und abstrakt. Es ist eben die Auflösung Osteuropas in den polnisch-litauisch dominierten historischen Raum und Russland, die in den polnischen Vorstellungen der Wiederherstellung einer Staatlichkeit Sinn ergibt, auch wenn das Konzept in der Konsequenz nationalstaatlicher Bestrebungen widersprüchlich bleibt und machtpolitische und kulturgeographische Dimensionen nicht zu trennen vermag. Gerade hier liegt der Ansatz einer polnischen Osteuropaforschung. Hier ordnet sich auch der Stellenwert der Beschäftigung mit dem eigenen Osten und der ukrainischen sowie weißrussischen Frage ein als Schlüssel der abendländisch-europäischen Positionierung Polens.

Das Interesse an Russland ist somit für den polnischen Staat ein geradezu genetischer Faktor. Nicht weniger als Deutschland ist der östliche Nachbar in seiner territorialen Dynamik und politischen Verfasstheit zentraler Gegenstand politischer Debatten und Strategien. Er genießt breite gesellschaftliche Aufmerksamkeit und sein Verhalten wird als existentiell für den polnischen Staat und das Schicksal der polnischen Nation schlechthin empfunden. Die Systemdifferenzen nach der Revolution laden dieses Spannungsverhältnis weiter auf und generieren eine intensive Beschäftigung mit dem Nachbarn, die weit über eine traditionelle Russlandforschung hinausgeht und eine Sowjetforschung als eigenständige Forschungsrichtung etabliert.

Die Entstehung einer Osteuropaforschung mit interdisziplinärem Charakter, ihre Funktionalität in Politik sowie ihre Stellung im Wissenschaftssystem sind in der Zweiten Republik untrennbar mit Handlungsmustern und Optionen einer polnischen Ostpolitik verbunden. Sie liefert einen geeigneten Zugang, Institutionen und Personen zu identifizieren, die in der wissenschaftlich-publizistischen Beschäftigung mit dem europäischen Osten ihren Gegenstand fanden und bei der wirksamen Propagierung eines Osteuropabildes eine Leitfunktion übernahmen. In diesem politischen Umfeld entwickelte sich über die elementaren Zäsuren 1918, 1926 und 1935 hinaus ein Milieu, das eine enge Verknüpfung von politischer Öffentlichkeit, wissenschaftlicher Expertise und politischem Engagement repräsentiert und den Osten in der Geschichte des modernen polnischen Staates fixiert und beschreibt. Hier bildete sich in besonderer Weise der Typ des mit der Politik eng verbundenen, sie praktizierenden Forschers bzw. des Politikers als Wissenschaftler heraus, der einen tiefen Einblick in den Prozess liefert, wie Politik Forschung beeinflusst und wie wirksam Wissenschaft in der Politik ist. Wie für andere Staaten Europas hinlänglich belegt, finden wir auch in Polen bei der Frage nach der territorialstaatlichen Konfiguration eine enge Zusammenarbeit und Synthese von wissenschaftlicher Begründung und politischer Argumentation, die verbunden wird mit einer politischen Determiniertheit von Forschung, politischem Anspruchsverhalten von Wissenschaft, Netzwerkbildung und personellen Verknüpfungen.

2 Methode und Fragestellungen

Wer versucht, sich der gewählten Thematik zu nähern, wird feststellen, dass sie sich als sehr heterogen erweist und der methodische Zugang den Forschenden vor besondere Probleme stellt. Dem soll entsprochen werden, indem Schulen, Milieus, Institutionen und Personen als zielführend identifiziert und analysiert werden. Gleichzeitig soll ein problemorientierter Ansatz vor allem im Hinblick auf den damit verbundenen relativ hohen Aufbereitungsgrad für eine vergleichende Perspektive Anwendung finden. Das erfordert einen Abgleich mit Grundströmungen und internationalen Standards historisch-politischer Forschung, insbesondere zum Osten Europas, auf der Grundlage umfassender Text- und Werkanalysen. Es geht weiterhin um die Verifizierung von Finanzierungsquellen und unterstützende Maßnahmen, die Rückschlüsse auf die politische Positionierung und Durchdringung von Forschung zulassen.

Die besondere methodische Herausforderung besteht darin, dass die Frage nach Osteuropa und die Beschäftigung mit einem Osteuropabegriff für Polen auch immer Teil der Nationalgeschichte war und damit wesentliches Element von Legitimation und Identitätsbildung unter den Bedingungen der Konstituierung eines modernen Nationalstaates. Forschung zu Osteuropa ist damit auch ein Teil der Selbstbeschreibung. Diese Problemlage hat dadurch eine besondere Bedeutung, da sich dieser Konsolidierungsprozess in Auseinandersetzung mit konkurrierenden nationalen Vorstellungen und sogar Nationalstaatskonzepten, wie etwa der Litauer oder Ukrainer, aber auch Weißrussen, abspielt. Das bedeutet, dass die Positionierung zu Osteuropa unmittelbar in die nationale Identitätsbildung eingreift und damit eine essentielle politische Dimension besitzt. Es wird eine Entscheidung getroffen über die Selbst- und Fremdbestimmung bzw. über das Anderssein, was vor allem gegenüber potentiell gefährlichen Mächten im Osten wie Russland als notwendig empfunden wird. Diese Frage kann nicht machtpolitisch entschieden werden, sondern verlagert sich auf die argumentative Ebene kultur- und zivilisationsgeschichtlicher Eigenheiten, die im Abgleich mit dem Referenzmodell Westeuropa beschrieben werden.

Eine weiteres grundsätzliches Problem ist die Klärung der Frage, was unter Forschung zu verstehen ist oder anders gesagt, wie weit das publizistische Feld der Meinungsbildung zu Osteuropa gefasst werden soll. Gemeinhin wird Forschung auf den akademischen Bereich beschränkt und Universitäten, Institute oder einzelne Persönlichkeiten in fachlich berufener Position sind Gegenstand der Untersuchung. Das wäre in der gewählten Themenstellung jedoch unvollständig, gäbe eine verzerrte Darstellung ab und liefe sogar auf ein Trugbild hinaus. Forschung wird hier als ein komplexer Prozess der Meinungsbildung verstanden, in dem unterschiedliche Gruppen durch die Verarbeitung von Informationen publizistisch Einfluss nehmen auf die Gestaltung eines Bildes über Osteuropa. Gleichwohl wird die akademische Forschung als dominanter Faktor gesehen, der jedoch in einen kommunikativen Prozess eingebettet wird, der den Diskurs zu Osteuropa bestimmt und auf eine gesellschaftliche Akzeptanz und politische Wirksamkeit ausgerichtet ist. Es geht darum, nicht von einer staatlich oder obrigkeitsgeführten Indoktrination auszugehen, sondern den kommunikativen Prozess als wesentlich breiter und gestaffelter aufzufassen. In diesem Prozess werden die kommunikativen Knotenpunkte, Netzwerke und Impulsgeber identifiziert, aber auch die Akteursperspektive analysiert und in den historischen Kontext eingearbeitet. Sie wirken in der sich als modern konstituierenden Massengesellschaft mit ausgebauten Medienstrukturen wesentlich effektiver als archaische Mechanismen einer streng geordneten und überschaubaren Hierarchie. In einem politisch-kulturellen Milieu, in dem Bildung als Selbstverständigung einer neuen Staatlichkeit verstanden wird und Politik und Forschung bzw. Politiker und Forscher gleichsam im nationalen Auftrag verbunden sind, ist Forschung als ein diskursiver Prozess der Meinungs- und Bewusstseinsbildung zu verstehen.

Das Buch konzentriert sich auf die Analyse publizistischer Materialien von Institutionen, wissenschaftlichen Zweckverbänden und Personen, die in Zentrum und Peripherie Leitfunktion besaßen. Eine besondere Aufmerksamkeit wird jener Personengruppe zugewandt, die als Wissenschaftler und Politiker gleichermaßen hervortreten bzw. als Wissenschaftler direkt in die praktische Politik eingebunden sind. Das ist kein polnisches Spezifikum, erfährt aber in der Osteuropaforschung eine besondere Ausprägung. Ihre Exponenten lassen die Grenzen der Zuordnung zu historischer, soziologischer oder politologischer Forschung verschwimmen. Die Publikationen werden auf innovative Forschungsansätze und theoretischen Gehalt hin untersucht. Dabei sind die Wertigkeit und Aussagefähigkeit der Schriften und Diskurse zu beurteilen, die das Bild vom Osten bzw. der östlichen Nachbarn prägten und gestalteten.

Warschau und Wilno sind nicht nur regionale Zentren einer institutionalisierten Osteuropaforschung, sondern repräsentieren auch bestimmende paradigmatische Zugänge auf

Osteuropa in Gestalt historisch-regionalistischer Orientierung, eines geopolitisch-imperialen Ansatzes und einer die Beziehungen zu den östlichen Nachbarstaaten berücksichtigenden Ausrichtung einer spezifischen Nationalitätenpolitik. Es werden Argumentationslinien verfolgt, die ein funktionales Bild des Ostens für den polnischen Staat zeichnen und eine integrative Rolle für Politik und Gesellschaft bereitstellen. Dazu gehört die Dynamik seiner territorialen Fixierung genauso wie die Rolle der Kresy als „eigener Osten“ und Grenzland zu Russland und ihre „Antemurale“-Funktion. Hier wird untersucht, wie diese Sicht die allgemeineuropäische Perspektive auf den Osten übernimmt oder beeinflusst und wie sie den Abstand und die Nähe zu Russland beschreibt. Die Debatten der verschiedenen Richtungen werden hinsichtlich ihrer Wirkung auf Außenpolitik und Geschichtspolitik bzw. des Wirkungsgrades historischer Argumente analysiert. Schließlich ist unter dem stark entwickelten geopolitischen Aspekt nach der Funktion des Ostens bei der Realisierung einer „natürlichen“ Führungsrolle Polens in einem Übergangsraum zwischen West und Ost zu fragen und der damit verbundenen Mission Polens im Osten als Gegenkonzeption zum imperialen Russland.

Ein wichtiger Untersuchungsgegenstand ist der Prometheismus, der wesentliche Leitlinien einer Osteuropaforschung vorgab, Motivationen bestimmte und als verbindendes Element zwischen Politik und Forschung diente. Er steht einerseits für die Realisierung einer Vormachtposition Polens im ostmitteleuropäischen Raum durch den Aufbau von Bündnissen mit den nationalen Bestrebungen östlich von Polen, zielt aber auch auf eine Schutzfunktion vor den imperialen Bestrebungen Russlands ab. Der Prometheismus als politisches Programm verbindet in kaum vergleichbarer Weise wissenschaftlichen Forschungsanspruch und praktisches politisches Handeln und generiert eine Forschung zur Sowjetunion, wie sie in der Zwischenkriegszeit nur in Polen zu finden war.

In einer vergleichenden Perspektive wird schließlich versucht, die polnische Osteuropaforschung international einzuordnen. Es wird danach gefragt, ob es im Hinblick auf die Methoden, Bewertungsmuster und Legitimationskriterien Gemeinsamkeiten gibt zwischen polnischer und deutscher Osteuropaforschung, respektive nach Ostforschung in der Spanne zwischen methodischen Ansätzen und Paradigmen bis hin zu Rezeptionen und Kommunikationen. Dabei kann es nicht um einen systematischen Vergleich gehen. Der geopolitische Einfluss auf einen großen Teil der polnischen Geisteswissenschaften ist bekannt. Auch die Adaption von Inhalten und Methoden der deutschen Ostforschung durch die polnische Westforschung ist hinlänglich erforscht. Gegenüber der deutschen ist die geringere Geschlossenheit der polnischen Osteuropaforschung zu berücksichtigen. Dennoch lohnt sich der Vergleich in Bezug auf die Verarbeitung paralleler Ausgangslagen einer Besonderheit des Ostens für die Staatsprojekte in Deutschland und Polen, vor allem hinsichtlich der historischen Deutung. Die vergleichende Perspektive konzentriert sich auf den begrifflich-methodischen Zugang auf die Kategorie Osteuropa in ihrer territorialen und kulturellen Beschreibung und die Bewertung Russlands als Hauptgegenstand der Osteuropaforschung in beiden Ländern, wobei die Sicht auf die Sowjetherrschaft von besonderem Interesse ist.

Das Buch geht dem Verhältnis von politischer Öffentlichkeit, wissenschaftlicher Expertise und politischem Engagement bis zur Konsequenz der Entstehung einer Osteuropaforschung mit interdisziplinärem Charakter nach und untersucht ihre Funktionalität in Politik sowie ihre

Stellung im Wissenschaftssystem. Es gilt, Leistung und Spezifika der polnischen Osteuropaforschung für Wissenschaft und Politik herauszuarbeiten und die Konstituierung des Faches in seiner Ausdifferenzierung zu beschreiben. Es geht auch darum, deutlich zu machen, wie allgemeine Denkstrukturen historischer und politologischer Forschung, die im Europa der Zwischenkriegszeit prägend waren, übernommen wurden und Anwendung fanden, und darüber hinaus zu kennzeichnen, welche übernationale Wirkung die polnische Osteuropaforschung entwickelte und wie sie die europäische Dimension und Bedeutung des Wissenschaftsstandortes Polen beeinflusste. Es wird versucht, die Wirksamkeit der Forschung in der praktischen Politik herauszuarbeiten, etwa durch den Abgleich mit politischer Programmatik und den Einfluss auf Außen- und Minderheitenpolitik, aber auch auf das gesellschaftliche Bewusstsein des modernen polnischen Staates. Nicht zuletzt geht es um die allgemeine und spezifische Anwendung des Osteuropabegriffs als ein äußerst flexibles gedankliches Konzept, das die politisch-kulturellen Narrative über Ost und West in der Geschichte Europas prägte, welches durch verschiedene Forschungsperspektiven identifiziert und interpretiert wird.

3 Forschungslage

Während in Deutschland und Polen eine ganze Reihe grundlegender Arbeiten zur deutschen Ostforschung und polnischen Westforschung vorgelegt wurden,[1] fehlen komplexe analytische Abhandlungen zur Osteuropaforschung in Polen.[2] Die Gründe dafür sind vielfältig: Die polnische Westforschung gibt ein relativ klares Erscheinungsbild und in der Zwischenkriegszeit gewinnt der Westgedanke durch die als akut empfundene deutsche Bedrohung sichtbar an Bedeutung. Auch lässt sich der polnischen Westforschung als Gegenpol zur deutschen Ostforschung ein deutliches Forschungsprofil abgewinnen. Der Westgedanke erscheint insgesamt bündiger und einheitlicher, während die Meinungsbildung zum Osten als sehr diffus und wenig strukturiert wahrgenommen wird und sich die Vielzahl der Einflussfaktoren weniger als Forschungsgegenstand eignen. Die Kommunikation über den Osten erreicht nie einen solchen Grad der Vereinheitlichung, dass von einem geschlossenen Osteuropabild gesprochen werden kann. Dennoch werden Leitlinien sichtbar, die gesellschaftlich bestimmend wirkten. Diese hat Alexandra Schweiger in ihrem Buch „Polens Zukunft liegt im Osten. Polnische Ostkonzepte der späten Teilungszeit (1890–1918)“ nachgezeichnet. Sie identifiziert die repräsentativen Milieus der wissenschaftlichen Ostkonzepte, weist auf den internationalen Standard ihrer Methodik hin und belegt eindrucksvoll die enge Verflechtung von Wissenschaft und Politik als nationale Aufgabe.[3] Insgesamt bleibt jedoch der Forschungsstand über die wissenschaftlich-publizistische Meinungsbildung zum Osten weit hinter dem zurück, was wir von der Westforschung wissen. Dieser Befund steht im Gegensatz zu dem, was

1 Jaworski: Die polnische Westforschung; Piskorski: „Deutsche Ostforschung"; Ders.: Volksgeschichte; Hackmann: Strukturen; Deutsche Ostforschung; Krzoska: Deutsche Ostforschung; Ders.: Slavische Rückkehr; Mühle: Für Volk; Petersen, Kusber: Osteuropäische Geschichte; Historische West- und Ostforschung; Hundert Jahre Osteuropäische Geschichte.

2 Kornat: Bolszewizm, 1, S. 52.

3 Schweiger: Polens Zukunft.

der Osten für Polen bedeutete und was die Forschung in der ersten Hälfte des 20. Jahrhunderts dazu geleistet hat.

Die für die vorliegende Thematik essentielle Frage nach der Verbindung von Wissenschaft und Politik hat in der neueren wissenschaftshistorischen Forschung an Bedeutung gewonnen. Es wird verstärkt dem Phänomen nachgegangen, dass Forschungstätigkeit und politisches Engagement oder gar politische Funktion gerade im Zeitraum der Bildung moderner Staatlichkeit oftmals eng verflochten waren und deshalb eine getrennte Bewertung von fachlicher Qualität oder Vermögen und politischem Einfluss kaum realisierbar erscheint; oder anders gesagt, dass es analytisch nicht fassbar ist, inwieweit beide Faktoren sich beeinflussten, ja bestimmend wirkten und individuelle Handlungsmuster generierten, es zu einer Verschmelzung von Politiker und Forscher bis zur Unkenntlichkeit beider Strukturelemente kommt.[4] Für die polnische historiographische Forschung wurde Zygmunt Wojciechowski als ein Archetypus ausgemacht, der in Praxis und Selbstverständnis die Lehren anderer zu einer bündigen und wirksamen Aussage brachte und sich dabei als Homo politicus par excellence verstand, indem er Wissenschaftler, Lehrer, Manager, Publizist und eben Politiker war.[5] Andererseits gibt es überzeugende Arbeiten über diesen Typus auch als den wissenschaftlich ambitionierten Politiker, wie Leon Wasilewski[6] oder Tadeusz Hołówko[7], für die politische Handlungen einer wissenschaftlichen Fundierung notwendig bedurften.

Ein Ergebnis dieser Entwicklung ist der Netzwerker, der eine neue Generation repräsentiert, die akademisch gebildet und wissenschaftlich ambitioniert an autonomen universitären oder außeruniversitären Einrichtungen bestimmend tätig fest in staatslenkenden Strukturen verankert ist und in der Verfolgung ihrer Zielstellungen keine Berührungsängste gegenüber anderen politischen Lagern oder traditionellen Gegnern hat und ausgesprochen international agiert. Ihre Vertreter wirkten mit ihrer Forschung politisch-programmatisch und sahen eine direkte politische Einflussnahme als Hauptaufgabe an und das nicht nur in Wissenschaft und Forschung, sondern auch in der Heranbildung von Kadern, die diesem Muster dienen.[8] In diesem Typ spiegelt sich einmal mehr die nicht unbedingt neue Erkenntnis wider, dass schon bei der Feststellung der Fakten die soziale Position des Forschers zu spüren ist. Auf diese „lebenspraktische Konstitution des historischen Denkens“[9] nehmen neuere Arbeiten Bezug, indem sie neben die bedenkliche und restriktive Form der Verbindung von Politik und Wissenschaft den konstruktiven Impetus stellen, den eine bestimmte politische Konstellation oder Konzeption, wie etwa Bedrohung, Konflikt oder Systemantagonismus, bietet und daraus ein innovatives Spannungsverhältnis eines gemeinsamen Interesses schafft.[10] Dieses Phänomen ist ebenso ein Abbild der sich im modernen Wissenschaftssystem zunehmend fließend

4 Kontinuitäten und Diskontinuitäten; Wissenschaften und Wissenschaftspolitik, hier besonders die Beiträge von Ash: Wissenschaft und Politik und Harwood: Forschertypen; Eckel: Deutsche Geschichtswissenschaften; Krzoska: Nation und Volk; Suleja, Wrzesiński: Spory.

5 Krzoska: Für ein Polen.

6 Stoczewska: Litwa, Białoruś, Ukraina.

7 Werschler: Z dziejów obozu belwederskiego.

8 Expert Cultures in Central Eastern Europe.

9 Rüsen: Historische Vernunft, S. 45–84.

10 Vgl. die Sammelrezension von Tim Müller: Reform und Rationalität.

gestaltenden Übergänge von Wissenschaft und Publizistik im Wettbewerb um die öffentliche Aufmerksamkeit.[11]

Die relevanten Forschungsfelder, die an die Thematik der polnischen Ostforschung heranführen und auf die sich das vorliegende Buch bezieht, sind in Polen und Deutschland unterschiedlich stark bearbeitet: Das „politische Denken" ist ein in Polen traditionell durch historische und politologische Studien gut bestelltes Feld, bevorzugter Gegenstand breiter Methoden- und Theoriediskussionen und in üppigen Monographien erschlossen. Das gilt ebenso für politische Gruppierungen und Parteien im Allgemeinen und ihre Haltung zum Osten im Besonderen.[12]

Die Frage der Haltung Polens zur Ukraine und zu den Ukrainern genießt in der historischen Forschung traditionell eine große Aufmerksamkeit. Obwohl aus politischen Gründen in der Volksrepublik Polen stark ausgebremst, wurden doch wichtige Arbeiten vorgelegt, die bis heute gebraucht werden.[13] Schon in den 80er-Jahren, aber deutlich nach 1990 erfuhr dieses Forschungsfeld eine ungeheure Dynamik. Aus der Perspektive der Wiedererlangung voller staatlicher Souveränität hatte die Auseinandersetzung mit der ersten modernen polnischen Staatlichkeit in Gestalt der Zweiten Republik sicher einen besonderen, auch legitimatorischen Stellenwert. Die Bedeutung der Ukrainefrage in ihrer territorialen und ethnischen Dimension sowie ihre Rolle in der polnischen Ostpolitik und einer europäischen Positionierung waren dabei unbestritten. Hinzu kommt jedoch, dass das Ukraineproblem aus polnischer Forschungsperspektive eine ganze Reihe wichtiger, etablierter Forschungsfelder tangiert und von hier aus eine umfangreiche multiperspektivische und interdisziplinäre Betrachtung erfährt. In der Tradition der polnischen Nachkriegsukraineforschung, die durch die Arbeiten von Mirosława Papierzyńska-Turek[14] und Ryszard Torzecki[15] markiert werden, stehen die Bücher von Robert Potocki[16] und um den Aspekt Weißrussland erweitert von Eugeniusz Mironowicz.[17] Potocki gibt einen erschöpfenden Literaturbericht und formuliert stringente Fragestellungen, die zusammen mit der straffen Gliederung einen tiefen Einblick in die Problematik liefern und den neuesten Forschungsstand repräsentieren. Er verarbeitet eine breite archivalische Quellenbasis und orientiert sich an Desideraten, die den Schwerpunkt in der Entwicklung der ukrainischen Gesellschaft und ihren Beziehungen zum polnischen Staatswesen sehen. Auf deutscher Seite ist es die Promotionsarbeit von Cornelia Schenke, die einen Quantensprung in der Forschung zur polnischen Ukrainepolitik darstellt.[18] Obwohl sich die gedruckte Dissertationsschrift auf Wolhynien beschränkt, trifft die Autorin für die polnische Ukrainepolitik fast durchgängig allgemeingültige Aussagen. Die Autorin ordnet ihre Arbeit in die neue Nationalismusforschung ein und vermag es sehr gut, über die offizielle Regie-

11 Eckel: Deutsche Geschichtswissenschaften, S. 365f; Stökl: Das Studium, S. 7.
12 Na warsztatach historików; Dzieje polskiej myśli politycznej; Między Polską etniczną a historyczną; Wapiński: Historia polskiej myśli politycznej; Studia z dziejów polskiej myśli politycznej; Kawalec: Spadkobiercy; Majchrowski: Polska myśl polityczna; Więcej niż niepodległość; Wizja i realia.
13 Bömelburg: Die polnisch-ukrainischen Beziehungen.
14 Papierzyńska-Turek: Sprawa ukraińska.
15 Torzecki: Kwestia ukraińska.
16 Potocki: Idea restytucji Ukraińskiej Republiki Ludowej; Ders.: Polityka państwa polskiego.
17 Mironowicz: Białorusini i Ukraińcy; Grünberg, Sprengel: Trudne sąsiedztwo; Stosunki polsko-ukraińskie.
18 Schenke: Nationalstaat und nationale Frage; Dies.: Polnische Ukrainepolitik.

rungspolitik hinaus den gesellschaftlichen Diskurs zum Ukraineproblem zu erfassen und damit Essentielles über die Wirksamkeit politischer bzw. theoretischer Positionierungen verschiedener politischer Lager und Personen für die praktische Politik auszusagen. Auch die Arbeit von Stephanie Zloch zum polnischen Nationalismus der Zwischenkriegszeit gibt wertvolle Informationen zu Konzeptionen und Praxis polnischer Nationalitätenpolitik aus der Perspektive moderner Nationalismusforschung.[19] Am vielseitigsten wird in der Forschungsliteratur das Ukraineproblem über den Zugang der Nationalitätenfrage und der Minderheitenpolitik erfasst. Und das nicht nur in den Standardwerken von Andrzej Chojnowski, Waldemar Paruch und Jerzy Tomaszewski, sondern auch in einer großen Zahl von Veröffentlichungen, die sich der Position einzelner politischer Strömungen zum Nationalitätenproblem annehmen.[20] Sie widerspiegeln die als absolut notwendig empfundene Positionierung der maßgeblichen politischen Parteien und Personen zu dieser Frage als Grundinstrumentarium politischer Handlungsfähigkeit und Wahrnehmung und belegen die Existenz eines ausgeprägten gesellschaftlichen Diskurses.

Unter Berücksichtigung dieser Aspekte entstehen Arbeiten, die sich dem Wirken einzelner Persönlichkeiten bzw. politischer Milieus unter bestimmten Fragestellungen zuwenden und sich mit dezidierten Werkanalysen in den Komplex einer polnischen Ostpolitik einordnen. Sie weiten den Blick und weisen der Zweiten Republik einen angemessenen Rang im europäischen Diskurs zum Nationalitätenproblem, der Minderheitenfrage und im weiteren Sinne auch einer Osteuropaforschung zu. Diese neueren Arbeiten sehen auch die Grundkonstellation der Gegenüberstellung piastischer und jagiellonischer Staatskonzeptionen und ihrer politischen Vertreter erheblich differenzierter und weisen auf ihre tendenzielle Verschmelzung unter den konkreten politischen Gegebenheiten hin. Hierfür steht vor allem die Arbeit von Barbara Stoczewska, die zum ersten Mal umfassend die Haltung der maßgeblichen politischen Parteien Zwischenkriegspolens zur ukrainischen Frage vorstellt und auf der Grundlage eines breiten Literatur- und Quellenstudiums analysiert.[21] Sie hatte bereits mit ihrer Arbeit über Leon Wasilewski[22] einen Markstein in der Analyse der Haltung führender Persönlichkeiten der polnischen Politik zum Ukraineproblem gesetzt und schon hier, weit über eine reine Werkanalyse hinaus, die politischen Lager und die offizielle Politik charakterisiert. Hier reihen sich Abhandlungen zu Tadeusz Hołówko,[23] Stanisław Łoś,[24] Stanisław Cat-Mackiewicz,[25] Władysław Studnicki[26] oder auch Stanisław Thugutt[27] ein, ohne die eine diskursive Erfassung des Ukraineproblems nur schwer möglich wäre und die durch gegenstandsbezogene, kritisch kommentierte Materialsammlungen komplettiert werden.[28]

---

19 Zloch: Polnischer Nationalismus, bes. S. 24ff, 174ff, 347ff.

20 Chojnowski: Koncepcje polityki narodowościowej; Paruch: Od konsolidacji państwowej; Tomaszewski: Ojczyzna nie tylko Polaków; Mich: Obcy w polskim domu; Adamowicz: Mniejszości narodowe; Boruta: Polacy o i dla niepodległości; Ders.: Wolni z wolnymi; Koko: W nadziei na zgodę; Piotrkiewicz: Kwestia; Ders.: Myśl polityczna; Wapiński: Endecja; Radomski: Narodowa Demokracja.

21 Stoczewska: Ukraina i Ukraińcy.

22 Dies.: Litwa, Białoruś, Ukraina; Brzechczyn: Ukraina; Tomczyk: W kręgu.

23 Werschler: Z dziejów obozu belwederskiego; Ders.: Stanowisko T. Hołówki; Rzymowski: W walce i burzy.

24 Łoś: Sprawa ukraińska; Kusz: Jan Stanisław Łoś.

25 Górski: Władza polityczna; Jaruzelski: Stanisław Cat-Mackiewicz; Cat-Mackiewicz: Teksty.

26 Gzella: Publicystka; Ders.: Zaborcy.

27 Wójcik: Myśl polityczna Stanisława Augusta Thugutta.

28 Nie jesteśmy ukrainofilami.

Eng verbunden mit dem Gegenstand der polnischen Ukrainepolitik, und dennoch ein eigenes Forschungsfeld, ist die Geschichtsschreibung zu den polnischen Ostgebieten. Die Beschäftigung mit dem „eigenen Osten" in Gestalt der Kresy erfolgte in Polen nur zögerlich und war den politischen Bedingungen unterworfen. In den 80er-Jahren erschienen einige Veröffentlichungen, die sich den Kresy unter historisch-sozialwissenschaftlichen sowie literaturwissenschaftlichen Gesichtspunkten zuwandten.[29] Nach 1989 sind die Kresy dann geradezu sprunghaft Gegenstand vornehmlich der Erinnerungsliteratur[30] geworden und dienten als Projektionsfläche für romantische und positivistische Deutungen der Wirkungskraft des Konzeptes der alten Rzeczpospolita zweier Nationen mit stark idealisierten Zügen als „Heimat vieler Völker".[31] Diese Sichtweisen blieben zwar nicht unwidersprochen,[32] konnten sich aber in der Forschungslandschaft sichtbar etablieren. Zu den Kresy dominieren neben der Erinnerungsliteratur weiterhin Untersuchungen zu nationalen und religiösen Strukturen, dem sich daraus ergebenden Konfliktverhalten, und vor allem Studien zur historisch-landschaftlichen Entwicklung dieser Ostregionen als Bestandteil des polnischen Staates mit einem ausgeprägten kulturgeschichtlichen Anspruch.[33]

Den weitaus größten Teil der wissenschaftlichen polnischen Kresy-Literatur bilden strukturgeschichtlich ausgerichtete Untersuchungen zu Nationalitätenfragen. Dem Problem der Entstehung des Nationalismus der auf dem Gebiet der Kresy siedelnden Völker (Polen, Ukrainer, Weißrussen, Litauer, in einigen Arbeiten auch Juden) widmen sich etliche Studien, von denen hier nur auf die neueren hingewiesen wird.[34] Interessenschwerpunkt der polnischen Betrachtungen im Rahmen der Nationalismusforschung in Bezug auf die Kresy ist die Frage nach dem nationalen Bewusstsein ihrer Bewohner.[35] Dazu gehören Forschungen zum polnischen politischen Denken in den Gebieten der Kresy, die die herrschenden Diskurse sowie deren Akteure betrachten.[36] Auch in Untersuchungen zu Föderalismusplänen, die mit verschiedenen politischen Hintergründen für den wieder zu schaffenden Staat diskutiert wurden, spielen die Kresy eine entscheidende Rolle.[37] Die Literatur über die Kresy als gesellschaftlichen Mythos nimmt vor allem auf die Zeit nach 1918 Bezug oder greift – vor allem im Hinblick auf das Bild des *antemurale christianitatis* – bis auf das Mittelalter zurück.[38]

Ideengeschichtlich ausgerichtete Arbeiten fragen nach der Bedeutung des Ostens für das politische und gesellschaftliche Bewusstsein der Polen.[39] Der Blick auf den Osten bleibt aber zumeist traditionell segmentiert in Kresy und Russland. Eine Ausnahme bildet das Buch von

---

29 Zu den ersten Veröffentlichungen gehört der von Wojciech Wrzesiński herausgegebene Sammelband: Między Polską etniczną a historyczną. Einen ersten Aufriss über den Forschungsstand gibt eine 1992 in Białystok durchgeführte Konferenz: Kresy północno-wschodnie Drugiej Rzeczypospolitej.

30 Kochanowski: Paradoxien der Erinnerung.

31 Wapiński: Polska i małe ojczyzny polaków; Polacy i sąsiedzi; Benecke: Die Kresy.

32 Traba: „Kresy"; Między mitem a rzeczywistością; Kresy i pogranicza.

33 Beispielhaft hierfür Kolbuszewski: Kresy; Chrzanowski: Kresy czyli obszary tęsknot.

34 Kresy wschodnie II Rzeczypospolitej; Radzik: Ewolucja; Europa nieprowincjalna.

35 Bardach: O świadomości narodowej polaków; Ders., O dawnej i niedawnej Litwie.

36 Szpoper: Sukcesorzy; Kalembka: Ziemie wschodnie; Wierzbicki: Wschód i Zachód; Jurkiewicz: Rozwój.

37 Grünberg: Polskie koncepcje federalistyczne; Grygajtis: Polskie idee; Górny: Das ethnographische Motiv.

38 Grundlegend und am ausführlichsten siehe Tazbir: Polskie przedmurze; Kirchner: Antemurale Christianitatis; Krzyżaniakowa: Polen als *antemurale* Christianitatis.

39 Wapiński: O wpływie; Ders.: Miejsce ziem wschodnich; Kieniewicz: Kresy.

Andrzej Chwalba, der sich im einleitenden Aufsatz zu seiner Quellensammlung mit den Ambivalenzen des polnischen Blicks auf den Osten auseinandersetzt.[40] Er entwickelt eine Perspektive, die stark mit dem gerade in der neueren Forschungsliteratur verfolgten Gedanken der territorial-verfassungsmäßigen Gestaltung Polens korrespondiert, die eng mit der Eigensicht der Rolle in Europa und daraus erwachsenen Europakonzeptionen verbunden ist. Eine Perspektive, die in Bezug auf die Haltung zum Osten den Blick durchaus innovativ erweitert: über die traditionellen Aspekte der Brücken- und Antemurale-Funktion hinaus als Teil einer transnationalen Europadebatte.[41]

Diese Forschungen reichen weit in den Bereich der polnischen Ostpolitik hinein und schlagen die Brücke zwischen konzeptionellem Denken und politischem Handeln. Die Forschung hat hier den Prometheismus[42] als repräsentatives Modell identifiziert, der auf der Grundlage diskursiver Denkmodelle zur Lösung der nationalen Frage ernsthafte Angebote zur Realisierung einer machtpolitisch orientierten polnischen Ostpolitik machte.[43] Die Person Włodzimierz Bączkowski ist in diesem Zusammenhang von besonderem Interesse.[44] Er repräsentiert wie kaum ein anderer jene neue Generation, die eine direkte politische Einflussnahme als Hauptaufgabe von Wissenschaft und Forschung ansah. Die kommentierte Ausgabe seiner wichtigsten Schriften gibt nicht nur einen tiefen Einblick in die Problemstruktur der ukrainischen Frage, sondern vermittelt auch einen lebendigen Einblick in die Diskurskultur Zwischenkriegspolens.[45]

Hier ordnen sich auch die Untersuchungen zu führenden Vertretern der Osteuropaforschung ein, die im Mittelpunkt der vorgelegten Untersuchung stehen. Zwar sind Schulen bzw. Zentren historischer Forschung eingehend untersucht und ihre Protagonisten mit ihren Werken analysiert,[46] dennoch wurde erst in den Arbeiten nach 1990 die Würdigung fachlicher Leistungen in einen engeren gesellschaftlichen Zusammenhang von Einfluss und Wirksamkeit gestellt. Bemerkenswert dabei ist, dass für die Stefan-Batory-Universität (Uniwersytet Stefana Batorego, USB) in Wilno, die nicht nur für die Osteuropaforschung, sondern auch für die Wissenschaftsentwicklung und Wissenschaftspolitik Polens einen besonderen Stellenwert innehat, relativ wenig verwertbares Material vorliegt. Umso wichtiger sind die beiden Bände zur Philosophie an der USB, die sich umfassend mit dort wirkenden Persönlichkeiten beschäftigen, die eine zentrale Rolle in der polnischen Osteuropaforschung spielten.[47] Hier geht es vor allem um Marian Zdziechowski und Feliks Koneczny. Zdziechowski gehört sicher zu den am gründlichsten erforschten Denkern der Zweiten Republik.[48] Dabei steht sein philosophisches Werk im Vordergrund, vor allem hinsichtlich

40 Chwalba: Polen und der Osten.

41 Europas Platz in Polen.

42 Mikulicz: Prometeizm; Ruch prometejski; Bączkowski: Prometeizm na tle epoki.

43 Schattkowsky: Prometheismus und Osteuropaforschung.

44 Kloczkowski: Jak rozwiązać; Cisek: Włodzimierz Bączkowski; Wilk: Sprawy ukraińskie.

45 Bączkowski: O wschodnich problemach polskich. Hier auch S. 7–24 eine Darstellung seines Wirkens. Die Textsammlung enthält in der Ausgabe aus dem Jahre 2000 zusätzlich S. 209–213 ein Interview mit dem Autor.

46 Środowiska historyczne II Rzeczypospolitej; Grabski, Feliks Andrzej: Orientacje polskiej myśl historycznej; Ders.: Zarys historii historiografii polskiej; Spór o historyczną szkołę krakowską; Maternicki: Warszawskie środowisko historyczne; Tyrowicz: Lwowski ośrodek historyczny; Kolbuszewska: Mutacja modernistyczna.

47 Filozofia na Uniwersytecie.

48 Vor allem durch Zbigniew Opacki: W kręgu; Ders.: Między uniwersalizm.

seiner geschichtsphilosophischen Sentenzen eines Katastrophismus und Messianismus.[49] Seine Slawophilie spielt dabei immer eine Rolle und wird stellvertretend für eine Grundhaltung polnischer Intellektueller mit großrussischer Prägung gewürdigt.[50] Beispielgebend wird er auch zur Erläuterung der Kontinuitätsthese positioniert, die das russische respektive sowjetische Herrschaftssystem aus asiatisch-byzantinischen Einflüssen herleitet. Gerade in der Forschung zu Antikommunismus und Sowjetologie gilt Zdziechowski in der polnischen Literatur als Vater eines geradezu mystischen Antibolschewismus.

Trotz aller Berühmtheit trifft für Zdziechowski die Feststellung von Jerzy Kłoczowski, dem Nestor der neueren polnischen Ostmitteleuropaforschung, zu, dass die Beurteilung der Rolle polnischer Historiker und ihrer Werke im internationalen Maßstab der Zwischenkriegszeit bisher nicht hinreichend beschrieben wurde.[51] Das betrifft auch die Einordnung der polnischen Wissenschaft in den internationalen Kontext allgemein. Etwas anders sieht es bei dem zweiten Wilnoer Protagonisten der Osteuropaforschung, Feliks Koneczny, aus. Ihm wird von der Forschung mit seinen vergleichenden kulturwissenschaftlichen Studien ein gleichberechtigter Platz in der zivilisationshistorischen Forschung Europas zugewiesen und mit seiner Typologie der Zivilisationen erfüllt er ein Alleinstellungskriterium bei der Beschreibung Osteuropas und Russlands. Sein Beitrag zur territorialen Gliederung Europas nach gesellschaftlichen Entwicklungskriterien ist unbestritten.[52] Dabei muss betont werden, dass sowohl Zdziechowski als auch Koneczny von ihrem Forschungsprofil her analysiert und beurteilt werden, und in diesem bilden Russland oder die Sowjetunion nicht den Hauptgegenstand. Dennoch sind sie durch ihre wissenschaftliche Positionierung und geschichtsphilosophischen Ansätze maßgeblich und beeinflussen das Bild zu Russland und Osteuropa entscheidend.

Am umfangreichsten ist wohl Oskar Halecki untersucht und seinem internationalen Renommee entsprechend auch in seiner Wirkung weit über die Grenzen Polens hinaus beurteilt. Von deutscher Seite aus taucht Halecki überall dort auf, wo es um die Frage der Gliederung Europas und die Begrifflichkeit eines Ostmitteleuropas geht, seine Rolle in der Debatte um die Kategorie Osteuropa ist vielfach gewürdigt.[53] Neben Arbeiten von Piotr S. Wandycz und Jerzy Kłoczowski sind es vor allem die zwischen 2009 und 2014 vom „Instytut Pamięci Narodowej“ (Institut für Nationale Erinnerung) herausgegebenen Bände, die sich der Person und dem Werk Haleckis umfassend widmen. In einem ersten Band werden die wichtigsten Texte Haleckis editiert,[54] darauf folgen drei Bände mit verschiedenen Beiträge zur Analyse seiner Geschichtsauffassung.[55] Das Ergebnis ist eine ausführliche Einordnung Haleckis in die Geisteswelt Zwischenkriegspolens und die Würdigung seines Beitrages zur Ostmitteleuropadebatte. Im Mittelpunkt stehen dabei die Rolle Haleckis bei der Positionierung Polens im zivilisatorischen Prozess des europäischen Jahrtausends und die Beschreibung des Verhältnisses zur lateinischen Welt sowie die Abgrenzung zu Russland.

---

49 Skoczyński: Pesymizm; Krasicki: Eschatologia; Żywiołek: Mesjański; Burzacka: Ideal.

50 Wasilewski, Witold: Marian Zdziechowski.

51 Kłoczowski: Europa Środkowowschodnia, S. 9.

52 Hilckman: Feliks Koneczny; Biliński: Feliks Koneczny; Skoczyński: Koneczny; Ders.: Idee; Bezat: Teoria; Gawor: O wielości; Polak: Cywilizacje.

53 Morawiec: Oskar Halecki; Bömelburg: Zwischen.

54 Cisek: Oskar Halecki.

55 Oskar Halecki i jego wizja, S. 2012–2014.

Seit 1990 ist eine breite Hinwendung zur Wahrnehmung Russlands in der polnischen Geschichtsschreibung und Publizistik möglich geworden, hierzu wurden substantielle Studien vorgelegt,[56] ergänzt durch eine Anthologie und Bewertung des Antikommunismus in der polnischen Gesellschaft.[57] Geht es um die Osteuropaforschung, so standen vor allem die Sowjetologie und der Prometheismus im Fokus der Wissenschaften. Zu ihrer Institutionalisierung gab es bereits vorher einzelne Veröffentlichungen aus dem Exil.[58] Zum „Ost-Institut" in Warschau hat Piotr Maj eine Monographie vorgelegt[59] und damit einen wichtigen Schritt zur Analyse einer institutionalisierten Osteuropaforschung im Polen der Zwischenkriegszeit gemacht, die lange überfällig den Stellenwert von Russland und den östlichen Nachbarn in Wissenschaft und Publizistik nachhaltig verdeutlichen. Den Durchbruch bringen die Forschungen von Marek Kornat. Ihm gebührt große Anerkennung dafür, die polnische Sowjetologie oder besser gesagt das Forschungsfeld „Nachrevolutionäres Russland" nicht nur eindeutig identifiziert zu haben, sondern es auch innerhalb relativ kurzer Zeit nahezu erschöpfend, methodisch geschickt und anregend dargestellt zu haben. Nach einigen umfangreichen Studien zu den Anfängen einer Sowjetologie in Polen und der Tätigkeit des „Instytut Naukowo-Badawczy Europy Wschodniej" (Wissenschaftliches Forschungsinstitut für Osteuropa, INBEW)[60] legte er 2003 ein zweibändiges Werk zur Revolution in Russland vor, das Bolschewismus und Totalitarismus aus der polnischen Perspektive umfassend bearbeitet.[61] Dabei geht er sowohl der Entwicklung der Wissenschaften nach als auch der analytischen Erfassung der mit diesen Phänomenen verbundenen Problemlagen. Das Werk hat mit seinem umfänglichen Apparat Handbuchcharakter und ist ein Kompendium zur Erforschung der Sowjetunion in Polen. Es beantwortet aber durchaus auch Fragen nach der Stellung Polens zu Osteuropa und der Geschichte Russlands sowie anderer osteuropäischer Staaten. Dabei ist hervorzuheben, dass Kornat die Entwicklung der polnischen Wissenschaften in den Erkenntnisprozess im europäischen Maßstab einbettet und damit einen Meilenstein der Einordnung polnischer Wissenschaften in die internationale Forschungslandschaft setzt. Von einer transnationalen Erfassung einer Osteuropaforschung sind wir jedoch noch weit entfernt, auch wenn in der Zeitschrift „Osteuropa" hier unlängst ein erster Schritt gegangen wurde.[62]

56 Piątkowski: Związek Radzieckie w publicystyce Polskiej; Filipowicz: Wobec Rosji; Zackiewicz: Polska myśl polityczna wobec systemu radzieckiego.
57 Antykomunizm polski; Broda: Komunizm w Rosji.
58 Szawłowscy: Polish Sovietology; Dworek: Instytut; Sukiennicki: Legenda i rzeczywistość, S. 38ff.
59 Maj: Działalność.
60 Kornat: Początki studiów sowietologicznych; Ders.: Polska szkoła sowietologiczna.
61 Ders.: Bolszewizm.
62 Vermessene Welt. Osteuropaexperten im 20. Jahrhundert.

I Polen und der Osten

1 Selbstverortung

Die Auseinandersetzung mit dem Osten war für Polen immer eine existentielle Frage. Sie diente der Identitätsfindung genauso wie sie staatliche Macht und territoriale Ansprüche legitimierte. Das Wissen um den Osten war Selbstvergewisserung und machte gerade im Prozess der Herausbildung einer modernen Nation gegenüber den anderen unmissverständlich die exklusive Position tradierter Staatlichkeit deutlich. Tragende Elemente dieses Prozesses waren die selbstgewählten Zugänge zum Nachweis einer Europäizität einerseits und die territorialen und zivilisatorischen Abgrenzungen andererseits.

Die Frage von westlicher Bindung und östlicher Existenz war ein zentrales Element des gesellschaftlichen Diskurses einer Selbstverortung im Vorfeld der Wiederherstellung einer polnischen Staatlichkeit. Er wurde stark durch die Literatur und Publizistik bestimmt und eifrig von der historischen Wissenschaft reflektiert.[1] Osteuropäische Geschichte und Nationalhistoriographie verschmolzen in einer Weise, die gemäß der eingeforderten nationalen Selbstbestimmung nicht nur danach fragte, wo Polen verfassungsstaatlich liegt, sondern auch wer darüber bestimmt und damit die geopolitische Deutungshoheit beanspruchen kann. Gerade dieser Druck, der zu einer Politisierung der Forschung in umfassendem Maße führte, war die Grundlage überaus innovativer Ansätze über bestehende fachdisziplinäre Grenzen hinweg, vor allem einer Synthese historischer und geographischer Forschung und der Übernahme bzw. Schaffung moderner methodischer Perspektiven. Wenn hier also von Selbstverortung die Rede ist, so ist damit im Sinne der „Erinnerungsorte"[2] nicht nur eine geographische Bestimmung gemeint, sondern der Ort auch als Diskurs über Geschichtsbild und Richtung des politischen Denkens angesprochen, der die gesellschaftlichen Milieus prägte. Selbstverortung führt in die Struktur des Denkens ein und vermittelt Grundmuster, die helfen können, den Erklärungsbedarf gegenüber dem Osten als Abgleich mit einem kulturell westlichen Selbstverständnis zu erläutern.

Die Teilungserfahrung war der Ausgangspunkt einer breiten, vielschichtig geführten Debatte über die Position Polens in der europäischen Geschichte. Im Kern ging es um die Frage, ob die Zerschlagung des polnischen Staates Folge und Ausdruck einer Anomalie der polnischen Geschichte ist, oder ob sie ein Phänomen darstellt, das sich durchaus in den normalen Gang europäischer Geschichte einordnen lässt. Letztlich ging es also um das Verhältnis von Allgemeinem und Besonderem in der polnischen Geschichte und die Suche nach einer Erzählung, die Nichtstaatlichkeit und den nahezu völligen Souveränitätsverlust aus einer traditionellen großmachtpolitischen Stellung heraus zwar als ungewöhnlich anerkennt,

---

1 Kuzma: Mit orientu, bes. S. 83–101, 193–206, 277–286.

2 Das mehrbändige Werk „Deutsch-polnische Erinnerungsorte" liefert den neuesten Forschungsstand zum Problemkreis Erinnerung und arbeitet das Thema beispielhaft am deutsch-polnischen Verhältnis ab.

aber eine Zuordnung zu der Norm europäischer Geschichte zulässt. Die Folie zu ihrer Erklärung bildeten der europäische West-Ost-Dualismus, den Polen an exponierter Stelle repräsentierte, und die verbreitete Überzeugung von der zivilisatorischen Unterschiedlichkeit, ja eigentlichen Unvergleichbarkeit von Ost und West. Das unbestritten Außergewöhnliche der polnischen Geschichte, positiv gedeutet in der polnisch-litauischen Großmachtgeschichte, negativ im Zusammenbruch polnischer Staatlichkeit, verband sich im historischen Selbstverständnis mit dieser Dichotomie und die Erklärungsmuster für das polnische Schicksal wurden in den Verbindungslinien gesucht, die nach Osten bzw. Westen als die beiden Grundmodelle historischer Entwicklung führten.[3]

Im Zuge der Herausbildung eines historischen Bewusstseins als Grundlage einer modernen polnischen Nation galt es, ein schlüssiges Konzept zu entwickeln, das die Besonderheiten der polnischen Entwicklung in Beziehung setzt zu der osteuropäischen territorialen Existenz Polens einerseits und seiner eindeutig westeuropäischen zivilisatorischen Prägung andererseits, die auf einer langen und belastbaren Traditionslinie beruht und als Meistererzählung der modernen Staatlichkeit dienen konnte. In diesem von Publizisten und Politikern breit geführten Diskurs nahmen die Historiker per Amt eine Schlüsselrolle ein. Noch vor Gründung des polnischen Staates gaben sie Deutungsmuster vor, die die Diskurse wesentlich bestimmen sollten. Dabei sind die benannten Grundelemente nicht unbedingt neu und im historischen Bewusstsein eigentlich bereits fest verankert, wurden aber in der gebotenen Konsequenz zu Leitlinien, die in der Folge gut geeignet waren, das politische Bewusstsein eines modernen Nationalstaates in der geopolitischen Konstruktion zwischen Ost und West zu bedienen und sich durch den politischen Gestaltungswillen bestätigen zu lassen. Der Wilnoer Historiker aus der Krakówer Schule Feliks Koneczny war einer der Ersten, der sich dem Ost-West-Dualismus aus der Perspektive zivilisatorischer Grundmuster europäischer Geschichte zuwandte. Er ging von einer zivilisatorischen Leitfunktion des Westens aus, die die polnische Entwicklung bei aller Eigenständigkeit nachhaltig prägte und mit der Entwicklung des Ostens unvereinbar und eigentlich unvergleichbar ist.[4] Der Lemberger Historiker Stanisław Zakrzewski ergänzte diesen Ansatz westlicher Wurzeln der polnischen Entwicklung durch die Funktion der Vormauer westlicher Zivilisation im Osten Europas und einer historischen Mission durch die territoriale Expansion des polnischen Staates im Osten.[5]

Diese Eckpunkte waren nicht nur notwendiges Mittel zur Legitimierung staatlicher Selbständigkeit und boten eine gute Grundlage für eine verfassungsmäßige und territoriale Konstruktion eines neuen polnischen Staates, sie waren ebenso Bestandteil einer Neuformierung der Geschichtswissenschaft und des politischen Denkens, die sich mit einer breiten Diskussion um die Positionierung Polens in Europa verband. Dabei wurden die verschiedensten Problemkreise von Politik und Geschichte erörtert: Kernfrage blieb das Verhältnis von polnischer Eigenständigkeit im Bezugssystem zu westlicher Zivilisation und europäischem Osten[6]. Im Wesentlichen sind es drei Diskursebenen, auf denen sich dieser Verortungsprozess abspielte und dabei die enge Verflechtung zwischen wissenschaftlich-publizistischem Meinungsstreit, gesellschaftlicher Orientierung und politischem Durchsetzungswillen im Polen

3 Wierzbicki: Wschód i Zachód, S. 16.
4 Koneczny: Polskie Logos a Ethos, t. 2, S. 1–57.
5 Zakrzewski, Stanisław: Zachód i wschód, Tom I, S. 116.
6 Wapiński: Kwestia związków, S. 77–83.

der Zweiten Republik aufzeigt: Die Auseinandersetzung der beiden traditionellen historischen Schulen der Warschauer „Optimisten“ und der Krakówer „Pessimisten“ um ein bestimmendes historisches Modell polnischer Geschichte,[7] die Klärung der zivilisatorischen Westlichkeit Polens im historischen Prozess und damit die Bestimmung des Verhältnisses zum europäischen Osten als zentraler Gegenstand schlechthin, sowie die Einpassung in die konzeptionelle und praktische Politik der dominanten politischen Lager um Józef Piłsudski und der Nationaldemokratie.[8] Diese Ebenen greifen eng ineinander und sind analytisch kaum zu trennen, ordnen sich jedoch konsequent in das Dogma des Dienstes an Volk, Staat und Nation ein. Die Ableitungen aus dieser Konstruktion bestimmten das paradigmatische Grundgerüst historischen Bewusstseins und politischen Denkens mit hoher Stabilität. Sie bestanden im geopolitischen Imperativ der Bedrohung, der Innen-und Außenpolitik in ein spezielles Verhältnis setzte, in der besonderen Rolle von polnischem Staat und Volk, aus der sich nicht nur eine Mission bzw. Aufgabe im Osten ableitete, sondern sich auch gewisse megalomanische Züge entwickelten, und schließlich in der tiefen Verankerung einer Antemurale-Funktion als Verteidiger westlicher Zivilisation und Christenheit gegen Bedrohungen aus dem Osten.

Nach dem Januar-Aufstand von 1863 und dem Scheitern der überkommenen Vorstellungen von einer Wiederherstellung der Adelsrepublik etablierte sich eine empirisch-positivistische Perspektive auf die polnische Geschichte. Vor allem die Krakówer Historiker Józef Szujski und Michał Bobrzyński formten eine Schule, die das polnische politische System einer schonungslosen Kritik unterzogen.[9] In dem Maße jedoch, wie durch die „organische Arbeit“ breitere Gesellschaftskreise der polnischen Bevölkerung in den Teilungsgebieten, wenn auch den Entfaltungsmöglichkeiten entsprechend recht unterschiedlich, in den konstruktiven Prozess der Organisierung einer modernen nationalen Bewegung einbezogen wurden und wie zum Ende des Jahrhunderts konkrete Vorstellungen zur Wiederherstellung einer polnischen Staatlichkeit entwickelt wurden, wuchs der Bedarf an einem polnischen Geschichtsbild, das sich einpasste in das positive Konzept der fortdauernden Nation eigener Stärke und staatsbildender Fähigkeiten. Die Krakówer Schule einer „pessimistischen“ Sicht auf die Geschichte, die den Zusammenbruch des polnischen Staates als Ergebnis innerer Fehlentwicklungen deutete und dem Polen des 18. Jahrhunderts eine systemische Unfähigkeit attestierte,[10] verlor zunehmend an Bedeutung.

Repräsentanten einer jungen Historikergeneration der Jagiellonen-Universität, wie Franciszek Bujak, Wacław Sobieski oder Stanisław Zakrzewski, die alsbald in der Zweiten Republik eine wichtige Rolle spielen sollten, boten ihren Lehrern die Stirn und huldigten der romantischen Geschichtsschreibung eines Joachim Lelewel.[11] Der pessimistische Krakówer Blick auf die Geschichte war im wahrsten Sinne des Wortes nicht mehr zeitgemäß und passte mit seiner kritischen Selbstbeschreibung polnischer Staatlichkeit nicht mehr in den Zeitgeist des Aufbruchs einer Nation. Als Pendant zu Kraków hatte sich in Warschau eine „optimisti-

7 Wierzbicki: Wokół; Puszkow-Bańka: Polska a Polacy, S. 15–64.
8 Więcej niż niepodległości, S. 69–181.
9 Trzeciakowski: Der Einfluss des Teilungskomplexes, S. 99f; Spór o historyczną szkolę krakowską.
10 Bobrzyński, Michał: Dzieje Polski w zarysie.
11 Śreniowska: Młodzi krytycy; Serejski: Naród a państwo, S. 254f.

sche“ Schule etabliert, die für den Untergang des polnischen Staates vor allem die Teilungsmächte verantwortlich machte und eben nicht vorderhand den inneren politischen Bedingungen zuschrieb, sondern äußeren Einflüssen und der ungünstigen internationalen Konstellation.[12] Ihr führender Vertreter Szymon Askenazy polemisierte heftig gegen die Krakówer Schule[13] und ihm schlossen sich so hoffnungsvolle junge Historiker wie Stanisław Kutrzeba, Franciszek Bujak, Adam Szelągowski und Oskar Halecki an, die allesamt für eine moderne polnische Geschichtsschreibung standen.[14]

Der Warschauer Optimismus wurde schnell von der nationalen Bewegung angenommen und entwickelte eine Leiterzählung, in die sich das nationale Instrumentarium von Grundsatzparadigmen[15] integrierte und die sich belegen ließ. Dazu gehörten eine Renaissance der Staatsidee und intensive Erklärungsversuche des neuen Verhältnisses von Volk und Staat. 1906 gründete Władysław Studnicki die Zeitschrift „Naród i Państwo“ (Volk und Staat). Zeitgleich erklärte der Kopf der nationalen Bewegung, Roman Dmowski, in einer Grundsatzschrift den Staat zur politischen Form des Volkes[16] und die Lemberger Historiker Stanisław Zakrzewski und Adam Szelągowski sahen in der Rolle des Staates die Grundvoraussetzung für den Schutz und die Realisierung einer Politik des Volkes.[17] Diese Richtung des politischen Denkens korrespondierte direkt mit einem allgemeinen Modernisierungsprozess der polnischen Gesellschaft[18] und übernahm allgemeine Trends einer Psychologisierung des historischen Denkens,[19] die sich in der Suche nach einer polnischen „Volksseele“ oder einem „Volksgeist“[20] und in der Konsequenz besonderer Merkmale des polnischen Volkes als „Rasse“ ausdrückte[21] und damit sowohl eine zivilisatorische Zuordnung als auch ein Alleinstellungskriterium bediente. Insgesamt wurden innerhalb eines idealisierten Geschichtsbildes die positiven Merkmale des polnischen Staates und die moralisch-geistigen Kräfte der polnischen Nation hervorgehoben.

Der Krakówer Askenazy-Schüler Władysław Konopczyński brachte die Auseinandersetzung 1911 recht drastisch auf den Punkt, wenn er schreibt: „Wir wollen nichts gemeinsam haben mit einer Sekte von Selbstmördern, die den Polen einen Rekord an Egoismus und selbstmörderischer Perversion zuschreiben“.[22] Nun sollte man sich jedoch vor einer, auch in dieser Frage weitverbreiteten, Schematisierung hüten und die von beiden Lagern vorgebrachten Argumente sorgfältig analysieren und abwägen. In Kraków war man sehr wohl bereit, die

12 Maternicki: Warszawskie środowisko, S. 102ff.

13 Dutkiewicz: Szyman Askenazy, S. 55ff.

14 Maternicki: Warszawskie środowisko historyczne 1914–1918; Ders.: Idee i postawy, S. 180ff; Wierzbicki: Naród – państwo, S. 12–34. Kolbuszewska: Mutacja modernistyczna wendet sich gegen die Auffassung, den Modernisierungsprozess in der polnischen Geschichtswissenschaft als grundsätzliche Wende zu bezeichnen, betont die weiter bestehenden Traditionslinien und Kontinuitäten und benutzt deshalb den Begriff der „modernistischen Mutation“ (bes. S. 6, 162–182).

15 Wierzbicki: Naród – państwo, S. 33f.; Wilkiewicz: Die großen nationalen Mythen Polens, S. 69f.

16 Roman Dmowski: Mysli nowoczesnego Polaka, Lwów 1904.

17 Zakrzewski, Stanisław: Kultura historyczna, abgedruckt in: Historycy o historii (1), S. 508–544; Śreniowska: Stanisław Zakrzewsk, S. 54–70; Szelągowski: Wzrost państwa polskiego.

18 Jużwenko, Wrzesiński: Modernisierung und Neugestaltung.

19 Maternicki: Między tradycją a nowoczesnością, S. 278ff.

20 Wierzbicki: Spory, S. 227ff; Ders.: Naród – państwo, S. 112ff.

21 Ders,: Wschód i Zachód, S. 304, 306.

22 Konopczyński: Mrok i świt, S. 32f.

äußeren Bedingungen, die auf den polnischen Staat wirkten, zu akzeptieren, wie auch die Warschauer Historiker die innenpolitischen Unzulänglichkeiten der Adelsrepublik anerkannten. Ganz davon abgesehen, dass Vertreter der Lager, wie das Beispiel Bobrzyński zeigt,[23] ihre Argumentation durchaus ihren politischen Intentionen sowie Konjunkturen anzupassen wussten. Der Hauptunterschied bestand in der Deutung der Polnisch-Litauischen Union als ideales, repräsentatives und zukunftsfähiges Modell polnischer Staatlichkeit und einem geradezu obsessiv gehandelten geopolitischen Ansatz.[24]

Bei aller Unterschiedlichkeit der Auffassungen gab es fast durchgängig Übereinstimmung in der Akzeptanz einer kulturell-zivilisatorischen Überlegenheit des Westens gegenüber dem Osten. Stellt man nun die unzweifelhafte osteuropäische Existenz polnischer Staatlichkeit in Rechnung, war nicht nur die Art und Weise und Intensität westlicher zivilisatorischer Beeinflussung polnischer Geschichte zu klären, sondern auch die Frage nach einer Entwicklung europäischer Norm bzw. einer grundsätzlichen Anomalität zu beantworten. Gewiss war die Fragestellung nicht neu, gewann aber im Zeitraum der Klärung der polnischen Frage immens an Bedeutung, indem sie aus polnischer Perspektive argumentativ über die internationale Positionierung in einem europäischen Staatensystem entschied. Der Historiker Adam Szelągowski war einer der Ersten, dem die Widersprüchlichkeit dieser tradierten Konstruktion und ihre theoretische Inkonsistenz auffiel und der erkannte, dass damit die polnische Entwicklung nicht positiv gedeutet werden konnte. Ein Haupthindernis sah er in den starren Zivilisationsmustern von Westen und Osten, in das sich die polnische Geschichte nicht produktiv einordnen ließ. Einen Ausweg, um zu einer bündigen Erklärung zu gelangen, sah er in der eindeutigen Bestimmung der Einflussfaktoren westlicher Zivilisation auf Polen und in der Relativierung osteuropäischer Negativbewertung; anders gesagt, die Konstruktion einer westeuropäisch geprägten kulturell-zivilisatorischen Eigenständigkeit und die Vereinnahmung des Ostens in einen gesamteuropäischen Zusammenhang. Er entwickelte somit eine frühe Form der Perspektive einer „Einheit in der Vielfalt" europäischer Entwicklung. Jegliche Auffassung einer Anomalie der polnischen Geschichte lehnte er ab, indem er zwar Unterschiede in der ökonomischen Entwicklung zubilligte, aber Polen in einem ökonomischen System mit Westeuropa verbunden sah.[25]

Szelągowski repräsentiert eine außerordentliche Dynamik der Anschauungen zum West-Ost-Dualismus vor dem Ersten Weltkrieg. 1904 ging er zwar noch von einem nicht messbaren Einfluss des Ostens auf die polnische Geschichte aus, räumte ihm aber schon einen eigenen konstruktiven Beitrag zur zivilisatorischen Entwicklung Europas ein.[26] Zwischen 1908 und 1909 veröffentlichte er eine Reihe von Artikeln,[27] in denen die Forschung einen Versuch der „Rehabilitierung" des Ostens sieht.[28] Er wandte sich explizit gegen den zivilisatorischen Anspruch des Westens und gestand dem Osten eine eigene Zivilisation zu. Den Zugang verschaffte er sich durch eine Erweiterung des Zivilisationsbegriffs, den er nicht auf „Leistung" reduziert sehen will, sondern in den er gegebene Faktoren wie Kultur, Ethnie und Religion

---

23 Łazuga: Michał Bobrzyński, S. 87.
24 Podraza: Polens Platz in Europa, S. 179, 181f.
25 Wierzbicki: Spory, S. 310.
26 Szelągowski: Wzrost państwa polskiego, S. 13.
27 Als Buch erschienen unter dem Titel: Wschód i Zachód. Zagadnienia z dziejów cywilizacji, Lwów 1912.
28 Wierzbicki: Spory, S. 311.

einbezieht.[29] Daraus leitete er eine gegenseitige Beeinflussung von Ost und West ab und zeigte sich skeptisch gegenüber Auffassungen von einer frühen oder späten bzw. höheren oder niederen Entwicklung. Er sah im Argument der höheren Entwicklung vor allem ein propagandistisches Element und trat den grassierenden Rassentheorien Westeuropas zur Begründung expansiven Verhaltens entschieden entgegen.[30] Dabei leugnete er keinesfalls die Gegensätze zwischen Ost und West, stellte sich jedoch gegen eine Barbarisierung des Ostens und ordnete den europäischen Dualismus in eine allgemeine Form einer universalen Zivilisation ein.[31] Zwar verbleibt Szelągowski in den gedanklichen Kategorien einer Antemurale-Funktion Polens, und auch der geopolitische Imperativ ist weiter präsent, nur schafft er ein Gerüst, in das sich die historische Entwicklung Polens in einer Spezifik westlicher Einflüsse und östlicher Prägung einordnen lässt und gab mit seiner Theorie eines zivilisatorischen Dualismus Deutungsmuster vor, die gerade die Osteuropaforschung der Zwischenkriegszeit maßgeblich beeinflussen sollten.

Stanisław Zakrzewski ging noch einen Schritt weiter, indem er dem Osten sogar eine aktive und konstruktive Rolle bei der Gestaltung der polnischen Geschichte zuwies.[32] Er bestritt zwar nicht den westlichen Einfluss, wandte sich aber gegen die Auffassung einer Dominanz westlicher zivilisatorischer Einflüsse und sah sie, vor allem was die deutsche Kolonisation angeht, eher kritisch. Dagegen deutete er die polnische und polnisch-litauische Expansion in den Osten durchweg positiv als einen Kulturaustausch auf der Grundlage einer gegebenen engen Verbundenheit. So negierte er jegliche Gewalt und machtpolitische Expansionsziele im Osten.[33] Die Polnisch-Litauische Union war für Zakrzewski die Grundlage der Verbindung mit dem Osten. Sie ist das Territorium, auf dem sich durch westliche und östliche Einflüsse eine ethnische Vielfalt der Kultur entwickelte, die Polen eine Sonderstellung in der Geschichte zuweist. Damit meinte er keineswegs eine Anomalie, sondern eine in jeder Hinsicht ausgebildete Eigenständigkeit.[34] Sicher setzte sich Zakrzewski durch die Betonung eines positiven Einflusses des Ostens und vor allem einer strikten Ablehnung einer Negativbewertung im Sinne der Unfreiheit von fast allen anderen in diesem Diskurs ab, was dennoch nicht bedeutet, dass er in Osten und Westen auch zwei völlig unterschiedliche Kulturkreise wahrnahm. Zudem findet man bei ihm kaum Hinweise auf einen Europabezug, wie er explizit bei Szelągowski erfolgte.

Somit sind bereits vor dem Ersten Weltkrieg wesentliche Marksteine für eine Selbstverortung gesetzt. Sie zeugen nicht nur vom hohen Stellenwert der Frage des Verhältnisses Polens zum Westen und zum Osten, sondern belegen die auch im internationalen Vergleich weit fortgeschrittene Erkenntnisfähigkeit der polnischen Geschichtswissenschaft zur Beschreibung und Bestimmung des europäischen Dualismus. Der breit ausgebildete Diskurs hierzu im akademischen Bereich steht außer Frage; inwieweit nun die verschiedenen Anschauungen gesellschaftliche Relevanz erreichen, war stark abhängig davon, in welchem

29 Szelągowski: Wschód i Zachód, S. 15ff.
30 Ebenda, S. 32.
31 Szelągowski: Dzieje powszechne,
32 Zakrzewski, Stanisław: Zachód i wschód, S. 116.
33 Ebenda, S. 140.
34 Ebenda, S. 194.

Maß eine Akzeptanz oder auch Konformität mit den bestimmenden politischen Lagern erreicht wurde und ihre Auffassungen zur Realisierung des Staatsprojektes verwendet werden konnten. Diese Konnektivität nahm im Ersten Weltkrieg, der allgemein als Vorfeld zur Wiederrichtung eines polnischen Staates gesehen wurde, noch zu.

Die „optimistisch-apologetische“[35] Perspektive einer eindeutigen Zuordnung in den Verlauf westeuropäischer Geschichte setzte sich immer mehr durch und gewann die Oberhand. Hier erwies sich der Lemberger Rechtshistoriker Oswald Balzer als besonders wirksam, der sich von der pessimistischen Sicht distanzierte und neue Argumente in die Debatte einbrachte. 1915 sprach er sich in einer vergleichenden Untersuchung zur Entwicklung Polens mit anderen europäischen Staaten, die für sich schon methodologische Maßstäbe setzte, entschieden gegen die These einer Anomalie polnischer Geschichte aus und belegte beispielhaft die völlige Übereinstimmung mit der europäischen Norm, insbesondere mit den geltenden Rechtskodifizierungen. Zwar räumte er erhebliche Unterschiede in den Dynamik und Periodisierung, vor allem auch in der Staatsverfassung und dem fundamentalen Gegensatz von Adelsrepublik und Absolutismus ein, dennoch wertete er den allgemeinen Rahmen der polnischen Entwicklung als gleichbedeutend mit denen westeuropäischer Staaten.[36] Stanisław Kutrzeba baute diese Argumentation noch aus. Ihm ging Balzer in der Entfernung von den Thesen der Krakówer Schule nicht weit genug,[37] speziell hinsichtlich der Bewertung der Unterschiede zur angenommenen westeuropäischen Norm. Denn gerade diese Eigenheiten waren ja der Ausgangspunkt einer pessimistischen Deutung der polnischen Geschichte und boten somit den Schlüssel zu einer positiven Auslegung, die Besonderheiten genauso berücksichtigt wie westliche Zugehörigkeit und darüber hinaus geeignet ist, Polen ein vorteilhaftes Alleinstellungskriterium zu verschaffen. Kutrzebas Ausgangspunkt ist ebenfalls die prinzipielle Gleichheit der polnischen Entwicklung mit jener der westeuropäischen Länder. Seine Kritik richtete sich gegen die These von einer nachholenden Entwicklung, die den Anschluss an den Westen erst im 19. und 20. Jahrhundert schafft. Aus seiner Sicht wurde damit nicht nur die polnische Geschichte entwertet, sondern auch der europäische Gesamtzusammenhang missdeutet. Gerade die Zeiträume, in denen es bei Balzer zu den größten Abweichungen von der Norm kommt, bedeuten für Kutrzeba die Zeiten größter Eigenständigkeit und Fruchtbarkeit der Entwicklung. Polen war mit seiner Adelsrepublik der europäischen Entwicklung voraus, ging einen folgerichtigen Weg und schaffte europäische Normen der Freiheit, der Demokratie und des gesellschaftlichen Konsenses, die in Westeuropa erst viel später verwirklicht wurden. Im Gegensatz zum Westen wählte Polen einen geraden „schöneren“ Weg der Entwicklung und war insofern ein Vorreiter der Entwicklung.[38] Dabei war dieser Weg freilich wesentlich mühevoller und schwieriger als jener des westeuropäischen Absolutismus und Polen musste in Kauf nehmen, dass ihm dadurch die Kraft zur Vereinheitlichung und Festigung des Staates fehlte.

Kutrzeba gab damit Erklärungsmuster vor, die ganz wesentlich als Versatzstücke einer neoromantischen Geschichtsdeutung dienten, die weiter an Einfluss gewann. Das Bild des „Vorreiters“ der Entwicklung passte sich nicht nur sehr gut in die tradierten Denkmuster einer

35 Wierzbicki: Spory, S. 320.
36 Balzer: Z zagadnień, S. 70; Krzoska: Ein Wissenschaftler, S. 231f.
37 Niederhäuser: Szkoły historyczne, S. 110f.
38 Kutrzeba: Charakterystyka, S. 35f.

Antemurale-Funktion Polens als Schutzschild vor der Bedrohung aus dem Osten ein, es schuf auch jenes Klima einer moralischen Überhöhung und Idealisierung, derer die Nationalisierung so dringend bedurfte. Sie lieferte auch die für die Staatsgründung und Staatslegitimierung so wichtige positive Bewertung der Adelsrepublik (Rzeczpospolita Szlachecka), gleichsam als Kontrapunkt der Entwicklung einer zivilisatorischen Norm nach westlichem Muster. Diese „teoria wyprzedzenia“ (Theorie des Vorsprungs) wurde eifrig aufgenommen und von der Mehrheit der führenden Historiker vertreten. Sie war die Antithese zur Krakówer Auffassung von der verspäteten, nachholenden oder jungen Zivilisation in Polen.

In diesem Sinne vollziehen Historiker der Jagiellonen-Universität in einer Vorlesungsreihe im April 1917 den endgültigen Bruch mit der pessimistischen Schule.[39] Bei allen Unterschieden im Detail, die oftmals der speziellen fachlichen Orientierung und Spezialisierung geschuldet waren, sprachen sich doch hier Vertreter der ersten Garde der polnischen Historiker, unter ihnen Halecki, Bujak, Kutrzeba und Konopczyński, eindeutig für die Zugehörigkeit Polens zur westeuropäischen Norm der Entwicklung aus, bei gleichzeitiger Betonung eines hohen Maßes an Eigenständigkeit und Originalität.[40] Für Polen als eigener, teilweise höher entwickelter Typ westlicher Entwicklung mit universeller Bedeutung. Zwei Aspekte hob Oskar Halecki besonders hervor, die sich im Weiteren als essentiell für die Geschichtsperspektive und ihre praktische politische Verwendung in der Zweiten Republik erweisen sollten, und ihm allein schon deshalb einen besonderen Platz in der polnischen Geschichtswissenschaft der Zwischenkriegszeit zuwiesen. Zum einen ist es der wissenschaftliche Anspruch der moralisierenden Perspektive einer „guten Tradition“ auf die polnische Geschichte der Adelsrepublik als aktivierende Kraft für das Volk, zum anderen ist es die Verbindung von polnischem Volk und polnischem Territorium, das heißt, alle, die einmal auf polnischem Staatsgebiet gelebt haben, sind dem polnischen Volk zuzurechnen, ohne Berücksichtigung ihrer ethnischen Merkmale.[41] Einen nicht unwesentlichen Beitrag zu dieser Positionierung leistete Eugeniusz Romer als Geograph mit internationalem Renommee und unbestrittener nationaler Reputation. Er lieferte die kulturgeographischen Belege und bediente sich dabei anerkannter modernster Methoden der Geopolitik. Polen ist nach Romer eben kein Übergangsgebiet von Westen nach Osten, sondern auch geographisch eindeutig westeuropäischer Zuordnung. Das betrifft ebenso Regionen des Ostens, die zum polnischen Staatsterritorium gehörten.[42]

Diese ausschließliche Fixierung auf den Westen und den Nachweis der Zugehörigkeit zum westeuropäischen Normensystem ließ bei aller Unterschiedlichkeit und auch Widersprüchlichkeit der Argumentation kaum mehr Platz für eine Auseinandersetzung oder Debatte um die östliche Dimension Polens; die zaghafte „Rehabilitierung“ des Ostens ging nahezu völlig unter. Der Osten blieb zunächst lediglich ein Punkt des zivilisatorischen Abgleichs mit dem Westen und folgte einer formalen Bewertung, die einzige und allein der Bestätigung polnischer Westlichkeit diente. Das erzeugte keinen Bedarf nach einer wirklichen Auseinandersetzung mit dem Osten und den historisch-zivilisatorischen Gegebenheiten

39 Przyczyny upadku Polski.
40 Shelton: The Demokratic Idea, S. 56–92.
41 Wierzbicki: Wokół, S. 847.
42 Romer: Warunki geograficzne, S. 32, 34; Ders.: Przyrodzone podstawy, S. 45f.

des europäischen Großraumes, indem sich Polen als neuer Staat zu verorten hatte. Der europäische Ost-West-Dualismus stand nicht auf der Forschungsagenda. Auch die Wahrnehmungen der Revolution in Russland bezeugen ein ausgeprägtes Desinteresse am Osten. Halecki gestand zwar ein Recht auf das Aufbegehren gegen die Zarenherrschaft zu, sah aber in dem Ereignis der Revolution einen eindeutigen Widerspruch zum Geist des Vaterlandes.[43] Es ist nicht von der Hand zu weisen, dass sich auch die vorwiegend ablehnende Haltung zur Revolution in Russland in die Westorientierung einordnete als eindeutige Botschaft nach innen und nach außen, die das Recht Polens auf einen unabhängigen Staat und eine souveräne Stellung in Europa sowie eine Stärkung des nationalen Gedankens und der Verbindung von Volk und Staat einforderte. Schließlich wurden diese Positionen in den polnischen Medien publiziert und durch namhafte Historiker, unter anderem durch Handelsman, in französischer und deutscher Sprache im Ausland publiziert.[44]

Von einer zielgerichteten Lenkung der Geschichtsschreibung durch die dominanten politischen Gruppierungen kann zwar eigentlich nicht die Rede sein, dennoch ist unter dem „pädagogischen Aspekt“ die Akzeptanz einer politischen Aufgabenstellung offensichtlich. Daraus ergibt sich eine mehr oder minder direkte Kongruenz von historischen Paradigmen und politischen Grundorientierungen, die durchaus eine Zuordnung einflussreicher Historiker zu politischen Gruppen ermöglicht. So korrespondiert die Ostorientierung Zakrzewskis stark mit seiner politischen Bindung an die Nationaldemokratie und ihrer bis in den Krieg hinein prorussischen Ausrichtung.[45] Eine politische Bindung der Historiker war immer sichtbar und zudem Bestandteil der Auseinandersetzung zwischen den Geschichtskonzepten. Schon zu Beginn der Attacken der Warschauer Schule auf die Krakówer Historiker stand der Vorwurf der politischen Unterwürfigkeit von Szujski und Bobrzyński, dem Lager der Krakówer Konservativen. Er richtete sich generell gegen eine „politykomania“ der Historiker und eine versöhnlerische Haltung im russischen Teilungsgebiet.[46]

Das sollte sich jedoch in dem Maße ändern, wie die Bedingungen gesellschaftlichen Wandels, politischer Möglichkeiten und der Modernisierungsprozesse wirkten und den Historiker als gesellschaftlichen Gestalter forderten, ihn gleichsam aus der Rolle des Beobachters und Bewerters in die Verantwortung praktischen Handelns versetzten. Wenn auch die politische Orientierung oder eine Lagerbindung der Historiker der wissenschaftlichen Meinungsbildung untergeordnet wurde, so ist doch eine fachliche Positionierung als unmittelbare Reaktion auf politische Gegebenheiten offensichtlich und ein starker Beleg für eine Politisierung. Begleitet wurde dieser Prozess mit der eindeutigen Tendenz der Aufwertung der Rolle des Staates als Leitmotiv positiven historischen Handelns. Zakrzewski steht hierbei beispielhaft für eine Abkehr von vertretenen Positionen;[47] und auch Konopczyński sah in der Rehabilitierung der Vergangenheit nicht nur eine wissenschaftliche Herausforderung, sondern ebenso eine patriotische Verpflichtung, die er mit einer engeren Bindung an die Staatsidee und einer deutlichen Abwendung vom Volksgedanken verband.[48]

---

43 Halecki: De consolatione historiae.
44 Wierzbicki: Spory, S. 329f.
45 Śreniowska: Stanisław Zakrzewski, S. 85.
46 Serejski: Naród a państwo, S. 253.
47 Zakrzewski, Stanisław: Kultura historyczna, S. 512–514, 516–520, 532–540; Ders.: Historjografja Polska.
48 Konopczyński: Liberum veto, S. 432; Ders.: O wartości.

Einen gewissen Höhepunkt der Rehabilitierung polnischer Geschichte gegenüber der kritischen Krakówer Sicht im Sinne ihrer romantischen Idealisierung mit den Mythen des „Christus der Völker“ oder „Ideengeber der Weltgeschichte“ waren die 1917 und 1918 erschienen Bücher von Artur Górski[49], Jan Karol Kochanowski[50] und Antoni Chołoniewski[51], die alsbald zu Klassikern avancierten und vor allem mit ihrer stark psychologisch und soziologisch geprägten Perspektive die Grenzen zur Publizistik weiter verwischten.[52] Die Geschichtsschreibung passte sich den Möglichkeiten der Wiederherstellung polnischer Staatlichkeit an und aus der Rehabilitierung der polnischen Geschichte wurde zunehmend die Rehabilitierung polnischer Staatlichkeit. Dem nahmen sich namentlich die führenden polnische Rechtshistoriker Oswald Balzer, Stanisław Kutrzeba und Józef Siemieński an. Sie untermauerten verfassungshistorisch die These von der Vergleichbarkeit der Staatsentwicklung in Polen und Westeuropa in ihren zivilisatorischen Grundmustern. Balzer betonte die Reformfähigkeit des polnischen Staates bei administrativen Unzulänglichkeiten, die allerdings nicht zwangsläufig in die Katastrophe führen mussten. Diese wurde durch die Politik der Nachbarn herbeigeführt.[53] Kutrzeba sah im ideellen Wert der Adelsrepublik im Vergleich zu den absolutistischen Nachbarn eine rein strukturelle Schwäche bei moralischer Überlegenheit,[54] und für Siemieński war bei allen Schattenseiten der Adelsrepublik die Kritik übertrieben und ihre strukturelle Verfasstheit das Modell für den neuen polnischen Staat.[55]

In der Notwendigkeit der inneren Verbindung von Staat und Volk gleichsam als Lehre aus der Geschichte fanden sich die unterschiedlichen Bewertungen polnischer Vergangenheit ebenso wie in der Auffassung, dass es der Form nach zwar einen neuen polnische Staat zu errichten gilt, es sich aber um eine „Wiedergeburt“ (odrodzona) handelt und der polnische Staat als historische Gegebenheit eigentlich nie verloren gegangen ist.[56] Daran änderte auch eine gewisse „Entpflichtung“ der polnischen Historiker nach der Gründung des polnischen Staates 1918 nichts, die sich unter dem Eindruck unterschiedlicher Konzeptionen zur verfassungsmäßigen Konstruktion des neuen Staates nun wieder kritischer der polnischen Geschichte zuwandten[57] und gegen die enge Verbindung von Geschichtsbild und politischer Situation polemisierten.[58] Politische Lagerbindungen wurden jetzt offener und außerdem deutlicher formuliert. Der Gleichklang wurde dadurch hergestellt, dass es gewissermaßen als Alleinstellungskriterium Polens immer eine enge Verbindung zwischen Volk und Staat in der Geschichte gegeben hat und die Polen niemals nur eine ethnisch-kulturelle Gruppe, sondern immer ein Staatsvolk waren. Auch in Zeiten formaler staatlicher Nichtexistenz. Das Staatsvolk blieb und hat den Staat durch seine Existenz weiter durch die Zeit transportiert.[59]

---

49 Górski: Ku czemu Polska szła.
50 Kochanowski: Trzy odczyty o Polsce.
51 Chołoniewski: Duch dziejów Polski.
52 Wierzbicki: Wokół, S. 842ff.
53 Balzer: Z zagadnień, S. 9, 67, 70ff, 79.
54 Kutrzeba: Charakterystyka, S. 57ff.
55 Siemieński: Ustrój Rzeczpospolitej Polskiej, S. 36f.
56 Kutrzeba: Polska Odrodzona.
57 Wierzbicki: Naród – państwo, S. 26; Serejski: Naród a państwo, S. 286.
58 Zakrzewski, Stanisław: Ideologia ustrojowa.
59 Serejski: Naród a państwo, S. 291.

Diese Konstruktion bleibt zwar nicht unwidersprochen und heizt die Debatten an, verankerte sich aber tief im historischen Bewusstsein und bot gerade unter dem Aspekt der ethnischen Vielfalt in einem Staatsgebilde der Politik beste Argumentationsgrundlagen. Zumal sich in der Dichotomie von Volk und Staat auch andere Antonyme spiegeln oder sie sogar ersetzen, wie Freiheit und Unfreiheit, Vaterland und Nation, mit denen sich verschiedene Grundauffassungen zu historischen Dynamiken präsentieren, die wiederum beispielhaft den Geschichtsverlauf Polens zu erklären versuchen. Diese Deutungen eröffneten Moralisierungen breiten Raum und waren dazu wesentliche Grundlage für den großen und anhaltenden Einfluss geschichtsphilosophischer Betrachtungsperspektiven. Ebenso schufen sie eine breite Kommunikationsebene zwischen Wissenschaft und Politik, bis hin zu einer gewissen Kongruenz mit den dominanten politischen Auffassungen. Die Politik bediente sich reichlich aus dem Fundus der Debatten der Historiker und es war nicht sonderlich schwer, die Argumente in den grundsätzlichen Streit der bestimmenden politischen Richtungen von Nationaldemokratie und Piłsudski-Lager um die Hierarchie von Volk und Staat einzuordnen. Die Historiker gaben die Blaupause für Umdeutungen oder die Bildung von Metaphern, die nicht selten zur ideologischen Camouflage verkamen und zur Mythologisierung von Volk bei der Nationaldemokratie und Staat im Piłsudski-Lager führten. Allerdings wurde die Kommunikation von Politik und Wissenschaft dadurch weiter belebt, und zudem der politische und gesellschaftliche Stellenwert von Geschichte und Historikern, respektive der historischen Publizistik, am Leben erhalten.[60]

In der Frage von Volk und Staat bündeln sich letztlich alle Streitpunkte. Ob verfassungsrechtliche Konstruktion des neuen Polen, Inhalte und Bedeutung der Nation oder die so wichtige Minderheitenfrage, die auch die Auffassung vom polnischen Volk umfasst, – alle diese Grundprobleme der Zweiten Republik werden über das Verhältnis von Volk und Staat behandelt. In der politischen Praxis stehen diese Debatten aber letztlich im Schatten machtpolitischer Verteilungskämpfe, denn den starken, zentralisierten Staat stellte keine politische Kraft ernsthaft infrage[61] und Beispiele für seine historische Notwendigkeit unter den gegebenen geopolitischen Bedingungen boten die vorgelegten historischen Forschungen ausreichend. Was bei aller wissenschaftlichen und politischen Kontroverse bleibt, ist die Gewissheit der Einheit von Volk und Staat als absoluter Grundwert polnischer Geschichte.[62]

2 Geopolitischer Imperativ

Der Mythos von der Wiederherstellung des polnischen Staates in seiner territorialen Gestalt vor der Teilung war fester Bestandteil des gesellschaftlichen Bewusstseins und bestimmte die Haltung der Eliten in allen Teilungsgebieten. Wie dann die staatliche Verfasstheit des Territoriums von 1772 aussehen sollte, war dieser Frage nachgeordnet und hatte durchaus zweitrangigen Charakter. Unter den Bedingungen von Nationalisierung und einer realen Perspektive der Schaffung eines neuen polnischen Staates nahm die Bedeutung der territorialen

60 Wierzbicki: Naród – państwo, S. 35–48.
61 Wapiński: Świadomość polityczna, S. 287–343.
62 Serejski: Naród a państwo, S. 290, 300, 308.

Gestalt eines Polen nur noch zu, steigerte nicht nur den politischen Aktivismus in allen Teilungsgebieten und im Ausland, sondern erhöhte auch den legitimatorischen Druck auf das Recht zur Eigenstaatlichkeit. Neben dem historischen und moralischen Argument gewann deshalb die politische Geographie sprunghaft an Bedeutung. Geopolitische Überlegungen waren logische Konsequenz und Instrument der Wiederherstellung eines polnischen Staates und der Herausbildung eines nationalen Bewusstseins. Zudem ordneten sie sich in eine Entwicklung der geographischen Wissenschaften ein, die in ihren verschiedenen Facetten zum Ende des Jahrhunderts im europäischen Maßstab allgemein anerkannt Material zur Begründung machtpolitischer Konzeptionen lieferte und sich als eigenständiges wissenschaftliches Fach etablierte.[63]

Die politische Geographie musste für Polen von besonderer Wichtigkeit sein, denn es war ja nicht nur der Staat zerschlagen worden, sondern auch das Territorium. Wenn der Staat also von seinem Territorium getrennt worden war, so wurde im Zuge einer Neuformierung des Staates eine Wiederherstellung dieser Verbindung eine vorrangige Aufgabe. Das konnte die politische Geographie leisten. Sie hatte in ihrer Entwicklung in der zweiten Hälfte des 19. Jahrhunderts die nötigen Werkzeuge dazu erarbeitet, um neben der Geschichte, die faktische, wenn man so will materielle, nämlich territoriale Existenz des polnischen Staates zu legitimieren und das schon zu einer Zeit, als seine historische Berechtigung noch bezweifelt wurde. Somit ist sie wahrscheinlich noch mehr als die historische eine „nationalstaatliche" Wissenschaft, weil sie quasi neben der historischen Konstruktion die „harten" Fakten eines real existierenden Polens liefern konnte, die eine Verbindung zwischen Volk, Territorium und Staat nachweisen. Und das nicht nur im Sinne einer Selbstvergewisserung einer Gesellschaft und ihrer Eliten, die über einen längeren und für die Entwicklung eines modernen Staates wichtigen Zeitraum hinweg in verschiedenen Milieus der Teilungsmächte oder in der Emigration gelebt haben und dort geprägt wurden, sondern auch argumentativ gegenüber zu beurteilenden und in letzter Instanz über das Schicksal Polens zu entscheidenden Mächten, die denkbar unterschiedliche Auffassungen über die Lösung der polnischen Frage und ihrer Bedeutung für eine europäische Ordnung hatten.[64] Wahrscheinlich war der Druck auf keine andere Wissenschaftsdisziplin so groß wie auf die politische Geographie, Konzepte zu liefern, die wissenschaftlich rational genauso überprüfbar und akzeptabel waren, wie sie den emotional aufgeladenen nationalen und politischen Ansprüchen zu entsprechen hatten. Ebenso liegt es nahe und eigentlich in der Natur der Sache, dass die Kommunikation, innere Verbindung und personelle Verwobenheit zwischen Wissenschaft und Politik bei der politischen Geographie besonders ausgeprägt war und sie durch Politik, Politiker oder zumindest politische Intentionen stark bestimmt wurde. So ist es zwar schwierig von einer wissenschaftlichen Unabhängigkeit des Faches zu sprechen, zur Professionalisierung des Faches hat diese enge Verbindung jedoch wesentlich beigetragen.[65]

Die Entwicklung der polnischen politischen Geographie als Wissenschaftszweig stand der europäischen Entwicklung in nichts nach. An der Jagiellonen-Universität in Kraków wurde 1849 nach Berlin der zweite Lehrstuhl für Geographie in Europa eingerichtet und mit dem Dichter und Philosophen Wincenty Pol besetzt. Er hatte mit seinem Ritterepos „Der

63 Moczulski: Geopolityka, S. 7–24; Jureit: Das Ordnen von Räumen, S. 127–157.
64 Eberhardt: Twórcy, S. 16; Kowalski: Przedsionek Europy.
65 Briesewitz: Raum und Nation, S. 120.

Mohort" den polnischen patriotischen Geist beschworen und den Begriff der „Kresy" für die polnischen Ostgebiete gesellschaftlich etabliert.[66] Er stand damit keinesfalls am Anfang geopolitischen Denkens in der Betrachtung polnischer Geschichte. Elemente finden sich schon bei Jan Długosz oder Joachim Lelewel.[67] Stark vom Berliner Lehrstuhlinhaber Karl Ritter beeinflusst[68] wandte Pol sich als erster polnischer Geograph anthropologischen Aspekten der Geographie zu und entwickelte Vorstellungen des polnischen Territoriums, die physische Eigenschaften des Landes mit Bevölkerung und Gesellschaft verbanden.[69] Hieraus formulierte er seine Kernthese von der Individualität des polnischen Territoriums als „geschlossene natürliche Einheit" (zwarta jednostka przyrodzona), das daraus das Recht als souveränes politisches Subjekt zu gelten bezieht. Diese natürliche Einheit ordnete er in die Kategorie einer kulturell-zivilisatorischen Verfasstheit, die sie eben von anderen, wie etwa weiter östlichen, auch durch den Katholizismus unterscheidet. Das geographische Polen beschrieb er als „Nordost-Europa" in den Grenzen von Ostsee, Oder, Dnepr, Schwarzem Meer und Karpaten. Die Bevölkerung auf diesem Territorium sah er als ethnische Einheit mit nur geringen sprachlichen Unterschieden an, die ihre Einheit vor allem aus der gemeinsamen Geschichte des Kampfes gegen Germanisierung und Russifizierung erfahren.[70] Mit diesem Ansatz reihte er sich in die moderne europäische kulturgeographische Forschung der zweiten Hälfte des 19. Jahrhunderts ein und begründete damit eine polnische geographische Schule, die im europäischen Vergleich Bestand hatte. Mit seinen Betrachtungen zu den natürlichen Grenzen Polens, dem katholisch besetzten Zivilisationsmuster als Abgrenzungskriterium und schließlich der Geschichte als Vergemeinschaftungsmerkmal setzte er Marksteine, die den kulturgeographischen und geopolitischen Diskurs in Polen bis weit in die Zweite Republik hinein bestimmten und die historischen Arbeiten zur Positionierung Polens in einem westöstlich determinierten europäischen Spannungsfeld prägten.

Die Bedeutung Wincenty Pols für die moderne polnische Geographie ist unbestritten. Die Etablierung einer politischen Geographie als wissenschaftliche Disziplin, die Grundlagen einer polnischen Kulturgeographie und im Weiteren auch Geopolitik mit internationaler Reputation schuf, blieb der nachfolgenden Generation vorbehalten, die, zumeist an deutschen Universitäten als Geographen ausgebildet, zum Ende des Jahrhunderts die entsprechenden Lehrstühle besetzte. Am Anfang steht Antoni Rehman, der in Kraków ein Nachfolger Pols war und 1882 auf den neu eingerichteten Lehrstuhl für Geographie an der Universität Lemberg berufen wurde. Auf Pol zurückgehend setzte er neue Akzente und wandte sich gegen den so absolut formulierten Determinismus im Sinne eines festgelegten geographischen Raumes für Polen und plädierte für eine stärkere Berücksichtigung des ethnischen Faktors bei der Erklärung der historischen Entwicklung.[71] Er prädestinierte damit die Geographie nicht nur deutlicher für die Geschichtsforschung, hier nahm zudem ein wissenschaftlicher Disput um die geographische Analyse des historischen Niedergangs des polnischen Staates und die

66 Kolbuszewski: Kresy, S. 6ff.
67 Moczulski: Geopolityka, S. 57, Anm. 200.
68 Babicz: Wincenty Pol.
69 Eberhardt: Polska i jej granice, S. 39.
70 Pol: Historyczny abszar Polski.
71 Jędrzejczyk: U źródeł, S. 21.

geopolitische Deutung seinen Anfang, der die historische Forschung entscheidend beeinflussen sollte. Zu Schlüsselfiguren wurden zum Endes des Jahrhunderts Wacław Nałkowski und Eugeniusz Romer, die durch ihre diametral gegenüberstehenden Positionen den kulturgeographischen Diskurs bestimmten und die entscheidenden Argumentationslinien für einen geopolitischen Imperativ in Geschichtsschreibung und Politik vorgaben.[72]

Nałkowski gilt als Schöpfer der These von Polen als „Übergangsland" (kraina przejściowa). Mit der Deutung einer Spezifik polnischen Territoriums durch die Lage zwischen West- und Osteuropa gab er eine griffige geopolitische Begründung der positivistischen Auslegung polnischer Geschichte und erlangte dadurch, ohne irgendwelche akademische Positionen besetzt zu haben, überragende Bedeutung.[73] Dieser Übergangsraum wird von Nałkowski als Durchgangsland ohne natürliche Grenzen interpretiert, der die Kommunikation zwischen den Nachbarn in Ost und West erleichterte, wovon Polen profitierte, diesem aber auch ausgesetzt war und in der Konsequenz in eine starke Beeinflussbarkeit bzw. Abhängigkeit geriet. Polen ist zudem ein Raum, auf dem sich östliche und westliche Elemente treffen, sich mischen, gegenseitig beeinflussen, durchdringen und damit das geographische, ethnographische und historische Bild des Landes prägen.[74] Er räumte als eine Konsequenz des Übergangscharakters auch die Teilung des polnischen Staates durch die Nachbarmächte ein und lag damit voll auf der Linie der Warschauer historischen Schule, zumal er den territorialen Zusammenhang seiner Theorien immer mit dem polnischen Staat in Gestalt von 1772 verband.

Übergangscharakter heißt bei Nałkowski jedoch keinesfalls Beliebigkeit oder Unstetigkeit. Im Gegenteil: Für ihn zeigte dieser Übergangscharakter ein Alleinstellungsmerkmal und Ausweis einer hohen Individualität. Insofern ist er dem „natürlichen Polen" von Pol näher als viele seiner Berufsgenossen und wurde in dieser Frage im Disput bewusst oder unbewusst falsch gedeutet. Das betraf auch seine Äußerungen über den Zusammenhang von natürlichen Gegebenheiten und der Entwicklung von Mensch und Gesellschaft, die das Dogma eines geographischen Determinismus infrage stellten und das kulturgeographische Forschungsfeld auch im Sinne geopolitischer Deutungen erheblich erweiterten. Somit sind die Theorien Nałkowskis ein wesentlicher Beitrag zur Profilierung einer eigenständigen polnischen Geographie und ein Stück weit Emanzipation vom deutschen Geographen Friedrich Ratzel, der in der polnischen Geographie hohe Wertschätzung genoss. Anders als beispielsweise in der Geschichtswissenschaft, wo die Verbindung zu deutschen Historikern sehr eng war und in Theorien und Methoden eine große Affinität bestand, man aber mit einer offenen Rezeption und persönlichen Kontakten eher verhalten umging, erst recht nach 1918, waren die Beziehungen der polnischen Geographen zu ihren deutschen Kollegen wesentlich unkomplizierter.[75]

Während Nałkowski zwar die polnische Geographie stark bereicherte und in der Diskussion eine wichtige Rolle spielte, trat er als Person doch kaum in Erscheinung und war eigentlich ohne Einfluss. Ganz anders sein Kontrapart, der Nachfolger Rehmans auf dem Lemberger Lehrstuhl Eugeniusz Romer. Rehman selbst hatte schon gegen Nałkowski polemisiert und seine Thesen rundweg abgelehnt. Romer machte daraus einen Gegenentwurf, der

72 Wapiński: Kresy, S. 11–14.

73 Eberhardt: Polska, S. 43–49; Jędrzejczyk: U źródeł, S. 17f.

74 Seine Theorien sind zusammenfassend erst nach seinem Tode erschienen in: Terytorium Polski historycznej.

75 Briesewitz: Raum und Nation, S. 119, 128–131.

nicht nur ein anderes Konzept einer Raumkonstruktion Polens vertrat, sondern vor allem mit einem stringenten Bezug zu einer polnischen historischen Staatlichkeit als Bestimmungselement eine neue Dimension geopolitischer Ausrichtung der polnischen Geographie eröffnete.[76] Romers Theorien widerspiegeln bereits einen höheren Nationalisierungs- und Politisierungsgrad der polnischen Geographie. Die konsequente Ablehnung der Übergangstheorie erfolgte aus der Überzeugung heraus, dass damit eine Wiederherstellung des polnischen Staates kaum begründet werden konnte, ja sie diesem Projekt sogar entgegen arbeiten würde. Sie steht aber auch in engem Zusammenhang mit Romers Polemik gegen die von deutscher Seite forcierte Mitteleuropa-Theorie, die einen Übergangsraum zwischen West und Ost konstruierte, in dem es keinen Raum für einen unabhängigen polnischen Staat gab und der Nałkowski eben nur zuarbeiten würde.[77]

Romer stellte Nałkowski ein Konzept entgegen, in dem Polen einen europäischen Großraum ausmachte, der als geschlossene Einheit eine Brücke zwischen der Ostsee und dem Schwarzen Meer bildete (pomost bałtycko-czarnomorski).[78] Dabei lehnte er sich deutlich an einen geographischen Determinismus des „natürlichen Landes“ seines großen Vorbildes Ratzel an[79] und griff auf Pol zurück, indem er die Flüsse als ein natürliches Kommunikationssystem innerhalb dieses Raumes zwischen den Meeren (międzymorze) sah. Diese Brückenfunktion zwischen den Meeren, die als geschlossener Raum eine Verbindung zum Westen und eine Grenze zum Osten bildet, war für Romer auch einer der entscheidenden Unterschiede zu Russland, wobei er vor allem die kulturelle Verschiedenheit unterstrich, die er noch vor die ethnische stellte. Aus dieser geographischen Situation ergab sich für ihn ein geopolitisches Recht auf Expansion, dem der polnische Staat in seiner Geschichte in Analogie zu einem deutschen „Drang nach Osten“ nachgekommen ist, den er auch in der französischen Geschichte findet. Dieser polnische Brückenraum, der sich bis zum Dnepr erstreckt, bietet die optimalen natürlichen Bedingungen für die Entwicklung des polnischen Volkes und schafft als „Lebensraum“ adäquate politische Strukturen, die eine polnische Staatlichkeit ausmachen.[80] Diese Ostgrenze hatte eine zentrale Funktion in Romers Theorie. Hier endete der Westen und Polen bildete die Barrikade zum kulturell fremden Osten. Aber auch hierbei ist Polen kein Übergangsraum, sondern eine eigenständige, souveräne Verbindung, die sich deutlich, und zwar ethisch höherstehend, vom Westen unterscheidet.[81]

Der hohe Politisierungsgrad der Debatte zwischen den beiden Kontrahenten wird überdies dadurch sichtbar, dass die durchaus vorhandenen Gemeinsamkeiten zwischen beiden Theorien, vor allem hinsichtlich einer territorialen Fixierung und der zivilisatorischen Alleinstellungsmerkmale, völlig untergehen.[82] Romers geopolitischer Ansatz besteht im Unterschied zu Nałkowski vor allem in der Einbeziehung der Kategorien Staat und Nation in seine kulturgeographischen Überlegungen. Es ist aber auch der ethnische Faktor, der bei Romer

76 Romer: Polska. Ziemia i państwo; Kortus: Der polnische Westgedanke, S. 241ff; Conrad: Der Geograph, S. 90f.
77 Romer: Czy Polska; Briesewitz: Raum und Nation, S. 139–142.
78 Romer: Przyczyny, S. 28. Seine Ansichten werden zusammenfassend dargestellt in Romer: Ziemia i państwo.
79 Ders.: Pamiętniki, S. 498.
80 Jędrzejczyk: U źródeł, S. 21f.
81 Eberhardt: Twórcy, S. 65f; Romer: Polska. Ziemia i państwo , S. 11–29, 70–74.
82 Eberhardt: Polska, S. 52.

stärker in den Vordergrund rückt. Bei seinen Kontrahenten spielte er bis zum Ersten Weltkrieg eine eher untergeordnete Rolle. Das mag daran liegen, dass ihnen die Feststellung einer ethnischen Diversität schwer fiel, oder besser gesagt, ihnen die nationalistische Perspektive der polnischen nationalen Bewegung fremd war. Romer löste das Problem, indem er allen Völkern auf polnischem Territorium eigene Entwicklungsmöglichkeiten zugestand und eine Eigenstaatlichkeit der Ukrainer jenseits des Dnepr sogar als Voraussetzung für einen polnischen Staat und sicherheitspolitische Notwendigkeit gegenüber der russischen Bedrohung erachtete. Jegliche föderativen Projekte waren für ihn völlig inakzeptabel.[83] Gleichzeitig ließ Romer keinen Zweifel darüber aufkommen, dass das polnische Volk dabei eine dominierende Position einnimmt und zusammen mit Territorium und Staat die einheitlichen, naturgegebenen Grundlagen Polens bildet.[84]

Es ist diese eindeutige Positionierung, die eine unangefochtene Stellung Romers in der polnischen Geographie und seine internationale Reputation ausmachte: mit seinem Konzept, das aus einer kulturgeographischen Perspektive auf der Höhe eines internationalen Forschungsstandes heraus eine stichhaltige Begründung für die Wiederherstellung eines polnischen Staates lieferte; dabei gleichzeitig in der Lage war, konträre Perspektiven auf die polnische Geschichte zu bedienen; sowie die notwendigen Argumentationsmuster für geopolitische Visionen polnischer Nationalstaatlichkeit oder auch hegemonialer Ansprüche in einem europäischen Großraum vorlegte. Romers Werk steht im wahrsten Sinne des Wortes für die Rückkehr Polens auf die Landkarte Europas. Nach der Erklärung der Mittelmächte zu einer polnischen Staatlichkeit vom 5. November 1916 legte Romer ein umfassendes Kartenwerk vor,[85] in dem er seine Auffassungen über die kulturgeographische und ethnische Eigenständigkeit Polens in den Grenzen von 1772 nachwies. Es wurde Grundlage für die Friedensverhandlungen und Grenzfestlegungen am Ausgang des Ersten Weltkrieges, wo er als Experte Mitglied der polnischen Delegation war.[86] Sein Atlas ist prägend und im Eigentlichen sogar praktischer Ausdruck für das nationale Bewusstsein des neuen Polen. Er schreibt seine kulturelle und machtpolitische Gestalt bildhaft in klassischer Dimension für alle sichtbar und vielfach belegt auf und fest.

Dass die in der Zwischenkriegszeit weiter lebendig geführte akademische Diskussion der unterschiedlichen Vorstellungen zu keinem definitiven Ergebnis oder geschlossenem Konzept führte, lag einerseits daran, dass die methodischen Zugänge der Nałkowski- und Romer-Lager sehr unterschiedlich waren; andererseits konnten die Protagonisten nicht wirklich einen logischen und vor allem praktisch verwertbaren Unterschied zwischen Übergang, Brücke und Transit deutlich machen, zumal beide Theorien im territorialen Anspruch auf den Großraum der Adelsrepublik und in der Gewissheit um den geopolitischen Imperativ staatlicher und nationaler polnischer Existenz sehr ähnlich waren.

Ein tieferes Verständnis für die Wirkungsmacht kulturgeographischer Erklärungsmuster in der polnischen Geographie wird allerdings nur erreicht, wenn sie in die europäische Dynamik geopolitischer Modelle vor dem Ersten Weltkrieg eingeordnet werden. Das sind nicht nur die deutschen Mitteleuropa-Konzepte von Joseph Partsch oder Friedrich Naumann, die Zwischeneuropa-Visionen eines Albrecht Penck oder die geopolitischen Herleitungen

83 Jędrzeczyk: U źródeł, S. 25.
84 Piotrowski: Eugeniusza Romera koncepcja, S. 45.
85 Romer: Geograficzno-statystyczny atlas Polski; Romer: Pamiętniki, S. 102f.
86 Ders.: Pamiętnik paryski; Górny: „Futurystyczna geografia“, S. 130ff.

großräumiger deutscher Herrschaftsansprüche von Karl Haushofer. Es sind vor allem die imperial aufgeladenen geopolitischen Erwägungen russischer Geographen und ukrainische nationale Territorialkonzepte, die alle Vorstellungen über ein „natürliches Polen" konterkarierten. Rostislaw Fadejew und Nikolaj Danilewski konstruierten einen panslawistischen Großraum, der unter russischer Herrschaft nicht nur ein eigenständiges polnisches Territorium leugnete, sondern auch jegliche kulturelle Eigenständigkeit und eine zivilisatorische Zugehörigkeit dieser Großregion zu Europa ablehnte.[87] Gerade unter diesem kulturgeographischen Aspekt wurden die russischen Theorien als besonders bedrohlich wahrgenommen, sie unterstrichen den besonderen Stellenwert der östlichen Grenzen Polens. Das betraf auch die polnische Haltung zu den ukrainischen Ambitionen. Die ukrainische nationale Bewegung formulierte in der zweiten Hälfte des 19. Jahrhunderts territoriale Vorstellungen über einen unabhängigen ukrainischen Staat, vor allem der Historiker Mychajlo Hruschewskyj mit seinem Groß-Ukraine-Projekt, das Ostgalizien miteinbezog.[88] Der Lemberger Geograf Stepan Rudnyckyj suchte als Erster nach wissenschaftlichen Begründungen eines ukrainischen staatlichen Territoriums. Im Ersten Weltkrieg publizierte er eine Monographie, die den Nachweis einer ethnischen ukrainischen Identität mit einem Territorium verband, das weit in den polnisch beanspruchten Raum hineinreichte und sich im Osten bis zum Kaukasus und Don erstreckte.[89] Zwischen ihm und Romer kam es in Vorbereitung eines Friedensschlusses am Ausgang des Ersten Weltkrieges zu einer scharfen Polemik. Beide Penck-Schüler kamen auf der Grundlage ethnogeographischer Ansätze in der Beurteilung der Bevölkerungsverteilung im ukrainisch-polnischen Grenzraum zu völlig unterschiedlichen Beurteilungen, die zur Begründung territorialer Ansprüche auf einen eigenen Staat dienten.[90]

Nicht erst in dieser Entscheidungssituation, als der wissenschaftliche Nachweis um ein Anrecht auf Territorium durch die Geographie unmittelbar der Errichtung der Staatlichkeit diente und dadurch besondere Brisanz besaß, sondern schon mit dem Beginn der weiteren Fassung geographischer Betrachtungen über das rein Territoriale hinaus, also eigentlich bereits bei Wincenty Pol, stellte sich die Frage, wie weit der Begriff der Geopolitik in Polen reicht und zeitgenössisch wie auch in der wissenschaftlichen Forschungsliteratur angemessene Verwendung findet. Polnische Geographen, die sich, zumeist patriotisch motiviert, mit der territorialen Identifizierung eines polnischen Staates beschäftigten, werden recht beliebig der Geopolitik zugeordnet. Ein kritisches Hinterfragen dieses Ansatzes bleibt jedoch aus und eine eindeutige Zuordnung von Personen und Theorien zu einer verifizierbaren Begrifflichkeit sucht man vergebens. So bleibt festzustellen, dass bei den polnischen Geographen, freilich in sehr unterschiedlicher Intensität und durchaus politisch aufgeladen, der geopolitische Ansatz im wissenschaftlichen Nachweis natürlicher Gegebenheiten und einem kulturell-gesellschaftlichen Bezug in Anlehnung an einen modernen und innovativen Forschungsstand lag. In der Politik hingegen diente Geopolitik als ein wissenschaftliches Vehikel einer machtpolitischen Begründung größtmöglicher Gestaltungskraft territorialer Vorstellungen zu einem nationalstaatlichen Konzept, dem der ethnische nationalpolnische Faktor inhärent ist

87 Moczulski: Geopolityka, S. 505–508.
88 Baluk: Koncepcje, S. 51.
89 Eberhardt: Główne fazy, S. 224; Ders.: Słowiańska geopolityka, S. 220–245; Moczulski: Geopolityka, S. 60, Anm. 218.
90 Górny: „Futurystyczna geografia", S. 125–131.

und der zunehmend bestimmend wirkte. Sie bediente sich nach Bedarf aus dem Erkenntnisportfolio der wissenschaftlichen Geographie einzig auf den politischen Effekt ausgerichtet und ohne Rücksicht auf eine wissenschaftliche Tragfähigkeit. Eine notwendige Trennung von Geopolitiker und wissenschaftlichem Geographen erfolgt in der zeitgenössischen Bewertung und auch in der wissenschaftlichen Literatur nur unzureichend.

Das beste Beispiel dafür liefert Jan Ludwik Popławski. Er war nicht nur Ideenspender und führender Kopf der polnischen Nationaldemokratie, sondern gilt auch als Vater der polnischen Geopolitik.[91] Er war ein Politiker der Tat, der die Aktualität der Wiederherstellung des polnischen Staates sah und ernst nahm. Seine geopolitischen Thesen waren einzig und allein auf dieses Ziel ausgerichtet. Dieser Ausgangspunkt erklärt seine Bestimmtheit in den Grundsätzen über einen polnischen Staat einerseits, und den Kompromisscharakter oder auch eine Beliebigkeit in den konkreten Aussagen zu einem Territorium Polens, das seine nationale Unabhängigkeit garantiert, andererseits. Was ihn aber zum ausgesprochenen Geopolitiker machte, war die viel stärkere Berücksichtigung der äußeren auf Polen durch andere Staaten, vor allem natürlich die Teilungsmächte, wirkenden Faktoren. Sein Konzept orientierte sich fast ausschließlich an den machtpolitischen Gegebenheiten. In diese faktische Konstellation stellte er seine Überlegungen zur Begründung einer polnischen Staatlichkeit. Dabei übernahm er wesentliche Elemente kulturgeographischer Theorien. So sah er in Anlehnung an Nałkowski Polen als einen Übergangsraum an, der den Westen mit dem Osten verbindet und eine Grenze zum Osten bildet mit allen kulturellen und politischen Konsequenzen.[92] Auch ging er von einem „natürlichen Polen aus“, das er als „organische Einheit“ bezeichnet (odrębna całość).[93] Das ethnische Problem sah er zwar, überging es jedoch, in Anlehnung an Romer, durch eine überethnische Auffassung von Nation. Die polnische Nation bildet den Kernpunkt seiner Argumentation zu Staat und Territorium. Sie konstituiert sich aber kulturell als Gemeinschaft zivilisatorischer Entwicklung auf der Grundlage eines gemeinsamen Erfahrungshorizontes, der durch die Geschichte des polnischen Staates und die kulturelle Überlegenheit des polnischen Volkes bestimmt wird.[94] Er anerkannte zwar die eigenständige Entwicklung einzelner Ethnien, wie etwa der Ukrainer, setzt dabei aber eine polnische Führungsposition voraus und schloss ihre Eigenstaatlichkeit völlig aus.[95]

Territorial plädierte Popławski freilich für ein Polen in den Grenzen von 1772, zeigte hier allerdings im Interesse der Schaffung eines polnischen Staates um jeden Preis Kompromissbereitschaft. Während er über die preußischen Teilungsgebiete hinaus das Land bis zur Oder, vor allem aber den Zugang zum Meer als unabdingbar für den polnischen Staat ansah, waren territoriale Zugeständnisse an Russland vorstellbar. Deutschland war ein starker Gegner, der bekämpft werden musste, weshalb hier kein Entgegenkommen denkbar war. Da Popławski die Schaffung eines polnischen Staates nur als Ergebnis der Auseinandersetzung der Teilungsmächte für möglich hielt und Österreich ein gesetzter Partner Deutschlands war, konnte nur ein Bündnis mit Russland zum Erfolg führen. Die territoriale Festlegung im Westen ist daher vornehmlich aus Rücksichtnahme auf Russland zu deuten, zumal Popławski lange

91 Eberhardt: Polska, S. 74; Ders.: Twórcy, S. 17f.; Kulak: Jan Ludwik Popławski.
92 Popławski: Polska współczesna, S. 206f.
93 Ebenda, S. 205ff.
94 Ebenda, S. 274.
95 Popławski: Nasz demokratyzm, S. 135f.

Jahre vom russischen Teilungsgebiet aus operierte und bei antirussischen Verlautbarungen mit Repressionen rechnen musste, mit denen er bereits hinlänglich Erfahrungen gemacht hatte. Eine Festlegung im Osten war für ihn auch deshalb nicht so dringend, weil er Russland für schwächer und instabil hielt und mit einer russischen Orientierung auf den asiatischen Raum rechnete, die wiederum zu einem Konflikt mit Japan und im Weiteren England führen und die östliche Frage für Polen völlig neu stellen würde. Hieraus entwickelte er seine Vorstellungen über den Osten als polnischen Expansionsraum,[96] der sich schließlich auf alle Gebiete bezog, in denen eine polnische Bevölkerung lebte. Das bedeutete nicht zwingend eine Einbeziehung in einen polnischen Staat, sondern die Sicherung eines Einflussgebietes als „politisches Territorium", das die nationale Unabhängigkeit der polnischen Nation sichert.[97] Daraus ergab sich ein expansiver, ja geradezu imperialer Anspruch im Osten, der mit einer kulturellen Mission der Stärkung des Polentums durch Sicherung des polnischen Besitzstandes (polski stan posiadania) unterlegt war.[98] Popławski vergaß dabei nicht, eindringlich darauf hinzuweisen, dass sich damit der Konflikt mit Russland verfestigt und Polen im Osten wie im Westen gleich große Gefahr droht.[99] Was damit als geopolitische Essenz von Popławski vermittelt wurde und blieb, ist der geopolitische Imperativ der Lage zwischen Ost und West sowohl als zivilisatorische Aufgabe als auch als existentielles Bedrohungspotential, das durch die machtpolitischen Möglichkeiten der Expansion unterschiedlich gelagert ist, aber als permanenter Faktor eine politische Handlungsmaxime darstellt.

Stark von Popławski beeinflusst entwickelte Roman Dmowski das geopolitische Konzept weiter.[100] Noch mehr als Popławski konzentrierte er sich auf die polnischen Westgebiete und die Gefahr von deutscher Seite: Polen lag zwar weiterhin in der Zwangslage zwischen zwei Großmächten und dadurch potentiell bedroht, Deutschland war aber durch sein staatliches Potential und die Germanisierungspolitik gefährlicher als Russland, dem sich Polen zivilisatorisch überlegen sieht.[101] Je näher jedoch eine polnische Staatsgründung rückte, umso deutlicher wurde Dmowskis eigentliches Konzept, das sich durchaus auch im Osten an den Grenzen von 1772 orientierte und er empfahl im Zuge der Friedensverhandlungen Polen als Bollwerk einer deutschen Expansion nach Osten und Sicherheitsgarantie in Mittel- und Osteuropa.[102] Ähnlich wie Popławski formulierte Dmowski seine Vorstellungen über einen polnischen Staat noch auf russischen Teilungsgebiet und hatte bereits mehrfach Erfahrungen mit dem russischen Restriktionsapparat gemacht. Mit einem offensiven Ostprogramm hätte er seine erneute Inhaftierung riskiert und damit in einer entscheidenden politischen Phase seine Wirkungslosigkeit provoziert. Dmowski unterscheidet sich von Popławski und anderen Vorgängern geopolitischer Konzepte durch seinen entschiedenen ethnischen Ansatz, der am konsequentesten das Modell eines modernen Nationalstaates entwarf und die Vorstellungen der polnischen Nationaldemokratie, die er bald dominieren sollte, mit den Ansichten westlicher Nationalstaaten kompatibel machte. Nur die Sicherung und Stärkung des Polentums konnte

96 Schweiger: Polens Zukunft, S. 63–73.
97 Eberhardt.: Twòrcy, S. 29ff.
98 Popławski: Nasze siły, S. 432.
99 Ders.: Sprawa Ruska, S. 711.
100 Kulak: Wpływ.
101 Dmowski: Niemcy, Rosja a kwestia polska.
102 Eberhardt: Twórcy, S. 49ff.

die Grundlage einer soliden Staatlichkeit sein. Ethnische Unterschiede waren für ihn unüberwindlich, wie er am germanisch-slawischen Gegensatz deutlich machte.[103]

Während Dmowski sich bei den territorialen Vorstellungen über einen polnischen Staat, vor allem was seine östliche Dimension angeht, flexibel zeigte, hielt er doch an seinem ethnozentrierten Konzept fest.[104] Die Folge war eine rein nationalistische Position, die eine stringente Polonisierung der Bevölkerung des polnischen Staates forderte, wobei er sowohl einen staatlichen Druck befürwortete als auch davon ausging, dass die polnische zivilisatorische Überlegenheit sich als so attraktiv erweisen wird, dass sie die nichtpolnische Bevölkerung dazu bringt, sich zu assimilieren. Dabei war er sich der Gefahr durchaus bewusst, die eine konsequente Ablehnung eigenständiger nationaler Bewegungen auf dem polnischen Staatsterritorium bedeutete und dass die daraus folgende Instabilität der ungünstigen geopolitischen Konstellation Polens nur zuarbeitete. Letztlich sah er jedoch in diesem Nationalstaatskonzept die einzige Möglichkeit eines modernen Polens, vor allem auch eine Voraussetzung der partnerschaftlichen Akzeptanz durch die Großmächte. Gerade in dieser Frage fand er in Piłsudski seinen größten geopolitischen und auch innenpolitischen Kontrahenten.

Dieser setzte dem nationalstaatlichen Konzept seine eher antiquiert wirkenden Vorstellungen über die Schaffung eines starken Staates nach historischem Vorbild entgegen, der auf der Grundlage historischer Gemeinsamkeiten und der Akzeptanz ethnischer Vielfalt ein föderales Konzept favorisierte, dass in einer größtmöglichen Ausdehnung sich selbst zwischen den feindlichen Mächten im West und Osten sichert. Die Präferenzen lagen dabei eindeutig im Osten und gingen auf Kosten von Russland beanspruchter Gebiete, so musste von Russland die größte Gefahr für Polen ausgehen und ein Übereinkommen mit Deutschland näher liegen als bei Dmowski, während eine deutsch-russische Verständigung jedoch die größte Katastrophe für Polen bedeuten würde. Somit war Piłsudski in noch größerem Maße Geopolitiker als Dmowski und wahrscheinlich auch Popławski. Während die Nationaldemokraten sich auf die Rolle von Volk und der inneren Verfasstheit des Staates als Voraussetzung seiner außenpolitischen Positionierung konzentrierten, rekurrierte Piłsudski auf die geopolitischen Grundparadigmen Staat, internationale Mächtekonstellation und Habitus der Nachbarn. Das Volk ist als Nation dem Staat zugeordnet.

Die machtpolitische Dominanz Piłsudskis und Dmowskis im Zwischenkriegspolen machte ihre geopolitischen Vorstellungen zu bestimmenden Faktoren des politischen Verhaltens, aber genauso der intellektuellen Diskurse, wenn diese auch in den verschiedenen politischen Lagern und über ihre Grenzen hinaus weitaus differenzierter und mit beachtlicher Tiefe weitergeführt wurden. So bewegte sich die geopolitische Ausrichtung im Polen der Zwischenkriegszeit hin zu einer Summierung der Vorgaben von Dmowski und Piłsudski und dem Abgleich ihrer politischen Grundpositionen. Die geographischen Vorstellungen vor allem Romers, aber zunehmend historisch belegt durch die Arbeiten von Oskar Halecki für den Osten und Zygmunt Wojciechowski für den Westen, untermauern ihre Thesen und bildeten die staatspolitische Philosophie einer unentrinnbaren Position zwischen Ost und West, der nur in der eigenen größtmöglichen Versicherung und einer Bindung zu den Mächten außerhalb dieser Konstellation entsprochen werden konnte. Der daraus abgeleitete geopoli-

103 Moczulski: Geopolityka, S. 558.
104 Dmowski: Polityka polska.

tische Imperativ bestand für die Forschung dann vor allem in der Begründung der Individualität eines geographisch und kulturell geschlossenen Territoriums des polnischen Staates und seiner historisch-geographischen Abgrenzung nach Osten und Westen durch die Identifizierung des Eigenen und des Fremden.[105] Die politisch aufgeladene Geographie, die in der Geopolitik ihre wirksamste Ausprägung fand, hatte gravierenden Einfluss auf Denkmuster und Denkstile. Sie formte methodische Ansätze der Forschung genauso wie sie Bewertungsmaßstäbe und Verhaltensmuster vorgab und nicht zuletzt geschichtsphilosophische Zugänge der Bestimmtheit polnischer staatlicher Existenz förderte. In Forschung und Publizistik war es faktisch unmöglich im Interesse von Glaubwürdigkeit, Rezeption und auch der Möglichkeit politischer Einflussnahme, sich diesem Einfluss zu entziehen. Dabei war der geopolitische Imperativ nicht ostspezifisch, erfährt aber in der Osteuropaforschung eine besondere Ausprägung und reichte weit in politische Entscheidungsprozesse hinein, die vor allem das sicherheitspolitische Handeln bestimmten.

3 Antemurale-Mythos

Der Antemurale-Mythos ist ein Grundpfeiler des zivilisatorischen Selbstverständnisses Polens in der geographischen Konstruktion des „natürlichen Polens". Er hat seine Wurzeln in der geopolitischen Situation Polens im Hochmittelalter und geht zurück auf die gesamteuropäische Auseinandersetzung mit den Mongolen und dem Osmanischen Reich als machtpolitischer Konflikt.[106] Gleichzeitig wurden die Auseinandersetzungen mit diesen „östlichen Mächten" unter dem universalen Mandat der Kirche als existentieller Kampf um den wahren Glauben gegen den Islam und das Heidentum sakralisiert und zu einer gesamteuropäischen Aufgabe der Verteidigung des christlichen Abendlandes stilisiert. Die Beteiligung an diesem Abwehrkampf, der die wichtigsten Mächte des damaligen Europas erfasste, war also nicht nur Selbstverteidigung und Selbstbestimmung als souveräner Staat, sondern entschied auch über die Anerkennung als europäische Macht und Mitgliedschaft in der *communis christianitatis*.

Durch den Mongoleneinfall im 14. Jahrhundert erstarkte die Rolle Polens in diesem Abwehrkampf und fand im Kampf gegen die Türken im 17. Jahrhundert eine allgemeine Bestätigung. Bis dahin war das Bewusstsein einer zentralen Position in der *antemurale christianitatis* bereits fester Bestandteil eines polnischen Staatsbewusstseins und der polnische Adel leitete seinen Herrschaftsanspruch nicht unwesentlich aus einer geradezu gottgegebenen Aufgabenstellung als Vormauer der Christenheit und eines Bollwerks des Abendlandes gegen die Bedrohung aus dem Osten ab.[107] Die tiefe Verankerung dieser Funktion und ihre frühe Mythologisierung lassen sich jedoch nicht allein mit der Rolle des Verteidigers und Bewahrers erklären. Der Gesichtspunkt der Expansionsmöglichkeiten durch die Christianisierung muss zur Verständlichkeit hinzugezogen werden. Bereits Mitte des 14. Jahrhunderts war päpstlicherseits die Aufforderung an den polnischen König ergangen, Litauer und Ruthenen zu missionieren, der damit einen Freibrief zur Erweiterung polnischen Territoriums im Osten

105 Moczulski: Polska pomiędzy Niemcamy a Rosją; Briesewitz: Raum und Nation, S. 201–206.
106 Krzyżaniakowa: Polen als *antemurale* Christianitatis.
107 Olszewski: Ideologia.

ausstellte.[108] Das setzte Polen an die vorderste Front der Christianisierung und provozierte gleichzeitig Konflikte mit dem Deutschen Orden und dem aufstrebenden Moskauer Reich, die für sich Gleiches in Anspruch nahmen. Entscheidend für Polen war jedoch, dass es sich bei der Rolle als Vormauer der Christenheit nicht allein um eine Selbstzuschreibung handelte, es war ebenso eine Fremdbeschreibung, eine Aufgabenstellung seitens der höchsten Instanz, die auch von europäischen Mächten und Eliten geteilt wurde.[109]

Für seine zentrale Rolle bei der Verteidigung Europas fand Polen also zunehmend belastbare Berufungsinstanzen und es wurde der Eindruck vermittelt, dass Polen die Antemurale-Funktion am deutlichsten annimmt und als einzige wirksame Kraft in diesem Kampf verblieben ist, nur Polen diese Aufgabe noch wahrnehmen kann, ja schicksalhaft wahrnehmen muss. Das Schicksal Polens wird somit mit dem Schicksal Europas aufs engste verbunden. Insofern ist der Antemurale-Mythos am Ausgang des Mittelalters sowohl eine Überlebenstaktik als auch durchaus ein Zukunftsprojekt[110] mit gesellschaftlicher Funktion.[111] Er brachte den Nachweis über die Notwendigkeit der Existenz eines polnischen Staates in der territorialen Situation gegenüber einer östlichen Bedrohung schlechthin und war gleichzeitig staatliche Legitimation mit einer eindeutig zivilisatorischen Bestimmtheit. Mit dem Niedergang des polnischen Großreiches im 17. und 18. Jahrhundert schwand jedoch die allgemeine Anerkennung dieser Rolle und reduzierte sich auf eine Selbstbeschreibung.[112] Die Auseinandersetzung mit dem aufstrebenden russischen Reich und die Abwehr der schwedischen Invasion konzentrierten den Antemurale-Mythos auf die Funktion einer Verteidigung des Katholizismus gegen Schismatiker und Häretiker.

Als Bollwerk des wahren Glaubens verfestigte sich der Mythos weiter im öffentlichen Bewusstsein und formulierte damit einen schwerwiegenden Befund, aus dem sich geradezu zwingend Ableitungen ergaben, die unter den Bedingungen staatlicher Nichtexistenz die zentrale Argumentation für eine Wiedererrichtung des polnischen Staates lieferten. Der Antemurale-Mythos war nicht nur Selbstvergewisserung der nationalen Eliten, sondern diente der Legitimation polnischer Staatlichkeit par excellence. Die Bollwerkfunktion wurde politisch-weltanschaulich auf die Rolle Polens als Vorposten abendländisch-lateinischer Kultur und ihrer Wertevorstellungen erweitert. In der Historisierung des Antemurale-Mythos erscheint Polen nun vornehmlich als Hort der Freiheit, Schutzmauer gegen die Tyrannei und Bewahrer aller humanistischen Werte, die eben Europa ausmachen.[113] Damit wurden die tradierten Elemente des Mythos positiv aufgenommen und um eine Aufgabe im Westen erweitert. Im Osten war die Stoßrichtung gegen Russland klar, das nicht nur vom wahren Glauben abgefallen war, sondern durch seine autokratische Herrschaft und imperiale Politik Europa bedrohte und seine Werte nicht teilte. Im Westen stellte sich Polen gegen einen preußischen Protestantismus, gegen absolutistische Herrschaft und einen „Drang nach Osten“, der die gesamte slawische Welt belastete. In der Konsequenz bewahrte Polen nicht nur das Slawentum vor einer Germanisierung und Unterwerfung unter den aufklärerischen Drang des Westens,

---

108 Tazbir: Od antemurale, S. 168.
109 Ebenda, S. 173.
110 Kuzma: Mit orientu, S. 17.
111 Wilkiewicz: Die großen nationalen Mythen, S. 59.
112 Tazbir: Spory o przedmurze, S. 111f.
113 Hein-Kirchner: Antemurale Christianitatis, S. 133f.

sondern sprach Russland auch die Slawizität ab und stellte es als byzantinisch-mongolisch außerhalb Europas dar.[114] Diese für die Ideen der Romantik typische Überhöhung und Idealisierung der eigenen Rolle und Position verband sich mit einer schicksalhaften Verknüpfung Polens mit dem Werdegang Europas, die vielfach von den progressiven Kräften in anderen Ländern geteilt wurde. Für unsere und eure Freiheit wurde während des Novemberaufstandes von 1830 gekämpft. Eine Losung, die bis in die Revolution von 1848 hinein gültig blieb. Daraus leiteten polnische Eliten das Recht auf die Wiederherstellung der polnischen Staatlichkeit ab und begründeten die Pflicht zur Unterstützung der polnischen nationalen Bestrebungen quasi als Wiedergutmachung dafür, dass Polen mit seiner Bollwerkfunktion den Fortschritt in Europa erst ermöglicht habe.[115]

Hieraus entwickelte sich eine ganze Argumentationskette, die durch die romantische Literatur verbreitet[116] und zunehmend auch von der Wissenschaft gestützt wurde. So war es wesentlicher Bestandteil der geopolitischen Überlegungen Nałkowskis, dass Polen durch seine Funktion als Schild Westeuropas die dortige Entwicklung ermöglichte und dies mit dem Rückstand der eigenen kulturellen Entwicklung bezahlte.[117] Namhafte Historiker wie Adam Szelągowski,[118] Stanisław Zakrzewski[119] oder Władysław Smoleński[120] widmeten diesem Thema ganze Abhandlungen und Oskar Halecki stellte bereits den Bezug zu einer europäischen Vorbildrolle des polnisch-litauischen Großreiches her.[121] Neben dem Aspekt der Verteidigung der Freiheit spielte hier auch immer eine zivilisatorische Mission Polens im Osten eine tragende Rolle, gleichsam als Aufgabe, die Polen für ganz Europa erfüllt. Am deutlichsten wird dieser Ansatz bei Feliks Koneczny verfolgt,[122] der damit im Weiteren die Forschungen zu Osteuropa prägen sollte.

Literatur, Geographie und Geschichtswissenschaft hatten mit der Illustration des Antemurale-Mythos bis zum Ausgang des Ersten Weltkrieges ein festes Argumentationsgerüst geschaffen, mit dem die polnische Delegation bei den Pariser Friedensverhandlungen souverän auftreten konnte. Es wurde trotz aller politischen Divergenzen fester Bestandteil ideologischer Grundpositionen, sowohl der Nationaldemokratie als auch des Piłsudski-Lagers. Nun gab es in Politik und auch Wissenschaft nicht wenige Gegenstimmen, die eine solche Mythologisierung der geopolitischen Situation Polens für unschlüssig und für wenig hilfreich in der nationalen Entwicklung erachteten.[123] Eigentlich standen der ganze Positivismus mit seiner Rationalität und die kritische Sicht der Krakówer Schule dagegen. Aber letztlich passte der Antemurale-Mythos mit seiner Überhöhung und seinem virtuellen Charakter besser in die Ideologie des Nationalen und erlaubte einen unkomplizierten Abgleich mit dem Machtanspruch der katholischen Kirche.

---

114 Ebenda, S. 137.
115 Morawiec: *Antemurale christianitatis*, S. 255f.
116 Kuzma: Mit orientu, S. 83ff.
117 Nałkowski: Materiały, S. 47.
118 Szelągowski: Wschód i Zachód.
119 Zakrzewski, Stanisław: Zagadnienia historyczne.
120 Smoleński, Władysław: Naród polski.
121 Wandycz: Oskar Halecki i jego wpływ.
122 Koneczny: Polska w kulturze powszechnej.
123 Hein-Kirchner: Antemurale, S. 137f; Tazbir: Spory, S. 119ff.

Bei der Gründung des modernen polnischen Staates bildet der Antemurale-Mythos die geistig-moralische Bestätigung der geopolitischen Position Polens und war eines der wichtigsten Instrumente ihrer gesellschaftlichen Vermittlung. Er wirkte faktisch als ideologisches Substrat des geopolitischen Imperativs. Trotz seiner Erweiterung auf den Westen blieb er genetisch auf den Osten fokussiert. Im Osten fand und findet eigentlich die polnische Geschichte statt. Die Funktion des Antemurale-Mythos im Westen diente vor allem der Verteidigung der Slawizität durch Polen und war Bestandteil der Abgrenzung zum Osten. Im Westen gab er sich kulturell legitimatorisch, gegenüber dem Osten hatte er zivilisatorisch-expansiven Charakter. Diese Perspektive bestimmte den wissenschaftlichen und politischen Diskurs über Ostgrenze und Ostpolitik bis hin zu einer generellen Einordnung in den Ost-West-Dualismus durch die polnische Osteuropaforschung. Auf dieser geistigen Grundlage fand der Antemurale-Mythos seine Bestätigung durch die Revanchepolitik der Weimarer Republik, aber vor allem durch die Revolution in Russland, die bolschewistische Herrschaft und die Gefahr des Kommunismus. Er entwickelte eine hohe Persistenz und bildete Submythen[124] aus, wie des „Wunder an der Weichsel“,[125] oder den Piłsudski-Mythos,[126] der eine wirksame innere Orientierung bot.

4 Messianismus und Prometheismus

Wie jeder politische Mythos hatte auch der Antemurale-Mythos eine klare sakrale Dimension und wurde von einer Mystik getragen.[127] Nach dem Untergang des polnischen Staates bleibt dieser Mythos eine tragende Säule positiver Selbstreflexion und Grundlage nationaler Identitätsfindung sowie staatlicher Legitimation. Nach der Enttäuschung über die Rolle Frankreichs und die Wiederherstellung des Teilungszustandes 1815 schienen mit der Niederschlagung des Novemberaufstandes von 1830 alle Hoffnungen auf eine polnische Staatlichkeit geschwunden. Aus dieser „signifikanten Krisensituation“ heraus entstand, gleichsam als Produkt höchster Verzweiflung, der Gedanke „messianischer Heilserwartung“.[128]

Es war die Romantik, die nicht nur in der Lage war, dieser Stimmung Ausdruck zu verleihen,[129] sondern auch die Phantasie und sprachlich-literarische Autorität entwickelte, einen polnischen Messianismus zu entwerfen, der die Offensivstrategie zu einer geistig-moralischen Wiedergeburt ausbildete. Es ist bezeichnend, dass die Bedeutung von Adam Mickiewicz als polnischen Nationaldichter gerade in der Formulierung des messianistischen Gedankens eine ihrer Grundlagen hat. Auf philosophische Strömungen des romantischen Messianismus der Pariser Emigration zurückgreifend,[130] formulierte er in seinen literarischen Werken das Bild von den Polen als „auserwähltem Volk“ und die Geschichte von Polen am Kreuz als „Christus des Völker“. Er knüpfte direkt an die Vorstellung der Rolle Polens als *antemurale*

124 Wilkiewicz: Die großen nationalen Mythen, S. 60.
125 Tazbir: Spory, S. 114.
126 Hauser: Der Piłsudski-Mythos; Hein-Kirchner: Der Piłsudski-Kult.
127 Bizeul: Politische Mythen, S. 5.
128 Brächter: Messianismus, S. 4.
129 Wilkiewicz: Die großen nationalen Mythen, S. 68ff; Walicki: Mesjanistyczne koncepcje S. 88ff; Krzemiński: Der Mythos der Nation, S. 144.
130 Kuderowicz: Das philosophische Ideengut, S. 28.

christianitatis an, in der Polen sich auf ewig Verdienste um das christliche Europa erworben habe, die ihm nie vergolten wurden und durch die es ein unvergleichliches moralisches Kapital angehäuft habe.[131] Durch seinen Opferstatus wird dem polnischen Volk eine universale Rolle als Erlöser zugeschrieben zur Erfüllung der geschichtlichen Mission der Freiheit für alle und „nirgendwo sonst im damaligen Europa (finden wir) jenes Bewusstsein einer *menschheitsumfassenden Mission eines bestimmten Volkes*".[132] Damit wurde Polen aus einer eher funktionalen Rolle endgültig in eine metaphysische überführt. In dieser absoluten Überhöhung war die Rolle Polens nicht mehr infrage zu stellen. Konnten gegenüber der Antemurale-Funktion noch historische Bedenken ins Feld geführt werden, so war dies mit dem Christus-Vergleich ausgeschlossen worden. Was universal erscheint, weil für alle wichtig, ja bindend, ist im Kern selbstbezogen und als eine Art „Abschottungsideologie"[133] ein Hochamt nationaler Sammlung. Der Messianismus machte in eindringlicher Weise die Wiederherstellung des polnischen Staates jedem Polen zum Gebot[134] und stellte sie Europa als Aufgabe.

Gleichsam als Erzählung beigeordnet wurden dem Messianismus Submythen, wie der Sarmatismus als genetische Herleitung für Freiheitswillen, Eigenständigkeit, Vaterlandsliebe und Verteidigungswillen der Polen,[135] ebenso die Geschichte vom vorbildlichen Herrscher,[136] oder noch ausgeprägter in Gestalt der Rzeczpospolita als erstem europäischen Staat, in dem Toleranz, Freiheit und Mitbestimmung realisiert worden waren.[137] Sie werden tragende Elemente eines geschichtsphilosophischen Dogmas und einer Leiterzählung, die Opfer- und Heldenkult in den Mittelpunkt polnischer Nationalgeschichte stellte mit einer Idealisierung des Staates sowie der kulturell-moralischen Überlegenheit des polnischen Volkes. Sie werden unterschiedlich akzentuiert von den politischen Strömungen übernommen und spielten über die Staatsgründung hinaus eine tragende Rolle.

Bei divergierender Bezugnahme auf die Schlüsselbegriffe wie Volk und Nation bei der Nationaldemokratie oder Staat und Führung im Piłsudski-Lager[138] lieferte der Messianismus doch eine gemeinsame Grundlage über die Auffassung einer grundsätzlichen zivilisatorischen Überlegenheit gegenüber dem Osten, verbunden mit einem Sendungsbewusstsein und einer historischen Mission als „Aufgabe im Osten". Unmittelbar äußerte sich dies in der durch Konservative und die Nationaldemokratie vertretenen Auffassung von der Lösung der nationalen Frage und der Minderheitenprobleme durch die Wirkung einer vorhandenen polnischen kulturellen Überlegenheit und die folgerichtige Akzeptanz dieser in einem Prozess gesellschaftlicher Konsolidierung des polnischen Staates. Dieser Gedanke war auch dem Piłsudski-Lager nicht fremd, obgleich hier der ordnungs- und machtpolitische Faktor dominierte.[139] Aber gerade mit dieser Ausrichtung führt das Piłsudski-Lager mit dem Prometheismus den Gedanken des Messianismus am konsequentesten fort, indem er nicht nur zur Realisierung der unmittelbaren Aufgabenstellung einer polnischen Staatsgründung beiträgt,

131 Olschowsky: Der Mythos, S. 90–93.
132 Garewicz: Messianismus, S. 156.
133 Bizeul: Politische Mythen, S. 13.
134 Kobylińska: Sterben für das Vaterland, S. 71ff.
135 Olschowsky: Sarmatismus, S. 283ff; Błoński: Sarmatismus.
136 Strzelczyk: Die Piasten.
137 Wilkiewicz: Die großen nationalen Mythen, S. 70.
138 Walicki: Mesjanistyczne, S. 102ff.
139 Zloch: Polnische Europa-Ideen, S. 162ff.

sondern auch jegliches Handeln außerhalb legitimiert und als Erfüllung einer damit eng verbundenen Aufgabe wertet. Hier verbleibt der Messianismus nicht in Sphären geschichtsphilosophischer Deutungen oder ideologischer Instrumentalisierung, er wird als Prometheismus praktiziert.

Die prometheistische Idee fand als allgemeine Befreiungsideologie unterdrückter Völker Anfang des 19. Jahrhunderts vor allem im russischen Imperium Verbreitung und wurde von der polnischen nationalen Bewegung als antirussisches Programm aufgenommen. Das Bild vom „Polnischen Prometheus“, der sich an die Spitze der Befreiung der unterjochten Völker stellt, passte sich in den Messianismus ein und machte wesentlich seinen missionarischen Charakter aus.[140] Die Idee blieb speziell in der polnischen Sozialdemokratie präsent, verband sich mit den föderativen Projekten und nationalen Vorstellungen Leon Wasilewskis und Tadeusz Hołówkos und erfuhr durch die Ergebnisse des Ersten Weltkrieges und die Revolution in Russland eine Wiederbelebung und Neubewertung.

Die nationale Frage blieb für viele Völkerschaften des russischen Imperiums ungelöst und schuf ein antirussisches bzw. antibolschewistisches Potential, das sich besonders in der Emigration entwickelte. Somit war die prometheistische Idee beileibe kein originär polnisches Produkt, wurde aber von bestimmenden politischen Kreisen zu einer politischen Doktrin entwickelt,[141] die sich als Handlungsgerüst und Verhaltenskodex in die föderativen Vorstellungen und Nationalitätenkonzepte des Piłsudski-Lagers einbrachte und letztlich auch als Vorgabe für eine Ostpolitik diente.[142] Prometheismus war somit die Anpassung des föderativen Projektes an die Bedingungen der Realität des Nationalstaates und der ethnisch-geographischen Tatsachen nach dem Frieden von Riga. Er ist die prinzipielle Umsetzung des politischen Pragmatismus der Sicherung Polens nach Osten mit der Option territorialer und machtpolitischer Veränderungen. Sinn und Trachten dieser Politik war die Sicherung Polens vor den „beiden Mahlsteinen“[143] Deutschland und Russland durch die Stärkung der östlichen Nationalitäten als Schutzschild Polens, das allein dieser beständigen Bedrohung nicht widerstehen kann. Piłsudski sah im Osten die besseren Chancen, sich diesem Druck zu erwehren. Während er in Deutschland eine undurchdringliche Wand erblickte, war der Osten trotz seiner Potenzen eine Region mit „weichem Unterbau“[144], gegen den man eher vorgehen könnte, bzw. wo man eher Partner fände, die entweder die Tradition einer Selbständigkeit besitzen oder in der Geschichte mit Polen verbunden waren. Neben dem föderalen Gedanken und dem Schutz vor Russland speiste sich Piłsudskis Interesse am Prometheismus vorrangig aus dem tiefen Misstrauen gegenüber den Westmächten[145] und der Überzeugung, dass Polen letztlich auf sich allein gestellt sein wird, vor allem was die Probleme im Osten angeht.[146] In der destruktiven Potenz der Nationalitätenfrage sah er die Achillesferse des russischen Reiches,

140 Bartoszewicz: Roman Knoll wobec sprawy, S. 11; Chwalba: Polen und der Osten, S. 57.

141 Bączkowski: Prometeizm na tle epoki, S. 28; Ders.: Czy prometeizm jest fikcją i fantazją?; Materski: Polska i ZSRR, S. 102ff.

142 Mikulicz: Prometeizm, S. 7.

143 Bączkowski: Sprawa ukraińska, S. 64.

144 Ders.: Prometeizm na tle epoki, S. 31.

145 Paruch: Piłsudczykowska wizja, S. 26; Ders.: Od konsolidacji.

146 Wasilewski: Józef Piłsudski, S. 172; Piłsudski: Pisma, Mowy, S. 152.

die zum Zusammenbruch des Staates führen kann. Auf diesen Zeitpunkt sollte Polen gut vorbereitet sein.[147] Die dann entstehenden Staaten konnten einen Sicherungsstreifen gegenüber Russland bilden und sollten in jedem Fall eng an Polen gebunden werden.

Hier spiegelte sich besonders deutlich das machtpolitische und mindestens paternalistische Element des föderativen Gedankens wider. Der machtpolitische Aspekt lag also schon im Ansatz über dem politischen Willen einer ausgewogenen Nationalitätenpolitik. Es galt als politisches Grundgesetz, dass an Polens Grenzen keine Staaten entstehen durften, die das Potential hatten, Polen zu gefährden.[148] Hier traf sich der Prometheismus mit den polnischen Großmachtphantasien eines „Polen zwischen den Meeren“ (międzymorze)[149], was seine politische Wirksamkeit wesentlich beschränkte und von den östlichen Nachbarn als Zielgruppe eher als Mittel imperialer Ambitionen Polens beargwöhnt wurde, denn als aktive Unterstützung ihrer nationalen Bestrebungen.

Der Prometheismus war in sich sehr widersprüchlich. Die Unterstützung der nationalen Bestrebungen verlangte nach einer klaren Konzeption einer Nationalitätenpolitik im Nationalstaat Polen und ordnete sich gleichzeitig der antisowjetischen Stoßrichtung unter. Diese Aspekte waren eng miteinander verbunden und konnten nicht getrennt behandelt werden. Das machte zwar einerseits eine gewisse theoretische Stärke des Prometheismus aus, indem durchaus Lösungswege im Nationalitätenstreit aufgezeigt wurden, andererseits blockierte es die praktische Umsetzung unter den gegebenen politischen Kräfteverhältnissen. Abgesehen davon, dass die bolschewistische Nationalitätenpolitik Polen ohnehin in einen gewissen Zugzwang brachte, war der offene Widerspruch zwischen der Politik der Unterstützung der nationalen Befreiungsbewegungen auf dem Territorium der Sowjetunion und die absolut restriktive Politik gegenüber den nationalen Minderheiten in den Kresy dauerhaft eines der größten Glaubwürdigkeitsprobleme des Prometheismus. So blieb der Prometheismus zwar ein Element der polnischen Außenpolitik, bestimmte sie aber nicht.

Immerhin, Polen stellte sich an die Spitze der prometheistischen Bewegung. Nach dem Frieden von Riga empfing Piłsudski auf seinem Landsitz in Solejówka mehrfach Delegationen von Exilfunktionären aus der Ukraine und dem kaukasischen Raum und sagte ihnen umfangreiche Unterstützung in ihrem nationalen Befreiungskampf zu.[150] Warschau wurde neben Paris und Istanbul zu einem Zentrum des Prometheismus und es entwickelten sich rege Kontakte, die vor allem durch Wasilewski und die Diplomaten Roman Knoll und Tadeusz Schaetzel realisiert wurden.[151] Die eigentliche Organisation des Prometheismus unterlag jedoch der Abteilung II des Generalstabes der Armee, also dem Geheimdienst, was den größtenteils konspirativen Charakter des Prometheismus unterstreicht.[152] Insgesamt blieben die prometheistischen Aktionen Polens zunächst recht begrenzt und beschränkten sich auf die Herausgabe von Propagandaschriften und die Koordinierung von Aktionen und Kontakten von Emigranten und einheimischen Oppositionellen.[153] Das änderte sich erst mit dem

147 Piłsudski: Pisma zbiorowe, t. 2, S. 249.
148 Boruta: Wolni z wolnymi, S. 219.
149 Troebst: „Intermarium“.
150 Lewandowski: „Prometeizm“ I, S. 113.
151 Bartoszewicz: Roman Knoll wobec sprawy, S. 26.
152 Mikulicz: Prometeizm, S. 199ff. Über die bestimmende Rolle der Abteilung II bei der Organisierung der Sowjetologie in Polen vgl. Kornat: Sowietologia, S. 80ff.
153 Lewandowski: Imperializm słabości, S. 135f.

Mai-Umsturz 1926. Das Piłsudski-Lager an der Macht eröffnete neue Möglichkeiten der Praktizierung des Prometheismus. Hołówko übernahm die Ostabteilung des Außenministeriums und gründete 1926 in Paris die Organisation „Le Prométhée", in der sich unter dem direkten Einfluss polnischer Politik und ausgestattet mit finanziellen Mitteln die Emigranten organisieren konnten und eine gleichnamige Zeitschrift herausbrachten. Zwei Jahre später wurde mit dem „Prometheus-Klub" (Klub Prometeusz) in Warschau eine Außenstelle gegründet, die Oppositionsbewegungen und Aktionen gegen das bolschewistische Russland organisierte[154] und der namhafte Persönlichkeiten der Historischen Wissenschaften wie Marceli Handelsman angehörten.[155] In diese Zeit fällt auch die Gründung des „Prometheischen Völkerbundes" (Prometeuszowska Liga Narodów) in Warschau, dem der Warschauer Universitätsprofessor aus der Bukowina Roman Smał-Stocki vorstand.[156] Neben der propagandistischen und publizistischen Arbeit nahm auch die konspirative Tätigkeit zu. Es kam zu einer engeren Zusammenarbeit zwischen Außenministerium und Generalstab. Schließlich wurde für die prometheistische Tätigkeit in der Abteilung II des Generalstabes eine eigene Abteilung geschaffen, die „Ekspozytura 2". Diese Nebenstelle wurde bezeichnenderweise vom Leiter des Historischen Büros der Armee (Wojskowe Biuro Historyczne) Julian Stachiewicz geleitet.[157]

Der Prometheismus zeigte über alle Brüche der Zweiten Republik hinweg eine erstaunliche Kontinuität seiner Ausrichtung, blieb dabei aber ausschließlich Domäne des Piłsudski-Lagers und auch hier eher des linken Flügels. Dabei gab es parteiübergreifend Übereinstimmung dahingehend, dass auf eine Abspaltung der Ukraine und Weißrusslands von der Sowjetunion hingearbeitet werden müsse und diese Nationen oder Völkerschaften ihre nationalen Zielstellungen ohne polnische Hilfe nicht erreichen könnten. Auch war man sich darin einig, dass Polen grundsätzlich eine abendländische Mission gegenüber den östlichen Nachbarn zu erfüllen habe.[158] Die Idee des Prometheismus stieß jedoch nicht nur deshalb auf Ablehnung, weil sie die, zumindest von der Nationaldemokratie, als notwendig erachtete Assimilierungspolitik gegenüber der weißrussischen und ukrainischen Minderheit konterkarierte, sondern auch weil die Unterstützung einer Eigenständigkeit oder gar Eigenstaatlichkeit dieser Völker grundsätzlich einen unberechenbaren Faktor darstellte, der sich auch gegen den polnischen Staat richten konnte. Die grundsätzliche Auffassung des Prometheismus, dass diese Staaten sich natürlicherweise gegen einen großrussischen Anspruch zu erwehren hätten, wurde so nicht akzeptiert. Es wurde durchaus auch das Risiko eines Bündnisses dieser Völker mit Russland gesehen, das sich gegen Polen wenden könnte, ja sogar eine antipolnische Allianz mit Deutschland wurde vor allem von den Nationaldemokraten nicht ausgeschlossen, womit genau das Gegenteil von dem erreicht werden würde, was der Prometheismus zum Ziel hatte. Ganz abgesehen davon, dass ukrainische oder weißrussische Eigenstaatlichkeiten die Kresy einfordern könnten, und zumindest, wie im Falle der deutschen Minderheit, einen weiteren Unruhefaktor ins Land brächten.

154 Ders.: „Prometeizm", t. I, S. 118.
155 Ders.: „Prometeizm", t. II, S. 35.
156 Bączkowski: Prometeizm na tle epoki, S. 44f.
157 Chojnowski: Koncepcja, S. 191; Mikulicz: Prometeizm, S. 203; Bączkowski: Prometeizm na tle epoki, S. 41ff; Lewandowski: „Prometeizm" I, S. 117.
158 Boruta: Wolni z wolnymi, S. 190ff.

Ende der 20er-Jahre tritt eine neue Generation auf den Plan, für die vor allem Włodzimierz Bączkowski[159] steht, die das Konzept des Prometheismus weiterdenkt, ohne freilich seine prinzipiellen Unzulänglichkeiten auszuräumen. Bączkowski sah in dem Konzept weniger ein statisches Prinzip als ein, und wahrscheinlich das einzige, politisches Modell für eine dynamische Außenpolitik, die verschiedene Optionen zulässt und vor allen Dingen eine Isolation zwischen zwei überlegenen Feinden vermeidet. Für ihn war der Prometheismus alternativlos und er entwickelte eine der wenigen strategischen Überlegungen dieser Zeit, die das ganze Ausmaß der Gefährlichkeit einer solchen Isolation deutlich machte und die es implizit vermied, in den Westmächten die letzte Chance zu sehen. Das Ziel war, durch eine elastische Politik im Osten, die keine Bündnisvariante ausschloss, eine allgemeine Entlastung zu erreichen, die den Rücken frei gegenüber Deutschland machte. Der Schlüssel war für ihn die Ukrainepolitik, in der er auch die wahre Erfüllung der polnischen Mission sah. Das Konzept wird freilich nur verständlich, wenn seine außen- und innenpolitischen Dimensionen betrachtet werden.[160] Letztlich ging es ihm aber auch nicht anders als Wasilewski, der es in seinen Schriften bei allen konstruktiven Ansätzen immer an konkreten Vorschlägen oder Hinweisen hatte fehlen lassen oder einfach davor zurückschreckte.[161] Bączkowski zeigte sich sogar unter den gegebenen politischen Umständen Ende der 30er-Jahre bereit, von eigenen Forderungen hinsichtlich autonomer Rechte für die ukrainische Minderheit Abstand zu nehmen. Aber gerade die Frage der Behandlung der ukrainischen Minderheit hatte mit den Pazifizierungsaktionen 1930/31 einen negativen Höhepunkt erreicht.[162] Darüber hinaus war 1931 mit der Ermordung Tadeusz Hołówkos einer der einflussreichsten Fürsprecher einer konstruktiven Ukrainepolitik liquidiert worden und alle Gespräche und Annäherungsversuche verliefen im Sande. Nach dem Tode Piłsudskis 1935 und Wasilewskis 1936 waren die wichtigsten Protagonisten des Prometheismus verschwunden und mit dem erzwungenen Rücktritt von Henryk Józewski als Wojewode in Wolhynien wurden 1938 die letzten praktischen Ansätze einer konstruktiven Minderheitenpolitik zunichte gemacht.[163]

Wenn auch der Prometheismus praktisch politisch kaum Einfluss ausüben konnte, so bleibt er doch die einzige relativ geschlossene Vorstellung zu einer polnischen Ostpolitik. Seine Bedeutung liegt aber vor allem in der Funktion als Impulsgeber zu einer intensiven Beschäftigung mit dem Osten, die eine breite Wirksamkeit entfaltete, das politische Bewusstsein sowie den intellektuellen Diskurs zum Osten prägte und Forschungsrichtungen bestimmte.[164]

---

159 Kloczkowski, Kowal: O Włodzimierzu Bączkowskim.

160 Bączkowski: O wschodnich problemach; Wilk: Sprawy ukraińskie. Die Arbeit enthält einen Brief Bączkowskis an den Betreuer mit einer kurzen Lebensbeschreibung.

161 Stoczewska: Litwa, Białoruś, Ukraina, S. 396.

162 Chojnowski: Koncepcja, S. 155ff, 173ff; Bömelburg: Die polnisch-ukrainischen Beziehungen, S. 92.

163 Chojnowski: Koncepcja, S. 232ff; Mędrzecki: Województwo wołyńskie, S. 144ff; Kęsik: Zaufany Komendanta.

164 Schattkowsky: Prometheismus und Osteuropaforschung.

5 Eurasianismus

Während geopolitischer Imperativ und Messianismus in Gesellschaft und Politik Polens komplex verankert waren, bildete der Eurasianismus oder Eurasismus ein Paradigma der Sicht auf den Osten, das eher bestimmte Kreise in der Politik und spezielle Perspektiven der Geographie, Geschichte und Sozialwissenschaften tangierte. Eigentlich ist der Eurasianismus ein Produkt der kritischen Reflexion russischer Exilanten auf die Entwicklung Russlands nach dem Ersten Weltkrieg. Als Gegenentwurf zum Bolschewismus gedacht war er aber durchaus Bestandteil einer allgemeinen Denkrichtung der Geschichts- und Kulturmorphologie und der Suche nach einer russländischen Identität unter den Bedingungen moderner Staatenentwicklung.[165] Daraus ergaben sich starke Berührungspunkte mit polnischen Perspektiven auf den europäischen West-Ost-Dualismus und der zivilisatorischen kulturellen Verankerung nationaler Geschichte im europäisch-asiatischen Kontext. Was den Eurasianismus nun für Polen so interessant machte, ist seine Selbstbeschreibung als nichteuropäisch, als Großregion, die identisch mit dem russischen Reichsgedanken nicht lateinisch beeinflusst war und auch nicht von den geistigen und ökonomischen Umwälzungen des Westen berührt wurde; Eurasien als Großregion mit großer historischer Eigenständigkeit. Das trifft vielfach den methodischen Denkansatz des geopolitischen Imperativs und des polnischen Messianismus soweit, dass man durchaus, bei aller Berücksichtigung des originären russischen Ansatzes, von einem polnischen Eurasianismus (eurazjatyzm, eurazjanizm) als Wissenschaftskonzeption und politischer Denkrichtung sprechen kann.[166]

Der Eurasianismus (jewrazijstwo) war eher eine Randerscheinung der sich nach 1917/18 bildenden politischen Strömungen innerhalb des russischen Exils und ging von einem recht kleinen, klar fassbaren Kreis von Personen aus, der nie das Stadium gefestigter politischer Strukturen erreichte und auch als politische Partei marginal blieb.[167] Sein politischer Charakter war zu diffus und seine Vertreter zu verschieden in der Auslegung und Deutung der eurasischen Ideologie, um breitere Kreise zu erreichen. Dennoch ist er wichtig, weil er sich in Grundschemen einer modernen Geschichtsphilosophie einordnet[168] und eine ganze Reihe von Bezugspunkten zu aktuellen Fragestellungen des Verhältnisses von West und Ost sowie von Masse und Macht bediente. Im Eurasianismus finden sich viele bestimmende Denkmuster, die großen Einfluss auf die Osteuropaforschung hatten. Der Begriff Eurasien war für die zusammenhängende Landmasse Europa und Asien bereits im 18. Jahrhundert von dem österreichischen Geologen Eduard Suess geprägt worden.[169]

Stark vom Slawophilentum beeinflusst stand die historische, kulturelle und mentale Eigenständigkeit dieser geographischen Vorstellung im Mittelpunkt des Denkens einer frühen eurasischen Bewegung,[170] wobei es vor allem um die positive Abgrenzung vom lateinischen Westeuropa ging. Die Eurasier beantworteten damit die Frage nach der Europäizität

165 Wiederkehr: Die eurasische Bewegung, S. 1ff, 188ff; Stammler: Europa; Paradowski: Metodologiczne.
166 Bäcker: Między chłodną analizą, S. 256ff.
167 Paradowski: Eurazjatyckie imperium, S. 45ff, 139ff; Bäcker: Dzieje Eurazjatyzmu, S. 35, 40; Opacki: Rosjanie, S. 304ff.
168 Suchanek: Rosja, S. 12.
169 Wiederkehr: Die eurasische Bewegung, S. 36.
170 De Lazari: O mentalnościowych korzeniach eurazjatyzmu.

Russlands, die die russischen intellektuellen Debatten des 19. Jahrhunderts dominierte, mit dem Konzept der eurasischen geographischen und kulturellen Identität in großer historischer Tiefe. Die eurasische Ideologie war aber nicht nur eine historische Erklärung, sondern auch ein politisches Programm der Gestaltung eines geographischen Großraumes nach den Krisen von Krieg und Revolution und der Entwurf von gesellschaftlichen Ordnungsprinzipien aus der eigenen historischen Erfahrung heraus in völliger Unabhängigkeit von westlich-lateinischen Einflüssen.

Die zentralen Argumente für die Originalität und Einheitlichkeit Eurasiens wurden vor allem mit geographischen und historischen Argumenten belegt. Zum einen ist es die kulturgeographisch hergeleitete Einheitlichkeit durch natürliche Grenzen, Vegetation und Klima, zum anderen die mythische Originalität der Abstammung von den turanischen Stämmen aus Mittelasien. Auch wird der mongolische Einfluss wesentlich höher bewertet als etwa der der Waräger oder des byzantinischen Reiches. Westlicher Einfluss wird nicht geleugnet, aber eben nur in dem Maße gedeutet, wie er die Eigenständigkeit Eurasiens belegt. Eben dieser Synkretismus vermochte den Moskauer Staat zu schaffen und das großrussische Imperium herauszubilden. Dabei übernahm er von den Mongolen die militärischen Fähigkeiten, Führungsstärke und Führerkult und wurde in der Rolle des „dritten Roms" zum Bewahrer des rechten Glaubens in Gestalt der russisch-orthodoxen Kirche gegenüber der Häresie einer römisch-katholischen Christenheit, wobei die Eurasier gerade in dieser zentralen Frage mit Fjodor Dostojewski einen ihrer einflussreichsten Befürworter fanden.[171] Quintessenz der eurasischen Ideologie ist eine Staatskonstruktion, die Eurasien ausmacht und überethnischen Charakter trägt. Alle Völker können sich in diesem Staat frei entwickeln und ihre Religion ausüben. Freilich bündelt sich in Orthodoxie und Russentum eine zivilisatorische Überlegenheit, die dadurch eine Führungsrolle übernimmt und eine gestaltende Wirkung ausübt, die andere Ethnien freiwillig akzeptieren oder der sie sich anpassen. In der Bewertung der Ukrainer und Weißrussen wurde das besonders deutlich.[172] Ihnen gesteht man innerhalb des Staates alle Entwicklungsmöglichkeit zu, sah aber durch ihre niedere zivilisatorische Entwicklungsstufe die Hinwendung zum Großrussentum als einen normalen Vorgang an. Die Parallelen zu den polnischen Vorstellungen über eine missionarische Wirkung bzw. Aufgabe liegen auf der Hand und die Vorstellungen eines „alternativen Nationalismusbegriffs"[173] ähneln sich.

Diese Vorstellungen bildeten die Grundlagen für das politische Programm einer Erneuerung des russischen Staates in einem eurasischen Staatsverband.[174] Keinesfalls sollte es eine Rückkehr zu den Verhältnissen vor 1917 geben und gemeinsames Handeln in kollektivistischen Wirtschaftsformen wurde als Voraussetzung zum Erhalt des Vielvölkerreiches angesehen. Hieraus ergab sich eine gewisse Nähe zum Bolschewismus, der auch mit seinem autoritären, militärisch geprägten Staatsmodell den Eurasiern entsprach. Nun war er allerdings durch seine antireligiöse Haltung inakzeptabel, aber als eine Übergangsphase durchaus vorstellbar. Bei allen Versuchen der Eurasier, ihr Staatsprogramm auf eine neue Grundlage zu stellen und sich vom alten imperialen russischen Reich zu trennen, blieb doch das Element

171 Suchanek: Rosja, S. 21f.

172 Bäcker: Międzywojenny eurazjatyzm, S. 89–92.

173 Wiederkehr: Die eurasische Bewegung, S. 192.

174 Bäcker: Międzywojenny eurazjatyzm, S. 153ff.

der großrussischen Vorherrschaft mit der Option auf expansive Politik als Grundgedanke erhalten.[175]

Polen entwickelte zum Eurasianismus ein ausgesprochen ambivalentes Verhältnis und gerade deshalb wurde ihm eine relativ hohe Aufmerksamkeit geschenkt. Einerseits sahen polnische Intellektuelle große Gemeinsamkeiten mit ihren Anschauungen über den polnischen Messianismus und geopolitischen Gegebenheiten und entwickelten eine gewisse Affinität zum eurasischen Gedanken, andererseits und vielleicht gerade wegen der Gemeinsamkeiten war der Eurasianismus aufgrund seiner implementierten großmachtpolitischen Ambitionen ganz in der Tradition des russischen Imperialismus auch eine große Gefahr für Polen. Entsprechend unterschiedlich fielen die Bewertungen aus.[176] Im Vordergrund stand dabei die Gefährlichkeit der eurasischen Theorie für Polen. Beispielhaft wurde dieser Konflikt zwischen dem Sanacja-Publizisten Marian Uzdowski und dem Vertreter der eurasischen Bewegung im polnischen Exil L. S. Woyciechowski ausgetragen. Uzdowski geht in einer 1928 herausgegebenen Broschüre[177] von der grundsätzlichen Feindlichkeit des Eurasianismus für Polen aus und sieht in ihm den direkten Nachfolger des russischen Imperialismus, der noch gefährlicher als der Bolschewismus den direkten Zugriff auf die Kresy sucht und letztlich den polnischen Staat infrage stellt. Woyciechowski reagiert unmittelbar in der PPS-Zeitschrift „Droga" mit einer Gegendarstellung,[178] in der er alle Vorwürfe zurückweist und den grundsätzlich friedlichen Charakter des Eurasianismus hervorhebt. Er kontert mit dem Argument, dass es eben der hegemoniale Anspruch der europäischen Kultur ist, gegen den sich der Eurasianismus wendet, der für sich lediglich seine Eigenständigkeit betont, ohne jegliche Feindlichkeit gegenüber Europa.[179] Der westliche Einfluss hat eben zur bolschewistischen Revolution in Russland geführt und nimmt für sich eine Vormachtstellung unter den Völkern in Anspruch. In der territorialen Frage der Grenze zwischen Russland und Polen gibt es nach Woyciechowski keine natürliche, sondern eine Grenze, die durch die kulturelle Trennung zwischen Europa und Eurasien bestimmt wird. Hier befinden sich Völker, die sowohl russischem als auch polnischem Einfluss unterliegen und deren Zugehörigkeit letztlich durch die beiden souveränen Staaten entschieden wird. Dabei unterstreicht der Autor die Möglichkeit von Autonomielösungen und bestreitet jegliche aggressive Lösungsversuche seitens Russlands.[180] Gerade hier setzt Uzdowski in seiner Erwiderung mit seiner Kritik an und hält generell am grundsätzlich gefährlichen Charakter des Eurasianismus für Polen fest. Er tut Woyciechowskis Auffassung als individuelle Meinungsäußerung ab, die nicht repräsentativ für die eurasische Bewegung sei.[181]

Einen gewissen Abschluss der Debatten um den Eurasianismus in Polen bildeten die Artikel des damaligen ideologischen Kopfes der Bewegung und Professors der russischen Universität in Prag Piotr Sawicki im Krakówer „Przegląd Współczesny".[182] Die Bewegung hatte ihren Zenit bereits überschritten und marginalisierte sich weiter. So bot der Artikel auch

175 Ders.: Ewolucja eurazjatyzmu.
176 Ders.: Międzywojenny eurazjatyzm, S. 201ff.
177 Uzdowski: „Eurazjanizm".
178 Woyciechowski: Polska a Eurazja.
179 Ebenda, S. 161.
180 Ebenda, S. 168.
181 Uzdowski: Sprawa eurazji.
182 Sawicki. Piotr: Eurazjanizm. I; Ders.: Eurazjanizm. II.

nichts Neues, erhob aber dem Forum entsprechend einen wissenschaftlichen Anspruch. Dieser Abriss der Geschichte und der Grundlagen der eurasischen Idee betonte nochmals den Eurasianismus als eigenständige Staatsidee in struktureller und kultureller Unabhängigkeit von Europa, dem sich Individuen und Völker als multiethnische Einheit im Interesse der eigenen gedeihlichen Entwicklung unterordnen müssen. Den anhaltenden Stellenwert der eurasischen Idee zumindest für die Forschung belegt ein Artikel, den Sawicki im selben Jahr in der Zeitschrift des „Wissenschaftlichen Forschungsinstituts für Osteuropa" in Wilno (INBEW) veröffentlichte. Hier entwickelte er eine Konzeption zur Erforschung des Eurasianismus.[183] Er formulierte Aufgabenstellungen, die eine wissenschaftliche Begründung der Grundthesen der eurasischen Bewegung zum Ziel haben. Im Vordergrund steht dabei der Nachweis der historischen Tiefe einer Eigenständigkeit der geographischen Einheit Eurasiens in einer unabhängigen Entwicklung von Europa. Zum Nachweis empfahl er die „eurasische Methode", die weder eine europäische noch russische oder asiatische Perspektive entwickelt, sondern sich eines universalistischen Ansatzes einer Wissenschaft über die Welt bedient.[184] In den Mittelpunkt stellte er kulturgeographische und historische Forschungsfelder und plädierte dafür, dem Begriff der „Alten Welt" „Zentrum" und „Peripherie" entgegenzusetzen. Das Zentrum bildet Russland und der Autor arbeitet vordergründig mit dem Begriff „Russland-Eurasien". Insgesamt erweist sich das Forschungskonzept als eine Anleitung zur Bestätigung der russischen Dominanz in einem geographischen Großraum, der in diesem Fakt auch seine staatliche Legitimation findet. Das mythische turanische Volk ging in Russland auf, das russische Volk übernahm die Herrschaftseigenschaften der Mongolen und expandierte kulturell in den kleinrussischen Raum. Russland hatte den Großraum vor den westlichen Einfällen (Schweden) verteidigt und stellte mit seiner russisch-orthodoxen Monarchie die einzig tragfähige Staatsidee dar, die in der Lage war, die großen Entwicklungsmöglichkeiten Eurasiens zu realisieren. Wenn dieses als Forschungsprogramm verkaufte politische Statement des Eurasianismus auch eher geeignet war, die polnischen Vorbehalte gegenüber seinen machtpolitischen Ambitionen zu bestärken, so änderte sich doch nichts an den Anknüpfungspunkten polnischen politischen Denkens an den Eurasianismus und einer gewissen Kompatibilität mit geopolitischen Vorstellungen und dem Messianismus.

Was die wissenschaftliche Bewertung angeht, so hatte der einflussreiche Wilnoer Literaturwissenschaftler und Russlandspezialist Marian Zdziechowski bereits in unmittelbarer Reaktion auf die Entstehung der Bewegung eine erste Analyse des Eurasianismus vorgelegt. 1922 hielt er Vorlesungen an der Universität Wilno zum Thema „Russischer Eurasianismus".[185] Er analysierte vor allem die programmatischen Äußerungen der Bewegung und wandte sich gegen die geographischen Begründungen der Theorie. Im Vordergrund stand für Zdziechowski allerdings die Bedeutung des Eurasianismus für Polen. Dabei war seine grundsätzliche Annahme, dass vom Osten generell eine Bedrohung der westlichen und damit auch polnischen Zivilisation ausgeht und der Bolschewismus für sich eine weitere Steigerung des Bedrohungspotentials darstellt.[186] Alles was sich gegen den Bolschewismus stellt, musste daher günstig für Polen sein. Somit erfährt der Eurasianismus bei Zdziechowski eine positive

183 Savickij: Eurazjanizm jako koncepcja naukowa.
184 Ebenda, S. 26f.
185 Zdziechowski: Eurazjatyzm rosyjski.
186 Pawlak: Stosunek Mariana Zdziechowskiego, S. 122ff.

Bewertung, zumal er in ihm eine Bewegung erkannte, die durch die Abwendung von Europa und die Betonung der Eigenständigkeit in der inneren Konsolidierung Russlands eine der dringlichsten Aufgaben sieht und dadurch die Grenzfrage zu Polen aktuell nicht gestellt wird.[187]

Die Bewertungen und Analysen des Eurasianismus bestätigten und kultivierten Grundannahmen eines polnischen eurasischen Ostparadigmas, das forschungsleitend wirkte. Diese bestehen vor allem in der Selbstzuschreibung eines signifikanten asiatischen Einflusses, der Russland aus dem europäischen Kontext drängt, dem Bekenntnis zur militärisch-autokratischen Herrschaft und schließlich dem tendenziell expansiven Großmachtanspruch, der sich in dem missionarischen Charakter und der ungefestigten territorialen Beschreibung des Großraumes zeigt. Diese Perspektive beschränkte sich nicht nur auf das Werk Zdziechowskis, wenn auch hier wohl am prägnantesten formuliert, sondern beeinflusste die gesamte Denkrichtung, die sich mit der kulturell zivilisatorischen Verfasstheit des russischen Imperiums befasste und sich die Frage der strukturellen Ordnungsprinzipien Europas in Gestalt des Ost-West-Dualismus zum Gegenstand machte.

187 Zdziechowski: Eurazjatyzm rosyjski, S. 289.

II Wissenschaftsverfassung und Strategien

1 Wissenschaft als Aufgabe und nationale Verpflichtung

Die polnische nationale Bewegung stellte sich der Situation der möglichen Wiederherstellung einer Staatlichkeit im Ersten Weltkrieg gut vorbereitet. Nach der Aufstandszeit waren durch die Politik der organischen Arbeit eigene, moderne gesellschaftliche Strukturen geschaffen worden, die gute Voraussetzungen zur Staatsgründung hervorbrachten. Die Zugeständnisse der Teilungsmächte gegenüber der Wiederherstellung eines polnischen Staates während des Krieges bestätigten, bei aller Fragwürdigkeit, zumindest ein allgemeines Bewusstsein in Europa zur Lösung der polnischen Frage, so dass das polnische Staatsprojekt sich in einer recht komfortablen Position befand.

Auf dieser Grundlage entwickelten die polnischen Eliten enorme Aktivitäten, um Staat und Territorium zu legitimieren. Sieht man einmal davon ab, dass die moderne Nation per se einen großen Legitimationsbedarf besitzt, so wurde er im Falle Polens sicher noch durch das in den bestimmenden politischen Kreisen ausgeprägte Bewusstsein gefördert, dass nach der Teilungszeit und unterschiedlichen Entwicklungsprozessen in den verschiedenen Teilungsgebieten ihre Vereinigung besonderer identitätsstiftender Begründungen und Rituale bedurfte. Auch gegenüber den Siegermächten, die formal über die Gestalt des zukünftigen polnischen Staates zu bestimmen hatten, war eine fundierte Erklärung territorialer Ansprüche notwendig. Vor allem aber war es die staatsterritoriale Positionierung zwischen traditionell feindlich eingestellten Nachbarn, die dieses hohe Legitimationsbedürfnis erklären kann und ein besonders enges Verhältnis von Wissenschaft und Politik generierte. Geschichte und Geographie wurden zu jenen Berufungsinstanzen,[1] die Staat und Territorium als geradezu naturgegeben und unbestreitbar zu belegen hatten.

In diesen historisch-geopolitischen Ansätzen spiegelte sich der sicherheitspolitische Imperativ, der sich mit der Staatsgründung der Zweiten Polnischen Republik verband, stellte aber gleichzeitig auch die Frage nach implementierten Souveränitätsdefiziten, die es zu kompensieren galt. Ganz in der Tradition des Zeitraumes der Teilung, wo die Wissenschaften im Sinne der organischen Arbeit ein wesentlicher Bestandteil des Zusammenhaltes des polnischen Volkes in den Teilungsgebieten darstellten und integrativer Faktor der Organisation der Gesellschaft waren,[2] wurden ihnen bei Aufbau und Gestaltung des polnischen Staates eine zentrale Funktion zugewiesen. Ihre bestimmende gesellschaftliche Aufgabe stand außer Frage. Wie diese allerdings wahrgenommen werden sollte, ohne dabei die Freiheit der Wissenschaften zu beschränken, bestimmten die Diskussionen in den neu entstandenen Gremien. Vor allem Historiker entwickelten ein ausgeprägtes Verantwortungsgefühl gegenüber Staatlichkeit und Gesellschaft, das sich zunächst in der Frage der Ostgrenze, aber

1 Schweiger: Polens Zukunft, S. 3f.

2 Buszko: Organisatorische; Bieńkowski: Die polnischen; Jużwenko, Wrzesiński: Modernisierung; Wojtasik: Tradycje.

auch schon sehr allgemein in der Vermittlung nationaler Werte und Dienst an der nationalen Erziehung und Bildung artikulierte.[3] In der sehr lebendigen Methodendiskussion der polnischen Historiker während des Krieges hatte der Krakówer Rechtshistoriker Stanisław Kutrzeba bereits auf die Aufgabe der Geschichte für die Gestaltung des praktischen Lebens und den Einfluss auf die Politik hingewiesen.[4]

Zum Podium einer breiten Debatte um die Rolle der Wissenschaften bei Aufbau und Gestaltung des neuen Polen wurde die Zeitschrift „Nauka Polska", als Jahrbuch herausgegeben durch die „Mianowski-Unterstützungskasse für Wissenschaftler", die schon in der Teilungszeit maßgeblich an der Erhaltung und Formierung einer national orientierten polnischen Wissenschaft beteiligt war und faktisch als ein „Ministerium der polnischen Wissenschaften" figurierte.[5] Das Jahrbuch machte sich zur Aufgabe, über die Anforderungen, Organisation und Aufgaben der Wissenschaften zu berichten und dabei die gesellschaftlichen und psychologischen Aspekte genauso zu berücksichtigen, wie Fragen der Wissenschaftsorganisation und Wirksamkeit im Ausland.[6] Namhafte Historiker hatten hier Gelegenheit, sich grundsätzlich zur Rolle der Geschichtswissenschaften und zum Stand ihrer Entwicklung zu äußern. Im Mittelpunkt standen das Verhältnis der historischen Wissenschaften zu Staat und Gesellschaft und die Zielstellung der Emanzipation der Geschichtswissenschaften aus der teilungsbedingten Regionalisierung und Fremdbeeinflussung durch die Staatswerdung als Aufgabe.

Bemerkenswert ist dabei vor allem, dass diese Reflexionen immer mit einer methodischen und inhaltlichen Ausrichtung verbunden waren, die sowohl den internationalen Forschungsstandard als auch das Alleinstellungskriterium der polnischen nationalen Wissenschaften berücksichtigten. Bereits im ersten Band von 1918 widmete der Warschauer Mediävist Jan Karol Kochanowski dem Verhältnis von „polnischem Denken" als polnischem Subjektivismus und dem objektiven Zugang zu historischen Phänomenen als Methode einer allgemeinen Synthese der Geschichte breiten Raum.[7] Wenn er auch die objektive Synthese als Grundprinzip historischer Forschung nicht infrage stellte, so plädierte er doch rein praktisch für eine „polnische Synthese" der Geschichte und begründete dies vor allem mit der traditionellen und bestimmenden Fremddeutung polnischer und zudem allgemeiner Geschichte durch die Teilungsmächte, insbesondere der deutschen Geschichtswissenschaft, und durch die geographisch-historischen Gegebenheiten der Existenz der polnischen Nation, die durch ihre kulturelle Kompetenz per se eine Deutungshoheit zumindest in ihrem historisch-machtpolitischen Entwicklungsraum besitzt. Daraus folgend sah er überdies in der Erforschung der allgemeinen Geschichte des Slawentums einen Schwerpunkt polnischer historischer Forschung und formulierte dieses Forschungsfeld geradezu als Aufgabe, um das vorherrschende deutsche und auch russische Monopol zu brechen und es aus den „Händen der Ausländer"[8] zu nehmen, die eine grundsätzlich unfreundliche und feindliche Perspektive auf die polnische Geschichte entwickelt hätten. Auch sollte man die Augen nie davor verschließen, dass Polen von diesen

3 Suleja, Wrzesiński: Spory, S. 156f; Grabski, Feliks Andrzej: Zarys, S. 166ff.
4 Kolbuszewska: Mutacja, S. 173; Historycy o historii (I), S. 612; Serejski: Naród a państwo.
5 Bieńkowski: Die polnischen, S. 164.
6 Hartmann: Hochschulwesen, S. 20.
7 Kochanowski: O potrzebach.
8 Ebenda, S. 229.

Nachbarn eine permanente Gefahr droht. Gleichzeitig ging es Kochanowski nicht weniger darum, sich durch die Anwendung solider Forschungsstandards der Analyse und des Vergleichs gleichberechtigt mit den Vertretern anderer Länder im Sinne einer „Europäisierung des Niveaus der polnischen Wissenschaften“[9] vor den „hohen Altar der Zivilisation“ stellen zu können.[10] Als unmittelbare Aufgabe formulierte er deshalb die Konzentration auf die polnische Geschichte im slawischen Zusammenhang durch die Erschließung der Quellen und die historisch-geographische Bestimmung und Legitimierung des polnischen Staates.[11]

Diese aber auch aus der Geschichte des polnischen Volkes und damit aus einer soziologisch-ethnologischen Perspektive heraus zu erklären, war zentrale Forderung des Beitrages von Jerzy Smoleński im gleichen Band.[12] Als ein erster Vertreter einer geographischen Anthropologie knüpfte er damit nicht nur an die sich international etablierenden Ansätze einer Volksforschung an, er bediente damit auch direkt den Aspekt der kulturellen Wirksamkeit. Gerade die polnische Geschichte kann nicht nur mit einzelnen Aspekten politischer, ökonomischer Geschichte oder der Entwicklung der Gesellschaft erklärt werden, sondern die Geschichtswissenschaft muss sich öffnen für die gesamte Breite des Lebens der Bevölkerung. In der Konsequenz war der Beitrag Smoleńskis ein Plädoyer für eine Kulturgeschichte bzw. eine Geschichte „von unten“, indem er die Sammlung der kulturellen Errungenschaften des polnischen Volkes als beste Möglichkeit zur konsequenten Analyse der polnischen Geschichte ansah, die dann als Beleg ihrer Individualität und schöpferischen Fähigkeiten dient. Er nahm Bezug auf den internationalen Forschungsstand und forderte die stärkere Berücksichtigung der Ethnologie für die polnische historische Forschung. Die Quintessenz seiner Überlegungen war die Herstellung der Einheitlichkeit und Individualität des polnischen Volkes aus einer regional bedingten ethnischen Vielfalt heraus, woraus sich der mittelalterliche polnische Staat entwickelte. Die Rzeczpospolita wiederum entwickelte sich aus einem Staat vieler Völker, die sich nicht assimilierten und in einem „gemeinsamen Territorium staatlich-parlamentarischen Lebens“ ihre Individualität behielten.[13] Allein die polnische kulturelle Überlegenheit sicherte die dauerhafte zivilisatorische Expansion auf fremdem Territorium im westeuropäischen Geiste. Dieses zivilisatorische Element war dann auch für Smoleński der entscheidende Faktor für eine moralische Vereinheitlichung, die über einer rein staatlichen stand und in der Lage war, über den Verlust der staatlichen Unabhängigkeit hinaus einen Zusammenhalt der Rzeczpospolita zu sichern.

Ein Jahr später schloss der Poznańer Mediävist Kazimierz Tymieniecki mit seinem Beitrag, ebenfalls in „Nauka Polska“, die Bestandsaufnahme zu den historischen Wissenschaften zunächst ab.[14] Ähnlich wie seine Kollegen attestierte er der polnischen historischen Forschung ein großes Potential und sah gute Voraussetzungen für die Organisation einer potenten Geschichtswissenschaft im polnischen Staat. Ohne auf einen Bezug zum internationalen Standard zu verzichten, orientierte er aber noch stärker auf die Darstellung der polnischen

9 Ebenda, S. 231.
10 Ebenda, S. 226.
11 Ebenda, S. 235.
12 Smoleński, Jerzy: Potrzeby.
13 Ebenda, S. 242.
14 Tymieniecki: Uwagi.

Geschichte mit eigenen Kräften, quasi als historiographische Neuschöpfung. Der fremde Einfluss, vor allem der deutsche, auf die Deutung der polnischen Geschichte müsse endgültig beseitigt werden und die Besinnung auf das Eigene unbedingten Vorrang haben. So sollten alle Publikationen nur in polnischer Sprache erscheinen und Veröffentlichungen in anderen europäischen Sprachen ausbleiben.[15] Die Konzentration auf die eigenen Kräfte sollte sich jedoch mit einer größeren Wirksamkeit im öffentlichen Raum verbinden. Die größte Herausforderung sah der Autor deshalb in der Überwindung des für ihn in Polen besonders stark ausgeprägten Widerspruchs zwischen wissenschaftlicher Theorie und lebensweltlicher Praxis. Diese „eiserne Tür“ zwischen der Welt der Wissenschaftler und dem praktischen Leben müsse aufgestoßen werden.[16] In den Mittelpunkt seiner Argumentation stellte er die soziale Funktion der Wissenschaften und forderte die Annäherung der Wissenschaften an das Leben: „Das Volk hat das Recht, von den Historikern Ansichten zur eigenen Geschichte zu fordern, die für alle zugänglich und verständlich sind.“[17] Das Monopol der Selbstdeutung war für Tymieniecki Ausdruck wiedererlangter staatlicher Souveränität. Der selbständigen analytischen Aufbereitung der eigenen Geschichte maß er eine ebenso große Bedeutung bei wie der methodisch anspruchsvollen wissenschaftlichen Publizierung in allgemein verständlicher Form. Beiden Aufgaben gleichzeitig könne der Historiker jedoch nicht gerecht werden. Zwar betrachtete Tymieniecki nach wie vor historische Wissenschaft und Publizistik als zwei eigenständige, unabhängige Formen, die sich gegenseitig nicht ersetzen können, räumte aber unter den konkreten Anforderungen und der Berücksichtigung historischer Erfahrungen durchaus eine Auflösung der klaren Grenzen ein. Damit konstatierte er letztlich einen Sachverhalt, der sich für die Verbreitung historischen Wissens in der Zweiten Republik als sehr markant erweisen sollte und sich nicht nur auf die publizistische Ebene bezog, sondern auch das Verhältnis von Forschung und Politik im Allgemeinen betraf.[18]

Diese Grundtendenzen der Bestandsaufnahme und ersten Überlegungen zu einer Strategie der polnischen Wissenschaften fanden ihre Bestätigung und Erweiterung auf dem I. Polnischen Wissenschaftskongress in Warschau im April 1920. Unter dem Thema „Wissenschaft und Staat“ formulierte er als zentrale Aussage, dass die Wissenschaften der Gesellschaft und vor allem dem Staat zu dienen haben und ein wissenschaftliches Programm für die Legitimierung der Grenzen des polnischen Staates zu erarbeiten sei. Auf ihm forderte das Komitee der Mianowski-Kasse die Entwicklung „lebensnaher Wissenschaften“ und bestimmte die sozialen und Geschichtswissenschaften zu den zentralen Instanzen der Vermittlung wissenschaftlicher Erkenntnisse in der Gesellschaft.[19] Zum Wortführer machte sich der namhafte Lwówer Sozial- und Wirtschaftshistoriker Franciszek Bujak,[20] der die Geschichtsschreibung der nationalstaatlichen Aufgabe unterordnete und die Aufgabe des Historikers

15 Ebenda, S. 166f.

16 Ebenda, S. 151.

17 Ebenda, S. 152.

18 Das besondere Verhältnis von Wissenschaft und Publizistik in Polen erfährt eine breite Erörterung bei Maternicki: Wielokszałtność, S. 52–71.

19 Historia Nauki Polskiej, S. 85f; Jaczewski: Polityka Naukowa, S. 95ff.

20 Shelton: The Democratic Idea, S. 56ff. Hier auch weitere Informationen über die Rolle der Historiker bei der Wiederherstellung des polnischen Staates. Ebenso bei Krzoska: Die polnische Geschichtswissenschaft, S. 431.

darin sah, die eigene Nation vor den Interessen anderer zu schützen. Diese nationale Aufgabenstellung bestand nach Bujak vor allem in einer besonderen Aufmerksamkeit der Forschung gegenüber dem Osten und den slawischen Völkern.[21] Der Krakówer Mediävist Władysław Semkowicz sah den Weg zur Realisierung dieser Aufgaben in der notwendigen Überwindung jeglichen Partikularismus und der planmäßigen Wissenschaftsorganisation durch die Zusammenarbeit und die Vereinigung der Kräfte, denn jeglicher „Individualismus muss zur Anarchie auf dem Feld der wissenschaftlichen Arbeit führen".[22]

Wenn der Generalsekretär der „Polska Akademia Umiejętności", dem Vorläufer der „Polnischen Akademie der Wissenschaften", Stanisław Kutrzeba die Hauptaufgabe der Wissenschaft darin sah, dem Staat zu dienen,[23] so war das gewiss nicht als Unterwürfigkeitsfloskel zu bewerten, sondern brachte, wie es auch fast durchgängig in den anderen Wortmeldungen deutlich wurde, die enge Verbindung von Gesellschaft und Staat zum Ausdruck. Volk, Nation, Gesellschaft und Staat wurden in enger Symbiose gedacht, wenn nicht sogar synonym verwendet. Wenn diese Vorschläge auch auf Skepsis stießen, machten sie doch den verbreiteten Verpflichtungscharakter gegenüber dem neuen Staat als Aufgabe deutlich. Daran ließen der Kongress und die Diskussion in der „Nauka Polska" nicht den geringsten Zweifel. Analog zu dieser humanwissenschaftlichen Perspektive betonten die technischen Wissenschaften die Notwendigkeit des engen Bezugs zur Wirtschaft, nicht ohne dabei jedoch auf die Autonomie der Wissenschaften zu pochen.[24] Die Naturwissenschaftler wehrten sich im Allgemeinen gegen eine Funktionalisierung. Daraus entwickelte sich ein Dauerkonflikt, in dem Marceli Handelsman als renommierter Historiker und einflussreicher Intellektueller eine für die Sozialwissenschaftler wichtige Positionierung vornahm. Er prononcierte die Zielgerichtetheit und soziale Bedeutung der Forschung bei gleichzeitiger Beibehaltung der individuellen Freiheit des Forschers.[25] In dieser Frage gab es zwar immer wieder Konflikte zwischen Wissenschaft und Staat, wie der II. Kongress der Wissenschaften 1927 zeigte, letztlich obsiegte aber das Argument des Dienstes am Staat, was gewiss auch mit der Konstruktion der Wissenschaftsfinanzierung verbunden war, die vornehmlich der ministeriellen Lenkung oblag. Die Kritik richtete sich zudem nicht vordergründig gegen eine staatliche Lenkung und Einflussnahme, sie thematisierte eher das Desinteresse der staatlichen Stellen an der Wissenschaft und die notorische Unterfinanzierung.[26]

Die Analysen und Empfehlungen dieser sehr einflussreichen Historiker tragen zweifellos programmatischen Charakter.[27] Es wäre aber übertrieben festzustellen, dass sich die Entwicklung der polnischen Geschichtswissenschaft der Zwischenkriegszeit unmittelbar danach ausrichtete. Dazu waren die Rahmenbedingungen zu unstet und die politischen Dynamiken als maßgeblich verantwortlich für die Finanzierung der Wissenschaft zu groß. Sicher scheint jedoch, dass hier formulierte Grundpositionen Leitlinien vorgaben, an denen sich sowohl historische Wissenschaften als auch politische Publizistik stark orientierten. Das bezieht sich vor allem auf die zivilisatorische Rolle Polens unter dem kulturell geopolitischen Aspekt und

---

21 Bujak: Nauka i społeczeństwo, S. 72; Ders.: Przedmowa, S. III.
22 Semkowicz: Organizacja pracy naukowej.
23 Kutrzeba: Nauka a państwo.
24 Jaczewski: Życie, S. 222.
25 Handelsman: Nauka.
26 Jaczewski: Życie, S. 223.
27 Grabski, Feliks Andrzej: Zarys, S. 166ff.

die Positionierung einer polnischen Staatlichkeit im europäischen West-Ost-Dualismus, die ihm ein hohes Maß an Eigenständigkeit verbunden mit einer genuinen Führungsrolle zuweist. Gleichzeitig ist es aber auch die Orientierung auf einen breiten Anwendungsbereich der historischen Wissenschaften, gleichsam ihre Öffnung für die politische Verwertung und ihre gesellschaftliche Funktionalität, verbunden mit der Aufgabenstellung der Publizierung historischer Erkenntnisse durch die gesellschaftlichen Eliten.[28] Dabei war die Wissenschaft von vornherein auf internationale Wirkung bedacht, was durchaus mit dem Anspruch des jungen polnischen Staates auf eine sichtbare Positionierung im Staatenkontext zusammenhängt, aber auch der starken Vernetzung der Wissenschaftler geschuldet ist, die während der Teilungszeit im Ausland hohe Reputation erworben hatten und diese in die Wissenschaftsstruktur des neuen polnischen Staates einbrachten.

2 Forschungsstrategien und Forschungsfelder

Die größte Herausforderung des neuen polnischen Staates bestand darin, die drei Teilungsgebiete zusammenzuführen. Das war vorderhand ein Strukturproblem sozialökonomischer Vereinheitlichung. Nicht weniger war es aber auch die Aufgabe einer geistig-intellektuellen Selbstbestimmung und die Suche nach gemeinsamen Denkmustern. Nicht im Sinne einer Nivellierung, sondern als eine Strategie des Denkens, die dem modernen Nationalstaat in polnischer Gestalt adäquat erscheint. Das ist sicher kein spezifisch polnisches Problem und betrifft cum grano salis alle modernen Nationalstaaten bzw. alle modernen Nationalisierungsprozesse. Das Eigene zu bestimmen und sich vom Fremden zu trennen ist dabei das Kernproblem. Dieser Prozess besaß bei aller Vergleichbarkeit in Polen unter den Bedingungen seiner Teilungsgeschichte jedoch eine eigene Dimension. Nicht zuletzt deshalb, weil sich die Aufteilung des traditionellen polnischen Staatsterritoriums und damit auch die verschiedenen Formen der Segregation der Gesellschaft in einem Zeitraum vollzogen, der allgemein entscheidend war für die Gestaltung moderner Gesellschaften und die Herausbildung moderner Nationalstaaten inklusive eines völlig neuen Beziehungssystems. Ökonomie, Technik, Wissenschaft und Denken entwickelten sich sprunghaft und eine Teilhabe an dieser Entwicklung entschied nicht unwesentlich über die Möglichkeiten machtpolitischer Entfaltung und Positionierung im internationalen System. So wurde in Polen auch der fremde Einfluss auf die Wissenschaften, insbesondere die Sozialwissenschaften, als Fluch und Segen zugleich empfunden.

Die führenden intellektuellen Köpfe hatten ihre Ausbildung in den Metropolen der Teilungsmächte genossen. Die Universitäten in St. Petersburg, Berlin und Wien waren Zentren des Denkens und verfügten über die innovativsten Köpfe ihrer Zeit. Polnische Intellektuelle, vor allem Historiker, brachten somit den aktuellen Entwicklungsstand sozialwissenschaftlicher Forschung in den neuen polnischen Staat ein. Gleichzeitig war das Selbstverständnis dieses Staates nachhaltig von einer Emanzipation von dieser Fremdbeeinflussung geprägt, was von den geistigen Eliten eine deutliche Distanzierung zu den Teilungsmächten in jeder Hinsicht einforderte. Da eine Leugnung der eingebrachten geistigen Errungenschaften wenig sinnvoll erschien und sie als geistiges Rüstzeug zum Aufbau des neuen Staates gebraucht

28 Kolbuszewska: Mutacja, S. 172ff.

wurden, manifestierte sich diese Distanzierung vor allem in einem Einschwören auf Staat und Nation durch das „polnische Denken“ als methodisches Leitmotiv und eine Konzentration auf die Nationalgeschichte, deren Darstellung nicht länger Deutschen und Russen überlassen werden durfte. Dabei ging es nicht nur um die Dominanz dieses Forschungsfeldes, sondern auch um die aktive Auseinandersetzung mit den formulierten Standpunkten der Nachbarn, was eine intensive und permanente Beobachtung ihrer Aktivitäten auf diesem Felde erforderte.

So nimmt es nicht wunder, dass sich recht zügig Forschungsfelder etablierten, die sich mit den Nachbarn beschäftigten. Unter dem geopolitischen Paradigma standen hierbei Deutschland und Russland im Vordergrund. Dabei dominierte auch hier der nationalgeschichtliche Aspekt, das heißt, es ging zunächst weniger um die Geschichte oder um das Wissen über den Nachbarn, als um seine Rolle bei der Entwicklung des polnischen Staates und den Einfluss auf seine gesellschaftliche Gestaltung. Auch war die Aufgabenstellung dieser Forschungen von vornherein praxisorientiert und hatte der Entwicklung des neuen polnischen Staates zu dienen, übernahm also Aufgaben, die weit über das Feld „reiner“ historischer Forschung hinausging, verband sich eng mit der Politik und ornete sich zudem in die unterschiedlichen Richtungen des „politischen Denkens“ ein. Zunächst galt dem westlichen Nachbarn die größte Aufmerksamkeit. Hier wurde nicht nur das größte Bedrohungspotential für den jungen polnischen Staat gesehen, diese Schwerpunktsetzung entsprach auch dem durch die Staatsgründung 1918 realisierten Nationalstaatsmodell, das durch die polnische Nationaldemokratie favorisiert wurde und im „piastischen Polen“ das systemische und territoriale Vorbild sah, womit Grenze und Grenzraum zu Deutschland ein hochgradiges Konfliktfeld darstellten. Die daraus abgeleitete Aufgabenstellung einer Westforschung bestand dann in der Legitimierung der territorialen Veränderungen im deutsch-polnischen Grenzbereich und der damit eng verbundenen Auseinandersetzung mit dem deutschen Einfluss auf die polnische Geschichte, vor allem jeglicher Formen der „Kulturträgertheorien“.

In den 20er-Jahren entstanden etliche Organisationen und Institute, die sich ausschließlich dieser Aufgabe widmeten: die „Gesellschaft der Freunde der Westgebiete“ (Towarzystwo Miłośników Ziem Zachodnich) 1922, das „Baltische Institut“ in Toruń (Instytut Bałtycki) 1927, das „Schlesische Institut“ in Katowice (Instytut Śląski) 1925 und das „Komitee für die Erforschung der Geschichte Schlesiens“ (Komitet Badania Historii Śląska) 1928.[29] Hinzu kam eine ganze Reihe Zeitschriften, die sich diesen Forschungsfeldern zuordneten. Auch die neu gegründete Universität in Poznań sah sich dieser Westforschung verpflichtet. So fand der I. Allgemeine Polnische Historikerkongress nach dem Krieg dort statt und beschäftigte sich mit dem Westslawentum und seiner Behauptung gegenüber den deutschen Einflüssen in den westpolnischen Gebieten.[30] Zunehmend rückte die Auseinandersetzung mit dem „Drang nach Osten“ in den Fokus der Forschung mit der Zuschreibung einer naturgegebenen deutschen Aggressivität.[31] Eine geradezu klassische Ausprägung erfährt diese Westforschung an der Universität Poznań und hier vor allem im Konzept der „Mutterländer“ von Zygmunt Wojciechowski, der den Westgedanken im Sinne einer polnischen

29 Hackmann: Strukturen, S. 233–237.
30 Historycy o historii (II), S. 22; Ludat: Die polnische Geschichtswissenschaft, S. 180ff.
31 Tymieniecki: Przeszłość, S. 194f.

Westgrenze an Oder und Ostsee propagierte und zum „Vater der Westforschung“ avancierte.[32]

Erst später, zum Ende der 20er-Jahre und dominant in den 30er-Jahren, entwickelte sich komplementär zur Westforschung eine auf Russland und die östlichen Nachbarn ausgerichtete Forschung. Diese Schwerpunktsetzung stand durchaus im Zusammenhang mit der Machtübernahme Piłsudskis im Mai 1926 und einer (wieder) stärkeren politischen Orientierung auf den Osten. 1927 fand auf polnische Initiative hin und unter Leitung von Marceli Handelsman der erste Kongress von Historikern Osteuropas in Warschau statt; es wurden Osteuropa-Institute in Warschau und Wilno gegründet sowie eine Reihe von Zeitschriften herausgebracht, die sich ausschließlich Fragen Osteuropas widmeten. Die Universität Wilno nahm eine Schlüsselrolle in der Osteuropaforschung ein und auch Lwów und Kraków wurde ein solcher Forschungsschwerpunkt zugewiesen, ohne dem jedoch in erwarteter Weise gerecht zu werden. 1935 wurde der polnische Historikerkongress in Wilno ausgerichtet und beschäftigte sich aus Anlass des 500. Jahrestages der Union von Krewo mit der Polnisch-Litauischen Union und damit mit der föderativen Staatsverfassung und der östlichen Dimension Polens.

Mit der intensiveren Hinwendung zum Osten hatte die Beschäftigung mit der „Jagiellonischen Idee“ als Vorbild polnischer Staatsverfassung wieder Konjunktur und stellte die östliche Expansion des polnischen Staates und das Idealbild einer Gemeinschaft unterschiedlicher Völker in den Mittelpunkt historischer Betrachtungen. So wie das piastische Vorbild für den Westen diente auch das jagiellonische Modell nicht nur einer Legitimation der bestehenden Staatsverfassung, sondern verband sich mit weiter gesteckten Zielen einer großmachtpolitischen Konzeption; Ähnlichkeiten im machtpolitischen Habitus zum deutschen „Drang nach Osten“ waren durchaus vorhanden.[33] Die Ausrichtung der Forschung auf die historischen Staatskonzepte ging weit über die Dichotomie der regionalen Forschungsschwerpunkte hinaus und dominierte die gesamte historische Forschung. Hier bündelten sich in gewisser Weise die Prozesse der Modernisierung der polnischen Sozialwissenschaften[34] und lösten gleichzeitig die traditionellen Schulen der optimistischen und pessimistischen Sicht auf die polnische Geschichte auf. Ohne zu einer formalen parteipolitischen Konformität zu gelangen,[35] spiegelten sich hier die politischen Grundpositionen von Nationaldemokratie und Piłsudski-Lager und gaben ihnen historische Legitimation und Perspektive.

Ab 1919 übernahm das Ministerium für Religion und öffentliche Bildung (Ministerstwo Wyznań Religijnych i Oświecenia Publicznego, MWRiOP) formal die Leitung des polnischen Wissenschaftsbetriebes und gründete hierfür eine eigene Wissenschaftsabteilung.[36] Das Verhältnis von Staat und Wissenschaft blieb jedoch relativ ungeordnet und sorgte zusammen mit den andauernden ökonomischen Schwierigkeiten des Staates für einigen Unmut. Vor allem ging es um eine Planungssicherheit und die Überwindung der permanenten Unterfinanzierung, die im krassen Gegensatz zu den Anforderungen des Staates und der Entwick-

32 Krzoska: Für ein Polen, S. 43ff, 178; Ders.: Slavische Rückkehr, S. 103.
33 Historycy o historii (II), S. 24.
34 Kolbuszewska: Mutacja, S. 172f; Niederhäuser: Szkoły historyczne, S. 110.
35 Grabski, Feliks Andrzej: Zarys, S. 173ff.
36 Jaczewski: Życie, S. 206.

lung der Gesellschaft standen. Genau diese Problemlage und vor allem die Gefahr des weiteren Zurückbleibens im internationalen Vergleich war Ausgangspunkt einer Initiative von Wissenschaftlern, die durch die Zeitschrift „Nauka Polska" im Jahre 1928 organisiert wurde.[37] Namhafte Wissenschaftler aus allen Bereichen beklagten den Zustand, dass die Wissenschaften gegenüber der realen und notwendigen Entwicklung der Gesellschaft nicht mehr mithalten könnten, und sprachen damit genau den Punkt an, der durch Staat und Politik stets markig betont wurde. Sie übten scharfe Kritik an den zuständigen Ministerien und forderten eine entschieden bessere Ausstattung der wissenschaftlichen Einrichtungen und die sichtbare Aufstockung des Personalbestandes. Aus dem humanistischen Bereich meldeten sich besonders deutlich die Soziologen zu Wort und unterstrichen die praktisch-gesellschaftspolitische Bedeutung ihres Faches für den modernen polnischen Staat. Die Wissenschaftler organisierten sich und vermochten nicht zuletzt durch ihr geschlossenes Auftreten massiven Druck auf die staatlichen Stellen auszuüben.

Unter den Bedingungen einer sich deutlich verbessernden wirtschaftlichen Situation des Landes reagierte das Ministerium recht schnell auf die Forderungen und hob seinerseits den Stellenwert der Wissenschaft und die enge Verbindung zum Staat hervor. Den wirtschaftlichen Fortschritt reklamierte die nach dem Mai-Umsturz Piłsudskis von 1926 installierte Sanacja-Regierung vollständig für sich und legitimierte damit auch die deutliche Zunahme ihres Einflusses auf allen Sphären von Politik und Gesellschaft. Noch im gleichen Jahr wurden Maßnahmen ergriffen, um den Forderungen nachzukommen und man konnte von einer sichtbaren Verbesserung der Situation sprechen, die auch den humanistischen Wissenschaften zugutekam. Da insbesondere auf die anhaltende Strukturschwäche des wissenschaftlichen Lebens im Osten Polens hingewiesen wurde, freilich bei einer Sonderstellung Wilnos und Lwóws, sollten die Geschichte und Kultur der slawischen Völker gefördert werden.[38]

Die mit der Förderung verbundene politische Einflussnahme auf die Wissenschaften zeigte sich vor allem im Zugriff auf Struktur- und Personalentscheidungen. Walery Sławek als enger Vertrauter Piłsudskis erneuerte den nach der Staatsgründung formulierten Grundsatz der dienenden Funktion der Wissenschaft für den Staat und machte die politischen Intentionen Piłsudskis zum Maßstab. In seiner Funktion als Organisator des „Überparteilichen Blocks der Zusammenarbeit mit der Regierung", der sich offen antidemokratisch gab und in der Gestaltung der Politik im Sinne Piłsudskis seine Aufgabe hatte, versuchte er auch Wissenschaftler zu gewinnen, was ihm angesichts der anhaltenden Unzufriedenheit mit der Wissenschaftspolitik der Regierungen in nicht unwesentlichen Maße gelang.[39] Entgegen kam der Sanacja auch die in der Intelligenz recht weitverbreitete Abneigung gegen den Nationalismus der polnischen Nationaldemokratie (Endecja), was das Piłsudski-Lager zu einer akzeptablen Alternative machte. Die Orientierung an der Person Piłsudskis war zwar stark und das politische Engagement von Akademikern und ihre Positionierung in staatlichen und parlamentarischen Gremien waren ausgeprägt. Es gelang aber nicht, eine geschlossene Front der Intelligenz im Sinne Piłsudskis zu bilden bzw. eine Gleichschaltung zu erreichen.

37 Nauka Polska X (1929).
38 Jaczewski: Polityka, S. 117.
39 Ebenda, S. 119ff.

Das Jahr 1928 war zweifellos ein Schlüsseljahr in der Aushandlung der Beziehungen zwischen Staat und Wissenschaft. Ein wesentliches Ergebnis war die Schaffung des „Nationalen Kulturfonds" (Fundusz Kultury Narodowej, FKN), der zwar eine gute Möglichkeit bot, die finanzielle Ausstattung der wissenschaftlichen Institutionen zu verbessern, andererseits aber auch staatlichen Stellen einen großen Einfluss auf die Lenkung der Mittel ermöglichte. Im Zuge der sichtlich verbesserten finanziellen Ausstattung kam es zu zahlreichen Neugründungen von Instituten und einer Intensivierung internationaler Wissenschaftskooperation.[40] Dieser Aufschwung dauerte jedoch nur kurz. Im Herbst 1929 erfasste die Weltwirtschaftskrise auch Polen in erheblichem Maße und die Mittel für die Wissenschaft wurden drastisch und langfristig gekürzt. Der Vorkrisenstand konnte erst 1937 wieder erreicht werden, mit dem Ergebnis einer immer engeren Zusammenarbeit zwischen Wissenschaft und Staat zum Ende der 30er-Jahre. Eine ganze Reihe von Initiativen konzentrierte sich auf den Aspekt der Stärkung und Verteidigung des Staates angesichts einer anwachsenden Bedrohung durch Deutschland und die Sowjetunion.

Die hervorgehobene Rolle der historischen Wissenschaften in der Zweiten Republik verband sich nicht nur mit einer hohen Spezialisierung, sondern stellte auch von vornherein den Anspruch der Entwicklung einer eigenen Sichtweise auf die Vergangenheit. Dafür stehen vor allen solche international renommierte Historiker wie Marceli Handelsman, Wacław Tokarz und Szymon Askenazy. Nationaler Mythos und Freiheitskampf sowie die feste Verankerung polnischer Staatlichkeit in der europäischen Geschichte werden zu Leitthemen. Ein Feld, dem sich auch die Literaturwissenschaft und Literaturgeschichte verschrieben. Ohnehin zeigte sich im Zuge der Konstituierung des staatlichen Wissenschaftssystems eine sehr ausgeprägte Durchdringung der Sozialwissenschaften mit historischem Charakter, insbesondere in der Philosophie, aber auch in der Soziologie bis hin zur Psychologie. Im Zuge der Staatsgründung wurden Forschungsfelder sehr vehement von unmittelbaren politischen Bedürfnissen vorgegeben. Die enge Verbindung von Nation und Staat dokumentierte sich vor allem in der Legitimierung polnischer Staatlichkeit und seiner territorialen Integrität. Historiker und Geographen sahen es als ihre vornehmste Aufgabe an, den Anspruch, ja die Notwendigkeit der Inkorporierung der polnischen Ostgebiete (Kresy) in den neuen polnischen Staat wissenschaftlich zu belegen und ihre Argumentation mit der Geschichte des polnisch-litauischen Großreiches sowie geopolitischen Imperativen zu untermauern. Sie engagierten sich darüber hinaus in den bestimmenden politischen Lagern und waren gutachterlich in entscheidenden Gremien tätig.

Mit Oskar Halecki und Eugeniusz Romer wurden Koryphäen ihres Faches aufgeboten, deren internationale Reputation außer Zweifel stand. Ihre virulente Beschäftigung mit dem Osten hatte ihre Ursache auch in den Erfahrungen, die sie in Galizien als einem intellektuellen und politischen Zentrum des geteilten Polen gesammelt hatten. Im habsburgischen Teilgebiet waren durch die Quasi-Autonomie strukturelle Voraussetzungen gegeben, sich mit der Wiederherstellung des polnischen Staates intensiv zu beschäftigen. Hier war der Dreh- und Angelpunkt der nationalen Bewegung und mit den Universitäten Krakau und Lemberg auch der intellektuelle Standort wissenschaftlicher Fundierung zukünftiger territorialer Gestalt.[41] Hier wurde die Ostdimension

40 Ebenda, S. 131–142.

41 Grabski, Feliks Andrzej: Orientacje, S. 348; Buszko: Historycy; Maternicki: Geografia historiograficzna; Wandycz: Historiography, S. 1015.

des polnischen Staates gelebt und die Auslotung der Beziehung zu Russland wie auch die Haltung zur ukrainischen Frage als eigenstaatliches Projekt waren Tagespolitik.

Romer hatte in Lemberg studiert und dort seine wissenschaftliche Laufbahn begonnen. 1910 wurde er auf den Lehrstuhl für Geographie berufen und leitete das Institut für Geographie. Von Forschungsaufenthalten bei Albrecht Penck in Wien nahm er erste Anregungen zu einer Volks- und Kulturbodenperspektive auf die Geographie mit. Romer engagierte sich energisch in der patriotischen Bewegung und sah sein Hauptbetätigungsfeld in der Propagierung der zukünftigen Grenzen Polens.[42] Seinem Hauptwerk, dem „Geograficzno-statystyczny atlas Polski" (Geographisch-statistischen Atlas von Polen),[43] schrieb er selbst zu, mit der „Dynamik polnischer Staatlichkeit (geladen)"[44] zu sein. Er spielte dann auch eine wichtige Rolle bei den Grenzfestlegungen auf der Pariser Friedenskonferenz. Stark beeinflusst von Friedrich Ratzel und der deutschen Länderkunde ging er von einem geographischen Determinismus von Staatlichkeit aus[45] und verstand den polnischen Staat als naturgegebene geographische Einheit im Wesentlichen in den Grenzen von 1772.[46] Das bedeutete, dass jegliche Änderungen an dieser Konstruktion dem Wesen polnischer Staatlichkeit widersprachen und somit widernatürlich und existenzgefährdend seien. Polen als „Land zwischen den Meeren" war für Romer ein fester Bestandteil Westeuropas als sein östlichster Teil,[47] somit nahm die Verortung und Begründung der Ostgrenze Polens einen besonderen Stellenwert in seiner Argumentation zur Gestalt des neuen polnischen Staates ein. Der Osten ist Russland. Alle ethnischen Faktoren ordnete er diesem Denkansatz unter bzw. ließ sie unberücksichtigt. Allein die Physiogeographie des Staates war das ordnende Element und alle eventuellen nationalen Faktoren würden durch die Attraktivität der polnischen Kultur „amalgamiert".[48] Wenn Romer also von einem „Drang nach Osten" sprach, und das tat er ausgiebig,[49] dann verband er damit keine zivilisatorische Mission, sondern eine naturgegebene Expansionsaufgabe Polens als westeuropäisches Projekt mit permanentem Charakter.[50] Die Überzeugung von der Geographie als feste Berufungsinstanz polnischer territorialer Gestalt und auch staatlicher Legitimation leitete Romer aus dem rein objektiven und neutralen Charakter der Geographie als unverfälschte Wissenschaft her, die im Kampf um die Unabhängigkeit Polens in den Dienst des Staates zu stellen ist.

Viele dieser Denkansätze Romers und seiner Geographie finden sich in der historischen Argumentation Haleckis wieder. Fachlich auf das jagiellonische Polen spezialisiert, sah er in diesem Modell die Zukunft des polnischen Staates. Er war Mitglied des „Obersten Polnischen Nationalkomitees" und setzte sich als Experte der polnischen Delegation auf der Pariser Friedenskonferenz für „historische Rechte" des polnischen Staates auf Galizien und Wolhynien

42 Schweiger: Polens Zukunft, S. 104–132; Zierhoffer: Eugeniusz Romer, S. 328f; Kortus: Der polnische Westgedanke, S. 238ff.
43 Romer: Geograficzno-statystyczny atlas Polski.
44 Ders.: Pamiętniki, S. 103.
45 Ders.: Ziemia i państwo; Wapiński: Świadomość polityczna, S. 66, 92, 157f, 227, 337f; Ders.: Historia polskiej myśli politycznej, S. 134f.
46 Romer: Polska i Polacy, S. 19.
47 Ders.: Geograficzne położeni, S. 5; Ders.: Polska i Polacy, S. 40f.
48 Ders.: Die Nationalitäten, S. 359.
49 Ders.: Polska i Polacy, S. 17; Ders.: Ziemia i państwo, S. 26f.
50 Schweiger: Polens Zukunft, S. 127.

ein.[51] Das Eintreten für eine staatliche Föderation Polens mit Litauen und der Ukraine als europäische Großmacht brachte ihn frühzeitig in engste Verbindung mit dem politischen Lager Piłsudskis. Zwar erkannte er im Gegensatz zu Romer eigene nationale Interessen von Litauern und Ukrainern an, sah sie aber durch die dezentrale Organisation des Staates nicht als essentielles Problem, sondern als „innere Frage des gemeinsamen Staatswesens".[52] Dabei ließ er jedoch keinen Zweifel an der eindeutigen polnischen Prägung des Staates zu und betrachtete ähnlich Romer die kulturelle Dominanz des Polentums als selbstregulierendes Element. Weit mehr als bei Romer war bei der historischen Perspektive Haleckis die Überzeugung von einer Schlüsselposition der östlichen Territorien des polnischen Staates ausgeprägt. Andererseits ist er Romer aber wieder sehr nahe, wenn er diese Fixierung aus einer besonderen Verbundenheit von Region, Natur und Bevölkerung herleitete, gleichsam als Lebensquell polnischer Staatlichkeit. Mit dem Idealtypus der Polnisch-Litauischen Union als Vorbild und der Orientierung auf die Grenzen von 1772 verband Halecki eine historische Mission der Polen im Osten.[53] Sie bestand vor allem in der Fähigkeit zur Pazifizierung dieses Übergangsraumes nach dem Osten, der für sich genommen instabil erscheint und in dem nur ein eben dort existierender polnischer Staat als Führungsmacht eine Antemurale-Funktion auszuüben vermag und einen Ausgleich zwischen dem Gegensatz von Ost und West herbeiführen kann. Dieser historischen Konstellation polnischer Staatlichkeit, die einen permanenten Kampf mit Russland einschließt, wies Halecki sowohl eine innere als auch äußere Funktion zu und markierte damit zentrale Forschungslinien.[54]

Wie Romer war Halecki von einer nationalen Aufgabe der Wissenschaft überzeugt und plädierte dafür, dass sich die Geschichtswissenschaft in den Dienst der Politik stellt. Eine aktive Beteiligung am politischen Prozess der Schaffung und Festigung des neuen polnischen Staates stand für ihn außer Frage. Dass dabei die Gestaltung der Beziehungen zum Osten eine besondere Rolle spielte, unterstrich er mit seiner aktiven Beteiligung an der polnischen Ostpolitik in den frühen 20er-Jahren.[55] Analysiert man die Schriften so exponierter Forscher wie Romer und Halecki, so fällt es schwer, an ihrem nur der Wissenschaft verpflichteten Leumund festzuhalten. Die politische Zielgerichtetheit ihrer Forschung ließ keine wie auch immer geartete „Neutralität" zu. Es war selbst formulierte Aufgabe, dem Staatsprojekt zu dienen und in der Stellung zum europäischen Osten Grundmuster des Denkens vorzugeben, die weit über den wissenschaftlichen Rahmen einer historisch-geographischen Beschäftigung hinaus gesellschaftliche Sichtweisen und politische Haltungen beeinflussen.

Gemeinsamkeiten im Denken von Romer und Halecki über Rolle und Bedeutung des Ostens sind unübersehbar. Was Romer als naturgegebene geographische Physiognomie des polnischen Staates vorgab, wurde von Halecki mit dem polnisch-litauischen Idealbild historisch aufgeladen. Das Ergebnis war ein geopolitischer Imperativ polnischer Staatlichkeit, der eine Osteuropaforschung in der Zweiten Polnischen Republik maßgeblich prägte und nicht unwesentlich die geistigen Wurzeln dafür bildete, was sich später Prometheismus nennt. Gegenstand dieser Forschung waren von Anfang an nicht nur historische, geographische,

51 Bömelburg: Zwischen, S. 107.
52 Halecki: Polens Ostgrenze, S. 1.
53 Ders.: Granica z r. 1772 (2), S. 8.
54 Schweiger: Polens Zukunft, S. 142–147.
55 Bömelburg: Zwischen, S. 109.

politologische Betrachtungen, sondern immer auch Selbstbestimmung, ja Selbstvergewisserung. Und das nicht nur in der territorialen Dimension des Staates, sondern auch als Identitätsfindung. Ein Abgleich mit Osteuropa unterlegte das Selbstverständnis der Europäizität Polens. Polen als fester Bestandteil des lateinischen Westens bzw. des Abendlandes war Nachweis über kulturelle Qualität sowie Legitimität einer Funktion im Osten, die sich mit einer europäischen Schutzfunktion und Kulturmission verband.[56]

Stark imprägniert mit der definierten Aufgabenstellung einer gesellschaftlichen Funktionalität erfährt die historische Betrachtung so nicht nur eine enorme Politisierung und damit die Notwendigkeit der Zuordnung bzw. Einordnung in deren Vorgaben, sondern es erfolgte auch eine Erweiterung der Darstellungsformen und -ebenen, die den personellen Zugang öffneten mit einer hohen Akzeptanz gegenüber Meinungen, die sich nicht dringend dem akademischen Lager zuordnen ließen. Somit ist der Forschungsanspruch an wissenschaftliche Publizistik zwar nicht aufgehoben, die Grenzen zwischen einer einflussgebietenden Meinungsbildung und quellenfußendem Studium werden jedoch nicht zwingend hinterfragt. Methodisch wird diese Erscheinung noch dadurch gefestigt, dass der praktische Anspruch bzw. die unmittelbare Verwertbarkeit und der gesellschaftliche Nutzen der Forschung weniger eine chronologische respektive historische Abhandlung verlangt, sondern eher gegenstandsbezogen angelegt ist und dann erst vor dem Hintergrund historischer Darstellung legitimatorisch wirkt. Das muss überhaupt nicht zu einer flachen Argumentation mit allein propagandistischem Charakter führen, im Gegenteil: Hier wird in der Regel tiefgründig mit historischen Fakten scharf argumentiert, was wiederum Fachwissen mit Forschungshintergrund voraussetzt. Das bedeutet, dass trotz aller politischer Inspirationen und Implikationen den publizistischen Arbeiten ein wissenschaftlicher Charakter nicht abgesprochen werden kann, auch deshalb, weil ihre Autoren oftmals selbst diesen Anspruch vertreten und ad personam einen wissenschaftlichen Hintergrund haben. In den unterschiedlichsten Publikationsorganen treten Historiker, Publizisten und auch Politiker mit wissenschaftlicher Argumentation und Gegenstandsbestimmung als Mittel zur Lösung aktueller gesellschaftlicher Aufgaben unter bestimmten politischen Prämissen auf.

Diese Entgrenzung von Publizistik und Wissenschaft und die Herstellung einer engen Verbindung, ja Abhängigkeit sind ganz wesentliche Ergebnisse der Abkehr von Positivismus und der Modernisierung der historischen Wissenschaften um die Jahrhundertwende. Das Phänomen ist integratives Element der stärkeren Hinwendung zu einer neueren Geschichte Polens und ihrer Einbettung in die europäische Geschichte, besonders in den geopolitischen Zusammenhang der Mittellage zwischen Ost und West. Nur so können die intensiven Reflexionen über die Europäizität Polens und die Bemühungen um den Nachweis oder Zugehörigkeit zum westlich-lateinischen Kulturkreis in der Zwischenkriegszeit verstanden werden. So bedeutet diese Modernisierung der polnischen historischen Forschung und ihre Praktizierung in der Zweiten Republik auch die endgültige Abkehr von der Vorstellung der historischen Forschung als nur der Objektivität verpflichteten Wissenschaft. Sie bekommt einen konkreten Platz in Staat und Gesellschaft zugewiesen, wo sich der Historiker seine gesellschaftliche Funktion mit anderen auf dem Feld historischer Publizistik zu teilen hatte, und das nicht nur auf der Grundlage der Ausdifferenzierung des eigenen Faches, sondern auch mit Autoren, deren Publizistik ein Forschungshintergrund respektive eine fachliche Kompetenz voll zugesprochen wurde, und das schon in einer eindeutigen Konkurrenz um die

56 Traba: „Kresy“, S. 54; Wierzbicki: Spory, S. 272.

Meinungshoheit. Entscheidend wird dann letztlich ihre gesellschaftliche Einordnung, Akzeptanz und Wirksamkeit.[57]

Entsprechend hoch war der gesellschaftliche Druck. Ein ganz entscheidender Faktor für die Entwicklung der Forschung war eben die Erwartungshaltung von Politik und Gesellschaft und diese war eindeutig auf klare Antworten auf die aktuellen Erfordernisse der Zeit ausgerichtet und trug durch die politische Verengung in der Zweiten Republik zunehmend teleologischen Charakter. Das begrenzte mindestens den Spielraum historischer Forschung, behinderte eine Methodendiskussion und letztlich die kreative Entwicklung der Forschung. Sie konnte sich vor allem dort entfalten, wo die Übereinstimmung zwischen Forschungsanspruch und politischen Erfordernissen bzw. speziellem Interesse besonders groß war und das war in den 30er-Jahren nun mal die Osteuropaforschung.

Die konsequente Verpflichtung zur „polnischen Idee“ diente bei allen vorgetragenen Postulaten zur historischen Wahrheit letztlich immer der Legitimierung polnischer Großmachtstellung. Die Forschungsliteratur beklagt dann auch den Widerspruch zwischen dem vorhandenen Potential und den Ergebnissen der Forschungsarbeit und urteilt zuweilen sehr hart und geradezu apodiktisch.[58] Was Handelsman und seine Schule in die Methodendiskussion eingebracht haben, ist durchaus bemerkenswert[59] und die soziologische, ökonomische und kulturelle Ausdifferenzierung sozialwissenschaftlicher und historischer Forschung folgte dem europäischen Standard. Dafür stehen beispielhaft Namen wie Szymon Askenazy mit seiner Schule zur Quellenkunde, der zusammen mit Oswald Balzer für eine polnische Geschichte im europäischen Kontext warb, sowie Franciszek Bujak als Rechts- und Wirtschaftshistoriker. Schließlich ist es Oskar Halecki, dessen Theorien über den europäischen Dualismus zäsuralen Charakter tragen und bis heute bestimmend wirken.[60] Die internationale Präsenz polnischer Historiker und ihre Vernetzung ist geradezu vorbildlich[61] und schließlich setzte die Osteuropaforschung Maßstäbe und entwickelte eigene Forschungsparadigmen.

Dennoch, die traditionellen Elemente polnischer Geschichtsschreibung in Gestalt politischer Leitmotive der Forschung, einer Beschränkung auf nationale Fragen und die Vorstellung vom Messianismus des polnischen Volkes wurden in die neue Republik eingebracht, konnten sich behaupten und dominierten alsbald die Forschungslandschaft. Für eine anerkannte Rolle in der gesamteuropäischen Perspektive der Entwicklung moderner Sozialwissenschaften hat es nicht gereicht. Fragt man nach den Gründen der aufgemachten Negativbilanz, so sind sie natürlich in den inneren Bedingungen zu suchen, nicht zuletzt in einer wenig geordneten Wissenschaftspolitik und einer permanenten Unterfinanzierung. Während der gesellschaftliche Stellenwert historischer und sozialwissenschaftlicher Forschung sicher sehr hoch anzusetzen ist, erwies sich, trotz aller Beteuerungen, die Wissenschaftspolitik als ein Stiefkind der Politik und ein Hinterfragen der etablierten Vorstellungen über das, was war und das, was notwendig ist als wenig attraktiv.

57 Maternicki: Wielokształtność, S. 53ff.

58 Historycy o historii (II), S. 27, 32f; Kolbuszewska: Mutacja, S. 227; Wandycz: Historiography, S. 1017ff; Grabski, Feliks Andrzej: Zarys, S. 54f, 170ff; Krzoska: Die polnische Geschichtswissenschaft, S. 431, 436; Ludat: Die polnische Geschichtswissenschaft, S. 160.

59 Vgl. die Texte von Handelsman in: Historycy o historii (II), S. 47–126; Ludat: Die polnische Geschichtswissenschaft, S. 193; Kolbuszewska: Mutacja, S. 177.

60 Grabski, Feliks Andrzej: Zarys, S. 181ff.

61 Róziewicz: Z dziejów międzynarodowych kontaktów.

III Institutionalisierung

1 Universitäten

1.1 Warschau

1.1.1 Oskar Halecki

Warschau als Hauptstadt eines neu geschaffenen polnischen Staates wurde während der gesamten Teilungszeit nie infrage gestellt und auch die zentrale Rolle der Stadt als Wissenschaftsstandort galt als gesetzt. Zwar blieben die traditionsreichen Universitäten in Kraków, Lwów und Wilno als herausragende Zentren von Wissenschaft und Bildung nicht nur erhalten, sondern erlebten in der Zweiten Republik eine erneute Blüte und erhielten aus ihrer regionalen Spezifik eine besondere Aufgabenstellung, aber sie wurden peripher. Entsprechend dem zentralistischen Konzept des neuen polnischen Staates stand die Universität Warschau im Mittelpunkt und zog die besten Wissenschaftler des Landes an. Warschau hatte die große Aufgabe, das Land zu vereinheitlichen, und von hier aus wurden die sozialen und politischen Verhältnisse neu geordnet.

Nach Schließung und konsequenter Russifizierung der Universität infolge des Novemberaufstandes 1830/31 kam es am 15. November 1915 unter deutscher Besatzung zur Neueröffnung als polnische Universität. Eine inhaltliche und strukturelle Profilierung erfuhr die Warschauer Universität vor allem durch die Unterstützung der Jagiellonen-Universität in Kraków, wo sich Wissenschaft und Personal unter österreichischer Herrschaft relativ frei entfalten konnten.[1] Von hier aus fanden recht zügig nach der Neugründung Wissenschaftler den Weg nach Warschau, nicht wenige kamen auch aus Lwów und vor allem aus der Emigration.[2] Die personellen Voraussetzungen zu einer Führungsrolle im nationalen Maßstab und zur Erlangung internationaler Bedeutung waren für die Universität Warschau somit schon in der Gründungsphase des neuen Staates gegeben.[3]

Nun gab es zwar kein dezidiertes Konzept einer Schwerpunktsetzung in den zu schaffenden Universitätsstrukturen, aber immerhin sind Überlegungen über eine sinnvolle Ausrichtung historischer Regionalforschung sichtbar. Dazu gehörte die Einrichtung von Lehrstühlen für die Geschichte Osteuropas, die es als solche auf polnischem Territorium bisher nicht gegeben hatte.[4] Es darf vermutet werden, dass zu dieser Entscheidung sowohl äußere Einflüsse als auch innere Notwendigkeiten geführt haben. In Deutschland und Österreich waren dergleichen Lehrstühle schon Ende des 19. Jahrhunderts eingerichtet worden und hat-

1 Buszko: Organisatorische und geistig-politische Umwandlungen, S. 143.
2 Życie naukowe, S. 207.
3 Manteuffel: Uniwersytet Warszawski, S. 156–212.
4 Rutkowski, Tadeusz Paweł: Oskar Halecki, S. 92; Historia Nauki Polskiej, S. 107; Sochaniewicz: Nauka Polska a Wschód.

ten sich als Bestandteil einer modernen Universitätsstruktur etabliert. An diesen Universitäten hatten die führenden polnischen Historiker studiert und sie brachten ihre Erfahrungen in den Aufbau polnischer Wissenschaftsstrukturen ein. Andererseits stand es außer Frage, dass der neue polnische Staat seine Souveränität und Legitimation in seiner historisch-geographischen Existenz zu suchen hatte und das vor allen Dingen im Prozess der Klärung der Beziehungen zu seinen Nachbarn, wobei Russland eine herausragende Rolle spielte. Nun gab es zwar eine durch polnische Historiker vertretene traditionelle Russlandforschung, auf die man aufbauen konnte, und mit den Lehrstühlen in Wien und Berlin waren Angebote über die inhaltliche Gestaltung der Professuren gegeben. Dennoch scheint die Frage „Was ist Geschichte Osteuropas?“ zumindest für die Universität Warschau relativ offen gewesen zu sein, bzw. man war an dieser zentralen Stelle entschlossen, sie neu und souverän zu beantworten.

Ein Indiz hierfür war die Berufung von Oskar Halecki. Im Herbst 1918 erhielt er die Einladung, Lehrveranstaltungen zur Einführung in die Geschichte Osteuropas, zur Geschichte Litauens und der polnischen Russlandpolitik im Spätmittelalter zu halten, mit der Aussicht auf eine Berufung, die als ordentlicher Professor dann am 31. Mai 1919 erfolgte.[5] Begründet wurde die Einladung Haleckis durch den Rat der Philosophischen Fakultät mit den wissenschaftlichen Leistungen des Kandidaten auf dem Feld der wechselseitigen Geschichte Polens und Litauens besonders im Zeitalter der Jagiellonen und der Notwendigkeit der Verbreiterung des Lehrangebots zur polnischen Geschichte und „Problemen, die mit der Geschichte litauischer und ruthenischer Gebiete verbunden sind sowie des weiteren europäischen Ostens“.[6] Bei der Auswahl Haleckis ist offensichtlich, dass man den Fokus nicht auf die Geschichte Russlands richtete, denn hierzu hatte er nicht gearbeitet und auch keinerlei Ambitionen entwickelt.[7]

Der Schwerpunkt des Lehrstuhls sollte auf der osteuropäischen Geschichte außerhalb der russischen Geschichte liegen und sich auf jenen Teil Osteuropas konzentrieren, der maßgeblich durch die Geschichte polnischer Staatlichkeiten bestimmt worden war. Das konnte nicht mehr und nicht weniger als eine Neubestimmung polnischer Nationalgeschichte als tragendes Element in einem europäischen Großraum bedeuten oder, anders gesagt, konnte den Weg zu einer gesamteuropäischen Einordnung im Sinne einer Ebenbürtigkeit Polens in und durch seine osteuropäische Provenienz belegen. Gerade hierzu hatte sich Halecki in besonderer Weise mit seinen Arbeiten zur Polnisch-Litauischen Union qualifiziert und eine Deutung vorgelegt, die in idealtypischer Weise einen als „polnisch“ aufgefassten Staatsverband[8] im Osten Europas mit hoher Eigenständigkeit gegenüber Russland positioniert. Das musste in einer Zeit, in der die Festlegung einer polnischen Ostgrenze und die Legitimierung eines ausgedehnten staatlichen Anspruchs Polens im Osten Europas im Zusammenhang mit den Friedensverhandlungen auf der Tagesordnung standen, von besonderer Bedeutung sein. Darüber hinaus erfüllte Halecki alle Anforderungen, nicht nur durch seinen Forschungsgegenstand, sondern auch als Persönlichkeit mit der Befähigung, die junge polnische Staatlichkeit historisch-argumentativ anspruchsvoll und glaubwürdig repräsentieren zu können. In Wien aufgewachsen knüpfte er, väterlicherseits bestimmt, aber mit großer Empathie, durch sein

5 Cisek: Oskar Halecki, S. 12; Manteuffel: Uniwersytet Warszawski, S. 158f.
6 Rutkowski, Tadeusz Paweł: Oskar Halecki, S. 91f.
7 Filipowicz: Oskar Halecki a Rosja, S. 151f.
8 Bömelburg: Zwischen, S. 105.

Studium an der Jagiellonen-Universität an seine honorigen polnischen Wurzeln an und stellte seine polnische Zugehörigkeit sehr schnell außer Zweifel.[9] Es ist anzunehmen, dass auch die wissenschaftliche Themenfindung dieser Vergewisserung diente.[10] Polyglott und mit guten internationalen Verbindungen ausgestattet verkörperte er jenen neuen Wissenschaftlertyp, der politisch unverbraucht, offen und etablierten Denkrichtungen noch nicht fest verhaftet den Ansprüchen einer national ausgerichteten modernen Forschung voll entsprach.

Von Belang für die Berufung Haleckis dürfte ausserdem gewesen sein, dass die Jagiellonen-Universität in Kraków beim Aufbau der Universität Warschau eine wichtige Rolle spielte. Dort hatte er studiert, sich bei seiner wissenschaftlichen Profilierung vom „pessimistischen" Paradigma polnischer Geschichte getrennt und dem Mainstream der „positiven" Deutung angenähert. Ein Lehrstuhl für Osteuropäische Geschichte war zunächst für die Universität Kraków vorgesehen gewesen, der mit Halecki besetzt werden sollte. Im Kriegsverlauf nahm man jedoch Abstand davon und die Entscheidung fiel auf Warschau. Halecki nahm das Projekt des Lehrstuhls für die Geschichte Osteuropas quasi mit in die zukünftige Hauptstadt.[11] Einmal mehr wurde damit der praktisch-politische Bedeutungsgehalt dieses Lehrstuhls an der Universität Warschau deutlich. Warschau wurde Wissenschaftszentrum, hier wurde die Ostpolitik gemacht, und Haleckis Anschauungen passten nicht nur ideal in die verschiedenen politischen Vorstellungen des neuen polnischen Staates,[12] sondern lasen sich über weite Strecken wie eine Empfehlung Polens als politische Ordnungsmacht im östlichen Europa an die Großmächte. Es nimmt dann auch nicht wunder, dass Halecki, ohne in Warschau recht Fuß gefasst zu haben, schon im Dezember 1918 ins Außenministerium bestellt wurde, um dort den polnischen Standpunkt bei der Friedenskonferenz mit auszuarbeiten, und dass er später im April 1919 als Experte Mitglied der polnischen Delegation auf der Pariser Friedenskonferenz wurde.[13]

1.1.1.1 Die Polnisch-Litauische Union als Leitmotiv

Es ist fraglich, ob sich Oskar Halecki als Osteuropahistoriker gesehen hat. Nahezu sein gesamtes Schaffen konzentriert sich auf die Bildung und Ausformung des polnisch-litauischen Staatsverbandes. Mit seiner Darstellung eines polnisch geprägten Großreiches unter dem Blickwinkel der Entwicklung und Kultivierung christlich-lateinischer Grundwerte formulierte er eine Meistererzählung, die mindestens für die Zwischenkriegszeit in Wissenschaft und Politik als bindend angenommene Leitlinien vorgab. Aus diesem Gegenstand leiteten sich zudem alle seine Überlegungen zu geographisch-kulturellen Ordnungsprinzipien Europas ab.

Halecki promovierte 1913 an der Jagiellonen-Universität in Kraków zu einem Thema über die Lubliner Union[14] und habilitierte sich drei Jahre später zur Auseinandersetzung zwischen Polen und Litauen um Wolhynien.[15] 1919 und 1920, rechtzeitig zum 350. Jahrestag der Union von Lublin, legte er sein Opus magnum zur Geschichte der Polnisch-Litauischen

9 Morawiec: Oskar Halecki, S. 215f.
10 Salamon: Oskar Halecki, S. 30f.
11 Ebenda, S. 35f.
12 Bömelburg: Zwischen, S. 102.
13 Kutrzeba: Kongres, S. 1, 51, 55, 57, 139.
14 Halecki: Przyłączenie.
15 Ders.: Ostatnie lata.

Union vor.[16] Diese Arbeiten bildeten den Grundstock seines Schaffens und an den dort formulierten Grundsätzen zur polnischen Geschichte knüpfte er immer wieder an und hielt im Wesentlichen an ihnen fest. Mit der Hinwendung zur Polnisch-Litauischen Union betrat Halecki beileibe kein Neuland. Im Gegenteil: Gerade in der Teilungszeit wurde die Frage nach den Ursachen des Untergangs eng mit der Geschichte der Polnisch-Litauischen Union verbunden und war seit der zweiten Hälfte des 19. Jahrhunderts Gegenstand breiter Erörterungen und umfänglicher Abhandlungen führender polnischer Historiker, oftmals schon in Gestalt einer „Jagiellonischen Idee".[17]

Es stellt sich deshalb die Frage, warum gerade Halecki so eine Wirksamkeit entfalten und Bedeutung erringen konnte. Obwohl er die Streitigkeiten, diplomatischen Intrigen und handfesten Zerwürfnisse, die eine polnisch-litauische Staatsbildung begleiteten und auch kennzeichneten, ausführlich schilderte, machte er sie nicht zum entscheidenden Kriterium seiner Betrachtungen, quasi als Vorstufe und genetischen Grund für den Untergang des Staates. Für ihn stand im Zentrum des Staates der einigende Gedanke einer „Jagiellonischen Idee", die auf der Grundlage von Christianisierung und dem Wirken der katholischen Kirche gründete und sich durch die Wahrnehmung äußerer Bedrohung festigte. Dabei dürften die Betonung der Freiwilligkeit des Zusammenschlusses und der Friedlichkeit der Expansion im Gegensatz zum Handeln der westlichen und östlichen Nachbarn unter den Bedingungen aktueller Kriegserfahrung eine besondere Wirkung entfaltet haben. Auch seine Konzentration auf die Inkorporation gerade der östlichen Gebiete in die Union in seinen Qualifikationsarbeiten hatte unter den Bedingungen der territorialen Legitimation des neuen Polen eine große Bedeutung. Er setzte genau die Schwerpunkte, die politisch opportun waren und brachte die persönliche Präsenz mit, um diese wirksam zu vertreten. Ihm die Metapher „der rechte Mann zur rechten Zeit" anzutragen ist nicht abwegig und trifft auch für die Zeiträume nach 1939 und 1945 zu. Sein Wirken lässt sich jedoch nicht darauf reduzieren, denn er übernahm wesentliche Elemente damaliger Wissenschaftsdiskurse, bediente sich durchaus moderner methodischer Ansätze und ordnete sie in sein System einer „Jagiellonischen Idee" ein. Daraus entwickelte er eine historische Logik, die er sehr eindringlich und ausreichend emotional gefärbt darzustellen wusste. Ein Aspekt, der seine Wirksamkeit nicht unwesentlich beeinflusste. Die Begründung einer staatlichen Einheit leitete er auch aus geopolitischen Gegebenheiten einer Einheitlichkeit des Staatsterritoriums her und zeigte seine Nähe zu Wacław Nałkowski und Eugeniusz Romer, ohne sich dabei einer Denkrichtung gänzlich zu verpflichten. Einerseits lehnte er sich an Romer an, wenn er die europäische Tiefebene als Brückenregion zwischen Ostsee und Schwarzem Meer bezeichnete, andererseits übernahm er Nałkowskis Theorie vom Übergangsraum von West- nach Osteuropa und weiter nach Asien, als offenen Raum ohne natürliche Grenzen.[18] Nach Romer waren für Halecki die Flüsse dabei von entscheidender Bedeutung. Sie nahm er nicht als Grenzen, sondern als Verbindungswege wahr. Die Offenheit des Raumes und das verbindende Element der Flüsse sind ganz ausschlaggebende Elemente für Haleckis Argumentation einer geographischen Bedingtheit des

16 Ders.: Dzieje Unii, t. 1, 2.

17 Ders.: Idea Jagiellońska, S. 86f; Baczkowski: Oskara Haleckiego, S. 58, 64.

18 Halecki: Dzieje Unii, t. 1, S. 1.

freiwilligen Zusammenschlusses der Völker dieser Region zwischen Ost und West zur Abwehr gegen eine äußere Bedrohung.[19]

Auf dieser „natürlichen“ Grundlage entwickelte sich beim Übergang vom Mittelalter zur Neuzeit jenes „goldene jagiellonische Zeitalter“, in dem sich die „drei Völker“ (Polen, Litauer und Ruthenen) annäherten und zur Union vereinigten, in dem sie alle Streitigkeiten und nationalen Egoismen einem gemeinsamen Ziel des Fortschritts und der Entwicklung zum Gemeinwohl unterordneten.[20] Das föderale Prinzip war für Halecki die Essenz eines historischen Entwicklungsprozesses in geschichtsphilosophischer Dimension und der Föderalismus wurde zu seinem politischen Mantra weit über den Zweiten Weltkrieg hinaus.[21] Seine Neigungen zu kultur- oder geschichtsmorphologischen Perspektiven zeigen sich in seinem Bemühen, diesen historischen Prozessen eine Notwendigkeit im Sinne einer Folgerichtigkeit zu unterstellen sowie im Handeln die „Weisheit“[22] der damaligen (jagiellonischen) Herrschaft zu sehen. Die Grundlage bildeten die Christianisierung der Litauer durch die Polen und die Ausdehnung des lateinischen Christentums in den ruthenischen Raum, die als friedliche Expansion von den nichtpolnischen Völkern als kultureller und politischer Gewinn angenommen wurde.[23] Die sozialen Folgen bäuerlicher Besserstellung und demokratischer Beteiligung des einheimischen Adels galten dann einmal mehr als Zeichen zivilisatorischer polnischer Überlegenheit und Erfüllung einer historischen Mission. Diese Mission zeigte sich nicht nur in der Verbreitung westeuropäischer Werte, sondern nicht weniger in der Schutzfunktion vor dem expansiven Moskauer Reich und heidnischen asiatischen Völkerschaften.

Spätestens hier wurde die europäische Dimension polnischen Handelns klar und aus dieser Mission ein gesamteuropäischer Anspruch abgleitet. Das zeigt sich überdeutlich in der Bewertung der Union von Krewo 1385/86 als erstem Schritt zur Bildung der Polnisch-Litauischen Union. Halecki sieht in dieser föderalen Vereinigung einen historischen Vorgang von gesamteuropäischer Bedeutung und Vorbildwirkung. Im Vergleich mit anderen Einigungsversuchen unterstreicht er ihre Stabilität und die Qualität des Zusammenhalts unter ethnisch wie religiös weit schwierigeren Bedingungen.[24] In der Lubliner Union von 1569 erkennt er schließlich eine der ganz wenigen Ausnahmen in der Geschichte, territoriale Veränderungen auf friedliche Weise durch gegenseitige Vereinbarungen zu erreichen und zu einem dauerhaften Erfolg zu führen, indem die Prinzipien von Gleichheit und Freiheit auch für Völker, die sich im Osten mit Polen verbunden haben, einen Schutz vor der östlichen Bedrohung gewährleisten.[25]

Versucht man nun, Halecki in den Richtungsstreit der polnischen Historiker einzuordnen, so ergibt sich ein recht klares Bild.[26] Mit seinen Qualifikationsarbeiten hatte er am zentralen Punkt der Diskussion angesetzt: Es ging um die Bewertung der „Rzeczpospolita Obojga Narodów“ (Republik beider Völker) für die polnische Geschichte und hier hatte er sich eindeutig positiv positioniert. In seinem Habilitationsvortrag am 10. Dezember 1915 nahm er

19 Ders.: Geografia polityczna.
20 Ders.: Dzieje Unii, t. 1, S. XIf.
21 Łukasiewicz: Oskar Halecki jako federalista.
22 Halecki.: Dzieje Unii, t. 1, S. 166.
23 Ders: Wcielenie, S. 24.
24 Ders.: Unia Polski; Ders.: Idea Jagiellońska, S. 510.
25 Ders.: Unia Lubelska, S. 35; Ders.: Ekspansja i tolerancja, S. 49–53, 74, 77.
26 Kornat: „Pesymizm“ czy „optymizm“?, S. 73ff.

prinzipiell zur Bewertung Stellung und plädierte dafür, in der „Erinnerung des Volkes die schönsten und erhabensten Momente der Vergangenheit hervorzuheben“ und nicht die Fehler vergangener Generationen, sondern die großen Traditionen des Staates hervorzuheben.[27] Er beteiligte sich zwar auch später nicht an den Richtungsdiskussionen der Historiker, was für seine Abneigung spricht, sich bestimmten intellektuellen Lagern oder politischen Denkrichtungen zuordnen zu lassen, schwenkte aber eindeutig auf jenen Kurs namhafter Historiker ein, die die polnische Historiographie auf eine positive Deutung einschworen und dies nach der Staatsgründung zu einer der vornehmsten Aufgaben der Zunft machten.

Halecki vermied es dennoch nachdrücklich, sich in die Tradition der polnischen Romantik zu stellen. Davor schützten ihn schon sein komplexer Ansatz der Analyse und die gesamteuropäische Einordnung des polnischen föderativen Staatsprojektes. Jegliche romantische Überhöhung der Tragik polnischer Geschichte lehnte er freilich ab, sah jedoch in der soliden, quellengestützten, objektiven Analyse der polnischen Geschichte einerseits und der positiven Darstellung als pädagogische Aufgabe und Verantwortung vor dem Volk andererseits keinen Widerspruch. Besonders deutlich wird das in seiner Auseinandersetzung mit dem spektakulär als gleichsam geistiges Rüstzeug zur positiven Wertung der Geschichte aufgenommenen Buch von Antoni Chołoniewski.[28] Er konnte dem Gedanken eines „Duch dziejów Polski“ (Geistes der polnischen Geschichte) als metaphysisches Element inneren Antriebs viel abgewinnen,[29] sah ihn im Gegensatz zu Chołoniewski allerdings nicht genetisch im polnischen Volk angelegt, sondern einzig und allein in der christlich-katholischen Verankerung. Dieser „polnische Geist“ verwirklicht sich in der Einheitlichkeit des christlichen Glaubens unter freiwilliger und vorteilhafter Teilhabe der Litauer und Ruthenen in Gestalt der „Jagiellonischen Idee“ als Realisierung der Ideale von Christus. Sein Scheitern liegt nicht im polnischen Geist als Referenz oder in der Machtentfaltung der Polnisch-Litauischen Union begründet, sondern ist die Folge der inkonsequenten Umsetzung der föderalen Idee und der äußeren Bedrohung.[30]

Eine Analyse des Schrifttums Haleckis zur „Jagiellonischen Idee“ im weitesten Sinne zeigt zwei grundsätzliche methodische Ansätze auf: Zum einen ist es die christlich-katholische Perspektive zur Erklärung der zivilisatorischen Überlegenheit Polens im Osten Europas und seiner kulturhistorisch westeuropäischen Verankerung, zum anderen ist es der ethnisch-kulturgeographische Ansatz zur Abgrenzung von Russland. In der Endphase seines Schaffens formulierte er eine Sentenz, die symptomatisch für sein Gesamtwerk ist: „Der Gipfelpunkt dieser Entwicklung war die Union mit Litauen und seiner ruthenischen Gebiete, aber alles erschien so ungewöhnlich aus der rein menschlichen Perspektive, dass der christliche Historiker von neuem nach irgendwelchen geheimen Kräften sucht, die aus dem Verborgenen auf die Ereignisse wirken“.[31] Wenn sich diese geschichtsphilosophische Grundposition im Laufe der Entwicklung Haleckis auch immer stärker ausprägte, und er sie gerade in seinen Arbeiten im Exil prononciert ausformulierte,[32] so ist sie doch von Anfang an fester Bestandteil seiner

27 Halecki: Unia Lubelska, S. 30.
28 Chołoniewski: Duch dziejów Polski.
29 Halecki: De consolatione historiae.
30 Ders.: Ekspansja i tolerancja, S. 72.
31 Halecki: Pierwsze, S. 14.
32 Nikodem: Jadwiga Andegaweńska.

wissenschaftlichen Tätigkeit. Er selbst bezeichnete diese Haltung als eine Frucht der Krisen der ersten Hälfte des 20. Jahrhunderts, die ihm diese Einsichten vermittelten.[33]

Damit steht er zunächst in jener Generation von Historikern, Philosophen und Publizisten, die daraus Theorien kulturmorphologischer Bedingtheiten konstruierten, die auf Gesetzmäßigkeiten und einen stringenten Determinismus hinauslaufen. Sicher war auch für Halecki nicht die historische Tatsache, sondern eine übergeordnete Bedeutung sowie nicht der Verlauf, sondern ein angenommenes System der Maßstab der Bewertung von Geschichte. Die lenkende Kraft, die auf das Individuum als zentrale Figur in der Geschichte einwirkt, war für Halecki das Christentum und die einzige feste Zäsur im historischen Verlauf die Geburt Christi.[34] In dieses christliche Weltbild ordnete er die Geschichte Polens mit äußerster Konsequenz ein und entwickelte daraus auch seine europäischen Ordnungsvorstellungen. Zwar wandte sich Halecki immer wieder gegen einen Determinismus, bezog eindeutig Stellung gegen den marxistischen Materialismus und sah in der Abkehr vom christlichen Glauben durch Revolution und Modernismus ein Grundübel historischer Entwicklung und letztlich den Auslöser der erlebten Katastrophen zu Beginn des 20. Jahrhunderts, doch folgte seine Idealisierung der Polnisch-Litauischen Union einer christlich-katholischen Bedingtheit und die Geschichte Europas als weltgeschichtlicher Referenzfall dem antiken christlichen Erbe. Aus diesem Grundsatz leiten sich bei Halecki Werte wie Freiheit, Humanität, Moral und Solidarität ab, die das europäische Alleinstellungskriterium und damit seine besondere Rolle ausmachen,[35] die sich im polnisch-litauischen föderalen Projekt in klassischer Form entfalten konnten.[36] In dieser christlich-europäischen Gemeinschaft registrierte er eine zivilisatorische Errungenschaft, die er als ordnungspolitisches Vorbild dem imperialen, zerstörerischen asiatischen, quasi antieuropäischen, System gegenüberstellte.

Dieser Grundsatz bildete den geradezu zwangsläufigen Ausgangspunkt der Überlegungen zu einer zivilisatorischen Bestimmung eines europäischen Raumes als einer Abgrenzung und schließlich die Nahtstelle der Beschäftigung mit Russland. Dass Russland im Sinne des großrussischen Reiches zivilisatorisch und machtpolitisch kategorisch anders war als Polen im Sinne von Polen-Litauen und als fremd empfunden wurde, galt als gesetzt. Andererseits war die östliche Dimension Litauens eng mit der russischen Geschichte verbunden. Zur Erklärung einer föderalen Sinnstiftung des polnisch-litauischen Großstaates bedurfte es deshalb nicht nur eines territorialen Nachweises, sondern auch einer ethnisch-kulturgeographischen Begründung. Im Kern ging es also um die Bestimmung jenes Grenzraumes, der sich im historischen Verlauf zwischen Litauen, Polen und Russland herausgebildet hatte und schließlich Teil des polnischen Königreiches wurde. Im Jahr nach seiner Habilitation 1916 stellte Halecki deshalb in einem Vortrag in der Akademie der Wissenschaften in Kraków die Frage: „Co właściwie oznacza nazwa Rusi?“ (Was bedeutet eigentlich die Bezeichnung Ruthenisch?).[37]

33 Halecki: Europa, S. XIV.

34 Ryś: Chrześcijaństwo, S. 10; Cisek: Oskar Halecki, S. 36–38.

35 Kornat: Professor Oskar Halecki, S. 244, 251; Stobiecki: Oskar Halecki, S. 128ff; Halecki: Misja dziejowa Polski.

36 Halecki: Unia Lubelska, S. 35; Ders.: Idea Jagiellońska, S. 509.

37 Halecki: Litwa Rusi, S. 215.

In seinen Qualifikationsarbeiten hatte er dazu bereits richtungsweisende Aussagen gemacht, um dann in seinem Grundlagenwerk zur jagiellonischen Union 1919/20 eine Synthese vorzulegen. Dabei sollte nicht vergessen werden, dass die gestellte Frage in Erwartung einer Wiederherstellung des polnischen Staates und damit notwendigen Klärung einer Ostgrenze, wahrscheinlich mit Russland, von immenser politischer Bedeutung war. Es ist davon auszugehen, dass sich bei Halecki dafür ein ausgeprägtes Bewusstsein entwickelt hatte, was erklären hilft, warum er die Frage jetzt so explizit stellte. Sie war fester Bestandteil des historischen Diskurses in Polen und auch Russland, wobei Übereinstimmung darüber herrschte, dass die Kiewer Rus ein eigenständiges staatliches Gebilde darstellte, sich der Streit allerdings daran entzündete, welche ethnisch-zivilisatorische Zugehörigkeit diese Region im Zuge des Niedergangs der Rus und der Herausbildung des großrussischen Reiches einerseits und des polnisch-litauischen Reiches andererseits ausprägte.[38] Halecki versuchte den Nachweis, dass die Rus zivilisatorisch und territorial im historischen Verlauf Teil Litauens und Polens wurde und lehnte sich dabei eng an die von Joachim Lelewel formulierten Thesen einer Spaltung der russischen Lande und der Trennung der Rus von dem neu entstehenden Machtzentrum an der oberen Wolga an.[39]

Hier zeigt sich ein Grundzug der wissenschaftlichen Tätigkeit Haleckis, der symptomatisch für sein Werk erscheint. Es war in der Gedankenführung nicht unbedingt neu, aber er ist wie kein anderer in der Lage, die Erkenntnisse auf der Basis fundierter Quellenstudien und neuer wissenschaftlicher Methoden zu synthetisieren und bündige Aussagen zu formulieren, die ein akzeptables und notwendiges Konzept polnischer Geschichte in den europäischen Kontext einpassen. So resultierte die Beschäftigung mit Russland weniger aus einem Interesse an der russischen Geschichte, hier zeigt er sich auch in der Zwischenkriegszeit wenig ambitioniert, sondern aus dem Strukturbedarf einer Abgrenzung. Hierdurch wird Halecki dann eigentlich zum Osteuropahistoriker.

In seiner Beweisführung machte Halecki ein breites Spektrum auf und ging wesentlich weiter als Lelewel. Als Grundlage dienten ihm naturgeographische Begründungen, bei denen er auf Romer zurückgreift und die auch von russischer Seite gestützt wurden.[40] Er sah in dieser europäischen Tiefebene keine natürlichen Grenzen, die diesen Raum nach Osten oder Westen hin definieren, sondern verschiedene kulturgeographische Räume, die in ihrer Entwicklung durch die kommunikative Funktion von Flussläufen gestaltet wurden: den Oder/Weichsel-Raum, wo polnische Stämme den piastischen Staat errichteten, den Dnepr/Dnister-Raum, wo unter den Rjurikiden die ostslawische Rus entstand und schließlich der Memel/Dwina-Raum, von baltisch-indoeuropäischen Stämmen bewohnt. Dieser polnisch-litauisch-ruthenisch bestimmte Raum fand schließlich durch die innere Verbindung der Flussläufe im 14. Jahrhundert unter den Jagiellonen zu einer einheitlichen Herrschaft zusammen, die sich in ihrer Zusammensetzung eindeutig von den westlichen und östlichen Nachbarn unterschied.[41] Damit erklärte Halecki zwar die Zugehörigkeit der Rus zur Föderation, aber noch nicht die Abgrenzung zu Russland. Diese erfolgt durch den slawischen Kolonisationsprozess in den baltischen Raum, die Verdrängung finnischer Stämme und

38 Błachowska: Rus a Moskwa, S. 109f.
39 Lelewel: Dzieje Litwy i Rusi.
40 Błachowska: Rus a Moskwa, S. 111f.
41 Halecki: Dzieje Unii, t. 1, S. 1–4.

schließlich die Ansiedlung an der oberen Wolga in der ersten Hälfte des 12. Jahrhunderts: „Im Osten bauten die Ruthenen in einer enormen Kolonisation der finnischen Stämme außerhalb ihres ursprünglichen Gebietes ein neues, von Grund auf anderes Zentrum ihrer historischen Entwicklung auf."[42]

Die endgültige Trennung der ursprünglich ruthenischen Gebiete erfolgte dann durch die Zerstörung Kiews durch die Herrscher dieser neuen Rus im Jahre 1169, und damit geradezu symbolisch der eigenen Wurzeln, und durch den Aufbau eines neuen Herrschaftszentrums in Wladimir an der Kljasma. Das Ergebnis war die „Zerschlagung Rutheniens in zwei Welten",[43] die sich völlig unterschiedlich entwickelten. Während der westliche Teil, die Halitische Rus, die kulturelle Tradition des Kiewer Reiches fortschrieb, sich jedoch zunehmend marginalisierte und schließlich im polnisch-litauischen Staat aufging, entwickelte der östliche Teil ein völlig selbständiges Staatsleben und entfernte sich immer weiter von der ursprünglichen Rus. Er wurde zum Zentrum und Ausgangspunkt eines neuen Abschnittes der Geschichte, „der neuen Rus", wobei Halecki die Bedeutung des Mongoleneinfalls für den besonderen Entwicklungsweg „Großrutheniens" und des Moskauer Fürstentums betonte, jedoch immer auf die Feststellung Wert legte, dass die Zerschlagung der Rus und der andere Weg des östlichen Teils bereits davor einsetzte und sich verfestigte.[44] Die endgültige „kulturell-nationale" Teilung der Rus sah Halecki aber erst mit dem Ende des Halitischen Herrscherhauses 1340 und einer Grenzziehung zwischen dem Großherzogtum Litauen und dem Großherzogtum Moskau gegeben. Hierin lag nach Halecki eine historische Bedeutung, die über eine reine staatliche Gebietserweiterung hinausging. Die politischen Folgerungen, die er daraus zog, sind weitgehend, denn das jagiellonische Reich übernahm das Erbe der Kiewer Rus und wurde damit zum Rivalen Moskaus, das immer danach trachten würde, die Einheit der russischen Lande wiederherzustellen.[45]

Gerade diese letzten Sentenzen erhärten den Eindruck, dass der durch Halecki in seinen grundlegenden Arbeiten am Ausgang des Ersten Weltkrieges erbrachte Nachweis der territorialen Dimension im Osten des polnisch-litauischen Staates durch Abgrenzung von Russland eine ethnisch-kulturgeographische Qualifizierung ist, die argumentativ die hochmittelalterliche Landnahme und ihre staatspolitische Verfestigung in der Vordergrund stellte. Mit der Gegenüberstellung von „ursprünglicher Rus", die im polnisch-litauischen Staat aufgeht, und der Herausbildung einer „völlig neuen Welt" in Gestalt der „neuen Rus" und ihrer machtpolitischen Verfestigung im Moskauer Reich implementierte Halecki einen Entwicklungsweg, der sich von Tradition und Erbe europäischer Identität entfernte. Er schuf damit die Grundlagen einer Interpretation europäischer Geschichte, die Russland ausgrenzt, zumindest jedoch ein Anderssein bestimmt, das die Einbeziehung in eine westliche, zivilisatorische Gemeinschaft nicht zulässt.

42 Ebenda, S. 7f.
43 Ebenda, S. 8.
44 Ebenda, S. 8, 52.
45 Ebenda, S. 52f.

1.1.1.2 Die Teilung Osteuropas

Mit seinen Veröffentlichungen zur Polnisch-Litauischen Union und damit zur Tradition polnischer Staatlichkeit hatte sich Halecki, ganz abgesehen von seinem patriotischen Engagement, schon zu Beginn der Zweiten Republik einen festen Platz in der Garde polnischer Historiker gesichert. Seine unbestreitbare und im polnischen Maßstab auch wenig vergleichbare internationale Bedeutung schöpfte sich jedoch aus seinem Beitrag an der internationalen Osteuropadiskussion der Zwischenkriegszeit. Wenn auch an dieser Stelle betont werden muss, dass seine außergewöhnliche Positionierung in der Historiographie vor allem ein Produkt der Bewertung seiner wegweisenden und die Osteuropaforschung bestimmenden Arbeiten zur Gliederung Europas und zum Ostmitteleuropabegriff nach dem Zweiten Weltkrieg sind.[46] Dennoch ist seine Wirksamkeit schon in der Zwischenkriegszeit deutlich und nachdrücklich.

Ausgangspunkt ist die bereits seit der Jahrhundertwende geführte intensive Diskussion der Frage „Was ist Osteuropa und wo liegt es?". Dabei ging es von vornherein über eine Gegenstandsbestimmung Osteuropäischer Geschichte hinaus und erfasste gleichermaßen die Frage nach einer europäischen Identität. Die sich daraus entwickelnde Themenstellung eines Ostmitteleuropa ist eher ein Nebenprodukt der international geführten Diskussion und erscheint erst ex post als ihr zentrales Element oder Ergebnis. Halecki konnte sich mit seinen Ansätzen einer Wesensbestimmung des polnisch-litauischen Großreiches und seinen Theorien zur Abgrenzung von Russland erfolgreich in die Debatte einbringen und hatte sich einen innovativen Vorlauf verschafft, der ihm alsbald eine dominante Position sicherte. Auch deshalb, weil Haleckis geschichtsphilosophische Ansätze sich in die Problemstellungen einpassten, die der Diskussion über Osteuropa gleichsam vorausgingen, und die Fragen nach dem Wesen des Slawentums und seiner Rolle in der europäischen Geschichte stellten und auf die Findung einer slawischen Identität in einem zu bestimmenden europäischen Großraum ausgerichtet waren.

Die Prozesse der Modernisierung und Nationsbildung in Westeuropa seit dem Ende des 18. vor allem jedoch im 19. Jahrhundert fanden in Osteuropa eine Entsprechung im Streben nach einer kulturellen und politischen Einheit, die im Panslawismus oder einer allslawischen Bewegung ihren sichtbarsten Ausdruck fand als Gegenentwurf zum westeuropäischen Nationalismus und seiner kulturellen und machtpolitischen Vormachtstellung. Publizisten, Literaten und Politiker fragten nach dem Wesen des Slawentums, seiner Stellung in Europa und seinem Beitrag zur Geschichte der Zivilisation. Außerhalb Russlands und der geradezu legendären Auseinandersetzung zwischen Westlern und Slawophilen um das Problem „Russland und Europa" spielten hierbei Tschechen und Slowaken eine Vorreiterrolle, die vor allem nach linguistischen Nachweisen einer slawischen Einheit suchten.[47] Nach dem Höhepunkt dieser Bewegung auf dem Slawenkongress in Prag 1848 wich die Frage nach einer Einheitlichkeit bzw. einer einzigen slawischen Nation ziemlich rasch einer Perspektive unterschiedlicher slawischer Völker und der Anerkennung einer slawischen Wechselseitigkeit.

---

46 Halecki: The Limits and Divisions of European History, auf Deutsch: Europa. Grenzen und Gliederung seiner Geschichte; Ders.: Borderlands of Western Civilisation, auf Deutsch: Grenzraum des Abendlandes.

47 Pfitzner: Die Geschichte Osteuropas, S. 22ff. Es handelt sich um den Vortrag Pfitzners von der deutschen Universität in Prag auf dem Göttinger Historikertag im August 1932.

Dafür ist sicherlich die machtpolitische Stärke Russlands verantwortlich, die zunächst als Garant slawischer Einheitlichkeit und Stärke gesehen wurde, nunmehr jedoch deutlich eine Vormachtstellung in Osteuropa reklamierte. Nicht weniger, wenn nicht sogar entscheidend, waren es die nationalen Bewegungen im osteuropäischen Raum, die, in völliger Entsprechung zu jenen in Westeuropa, für sich eine ethnisch-kulturelle Alleinstellung einforderten und diese historisch zu belegen suchten. In der Folge nahmen dann auch die historische Betrachtung des Slawentums und ihre Bewertung in europäischer Dimension zu. Hier waren es wiederum die Tschechen, die diesen Gedanken kultivierten.[48] Unter dem Eindruck der Slawenkongresse von 1908 und 1911 wandte sich der Professor für Osteuropäische Geschichte an der tschechischen Universität in Prag, Jaroslav Bidlo, noch in der Tradition einer gesamtslawischen Sicht dem Projekt einer Geschichte des Slawentums zu.[49] Er leugnete zwar nicht die Existenz unterschiedlicher Völker und Entwicklungsrichtungen, die er weiterhin im Fluss sieht, hielt aber zunächst an dem Grundprinzip einer slawischen Gesamtheit fest. Es ging ihm eigentlich um die Positionierung des Slawentums in einem bestimmten Raum und einem eigenständigen historischen Entwicklungsprozess gegenüber Westeuropa, indem er die Frage nach dem Anteil am zivilisatorischen Fortschritt zu beantworten suchte, um der slawischen Geschichte einen Sinn zu geben. Dabei betonte er den kulturellen Austausch mit dem Westen, der zu einem Ausgleich im Sinne einer Gleichwertigkeit führte, und die Mission als Grenzwächter Westeuropas gegen die Barbaren aus dem Osten.[50]

Am Ausgang des Ersten Weltkrieges war die Frage nach einer einheitlichen Geschichte des Slawentums nicht entschieden, sie wurde aber durch die grundsätzlich veränderten Rahmenbedingungen aktualisiert und sprengte schnell den Rahmen rein osteuropäischer Diskurse. Die neu entstandenen Staaten orientierten sich weniger an ihrer slawischen Abkunft als an dem historischen Nachweis nationalstaatlicher Legitimation. Nicht weniger wichtig war die territoriale Fixierung in einer geopolitischen Situation, in der gemeinsame Geschichtsräume mit den Nachbarn zum Gegenstand existentieller Auseinandersetzungen wurden und besonders im Westen gegenüber einem revisionistischen Deutschland und im Osten zu einem revolutionären Russland hohe Brisanz besaßen. Unter diesen Bedingungen und der formalen Gleichstellung mit den Ländern Westeuropas wurde die Frage nach einem Slawentum und seiner Einordnung in einen europäischen Kontext weiter historisiert und vor allem regionalisiert, indem die Frage der Einheitlichkeit des östlichen Europas im Verhältnis zu Westeuropa und einer osteuropäischen Differenziertheit auf die Tagesordnung kam, was nicht zuletzt in der Profilierung des Faches Osteuropäische Geschichte seinen Ausdruck fand. Auf diese neue Situation zeigte sich Polen nicht nur gut vorbereitet, sondern reagierte auch sehr schnell. Ohnehin hatte Polen den Gedanken eines Allslawentums und einer slawischen Wechselseitigkeit nie wirklich mitgetragen. Daran hinderte vor allem das Bewusstsein einer großen Tradition eigener staatspolitischer Dominanz im slawischen Raum, die keiner slawischen Vereinnahmung bedurfte und einer, mit Lelewel beginnenden und über den Schulenstreit hinweggehenden, Geschichtsbetrachtung der Polnisch-Litauischen Union als genuines Projekt in eindeutiger, wie auch immer gearteter,

48 Ebenda, S. 32ff.
49 Bidlo: O historii Slovanstwa; Ders.: Historicky vyvoj Slovanstw.
50 Pfitzner: Die Geschichte Osteuropas, S. 40.

Abgrenzung zu Russland. Allein unter diesem Gesichtspunkt unterlagen die tschechischen allslawischen Deutungsmuster immer dem Verdacht der Russophilie und waren allein deswegen suspekt und inakzeptabel.

In der Bestimmung Osteuropas sah sich die polnische Wissenschaft besonders in der Pflicht. Hier ging es um nichts weniger als die Deutungshoheit. Es ging um die Selbstbestimmung des historisch-geographischen Standortes gegenüber den einflussreichen Nachbarn in einem europäischen Großraum zwischen ihnen. Einerseits galt es deutlich zu machen, dass sich Polen grundlegend von Russland unterscheidet, andererseits war dem von deutscher Seite propagierten Mitteleuropabegriff zu begegnen, der unter kulturgeographischen Gesichtspunkten einen deutschen Expansionsraum weit in polnisches Staatsterritorium hinein verlegte.[51] In diesem Diskussionsfeld fühlten sich vor allem die polnischen Historiker in einer Zwangslage zwischen Ost und West zu einer Klärung berufen. Auch deshalb entfernte sich die polnische Seite inhaltlich immer weiter von den herausfordernden Thesen Bidlos und formulierte eigene Forschungsfelder und Argumentationslinien. Schon seit dem Ende des Krieges waren Bidlos Thesen schwer erschüttert und kaum noch repräsentativ für einen aktuellen Forschungsstand. Die Diskussion baut sich aber weiterhin an Bidlo auf. Seine Präsenz und die Möglichkeit, die eigenen Vorstellungen an seinen Thesen zu entwickeln, machten ihn weiter wichtig.

Auf dem Historikerkongress in Brüssel 1923 kommt es zum ersten und entscheidenden Auftritt polnischer Wissenschaftler. Hier schlägt auch die Stunde Haleckis. Er ist der Mann, der mit seinen Studien zur Polnisch-Litauischen Union in der Lage ist, Osteuropa im Sinne Polens zu beschreiben. Er konzentrierte sich in seinem Vortrag[52] auf die Begründung Polens als Teil Osteuropas, der sich eindeutig von Russland unterscheidet. Eine allgemeine Beschreibung Osteuropas erfolgte nur geographisch und auch hier blieb er vage, ohne in irgendeiner Weise auf den Forschungsstand und die vertretenen Meinungen Bezug zu nehmen: Osteuropa ist die geographische Region östlich von Deutschland.[53] Er entwarf eine Periodisierung osteuropäischer Geschichte, die eine territoriale Dynamik der Zugehörigkeit zuließ, was besonders für Böhmen und den baltischen Raum zutrifft.[54] Im historischen Prozess der Entwicklung Osteuropas verankerte er seine Grundthesen zur Polnisch-Litauischen Union und stellte die Union als das stabilste und einflussreichste Element osteuropäischer Geschichte dar, die zudem, im Gegensatz zu Russland, immer dem abendländischen Kulturkreis verbunden bleibt.[55] Aus der Geschichte der Kiewer Rus heraus entwickelte Halecki die Teilung Osteuropas auf der Grundlage unterschiedlicher ethnischer und kultureller Verläufe, die dem Moskauer Staat eine autokratische Entwicklung zuwies, verstärkt durch die Mongolenherrschaft, die ihn immer weiter von Europa entfernte, während sich die Ruthenischen Lande der Polnisch-Litauischen Union zuwandten, sich in diesen Kulturkreis integrierten[56] und vergleichbar mit dem „regnum Lotharii"[57] als östlichem Grenzraum dann einen permanenten Streitpunkt zwischen zwei unterschiedlichen Reichen bildeten.

---

51 Lemberg: Mitteleuropa und Osteuropa, S. 218; Pfitzner: Die Geschichte Osteuropas, S. 54ff.
52 Halecki: L'histoire de l'Europe orientale.
53 Ebenda, S. 75f.
54 Ebenda, S. 77ff.
55 Ebenda, S. 80ff.
56 Ebenda, S. 79.
57 Ebenda, S. 81.

Welchen Stellenwert das Herausstreichen einer westlichen Zugehörigkeit in osteuropäischer Existenz hatte, verdeutlichen die beiden anderen Referate polnischer Historiker auf dem Kongress. Der damals bereits als führender polnischer Historiker anerkannte Marceli Handelsman wandte sich unter dem Gesichtspunkt der Feudalisierung wirtschaftspolitischen Strukturfragen zu und verglich den slawisch-litauischen mit dem lateinisch-germanischen Raum.[58] Bei aller Unterschiedlichkeit stellte er gemeinsame Entwicklungselemente im Frühmittelalter fest, die auf der Grundlage der Christianisierung die Regionen vergleichbar machten und nahm als Beispiel Frankreich und Polen. Der Rechtshistoriker Stanisław Kutrzeba kam bei seinem Vergleich der parlamentarischen Systeme Polens, Litauens, Ungarns und Schwedens zu ähnlichen Aussagen.[59]

Aus diesem arbeitsteiligen Vorgehen wurde geradezu eine konzertierte Aktion, die alle von Halecki gezogenen Grundlinien auf ihre fachspezifische Art bestätigten. Hier werden durch international anerkannte Kapazitäten nicht nur forschungsgesicherte Belege geliefert: Mit diesem Auftreten verdeutlicht sich die forschungsperspektivische Dominanz Polens. Man kann schon von einer gewissen Wucht der Präsentation polnischer Positionen sprechen, wenn man die essentiellen Aussagen analysiert: Es geht um die Fixierung Osteuropas als fester Bestandteil der europäischen Geschichte, deren gemeinsame Grundlage das Christentum ist. Dabei wird die überkommene Vorstellung einer Gleichsetzung von Osteuropa und Russland grundsätzlich abgelehnt und aus der Entwicklung der Kiewer Rus eine Spaltung Osteuropas abgeleitet, die sich im historischen Verlauf vertiefte und ein dem abendländischen Kulturkreis zugehöriges Osteuropa konstituierte, in dem die Polnisch-Litauische Union als bestimmendes und stabiles Element die traditionelle Rus als Ruthenische Lande (Ukraine, Weißrussland) einbezieht, wohingegen sich das Moskauer Großreich als anderes Osteuropa von Europa entfernt und seine Zugehörigkeit tendenziell infrage stellt. Diese Grundsätze lesen sich wie ein forschungspolitisches Programm und die weiteren Aktionen lassen eigentlich keinen Zweifel daran, dass Polen in der Diskussion um Osteuropa eine bestimmende Rolle zu spielen gedachte.

Es bleibt die Frage, inwieweit diese Positionierung der polnischen Historiker einem originären Bedürfnis nach Erkenntnisgewinn unter den Bedingungen einer nie verleugneten, ja im Gegenteil immer betonten Notwendigkeit historischer Begründung polnischer staatlicher Existenz in einem bestimmten europäischen Großraum mit dem Nachweis kultureller Wurzeln nachkam oder eher bzw. auch eine Reaktion auf die recht intensiven und fortgeschrittenen Studien zu Raum und Ethnie in Osteuropa in den Nachbarländern war. Natürlich fand die polnische Forschung nicht im luftleeren Raum statt, es handelte sich schließlich um hochgebildete und polyglotte Wissenschaftler, die ihre fundierte Ausbildung an renommierten westlichen Universitäten erfahren hatten. Dennoch ist auffällig, dass Bezüge zu Ernst Troeltsch, Dietrich Schäfer oder Jaroslav Bidlo und anderen fehlen, die bisher die Diskussion bestimmten.[60]

Von einer Rezeption muss ausgegangen werden und ihre Nichtbeachtung ist vielleicht ein Hinweis darauf, dass Polen einen Deutungsanspruch anstrebte. Immerhin waren die vorgetragenen Theorien zu Osteuropa von deutscher Seite durchaus geeignet, die Existenz des polnischen Staates zumindest nicht eindeutig zu bestätigen und von tschechischer Seite

58 Handelsman: Féodalité.
59 Kutrzeba: Les origenes.
60 Pfitzner: Die Geschichte Osteuropas, S. 59.

ohnehin nicht kompatibel. Die russische Lesart osteuropäischer Geschichte war zwar nicht aktuell, aber per se potentiell gefährlich. Besonders augenfällig ist dieser Befund hinsichtlich Haleckis Deutungen eines westlichen Teils Osteuropas mit Polen-Litauen als Kerngebiet. Ihm ging es um die osteuropäische Zugehörigkeit Polens bei eindeutiger Abgrenzung von Russland und damit um den Nachweis einer Teilung Osteuropas. Die Betonung des osteuropäischen Charakters war auch deshalb so wichtig, weil die vor allem von Albrecht Penck[61] formulierten Vorstellungen über ein Nachkriegseuropa den Begriff Osteuropa vermieden und von einem Zwischeneuropa sprachen, das eben jenen westlichen Teil Osteuropas umfasste und für Deutschland reklamierte. Das war im Abgleich zu Haleckis Vorstellungen eine große Herausforderung, weil sich hier unter entgegengesetzten Vorzeichen eine recht große Übereinstimmung zeigte. Wohlgemerkt, der Halecki von 1923 ist noch lange nicht jener Historiker, der nach dem Zweiten Weltkrieg mit seinen Sentenzen zu Europas Grenzen und Gliederungen bleibende Maßstäbe setzt und mit dem Grenzraum des Abendlandes Ostmitteleuropa beschreibt. In Brüssel kam es weder zu einer definitorischen Beschreibung des westlichen Teils Osteuropas und schon gar nicht zu einer bestimmenden Namensgebung.[62] Es wurden lediglich Grundlagen geschaffen und das Problem als Forschungsfeld abgesteckt, das in den 30er-Jahren Form annahm und nach dem Krieg eindeutig wird.

Nach dem Auftritt in Brüssel ließen die Protagonisten der Diskussion den Faden nicht abreißen. Wenn auch Halecki etwas in den Hintergrund trat, wahrscheinlich durch seine Verpflichtungen in internationalen Gremien der Wissenschaftsorganisation des Völkerbundes, so ließ doch die Intensität der Arbeit am Gegenstand der osteuropäischen Geschichte nicht nach. Vor allem Handelsman führte die Geschäfte und gründete 1927 eine Vereinigung der Historikerverbände Osteuropas, die „Fédération des Sociétes Historiques de l'Europe Orientale" mit Sitz in Warschau.[63] Somit wurde auch institutionell Polen ein Zentrum der Osteuropaforschung. Ein Jahr später erschien die erste Nummer des Bulletins der Organisation,[64] in dem Handelsman ihren Sinn und Gegenstand beschreibt und darauf hinweist, dass Osteuropa bisher vor allem ein Forschungsfeld der Slawistik war und die Wahrnehmung Osteuropas in der westlichen Welt durch Deutschland bestimmt wurde. Aufgabe sei es, den Gegenstand der Geschichte Osteuropas nunmehr selbst in die Hand zu nehmen, in einem fruchtbaren Austausch jener Länder, die ihre Wissenschaften jetzt erst formieren. Darin sah er die Hauptaufgabe auch des Bulletins und beschrieb die territoriale Dimension Osteuropas als Region östlich von Deutschland und Italien, die westlichen Teile Polens, Tschechiens und Österreichs bis zur russischen und ukrainischen europäischen Ebene. Den Norden Osteuropas bildet Finnland und den Süden Griechenland. Handelsman versuchte, in diesen grundsätzlichen Bemerkungen eine Brücke zu bauen von der slawischen Einheit im Sinne Bidlos zu den nationalstaatlichen Entwicklungen und den Bemühungen zur Konstruktion einer Nationalgeschichte, indem er die Vielgestaltigkeit der Geschichte Osteuropas durch die Existenz einzelner Völker betonte, die aber von Anbeginn an immer um den Zusammenhalt bemüht waren.[65]

61 Penck: Politisch-geographische Lehren.
62 Wandycz: East European History, S. 311.
63 Sprawy towarzystwa, S. 223; Róziewicz: Z dziejów, S. 347f.
64 Bulletin d'Information des Sciences Historiques en Europe Orientale.
65 Handelsman: Avant-propos.

Handelsman übernahm die Chefredaktion des Bulletins und sein Kollege aus dem Historischen Institut der Universität Warschau, Tadeusz Manteuffel, wurde Sekretär. Vorsitzender des Exekutivkomitees der Vereinigung wurde der Direktor des Prager Staatsarchivs J. B. Novak und sein Sekretär der Poznańer Historiker Jan Rutkowski. Nach dem Ausscheiden Novaks übernahm Bidlo den Vorsitz, der auch schon Mitglied der Redaktion des Bulletins war. Mitglieder des Komitees waren Professoren aus Tschechien, Polen, Ungarn und Jugoslawien. 1928 zählte die Vereinigung 26 Mitgliedschaften[66] und 1938 40[67]. Darunter auch das „Päpstliche Institut für Oststudien" in Rom, das „Institut für Slawische Studien" in London und die „Russische Akademie" als russische Exilorganisation in Paris. Der einzige Wissenschaftler aus dem deutschsprachigen Raum war der Slawist Heinrich Felix Schmid aus Graz. Stellte auf dem Gründungskongress vom 27. bis 29. Juni 1927 „Doc. Hanisch" (Erdmann Hanisch) aus Breslau noch die Gründung und Tätigkeit des dortigen Osteuropa-Instituts vor,[68] zog es sich nach einem Zerwürfnis 1932 aus der Föderation zurück und Russland war nur durch die Exilanten vertreten.[69] Das Engagement der Wissenschaftler aus den osteuropäischen Ländern war sehr unterschiedlich, aber insgesamt beachtlich. Motor des Unternehmens waren und blieben die polnischen Historiker und der polnische Staat trug die Hauptlast der Finanzierung.[70] Das zentrale gemeinsame Projekt eines altslawischen Wörterbuches stand unter der Leitung des polnischen Wirtschaftshistorikers Franciszek Bujak.[71] Ein Indiz für die erweiterte polnische Perspektive auf eine osteuropäische Geschichte mag auch sein, dass Handelsman einen seiner Musterschüler, Ludwik Widerszal, auf Themen ansetzte, die sich mit der nationalen Entwicklung im Kaukasus und Bulgarien beschäftigten,[72] und damit auf Regionen, die eher nicht im Fokus polnischer Geschichtswissenschaften standen.

1933 traf man sich in Warschau zu einer Tagung der Verbandes,[73] der von Polen organisiert dann auch den Höhepunkt der Zusammenarbeit darstellte und im unmittelbaren Vorfeld des Internationalen Historikerkongresses, der in Warschau stattfand, zudem dessen Vorbereitung diente.[74] Den Hauptbeitrag zu einer produktiven Zusammenarbeit leistete das Bulletin. Es informierte über die Entwicklung des nationalen Schrifttums zur Geschichte und besprach neueste Veröffentlichungen. Miteinbezogen wurden auch die sowjetischen Geschichtswissenschaften. Obwohl die selbstgestellten Ziele der Vereinigung nicht erreicht wurden, ist der Beitrag zur Entwicklung der Zusammenarbeit der Historiker der „neuen Länder" doch anerkennenswert und der Erkenntnisgewinn zum Gegenstand der osteuropäischen Geschichte durch den wissenschaftlichen Austausch keinesfalls zu unterschätzen. Auf jeden Fall hatte Polen sein Ziel erreicht: Es stand neben Deutschland an der Spitze der internationalen Osteuropaforschung, hatte sich inhaltlich und institutionell positioniert und war in der Lage, Deutungsmuster vorzugeben. Dass die Intensität der Zusammenarbeit nach 1933 sicht-

66 Bulletin, Tome I (1928), Fascicules 3–4, S. 272.
67 Ebenda, Tome VIII (1938), S. 203f.
68 Manteuffel: Konferencja Historików, S. 716.
69 Kłoczowski: Europa Środkowowschodnia, S. 15.
70 Ebenda, S. 12, 14.
71 Bulletin, Tome I (1928), Fascicules 3–4, S. 257f.
72 Filipowicz: Wobec Rosji, S. 104f; Zahorski: Ludwik Widerszal, S. 44f.
73 Bulletin, Tome V (1933), Fascicules complémentaire, S. 152–190.
74 Dorošenko: Die osteuropäische Geschichte, S. 77f.

bar nachlässt, hatte viele Gründe. Immer wieder waren es finanzielle Schwierigkeiten, außerdem veränderte sich das politische Umfeld, vielleicht hatte die Vereinigung, zumindest aus polnischer Perspektive, ja auch ihre Aufgabe im Wesentlichen erfüllt.

In die Gründungsphase der Vereinigung osteuropäischer Historikerverbände fällt der auf Brüssel folgende Internationale Historikerkongress in Oslo 1928. Die polnischen Historiker verfolgten hier die 1923 eingeschlagene Linie der Argumentation weiter und nutzten den Kongress, um die Problematik breiter aufzustellen und präsentierten sich schon wesentlich selbstbewusster. Halecki hielt zwei Vorträge. Zunächst konzentrierte er sich auf die Einordnung Osteuropas in die gesamteuropäische Geschichte, wobei er den föderalen Charakter der Polnisch-Litauischen Union als ein gesamteuropäisches Merkmal darstellte und sich explizit gegen einen westeuropäischen Alleinvertretungsanspruch europäischer Werte wandte. Als ein Beleg diente ihm die Einbeziehung der Ruthenischen Lande im 12. und 13. Jahrhundert und die damit verbundene zivilisatorische Leistung Polen-Litauens als Vermittler westlicher Kultur in den Osten Europas, verbunden mit der Verschiebung der Kulturgrenze zu Russland.[75] Ohnehin stand der Kongress stark unter dem Eindruck von Zivilisation und Gesellschaft. In eben diesem Sinne äußerten sich dann auch andere polnische Historiker zu Fragen Osteuropas. Kazimierz Tymieniecki unternahm den Versuch der sozialgeschichtlichen Beschreibung Osteuropas, das er östlich der Elbe ansetzte unter Ausschluss Skandinaviens und des südlichen Balkans. Hier traf römisches Recht als wesentlicher westlicher Impuls auf kleinbäuerliche archaische Produktions- und Besitzverhältnisse, wobei die rechtlichen Verhältnisse entscheidend waren und die Gesellschaft formten, vor allem jedoch den fundamentalen Unterschied zu Russland ausmachten und die Teilung Osteuropas rechtfertigten.[76] Nahezu rein wirtschaftshistorisch orientiert war der Beitrag von Jan Rutkowski, der auch die Elbe als Grenze annahm und als maßgeblichen Faktor der Trennung von West- und Osteuropa die Herausbildung frondienstlicher Verhältnisse östlich der Elbe ausmachte, während im Westen der Zinsdienst bestehen blieb.[77] Bemerkenswert bei Rutkowski ist, dass er sich auf eine Region konzentrierte, die er als Mitteleuropa beschreibt und die den östlichen Teil Deutschlands, Polens, Ungarns und Tschechiens umfasst. Damit lieferte er eine wirtschaftshistorische Begründung für einen Großteil jenes Territoriums, das späterhin als Ostmitteleuropa bezeichnet wurde und für das die von Rutkowski benannten Merkmale bis heute als bestimmende Strukturelemente gültig sind.

In seinem zweiten Vortrag brachte Halecki das konfessionelle Element zum ersten Mal als eigenständiges Element in die Debatte ein, wobei er sich auf die Kirchenunion im östlichen Teil des polnisch-litauischen Reiches konzentrierte als Ausweis der Funktionalität und Toleranz des föderativen Projektes, die ihrerseits eine Eigenständigkeit des Raumes belegt.[78] Ganz davon abgesehen, dass für Halecki die Frage von Christentum und Religion ein tragendes Element seiner Geschichtsbetrachtung schlechthin war, so war dieses Argument allgemein stärker in den Fokus der Frage „Was ist Osteuropa“ gerückt. Der Vorsitzende des Redaktionskomitees des Bulletins der „Fédération des Sociétes Historiques de l’Europe Orientale“, der Ungar Emeric Lukinich, hatte in ihrer Gründungsversammlung deutlich gemacht, dass nach ungarischem

75 Halecki: La division.
76 Tymieniecki: L’histoire sociale.
77 Rutkowski, Jan: La genèse.
78 Halecki: Le problème.

Standpunkt die slawische Welt bzw. Osteuropa grundsätzlich in eine katholisch-protestantische, lateinische und eine orthodox-griechische Welt geteilt ist.[79]

Das Jahr 1928 markierte in jeder Hinsicht eine Offensive der polnischen Osteuropaforschung. Nach dem souveränen Auftritt in Oslo und der Gründung der „Fédération des Sociétes Historiques de l'Europe Orientale" wurde im gleichen Jahr noch die Zeitschrift „Ruch Słowiański" aus der Taufe gehoben. Sie erschien bis 1939 in Lwów und widmete sich als Monatsschrift „dem Leben und der Kultur der Slawen". Das Redaktionskollegium bestand ausschließlich aus Polen und die Ausrichtung war recht breit angelegt, beschäftigte sich aber weniger mit Geschichte als mit Literatur und dem kulturellen Leben in den slawischen Staaten. Offensichtlich sollte über einen wissenschaftlichen Kreis hinaus ein breites intellektuelles Publikum angesprochen werden. Neben einem Aufsatz- und Rezensionsteil gab die Zeitschrift einen Überblick über die politische Entwicklung in den Ländern und eine Chronik der kulturellen und wirtschaftlichen Ereignisse.

Die „Ruch Słowiański" war sehr anspruchsvoll und aufwendig gestaltet und nahm für sich eine zentrale Funktion im slawischen Raum in Anspruch, die auch explizit die Verteidigung des Slawentums vor seinen Feinden, „die von jeher bis heute hin tätig sind", beinhaltete: „Polen als zentraler geographischer Mittelpunkt des Slawentums hat hier eine große Rolle zu erfüllen".[80] Einiges Aufsehen erregte die Zeitschrift durch eine Umfrage zu Ansichten über eine Einheitlichkeit der slawischen Welt und ihre Gemeinsamkeiten. Man könnte diese Aktion auch als eine Auslotung des Glaubens an das Allslawentum und damit Verbreitung der Ansichten Bidlos betrachten. Immerhin hatte Bidlo 1927 seine Geschichte des Slawentums („Dêjiny Slovanstwa") veröffentlicht und darin erneut seine Theorien über die Einheitlichkeit der slawischen Völker dargelegt. Feliks Koneczny, der bereits durch Arbeiten zum Slawentum bekannt geworden war, äußerte sich in der Zeitschrift sehr kritisch zur Ansicht über eine Einheitlichkeit und ging grundsätzlich von einer strikten Heterogenität der slawischen Völker aus. Er lehnte jede Vorstellung von Gemeinsamkeit ab, die auch durch die sprachliche Nähe nicht gegeben sei, wobei jedoch die gegebene Unterschiedlichkeit durchaus Grundlage gemeinsamen Handelns sein könne.[81]

Der Osteuropadiskurs der 20er-Jahre kulminierte 1933 auf dem VII. Internationalen Historikerkongress. Nicht nur weil er in Warschau abgehalten wurde und die polnischen Spezialisten auf einem zum ersten Mal eingerichteten eigenen Arbeitskreis zur osteuropäischen Geschichte auftreten konnten, sondern auch, weil Jaroslav Bidlo sich wieder stärker eingebracht hatte. Der tschechisch-polnische Streit um Osteuropa erreichte damit eine gewisse Klassik und bestimmte die historische Osteuropadiskussion in einem solchen Maß, dass diese Auseinandersetzung als Halecki-Bidlo-Handelsman-Debatte einen festen Platz in der Forschungsgeschichte zugewiesen bekam.[82] Mit der Thematik seines Hauptreferates „Was ist osteuropäische Geschichte"[83] stellte Bidlo bereits einen enormen Klärungsanspruch. Dem schien er zunächst gerecht zu werden, indem er neue Ansätze bot, die der polnischen Seite

79 Bulletin, Tome I (1928), Fascicules 1–2, S. 260.

80 Nasze cele, in: Ruch Słowiański I (1928) – II (1929), 1, S. 2, 4.

81 Koneczny: Czem jest.

82 Standardliteratur hierzu: Lemberg: Mitteleuropa und Osteuropa; Kłoczowski: Europa Sródkowowschodnia; Wandycz: East European History and its Meaning.

83 Bidlo: Ce qu'est l'histoire, Kurzfassung in: Slawische Rundschau 5 (1933), S. 361–370 und in: Hoetzsch: Begriffsbestimmung, S. 92–100.

entgegenkamen. So rückte er von seinen bis dahin immer wieder vehement verteidigten Auffassungen der Einheitlichkeit der slawischen Welt ab und akzeptierte ihre Unterschiedlichkeit. Auch plädierte er für eine neue Periodisierung, die er an die Dynamik kulturgeschichtlicher Entwicklungen band. Grundlage war für Bidlo die Spaltung der slawischen Welt in eine byzantinisch-orthodox und eine römisch-lateinisch geprägte. Die griechisch-orthodoxe Kultur erhob er zum Hauptinhalt osteuropäischer Geschichte und setzte dieser das römisch-christliche Abendland entgegen. Alle politische Geschichte ordnet sich dieser kulturgeschichtlichen Prägung unter und ist nachrangig zu behandeln. Daran orientierte sich auch seine Periodisierung, wonach die Geschichte Osteuropas mit der Gründung Konstantinopels 326 beginnt. Nun war die Auffassung der Trennung Osteuropas in einen orthodoxen und einen lateinischen Teil durchaus verbreitet, Bidlo ging jedoch einen Schritt weiter und beschränkte Osteuropa auf diesen Raum, sprach damit also allen slawischen lateinisch geprägten Ländern ihre osteuropäische Zugehörigkeit ab. Somit gehörte Polen nicht mehr zu Osteuropa, sondern war Teil des römisch-germanisch dominierten Abendlandes.

Das musste auf erheblichen Widerspruch der polnischen Seite stoßen.[84] Handelsman widersprach grundsätzlich und rekurrierte auf die Verschiedenheit der slawischen Völker, die sich nicht durch ihre religiöse Orientierung kategorisieren lassen und schon gar nicht als einheitliche Rasse in Erscheinung treten.[85] Dabei unterliegt der geographische Osteuropabegriff einer Dynamik, die dem historischen Verlauf zivilisatorischer Entwicklung genauso folgt wie der Perspektive des Betrachters. Als einzig fester Punkt gilt lediglich Polen als geographisches Zentrum Osteuropas, das darüber hinaus durch seine staatliche Entwicklung zunehmend auch das inhaltliche Zentrum (principe organisateur)[86] Osteuropas bildet. Während also Handelsman in der Polemik mit Bidlo den staatspolitisch-strukturellen Part übernahm, konzentrierte sich Halecki, wie schon zuvor, auf die Frage der christlich-zivilisatorischen Bindungen und die sich daraus ergebenden Ableitungen für eine osteuropäische Gliederung.[87] Halecki stimmte grundsätzlich mit Bidlo in der Frage einer Teilung Osteuropas nach den konfessionellen Gesichtspunkten überein, wobei er jedoch das große Schisma von 1054 nicht zu hoch ansetzte und weiter von der Einheitlichkeit der Christenheit Osteuropas ausging. Größere Bedeutung hatte für Halecki die Spannung zwischen Europa und Asien, die eine Teilung Osteuropas wesentlich ausmachte, und er fragte nach dem Einfluss der Osmanischen Herrschaft und des Mongoleneinfalls auf Russland, der Russland von Europa entfernte, was sich in der Ablehnung der Florentiner Union von 1439 gezeigt hatte, und einen eigenen eurasischen Kontinent ausformte. Als Folge dieses Prozesses bildete sich ein Landstreifen zwischen diesen beiden Blöcken eines südöstlichen und nordöstlichen Europas heraus. Hier, wie in der Ukraine und Weißrussland, kreuzten sich die verschiedenen Kulturen und es entstand als sichtbarstes Zeichen der Mischung die unierte Kirche. Eine Auffassung, die vom ukrainischen Historiker Miron Korduba aus Warschau weiter gestützt wurde.[88]

---

84 Hoetzsch: Begriffsbestimmung, S. 100.

85 Handelsman: Quelques. Er hatte bereits 1930 in seinem Artikel „Monde Slave“ zu diesem Problem Stellung bezogen.

86 Ders.: Quelques, S. 81.

87 Halecki: Qu'est que l'Europe Orientale.

88 Dorošenko: Die osteuropäische Geschichte, S. 82f.

Die Referate in der Sektion 15 des Historikerkongresses in Warschau, die sich mit der Geschichte Osteuropas beschäftigte, waren richtungsweisend und die Diskussion sehr kontrovers. Eine bündige Antwort auf die Frage „Was ist osteuropäische Geschichte?" wurde nicht gefunden und die sie bestimmenden Faktoren blieben weiter umstritten.[89] Im eigentlichen Sinne hatten sich die Standpunkte noch weiter voneinander entfernt und unterschwellig politisiert. Holzschnittartig ergab sich das Bild einer Gleichsetzung von Russland und Osteuropa bei Bidlo und einer Konzentration der osteuropäischen Geschichte auf die Polnisch-Litauische Union bei den polnischen Historikern. Das ließ die Interpretation zu, dass Bidlo Polen und die nichtrussischen Staaten aus Osteuropa ausschließt und sie dem westeuropäischen, lateinisch-germanisch dominierten Raum überlässt.

Gewollt oder ungewollt, musste diese Feststellung wie eine Provokation auf die Polen wirken, weil es mit einem Identitätsverlust verbunden war. Denn Bidlo machte in seinem Konzept kein entsprechendes Angebot, das Polen, in welcher staatlichen Konstruktion auch immer, eine eigenständige und souveräne Position in der europäischen Geschichte zugestand. Es nimmt deshalb nicht wunder, dass auf dem 1935 in Wilno stattfindenden polnischen Historikertag die osteuropäische Frage zentrales Gewicht hatte und die Auffassungen Handelsmans zur führenden Rolle Polens in Osteuropa und Haleckis Thesen zum Vorbildcharakter der Polnisch-Litauischen Union für Europa insgesamt allgemeine Unterstützung fanden und stark in den Fokus aktueller Politik gerückt wurden.[90] So fand die Auseinandersetzung mit Bidlo in der Fachliteratur durchaus eine Bewertung vor dem Hintergrund der sich wieder verschlechternden polnisch-tschechischen Beziehungen zu Beginn der 30er-Jahre.[91]

Wenn auch verschiedentlich, besonders bei Halecki, auf dem Warschauer Kongress die Frage eines Zwischenraumes zwischen den beiden Teilen Osteuropas unter strukturellen, ethnischen und religiösen Gesichtspunkten thematisiert wurde und die Tatsache seiner Existenz nicht wirklich bestritten wurde, so blieb er doch unbenannt und die Kategorie bzw. der Begriff „Mitteleuropa" tauchte nicht auf. Der führende deutsche Russlandhistoriker Otto Hoetzsch stellte dann auch in seinen kritischen Bemerkungen zur Diskussion in der 15. Sektion fest, dass „bis heute eine Übereinstimmung wissenschaftlicher Art nicht erzielt (ist), wo Mitteleuropa aufhöre und Osteuropa beginne".[92] Das Auftreten von Hoetzsch in der Diskussion ist insofern bemerkenswert, als er nicht nur, bei aller Anerkennung der Komplexität des Herangehens Bidlos an den Gegenstand, grundsätzliche Zweifel anmeldete, sondern auch in seiner Argumentation sehr stark mit den polnischen Kollegen übereinstimmte. Zumindest in der Frage der Bestimmung einer eigenständigen Entwicklung Polens unter dem Gesichtspunkt der Bildung von Nationalitäten und Staatlichkeiten im osteuropäischen Raum und der Verbindung zum Westen bestätigte er die Hauptargumente von Halecki und Handelsman.[93] Wie nahe sich deutsche und polnische Auffassungen waren, zeigte Halecki in einem Vortrag, den er auf Einladung von Hoetzsch am 10. Juli 1934 vor der „Deutschen Gesellschaft zum Studium Osteuropas" gehalten hatte.[94] Haleckis Vortrag in Berlin eine gewisse politische

89 Wandycz: East European History and its Meaning, S. 316.
90 Ebenda, S. 317.
91 Morawiec: Oskar Halecki, S. 228.
92 Hoetzsch: Begriffsbestimmung und Periodisierung, S. 102.
93 Ebenda, S. 101.
94 Halecki: Der Begriff.

Bedeutung oder sogar Absicht beizumessen ist nicht abwegig. Immerhin hatten sich die Beziehungen seit Frühjahr 1933 ständig verbessert und es wurde sogar schon von Normalisierung gesprochen. Im Zuge des deutsch-polnischen Nichtangriffsvertrages vom Januar 1934 kam es sogar zu Übereinkünften der engeren Zusammenarbeit von deutschen und polnischen Historikern, was durchaus die Vermutung zulässt, dass Haleckis Vortrag auch einen Beitrag zur weiteren Verbesserung der deutsch-polnischen Beziehungen leisten wollte.

Diese Frage ist umso wichtiger, als Halecki in seinem Vortrag Aussagen formulierte, die in dieser Deutlichkeit zum ersten Mal auftauchen. So wie er mit seinem Aufsatz „Idea Jagiellońska“ von 1937 seine Anschauungen zur Bedeutung der Föderation auf den Punkt brachte, so fasste er im Berliner Vortrag seine Erkenntnisse zur Geschichte Osteuropas mit dem Anspruch zusammen, die polnische Haltung zu präsentieren. In einem außerordentlich freundlichen Ton und entgegenkommend formuliert, nahm Halecki zu den Kernfragen Stellung: Was ist Osteuropa? Wie ist Polen in der osteuropäischen Geschichte zu verorten, welche Bedeutung hat Russland und was ist der Übergangsraum zwischen West und Ost? Nach einer ausgiebigen Würdigung der deutschen Osteuropaforschung und dem Verweis auf die vielen Gemeinsamkeiten der deutschen und polnischen Perspektiven auf den Gegenstand räumte er unterschiedliche Auffassungen ein, wollte jedoch „jede müßige Polemik vermeiden“, weil sich „eine so erfreuliche politische Entspannung anbahnt“.[95]

Ausgangspunkt Haleckis ist Europa als ein geographischer Begriff, der für „eine Vielfalt in der Einheit“[96] steht. Dieser Begriff bedarf jedoch auch einer ethnischen Erklärung, wobei Halecki eine europäische Rasse ins Spiel brachte, um sie gleich wieder zu relativieren und von einer ethnischen Vielfalt zu sprechen als, bezugnehmend auf Josef Pfitzner, Professor an der deutschen Universität in Prag, Beleg der „Unmöglichkeit einer gesamtslawischen Geschichte“.[97] Europa ist für Halecki ein kulturhistorischer Begriff, der sich aus dem Erbe der klassischen Antike, dem Christentum und dem historischen Prozess der Entwicklung von Völkern und Nationen speist. Das setzte Halecki geradezu definitorisch, um hieraus einen historischen Prozess zu entwickeln, in dem verschiedene Regionen Europas eine eigenständige Entwicklung nahmen, bei dem das entscheidende Kriterium die Stellung zur Antike und zum Christentum ist. Halecki nahm noch einmal Bezug auf Bidlo und entlehnte den Begriff des „Dualismus Europas“,[98] wollte ihn aber nicht auf den Unterschied zwischen Rom und Byzanz reduzieren, der nicht nur den geographischen Gegebenheiten Europas widerspräche, sondern auch den asiatischen Einfluss auf die Entwicklung des Kontinents nur unzureichend berücksichtigen würde. Halecki plädierte für eine Einteilung in ein Alteuropa und ein Neueuropa. Entgegen der starren Einteilung in West und Ost bei Bidlo findet Halecki in diesem Dualismus mehr Möglichkeiten, dem Osteuropabegriff jene Dynamik zu geben, die der Verlauf der osteuropäischen Geschichte verlangt, indem „ursprünglich eben nur jener eine Teil, den das Imperium Romanum gestaltet hatte, wirklich Europa war, der andere aber erst später zu Europa wurde“.[99] Zeitlicher Ausgangspunkt dieser Prozesse der „Europäisierung“ ist für Halecki die Christianisierung.

95 Ebenda, S. 2.
96 Ebenda, S. 4.
97 Ebenda, S. 5.
98 Ebenda, S. 6.
99 Ebenda, S. 8.

Dabei ist Neueuropa nicht gleich Osteuropa, was mindestens für den skandinavischen Raum zutrifft und wobei Halecki mit den deutschen Historikern voll übereinstimmt. Einen entscheidenden Gegensatz zu deren Auffassungen, und hier führt er dann doch noch eine Polemik, sieht Halecki in der Trägerschaft des west-östlichen Kulturtransfers. Kulturgefälle und deutsche Dominanz rufen den entschiedenen Widerspruch der polnischen Geschichtswissenschaft hervor. Einerseits betrachtet Halecki den westlichen Einfluss auf die Entwicklung Osteuropas als gesamt(west)europäisches Phänomen, bestreitet damit eine deutsche Ausschließlichkeit und erkennt in der Germanisierung einen durchaus negativen Aspekt der Einflussnahme, andererseits relativiert er das „Kulturgefälle". Auf Józef Szujski verweisend plädierte er dafür, die osteuropäische Entwicklung als eine „jüngere" anzunehmen, was im historischen Prozess als völlig normal anzusehen sei. „Wir glauben von polnischer Seite, dass wir diesen Vorsprung, den unsere westlichen Nachbarn hatten, verhältnismäßig rasch einzuholen vermochten (...), so kann doch schon damals dieses Kulturgefälle nicht gar zu arg gewesen sein", und schon im 14. Jahrhundert „finden wir keinen inneren, qualitativen Unterschied zwischen beiden Kulturen."[100] Bei aller Polemik bestreitet Halecki nicht einen deutschen „Kulturverdienst" im Osten und nimmt diesen für Polen im Gebiet des „alten, des ursprünglichen Russland im Flussgebiet des Dnepr, wo heute die Ukrainer und Weißrussen wohnen" in Anspruch. Dass dieser Prozess „erfreuliche(r) Kulturentwicklung" so rasch abgebrochen wurde, schreibt Halecki dem eigentlich positiv zu wertenden Vorgang der „ostslawischen Kolonisation" zu, der das Entwicklungsvermögen der ostslawischen Stämme überforderte, und sie in Gebiete vordrangen, „wo sich Europa gewissermaßen verlor in asiatischen Grenzgebieten".[101] Ein Prozess, der durch den Mongoleneinfall vollends zunichte gemacht wurde.

Nachdem Halecki gleichsam die Rahmenbedingungen osteuropäischer Geschichte abgesteckt hatte, lenkte er die volle Aufmerksamkeit auf die Entwicklung Polen-Litauens als, mit Verweis auf Leopold Ranke, „wichtigstes Ereignis osteuropäischer Geschichte", das in seiner Bedeutung bisher nicht genügend gewürdigt wurde.[102] Polen gelang es, Litauen zu christianisieren und einen festen Staatsverband in einer Ausdehnung nahezu der gesamten Breite von der Ostsee bis zum Schwarzen Meer zu schaffen und mit dem Vertrag von Krewo 1385 „das ganze unter litauischer Herrschaft stehende Übergangsgebiet für den Zusammenhang mit dem abendländischen, dem lateinischen Europa" zu gewinnen.[103] Durch diese große europäische Leistung, die ihre Fortsetzung in der Lubliner Union fand, wurde ein europäischer Geschichtsraum geschaffen, der sich deutlich vom übrigen Osteuropa unterschied und die Grenze des Abendlandes nach Osten verschob. Zum ersten Mal versuchte Halecki in seinem Berliner Vortrag diesen Raum zu benennen und übernahm hierzu interessanterweise den deutschen Begriff „Zwischeneuropa".[104] Auf dieser Grundlage sah er nunmehr eine Teilung Osteuropas als allgemein anerkannt an.

100 Ebenda, S. 10.
101 Ebenda, S. 12.
102 Ebenda, S. 13.
103 Ebenda, S. 14.
104 Ebenda, S. 16.

Dem von Bidlo und auch anderen Historikern beschriebenen Prozess der Europäisierung Russlands begegnete er skeptisch, bezeichnete ihn mindestens als oberflächlich und mit Rückschlägen behaftet, wofür ihm der Bolschewismus ein eindringliches Beispiel ist. Vor einem völligen Ausschluss Russlands aus Europa scheute sich Halecki jedoch und wollte auch die Frage nach einer Definition Osteuropas nicht als schlussendlich beantwortet sehen, sondern als gemeinsame Aufgabe der Historiker, „ob sie aus West- oder Osteuropa, aus Mittel- oder Zwischeneuropa stammen".[105] Halecki machte in seinem Berliner Vortrag nachhaltig deutlich, wie sich seine regional-kulturellen Vorstellungen direkt aus seinen Auffassungen zum polnisch-litauischen Staatsverband und der „Jagiellonischen Idee" herleiten. Gleichermaßen stützen seine Theorien zu Osteuropa und dem europäischen Dualismus die zentrale Funktion der Föderation in jeder Hinsicht und sind ihre kulturgeographische Umsetzung und Interpretation ihrer Sinnhaftigkeit. Diese Implementierung polnischer Nationalgeschichte in die Geschichte Osteuropas ist gleichzeitig ihre prägnante Fixierung in der europäischen Geschichte und macht nicht nur einen wesentlichen Teil Haleckis als Osteuropahistoriker aus, sondern bestimmt auch seinen Beitrag zur Ausprägung der Geschichte Osteuropas als Fachdisziplin.

Haleckis Rekurrieren auf „Zwischeneuropa" ist ein Indiz dafür, wie sich die Forschung zu Osteuropa nach dem Warschauer Kongress auf den „Übergangsraum" sowie seine inhaltliche und begriffliche Bestimmung konzentrierte, und dass die Bemühungen um eine Vereinheitlichung der Ansichten über das, was dann Ostmitteleuropa genannt wird, deutlich an Fahrt aufnahmen. Ein Prozess, der eng mit der Selbstbestimmung der dort liegenden Länder und der Abgrenzung zum bolschewistischen Osten verbunden war. 1935 gründete der ungarische Historiker und Professor an der Universität Budapest Imre Lukinich die Zeitschrift „Archivum Europae Centro-Orientalis" als Organ des dortigen Osteuropa-Instituts und führte den Begriff Ostmitteleuropa in die Forschung ein, ohne allerdings den Gegenstand genau zu beschreiben.[106] Wenn man bedenkt, welchen Stellenwert die inhaltliche und geographische Beschreibung des Raumes zwischen Deutschland und Russland bei Halecki besaß und welche Energie er darauf verwandte, diese Auffassungen zu vertreten und zu verbreiten, dann ist es schon eigenartig, wie er dennoch die Benennung dieses Raumes vermied und diese wichtige und prestigeträchtige Normierung eigentlich aus der Hand gab. Obwohl er die Debatte um ein Ostmitteleuropa initiiert hatte[107] und wenn auch nicht allein, so doch wesentlich bestimmte, finden wir erst in seinen Schriften ab 1943 diese Bezeichnung.[108]

Es gab Vorlagen hierzu aus polnischer Feder, auf die man sich hätte berufen können.[109] Der Jurist Bohdan Winiarski benutzte den Begriff „Europa Środkowo-Wschodnia" (Mittel-Osteuropa) schon im Ersten Weltkrieg, um die geopolitische Situation Polens in dem Großraum zwischen Deutschland und Russland zu beschreiben.[110] Der Historiker Jan Bobrzyński verwendete ihn Anfang der 30er-Jahre[111] und der konservative Publizist und Aktivist des „Bunt

105 Ebenda, S. 20.
106 Kłoczowski: Europa Środkowowschodnia, S. 19.
107 Wandycz: Oskar Halecki, S. 47.
108 Kłoczowski: Koncepcja, S. 203.
109 Kornat: Profesor Oskar Halecki, S. 256.
110 Winiarski: Międzynarodowość, S. 56.
111 Bobrzyński, Jan: Jeszcze raz, S. 31, 81.

Młodych" Adolf Bocheński sprach von „Europa Środkowa i Wschodnia" (Mittel- und Osteuropa).[112] Auch in seinem Beitrag zum Begriff „Mitteleuropa" in der „Encyklopedia nauk politycznych" (Enzyklopädie der politischen Wissenschaften) von 1937 fehlt bei Halecki jeglicher Bezug zu einem Ostmitteleuropa.[113] Eine gewisse Zurückhaltung bei Festlegungen findet sich bei ihm schon beim Osteuropabegriff, bei dessen Beschreibung er noch auf dem Kongress in Warschau bei der vagen Formulierung eines „geographischen Milieus" verbleibt.[114] Augenfällig ist auch, dass er sehr lange den Begriff „Mitteleuropa" meidet, während Kollegen, wie etwa Rutkowski, der ihn schon in seinem Referat auf dem Kongress in Oslo benutzte, „Mitteleuropa" selbstverständlich in ihr wissenschaftliches Repertoire aufgenommen haben. Die Bedenken, mit einer begrifflichen Verbindung seiner Auffassungen zu dem Raum zwischen Deutschland und Russland damit auch deren Inhalte einer deutschen Dominanz, wie sie in den gängigen deutschen Theorien beschrieben wurden, zu übernehmen, waren wohl allzu groß und er sah sie erst durch die Ereignisse des Krieges und der Nachkriegsordnung überwunden.

1.1.1.3 Das politische Engagement

Inwieweit Halecki politisch oder sogar Politiker war, unterliegt unterschiedlicher Bewertung. Sein Engagement für Polen steht außer Frage, er setzte sich vielfach für Staat und Gesellschaft ein. Enge Beziehungen zu einzelnen Politikern sind nicht erkennbar. Ob das nun immer an ihm gelegen hat, ist schwer zu sagen. Zumindest meidet er ein eindeutiges Bekenntnis zu bestimmten politischen Lagern.[115] Zweifellos standen jedoch „politische und öffentliche Tätigkeit in einem Sinnzusammenhang".[116] Halecki als „patriotisch verfügbaren Homo politicus"[117] zu bezeichnen trifft seine politische Haltung wohl am besten.

Halecki suchte während des Ersten Weltkrieges nicht direkt die Nähe der Politik und zu Entscheidungsträgern des zukünftigen polnischen Staates, seine Publikationen folgten jedoch ihrer politischen Linie.[118] Im Zusammenhang mit seiner wissenschaftlichen Ausrichtung auf die Erforschung polnisch-litauischer Staatlichkeit darf dieses Engagement durchaus als ein Bestandteil seiner bewussten Polonisierung gesehen werden. Halecki lieferte mit seinen Arbeiten in deutscher Sprache ein prägnantes Beispiel für die Verwendung der Geschichte Osteuropas in der Politik und macht sie unmittelbar. Sie lesen sich wie eine Empfehlung und wissenschaftliche Begründung einer polnischen Staatlichkeit und einer polnischen Ostgrenze an die Mittelmächte und waren sicher auch als solche gedacht. Die Wiederherstellung des polnischen Staates war erwartbar und vielfach signalisiert und der Ausgang des Krieges noch offen. Hier leistete Halecki seinen Part gegenüber dem deutschsprachigen Raum, andere erledigten diese Aufgabe gegenüber der Entente.

112 Bocheński, Adolf: Aktualność, S. 65.
113 Encyklopedia nauk politycznych, t. 2, Warszawa 1937, S. 127–129.
114 Wandycz: O historycznej, S. 129.
115 Kornat: Profesor Oskar Halecki, S. 232.
116 Rhode: Drei polnische Historiker, S. 537.
117 Morawiec: Oskar Halecki, S. 222. Kłoczowski bezeichnet ihn in: Ders.: Oskar Halecki, S. 429 als „ardent patriot".
118 Salamon: Oskar Halecki, S. 32f.

1915/16 veröffentlichte er Texte und hielt Vorträge, die sich mit der historischen Verbindung Polens mit der Habsburgermonarchie beschäftigten,[119] der Begründung einer polnischen Staatlichkeit dienten,[120] und bereits eindeutig polnische Ansprüche auf die Kresy formulierten.[121] Im Verlag des „Polnischen Obersten Nationalkomitees" erschien 1916 in Kraków eine umfassende Abhandlung unter dem Titel „Das Nationalitäten-Problem im alten Polen", indem er sich als Dr. Oskar Ritter von Halecki, Privatdozent an der Jagiellonen-Universität in Kraków vorstellte. In der Einleitung spricht er von nationalen und von historischen als den wichtigsten Momenten, die bei der Erörterung der polnischen Frage immer wieder auftauchen. Das „große Reich der Piasten und Jagiellonen" sieht sich jedoch immer wieder dem Vorwurf ausgesetzt, dass es gerade diese Momente während seiner Herrschaft gegenüber anderen Völkern nicht geachtet hatte und deshalb eine „feindselige Gesinnung" gegenüber Polen genährt wurde, die in der „gegenwärtigen Schicksalsstunde noch unvergleichlich größer geworden" ist. Auf dem „Wege unbefangener historischer Untersuchung" sollen diese „verhängnisvolle(n) Missverständnisse" aus dem Wege geschafft werden, denn, wenn sich zeigt, „dass sogar in vergangenen Jahrhunderten trotz mancher Fehltritte, die sich (...) auf beide Seiten verteilen, ein einträgliches Zusammenleben und -wirken möglich war, dann müsste es doch auch im XX. Jahrhundert möglich sein! Diese Folgerung anzubahnen, ist der Hauptzweck der folgenden Zeilen." Dabei geht es dem Autor auch darum, „die Ehre jener zu vertreten, die einst treue Wacht hielten an den Grenzen der christlichen Welt und der europäischen Kultur (...), dies ist eine ernste Pflicht jedes polnischen Historikers".[122]

Das Buch Haleckis diente durchgängig und auch eingängig als historischer Beleg für die Möglichkeit eines polnischen Staates in den Grenzen der alten Adelsrepublik, wobei der Schwerpunkt immer auf der Ostgrenze lag. Halecki operiert hier auffällig mit dem Begriff des Nationalstaates. „Das Reich der Piastendynastie ist ein ausgesprochener Nationalstaat", heißt auf der ersten Seite des Textes.[123] Eine Umgestaltung des Staates vollzog sich in den folgenden Jahrhunderten durch die Verbindung mit Litauen und die Integration Reussens und baltischer Gebiete. Eine Regelung der staatsrechtlichen Verhältnisse erfolgte 1569 durch die Union von Lublin. Halecki erläutert die polnische Auffassung über die Trennung der Reussen in Rus und Rosya, die sich mit der Angliederung an den litauischen Staat und die Herausbildung des Großherzogtums Moskau verbindet und der deutschen Bezeichnung Russland eben nicht entspricht. Auch wendet er sich strikt gegen die Bezeichnung „Ukrainer", die „wissenschaftlich ganz unhaltbar ist".[124]

Im Weiteren entwickelt er den historischen Verlauf entsprechend seinen Auffassungen zur Polnisch-Litauischen Union und geht ausgiebig auf die rechtliche Stellung der Nationalitäten im polnischen Königreich ein, die eine souveräne Entwicklung der einzelnen Nationalitäten ermöglichte und ein Beispiel für Toleranz und Verständigung bietet, um dann den Polonisierungsprozess als einen Vorgang der kulturellen und zivilisatorischen Höherentwicklung in voller Freiwilligkeit und zum gegenseitigen Nutzen zu beschreiben. In einem eigenen Kapitel beschäftigt er sich mit den Auseinandersetzungen der Völkerschaften und

119 Halecki: Die Beziehungen.
120 Ders.: Warum Polen unterging?
121 Ders.: Polen und der Weltfrieden; Ders.: Hat Russland historische Rechte.
122 Ders.: Das Nationalitäten-Problem, S. 9-12.
123 Ebenda, S. 13.
124 Ebenda, S. 14, Anm. 1.

nimmt hier den Begriff der Nation wieder auf. Er bestreitet den Charakter eines nationalen Freiheitskampfes der Auseinandersetzungen mit Polen und Kosaken und polemisiert damit indirekt gegen die nationalen Ambitionen von Litauern und Ukrainern, die sie nicht unwesentlich aus der Unterdrückung durch die Polen und ihrer nationalen Befreiungsbewegung herleiteten.[125] Bei den Litauern sieht er ihn im Herrscherkonflikt und bei den Kosaken als sozial und auch persönlich bedingt. Gerade diese Konfliktbetrachtung und -bewertung läuft darauf hinaus, das Zusammenleben im polnischen Staat zwar nicht als „ungetrübte Idylle" darzustellen, aber als „möglich" erscheinen zu lassen.[126] Im Schlusskapitel stellt er fest, dass „die Vereinigung so verschiedener Elemente im Jagiellonenreiche die Erfüllung ihrer gemeinsamen Mission ermöglichte, zum ‚Schutzwalle der Christenheit' zu werden, ein Grenzbollwerk europäischer Kultur zu errichten".[127] Und das, vor allen Dingen, gegen Russland: „Von diesem Russland eben, das auf solche Art verhindert wurde, die ganze litauisch-ruthenische Übergangszone zwischen der westlichen und östlichen Kulturwelt in die seine einzubeziehen und ihr seinen moskowitischen Stempel aufzudrücken, gingen naturgemäß zu allererst die tendenziösen Entstellungen der Rolle aus, die Polen unter den Ruthenen und Litauern gespielt hatte".[128]

Während es 1916 noch um die historische Begründung einer polnischen Staatlichkeit ging, legte Halecki im Frühjahr 1918 ein zweites Buch an deutschsprachige Adressaten vor, das sich ausschließlich mit der polnischen Ostgrenze befasste.[129] Methodisch ist es eine historische Herleitung polnischer Rechte auf die Kresy, wobei er zu Beginn des Textes die Frage einer polnischen Ostgrenze offen lässt, was sie zu diesem Zeitpunkt auch war. Er benennt den Zweck der Arbeit ganz offen als „aktuell politisch"[130] und erkennt die nationalen Rechte der Litauer und auch der Ukrainer klar an, wobei er allerdings den Begriff Ukraine weiterhin ablehnt. So richtet sich seine Hauptstoßrichtung ebenso gegen die ukrainischen Ansprüche auf Ostgalizien, das Chełmer Land und Podlachien und er polemisiert, wie schon in seinem Buch von 1916, vor allem gegen die Theorien des ukrainischen Historikers und führenden Vertreters der nationalen Bewegung Mychajlo Hruschewskyj.

Ausgangspunkt Haleckis ist die Feststellung, dass ethnische Argumente allein nicht ausreichen, um Grenzziehungen zu begründen und es schlechterdings auf der Basis der Gemengelage gar nicht möglich sei, allein mit diesem Aspekt zu arbeiten. Wichtig und letztendlich entscheidend können nur der historische Verlauf und die damit historisch gewachsenen inneren Bindungen und staatlichen Zugehörigkeiten sein. Auf dieser Grundlage erfolgt seine Beweisführung vor allem mit zwei Argumenten: Erstens sieht er im Gegensatz zu Hruschewskyj eine durchgängige polnische Besiedelung bis zum Bug und San, sowie zweitens eine Staatsbildung in Wolhynien und Halicz „unter Mitwirkung Polens".[131] Dieser Staat band sich direkt an Litauen und kam unter Kasimir dem Großen endgültig zu Polen.

125 Ebenda, S. 78–95.
126 Ebenda, S. 97.
127 Ebenda, S. 98.
128 Ebenda, S. 101.
129 Halecki: Polens Ostgrenze.
130 Ebenda, S. 4.
131 Ebenda, S. 13.

Diese „unmittelbare Zugehörigkeit blieb dementsprechend dauernd erhalten“[132] und verfestigte sich weiter mit der Lubliner Union. Dabei entwickelte sich eine innere Verbundenheit der Bevölkerung mit Polen, nicht mit Litauen, und die Einführung des „polnischen Rechts“[133] war die Garantie einer hohen Eigenständigkeit der Bevölkerung. In dieser rechtlichen Versicherung und dem Aufschwung durch die polnische Kultur sieht Halecki dann auch den Hauptgrund für die Friedfertigkeit, Freiwilligkeit und Dauerhaftigkeit der Verbindung zu Polen, die schließlich durch die Kirchenunion von 1596 besiegelt wird. „Die Kosakenfrage hat eigentlich mit der hier behandelten Frage der strittigen Grenzgebiete zwischen Polen und Ruthenen nichts zu tun.“[134] Als „Ergebnisse und Folgerungen“ stellt Halecki fest, dass „die historischen Rechte Polens auf das Land Halicz, Belc und Chełm, sowie Podlachien keinem Zweifel unterliegen können“[135] und fügt an, dass bei der Existenz eines ukrainischen Staates auf beiden Seiten Minderheiten leben werden und gerade „diese Analogie (...) zugleich die beste Garantie (ist), dass die nationalen Rechte dieser Minoritäten von beiden Seiten gewahrt werden müssen“. Die Quintessenz seiner historischen Betrachtung liegt für Halecki allerdings darin, dass „diese drei neu entstehenden Staaten wieder, wie einst, zu einem Staatenbunde zusammenfänden und die *jagiellonische Unionsidee*, den heutigen Verhältnissen angepasst (...) über alle künstlich geschürten Zwistigkeiten den Sieg davontrüge“.[136]

Diese Argumentation verfolgte Halecki auch in einer vom polnischen Außenministerium herausgegeben Zeitschrift Anfang 1919, setzte jedoch unmissverständlich hinzu, dass kein polnischer Politiker das Recht habe, auf Gebiete zu verzichten, die im Osten zur Rzeczpospolita von 1772 gehörten.[137] Ein Jahr später veröffentlichte Halecki in der Zeitschrift „Wschód Polski“ (Polnischer Osten), die erst in Wilno und dann in Warschau herausgegeben wurde und von zahlreichen Historikern als Organ historisch-politischer Argumentation genutzt wurde, einen umfangreichen Aufsatz, den man zweifellos als sein persönliches Statement zur Grenzfrage ansehen kann und der letztlich eine politische Interpretation seines Hauptwerkes zur jagiellonischen Union darstellt, das im gleichen Jahr erscheint. Unter dem Titel „Granica z r. 1772 a nasz program obecny“ (Die Grenze von 1772 und unser gegenwärtiges Programm)[138] ist der Text ein einziges Plädoyer für die Erneuerung der Union in Gestalt eines polnisch-litauisch-ukrainischen Staatenbündnisses. Ausdrücklich stellt er an den Anfang die Bemerkung, dass „diese kurze Arbeit nichts gemein hat mit den Streitigkeiten unserer politischen Parteien“[139] und entwickelt das föderative Konzept sowohl aus den historischen Erfahrungen als auch den gegebenen politischen Bedingungen und Möglichkeiten als einzige vernünftige Lösung und Alternative zum „imperialistischen Zentralismus“ und einer „Balkanisierung“ Osteuropas.

Er stellte sich damit deutlich gegen die Stringenz des Nationalstaatskonzeptes, wie es von den nationalen Bewegungen, aber auch von den Siegermächten verfolgt wurde, sah darin jedoch vor allem ein Zukunftsprojekt des Ausgleichs durch Staatenbünde und internationale

132 Ebenda, S. 22.
133 Ebenda, S. 26.
134 Ebenda, S. 33.
135 Ebenda, S. 42.
136 Ebenda, S. 44.
137 Halecki: Wschodnie granice Polski, S. 52.
138 Ders.: Granica, 1, 2.
139 Ebenda, 1, S. 1.

Zusammenarbeit, wie es der Völkerbund repräsentierte, „der dieselben Ziele verfolgt, wie unsere alte Union: die Sicherung von Frieden und zivilisatorischer Zusammenarbeit".[140] Halecki vermeidet zwar jeden Bezug zu politischen Lagern, aber praktisch bedeutete diese Positionierung eine Parteinahme für die vom Piłsudski-Lager vertretenen Anschauungen und eine Ablehnung ethnisch-nationaler Konzepte der Nationaldemokraten, namentlich Roman Dmowskis. Ein politisches Bekenntnis gab Halecki zum Völkerbund ab. Hier ist er eindeutig zuzuordnen und in dieser Haltung zur Internationalisierung als Mittel der politischen Organisation und Konfliktbewältigung sah er einen Schwerpunkt seiner politischen Arbeit. In Polen und in seiner Wirksamkeit weit darüber hinaus war er ein Pionier des Völkerbundgedankens und legte 1920 eine honorige Schrift vor, die Inhalt, Struktur und Ziele der Organisation zum ersten Mal in Polen beschreibt.[141] Diese Einstellung schöpft sich sicher aus Haleckis historischer Perspektive auf die polnische Geschichte als Konglomerat verschiedener Völkerschaften, die in der Staatskonstruktion von Krewo und Lublin ihre klassische Form gefunden hatte und damit eine Vorbildwirkung zumindest im europäischen Raum erfüllte. Einfluss dürften aber auch seine Erfahrungen bei den Friedensverhandlungen in Versailles gehabt haben, deren Ergebnisse allgemein als unbefriedigend bewertet wurden.

Halecki war Mitglied der Expertengruppe, die der polnischen Delegation auf dem Pariser Friedenskongress zuarbeitete und war in dieser Eigenschaft auch in Paris, wo er die polnischen Forderungen nach den traditionellen Ostgebieten mit formulierte. In dieser Funktion wurde er auch zeitweilig Mitarbeiter des Außenministeriums und erarbeitete Texte über die polnische Zugehörigkeit Ostgaliziens.[142] Als Sekretär des „Büros für die Kongressarbeit" (Biuro Prac Kongresowych) erlebte er die Diskussionen um die Funktion und die Rolle der Polen im Völkerbund und setzte sich mit „Enthusiasmus" für die aktive Teilnahme in den internationalen Organisationen ein.[143] Offensichtlich hatte er sich damit an höherer Stelle für Positionen beim Völkerbund empfohlen. Bei dem während des Polnisch-Sowjetischen Krieges gegründeten „Büro für Auslandspropaganda" beim Ministerrat wurde ihm die Dependance beim Völkerbund anvertraut.[144] Wenn dieses Projekt auch nur von sehr kurzer Dauer war, so blieb Halecki doch bis 1926 in verschiedenen Positionen beim Völkerbund tätig. Anfänglich arbeitete er im Generalsekretariat[145] und wurde 1922 Sekretär der „Internationalen Kommission für geistige Zusammenarbeit" (Commission Internationale de Coopération Intellectuelle, CICI).[146] Er legte immer sehr viel Wert darauf zu betonen, dass er diese Tätigkeit im Dienste Polens ausübe, und bescheinigte Maria Skłodowska-Curie als Mitglied der Kommission, dass sie nicht nur von ihrer Herkunft, sondern auch aus Überzeugung Polin sei[147] und sich besonders für die Förderung der polnischen Wissenschaft einsetzen würde.[148] Halecki übernahm 1925/26 in der Kommission

140 Ebenda, 2, S. 10.
141 Halecki: Liga Narodów.
142 Kornat: Profesor Oskar Halecki, S. 238f.
143 Kutrzeba: Kongres, S. 140.
144 Brzeziński: Oskar Halecki a Liga Narodów, S. 49–84.
145 Ebenda, S. 85–111.
146 Ebenda, S. 111–153; Ders.: Oskar Halecki – sekretarz komisji.
147 Halecki: Komisja współpracy umysłowej, S. 27, 47.
148 Brzeziński: Polska Komisja, S. 9ff.

schließlich die „Sektion für die Koordinierung der universitären Zusammenarbeit“[149] und koordinierte die Wissenschaftsförderung sowie den studentischen Austausch der Länder Mittel- und Osteuropas.[150]

Die Wirkung Haleckis im Völkerbund ist schwer einzuschätzen und verliert sich ohnehin in der tendenziellen Schwäche der Institution. Sein Engagement für die Zusammenarbeit der Universitäten im ostmitteleuropäischen Raum erzielte keine bleibenden Effekte.[151] Eher konzentrierte sich Halecki bei seiner Tätigkeit auf die Verbreitung einer christlich-katholischen Morallehre,[152] deren Grundsätze er in den Zielstellungen des Völkerbundes vermisste,[153] und blieb auch hier vor allem katholischer Intellektueller. Im Gegensatz zu seiner Abstinenz gegenüber politischen Organisationen, war er national und international in kirchlichen Organisationen präsent und sehr engagiert.[154]

Auf dieser christlich-ethischen Grundlage ist er politisch im Lager des Ausgleichs und des internationalen Gleichgewichts zu verorten. Er ist Föderalist aus der Überzeugung der Lehren der polnischen Geschichte heraus. Er vermied jedoch das Bekenntnis zu Piłsudski, beteiligte sich aber auch nicht an der Kritik vieler polnischer Intellektueller und namhafter Historiker an der diktatorischen Politik Piłsudskis nach dem Mai 1926. Er stellte sich zwar gegen jeglichen Nationalismus, war aber mit seiner These von der Kontinuität der polnischen Geschichte und der historischen Einheit des piastischen und jagiellonischen Staates und seiner historischen Begründung der polnischen Territorialität in den Grenzen von 1772 durchaus kompatibel mit den Auffassungen der Nationaldemokraten. Damit ist er spätestens in den 30er-Jahren auf der Höhe des politischen Denkens im Sinne der zunehmenden Konvergenz der politischen Lager.

1.1.1.4 Schüler und Kritiker

Das Wirken Oskar Haleckis an der Warschauer Universität war sehr erfolgreich und er war neben Marceli Handelsman, Kazimierz Tymieniecki und Wacław Tokarz sicher einer der markantesten Persönlichkeiten am Historischen Institut. Neben seiner wissenschaftlichen Tätigkeit war er auch in der Lehre[155] und der Ausbildung des wissenschaftlichen Nachwuchses sehr engagiert.[156] Unter seiner Leitung und Mitwirkung entstanden eine ganze Reihe von Dissertations- und Habilitationsschriften, die sich mit osteuropäischen Themen beschäftigten[157] und deren Verfasser wissenschaftlich Karriere machten. Anlässlich seines 25-jährigen „Wissenschaftsjubiläums“ widmeten ihm zwölf seiner Schüler eine Festschrift mit eigenen Arbeiten.[158] Dennoch, von einer „Halecki-Schule“ zu sprechen erscheint nicht

149 Ders.: Oskar Halecki a Liga Narodów, S. 183–205.

150 Ders.: Oskar Halecki – rzecznik.

151 Ders.: Oskar Halecki a Liga Narodów, S. 312.

152 Ebenda, S. 11, 309; Kornat: Profesor Oskar Halecki, S. 244f, 251, 254, 282ff.

153 Halecki: Liga Narodów, S. 12.

154 Ciszek: Oskar Halecki, S. 15f.

155 Eine Aufstellung der Lehrveranstaltungen Haleckis an der Warschauer Universität gibt Rutkowski, Tadeusz Paweł: Oskar Halecki, S. 102–109.

156 Gieysztor: Środowisko, S. 22.

157 Eine Auflistung bei Kozłowski: Oskar Halecki, S. 45ff. Weitere Hinweise bei Maternicki: Warszawskie środowisko historyczne, S. 39; Kornat: Historyk, S. 321; Rutkowski, Tadeusz Paweł: Oskar Halecki, S. 98.

158 Księga ku czci Oskara Haleckiego.

angebracht und wird in der Forschungsliteratur, wenn auch nuanciert, abgelehnt.[159] Die Gründe dafür sind vielfältig. Seine hohe Mobilität und faktische Abwesenheit durch internationale Verpflichtungen bis 1926 hatten gewiss großen Einfluss auf das Ausbleiben einer Schulenbildung. Dazu kommen das Exil ab 1939 und die damit verbundene Unstetigkeit.

Grundsätzlich ist zu fragen, was denn eine personenorientierte Wissenschaftsschule ausmacht und welche Kriterien zu erfüllen sind. Sicher gibt es hinsichtlich seines föderativen Leitbildes und seiner christlich-abendländischen Grundauffassung methodische Vorgaben, an denen sich die Schüler orientierten. Bestimmend ist jedoch das Bekenntnis der Schüler zum Lehrer und des Lehrers zu „seiner" Schule. Abgesehen von dem angeführten Jubiläumsband waren dauerhafte Bindungen kaum entwickelt und unter den oftmals prekären Arbeitsverhältnissen der Wissenschaftler auch schwierig. Vor allem war es jedoch Halecki selbst, der eine solche Entwicklung nicht forcierte. Der fruchtbare Ansatz einer wissenschaftlichen Schule der Osteuropaforschung, der durch Haleckis Wirken sowie die Existenz eines Lehrstuhles für die Geschichte Osteuropas an der Universität Warschau gegeben war, wurde nicht weiterentwickelt, obwohl Halecki innerhalb des 1930 geschaffenen Historischen Instituts ein eigenes Seminar zur Geschichte Osteuropas leitete.[160] Inwieweit hier ein innerer Zusammenhang mit der rudimentär gebliebenen Herausbildung der Osteuropäischen Geschichte als eigenständige Forschungsrichtung in Polen besteht, kann nur gemutmaßt werden. Fest steht, dass Halecki hier keinen substantiellen Beitrag leistete. So fehlt in seinem Aufsatz in der „Nauka Polska" von 1929 zu den „Erfordernissen der polnischen Wissenschaft auf dem Gebiet der Geschichte" jeglicher Hinweis auf eine Osteuropaforschung in Polen.[161] Er erwähnt zwar die Gründung der „Vereinigung der historischen Verbände Osteuropas und des Slawentums" in Warschau, aber nur bezüglich einer kritischen Bestandsaufnahme der internationalen Wirksamkeit polnischer Geschichtswissenschaft;[162] er wird in diesem von seinem Kollegen Handelsman geführten Verband nicht sichtbar.

Zu den wichtigsten Schülern Haleckis gehört Henryk Paszkiewicz. 1920 promovierte er bei Halecki zu den polnisch-litauischen Beziehungen und verteidigte 1927 seine Habilitation zur Russlandpolitik Kasimirs des Großen. 1934 bis 1939 war er Professor für Mittelalterliche Geschichte an der privaten Warschauer Freien Universität (Wolna Wszechnica Polska) und wurde 1939 außerplanmäßiger Professor am Historischen Institut der Universität Warschau.[163] Auch seine wichtigsten Werke entstehen im Exil und er legte mit einem mehrbändigen Werk zur Entstehung des russischen Reiches ein Standardwerk vor.[164] Józef Jasnowski promovierte 1935 bei Halecki zu einem religionsgeschichtlichen Thema[165] und bereitete seine Habilitation zu Mikołaj Radziwiłł vor,[166] zu deren Verteidigung es durch den Kriegsausbruch nicht mehr kam. Jasnowski machte sich einen Namen durch die Organisierung der

159 Kozłowski: Oskar Halecki, S. 42, 76; Wandycz: O dwóch Historykach, S. 64.
160 Tradycje i współczesność, S. 638f, 645.
161 Halecki: Potrzeby.
162 Ebenda, S. 274.
163 Tyszkiewicz: Professor Henryk Paszkiewicz (1897–1979); Biegański: Henryk Paszkiewicz (1807–1979).
164 Paszkiewicz: The Origin of Russia; Ders.: The Making of the Russian Nation; Ders.: The Rise of Moscow Power.
165 Jasnowski: Piotr z Goniadza.
166 Ders.: Mikołaj Czarny Radziwiłł.

polnischen Geschichtswissenschaft im Exil.[167] Władysław Tomkiewicz legte unter der Anleitung von Halecki zahlreiche Arbeiten zur Geschichte der Kosaken vor[168] und lehnte sich dabei eng an Haleckis Auffassungen zur Polnisch-Litauischen Union an. Er arbeitete als Dozent am Lehrstuhl für Geschichte Osteuropas und bestätigte in seinem Buch zur Geschichte der Ukraine[169] grundsätzlich Haleckis Thesen zur friedlichen und fruchtbaren Einverleibung der Ukrainer und Weißrussen in das polnische Reich. Ähnlich ausgerichtet waren die Arbeiten von Stefan Kuczyński,[170] der dann auch am „Ukrainischen Wissenschaftlichen Institut" tätig war.[171] Janusz Pajewski promovierte 1929 bei Halecki zu den polnisch-ungarischen Beziehungen und habilitierte sich 1933 zur polnischen Ungarnpolitik in der Frühen Neuzeit.[172] Er machte nach dem Krieg an der Universität in Poznań Karriere und war dort auch im West-Institut tätig.[173] Schließlich ist noch Wanda Maciejewska erwähnenswert, weil sie 1934 zu Jadwiga als Königin von Polen[174] bei Halecki promovierte und damit ein für Halecki zunehmend zentrales Thema aufnahm.

Diese Schüler sind für die universitäre Tätigkeit Haleckis in der Zwischenkriegszeit repräsentativ, hinterlassen jedoch keine dauerhaften oder signifikanten Spuren in der polnischen Osteuropaforschung. Eine Ausnahme bildet Henryk Paszkiewicz. Er zeigte sich mit Halecki am engsten verbunden. Sie editierten gemeinsam Quellen zur Geschichte des Großherzogtums Litauen[175] und fanden vor allem in ihrer Perspektive auf Litauen und Russland großen Gleichklang.[176] Paszkiewicz baute direkt auf den Arbeiten Haleckis zur Polnisch-Litauischen Union auf[177] und konzentrierte sich als gelungene Ergänzung auf die Entwicklung Russlands, wobei er sich auch bei seinen Rekursen zu Litauen, quasi arbeitsteilig, auf den Zeitraum bis zum 14. Jahrhundert beschränkte.[178] Dabei blieb er immer in den Denkschemen Haleckis zur Teilung Osteuropas als einem Prozess der kulturell-ethnischen Entfremdung zwischen der alten Kiewer Rus und der Herausbildung des Moskauer Staates. Grundlegendes Element dieses Differenzierungsprozesses war bei Paszkiewicz der Einfluss skandinavischer Stämme, der eine eigene ethnische Identität schuf. Dieser ethnische Differenzierungsprozess verbunden mit der Staatsbildung ist für Paszkiewicz der erste Schritt der Loslösung von westlichem Einfluss und der Herausbildung einer völligen Eigenständigkeit, die durch den Mongoleneinfluss verfestigt wurde und den Moskauer Staat stärker mit Asien als mit Europa verband. Aus dieser Tradition kann sich Russland nie befreien, woran auch alle Europäisierungsversuche Peters des Großen prinzipiell nichts änderten. Er vertritt damit konsequenter als Halecki und mit großer Akribie bei der Verwendung quellenmäßiger Belege

167 Jagodzinski: Nestor historików emigracyjnych, S. 9f.; Szczerbinski, Wieczorek, Wasilewski: Profesor Józef Jasnowski (1906–2009).
168 Tomkiewicz: Ograniczenie; Ders.: Jeremi Wiśnowiecki (1612–1651); Kowalczyk: Bibliografia.
169 Tomkiewicz: Ukraina.
170 Kuczyński: Ziemie; Dubicki, Kuczyński: Bibliografia,
171 Kozłowski: Oskar Halecki, S. 57f.
172 Pajewski: Węgierska polityka Polski.
173 Kozłowski: Oskar Halecki, S. 54ff.
174 Maciejewska: Jadwiga Królowa Polska.
175 Paszkiewicz: Regesta Lithuaniae.
176 Korczak: Oskara Haleckiego; Tyszkiewicz: Profesor Henryk Paszkiewicz, S. 165.
177 Paszkiewicz: O genezie.
178 Ders.: Polityka ruska; Ders.: Litwa a Moskwa.

die Waräger-Theorie, was ihm massive Kritik wegen der Vernachlässigung des ostslawischen Einflusses einer autochthonen Entwicklung und schließlich den Vorwurf einer tendenziösen Geschichtsschreibung einbrachte.[179]

Eine kritische Reflexion seiner Thesen blieb auch Oskar Halecki nicht erspart. Ihn als „konsequenten Apologeten der Lubliner Union“[180] zu bezeichnen, kann kaum widersprochen werden. Die Kritik ordnete sich aber letztlich in die traditionelle Auseinandersetzung zwischen optimistischer und pessimistischer Betrachtung polnischer Geschichte ein oder stand in Beziehung zum Disput über die Geschichte Osteuropas. Eine direkte Auseinandersetzung mit den Thesen Haleckis oder gar mit der Person ist dabei eher selten und nahm mit seinem Aufstieg in der Hierarchie polnischer Historiker sogar ab. Am stärksten wurde sie noch im Umfeld der Staatsgründung vorgebracht, wo sich der Streit um die Deutungshoheit polnischer Geschichte zwischen Pessimisten und Optimisten zuspitzte.[181] Hier greift Władysław Konopczyński als ein Wortführer der kritischen Sicht Halecki direkt an. Bei seiner Antrittsvorlesung am Lehrstuhl für die Geschichte Polens an der Jagiellonen-Universität am 18. Januar 1918 belässt er es nicht bei dem Vorwurf einer Apologetik der jagiellonischen Union, sondern bezichtigt Halecki mit seiner Aufforderung an die Historiker, sich nur den „schönsten und erhabensten Zeiten der Vergangenheit“ zuzuwenden, einen „gefährlichen Anreiz“ zu einer „Selbstzufriedenheit“ zu bieten, der die kritische Sicht als Aufgabe der Geschichtsforschung infrage stellt.[182] Der Vorwurf, an exponierter Stelle vorgebracht, wog sicher schwer, blieb aber an der Person Haleckis nicht haften. Auch seine nahezu uneingeschränkte Parteinahme für Chołoniewskis „Duch dziejów Polski“ (Geist der polnischen Geschichte) setzte ihn nicht sonderlich unter Druck. Ebenso ging seine Auffassung über die „organische Kontinuität“ des polnischen Geschichtsverlaufs, bei dem die piastische Epoche eine Vorbereitung der jagiellonischen war,[183] nur wenig konform mit der in Wissenschaft und Politik formal herrschenden Lagerbildung einer strikten Trennung piastischer und jagiellonischer Staatsmodelle, sie passte sich aber letztlich in die erfolgreiche Tendenz der romantischen Geschichtsbetrachtung ein.

1.2 Wilno

1.2.1 Das Milieu

Litauen war ein essentielles Element der polnischen Staatswerdung am Ausgang des Ersten Weltkrieges. Zum einen dominierte im politischen Spektrum der polnischen Eliten die Vorstellung eines „neuen“[184] polnischen Staates sowohl territorial als auch in seiner Verfassung in der Tradition von 1772, zum anderen stand diesem polnischen Staatsprojekt nicht nur argumentativ, sondern auch kraft einer nationalen Bewegung und ihrer internationalen Akzeptanz die Forderung nach einem eigenständigen litauischen Nationalstaat entgegen. Józef Piłsudskis Versuch, mithilfe einer diplomatischen Mission von Michał Römer, eines

179 Korczak: Oskara Haleckiego, S. 101ff.
180 Baczkowski: Oskara Haleckiego, S. 74. Eine ähnliche Einschätzung bei Bömelburg: Zwischen, S. 114.
181 Kolbuszewska: Mutacja, S. 162–172, bes. S. 166.
182 Konopczyński: O wartości, S. 606.
183 Halecki: Historia polityczna Polski, S. 407.
184 Kornat: Polska Odrodzona, S. 31.

der führenden Mitglieder der „Krajowcy", die litauische Regierung in Kaunas nach der Vertreibung der Roten Armee im April 1919 zu einer Zusammenarbeit zu bewegen, schlug fehl.[185]

Alle Ambitionen auf eine engere Verbindung der Staaten stießen bei den Litauern auf entschiedene Ablehnung.[186] Die Besetzung Wilnos infolge der militärischen Auseinandersetzungen zwischen Litauen, Polen und der Roten Armee durch General Lucjan Żeligowski im Oktober 1920 schufen nicht nur ein tiefgreifendes zwischenstaatliches Konfliktfeld, sondern straften auch Piłsudskis Zusagen auf eine freie Entscheidung der litauischen Bevölkerung über ihre staatliche Zukunft, vor allem seinen Aufruf „An die Einwohner des ehemaligen Großfürstentums Litauen" vom 22. April 1919, Lügen.[187] Warf nicht schon allein der „Żeligowski-Coup" und die darauf folgende Schaffung eines regionalen Konstrukts „Mittellitauen" ein bezeichnendes Licht auf die polnischen Vorstellungen eines föderalen Zusammenschlusses, so bedeutete die Inkorporierung Mittellitauens mit Wilno als der vom litauischen Staat beanspruchten Hauptstadt[188] in den polnischen Staat 1922 die praktische Bankrotterklärung des föderalen Projektes und die Desillusionierung hinsichtlich aller Föderationspläne als aktuelle politische Aufgabe.

Damit endete auch die politische Konjunktur der „Krajowcy" und ihrer, wenn auch recht breit gestreuten, Vorstellungen einer engen Verbindung von Polen und Litauen. Ihre Protagonisten optierten entweder für Litauen, wie Römer, der in Kaunas eine akademische Karriere machte, als Jurist den litauischen Staat international vertrat und sich für die Minderheitenrechte einsetzte,[189] oder sie blieben in Wilno weiter aktiv oder machten in Polen politische Karriere und fanden in der Verbesserung der Beziehungen zu Litauen ihre Aufgabe.[190] Viele ihrer Ideen wurden von den Konservativen übernommen, die nach 1922 Wilno zu einem Zentrum des polnischen Konservatismus machten und in der Zweiten Republik einen nicht unerheblichen politischen Einfluss ausübten.[191] Sie hielten an der auf Polen bezogenen Perspektive einer eigenständigen litauischen Entwicklung und damit an der Tradition einer polnisch-litauischen Idee fest. Sie waren wesentlicher Bestandteil eines Bewusstseins in Polen über die besondere Rolle Wilnos sowohl in seiner territorialen Zuordnung als Erinnerungsort polnisch-litauischer Großmacht als auch als intellektuelles Zentrum verschiedenster ethnisch-kultureller Gruppierungen. Piłsudski hatte in einer emphatischen Rede anlässlich der Übergabe Mittellitauens an Polen mit einem sehr persönlichen Bezug, „ich wäre nicht Chef des polnischen Staates, wenn ich nicht aus Wilna käme", diese herausragende Stellung der Stadt bestätigt: „Gerade hier und nirgends anders (wurde) in großer Willensanspannung und menschlicher Geistesarbeit das nationale heilige Feuer entfacht, das Polen so weit und breit es war, in seiner Kraft auszuharren festigte".[192]

---

185 Solak: Między Polską a Litwą, S. 394–410.
186 Maciejewski: Federacyjne koncepcje, S. 144ff.
187 Grygajtis: Polskie idee, S. 271–394; Lewandowski: Federalizm, S. 83.
188 Staliunas: Wilno czy Kowno?
189 Sawicki: Michał Römer, S. 119–145.
190 Bardach: O dawnej i niedawnej Litwie, S. 265–269; Ders.: O świadomość, S. 247–259.
191 Szpoper: Sukcesorzy.
192 Piłsudski: Wilnaer Rede über die gemeinsame Geschichte Polens und Litauens, abgedruckt in Übersetzung, in: Polen und der Osten, S. 142–147.

Die Konservativen machten Wilno zu einem Zentrum des Kampfes gegen den Nationalismus der Nationaldemokratie und profilierten sich in der Frage der Minderheitenpolitik.[193] Ebenso entwickelten sie außenpolitische Konzepte im Sinne einer geopolitischen Verortung Polens zwischen Russland und Deutschland.[194] Zum geistigen und organisatorischen Sammelpunkt dieser politischen Gruppierung wurde die Zeitung „Słowo“ (Das Wort) mit ihrem Chefredakteur und Herausgeber Stanisław Cat-Mackiewicz[195]. Er ist einer jener politischen Publizisten von Rang, die, neben Leon Wasilewski und mit Abstrichen auch Roman Dmowski, aus der Perspektive ihrer politischen Orientierungen ein komplexes und relativ geschlossenes Konzept polnischer staatlicher Verfasstheit mit sowohl innen- als auch außenpolitischen Intentionen zu Kernproblemen, wie der Minderheiten- oder Sicherheitsfrage, entwickelt haben – und das über rein journalistische Arbeiten hinaus in monographischen Texten mit wissenschaftlichem Anspruch.[196] Unter Cat-Mackiewicz wurde der „Słowo“ nicht nur zum intellektuellen Mittelpunkt Wilnos außerhalb akademischer und wissenschaftlicher Einrichtungen, sondern erreichte auch als Regionalblatt gesamtpolnische Bedeutung.

Die ideologischen Grundpfeiler von Cat-Mackiewicz und der Gruppe um den „Słowo“ waren die polnische Vormachtstellung und die „Jagiellonische Idee“. Das brachte sie in der Tendenz immer dichter an das Piłsudski-Lager heran, machte sie zu Befürwortern des Mai-Umsturzes und verschaffte ihnen Führungspositionen in Staat und Parlament.[197] Sie positionierten sich gegenüber ihrem politischen Hauptgegner, der Nationaldemokratie, und das nicht nur regional, vor allem in der Nationalitätenfrage. In dem ethnischen Nationalismus eines Dmowski sahen sie die Hauptgefahr eines friedlichen Zusammenlebens der Völkerschaften in einem föderalen Staat. Deshalb setzten sich Cat-Mackiewicz und insbesondere die mit dem „Słowo“ eng verbundenen Brüder Adolf und Aleksander Bocheński für eine konstruktive Minderheitenpolitik ein und das nicht nur im Wilnoer Gebiet, sondern auch in der Frage der Behandlung der ukrainischen, weißrussischen sowie auch deutschen Minderheit in der Zweiten Republik. Dabei ging es vorderhand um die Stabilität des Staates und seiner machtpolitischen Ambitionen. Ohnehin sah die Gruppe in der ethnischen Orientierung der Nationaldemokratie eine formale und sogar staatsgefährdende Einengung polnischer imperialer Ambitionen im Osten, in der sie eine historische Berechtigung im Sinne einer zivilisatorischen Mission sahen.[198]

Ein wesentlicher Bestandteil dieser inhaltlichen Orientierung war natürlich das Weiterbestehen eines föderalen Gedankens und die Regelung der Beziehungen zu Litauen in diesem Sinne unter Einbeziehung der traditionellen nordöstlichen Kresy. Von vornherein war jedoch der östliche Nachbar ein bevorzugter Gegenstand der Analyse und Berichterstattung. Im Unterschied zu anderen politischen Gruppierungen in Polen, die vor allen Dingen Russland in welcher Gestalt auch immer als Hauptbedrohung ansahen, konzentrierten sich die Wilnoer Konservativen auf den Bolschewismus. Schon in der ersten Nummer des „Słowo“ wurde der Konservatismus als „Antithese“ zur russischen Revolution stilisiert und der Bolschewismus

---

193 Szpoper: Konserwatyści wilenscy.

194 Gzella: Między Sowjetami a Niemcami.

195 Osica: Polityce anachronizmu.

196 Górski: Władza polityczna, S. 203–272; Stanisław Cat-Mackiewicz. Teksty; Maternicki: Wielokształtność, S. 54.

197 Gzella: Między Sowjetami a Niemcami, S. 12f.

198 Szpoper: Konserwatyści wilenscy, S. 75f, 80.

zum Hauptfeind vor allen durch seine gesellschaftliche Konstruktion erklärt, weil diese „absurde Doktrin des Sozialismus“ den polnischen Staat in seiner Existenz gefährde.[199] Somit sahen die Wilnoer Konservativen in der Gesellschaftsanalyse eine ihrer Hauptaufgaben. Nicht von ungefähr stammt deshalb auch eine der ersten tiefgreifenden Analysen des bolschewistischen Staates mit modernen Erklärungsansätzen diktatorischer Systeme von Cat-Mackiewicz und war durchaus ein Ergebnis der Diskurse im „Słowo“.[200] Dieser Ansatz der systemischen Gefährlichkeit des östlichen Nachbarn verband sich mit einer kritischen Begleitung der polnischen Außenpolitik.[201] Hier fand Marian Zdziechowski als Mitglied der Redaktion in enger Abstimmung mit Cat-Mackiewicz sein Betätigungsfeld. Er war zu dieser Zeit bereits eine anerkannte Persönlichkeit der polnischen Wissenschaft und hatte den Lehrstuhl für Geschichte Osteuropas an der Stefan-Batory-Universität (USB) Wilno inne. Ausgehend von der geopolitischen Situation einer Bedrohung durch die Nachbarn Deutschland und Russland, der sich nur ein großes und starkes Polen erwehren kann, äußerte sich Zdziechowski kritisch zum Vertrag von Riga, der nur geeignet sei, die notwendige Erweiterung des polnischen Territoriums zu behindern, um Bündnissysteme zu schaffen, in deren Mittelpunkt Polen und Litauen als wehrhafter Kern gegen die Bedrohung aus dem Osten stehen. Dabei hielt er Sowjetrussland für weitaus gefährlicher als ein befreites Russland, das ohnehin nur durch äußere Intervention erreicht werden kann.[202] Entsprechend kritisch fiel auch sein Urteil zum Rapallo-Vertrag aus, in dem er nicht nur eine Anerkennung des Sowjetsystems sah, sondern einen Akt der Kapitulation der westlichen Kultur vor der bolschewistischen Barbarei.[203] Deshalb musste in der Verhinderung weiterer Bündnisse Sowjetrusslands mit Nachbarstaaten Polens, natürlich speziell mit Litauen und Deutschland, das Hauptaugenmerk polnischer Außenpolitik liegen. Dem sollten eigene Bündnissysteme entgegengestellt werden, vor allem mit Frankreich, aber auch im ostmitteleuropäischen Raum bzw. durch den Ausbau der Kleinen Entente.

Der Aspekt einer Verbesserung der Beziehungen zu Deutschland zur Absicherung gegenüber der Sowjetunion und eines eventuellen gemeinsamen Vorgehens spielte immer eine gewisse Rolle bei den Wilnoer Konservativen. Nach der Aufwertung Deutschlands durch die Konferenz von Locarno und dem Beitritt zum Völkerbund nahm dieses Interesse zu und hatte nach dem Machtantritt Hitlers Konjunktur. Zu ihrem größten Protagonisten wurde Władysław Studnicki, der aus dem Kreis des „Słowo“ zum Prototyp des Germanophilen der Zweiten Republik aufstieg. Studnicki wurde neben Cat-Mackiewicz und Zdziechowski zur dritten herausragenden Persönlichkeit des Wilnoer Konservatismus mit überregionaler Bedeutung und eigenem politischen Profil. Er bekleidete zwar nie politische Posten, war aber im polnischen Staatsapparat in wichtigen Positionen tätig und hielt neben seiner publizistischen Tätigkeit auch Vorlesungen im „Wissenschaftlichen Forschungsinstitut für Osteuropa“ (INBEW). Auch für ihn war, wie selbstverständlich, Russland der Hauptfeind und nach der bolschewistischen Revolution besonders gefährlich durch seine ideologische Wirkung auf

199 Na posterunku wileńskim.
200 Cat-Mackiewicz: Myśl w obcęgach.
201 Czapiewski: Koncepcje polityki zagranicznej Polski, S. 24.
202 Z perspektywy dziejów.
203 Cziczerin.

die westliche Zivilisation.[204] Er sah zwar, wie seine Kollegen aus der Redaktion des „Słowo", in der bolschewistischen Herrschaft im Kern eine Kontinuität der russischen Despotie und eine Zarenherrschaft in anderem Gewand, widmete sich in seinen Schriften aber deutlich intensiver den theoretischen Grundlagen des Herrschaftsmechanismus und seiner Legitimation.

Aus der Perspektive seiner Prägung in der sozialistischen Bewegung analysierte er die Beziehung des Bolschewismus zum Marxismus und kam zu dem Schluss, dass die angeblich proletarische Herrschaft in Sowjetrussland eine Fiktion ist, mit den Lehren von Marx nichts zu tun hat und die Arbeiterklasse belogen wird. Er sah im Bolschewismus allein die Herrschaft der Funktionäre und der Roten Armee, deren Ziel die Weltherrschaft ist.[205] Aus dieser Logik heraus entwickelte Studnicki quasi eine Verdopplung der Gefahr nicht nur für Polen, sondern für ganz Europa, indem sich der russische Imperialismus mit dem ideologischen Herrschaftsanspruch paart und umso effektiver destruktiv wirken kann.[206] Ganz entschieden setzte sich Studnicki deshalb für einen baldmöglichen Krieg gegen Sowjetrussland als einzige Möglichkeit zur Rettung Polens und der westlichen Demokratien ein.[207] Sowjetrussland muss deshalb isoliert bleiben und Polen muss sich Bündnispartner bei den Nachbarn suchen, weil es allein den Kampf nicht gewinnen kann. Wie Zdziechowski sah er diese vor allem in mitteleuropäischen Allianzen und der Schaffung eines mitteleuropäischen Blocks, der unmittelbar in die Offensive gehen sollte. Dabei ging es nicht nur um die Sicherheitsfrage, sondern durchaus auch um die Rückgewinnung östlicher Gebiete Polens als Verteidigungsschild.[208] Weißrussen und Ukrainer sind dabei nicht staatsfähig und müssten Polen angeschlossen werden, um nicht den Bolschewisten in die Hände zu fallen.[209]

Der Vertrag von Riga war für ihn eine verhängnisvolle Niederlage und die als Triumph in Polen gefeierte Anerkennung der Ostgrenze durch den Botschafterrat am 15. März 1923 bezeichnete er sarkastisch als einen „Triumph jener Art, von denen noch weitere das Ende Polens" bedeuten würden.[210] Was nun Studnicki in der Bündnisfrage von den anderen Konservativen unterscheidet, ist seine bedingungslose Orientierung auf Deutschland. Der westliche Nachbar war für ihn trotz aller bilateralen Probleme der natürliche Bündnispartner Polens im Kampf gegen die Sowjetunion. Allein das Deutsche Reich hat das Potential diesen Kampf zu führen. Studnicki registrierte die gleiche Gefährdungslage wie für Polen vor allem in der bolschewistischen Gefahr und räumte Deutschland eine Führungsrolle im multilateralen Bündnis gegen den östlichen Nachbarn ein. Er misstraute zutiefst der Beständigkeit des polnisch-sowjetischen Abkommens von 1932,[211] und das Nichtangriffsabkommen mit Deutschland von 1934 war der Auftakt, nunmehr dieses Bündnis zu schmieden.[212] Der antisowjetische Kurs der Nazis und die

---

204 Gzella: Zaborcy, S. 195–229.
205 Studnicki: Wobec grozy, S. 13.
206 Ders.: Przeciwko Rosji.
207 Ders.: W razie wojny z Rosją.
208 Ders.: Ziemie wschodnie, S. 12.
209 Ders.: W sprawie stosunku, S. 6f; Gzella: Myśl polityczna, S. 19, 38–40, 86f.
210 Studnicki: Tryumf czy żałoba.
211 Ders.: Rosja sowiecka, S. 183, 186–190.
212 Ders.: O przymierze.

scheinbare Annäherung an Polen bestärkten ihn in seinen Auffassungen und selbst der September 1939 ließ ihn nicht an dem gleichsam naturgegebenen Zusammengehen mit Deutschland gegen die Sowjetunion zweifeln.[213]

Für eine Zusammenarbeit mit Deutschland gegen die Sowjetunion sprachen sich auch die Brüder Bocheński aus, die als Publizisten von Rang im „Słowo“ nicht nur zu Fragen des östlichen Nachbarn publizierten, sondern auch dem ukrainischen Problem große Bedeutung beimaßen und in dieser Frage engen Kontakt zu dem führenden Konservativen und Politiker Stanisław Łoś unterhielten.[214] Die Bocheńskis bildeten die Brücke zu den Neokonservativen der Zeitschrift „Bunt Młodych“ (Aufstand der Jungen) (ab 1937 „Polityka“)[215]. Diese Gruppe unter ihrem leitenden Redakteur Jerzy Giedroyc[216] suchte den engeren Kontakt zum Piłsudski-Lager. Besonders Giedroyc zeigte sich als ein Verfechter des Prometheismus und setzte damit neue Akzente des Wilnoer Konservatismus,[217] indem die Minderheitenpolitik und die nationalen Bewegungen vornehmlich aus der Perspektive der Verwendung als Mittel im Kampf gegen die Sowjetunion betrachtet wurden.

Neben den politischen Gruppierungen formte vor allem das akademische Leben das geistige Klima der Stadtgesellschaft.[218] Wissenschaftliche Gesellschaften wie die „Vereinigung der Freunde der Wissenschaften“ (Towarzystwo Przyjaciół Nauk)[219], die die angesehene Zeitschrift „Ateneum Wileńskie“ mit dem Schwerpunkt der Geschichte des Großherzogtums Litauen herausgab,[220] und die Abteilung des „Polnischen Historischen Verbandes“ (Polski Towarzystwo Historycznego)[221] sowie Mitarbeiter der Stefan-Batory-Universität, die sich organisierten und intellektuelle Gruppierungen schufen, erlangten durch ihre prominenten Mitglieder und ihren Anschauungen überregionale Bedeutung. Dem „Akademischen Klub der Wilnoer Landstreicher“ (Akademicki Klub Włóczęgów Wileńskich)[222] kommt hierbei besondere Bedeutung zu. Er hatte bekannte Mitglieder, die sich nach ihrem Studium im „Seniorenklub“ (Klub Włóczęgów Seniorów) trafen, und stand nachdrücklich für ein offenes und kreatives geistiges Klima. Einerseits positionierte er sich bewusst überparteilich als Gegenpol zu den Nationalisten und Konservativen, gab ihnen aber durchaus Raum, sich zu artikulieren. Nach einem seiner später zu Weltruhm gelangten Mitglieder, dem Literaturnobelpreisträger Czesław Miłosz, vertrat er die Tradition der „Krajowcy“.[223] In den vom Klub herausgegebenen Veröffentlichungen äußerten sich der Rektor der Universität Władysław Wielhorski genauso wie Marian Zdziechowski.[224] Die Grundsätze des Klubs bezogen sich auf die Tradition des Großherzogtums Litauen und seine Mitglieder wurden nicht

213 Gzella: Zaborcy, S. 266f.
214 Libera: Z dziejów.
215 Król: Style.
216 Habielski: Dokąd nam iść wypada?; Giedroyc: Autobiografia, S. 56–84.
217 Paczos: Państwo i naród, S. 243–396; Libera: Z dziejów, S. 329f.
218 Jaczewski: Polityka naukowa, S. 38–43.
219 Ders.: Z dziejów Towarzystwa Przyjaciół w Wilnie.
220 Ateneum Wileńskie. Czasopismo naukowe poświęcone badaniom przeszłości ziem W. X. Litewskiego, Wilno 1923–1939.
221 Żytkowicz: Wileński oddział Polskiego Towarzystwo Historycznego.
222 Szełkowski: Klub Włóczęgów Wileńskich.
223 Miłosz: Abecadło, S. 17.
224 Kakarenko: Od „Kaziuka“ do Maritain`a, S. 134.

müde, das föderale Konzept als Zusammenschluss der Völker Polens, Litauens, Weißrusslands und der Ukraine zu propagieren. Ganz bewusst orientierte sich der Klub an einem geradezu utopischen Modell des Zusammenlebens, das sich in der Zukunft als ein Teil der „großen paneuropäischen Familie der Völker" sah.[225] Zu seinem politischen Kopf entwickelte sich Stanisław Swianiewicz, der später leitender Mitarbeiter des INBEW wurde und die Forschungen zur Sowjetunion maßgeblich beeinflusste. Er formulierte in einem Grundsatzdokument des Klubs, dass allein dieser Zusammenschluss Grundlage eines kraftvollen Polens sein könne, das die Völker der Region zwischen Baltikum und Schwarzem Meer vor der Bedrohung aus dem Osten bewahren kann.[226] Die auf dieser geistigen Grundlage aufgebauten Verbindungen zu höchsten politischen Kreisen, vor allem des Piłsudski-Lagers, sind bemerkenswert. Premierminister gehören genauso zu engen Vertrauten des Klubs wie leitende Beamte des Ministeriums für Auswärtige Angelegenheiten (Ministerstwo Spraw Zagranicznych, MSZ), Eliten der Universität und der Stadt ohnehin.[227]

Beredter Ausdruck für das geistige Klima in Wilno war die lebhafte Tätigkeit von wissenschaftlichen Institutionen der nichtpolnischen Bevölkerung und ihre Teilhabe am öffentlichen Leben. Seit 1925 gab es ein „Jüdisches Wissenschaftliches Institut" (Żydowski Instytut Naukowy), das sich bei der Beschäftigung mit Geschichte und Kultur der Juden nicht nur auf Wilno beschränkte und eng mit ähnlichen Instituten in anderen Ländern zusammenarbeitete.[228] In verschiedenen wissenschaftlichen Abteilungen entwickelte das Institut ein außerordentlich reges wissenschaftliches Leben, baute eine große Bibliothek auf und unterhielt ein eigenes jüdisches Museum.[229] 1936 richtete es in Wilno den Internationalen Jüdischen Wissenschaftskongress aus.[230] 1918 entstand eine „Weißrussische Wissenschaftliche Gesellschaft" mit einem eigenen Museum in der Stadt. Nach der Einverleibung des Wilnoer Gebietes bestand auch die bereits 1907 gegründete „Litauische Wissenschaftliche Gesellschaft" weiter, die sich mit der Geschichte der litauischen Minderheit in Polen beschäftigte;[231] zudem wurde in Wilno die Zeitschrift der tatarischen Minderheit, das „Rocznik Tatarski" (Tatarisches Jahrbuch)", herausgegeben.[232]

Dieses vielfältige wissenschaftliche Leben und eine ganze Reihe von Zeitschriften, die sich mit den Kresy und Ostfragen beschäftigten, unterstreichen den Eindruck, dass Wilno ein ausgeprägtes Bewusstsein der östlichen Dimension polnischer Staatlichkeit besaß und daraus nicht nur eine Verantwortung für die polnisch-litauische Tradition einer europäischen Großmacht ableitete, sondern auch eine besondere Bedeutung im Wissen um den Osten. Aus dieser positiv wahrgenommenen „Östlichkeit" Wilnos, die sich aus der Geschichte des Großherzogtums Litauen als östliche Dimension des Königreiches Polen ergab, wurde durch die Eliten nicht nur eine bevorzugte Stellung angenommen, sondern auch eine Erklärungskompetenz zu den Ostfragen im weitesten Sinne bescheinigt.

---

225 Srebrakowski: Klub Włóczęgów Seniorów w Wilnie, S. 165.

226 Ebenda, S. 166f; Kakareko: O przewrócenie, S. 124f.

227 Srebrakowski: Klub Włóczęgów Seniorów w Wilnie, S. 167.

228 Nauka Polska XII (1930), S. 298–300; Hartmann: Hochschulwesen, S. 22f.

229 Osteuropa 5 (1929/30), S. 449f.

230 Ateneum Wileńskie XI (1936), S. 815f.

231 Hartmann: Hochschulwesen, S. 24; Historia Nauki Polskiej, S. 132f, 285.

232 Rocznik Tatarski. Czasopismo naukowe, literackie i społeczne. Poświęcone historji, kulturze i zyciu Tatarów w Polsce, Wilno I (1932).

1.2.2 Die Stefan-Batory-Universität (USB)

1.2.2.1 Feliks Koneczny

Der historischen Forschung im engeren Sinne waren an der Humanistischen Fakultät der Stefan-Batory-Universität (USB) vier Lehrstühle gewidmet: Die Geschichte Polens wurde mit Stanisław Kościałkowski besetzt, der diese Funktion bis 1939 ausfüllte. Witold Nowodworski bis 1923 und danach Janusz Iwaszkiewicz leiteten den Lehrstuhl für Neuere Geschichte und Kazimierz Chodynicki für Allgemeine Geschichte des Mittelalters und Historische Hilfswissenschaften. Feliks Koneczny schließlich wurde auf den Lehrstuhl für Geschichte Osteuropas berufen,[233] der neben Warschau als zweiter an polnischen Universitäten eingerichtet wurde. Alle diese Lehrstühle entwickelten in Lehre und Forschung eine ausgesprochen östliche Perspektive und stellten vor allem die Geschichte Litauens und der Polnisch-Litauischen Union in den Mittelpunkt. Während Kościałkowski sich der Geschichte des Großherzogtums Litauens mehr aus verfassungsgeschichtlicher Perspektive widmete, entfaltete Iwaszkiewicz eine europäische Perspektive der Einordnung Litauens als eigenständiger politischer Faktor im Großraum zwischen Ost- und Westeuropa.[234]

Eine besondere Rolle spielte Ludwik Kolankowski, der maßgeblich staatlicherseits am Aufbau der USB beteiligt war. Im Mai 1919 wurde er von Piłsudski zum Bevollmächtigten zum Neuaufbau der Universität in Wilno ernannt. Im gleichen Jahr sollte er den Lehrstuhl für die Geschichte Polens und Litauens übernehmen, was vom Ministerium allerdings verhindert wurde. Ein erneuter Anlauf 1929 scheiterte am Widerstand der Fakultät, zumal die Berufung mit einer Umwidmung des Lehrstuhls in Lehrstuhl für die Geschichte Polens und Litauens erfolgen sollte, wogegen sich die Humanistische Fakultät heftig wehrte.[235] Kolankowski hielt zwar als außerordentlicher Professor von 1931 bis 1937 in Wilno Vorlesungen, verblieb allerdings in Warschau, besetzte dort wichtige politische Positionen, war Senator, hatte aber keine engeren Beziehungen zur USB.[236] Er legte allerdings mit seiner „Dzieje Wielkiego Księstwa Litewskiego za Jagiellonów“ (Geschichte des Großherzogtums Litauen nach den Jagiellonen) von 1930 und seiner „Polska Jagiellońska“ (Das jagiellonische Polen) von 1936 Standardwerke zur polnischen Geschichte vor.[237] Der zeitliche Schwerpunkt von Forschung und Lehre lag in der mittelalterlichen Geschichte und der Frühen Neuzeit.[238] Iwaszkiewicz ging mit seinen Studien zur Rolle Napoleons in der litauischen Geschichte[239] zeitlich am weitesten bis ins 19. Jahrhundert hinein. Über die außerordentliche Produktivität und den hohen Stand der Forschungen zu Litauen geben die Veröffentlichungen zum 350. Gründungsjubiläum der Universität 1929 und der VI. Historikerkongress Polens 1935 in Wilno Auskunft.[240]

233 Górczynski: Historycy wilenscy w okresie, S. 210. Ein ähnlicher Text des Autors erschien bereits 1987. Garniewicz: Wileński ośrodek historyczny, S. 81–113; de Laval: Katedry Historii, S. 56.
234 Gieysztor: Dziejopisarstwo, S. 58f.
235 Biliński: Feliks Koneczny, S. 136.
236 Małek: Ludwik Kolankowski, S. 34ff.
237 Nowak, Zenon: Rola Ludwika Kolankowskiego, S. 23ff.
238 Osko: Koło historików, S. 120.
239 Iwaszkiewicz: Kodeks Napoleona.
240 Ateneum Wileńskie XI (1936), S. 816–822.

Feliks Koneczny kam 1919 als Vertretungsprofessor an die USB. Nach seiner Habilitation 1920 wurde er als außerordentlicher Professor auf den Lehrstuhl für Geschichte Osteuropas berufen und erhielt 1922 den Titel eines ordentlichen Professors.[241] Empfohlen hatte sich Koneczny durch sein 1918 erschienenes Buch „Dzieje Rosji do 1449" (Geschichte Russlands bis 1449), womit er sich auch an der Jagiellonen-Universität habilitiert hatte. Es galt als die erste Synthese, die in Polen zur russischen Geschichte geschrieben wurde und über Polen hinaus von wissenschaftlicher Bedeutung war.[242] Koneczny kam aus Kraków und hatte dort 1888, stark beeinflusst von Wincenty Zakrzewski, zum Thema „Najdawniejsze stosunki inflant z Polską do r. 1393" (Die frühesten Beziehungen Livlands zu Polen bis 1393) promoviert und einige Arbeiten zur mittelalterlichen polnischen Geschichte sowie den Beziehungen Litauens zu Moskau vorgelegt.[243] Seine Prägung erhielt er vor allem durch die politisch-publizistische Tätigkeit im „Klub Słowiański" und der Zeitschrift „Świat Słowiański", deren Chefredakteur er 1905 wurde.[244] Klub und Zeitschrift gingen auf maßgebliche Initiative von Marian Zdziechowski zurück und repräsentierten eine slawophile Ausrichtung mit einer ausgesprochen antideutschen Attitüde.[245]

Koneczny orientierte sich nicht nur politisch russophil, sondern konzentrierte sich auch wissenschaftlich fast ausschließlich auf Russland und die polnisch-russischen Beziehungen. Zum Glaubensbekenntnis der Krakówer Slawophilen gehörte die feste Überzeugung, dass Russland sich nach der Niederlage im Russisch-Japanischen Krieg und der Revolution öffnen müsse und im Sinne eines Neoslawismus in Polen einen Partner finden wird. Dazu müsse man im polnischen Volk die Überzeugung eines Bündnisses vermitteln und darüber hinaus das Wissen über Geschichte und Kultur Russlands vertiefen. Die vom Klub entwickelte Perspektive setzte von vornherein geopolitische Akzente, die Polen in den Mittelpunkt stellten. Koneczny lieferte hierzu eine kulturell-zivilisatorische Erklärung mit geschichtswissenschaftlichem Anspruch.[246] In der Normalisierung der Beziehungen zwischen Polen und Russland begriff er nicht nur eine historische Notwendigkeit, sondern zusätzlich einen zivilisatorischen Entwicklungsschub für Russland, der seine internationale Position stärken würde. Russland muss nach Westen und Polen nach Osten streben, wobei die Völker zwischen ihnen, wie die Litauer, Weißrussen und Ukrainer, politisch in Einflussbereiche aufgeteilt würden.[247] An einer gemeinsamen Staatlichkeit dieser Länder sollte festgehalten werden, da in Konecznys Überzeugung die zivilisatorische Überlegenheit Polens tendenziell die Vorherrschaft in dieser Konstruktion sichern würde und Polen ein Bindeglied zwischen Ost und West werden kann. In der Verbindung mit Russland konstatierte er aber auch die Absicherung vor dem Pangermanismus als eine Hauptgefahr für Polen und in der möglichen Einflussnahme auf Russland die Zerstörung des Dreikaiserbündnisses sowie eine Kanalisierung der russischen Außenpolitik auf Frankreich und England.[248]

---

241 Biliński: Feliks Koneczny, S. 126f. Hier auch ein Vorlesungsverzeichnis S. 131 und ein Schriftenverzeichnis S. 209–224; Staatsarchiv Vilnius, Fond 175, 5 (V B), Bd. 100, Bl. 5–8.

242 Pawlak: Feliks Koneczny, S. 151f.

243 Biliński: Feliks Koneczny, S. 114–121.

244 Ebenda, S. 79–112.

245 Ders.: Feliks Koneczny jako badacz, S. 229.

246 Filipowicz: Wobec Rosji, S. 71–76.

247 Koneczny: Propaganda zgody z Rosją.

248 Ders.: Sprawa słowiańska.

Der schon kurze Zeit nach der Revolution von 1905 wieder fortgesetzte reaktionäre Kurs der Zarenregierung ernüchterte die Krakówer Slawophilen und ließ sie umdenken. Die Folge war eine stärkere Konzentration des slawophilen Gedankens auf Polen, der jedoch die Beschäftigung mit Russland noch beförderte. Diese Erfahrungen bestimmten auf Dauer den Zugang Konecznys auf die Geschichte Russlands und lenkten ihn zudem in seinen geschichtsphilosophischen Überlegungen. Nachdem er einige Werke zur polnischen mittelalterlichen Geschichte verfasst hatte, begann er 1911 mit dem Projekt einer Geschichte Russlands und legte 1917 seine Geschichte Russlands bis 1449 als Monographie vor. Eine solche monographische Darstellung der Geschichte Russlands hatte es bisher von polnischer Seite nicht gegeben und Koneczny sah sich ferner genötigt, dem Vorwurf, den „Moskal" zu dienen, mit dem Argument entgegenzutreten, dass eine völlig objektive Darstellung der russischen Geschichte für das „Verständnis Moskaus (…) eine wichtige Notwendigkeit unseres politischen Lebens (ist und sein wird)".[249] Entgegen den traditionellen Formen der Geschichtsschreibung lehnte Koneczny in dieser Geschichte Russlands eine herkömmliche Periodisierung ab und legte auch wenig Wert auf Struktur.

Ohnehin markiert die Arbeit seine endgültige Abkehr von den Methoden des Krakówer Positivismus. Leitendes Kriterium der Erzählung und Ordnung war die Kategorie der Zivilisation. Ihrer Konstituierung und Typologie ordnete er dem historischen Verlauf unter. Nach Koneczny war die russische Staatsentstehung mit zwei entscheidenden zivilisatorischen Begegnungen verbunden. Zwischen dem 9. und 11. Jahrhundert treffen die am Dnepr ansässigen slawischen Stämme auf die Waräger aus dem skandinavischen Raum. Sie bildeten jedoch lediglich eine Stammesgemeinschaft der Russinen und keinen eigenen Staat. Bis zur Wende des 13. Jahrhunderts spalteten sich die Ostslawen ab und es entstanden zwei unabhängige Staatsgebilde: das Kiewer und das Moskauer Russland. Entscheidender Impuls für den Staatscharakter und überdies eine eindeutige ethnische Differenzierung war der Mongoleneinfall, wobei sich Koneczny sehr an den polnischen Ethnographen Franciszek Henryk Duchiński anlehnt, der mit der Entstehung des Moskauer Reiches die Russen aus dem ethnisch slawischen Bereich ausschloss.[250]

Auf diesen Prozess legte Koneczny sein Hauptaugenmerk und verband mit ihm Eigenart und Charakter der russischen Geschichte. Die Tatarenherrschaft war zwar eine Katastrophe, trug jedoch wesentlich zur russischen Staatswerdung und der Organisierung der Gesellschaft bei. Unterordnung, Unfreiheit und das Streben nach Eroberung bestimmten von nun an den weiteren Gang der Geschichte Moskaus.[251] Eine Verbindung zwischen Herrschaft und Gesellschaft wurde nur im Kampf gegen die Tatarenherrschaft hergestellt, wobei sich der asiatische Charakter des Staates weiter verfestigte. Bei Iwan III., dem eigentlichen Schöpfer des Moskauer Zarentums, sieht Koneczny dann auch alle wesentlichen Elemente der „turanischen Zivilisation" als gegeben und gleichsam Grundlage und Voraussetzung der Herrschaft an. Der prägende Einfluss jener mythischen Turkvölker aus dem zentralasiatischen Raum zeigte sich im mystifizierten Charakter von Herrschaft und Glauben, der absoluten Unterwerfung, dem Fehlen von Individualität und Bürgerlichkeit und schließlich der Unfähigkeit zur Veränderung. Mit diesen zivilisatorischen Eigenschaften, besser gesagt Besonderheiten,

249 Ders.: Dzieje Rosji do roku 1449, S. VII.
250 Duchiński: Zasady dziejów Polski, S. 121, 361.
251 Ebenda, S. 237.

nahm das Moskauer Russland nicht mehr an der europäischen Geschichte teil. Die jetzt entwickelten Eigenheiten ebneten den Weg für Entwicklungslinien, die den europäischen fremd waren und in Gestalt von bolschewistischer Revolution und proletarischer Herrschaft bis in die Gegenwart reichen als Ausdruck eines permanenten Kampfes zwischen den verschiedenen Zivilisationen um die Vorherrschaft.[252]

Kurze Zeit nach dem Erscheinen seiner Geschichte Russlands veröffentlichte Koneczny im Krakówer „Przegląd Powszechny" unter dem Titel „Sfinks rosyjski" (Russische Sphinx)[253] einen Text, der die russische Geschichte über das Mittelalter hinaus bis in das 19. Jahrhundert beschreibt. Politisch betrachtet ist dieser recht kurze Aufsatz ein Schlüsseldokument endgültiger Abkehr von der Konzeption einer polnisch-russischen Gemeinsamkeit, wie noch vom „Klub Słowiański" bis in den Krieg hinein propagiert. Wissenschaftlich geht es um einen Abriss der russischen Geschichte bis in die Neuzeit unter einem stringenten zivilisationsgeschichtlichen Paradigma im europäischen Vergleich. Der Titel ist Programm: Russland als Fabelwesen mit mythischen Zügen, einer großen machtpolitischen Präsenz und letztendlich unberechenbar. Koneczny bietet hier sein geschichtsphilosophisches Konzept als Erklärungsmuster an und unterstreicht insbesondere die Deutungskompetenz Polens zur Geschichte des Ostslawentums und Russlands. Er nutzt die Ereignisse von Revolution und Kündigung der Bündnispartnerschaft gegenüber den westlichen Alliierten durch Russland, um dem Westen eine Unfähigkeit zur Analyse Russlands und seiner Geschichte zu bescheinigen. So liest sich der Text wie ein pädagogischer Leitfaden zum Verständnis Russlands. Koneczny entwickelte ein Tableau verschiedener Kulturen und Zivilisationen, die sich auf dem Kontinent herausbildeten, überlagerten und einen Verdrängungskampf führten. Damit verbunden waren die Entstehung von Staaten und die Schaffung einer europäischen Ordnung. Grundelemente waren die antiken Kulturen und asiatisch-orientalische Einflüsse, die zu einer Synthese, aber auch zu einer Auseinandersetzung zwischen Ost und West führten. Unter Alexander dem Großen kam es zu einer ersten Verknüpfung von Ost und West durch den Kontakt des Hellenismus mit der iranischen Kultur, das Römische Reich orientalisierte sich durch seine Expansionen in den Osten und als Ergebnis entstand der Byzantinismus, der seinerseits weiter nach Westen in den Raum der klassisch-christlichen, „unserer Kultur" expandierte. Im Falle Deutschlands machte Koneczny gerade durch das Kaisertum eine eigene Art des Byzantinismus aus, der erneute Impulse durch die Reformation erfuhr. Russland unterlag dem Einfluss der „turanischen Zivilisation" und nur so lassen sich das Ostslawentum und Russland erklären. Sie dominierte den ursprünglichen westlich-finnischen Einfluss und auch der Byzantinismus hatte nach Koneczny weder entscheidenden Einfluss auf die russische Staatsbildung, noch bestimmte er über die orthodoxe Kirche. Diese wird von den Bulgaren geformt und der Staat entstand nach mongolischer Ordnung.

Die „turanische Zivilisation" beschreibt Koneczny mit vier Merkmalen: „lokale Religion (im Gegensatz zur universellen) – militärische Organisation der Gesellschaft – Staatsaufbau nach privatem Recht – Fehlen nationaler Vorstellungen".[254] Die „turanische Zivilisation" kennt nur Arm und Reich, besitzt keine gesellschaftlichen Schichtungen und verhält sich wie ein Kriegslager, das nur auf weitere Eroberungen wartet. Somit lebt sie eigentlich planlos, baut nichts Bleibendes auf und hinterlässt ansonsten nichts für nachfolgende Generationen.

252 Kolbuszewska: Konecznego koncepcja dziejów Rosji.
253 Koneczny: Sfinks rosyjski.
254 Ebenda, S. 8.

Sie kann kurzzeitig große Macht erringen, verfällt danach jedoch wieder in einen gesellschaftlichen Primitivismus ohne selbstreflektierende Instanzen gesamtgesellschaftlicher Verantwortung. Nach diesen Prinzipien wurde der Moskauer Staat organisiert. Er entwickelte sie zwar weiter, bewahrte aber auch nach dem Rückzug der Mongolen eine Kontinuität. Somit wurde Russland der westlichste Vorposten asiatischer Zivilisation.

An diesem Prinzip änderte selbst der anwachsende byzantinische Einfluss nichts, der sich mit dem Untergang des byzantinischen Reiches und dem Ausbau des Moskauer Machtanspruchs unter Iwan III. verband. Koneczny sah in dieser byzantinisch-tatarischen Synthese, die sich noch mit walachischen Elementen verband, eher eine „Karikatur" kultureller Mischung, die sich vornehmlich in autokratischen Formen des Herrscherkultes zeigte. Beredtes Zeugnis sind das Streben nach einem Zarentitel und die Gründung der Herrschaftslegende als Erbe der byzantinischen Krone und Bewahrer und Haupt des Christentums als „drittes Rom". Für Koneczny ist dieser für die Herausbildung eines russischen Großreiches entscheidende Prozess jedoch keineswegs ein Sieg des Byzantinismus, sondern „typisch turanisch".[255] Der entscheidende Impuls kam erst im 16. Jahrhundert mit dem Sieg über das Kasaner Khanat, das kulturell höher stand als Moskau und jetzt nicht nur die Staatsordnung, sondern die ganze Gesellschaft beeinflusste. Das tatarische Tributsystem zerstörte die Existenzbedingungen der Bauern und führte zu Hungersnöten, und die alles bestimmende bürokratische Hierarchie machte jegliche Selbstorganisation der Gesellschaft endgültig unmöglich.

Polen wird von Koneczny als lateinisch-christlicher Vorposten in einem andauernden Prozess zivilisatorischer Auseinandersetzung verortet.[256] Die polnisch-litauische Expansion nach Osten wird damit zum zivilisatorischen Akt mit einer gewissen Notwendigkeit, zumindest jedoch Logik.[257] Ein wesentliches Ergebnis dieser Expansion war im 17. Jahrhundert die Schaffung einer ruthenischen Nationalität und die Entstehung eines „neuen Russland" im südöstlichen Bereich des ostslawischen Raumes durch die Einführung polnischer Rechtsnormen und die Einflussnahme lateinischer Kultur, dem eine polnische Besiedelung vorangegangen war.[258] Dieser Prozess wurde durch die Kosakenkriege abgebrochen. Wiederum verschaffte sich jetzt die „turanische Kultur" die Vorherrschaft in diesem Raum und suchte die enge Bindung an Moskau. Die tatarische Abkunft der Kosaken stand dabei für Koneczny außer Frage: „Das Kosakentum wurde zum Grab der Ruthenen – sie als national-ruthenisch anzusehen ist eine phantastische Fiktion."[259] Damit machte Koneczny auch indirekt seine Haltung zur ukrainischen Nationalbewegung am Ausgang des Ersten Weltkrieges deutlich, die sich explizit auf die staatliche Tradition des Kosakenstaates berief. Die Folgen waren für alle dramatisch. Nicht nur dass Kiew in der „Moskauer Dunkelheit" versank, auch Polen unterlag dem Einfluss Litauens und der Russinen und „orientalisierte" sich.

Interessanterweise führt Koneczny diese Feststellung nicht weiter aus. Vor dem Hintergrund seiner Theorie, dass zivilisatorische Konfrontationen und Vermischungen zur Schwächung der bestehenden Zivilisation führen, könnte es auf eine Begründung des Untergangs

255 Ebenda, S. 10f.
256 Dworaczyk: O odrodzenie, S. 113ff.
257 Koneczny: Sfinks rosyjski, S. 12.
258 Ders.: O pierwotnej polskości.
259 Ders.: Sfinks rosyjski, S. 13.

des polnischen Staates durch die Teilungen hinauslaufen. Er geht aber eher auf die positiven Einflüsse lateinischer kultureller Errungenschaften in Russland ein, wie etwa die Gründung wissenschaftlicher Einrichtungen, die die Herausbildung einer russischen Nationalliteratur beförderten und allgemein zu einer Europäisierung Russlands beitrugen. Bei allen diesen Errungenschaften bleibt der asiatische Charakter, vor allem im Verhältnis von Staat und Gesellschaft, erhalten und die Reformen Peters sind lediglich die Übernahme technischer Innovationen mit dem Ziel der militärischen Stärkung. Auch die Einführung des bäuerlichen Organisationsprinzips der „Mir" (Dorfgemeinschaft) bedeutete letztlich eine Kollektivierung unter staatlichem Druck. In diesem Prozess sah Koneczny vor allem den deutschen Einfluss sehr kritisch. Er war mit der Erweiterung des Byzantinismus verbunden, in dessen Ergebnis sich im russischen Staat turanische und byzantinisch-deutsche Kultur mischen und es zur Etablierung von zwei Zivilisationen kam: der turanischen und klassisch-christlichen. Letztlich blieb Russland jedoch seinem Wesen nach eine orientalische, militärische Despotie, die nur durch Expansion und Unterdrückung existieren kann. Verliert Russland die Fähigkeiten dazu, ist es dem Untergang geweiht.

Eine weitere Stufe des Imperialismus erlebte Russland unter der Herrschaft Katharinas II. Wieder unterwirft der Staat andere Völker, ohne jedoch an seinem Herrschaftssystem etwas zu ändern. An dieser Stelle lässt Koneczny Polen eine entscheidende, gesamteuropäische Bedeutung zukommen: Mit der Teilung Polens begann der politische Untergang des Zarenreiches. Jetzt greift Russland so weit nach Europa hinein, dass es dem lateinischen Einfluss nicht mehr entgehen kann. Verschärft wird dieser Prozess der machtpolitischen Schwächung noch durch den europäischen Herrschaftsanspruch mit dem Sieg über Napoleon. Im Krimkrieg war Russland dann nur noch ein „Koloss auf tönernen Füßen",[260] Ende des Jahrhunderts schon kein militärischer Faktor mehr, der im Weltkrieg alles auf eine Karte setzte und verlor. Mit dem Untergang des Zarentums brach auch die turanische russische Staatlichkeit zusammen.

Mit dem „Moskauertum" (moskwicizm) war im Verlauf der Geschichte neben dem Hellenismus und dem Byzantinismus eine dritte Synthese zwischen Ost und West entstanden, die nicht mehr lebensfähig einen Nihilismus ausgebildet hat, der einmalig („vielleicht noch der deutsche, theologische Protestantismus") in der europäischen Geschichte ist.[261] Am Schluss seiner Sentenzen konstatiert Koneczny ein Dilemma für Russland, aber auch für Europa, und stellt die Frage, was nun mit Russland wird. Aus einer geradezu zwingenden Logik heraus entscheidet sich das Schicksal Russlands weiter in der Auseinandersetzung zwischen christlicher und „turanischer Zivilisation" und das Ergebnis ist offen. Entscheidend kann dabei sein, wie groß der europäisierende Einfluss der Ukraine und Weißrusslands auf das Moskauer Reich wirkt und damit zugleich die polnische Kultur transportiert wird. Nicht nur Russland, sondern ganz Europa sah Koneczny an einer Scheidelinie. Viele Länder Europas haben andere Kulturen oder „Halbkulturen" zugelassen und damit einen gefährlichen Zustand herbeigeführt. Daraus kann es nur einen Ausweg geben: Europa muss sich von allem trennen, was nicht zur klassisch-christlichen Kultur gehört. Die Kultur muss einheitlich sein, alles andere sei Schwindel. Dieser Prozess würde zur Erneuerung und Vereinheitlichung

260 Ebenda, S. 16.
261 Ebenda, S. 17.

Europas unter dem Dach der lateinischen Zivilisation führen.[262] Dieser Aufbau eines neuen Europas kann nur gelingen mit der Wiederherstellung eines wirklich unabhängigen Polens.

Ausgehend von diesem Text wandte Koneczny sich nunmehr fast ausschließlich der Zivilisationsgeschichte zu und fand hierin sein geschichtsphilosophisches Betätigungsfeld.[263] Hatte er in „Sfinks rosyjski" sein Zivilisationsschema noch an Russland und dem slawischen Osten recht schematisch und grob geschnitten entwickelt, so wandte er sich in den 20er-Jahren von der Osteuropaforschung im engeren Sinne ab und begründete seine eigentliche Karriere, dem Zeitgeist entsprechend, mit Untersuchungen zu weltgeschichtlichen Betrachtungen kultureller und zivilisatorischer Entwicklungsströme mit einem hohen Anspruch an Theoriebildung. Bis zu seiner Emeritierung 1929 leitete er weiter den Lehrstuhl für Geschichte Osteuropas und bot Lehrveranstaltungen zur Geschichte Russlands und Osteuropas in großer Breite an.[264] Nachdem er 1921 eine Überblicksdarstellung zur russischen Geschichte vorgelegt hatte,[265] erschien 1929 noch ein zweiter Band seiner Geschichte Russlands, der jedoch eigentlich eine Zusammenstellung früherer Texte ist und sich auf die spätmittelalterlichen Beziehungen zwischen Litauen und Russland konzentriert.[266] Obwohl zeitlich und thematisch eng gefasst verstärkte Koneczny hier seine zivilisatorischen Deutungen zur russischen Geschichte. Er beschrieb die „turanische Zivilisation" genauer als genetisch asiatisch mit den Merkmalen einer Herrschaft des Staates über die Gesellschaft, die für sich militärisch organisiert keine eigenständigen Strukturen aufbauen kann, mit dem Fehlen eines individuellen Rechts, der Kollektivierung des Eigentums, der Korruption und Herrschaft der Nomenklatur sowie der Unterordnung von Kirche und Religion unter die staatliche Herrschaft. Summa summarum stellt die „turanische Zivilisation" das absolute Gegenteil zur lateinischen dar und verhindert mit ihrer Unfähigkeit zur Entwicklung auch die Nationsbildung. Jegliche Versuche der Veränderung der „turanischen Zivilisation" müssen zum Kampf und zur Katastrophe führen. Ein friedliches Zusammenleben mit anderen Zivilisationen schloss Koneczny aus.[267]

Diese zivilisationsgeschichtlichen Aspekte in Konecznys zweitem Band blieben nicht unwidersprochen und gerade sein ehemaliger Historikerkollege aus der Humanistischen Fakultät Kazimierz Chodynicki, der seit 1928 den neu geschaffenen Lehrstuhl für Geschichte Osteuropas an der Universität in Poznań innehatte,[268] hob zu einer scharfen Polemik an, die zu einer lang andauernden Auseinandersetzung in verschiedenen Gremien der polnischen Historikerzunft auswuchs, sehr persönlich wurde und mit dem Rückzug Konecznys aus dem wissenschaftlichen Leben endete.[269] Die Vorwürfe Chodynickis waren gravierend[270] und begründeten

262 Bokajlo: Polnische Konzepte, S. 87–90.
263 Skoczyński: Koneczny, S. 11–38; Hilckman: Feliks Koneczny, S. 571f.
264 Biliński: Feliks Koneczny jako badacz, S. 239.
265 Koneczny: Dzieje Rosji od najdawniejszych.
266 Ders.: Litwa a Moskwa.
267 Kolbuszewska: Konecznego koncepcja dziejów Rosji, S. 191ff; Bezat: Teoria cywilizacji, S. 81ff.
268 Staatarchiv Vilnius, Fond 175, 1 (I/36), Nr. 76, Bl. 19.
269 Biliński: Feliks Koneczny jako badacz; Ders.: Feliks Koneczny, S. 163–167.
270 Chodynicki: Feliks Koneczny.

sich in seinem hervorragenden Fachwissen zur russischen Kirchengeschichte und seiner ausgeprägten Quellenkenntnis.[271] Der sich daraus entwickelnde Streit wurde geradezu ehrenrührig.[272] Es ging um nichts weniger als eine fehlerhafte Interpretation historischer Quellen aufgrund mangelnder Sprachkenntnisse, indifferente Terminologie, unzureichende Literaturkenntnisse und schließlich willkürliche Schlussfolgerungen; somit ein Spektrum an Vorwürfen, die geeignet waren, die Wissenschaftlichkeit der Arbeit des Autors prinzipiell infrage zu stellen.

Das musste für Koneczny umso schwerer wiegen, als er in seiner akademischen Arbeit an der Universität bereits herbe Enttäuschungen hinzunehmen hatte. Nach seiner Emeritierung wurde ihm auf Druck des Ministeriums eine angestrebte Verlängerung seiner Venia Legendi verweigert. Der Grund dürfte in seiner offenen Kritik am Mai-Umsturz Piłsudskis und dem autoritären Herrschaftsstil zu finden sein,[273] in dem Koneczny den Versuch sah, eine diktatorische Herrschaft nach byzantinischem Muster zu errichten, die nach seiner Zivilisationstheorie nur in die staatliche Katastrophe führen konnte und dem kulturellen Charakter Polens widersprach.[274] Hinzu kam, dass Koneczny als bekennender Anhänger der Nationaldemokratie sich offen für den Anschluss Mittellitauens an Polen einsetzte, was unter den Akademikern Wilnos aus unterschiedlichsten Gründen nicht besonders gelitten war. Auch mit seiner Kulturträgertheorie zur Geschichte Litauens, die den kulturellen polnischen Einfluss betonte, stand er unter heftiger Kritik.[275]

Nun war Koneczny nicht der Erste und auch nicht der Einzige, der eine zivilisationsgeschichtliche Perspektive entwickelte und mit dem Turan-Begriff arbeitete, aber er machte daraus ein geschichtsphilosophisches System, das er als universelle Methode zur Deutung slawischer Geschichte und der Einordnung Polens in den Gesamtzusammenhang europäischer Geschichte anbot. Seine wissenschaftlichen Ansätze waren nicht nur hochaktuell, sondern passten auch als verständliches Narrativ gut in die Zeit und wirkten allgemeinverständlich. Auf die politische Verwertbarkeit seiner Anschauungen verwies Koneczny in einer Stellungnahme zu der vom „Ruch Słowiański" 1929 initiierten Umfrage zur Existenz einer „slawischen Gemeinschaft".[276] Er verneinte konsequent jegliche ethnische oder gar rassische, ja auch kulturelle oder sprachliche Gemeinschaft, die die Qualität einer „Slawischen Idee" besitzt. Wenn überhaupt, dann gibt es eine gemeinsame politische Idee des Slawentums, die das bolschewistische Russland ausschließt und deren Verwirklichung eine vornehmlich polnische Aufgabe sei.

Seine geschichtsphilosophischen Ansichten entwickelte Koneczny vor allem in den Büchern „Polskie Logos a Ethos" (Polnischer Logos und Ethos)[277] von 1920, „O wielości cywilizacji" (Über die Vielfalt der Zivilisation)[278] von 1935, das als Hauptwerk gelten kann, und schließlich „Rozwój moralności" (Die Entwicklung der Moral)[279] von 1938. In der Wissenschaft über die Zivilisation sieht er die höchste Form der Erklärung von Geschichte und

271 Ders.: Kościół prawosławny.
272 Koneczny: Polemyka z K. Chodynickim; Chodynicki: Polemyka z F. Konecznym.
273 Skoczyński: Idee historiozoficzne Feliksa Konecznego, S. 20.
274 Koneczny: Rozmnażanie bolszewizmu.
275 Biliński: Feliks Koneczny jako badacz, S. 237–239.
276 Koneczny: Czem jest a czem nie jest kwestia słowiańska?
277 Ders.: Polskie Logos a Ethos.
278 Ders.: O wielości cywilizacji.
279 Ders.: Rozwój moralności.

stellte sie der Faktographie des Positivismus entgegen.[280] Die Zivilisation war für Koneczny die „Methode zur Ordnung der Lebensgemeinschaft" (metoda ustroju życia zbiorowego),[281] die über die Qualität des Zusammenlebens, den Charakter und den Wert der Gesellschaft und schließlich seine Entwicklungsmöglichkeiten und somit über seine Geschichte entscheidet. Gesellschaft und Staat sind damit Produkte zivilisatorischer Ordnung und das Ergebnis historischer Prozesse, die bestimmten Ordnungskriterien unterliegen.

Was Koneczny anbot, hat durchaus den Charakter einer Systemtheorie. Verschiedene Zivilisationen bilden unabhängige Systeme, die in einem Prozess, der durch den historischen Verlauf gegeben wird, Beziehungen eingehen, sich überlagern und beeinflussen. In der neueren sozialwissenschaftlichen Forschung würde man wahrscheinlich von „Kommunikation" sprechen. Die Art der Kommunikation wird wesentlich durch den Charakter der Systeme bestimmt. Im Mittelpunkt des Interesses steht bei Koneczny dabei weniger der historische Prozess. So lehnt er auch jegliche „biologische Auffassung gegenüber Geschichte" im Sinne evolutionstheoretischer oder anthropologischer Deutung ab und verortet sich eher bei Charles de Montesquieu als bei Karl Lamprecht oder Oswald Spengler.[282] Es ging ihm also weniger um die Art oder das Ergebnis der Kommunikation, sondern vor allem um die innere Beschaffenheit und Konsistenz der Systeme, um die Suche identitätsstiftender Merkmale der Zivilisation und die Festlegung ihrer Allgemeingültigkeit. Somit teilte der geschichtsphilosophische Ansatz von Koneczny das Schicksal aller Systemtheorien, dass nämlich ihr Erkenntniswert zur Darstellung von Geschichte direkt abhängt von der Akzeptanz der Systeme.

Zum Maßstab der Zivilisationen machte Koneczny einen allgemeinen Wertekodex des Zusammenlebens, der aus fünf Elementen (Quincunx) besteht: Wohlbefinden, Wohlstand, Gesundheit, Wahrheit und Schönheit.[283] Ihre Realisierung macht die Ethik einer Zivilisation aus, die zu deren Hauptunterscheidungsmerkmal wird. Diese Ethik bildet die Besonderheiten der einzelnen Zivilisationen aus, die sie in den historischen Prozess stellen, ihre Entwicklungsmöglichkeiten und ihren historischen Wert beschreiben und schließlich die Kommunikationsmöglichkeiten bestimmen. Diese Zivilisationen können verschiedene Kulturen mit Eigenheiten ausbilden, die den Gesellschaftscharakter bestimmen.[284] Dabei spielen politische oder ethnische Kriterien jedoch keine Rolle. Regulierender Faktor dieses Wertesystems sind nach Koneczny die herrschenden Rechtsnormen, die über die reinen Kodifizierungen hinaus das Verhältnis zwischen Privatheit und Öffentlichkeit institutionalisieren. Dabei unterscheidet er sieben Zivilisationen: die arabische, brahmanische und chinesische außerhalb Europas sowie die jüdische, turanische, byzantinische und lateinische in Europa.[285]

Im Wesentlichen bestätigte er die in seinen Texten zu Russland entworfenen Charakterbilder der turanischen, byzantinischen und lateinischen Zivilisation und erweiterte sie zu einer Theorie einer allgemeinen Geschichte der Zivilisation. Dabei rückten der unüberbrückbare Gegensatz zwischen turanischer und lateinischer Zivilisation und die Frage der Beziehungen zwischen den Zivilisationen immer mehr in den Mittelpunkt seiner Betrachtungen.[286]

---

280 Ders.: Polskie Logos a Ethos, t. 1, S. 28; Skoczyński: Idee historiozoficzne, bes. S. 44–79.
281 Ders.: O wielości cywilizacji, S. 154, 318.
282 Pucek: Feliks Koneczny, S. 157f.
283 Koneczny: O wielości cywilizacji, S. 154.
284 Ders.: Polskie Logos a Ethos, t. 1, S. 7.
285 Bezat: Teoria cywilizacji, S. 78–93.
286 Bokiej: Cywilizacja łacińska, S. 99ff.

Zum entscheidenden Element wurden der Bezug zum Materiellen und der Gegensatz von Personalisiertem und Kollektivistischem.[287] Allein die lateinische Zivilisation realisiert jene ethischen Qualitäten, die zur geistigen Emanzipation und freien Entwicklung des Individuums führen sowie die Selbstorganisation der Gesellschaft ermöglichen, und bietet damit jene Voraussetzungen, um einen Prozess der nationalen Sammlung als Grundmuster gesellschaftlicher Dynamik in Gang zu bringen, wozu alle anderen Zivilisationen nicht in der Lage sind.[288]

Ergibt sich daraus nicht schon per se ein großes Konfliktpotential, so beschreibt Koneczny die Zivilisationen auch noch als geschlossene Systeme, die autarken Charakter tragen und den anderen unverständlich sind. Jeder Versuch einer Annäherung muss als Gefahr aufgefasst werden und sie leben deshalb in einem ständigen Gefühl der Unsicherheit. Die Folge ist ein aggressives Verhalten anderen Zivilisationen gegenüber, Feindlichkeit und die Unmöglichkeit von Toleranz. Eine geopolitische Dimension gewinnt diese Auffassung dadurch, dass Koneczny ein genetisches Bestreben der niederen Zivilisation konstatiert, die höherstehende zu unterwerfen, um sich ihre Errungenschaften anzueignen, allerdings nicht zur Fortentwicklung, sondern, wie Koneczny es in seinen Büchern zur russischen und polnischen Geschichte beschreibt, um ihre archaischen Lebens- und Herrschaftsformen zu konservieren. Übersetzt auf den europäischen Ost-West-Dualismus bedeutete das den permanenten Angriff der turanischen, byzantinischen und auch jüdischen Kultur auf den lateinischen Westen.[289]

Der Ost-West-Konflikt erhält in dieser geschichtsphilosophischen Deutung damit eine schicksalhafte, weltgeschichtliche Dimension. Es liegt in der expansiven Natur der Zivilisationen, dass dieser Konflikt eigentlich nicht lösbar ist. Er kann nur eingedämmt werden, indem die lateinische Zivilisation als Referenzsystem sich in seiner ethischen Konstitution festigt, den Angriffen erwehrt und kulturell-zivilisatorisch auf andere Zivilisationen einwirkt. Es bleibt dabei aber immer bei dem Prinzip, dass die Zivilisationen untereinander nicht kompatibel sind. Wenn Koneczny dennoch bei Europa von einer Zivilisation in vielfältiger Ausprägung spricht, so meint er damit eine kulturelle Vielfalt, die sich geographisch, ethnisch oder auch konfessionell zuordnen lässt. In diesem Pluralismus, der die christlich-lateinische Zivilisation auszeichnet, sieht Koneczny gleichzeitig aber auch die größte Schwäche und Gefahr. Die Dynamik der lateinischen Gesellschaft erzeugt eine Offenheit und Toleranz, die sie anfällig macht für Durchdringungen fremder Kulturen, die eine Dimension annehmen können, die nicht nur eine permanente Zivilisationskrise heraufbeschwört, sondern die Potenz des Untergangs bzw. der Übernahme durch andere Zivilisationen in sich trägt. Einzig die Institution der katholischen Kirche ist in der Lage, den Wertekodex der lateinischen Zivilisation im Sinne einer Ethik zu ordnen und eine Stabilität herzustellen, quasi als letzte Instanz, die über deren Sinnhaftigkeit entscheidet.[290] In allen Prozessen der Schwächung der katholischen Kirche durch Konfessionalisierung oder Laizismus erkennt Koneczny deshalb die größte Gefahr für Europa. Die Kräfte der Reinhaltung der Zivilisation schwinden und geben fremden Einflüssen größere Möglichkeiten.

287 Pucek: Feliks Koneczny, S. 180f.
288 Koneczny: O wielości cywilizacji, S. 309; Ders.: Do metodologii, S. 5 (173).
289 Ders.: Napór Orientu.
290 Ders.: Kościół; Polak: Cywilizacje, S. 62ff.

Ab der zweiten Hälfte des 19. Jahrhunderts beobachtet Koneczny die lateinische Zivilisation deshalb in einer ernsthaften Krise. Er konstatiert ein Erstarken totalitärer Elemente, die nach byzantinischem Muster die Herrschaft des Staates über die Gesellschaft anstreben, das Ausgreifen der bolschewistischen Revolution als eindeutig turanischer Herkunft und einen latenten Einfluss der jüdischen Zivilisation, der er als destruktiv und fremd besondere Aufmerksamkeit in seinen geschichtsphilosophischen Betrachtungen widmete. So sah er im Mai-Umsturz in Polen neben turanisch-byzantinischen Einflüssen auch den Versuch, jüdisch-zivilisatorische Elemente in der polnischen Politik zu etablieren.[291]

Eine besondere Positionierung Polens im Konflikt der Zivilisationen ist der Geschichtsphilosophie Konecznys immanent. Sie ergibt sich aus seiner geopolitischen Lage und den gesellschaftlichen Besonderheiten im Vergleich zu anderen Kulturen innerhalb der lateinischen Zivilisation. Neben der stabilen Kraft der katholischen Kirche sieht Koneczny diese vor allem in dem Fehlen des Feudalismus und der dadurch möglichen frühen Ausbildung der Idee eines Nationalstaates als Motor zivilisatorischer Entwicklung.[292] Polen war wie kein anderer Staat der lateinischen Zivilisation in so großem Maße den fremden (östlichen) Einflüssen ausgesetzt, entwickelte aber auch wie kein anderer solche Abwehrkräfte, diesen zu widerstehen, seine zivilisatorische Identität zu erhalten und diese Aufgabe gleichzeitig für die gesamte lateinische Zivilisation zu erfüllen. Gerade in der Krise sah Koneczny diese Funktion nachhaltig bestätigt, gleichzeitig jedoch auch als große Herausforderungen für Polen. 1927 hielt Koneczny in der Katholischen Universität Lublin einen Vortrag zum Thema „Polska między wschodem i zachodem" (Polen zwischen Ost und West)[293] und fasste seine Ansichten zur Rolle Polens in diesem Konflikt zusammen. Es ging um eine akute Gefahr für den neuen polnischen Staat durch die alten Gegner, die sich erneut rüsten, Polen zu vernichten. Koneczny unterstrich, dass es auch nach der Teilung gelungen war, die Vorstöße der byzantinisch-deutschen und der slawisch-turanischen Zivilisationen abzuwehren, woran die katholische Kirche entscheidenden Anteil hatte. Vor allem der Duck aus dem Osten wurde dennoch immer stärker und eine Russifizierung ergriff große Teile der Gesellschaft und verband sich zunehmend mit jüdischen Elementen.

Seit der Wiederherstellung des Staates machte Koneczny nun den großen Einfluss einer „konzentrierten moskauisch-jüdischen Arbeit" aus, mit dem Ziel der „Unterjochung des polnischen Staates"; von Polen aus solle dann die europäische Zivilisation zerstört werden, „bei uns in Polen spielt sich die entscheidende Auseinandersetzung um die lateinische Zivilisation ab".[294] Der Vortrag entwickelte eine geradezu apokalyptische Vision zivilisatorischer Zerstörung, die historische Rahmenbedingen schildert, die Konecznys geschichtsphilosophische Grundthesen bestätigen: „Hinter den Bestrebungen nach einer west-östlichen zivilisatorischen Synthese steckt für Polen das kulturelle und politische Nichts. Man kann nicht auf zweierlei Weise zivilisiert sein; eine der Zivilisationen muss die herrschende sein, denn andernfalls ist uns der Niedergang gewiss." Den Ausweg sah Koneczny wiederum zuvorderst

291 Gawor: Nauka o wielości, S. 201.

292 Koneczny: O wielości cywilizacji, S. 159, 304; Gawor: O wielości cywilizacji, S. 154–169.

293 Der Vortrag ist als Broschüre 1928 erschienen und auszugsweise in Übersetzung abgedruckt in: Polen und der Osten, S. 133–139.

294 Ebenda, S. 136.

in der Rolle der katholischen Kirche: „Das Schicksal der Kirche ist in Polen mit dem Schicksal dieser Zivilisation verbunden.“[295]

Sieht man einmal davon ab, dass dieser Vortrag nicht zu trennen ist von Konecznys Aufbegehren gegen das Sanacja-Regime, so machte er doch die zivilisatorische Rolle Polens in seinem Konzept nachhaltig deutlich und unterstrich diese noch durch die aktuell-politischen Bezüge der Nachkriegszeit. Polen wird zum Ort der Entscheidung und Träger einer übernationalen Verantwortung. Diese zentrale Positionierung in der allgemeinen Geschichte brachte Koneczny nahe an Halecki heran. Was Halecki durch seine kulturgeographische Konstruktion beabsichtigte, erreichte Koneczny durch sein Zivilisationsparadigma: Polen wird aus einer historischen Peripherie ins Zentrum der modernen europäischen Geschichte gerückt, mit allen sich daraus ergebenden Ableitungen in einem Denksystem, das in der Zwischenkriegszeit durch geopolitische Vorgaben und machtpolitische Interessenvertretung gezeichnet ist, in dem Polen einen historisch-zivilisatorisch berechtigten Platz einnehmen soll.

Was nun Koneczny ausmacht und seine Bedeutung für die Geschichte Osteuropas fixiert, sind nicht vorderhand seine Schriften zu Russland und seinen Beziehungsgeschichten von Orden und Litauen. Er hinterlässt seine Spuren durch die Stringenz der Deutung gesellschaftlicher Formate und das damit verbundene zivilisationsgeschichtliche Paradigma. Seine geschichtsphilosophischen Anschauungen hinderten ihn daran, eine der osteuropäischen Geschichte entsprechende regionale Perspektive zu entwickeln. An den Diskursen hierzu nahm er nicht teil, sie waren ihm fremd. Trotz gewisser Beziehungspunkte, gerade hinsichtlich der katholischen Kirche oder des asiatischen Anteils an der Geschichte Russlands, lebte Koneczny im Vergleich zu seinen Historikerkollegen in einer anderen Welt.

Der Raum Osteuropa war für ihn keine Kategorie und eigentlich arbeitete er auch nicht mit dem Begriff Osteuropa, sondern verlagerte den Osten als Zivilisationsraum östlich von Europa. Denn wenn die christlich-lateinische Zivilisation Europa repräsentiert und die russische die turanisch-byzantinische und eine Synthese unmöglich ist, so verbietet sich, zumindest in dieser Logik, eine Perspektive auf ein Osteuropa, wie sie in der Zwischenkriegszeit von Historikern diskutiert wurde. Konecznys Selbstverständnis dürfte auch vielmehr das eines Soziologen oder Philosophen gewesen sein, der Geschichtswissenschaft eher als Hilfswissenschaft oder empirischen Versuch der Untermauerung seiner Theorien ansah.[296] Die Einordnung Russlands in dieses zivilisatorische Paradigma diente dann vor allem der Bekräftigung einer christlich-lateinischen Dominanz als Leitfigur historischer Entwicklung, die als einzige in der Lage ist, sich selbst permanent zu bestätigen. Russland erscheint als Antithese zum lateinischen Westen und Polen als sein Referenzpunkt, oder anders gesagt, die Bedeutsamkeit der christlich-lateinischen Zivilisation nimmt in der polnischen Kultur und im polnischen Staat durch den unmittelbaren Kontakt mit anderen Zivilisationen, der turanischen, byzantinischen und jüdischen, am deutlichsten Gestalt an. In dieser konträren Zivilisationskonstruktion liegt der zentrale Bezugspunkt zu einer Dimension osteuropäischer Geschichte als regionale Konfrontation und Raum zivilisatorischer Entscheidung. Dem werden die historischen Fakten zugeordnet und die historischen Verläufe bestätigen sie. Geschichte erscheint dabei als Beleg einer festen Annahme.

295 Ebenda, S. 138.
296 Biliński: Feliks Koneczny jako badacz, S. 246.

Die aus diesem Ansatz heraus gerade an den historischen Arbeiten Konecznys durch Historiker geübte Kritik resultierte zwar überwiegend aus dem Unverständnis gegenüber seiner Methode, war fachwissenschaftlich aber durchaus nicht unbegründet. Hatte Chodynicki bereits eine gewisse Willkür in der Begrifflichkeit bemängelt, so konnte aus der Perspektive der traditionellen Geschichtswissenschaft schon der Eindruck von Unschärfe und geringer Präzision durch die Anwendung der Zivilisationstheorie auf den historischen Prozess entstehen, die die Charakterisierung von Staaten und Gesellschaften recht formal auf den Nenner der Statik und Dynamik reduziert. Dem dynamischen lateinischen Westen steht Russland im Osten als statische Gesellschaft gegenüber, deren Veränderungen allein das Produkt äußerer Einflüsse sind, die wiederum systembedingt durch Krieg, imperiale Politik und allgemeine Unterdrückung erzwungen werden. Fortschritt ist allein die Übernahme von Lenkungsmechanismen, die die individuelle Herrschaft über die Masse sichern. Peter ist damit so wenig Reformator wie Katarina II. Stabilität liegt also in der herrschaftlichen Kontinuität. Koneczny sieht in der russischen Revolution und der bolschewistischen Herrschaft die höchste Form dieser Kontinuität und eine klassische Bestätigung seiner Theorien. Das bolschewistische System ist ein signifikantes Zeichen und auch Beispiel für die Anpassungsfähigkeit der Zivilisation durch Übernahme von funktionalen Elementen aus anderen Zivilisationen zur Erhaltung des eigenen Systems und ihre unethische Verwendung zu unmoralischem Handeln.

Revolution war für Koneczny per se antilateinisch und ein Ergebnis der Mischung von Zivilisationen, was in der Konsequenz zur Krise und schließlich zum Untergang führen muss. Dabei war die Revolution zwar Gegenstand kritischer Betrachtung, aber keineswegs ein zentraler Punkt der wissenschaftlichen Erörterungen Konecznys. Das Modell der Zivilisation ist die Evolution und ihr klassischer Ausdruck die lateinische Zivilisation. Die Revolution ist ein zeitweiliges, störendes Ereignis, was nicht in die Gesamtkonzeption Konecznys passt und grundsätzlich schädlich für die Entwicklung ist. Wenn er von Revolution spricht, so tut er das, zumindest im behandelten Zeitraum, ausschließlich aus dem historischen Kontext der Erfahrungen der russischen Revolution und hier auch nur der bolschewistischen. Eine differenzierte Betrachtung von Revolutionen in der Geschichte findet nicht statt.[297] Seine Gegnerschaft und entschiedene Ablehnung dieses aus seiner Sicht unnatürlichen Umbruchs erklärt sich vor allem aus seiner Bewertung der Beziehung zwischen Idee und Handlung, die er als zivilisatorische Grundelemente in „Polskie Logos a Ethos" als Synonyme beschreibt. Die optimale Gestaltung dieser Dichotomie bezeichnete Koneczny als „nusarchia" und versteht in ihr „die Herrschaft der Wissenschaft im gemeinschaftlichen und öffentlichen Leben, im Leben der Gesellschaft und des Staates"[298], quasi als Gegenbegriff zur „anarchia". Je mehr die Idee dabei zum bestimmenden Faktor wird, desto höher ist die Qualität der Zivilisation anzunehmen und sichert damit den Fortschritt der Gesellschaft. Bei der Revolution übernimmt nun der Faktor des Handelns, den Koneczny als „extremen Rationalismus" oder „politischen Rationalismus" beschreibt, die Vorherrschaft. Hier sieht Koneczny eine elementare Schwäche im System der Zivilisation, indem geistige Eliten als Ideologen Einfluss auf eine Masse ausüben, die selbst zu schwach ist, die historische Situation zu beurteilen, geschweige denn, sie zu gestalten. Das muss zu einer absurden Situation führen und hat eben die Revolution zum Ergebnis. Für sie stehen Personen wie Torquemada, Robespierre und Lenin, die

297 Fratczak: Feliks Koneczny, S. 63, 68.
298 Koneczny: Polskie Logos a Ethos, t. 2, S. 191.

ihre Auffassungen als absolute Wahrheit begreifen und in der Folge Vertreter anderer Ansichten beseitigen müssen.[299]

Diese Sentenzen zur Revolution waren in ihren Grundbewertungen durchaus repräsentativ für polnische Perspektiven auf die Revolution, vor allem in Kreisen des polnischen Konservatismus, zu denen Koneczny sich nicht zählte, haben aber auch eine große Bedeutung für sein Schaffen, weil er sich am Gegenstand Revolution ungewöhnlich deutlich zum Problem der Eliten und des Verhältnisses von Masse und Macht äußerte. Wenn er auch in seinen Auffassungen weit entfernt war von den Weltuntergangsszenarien einiger berühmter Zeitgenossen, so gerierte er sich hier als Skeptiker. Allgemein war sein Fokus mehr auf die systemischen Elemente zivilisatorischer Konstruktion aus ethisch-moralischer Perspektive gerichtet und weniger lebensweltlich orientiert. Bei seiner Revolutionskritik nahm er jedoch deutlich Bezug auf die potentielle Schwäche der Eliten und deren mangelndes kulturelles und intellektuelles Niveau, das sie anfällig macht für ideologische Verblendung,[300] was durchaus als Kritik an den politischen Zuständen in der Zweiten Republik verstanden werden kann. Für die lateinische Zivilisation lag nach Koneczny die größte Gefahr einer Revolution in ihrem Bestreben nach Auflösung des Gleichgewichts zwischen privatem und öffentlichem Recht.

Jede Revolution strebt eine Einschränkung des privaten Rechts und eine Dominanz des öffentlichen Rechts an, womit eine Vorherrschaft des Staates über die Gesellschaft zwangsläufig verbunden ist. Das schränkt nicht nur die Möglichkeiten der gesellschaftlichen Selbstverwaltung und ihrer eigenständigen Entwicklung ein, sondern begrenzt auch die persönliche Handlungsfreiheit jedes Einzelnen. In der Quintessenz bedeute das einen Zustand der Kollektivierung und allgemeinen Vermassung, der zu einem gefährlichen Universalismus führt und mit einer Entchristlichung verbunden ist, die das Ende der lateinischen Zivilisation bedeutet.[301]

Die Wirkung und Bedeutung Konecznys ist nur aus dem Zeitgeist heraus zu erklären. Er bediente mit seinem Zivilisationsparadigma eine gewisse Erklärungsnot der Geschichte und der aktuellen Vorgänge in Russland, ist aber genauso ein Teil des Mainstreams von Kulturmorphologie und philosophischem Selbstzweifel nach dem Ersten Weltkrieg bzw. der Moderne allgemein. Als polnischer Vertreter der Zivilisationstheorien bleibt er mit seinen Büchern auch in der längerfristigen Perspektive originell und wird im Vorwort zur englischen Ausgabe des Buches „O wielości cywilizacji" (On the Plurality of Civilisations) von Arnold Toynbee in diesem Sinne als herausragende Persönlichkeit gewürdigt.[302]

Im Vergleich zur Dominanz seiner geschichtsphilosophischen Wirkung fallen die Spuren Konecznys in der polnischen Osteuropaforschung deutlich zurück. Bis zu seiner Emeritierung füllte er den Lehrstuhl zwar aus, der Forschungsgegenstand ging allerdings zunehmend verloren. Zum Nachfolger Konecznys wurde 1933 sein Schüler Henryk Łowmiański auf den Lehrstuhl berufen. Er hatte in Kiew studiert und das Studium an der Stefan-Batory-Universität abgeschlossen. Dort legte er die erste Promotionsschrift in Geschichte an der Humanistischen Fakultät zur Problematik litauischer Stadtentwicklung[303] vor und habilitierte sich

299 Ebenda, S. 197f.
300 Ebenda, S. 19.
301 Fratczak: Feliks Koneczny, S. 64–67.
302 Toynbee: Preface, in: Feliks Koneczny: On the Plurality of Civilisations, London 1962.
303 Łowmiański: „Wschody" miast litewskich.

1932 mit Studien über die Anfänge von Gesellschaft und Staat Litauens.[304] Was Łowmiański nun so interessant macht und ihn aus der Masse der Arbeiten zur Geschichte Litauens und der Union mit Polen heraushebt, ist sein allgemeinhistorischer Ansatz, der versucht, Gesellschaft und Staat aus der Perspektive verfassungsgeschichtlicher und politischer Konstruktion sowie sozialer und wirtschaftlicher Verhältnisse heraus zu erklären. Diese methodischen Ansätze, die bei ihrer quellenmäßigen Erfassung der litauischen Position einer staatlichen Vereinigung größere Beachtung schenkten, fanden nicht nur in Polen, insbesondere bei Halecki und Koneczny, hohe Anerkennung,[305] sondern wurden auch von deutscher Seite durch Osteuropahistoriker wie Kurt Forstreuter und Josef Pfitzner lobend zur Kenntnis genommen.[306]

1.2.2.2 Marian Zdziechowski

Als Marian Zdziechowski nach Wilno kam, war er bereits eine anerkannte Persönlichkeit des gesellschaftlichen Lebens. Als Literaturwissenschaftler und Publizist hatte er sich einen Namen gemacht und galt als ausgemachter Kenner Russlands und des Slawentums von internationalem Format. Er entstammte einer begüterten Familie aus den gehobenen Schichten der Kresy und verkörperte alle diesem Milieu zugeschriebenen Eigenschaften traditionsorientierter polnischer Kultur der Zeit nach dem Aufstand von 1863.[307] Zdziechowski hatte das russische Gymnasium in Minsk besucht und in St. Petersburg, anschließend in Dorpat studiert, wo er 1883 einen Abschluss zur russischen und slawischen Philologie machte.[308] Nach Studienaufenthalten in Genf und Graz promovierte er 1889 an der Jagiellonen-Universität in Kraków zum Thema „Mesjaniści i Słowianofile“ (Messianisten und Slawophile).[309] Bereits in Dorpat hatte er vergleichende Untersuchungen zum slawophilen Gedanken in Polen und Russland vorgelegt und die philosophisch-politischen Positionen polnischer und russischer Literaten und Geistesgrößen gegenübergestellt.[310] Im Wesen ging es um die geistesgeschichtliche Erfassung des Slawentums in seiner Differenziertheit sowie die ideengeschichtlichen Erscheinungsformen des Messianismus und der Slawophilie. Dabei gesteht er der russischen Slawophilie durchaus eine produktive Führungsrolle des Slawentums zu, die im Bewusstsein des Messianismus eines auserwählten Volkes Großes geschaffen hat. Demgegenüber steht jedoch der tatarisch-mongolische Wesenszug eines egoistischen Imperialismus, dessen politischer Despotismus dem russischen und anderen slawischen Völkern Intoleranz und Unfreiheit bescherte und letztlich die Weltherrschaft anstrebt.[311]

Zdziechowski formulierte damit eine Grundauffassung, die er bis zum Ersten Weltkrieg weiter kultivierte.[312] Im Vergleich zwischen dem polnischen und dem russischen Messianismus sah er zwar eine intellektuelle Vorherrschaft der russischen Slawophilen, aber eine moralische

304 Ders.: Studia nad początkami.
305 Gieysztor: Dziejopisarstwo, S. 61; Biliński: Feliks Koneczny jako badacz, S. 240; de Laval: Katedry Historii, S. 59; Labuda: Dzieło życiowe Henryka Łowmiańskiego, S. 246.
306 Vgl. die Rezensionen in „Altpreussische Forschungen“ und „Zeitschrift für Osteuropäische Geschichte“.
307 Sehr eindrucksvoll beschrieben von Lednicki: Zdziechowski – rusycysta, S. 6ff.
308 Opacki: W kręgu, S. 12–58.
309 Zdziechowski: Mesjaniści.
310 Marjan Zdziechowski, in: Ateneum Wileński, S. VII.
311 Kościałkowski: Marian Zdziechowski, S. 140f.
312 Zdziechowski: U opoki mesjanizmu; Barbaszyński: Mesjanizm polski.

Überlegenheit des polnischen Messianismus. Ganz im Sinne des polnischen Positivismus beurteilte Zdziechowski die polnischen Romantiker kritisch und beanstandete bei Adam Mickiewicz, Juliusz Słowacki und Andrzej Towiański unlogisches Verhalten und letztlich eine gewisse Unvernunft,[313] doch angesichts der Bedeutung der russischen Slawophilen wog ihr Versagen vor den Herausforderungen des Westens und den realen Bedingungen, die in Europa zu einem Triumph der Macht über das Recht führten, schwerer.[314]

In diesen frühen Arbeiten schafft Zdziechowski die Grundlagen für seinen Ruhm als Russist und Slawist, erweist sich in seinem wissenschaftlich-methodischen Herangehen aber auch als Kulturphilosoph und Moralist, dessen tiefe katholische Gläubigkeit alle Bewertungsmaßstäbe vorgibt und sein Handeln bestimmt.[315] Sein philosophisch-literarisches Credo hierzu legte er noch vor dem Ersten Weltkrieg ab: Es war vor allem das von ihm als Habilitation 1894 an der Jagiellonen-Universität eingereichte Werk „Byron i jego wiek“ (Byron und sein Jahrhundert).[316] Auf Basis des ersten Bandes erhielt er die Venia Legendi für Allgemeine Literatur Neuerer Zeiten, 1899 wurde er auf diesem Gebiet außerordentlicher und 1908 ordentlicher Professor.[317] Das Buch ist eigentlich eine literarisch-philosophische Epochenkritik, wissenschaftlich jedoch schwer einzuordnen oder zu kategorisieren, wie viele Werke Zdziechowskis. Das Buch ist zunächst ein Ausweis von großer Belesenheit und methodischem Geschick und bezeugt die feste Stellung Zdziechowskis unter den europäischen Geistesgrößen um die Jahrhundertwende. Wie schon in seinen „Messianisten“ entwickelt er mit literaturkritischen Vergleichen ein Psychogramm der Zeit.

Auf einem breiten europäischen Fundament stellt er Haltungen und Auffassungen von Literaten dar, um geistige Prozesse zu erläutern und seine eigene Position zu bestimmen. Zwar legt er den Schwerpunkt auf Russen, Polen und andere slawische Völker wie Tschechen und Kroaten, bezieht aber ebenso fundiert den Westen mit Großbritannien, Frankreich und Deutschland mit ein. Zur Erklärung der Welt aus dem Geist des Individuums orientiert er sich methodisch an dem Franzosen Hippolyte Taine und nimmt Byron als repräsentativ für eine geistige Haltung, die sich der Krise der Zivilisation entgegenstellt und Impulse zur Überwindung des Pessimismus und des allgemeinen Zweifels gibt. Byron entspricht seinen Vorannahmen, dass einzig eine Rückbesinnung auf den Idealismus und die Beherrschung ethischer Normen auf fester moralischer Grundlage zur Überwindung der herrschenden Ziellosigkeit und der Vermittlung eindeutiger Orientierung führen kann. Ausgangspunkt dieses Pessimismus war für Zdziechowski die Französische Revolution, die viel versprochen und nichts gehalten hatte und als blutiger Exzess zu einer Komödie des Lebens wurde.[318] Noch deutlicher und absoluter wurde Zdziechowski in seinem fast ausschließlich philosophisch verfassten Buch „Pesymizm, romantyzm a podstawy chrześcijaństwa" (Pessimismus, Romantik und die Grundlagen des Christentums)[319] aus dem Jahre 1914, in dem er den Glau-

313 Zdziechowski: Mesjaniści, S. 186.

314 Żywiołek: Mesjanski *Logos* Europy, S. 467–494.

315 Weiss: Od pozytywizmu do mesjanizmu, S. 242; Tyburski: Myśl etyczna, S. 58f; Burzacka: Ideał i rzeczywistość; Skoczyński: Wartość pesymizmu; Wesołowska: Marian Zdziechowski, S. 142ff.

316 Zdziechowski: Byron i jego wiek.

317 Marjan Zdziechowski, in: Ateneum Wileński, S. VIII.

318 Zdziechowski: Byron, T. I, S. 5; Skoczyński: Pesymizm filozoficzny, S. 75–78.

319 Zdziechowski: Pesymizm, romantyzm.

ben an Evolution und Fortschritt als im Wesen antichristlich erklärte und seine antimodernistische Grundhaltung umfassend formulierte. Das durch Fortschritt, Revolution und schließlich Sozialismus gegebene Versprechen auf ein Glück im irdischen Leben ist nicht einlösbar und kann nur zum Pessimismus führen.[320] Verantwortlich für die Entwicklung der Entfremdung von Mensch und Gott und der Materialisierung des Lebens machte er Feuerbach und Hegel, deren Gedankengut zu Revolution und Anarchie provozieren.[321] Der Übermensch (nadczłowiek) bei Nietzsche führe zu Egozentrismus und sei mit seiner Gottesleugnung eine geradezu tödliche Gefahr für das menschliche Dasein schlechthin.[322]

Zum Dreh- und Angelpunkt seines Kulturpessimismus wurde jedoch die Annahme der Existenz des „Bösen" (zło). In der Auseinandersetzung mit diesem Phänomen verdichteten sich zunehmend seine moralischen Wertekategorien über die menschliche Existenz bis hin zu einer gewissen Mystifizierung.[323] Der Einfluss der russischen Literaten und seine innere Verbundenheit mit der „russischen Seele"[324] wird hier besonders deutlich. Zdziechowski stand bis 1914 in engem Kontakt mit russischen Geistesgrößen wie den Brüdern Sergej und Nikolaj Trubeckoj, Wladimir Solowjow, Boris Tschitscherin, Aleksander Pypin und Dimitri Mereschnikow. Auch hielt er sich in Jasnaja Poljana bei Lew Tolstoi auf, den er über alles schätzte und mit dem er sich intensiv über „das Böse" austauschte.[325] Das Böse war für Zdziechowski ein Wesenselement des menschlichen Daseins, lag „in der Natur der Sache",[326] und der Pessimismus war eine logische Folge der irdischen Existenz, die den Menschen beständig Bedingungen aussetzt, die er nicht bewältigen kann. Fluchtpunkt und eschatologisches Ziel ist die Herrschaft Gottes auf Erden, die im Gegensatz zum Bösen unangreifbar und seligmachend ist. Der Kampf gegen das Böse ist eine nicht endende Aufgabe und kann nur durch eine konsequent christliche Ethik bewältigt werden, durch einen „moralischen Heroismus"[327] des Kampfes des „Geistes mit der Materie"[328].

Durch diese nicht unbedingt originäre, aber in seiner Stringenz eigene Deutung von Individuum und gesellschaftlichen Prozessen reihte sich Zdziechowski in den Kulturpessimismus der Jahrhundertwende ein, lehnte sich bewusst an Spengler an[329] und bestimmte ihn mindestens in den Grenzen des polnischen Staates. Mit seinen Auffassungen traf er den Zeitgeist in der Zweiten Republik auch deshalb, weil er Erklärungsmuster lieferte, die mit wissenschaftlichem Anspruch, vorgetragen von einer anerkannten Persönlichkeit und publizistisch wirksam geeignet waren, Antworten auf drängendste Fragen von Politik und Gesellschaft zu geben. Natürlich war Zdziechowski zuerst Literaturwissenschaftler, hier vornehmlich ein Kenner der slawischen, speziell der russischen Literatur, und blieb trotz aller Internationalität

320 Krasicki: Eschatologia i mesjanizm, S. 223–239.
321 Zdziechowski: Byron, T. I, S. 124.
322 Kościałkowski: Marian Zdziechowski, S. 144.
323 Babrzyński: Między racjonalizmem.
324 Zdziechowski: Wpływy rosyjskie, S. 36f.
325 Kościałkowski: Marian Zdziechowski, S. 145; Weiss: Marian Zdziechowski, S. 49; Krasicki: W obliczu zła; Wasilewski, Witold: Marian Zdziechowski, S. 54–76.
326 Zdziechowski: Pesymizm, romantyzm, t. 2, S. 403.
327 Ders.: W obliczu końca, S. 216.
328 Ders.: Wychowanie a religia, S. 186.
329 Gawor: Zagłada, S. 67; Kornat: Oswald Spengler, S. 44.

sein Leben lang ein Anhänger des Slawismus.[330] Auf Grundlage der Deutung literarischer Aussagen und ideengeschichtlicher Positionierungen entwickelt er jedoch ein geschichtsphilosophisches Konzept von Gesellschaft und historischem Prozess, das ihm aus der Perspektive christlich-moralischer Bewertungsmaßstäbe zu schlüssigen Aussagen zu historischen Phänomenen befähigte, die eingängig waren. Dabei wurde Zdziechowski nie Historiker im eigentlichen Sinne, erst recht nicht Politologe, und stellte diesen Anspruch auch nicht. Ihm war die rein rationale, faktengestützte Perspektive eines historischen Narrativs völlig fremd. Aber er arbeitete mit Elementen dieser Wissenschaften und repräsentierte damit nolens volens einen durchaus modernen Wissenschaftlertyp, der dicht an Politik und Gesellschaft agiert.

Umso bemerkenswerter ist die Tatsache, dass Zdziechowski in seinen Schriften jegliche politische Parteinahme oder offenes Eintreten für die nationale polnische Bewegung vermissen lässt. Für ihn war die Wiederherstellung des polnischen Staates ausschließlich in Gestalt des polnisch-litauischen Großreiches als gemeinsame Anstrengung des Slawentums, vor allem Russlands, denkbar.[331] So erklärt sich auch sein Engagement im „Klub Słowiański", deren Mitbegründer er 1901 in Kraków war, und seine publizistische Tätigkeit in der vom Klub herausgegebenen Zeitschrift „Świat Słowiański" in enger Zusammenarbeit mit ihrem Chefredakteur Feliks Koneczny.[332] Während Zdziechowski unbedingt am slawischen Gedanken und an der Gestaltungskraft des Slawismus festhielt, wandte er sich aber unter dem Eindruck des russischen Nationalismus und seinem imperialen Machtanspruch zunehmend vom russischen Panslawismus als Führungskraft ab.[333] Er propagierte eine slawophile Bewegung unter polnischer Führung, knüpfte zahlreiche Kontakte zu Intellektuellen vor allem im südslawischen Raum, unterhielt enge Verbindung zu Tomáš Garrigue Masaryk und setzte sich nachhaltig für die Selbstbestimmung der Kroaten ein.[334] Alle Versuche einer Vereinheitlichung der slawischen Bewegung schlugen jedoch fehl, litten wohl auch unter der eigentlich unklaren Zielstellung des Vorhabens des „Klubs". Die konservativ geprägte moralisch-religiöse Utopie einer „großen slawischen Idee" aus der Zeit der polnischen Romantik[335] fand wenig Anklang. Einmal mehr zeigte Zdziechowski hier sein ausgeprägtes Unverständnis für die nationale Bewegung und den modernen Zeitgeist des Nationalismus. Die ausbleibenden Erfolge seiner slawophilen Tätigkeit und schließlich der ausbrechende Krieg veranlassten ihn, sich von diesen Aktivitäten zurückzuziehen.

Im Oktober 1919 kommt Marian Zdziechowski an die Stefan-Batory-Universität und wurde in der Humanistischen Fakultät als ordentlicher Professor auf den Lehrstuhl für Allgemeine Europäische Literatur berufen. Er war 1921/22 Dekan und 1924 bis 1927 Rektor der USB. Nach dem Mai-Umsturz bat ihn Piłsudski für das Amt des Präsidenten der Republik zu kandidieren,

330 Seine wissenschaftliche Position wird vielfach beschrieben. Wohl am treffendsten von Lednicki: Zdziechowski – rusycysta, S. 13ff.

331 Weiss: Marian Zdziechowski, S. 49. Hier auch eine ausführliche Bibliographie der Werke Zdziechowskis und der Sekundärliteratur.

332 Solak: Marian Zdziechowski; Sławęcka: Literatura.

333 Opacki: W kręgu, S. 105ff; Zdziechowski: Nacjonalizm w Rosji.

334 Zdziechowski: Odrodzenie Chorwacji.

335 Weiss: Marian Zdziechowski, S. 46.

allerdings versagten ihm Senat und Sejm die Gefolgschaft.[336] Als Kenner des Slawentums, Spezialist für Russland und Literaturwissenschaftler internationalen Zuschnitts war seine Position unangefochten. Dennoch wirkte Zdziechowski vor allem bei der jüngeren Generation schon reichlich aus der Zeit gefallen, galt als Überbleibsel der polnischen Romantik und hinterließ den Eindruck, als hätte er seinen Zenit bereits überschritten.[337] Seine politische Heimat fand er schnell im Wilnoer Konservatismus und der Gruppierung um den „Słowo". Stanisław Cat-Mackiewicz wurde ihm ein kongenialer Partner im Geiste[338] und mit dem Kopf der Gruppe, Aleksander Meysztowicz, teilte er die Kritik am westlichen Liberalismus sowie die tiefe Skepsis gegenüber der europäischen Nachkriegsordnung. Sie einte das Festhalten an der jagiellonischen Staatsidee und die grundsätzliche Kritik am parlamentarisch-demokratischen System. So begrüßten die Wilnoer Konservativen den Mai-Umsturz Piłsudskis als einen Akt zur Festigung des polnischen Staates,[339] und die konsequente Ablehnung des Nationalismus der polnischen Nationaldemokratie rückte sie in die Nähe des Piłsudski-Lagers.

Die Sympathie gegenüber dem Sanacja-Regime hielt Zdziechowski jedoch nicht von Protesten gegen die zunehmend diktatorische Staatsführung Piłsudskis ab. So war er 1930 Mitinitiator eines offenen Briefes einer ganzen Reihe von Professoren der USB an den Staatschef, in dem gegen die Verhaftung von Oppositionellen und Kritikern der Regierung protestiert wurde.[340] Ein solches Vorgehen widersprach nicht nur seinen katholischen Moralvorstellungen, er sah darin eine Schwächung des polnischen Staates und Angriffsflächen für rechten wie linken Extremismus. Vor allem registrierte er dabei einen wachsenden Einfluss nationalistischer Ideen, die er als Ausdruck modernistischer Tendenzen grundsätzlich ablehnte.[341] Demzufolge waren das Recht auf nationale Selbstbestimmung und die Vorstellungen Woodrow Wilsons über eine europäische Nachkriegsordnung der direkte Weg in den Untergang. Eigene Staatlichkeiten in den polnischen Kresy kamen nicht infrage und der Frieden von Riga war für Zdziechowski ein Akt polnischer Selbstaufgabe. Nur der polnische Messianismus in Besinnung auf die Polnisch-Litauische Union galt ihm als die adäquate Form staatlicher Organisation in diesem geographischen Großraum und auch als der beste Weg zur Eindämmung der revolutionären Bewegung.[342]

Hatte dieser Messianismus bei Koneczny eine ausgesprochen kulturhistorische Komponente und trug bei Halecki durchaus auch strukturelle Züge, so war er bei Zdziechowski allein moralisch gerechtfertigt, weil „die ganze polnische Geschichte in enger Verbindung steht mit dem Grundsatz der Moral".[343] Gemeinsam mit den Konservativen des „Słowo" fand Zdziechowski einzig in der Monarchie eine Staats- und Regierungsform, die als Brücke zur Vergangenheit den Zivilisationsbruch der Moderne verhindern oder zumindest eindämmen

336 Kasperavicius: Koncepcje, S. 150, 154.
337 Miłosz: Religijność Zdziechowskiego, S. 118f; Ders.: Prywatne, S. 198; Jokubaitis: Wyobrażnia filozoficzna, S. 54f.
338 Opacki: Marian Zdziechowski i Stanisław Cat-Mackiewicz.
339 Szpoper: Sukcesorzy, S. 245.
340 Kasperavicius: Koncepcje, S. 155; Historia nauki polskiej, S. 280f.
341 Ćuk: Marian Zdziechowski o nacjonalizmie, S. 86f.
342 Zdziechowski: Europa, S. 230ff.
343 Zdziechowski in einem Artikel zu Russland und die Ukraine, in: Słowo 24. April 1938, zitiert bei Grabowski: Jeden z najbardziej, S. 95.

kann, die den moralischen Bedürfnissen der Völker gerecht wird und in der Lage ist, den notwendigen Ausgleich unterschiedlicher Interessen herzustellen.[344]

Allein in Ungarn konzedierte er dieses Prinzip realisiert und er entwickelte eine große Affinität zu diesem Staat.[345] Seine Sympathie ging so weit, dass er in einer gemeinsamen Grenze zwischen Polen und Ungarn einen ganz wesentlichen Faktor zur Stabilisierung des Raumes und möglicher Abwehr einer Bedrohung vom Osten her verortete. In diesem Zusammenhang sprach er sich explizit gegen die Existenz eines tschechoslowakischen Staates aus, was ohnehin verbreitet in Polen auch eine Reaktion auf die Haltung der tschechoslowakischen Regierung im Polnisch-Sowjetischen Krieg war.[346] Viele Jahre hindurch war er Vorsitzender des „Vereins der Freunde Ungarns in Wilno". Die Herrschaft Miklós Horthys war für ihn Garant des Festhaltens an der Stefanskrone und Beispiel für staatliche Stabilität unter den Bedingungen größter Widrigkeiten europäischer Politik. In Ungarn ermittelte er auch das Volk, das sich am entschiedensten gegen den Kommunismus gewehrt und an den Traditionen christlicher Kultur festgehalten hatte. Im Schicksal Ungarns spiegelte sich für Zdziechowski die ganze Unzulänglichkeit der europäischen Nachkriegsordnung, die mit dem nationalen Egoismus und modernem Etatismus sicher in eine Katastrophe führen musste.

Die Ereignisse Krieg und Revolution beeinflussten Zdziechowski immens. Nicht so sehr in den Grundlagen seines Denkens, sondern eher in seinem Handeln und seiner wissenschaftlich-publizistischen Ausrichtung. Diese historischen Großereignisse waren für Zdziechowski nicht unbedingt Zäsuren menschlicher oder gesellschaftlicher Entwicklung. Er sah in diesem historischen Verlauf vorderhand eine Bestätigung seiner bis 1915 formulierten Ideen und Annahmen in geradezu dramatischer Weise.[347] Von einer neuen Phase im Schaffen Zdziechowskis kann somit nur in dem Sinne gesprochen werden, als er in Auseinandersetzung mit diesen destruktiven Faktoren sein geschichtsphilosophisches Weltbild schärfte, das sich zunehmend auf Katastrophismus und die Negierung positiver Gestaltungskraft verengte.[348] Betrachtete er bis dahin seine Mission vor allem darin, der polnischen Gesellschaft das Phänomen Russland näherzubringen,[349] so rückten russische Revolution und Bolschewismus geradezu zwangsläufig und in hoher Ausschließlichkeit in den Fokus des Wissenschaftlers und wurden ihm zum Vehikel seiner Auffassungen vom „Bösen", dem er sich mit seinem ganzen Wissen und auch Einfluss seiner Persönlichkeit widmete.[350] Damit schließt er endgültig ab mit seinem Glauben an eine polnisch-russische Verständigung durch Aufklärung und Vermittlung geistig-moralischer Werte, was sein Schaffen bis dahin maßgeblich geprägt hatte, hält andererseits aber fest an der intensiven Beschäftigung mit Russland. Russland bleibt Anfang und Ende seines Interesses und seiner Leidenschaft.

Koneczny und Zdziechowski dominierten auf ihre jeweils eigene Weise die Osteuropaforschung an der USB. Sie teilten eine Reihe von Gemeinsamkeiten, die sich vor allem in ihrem christlich-katholischen Weltbild offenbarten, wenn auch Koneczny systematischer wirkte und ein geschlosseneres Konzept anbot. Der wohl größte Unterschied zeigte sich im

344 Opacki: Konserwatyzm Mariana Zdziechowskiego, S. 24f; Szpoper: Sukcesorzy, S. 187.
345 Zdziechowski: Tragedia; Ders.: Węgry.
346 Ders.: Lui et moi, S. 436.
347 Borzym: O historiozofii, S. 214, 223.
348 Wołodźko: Marian Zdziechowski, S. 95ff.
349 Opacki: Rosja, S. 24.
350 Kotlarski: Między rusofilią a rusofobią, S. 190ff; Kornat: Bolszewizm, 1, S. 294–321.

Kulturpessimismus, den Koneczny eher als Zivilisationskrise deutete und der bei Zdziechowski zum Leitmotiv wurde.[351] Der Bezug zu Osteuropa bestand in seiner Kritik gegenüber den Slawophilen, vorrangig jedoch in der Bewertung der Revolution in Russland und der bolschewistischen Herrschaft. Dabei blieb Zdziechowski immer bei der Methode des Vergleichs und betrachtete Osteuropa, zuvorderst Russland, aus der Perspektive des lateinischen Westens als Gradmesser zivilisatorischer Vorgaben auf der Grundlage der Deutung von Erscheinungsformen und intellektuellen, vor allem literarischen Äußerungen. Sein Pessimismus gründete sich in der Bewusstheit der Agonie der Zivilisation, die im Westen ihren Ursprung hat und im Osten, in Russland, ihre Erfüllung findet. Bei aller Kritik und Hoffnungslosigkeit blieb der Osten Sehnsuchtsort und vermeintliches Mittel des beruhigenden Ausgleichs eines kontemplativen Einflusses des orientalisch-asiatischen Ostens auf den Materialismus und Egoismus Europas.[352]

Somit findet sich in seiner Polemik zum Eurasianismus eher die Betonung einer eigenständigen, vermittelnden und konstruktiven Funktion im Sinne einer Rückbesinnung auf die russische Identität im Gegensatz zu den verbreiteten Auffassungen einer asiatischen Bedingtheit von Revolution und Bolschewismus.[353] In der modernen eurasischen Bewegung sah Zdziechowski vor allem einen Gegenpol zur Revolution und ein Festhalten an Orthodoxie und Ablehnung des Westens sowie des jüdischen Einflusses.[354] Bei aller Betonung einer Eigenständigkeit Russlands als Europa und Asien zusammen, eben Eurasien,[355] bezweifelte er nicht die Europäizität Russlands, verband sie allerdings mit einem Europäisierungsprozess der Moderne, der mit der Öffnung des Landes zum Westen durch Peter I. seinen Anfang nahm.[356] In diesem Prozess verzahnte sich der modernistische Ansatz des Westens mit seinen destruktiven Elementen der Überhöhung des Individuums und der Abkehr von Gott mit den Gegebenheiten durchgängig hierarchischer Elemente der Machtausübung, die in ihrer Statik eine ausgeprägte Unfähigkeit der Verbindung zur Gesellschaft zeigte.[357] Die Orthodoxie war dabei lediglich Instrument des staatlichen Machterhalts und weder willens noch in der Lage, als oberste moralische Instanz, wie das lateinische Christentum, die Rolle eines Regulativs zwischen Masse und Macht zu übernehmen.

Der West-Ost-Dualismus bestand somit für Zdziechowski in der russischen Teilhabe an der Entwicklung des modernen Europas, gedeutet als Krise der Zivilisation, bei einer fehlenden Integration in die historische Entwicklung des Kontinents, die Russland, in Anspielung an Alexander Herzen, eben nur „vom anderen Ufer aus“ beobachtet hatte.[358] Ohnehin stellte er sich die kategorische Frage nach Osteuropa als spezifisch europäische Großregion nicht. Osteuropa war für Zdziechowski eine wenig bestimmte Region ohne kulturräumliche Qualität und er nahm am wissenschaftlichen Diskurs darüber nicht teil. Seine Deutung ist auch hier eine ideengeschichtliche, die sich am Slawentum orientierte mit einer Dominanz des

351 Wasilewski, Eugeniusz: O istocie, S. 219ff.
352 Zdziechowski: U opoki mesjanizmu, S. 141–153; Opacki: Doświadczenie, S. 35; Bladocha: Myśl polityczna, S. 267f.
353 Zdziechowski: Eurazjatizm, S. 385–403; Pawlak: Stosunek; Bladocha: Myśl polityczna, S. 268–271.
354 Bladocha: Myśl polityczna, S. 269f.
355 Zdziechowski: Eurazjatyzm, S. 387.
356 Ders.: Trzy światy, S. 366ff.
357 Krasicki: Zdziechowski a Rosja, S. 46.
358 Zdziechowski: U opoki mesjanizmu, S. 170.

russischen Faktors. Differenzierungen ergaben sich durch konfessionelle und moralische Werteparameter zivilisatorischen Verhaltens, die sich in staatlichen Gegebenheiten präsentieren.

Die russische Revolution von 1905 hatte Zdziechowski als gesellschaftliches Ereignis relativ kritiklos aufgenommen und es vor allem politisch als Chance zur Wiederherstellung des polnischen Staates gewürdigt.[359] Mit der Abwendung vom Panslawismus und der Aufgabe des Gedankens an ein mögliche polnisch-russische Verständigung änderte sich seine Perspektive völlig und er ordnete die Revolutionen des Jahres 1917 ohne Unterscheidung in sein geschichtsphilosophisches Dogma ein, indem er das Ereignis Revolution in Russland besonders positionierte.[360] Die Grundlagen sah er insbesondere im Fehlen einer traditionellen Verankerung Russlands in den christlich-lateinischen Werten Europas. Durch die Verknüpfung modernistischer Elemente des Westens mit den archaischen Strukturen Russlands musste zwangsläufig die Revolution konsequenter und destruktiver ausfallen und die im Ereignis angelegten Elemente von Nihilismus und Zerstörung absolut ausprägen. Kompromissloser Maximalismus und inhumanes Handeln führen in die sichere Katastrophe unbändiger Gewalt und Grausamkeit (okrucieństwo);[361] Revolution und Terrorherrschaft sind damit zwar nicht typisch russisch, aber Oktoberrevolution und bolschewistische Herrschaft nur in Russland möglich. Eine erste Arbeit, die sich mit den Quellen der Revolution und des Bolschewismus beschäftigte, ist die Artikelsammlung unter dem Titel „Wpływy rosyjskie na duszę polską“ (Russische Einflüsse auf die polnische Seele).[362] Fortgesetzt wurde diese Analyse mit dem Schwerpunkt der Bewertung des Kommunismus im Sammelband „Od Petersburga do Leningrada“ (Von Petersburg nach Leningrad).[363]

In der Auseinandersetzung mit Revolution und Bolschewismus suchte und fand Zdziechowski Verbündete unter den russischen Intellektuellen im Exil. Er setzte sich nachdrücklich für die Anerkennung russischer Emigranten als Minderheit in Polen mit den damit verbundenen kulturellen Rechten ein und zeigte damit eine Haltung, die nicht unbedingt repräsentativ für die Stimmung in der polnischen Gesellschaft war.[364] Auch mit seiner geradezu demonstrativen Unterstützung der russischen Studenten an der USB stieß er auf Unwillen und wurde vom Ministerium aufgefordert, seine Vorlesungen zur russischen Kultur und Literatur einzuschränken.[365] Die Kontakte zu russischen Emigranten begrenzten sich dabei nicht auf jene in Polen, sondern bezogen sich auf den europäischen Raum mit dem Schwerpunkt Frankreich und Deutschland. Zu Michail Arcybaschew und Dimitri Mereschkowski unterhielt er freundschaftliche Beziehungen,[366] Bruder im Geiste wurde ihm jedoch der Philosoph und Literaturkritiker Nikolai Berdjajew. Mit ihm verband ihn vor allem der konsequent christlich-ethische Zugang zur Deutung der Phänomene in Russland

359 Opacki: Marian Zdziechowski zmagania z Rosją, S. 187f.
360 Ein Vergleich mit der französischen Revolution in Zdziechowski: Trzy światy, S. 363ff. und in: Od Petersburga, S. 64.
361 Ders.: O okrucieństwie.
362 Ders.: Wpływy rosyjskie, Kraków 1920.
363 Ders.: Od Petersburga.
364 Opacki: Marian Zdziechowski a emigracja rosyjska, S. 247ff.
365 Ebenda, S. 258f.
366 Opacki: Mariana Zdziechowskiego idea kontrrewolucji, S. 97.

und zunehmend auch die Tendenz zu ihrer Mystifizierung.[367] Mit ihm teilte er zudem die grundsätzlichen Bewertungen zu Revolution und Bolschewismus.[368] Beiden ging es hauptsächlich um die Beschreibung der Erscheinungsformen der Phänomene und ihre Einordnung in den traditionellen christlich-ethischen Wertekanon.

Ihre Darstellungen müssen auch vor dem Hintergrund einer Überzeugung der Krisis der abendländischen Welt gesehen werden und haben damit eine durchaus pädagogische Funktion. Beiden geht es dabei weniger um eine tiefgründige wissenschaftliche Analyse mit einem zur Verfügung stehenden methodischen Instrumentarium, sondern sie orientieren sich an Erfahrungen und Erlebnisberichten. Zdziechowski verzichtete ferner bewusst auf jegliche Analyse der Literatur der Sowjetunion, was eigentlich sein Metier war, und tat diese als Propaganda ab.[369] Bei der Grundannahme der Revolution als Ergebnis und logische Folge der krisenhaften Entwicklung der westeuropäischen Kultur und Gesellschaft infolge von Renaissance und Aufklärung[370] lag der Schwerpunkt der Betrachtung zunächst in der Identifizierung russischer Besonderheiten, die eine spezifische Ausprägung des Ereignisses Revolution ermöglichten.

Dabei setzte Zdziechowski die russische Revolution deutlich von der französischen ab. Wenn er sie auch als Ausgangspunkt für die russische sah, so betonte er doch ihre soziale Idee und das Festhalten an bestehenden Normen, das nur durch eine kurze Zeit des Terrors unterbrochen wurde und dann zum bürgerlichen Rechtsstaat führte.[371] Alles Merkmale, die bei der Revolution in Russland keine Rolle spielten. Wie Berdjajew verband Zdziechowski die russische Revolution mit dem Nihilismus eines Alexander Herzen und dem Anarchismus eines Nikolai Bakunin. Ihr Maximalismus eines „Alles oder Nichts" bildete die geistige Grundlage der russischen Revolution. Ihre organisatorische und praktische Verwirklichung schrieb Zdziechowski jedoch dem jüdischen Einfluss zu, der die praktischen Fähigkeiten und die Erfahrungen zur Realisierung der Revolution einbrachte.[372] Dieser antijudaistische Aspekt durchzog sein gesamtes Schaffen[373] und zeigte sich speziell in der grundsätzlichen Bewertung der Revolution als jüdische Verschwörung oder der Bewertung des Bolschewismus als freimaurerisch-jüdische Herrschaft. Dabei ging es weniger um rassistische Elemente, sondern um die bei polnischen Konservativen und Nationaldemokraten verbreitete Ablehnung des jüdischen Faktors in Handel, Finanzen und Wirtschaft, der als schädlich und gegen die autochthone Bevölkerung gerichtet beurteilt wurde.[374] Er zielte auf einen grundsätzlich destruktiven Charakter ab, der sich in der prinzipiellen Feindschaft der Juden gegenüber den Christen begründete und in der Revolution als jüdischer Messianismus seinen Ausdruck fand.[375]

367 Brzeziński, Bartłomej: Kilka uwag; Ders.: Zarys problematyki; Walicki: Zarys, S. 705, 751f, 796.
368 Wasilewski, Witold: Marian Zdziechowski, S. 180–217.
369 Opacki: Między, S. 339.
370 Zdziechowski: Renesans a rewolucja.
371 Ders.: Od Petersburga, S. 64ff.
372 Ders.: Wpływy rosyjskie, S. 63; Ders.: Europa, S. 76; Ders.: U opoki, S. 187.
373 Ders.: U opoki, S. 223–226; Ders.: W obliczu, S. 23.
374 Bäcker: Marian Zdziechowski, S. 189f.
375 Zdziechowski: Wpływy rosyjskie, S. 120f; Ders.: Tragedia, S. 30; Ders.: U opoki, S. 223–226; Ders.: Europa, S. 196–227.

Zwischen der Bewertung der Revolution und der bolschewistischen Herrschaft wurde eine Entwicklung deutlich, die sich in der Betonung der Kategorie des Kommunismus äußerte. Bei seiner Analyse konzentrierte sich Zdziechowski auf einige wenige Schwerpunkte in seinem Erscheinungsbild, die ihm für eine Gesamtbewertung repräsentativ erschienen, methodisch für ihn fassbar waren und die sich auch am besten in sein Theoriekonzept einpassten. Wesentlich war ihm die Entlarvung des bolschewistischen Menschenbildes. Im Projekt des „neuen Menschen" sah er vor allem eine Entmenschlichung in Anlehnung an die materialistischen Auffassungen von Karl Marx. Der Mensch wird zur Maschine degradiert und hat automatisch zu funktionieren, ohne eine individuelle Beteiligung am gesellschaftlichen Leben. Das Ergebnis ist Ideenlosigkeit und Apathie, wobei der allgegenwärtige, permanente Terror nicht nur die Macht sichert, sondern scheinbar auch Sicherheit verspricht. Organisations- und Führungselement wird das Kollektiv, über das die Machthaber einen permanenten Zugriff realisieren. Damit schafft sich das System die Voraussetzungen hemmungsloser Bestialität und Barbarei, die scheinbar bereitwillig ertragen und getragen werden und alle moralischen Werte, die mit Familie und Individualität verbunden sind, systematisch zerstören.[376] Adäquat hierzu strukturiert sich das ökonomische System der Gleichmacherei und Enteignung. Zdziechowski begriff darin keinesfalls eine revolutionäre Umwälzung des kapitalistischen Systems und eine Vergesellschaftung des Eigentums, sondern lediglich eine Umwandlung der Besitzverhältnisse zugunsten der herrschenden Partei und vor allem ihrer Führungskräfte. Die Kollektivierung steht für ihn beispielhaft für eine hemmungslose Ausbeutung und Entrechtung der Bevölkerung, die das Lebensniveau auf ein Minimum reduziert, und er erkennt auch darin eine bewusste politische Maßnahme.[377]

Zdziechowski war schließlich einer der Ersten, der Kommunismus und bolschewistischer Herrschaft einen weltlich-religiösen Charakter zuschrieb. Darin sah er weit mehr als nur funktionale Erscheinungsformen, sondern eine geradezu existentielle Voraussetzung zur Machtsicherung und die Notwendigkeit einer Religiosität des Kommunismus durch das Versprechen der Errichtung des kommunistischen Paradieses auf Erden als gegeben an. Die offensichtliche Unzulänglichkeit des Systems bedurfte einer metaphysischen Kompensation. Quasireligiöse Handlungen dienten der Verklärung der Realität und enthoben den Kommunismus einer Beurteilungsmöglichkeit durch die Masse oder gar das Individuum. Die Gesellschaft wurde zur Kirche, der Geistliche war die Partei, die Inquisition die Geheimpolizei, Lenin der Messias und in Moskau sitzt der rote Papst.[378] Diese religiöse Verklärung war für Zdziechowski dann auch der Kern des „Bösen" im Kommunismus, der ihm in seiner narzisstischen Überhöhung der Unfehlbarkeit[379] alles Schlechte ermöglichte.[380]

In der Auseinandersetzung mit Bogumił Jasinowskis Buch über das östliche Christentum und Russland[381] wurden diese Grundpositionen besonders deutlich.[382] Dabei anerkannte

376 Beispielhaft erklärt in: W obliczu, S. 64, 280; Chateaubriand i Napoleon, S. 175, 224; Od Petersburga, S. 62f.
377 Zdziechowski: Od Petersburga, S. 68.
378 Ders.: Tragiczna Europa, S. 456.
379 Bäcker: Marian Zdziechowski, S. 184.
380 Zdziechowski: Od Petersburga, S. 52f.
381 Jasinowski: Wschodnie chrześcijaństwo; Jadacki: Wileńskie środowisko filozoficzne, S. 398.
382 Kornat: Bolszewizm, 1, S. 344–347.

Zdziechowski zwar durchaus die Auffassungen des Autors, dass Byzantinismus und tatarische Herrschaft Voraussetzungen für die Einführung dieser weltlichen Religion schufen; er wandte sich aber entschieden gegen das zentrale Argument Jasinowskis, dass die orthodoxe Kirche Russlands durch ihre absolute Sicht auf eine schlechte Welt und einen guten Gott ein auslösendes Moment der Revolution wäre und sie eigentlich mental erst auf den (russischen) Weg gebracht hätte.[383] Das änderte nichts an der kritischen Haltung Zdziechowskis gegenüber der Orthodoxie, die er in seinen Schriften immer wieder erkennen lässt. Dennoch stand für ihn der Aspekt der Bedeutung der Ostkirche als Teil der christlichen Gemeinschaft der Kirchen im Vordergrund und er sah in der Orthodoxie einen der letzten Garanten im Kampf gegen die allgemeine Gefahr aus dem Osten.[384]

Der Disput zwischen Zdziechowski und Jasinowski ist auch deshalb aufschlussreich, weil er, bei aller Übereinstimmung in grundsätzlichen Fragen der Bewertung Russlands und vor allem der Revolution und der bolschewistischen Herrschaft, einen prinzipiell unterschiedlichen Zugang zu Russland verdeutlicht. Im Gegensatz zu Zdziechowski besaß Jasinowski keine russische Prägung, ihm fehlt die innere Bindung zur „russischen Seele" und den russischen Intellektuellen. Als Vertreter einer neuen Generation hatte er zudem keinerlei Beziehung zur Slawophilie. Er entwickelte eine eher rationale Perspektive und erwies sich gerade darin als kongenialer Partner im Geiste Konecznys und Zdziechowskis.[385] Von Haus aus Philosoph wandte er sich nach vornehmlich geschichtsphilosophischen Studien in seiner Tätigkeit als Professor an der Humanistischen Fakultät der USB ab 1931 dem östlichen Christentum zu und verglich es mit der lateinischen Kirche. Hierzu legte er 1933 seine umfassende Studie vor. Jasinowski sah den zivilisatorischen Unterschied zwischen Ost und West wesentlich durch kulturelle Eigenheiten gegeben, die wiederum hauptsächlich durch den Charakter des östlichen Christentums und der Ostkirche bestimmt wurden.[386] Das Ergebnis ist, ähnlich wie bei Koneczny, aber auch bei Zdziechowski, eine besondere, von der westlichen Zivilisation deutlich unterschiedene Beziehung des Individuums zum Staat. Die sich daraus entwickelnde besondere Psyche des Ostens bewirkte gesellschaftliche Eigenheiten, die sich in der Divergenz von westlichem Rationalismus mit Freiheitsstreben und Aktivität und östlichem Mystizismus mit machtstaatlicher Unterordnung zeigten.[387]

Im Gegensatz zu Koneczny und Zdziechowski erfolgte die Herleitung der Theorien bei Jasinowski einzig aus den unterschiedlichen theologischen Exegesen bestimmender Kleriker und der daraus entstandenen Kirchenstruktur und aus der Deutung eschatologischer Ziele. Sie führten zu Besonderheiten, wie der Unterordnung der Kirche unter den Staat im Osten, der quasi Selbstbeschränkung geistiger Freiheit mit allen ihren Folgen, beispielsweise einer Weltabgewandtheit, und dem Fehlen des zur freien Entfaltung der Gesellschaft so notwendigen Dualismus von öffentlichem und privatem Recht.[388] Schließlich war es auch der Machtanspruch des „dritten Rom", der vom Staat eingefordert wurde und einen russischen Messianismus ausmachte, der weltlicherseits besonders von den Slawophilen transportiert wurde

383 Zdziechowski: Problem religijny, S. 187, 189.
384 Opacki: Marian Zdziechowski a emigracja rosyjska, S. 252f.
385 Pawlak: Bogumił Jasinowski, S. 257.
386 Jasinowski: Wschodnie chrześcijaństwo, S. 165.
387 Ebenda, S. 59ff.
388 Ebenda, S. 26, 51ff.

und eine wesentliche Grundlage der bolschewistischen Revolution darstellt.[389] Vor allem hier setzt die Polemik Zdziechowski an. Bei aller Wertschätzung von Person und Werk sprach er Jasinowski jegliche Kompetenz zur Bewertung der Slawophilen ab und bestritt prinzipiell einen kausalen Zusammenhang zwischen östlichem Christentum, Slawophilie und Revolution; im Gegenteil: Kirche und Slawophile waren die stärksten Feinde des Bolschewismus und einzige Garanten russischer Tradition. Nach Zdziechowski verkannte Jasinowski völlig die Bedeutung des Westlertums und die Rolle von Herzen und Bakunin, und damit den entscheidenden Einfluss dieser laizistischen Kräfte und ihrer Rolle beim geistigen Transport westlicher Einflüsse einer Zivilisation in der Krise.[390]

Mit der kategorischen Analyse des Kommunismus durch Zdziechowski waren auch eine stärkere Verallgemeinerung und die Berücksichtigung äußerer Einflüsse verbunden. Als beredtes Beispiel diente ihm die ungarische Räterepublik, deren Herrschaft der „bolschewistisch-jüdischen Regierung mehr Blut forderte als ein Jahr Krieg“.[391] Die Sowjetunion war aus der Perspektive Zdziechowskis nunmehr nicht mehr Russland. Russland gibt es nicht mehr, schrieb er 1933 in einem Artikel, an seiner Stelle wurde die UdSSR geschaffen.[392] Das kommunistische Russland war für ihn der Kommunismus in Russland und keine genuin russische Erscheinung. Er sah die Herrschaft nun auch mehr als Folge des Kampfes gegen die zaristische Herrschaft[393] und einen entscheidenden äußeren Einfluss. An erster Stelle waren es Juden, aber auch Polen (Feliks Dzierżyński) und Letten, die auf eine eher passive russische Masse trafen.[394] Russland ist in der Konsequenz dieser Überlegungen eher ein (erstes) Opfer des Kommunismus. Freilich bot es alle Voraussetzungen dafür.

Die These von der negativen Rolle des Westens durch seinen kulturellen Niedergang erweiterte Zdziechowski in den 20er-Jahren, indem er den westlichen Demokratien durch ihre Passivität eine Mitschuld gab und vor allem französische Intellektuelle anprangerte, die sich für die Sowjetmacht engagierten. In dieser Tendenz, den Kommunismus und das Sowjetsystem als Erfolg zu bewerten und ihm als akzeptiertes System eine entscheidende Rolle im Menschheitsfortschritt zuzuweisen, sah Zdziechowski die größte Gefahr für die Allgemeinheit.[395] Der Messianismus ist der Revolution immanent und der Kommunismus muss um seiner Existenz willen expandieren und sein ökonomisches wie auch ideologisches System auf die Nachbarländer und dann ganz Europa übertragen. Eine entscheidende Rolle spielte dabei Josef Stalin, der als idealer Nachfolger Lenins mit seinem Terrorsystem die Kraft entwickelte, um das Sowjetsystem international zu etablieren.[396]

Polen ist als unmittelbarer Nachbar besonders gefährdet. Hier ist es nicht nur die geopolitische Position und die andauernde Beeinflussung durch sowjetische Propaganda, sondern auch die Schwäche, mit der die polnische Politik dem Sowjetsystem gegenüber agiert. Nach Zdziechowski beging Polen den Fehler, die Bedrohung durch das Sowjetsystem als geringer anzusehen, als sie durch das imperiale Russland gegeben war, was seinen Ausdruck

389 Ebenda, S. 80; Pawlak: Bugumił Jasinowski, S. 268ff.
390 Zdziechowski: Problem religijny, S. 189ff.
391 Ders.: Tragedia, S. 21.
392 Kotlarski: Między rusofilią a rusofobią, S. 191.
393 Zdziechowski: Europa, S. 200.
394 Ebenda, S. 194ff; Ders.: Wpływy, S. 113.
395 Wasilewski, Witold: Marian Zdziechowski, S. 192, 196.
396 Zdziechowski: W obliczu, S. 113; Ders.: Czerwony terror.

im Vertrag von Riga und der Aufgabe eines großen Teils der Kresy fand.[397] Die Verantwortung dafür tragen Halbbolschewisten (półbolszewicy) in Gestalt von Sozialisten, anderer Linker, aber auch Nationaldemokraten mit ihrem nationalistischen Programm. Agrarreform und soziale Programme waren für Zdziechowski eindeutige Hinweise auf eine schleichende Bolschewisierung, und das wachsende Interesse am sowjetischen Experiment hat den Anschluss an den östlichen Nachbarn als polnische Sowjetrepublik zum Ziel.[398] Er appellierte eindringlich an Politik und Gesellschaft Polens, der Antemurale-Rolle in der Tradition des katholisch-adeligen Polens treu zu bleiben.[399]

Eine gewisse Unterstützung erhoffte er sich nach seiner Abwendung vom Panslawismus von einer Annäherung an Deutschland.[400] Ähnlich wie Studnicki sah er im Nachkriegsdeutschland eine Interessengleichheit im Kampf gegen den Bolschewismus, wich aber prinzipiell von seiner antideutschen Grundhaltung nicht ab. Deutschland blieb mit hegelscher Philosophie und Aufklärung geistiger Hort und Ausgangspunkt der Zivilisationskrise des Kontinents und mit seiner Machtpolitik ein Bedrohungsfaktor.[401]

Nach dem Krieg konstatierte Zdziechowski gar eine Asiatisierung Deutschlands, angelegt in preußischer Staatsdisziplin und traditioneller Ostorientierung, die dem Bolschewismus eher in die Hände arbeite und sich im Gedankengut von Oswald Spengler und Hermann Kayserling zeigt.[402] Kayserlings Pläne zur Vereinigung Europas, wie auch die Paneuropavisionen eines Richard Coudenhove-Kalergi waren nach Zdziechowski Instrumente zur machtpolitischen Vereinheitlichung und dienten nicht dem Kampf gegen den Bolschewismus.[403] Im Machtantritt Hitlers sah er eine nationalistische Reaktion auf den bolschewistischen Internationalismus und ordnete ihn ein in die allgemeine europäische Krise. Der Nationalsozialismus war für ihn eher ein Ausdruck mentaler Spezifik der Deutschen und hatte Übergangscharakter. Er maß ihm keine besondere Bedeutung zu.[404] Im Zuge der Unterzeichnung des Nichtangriffsvertrages und der darauf folgenden Aktionen einer Annäherung folgte Zdziechowski, wie vor ihm schon Halecki, einer Einladung der „Deutschen Gesellschaft für Osteuropakunde“. Im Dezember 1935 fuhr er nach Berlin und hielt einen Vortrag zum Thema „Graf Sigismund Krasinski als Denker und Dichter“.[405] Sowohl Zdziechowski als auch die Berliner Öffentlichkeit zeigten sich sehr angetan vom Vortrag und den sich anschließenden Gesprächen.[406]

Einher mit der offensichtlichen Stabilisierung des Sowjetsystems und dem Ausbau seines Terrorregimes, dessen Methoden ihn an finsterstes Mittelalter erinnerten,[407] gingen bei Zdziechowski eine zunehmende Psychologisierung und Mystifizierung des Bolschewismus,

397 Ders.: Europa, S. 315.
398 Ders.: Od Petersburga, S. 44; Ders.: W obliczu, S. 40, 315f.
399 Ders.: W obliczu, S. 275.
400 Opacki: Między, S. 161ff.
401 Zdziechowski: Niemcy.
402 Ders.: W obliczu, S. 216f.
403 Opacki: Między, S. 371f.
404 Zdziechowski: W obliczu, S. 115f.
405 Ders.: Zygmunt Krasiński.
406 Opacki: Między, S. 174–178; Boehme: Marian Zdziechowski, S. 150.
407 Zdziechowski: O okrucieństwie, S. 45.

die er vor allem in seinen Spätwerken „W obliczu końca“ (Im Angesicht des Endes)[408] und „Widmo przyszłości“ (Das Gespenst der Zukunft)[409] am deutlichsten formulierte. Der Bolschewismus als Teufelswerk und das absolut „Böse“ dominierten alle Perspektiven und bestätigten seine apokalyptischen Visionen des Menschheitsschicksals. Großen Einfluss auf diese Haltung, die ihn von Berdjajew unterschied, der eher bereit war, auch soziale Aspekte zu berücksichtigen, waren die Ermordung der Zarenfamilie und orthodoxer Geistlicher und das Vorgehen gegen die Kirche und den Glauben allgemein.[410] Von Berdjajew trennten ihn zunehmend auch die Vorstellungen über ein Russland nach dem Kommunismus. Beide waren von seinem Untergang überzeugt. Während Berdjajew jedoch nach einer erneuten tiefen Umwälzung ein völlig neues Land erwartete,[411] sah Zdziechowski nur das „Ende der Geschichte“, einen Prozess, der vom sowjetischen Russland ausgehend alle Länder und Völker erfasst und zu allgemeiner „Zerstörung und Verwilderung“ führt.[412] Die Frage nach einer Ordnung nach dem Kommunismus beantwortet er nicht und überlässt sie der eschatologischen Vision. Zdziechowski selbst beschrieb sein Schaffen nach 1917 als Kampf gegen den Bolschewismus[413] und wurde mit seiner resignativen Haltung einer Ausweglosigkeit schließlich selbst zum Opfer des Kommunismus.

Marian Zdziechowski war eine Instanz in der Zweiten Republik. Seine Würdigungen sind mannigfaltig und gründen sich auf seinen Respekt einflößenden Intellekt, seine unerschütterliche christlich-moralische Haltung und seine umfassende Bildung.[414] Dabei war er zeit seines Lebens nicht unumstritten und sogar handfesten Anfeindungen ausgesetzt. Verantwortlich dafür waren seine oftmals unberechenbaren Positionierungen und sein politisch wie wissenschaftlich hoher Grad der Alleinstellung. Nicht von ungefähr wird bei Zdziechowski von einer gewissen Einsamkeit gesprochen,[415] die mental auch für seine zunehmend pessimistische Weltsicht verantwortlich sein dürfte. Das bedeutete nicht Isolation, denn er war bis zum Schluss eine gefragte Persönlichkeit des öffentlichen Lebens.

Angriffsflächen bot er zudem dadurch, dass er im wissenschaftlichen Vergleich, etwa zu Halecki oder Koneczny, kein relativ geschlossenes Konzept wissenschaftlicher Betrachtung entwickelte, was seine Aussagen oft unschlüssig und sogar widersprüchlich erscheinen ließ. Außerdem machten ihn sein slawophiles Engagement und sein langes Festhalten an einer russischen Orientierung für weite Kreise von Politik und Gesellschaft suspekt und brachten ihm den Vorwurf der Russophilie ein. Das in der Fachliteratur gebrauchte Bild vom „polnisch schreibenden russisch religiösen Denker“[416] oder vom „Eurasier“[417] erscheint angebracht angesichts der tiefen Verbundenheit Zdziechowskis mit Russland. Die Ambivalenz, die dieser

408 Ders.: W obliczu.
409 Ders.: Widmo przyszłości.
410 Ders.: Chateaubriand i Napoleon, S. 133; Ders.: Od Petersburga, S. 57.
411 Wasilewski, Witold: Marian Zdziechowski, S. 204ff; Bohun: Kontrrewolucja kulturalna.
412 Zdziechowski: W obliczu, S. 9.
413 Ebenda, S. 10.
414 Beispielhaft sei hier auf die Nachrufe von Tadeusz Grabowski: Jeden, von Walerian Charkiewicz im „Kwartalnik Historyczny“ und den redaktionellen Artikel „Marjan Zdziechowski (1861–1938)“ in „Ateneum Wileński“ verwiesen, der auch eine Bibliographie enthält.
415 Karpiński: Samotność Zdziechowskiego.
416 Mazurek: Wątki, S. 59.
417 Grabowski: Jeden, S. 101.

Beziehung zugrunde lag, war sicher schon vor der Revolution vorhanden, zumindest in der Bewertung von Geist und Macht im russischen Staat, fand aber ihre volle Ausprägung nach der Revolution und bildete schließlich die Grundlage der intensiven Beschäftigung Zdziechowskis mit dem Sowjetsystem.[418]

Es gibt keinen vergleichbaren polnischen Wissenschaftler, der so wie Zdziechowski in der „slawischen Welt“ verankert war und gleichzeitig als ein Repräsentant westlicher Kultur und Werte nach Erklärungen für die Entwicklung nach dem Ersten Weltkrieg suchte. Das macht ihn so wichtig. Das Werk Zdziechowskis ist enorm und seine Deutungen von Bolschewismus von andauerndem Einfluss auf Wissenschaft und Politik. Sicher waren seine Anschauungen nicht immer originär und seine Methodik kritikwürdig, aber er bot nachdrücklich und eindringlich ein Modell der Erklärung von russischer Revolution und bolschewistischer Herrschaft und Kommunismus als System an. Mit seiner umfassenden Perspektive auf diese Ereignisse und ihrer Einordnung in den europäischen Entwicklungsprozess rückte er Revolution und Bolschewismus in den Mittelpunkt öffentlichen Interesses. Es bleibt festzustellen, dass der moralisch-kulturpessimistische Denkansatz Zdziechowskis eine hohe suggestive Kraft entwickelte und Antworten zu geben vermochte, wo andere mit einem rational wissenschaftlichen Instrumentarium nicht weiterkamen.[419] Er vermittelte den glaubhaften Eindruck, aus der Bewertung des Ganzen, das Konkrete richtig zu beurteilen.

Die Hinwendung zur Beschäftigung mit dem Bolschewismus war für Zdziechowski die logische Konsequenz seines philosophischen Ansatzes. Im Bolschewismus erfüllte sich gleichsam seine Weltsicht und er musste in ihm die komplexe Bestätigung der essentiellen Eckpunkte seines philosophischen Modells, seiner geschichtsphilosophischen Anschauungen und auch seines politisch-ethischen Verhaltens sehen: Das Denksystem suchte sich seine adäquaten Ebenen. Auch oder besser gesagt gerade in seinen letzten Schriften verbleibt Zdziechowski in der teleologischen Deutung von Erscheinungsformen und ist weit entfernt von einer wissenschaftlichen Gesellschaftsanalyse, geschweige denn einer komplexen Erfassung des Sowjetsystems in seinen ökonomisch-sozialen Prozessen. Ohnehin wurde der Bolschewismus zunehmend zur Projektionsfläche seiner Vorstellungen von der Existenz des „Bösen“. Er verliert seinen Charakter als historische Kategorie. Das Ereignis verschwindet hinter der Theorie und diente nur noch dem Mythos vom Weltuntergang. Es ging ihm ja eigentlich auch nicht um eine streng wissenschaftliche Analyse, sondern darum, wie er es vor der Revolution mit Russland getan hatte, um das Erklären und Verständlichmachen. Er sah sich vorderhand in der Rolle des Aufklärers. Bei Russland vor dem Krieg war es die Möglichkeit einer Versöhnung mit den Polen, bei der Sowjetunion eine existentielle Warnung an alle. Zdziechowski wurde zu einem entscheidenden Ideengeber im Kampf gegen den Bolschewismus und das weit über die wissenschaftlich-publizistische Ebene hinaus und hatte enormen Einfluss auf das Forschungsfeld, das sich in Polen als „Sowjetkunde“ herausbildete und nach dem Zweiten Weltkrieg als „Sowjetologie“ weltweit etabliert.

418 Kotlarski: Między russofilią a rusofobią.

419 Czesław Miłosz, der Zdziechowski als Student mit einigem Unverständnis gegenüberstand, stellte später aus der Perspektive der historischer Erfahrungen fest, in welchem hohen Maße Zdziechowski Recht hatte, vgl. dazu Barbarszyński: W obliczu końca, S. 140.

1.2.2.3 Die Fakultät für Recht und Sozialwissenschaften

In die allgemeine Ostorientierung der USB, die an der Humanistischen Fakultät durch Feliks Koneczny und Marian Zdziechowski ein scharfes Profil entwickelte, ordnete sich auch die Fakultät für Recht und Sozialwissenschaften ein. Sie war mit 14 Lehrstühlen die größte Fakultät der Universität[420] und fand aus einer rechtlich-sozialwissenschaftlichen Perspektive einen breiten Zugang zu den Schwerpunkten Litauen und Weißrussland sowie dem nachrevolutionären Russland. Die Fakultät war eine der ersten, die ihre Arbeit an der USB aufnahm und von Beginn an hochkarätig besetzt. Ihre Professoren verschiedener Generationen hatten genauso in Russland studiert wie sie an westeuropäischen Universitäten sich qualifiziert, gelehrt und stabile Verbindungen im europäischen Raum aufgebaut hatten. Die Fakultät trug entscheidend zum Renommee der USB bei, ihre Professoren stellten mehrfach den Rektor und waren mit der Politik eng verbunden.

Zur „Seele des Ganzen“[421] mit großem Einfluss in der USB und ihr letzter Rektor 1939 wurde Stefan Ehrenkreutz. In der Tradition von Joachim Lelewel beschäftigte er sich mit der Rechtskodifizierung im alten Litauen[422] und arbeitete dabei mit den Historikern der Humanistischen Fakultät zusammen. Ein enger Partner wurde ihm Henryk Łowmiański, mit dem er die Gründung eines eigenen Bereiches zur Erforschung der Geschichte der Verfassung und des Rechts des Großherzogtums Litauens betrieb, der dann 1934 innerhalb der Fakultät eingerichtet wurde und sowohl in der Lehre als auch der Forschung einen ausgesprochen interdisziplinären Ansatz verfolgte. Dabei ging es ihm um die Betonung des eigenständigen Charakters des litauischen Rechts und er begegnete den Auffassungen von einer russischen Abkunft ebenso wie der von dem bedeutenden Lwówer Rechtshistoriker Oswald Balzer vertretenen These von ihrer direkten polnischen Beeinflussung.[423] Balzer hatte mit seiner vergleichenden Methode zum slawischen Recht zwar wichtige Akzente einer Eigenständigkeit der Rechtsentwicklung im slawischen Raum, vor allem in der Auseinandersetzung mit nationalistisch bestimmten Auffassungen über eine absolute Dominanz des deutschen Rechts, gesetzt,[424] dabei für Ehrenkreutz aber polnische Rechtskodifizierungen überbetont und sie mit hoher Ausschließlichkeit auch auf Litauen bezogen. Er lag damit auf einer Linie mit Historikern und Kollegen der Fakultät, die eine Eigenständigkeit der historischen Entwicklung Litauens und einer traditionellen Identität betonten. Darin sahen ihre Vertreter keinesfalls einen Widerspruch zur polnisch-litauischen Gesamtstaatlichkeit, sondern einen ihrer wichtigsten Bestandteile als Garant staatlicher Wirkung und Festigkeit wie auch Voraussetzung eines friedlichen gesellschaftlichen Zusammenlebens verschiedener Nationalitäten und der Regelung zwischenstaatlicher Beziehungen. Seinen praktischen Ausdruck fand das sowohl in der konstruktiven Haltung zur Minderheitenfrage wie auch in der sich schwierig gestaltenden Kommunikation zwischen Litauen und Polen bzw. unter den Wissenschaftlern.[425]

---

420 Tarkowski: Główne kierunki, S. 785, Anm. 2.

421 Święcicki: Uniwersytet Stefana Batorego, S. 58; Gumowska: Moje studia, S. 105f.

422 Ehrenkreutz: Stan badań.

423 Bardach: Nauka historii, S. 64, 67.

424 Polaczkówna: Działalność Oswalda Balzera; Hejnosz: S. P. Prof. Oswald Balzer; Krzoska: Ein Wissenschaftler, S. 220ff.

425 Bardach: Z dziejów.

Allgemein stieß die inhaltliche Ausrichtung auf die Kritik von Fachkollegen, die darin eine zu begrenzte Fokussierung auf die Geschichte Litauens sahen.[426]

Eine Bestätigung der These über die beständige, hohe Eigenständigkeit Litauens fand sich in den Arbeiten von Jan Adamus, der 1933 von Ehrenkreutz aus Lwów via Kraków geholt wurde und mit dem der Lehrstuhl einen weiteren Impuls einer geschichtswissenschaftlichen Ausrichtung erhielt. Adamus hatte sich zu Fragen des litauischen Rechts bereits profiliert,[427] dann aber eine historische Arbeit zur litauischen Staatlichkeit zwischen 1386 und 1398 vorgelegt.[428] Darin bezeichnete er die Inkorporierung Litauens in den polnischen Staat als faktisch nicht erfolgt und belegte anhand archivalischer Quellen den souveränen Fortbestand des Großherzogtums Litauen. Er führte daraufhin eine scharfe Polemik mit weitverbreiteten Auffassungen über die Entstehung eines einheitlichen polnisch-litauischen Staates auf gemeinsamer Grundlage[429] und veröffentlichte hierzu als Archivdirektor in Wilno eine Reihe von Dokumentenpublikationen, die einen wichtigen Grundstock der historischen Forschung bildeten.[430]

Zu einem der engsten Mitarbeiter von Ehrenkreutz wurde Seweryn Wysłouch, der zunächst eher historisch-landesgeschichtlich über regional-administrative Ordnungsprinzipien und kommunikative Strukturen im frühneuzeitlichen Litauen arbeitete, sich aber zunehmend Weißrussland aus historischer Perspektive zuwandte.[431] So legte er 1933 eine Arbeit zur Kommunistischen Partei Westweißrusslands vor,[432] in der er den direkten Einfluss des bolschewistischen Russlands mit dem Ziel der Einbeziehung in das sowjetische System in der imperialen Tradition Russlands nachwies. Die fachliche Orientierung Wysłouchs stand für einen Trend verschiedener Professoren der Fakultät, sich entschieden Themen der Entwicklung des bolschewistischen Russlands zuzuwenden, wobei sie in der Regel ihrer eigentlichen Profession treu blieben und somit eindeutig fundierte wissenschaftliche Perspektiven entwickelten. Inwieweit Ehrenkreutz auf diese Entwicklung Einfluss genommen hat, bleibt unklar, ist aber aufgrund seines enormen wissenschaftsorganisatorischen Engagements in dieser Richtung wahrscheinlich.

Eine herausragende Rolle bei der fachlichen Etablierung der Beschäftigung mit dem Sowjetstaat spielte Wiktor Sukiennicki. Er entstammte einer landbesitzenden Familie aus den Kresy; Erzählungen über die russische Gewaltherrschaft nach dem Aufstand von 1863 gehörten zu seinen frühesten Kindheitserinnerungen. Während des Ersten Weltkrieges lebte er in einem kleinen Ort an der Wolga und besuchte dort das russische Gymnasium. Im Oktober 1919 nahm er das Studium an der Fakultät für Recht und Sozialwissenschaften auf und gehörte damit zu den ersten Studenten der neugegründeten USB.[433] Ohne politisch besonders in Erscheinung zu treten, sprach er sich doch eindeutig für die Gleichberechtigung anderer

426 Nowak, Zenon: Spór o zakres tematyki litewskiej.
427 Adamus: Z zagadnień.
428 Ders.: Państwo litewskie.
429 Ders.: Najnowsza literatura o akcie krewskim. Er marginalisiert die Rolle von Koneczny und konzentriert sich auf die Auseinandersetzung mit Halecki und Łowmiański.
430 Ateneum Wileńskie VIII (1933), S. 428–435; IX (1934), S. 319–331; XII (1937), S. 205–281.
431 Wysłouch: Białorusini.
432 Ders.: Rola Komunistycznej Partii Zachodniej Białorusi.
433 Kornat: Wiktor Sukiennicki, S. 36ff.

Nationalitäten in Polen aus und befürwortete das föderative Modell einer polnischen Staatlichkeit. Nachdem er aus dem Militärdienst im Polnisch-Sowjetischen Krieg entlassen worden war, erhielt er ein Stipendium und ging an die Sorbonne nach Paris. Hier promovierte er 1925 über den souveränen Staat im internationalen Recht[434] und stellte einen direkten Zusammenhang zwischen der Regulierung und Organisierung internationaler Staatensysteme sowie der Verwirklichung von Bürgerrechten her. Dementsprechend maß er dem Völkerbund eine Schlüsselfunktion in der internationalen Zusammenarbeit nach dem Ersten Weltkrieg bei und sah in der Staatskonstruktion der alten polnischen Adelsrepublik ein repräsentatives Model staatlicher Koexistenz.[435]

1927 kam Sukiennicki an die USB zurück, habilitierte 1929 zu Grundlagen des Völkerrechts[436] und übernahm ab 1929 die Vertretungsprofessur für Rechtsphilosophie, lehrte aber weiterhin vornehmlich Völkerrecht. In dieser Zeit legte er zwei Arbeiten zur preußischen Kolonisierungspolitik in Polen bis zum Ersten Weltkrieg als Auftragswerke des Ministers für die Agrarreform und späteren Rektor des USB Witold Staniewicz vor[437] und schloss damit einen ersten Abschnitt seiner wissenschaftlichen Tätigkeit ab. Nunmehr galt seine volle Aufmerksamkeit dem östlichen Nachbarn vor allem aus der staatsrechtlichen Perspektive. Das Versagen des Versailler Nachkriegssystems, die krisenhafte Entwicklung zum Ende der 20er-Jahre und der sich immer deutlicher zeigende Stalinismus einerseits, sowie Tendenzen westlicher Länder im erstarkenden Sowjetsystem einen potentiellen Partner im Kampf gegen den Faschismus zu sehen andererseits, mögen dazu beigetragen haben, dass Sukiennicki sich dem Forschungsthema Sowjetunion zugewandt hat.[438]

Einen ähnlichen Weg, und in seiner Bedeutung durchaus vergleichbar, geht Stanisław Swianiewicz. Auch er kam aus den Kresy und hatte eine russische Schule besucht. Während der Oktoberrevolution studierte er in Moskau und war damals schon aufmerksamer Beobachter der Ereignisse. Wie Sukiennicki war er Anhänger des föderalen Staatskonzeptes Piłsudskis, sprach sich für die Unabhängigkeit der Ukraine und Weißrusslands aus und stand der Vereinnahmung des Wilnoer Gebietes kritisch gegenüber. Auch er wandte sich der Sowjetunion mit wissenschaftlicher Akribie und Interesse an der Aufklärung und Vermittlung der Verhältnisse zu, um einen Weg des friedlichen Zusammenlebens zu finden, ohne dabei jemals Hassgefühle zu entwickeln.[439] Seine wissenschaftliche Prägung erfuhr er in der mathematisch-ökonomischen Schule von Władysław Zawadzki, der in der Fakultät den Lehrstuhl für Politische Ökonomie innehatte, und wandte sich frühzeitig Problemen der Arbeitsorganisation im Sinne der von Zawadzki geprägten These von der „Arbeit als gesellschaftlicher Wille"[440] zu. Sein besonderes Interesse galt jedoch ökonomischen Theorien und Vorstellungen politischer Extreme. 1926/27 veröffentlichte er in Kraków eine Arbeit zu den ökonomischen Vorstellungen Georges Sorels und seinen Einfluss auf die Wirtschaftspolitik Benito Mussolinis.[441] Dieser Linie der kritischen Betrachtung totalitärer Wirtschaftssysteme

434 Sukiennicki: Legenda, S. 32; Tarkowski: Główne kierunki, S. 789.
435 Kornat: Wiktor Sukiennicki, S. 43ff.
436 Wiktor Sukiennicki: Podstawa.
437 Swianiewicz: Wspomnienia, S. 59.
438 Kornat: Wiktor Sukiennicki, S. 48.
439 Swianiewic: W cieniu Katynia, S. 9.
440 Tarkowski: Główne kierunki, S. 793.
441 Swianiewicz: Psychiczne.

blieb er treu, legte 1930 mit seiner Habilitationsschrift „Lenin jako Ekonomista" (Lenin als Ökonom)[442] die erste umfassende Analyse der Wirtschaftspolitik des Sowjetsystems vor und schrieb damit Wissenschaftsgeschichte.

Verbunden mit der fachlichen Hinwendung zur Sowjetunion war eine zunehmende Politisierung der Fakultät zu beobachten. Es war nicht nur das offene Aufbegehren von Witold Staniewicz gegen die Repressionspolitik der Sanacja und für die Erhaltung der universitären Autonomie, damit war er nicht alleine, sondern es war die linke Orientierung, die in Universität, Stadt und auch darüber hinaus Aufsehen erregte. Swianiewicz und mehr noch Sukiennicki waren links orientiert, vor allem waren es jedoch Studenten und junge Mitarbeiter der Fakultät, die offen mit dem Sowjetsystem sympathisierten. Eine eher kleine Gruppe unter Führung von Henryk Dembiński arbeitete eng mit der KPP (Komunistyczna Partia Polski) zusammen, andere linke Orientierungen standen der PPS (Polska Partia Socjalistyczna) nahe.[443] Allgemein existierte jedoch eine große politische Spannbreite, die durch bekannte Absolventen der Fakultät repräsentiert wurde: Czesław Miłosz wurde ein gewisser Einfluss der Linken zugeschrieben,[444] während Stanisław Cat-Mackiewicz das konservative Lager vertrat.

Die Fakultät für Recht und Sozialwissenschaften war für Swianiewicz und Sukiennicki ganz sicher der Ausgangspunkt für eine Hinwendung zur Beschäftigung mit der Sowjetunion, ihre volle Kompetenz entfalten sie jedoch erst im „Instytut Naukowo-Badawczy Europy Wschodniej" (INBEW). Stefan Ehrenkreutz, damals Dekan der Fakultät, war der Spiritus Movens nicht nur der Gründung, sondern auch der Tätigkeit des Forschungsinstituts.[445] Hier schufen und fanden sie ein Refugium der Forschung und Lehre zu Sowjetrussland, wo sie auf der Basis einer grundsoliden Ausbildung sine ira et studio mit ihren Studien zum Sowjetsystem Pionierarbeit leisteten. Sie bildeten den innovativen und produktiven Kern des INBEW und ihre Namen stehen für die Schaffung eines eigenständigen Forschungsfeldes der „sowietoznawstwo" (Sowjetkunde).

2 Institute

2.1 Das Wissenschaftliche Forschungsinstitut für Osteuropa (INBEW)

2.1.1 Aufgaben und Zielstellung

Unter dem Titel „Droga do Rosji" (Der Weg nach Russland) hatte der Vorsitzende des „Polnischen Verbandes zur Erforschung Osteuropas und des Nahen Ostens" und Professor für Russische Literatur an der Jagiellonen-Universität in Kraków, Wacław Lednicki, 1932 ein Buch herausgebracht, das die Bedeutung der Beschäftigung mit dem östlichen Nachbarn zum Gegenstand hatte, aber eigentlich eine Streitschrift über den Zustand der Russlandforschung in Polen war. Er konstatierte eine äußerst gefährliche Unwissenheit und mithin eine völlig unzureichende wissenschaftliche Beschäftigung mit Russland in Polen.[446]

---

442 Ders.: Lenin jako Ekonomista.
443 Święcicki: Uniwersytet Stefana Batorego, S. 62; Ders.: Wydział, S. 101.
444 Swianiewicz: U.S.B., S. 103.
445 Kornat: Wiktor Sukiennicki, S. 35.
446 Lednicki: Droga do Rosji, S. 6.

Er beklagte, dass dieser „Weg nach Russland" traditionell durch polnische Intellektuelle und Publizisten gewiesen wurde, sich aber keine wissenschaftliche Tradition nach 1918 entwickelt hat. Im Gegenteil, in den Kresy waren nach der Gründung der Zweiten Polnischen Republik alle Zeugnisse russischer Kultur getilgt worden (cleaning). Bibliotheken und Personal gelangten nach Paris, Prag und Berlin oder nach Amerika, wovon nur „jüdische Fabrikanten und russische Buchhändler" profitierten.[447] Auf dieser Grundlage etablierte sich dort eine Russlandforschung, die nunmehr eine Deutungshoheit über die Entwicklung beim östlichen Nachbarn besäße, die eigentlich Polen zusteht. Lednicki zufolge gab es in Polen keine Vermittlung russischer Geschichte, und nur einen einzigen polnischen Lehrstuhl zu Russland in Kraków, den er seit 1928 innehatte. Auch der Versuch, mit Unterstützung des MSZ durch die Gründung des „Polnischen Verbandes zur Erforschung Osteuropas und des Nahen Ostens" etwas Struktur in die Forschung zu bekommen, sei fehlgeschlagen, weil sich daraus keine adäquaten Publikationsmöglichkeiten ergeben hätten.[448] Der Informationsstand sei schlecht und zudem in der Qualität völlig unzureichend. Daran ändern für Lednicki auch die neu gegründeten Osteuropa-Institute nichts: Wilno ist didaktisch ausgerichtet und Warschau beschäftigt sich zwar mit dem Osten, spart Russland jedoch aus.[449]

Nun war Wacław Lednicki schon eine Stimme in der polnischen Wissenschaftslandschaft, die sich Gehör verschaffen konnte. Marian Zdziechowski hatte ihn als hervorragenden Literaturhistoriker und besten Kenner Puschkins der „Akademie der Wissenschaften" als korrespondierendes Mitglied empfohlen. Zdziechowski argumentierte mit der Auffassung Lednickis, dass die Grundlagen der imperialen und antipolnischen Politik Russlands durch Iwan IV. gelegt und durch Peter I. zur vollen Ausprägung gelangt waren. In Puschkin sah Lednicki zwar einen Freund Adam Mickiewiczs, aber auch einen ausgemachten Feind Polens.[450] Seine Fundamentalkritik war nicht neu. Er hatte bereits Mitte der 20er-Jahre in den Arbeiten zu Puschkin seinen Unmut über die absolute Unzulänglichkeit der polnischen Publizistik zu Russland geäußert. Seine Kritik traf sich schon damals mit der Negativbilanz zur Russlandforschung von Kazimierz Tyszkowski, die dieser bereits auf dem Historikerkongress in Poznań 1925 aufgemacht hatte und der sich 1933 veranlasst sah, sie nochmals abzudrucken, lediglich ergänzt durch die Hinweise auf die Gründung von Osteuropa-Instituten in Warschau und Wilno.[451] Beide Autoren maßen diesen Initiativen jedoch offensichtlich keine grundsätzliche Bedeutung zu. Dazu ist eine gewisse Nachlässigkeit in der Analyse auffällig bis hin, vor allem bei Lednicki, zu einer Ignoranz gegenüber durchaus erbrachten Leistungen, was die Bilanz ungerecht erscheinen lässt, wohl aber nicht wenig verbreitet war. Das ist fragwürdig und kann den Schluss zulassen, dass sich die Russland- und Osteuropaforschung in einflussreichen Kreisen der humanistischen Wissenschaften aus dem unmittelbaren Gesichtskreis entfernt hatte und in gewisser Weise bereits abgeschrieben war.

447 Ebenda, S. 13f.

448 Ebenda, S. 29.

449 Ebenda, S. 22. Von deutscher Seite wurde die Gründung eines Instituts zum Studium Osteuropas in Wilno als eine Initiative gewertet, um der Vernachlässigung des Studiums der „osteuropäischen Verhältnisse in Polen Abhilfe (zu) schaffen" (Osteuropa 5 (1929/30), S. 284).

450 Universitätsbibliothek Vilnius. Archiv Zdziechowski (F 33), Dok. 59.

451 Tyszkowski: Zadanie.

Demgegenüber ist es jedoch augenscheinlich, dass im Zusammenhang mit den politischen Ereignissen des Jahres 1926 eine stärkere Hinwendung zur Erforschung der östlichen Nachbarn, namentlich der Sowjetunion, zu verzeichnen war. Dennoch, obwohl auch in Warschau ein „Ost-Institut" gegründet wurde, kann von einem planvollen Herangehen an die Neuorganisation einer Osteuropaforschung keine Rede sein. Das „Instytut Naukowo-Badawczy Europy Wschodniej" (Wissenschaftliches Forschungsinstitut für Osteuropa, INBEW) war eine Eigenschöpfung und eine genuin Wilnoer Initiative. Nährboden war das im Wilnoer Milieu verankerte Bewusstsein über eine Sonderrolle im neuen polnischen Staat gegenüber dem Osten und der Tradition ethnischer Vielfalt sowie einer machtpolitischen Verantwortung im osteuropäischen Raum. Die Initiative unterstreicht die Osteuropakompetenz Wilnos als östliche Hauptstadt eines gedachten polnisch-litauischen Staates. Treibende Kräfte waren die diesen Grundgedanken am meisten verhafteten Wilnoer Konservativen und bestimmte Kreise der Stefan-Batory-Universität (USB), vor allem in der Juristischen, aber auch Humanistischen Fakultät, die sich bereits deutlich in ostorientierten Forschungsleistungen artikuliert hatten.

Sicher war dieses Projekt nicht ohne aktive Unterstützung Warschauer Regierungskreise, namentlich des Sejmabgeordneten und einflussreichen Politikers aus dem Piłsudski-Lager Wacław Jędrzejewicz, möglich und es trafen sich hier Erkenntnisse und Bedürfnisse einer Erforschung des östlichen und nordöstlichen Europas unter den neuen politischen Bedingungen.[452] Wenn auch die Beziehungen der Protagonisten der Institutsgründung zum Piłsudski-Lager und der Sanacja-Regierung eng und entscheidend waren, so lässt sich der Ansatz des Instituts doch nicht mit dem Prometheismus in Verbindung bringen. Diese Aufgabe war dem „Ost-Institut" in Warschau vorbehalten, das es zumindest formal schon seit 1925 gab und nicht nur wegen seiner Hauptstadtlage erheblich dichter an der Macht saß. Daraus ergab sich von vornherein ein Unterschied im Forschungs- und Arbeitsprofil des Wilnoer Instituts, das ein sehr fruchtbares Alleinstellungskriterium ausmachte und wohl auch bewusst gesucht wurde.

Es war eine relativ kleine Gruppe Wilnoer Persönlichkeiten, die im Frühjahr 1930 die Gründung des INBEW betreibt. Von politischer Seite war es Bronisław Krzyżanowski als exponierte Persönlichkeit der Wilnoer Konservativen mit besten Verbindungen zu Warschauer Regierungskreisen und zum Piłsudski-Lager, der die Gründung des Instituts zu seinem persönlichen Anliegen machte.[453] Obwohl das Institut als völlig eigenständige Einrichtung gegründet wurde, war die engste Verbindung zur USB unmittelbar und schon zu Beginn gegeben und gewollt. Die größten Befürworter und Förderer des Projektes waren Akademiker der Juristischen und Humanistischen Fakultät. Obgleich eine regionale Initiative wurde dem Institut jedoch von Anfang an allgemeinpolnische Bedeutung zugeschrieben. Davon legt die Zusammensetzung der Gründungsversammlung Zeugnis ab. Am 23. Februar 1930 trafen sich bedeutende Vertreter aus Politik, Wissenschaft und der Osteuropaforschung aus dem ganzen Land in Wilno, beschlossen das Statut des INBEW und wählten seine Gremien. Zu ihnen gehörten der Stadtpräsident Wilnos Witold Abramowicz, der Historiker der Universität Warschau Stanisław Arnold, Franciszek Bujak aus Lwów, der Wojewode

452 Osteuropa 12 (1936/37), S. 142ff; Ebenda, 7 (1931/32), S. 311f; Zackiewicz: Polska myśl, S. 390, Anm. 6; Szawłowscy: Polish Sovietology, S. 6.

453 Kornat: Polska szkoła, S. 25.

Piotr Dunin-Borkowski, Stefan Ehrenkreutz, Witold Staniewicz, Stanisław Swianiewicz und Seweryn Wysłouch von der Juristischen Fakultät, Ludwik Kolankowski von den Historikern, Bronisław Krzyżanowski, Wacław Jędrzejewicz, Jan Kucharzewski, Wacław Lednicki, Stanisław Cat-Mackiewicz, Leon Wasilewski. Stanisław Paprocki als Direktor des Warschauer Nationalitäteninstituts, Marian Zdziechowski und ein Vertreter der tatarischen Minderheit in Polen, um nur einige der 35 Gründungsmitglieder zu nennen.[454] Sie verabschiedeten ein Statut, das als Aufgabe des Instituts Forschungen zu historischen, geographischen, wirtschaftlichen, kulturellen, gesellschaftlichen und politischen Fragen von Ländern und staatlichen Formationen zwischen dem Schwarzen Meer und der Ostsee, sowie der dort lebenden Bevölkerung und der Verbreitung des Wissens darüber formulierte.[455] Das Statut wurde noch im Frühjahr durch das Bildungsministerium bestätigt und bildete die Grundlage der staatlichen Finanzierung. Zum Präses wurde der renommierte Professor für Slawische Sprachwissenschaften der Jagiellonen-Universität Jan Rozwadowski gewählt. Die Position besaß eher repräsentativen Charakter. Die eigentliche Leitung des Instituts als Vorsitzender des Verwaltungsrates übernahm Stefan Ehrenkreutz, der in dieser Funktion dem Ministerium für Religion und öffentliche Bildung unterstand und für die inhaltliche Ausrichtung des INBEW verantwortlich war. Ihm ist es wohl vor allen Dingen zuzuschreiben, dass recht zügig aus einer sehr allgemein osteuropäisch und auch baltisch orientierten Ausrichtung eine Konzentration auf die Sowjetunion als vornehmlichem Forschungsgegenstand erfolgte.

2.1.2 Forschungsfelder und Lehre

Neben dem Präses und dem Verwaltungsrat wurde auch die Funktion eines Direktors des Instituts geschaffen, die zunächst Wacław Jędrzejewicz übernahm. Er wurde jedoch durch seine Berufung zum Minister für Religion und öffentliche Bildung im August 1931 durch Władysław Wielhorski, einem Spezialisten auf dem Gebiet der litauischen und weißrussischen Wirtschafts- und Agrargeschichte,[456] ersetzt.[457] Er hatte ab 1924 schon das „Wilnoer Informationsbüro" (Wileńskie Biuro Informacyjne, WILBI) geleitet, dessen Aufgabe es war, Material über die östlichen Nachbarn Polens zu sammeln und zu publizieren.[458] Dieses Informationsbüro kann durchaus als ein Vorläufer des neuen Instituts gesehen werden. Ehrenkreutz wurde verantwortlicher Redakteur für den Institutsverlag. Damit waren die Führungspositionen des INBEW hochkarätig durch Politiker und Wissenschaftler über den regionalen Rahmen hinaus besetzt und auch die Finanzierung abgesichert. Materielle Grundlage der Arbeit bildete die Wróblewski-Bibliothek, der Nachlass eines Gründers der „Krajowcy", in deren Gebäude das Institut auch einzog.

Die Organisation der wissenschaftlichen Arbeit erfolgte nach dem Prinzip der „Werkstatt wissenschaftlicher Arbeit". Hierzu wurden vier Sektionen eingerichtet: Eine historisch-rechtswissenschaftliche unter der Leitung von Ehrenkreutz, eine literatur- und sprachwissenschaftliche, eine wirtschaftswissenschaftliche mit Swianiewicz als Sekretär und eine

---

454 Rocznik Instytutu, T. I, S. 253.
455 Statut.
456 Kornat: Polska szkoła, S. 35f; 575f.
457 Rocznik Instytutu, T. I, S. 257.
458 Potocki: Instytut Naukowo-Badawczy, S. 214.

ethnographisch-geographische.[459] Von Anfang an arbeiteten diese Sektionen in unterschiedlicher Intensität sehr stark abhängig von dem zur Verfügung stehenden Personal. Als profilbildend für das Institut entwickelten sich vor allem die wirtschafts- und rechtswissenschaftlichen Felder. Dazu hatte die Entscheidung beigetragen, spezielle Referate einzurichten, die sich ausschließlich mit Fragen der Entwicklung der Wirtschaft und des politisch-rechtlichen Systems in Russland beschäftigen sollten und von den Mitarbeitern der Rechtswissenschaftlichen Fakultät der USB, Stanisław Swianiewicz, Wiktor Sukiennicki und Seweryn Wysłouch, geleitet wurden. Nicht nur durch diese Personalien blieb die Beziehung zur USB besonders eng, sondern auch in direkter Forschungskooperation, wie das Beispiel der Zusammenarbeit mit dem Seminar für Finanzwesen der Rechts- und Sozialwissenschaftlichen Fakultät und ihrem Leiter Mieczysław Gutkowski zeigte.[460] Wielhorski übernahm ein eigenes Referat zu den baltischen Ländern.[461] Insgesamt zeichnete sich jedoch ziemlich früh ab, dass der von den Statuten vorgegebene, sowohl regional als auch inhaltlich recht breite osteuropäische Rahmen nicht realisiert werden konnte, und so ergab sich nolens volens eine Spezialisierung auf die Sowjetunion, die sich letztlich für das Institut als außerordentlich fruchtbar erweisen sollte.

Neben der Ordnung der wissenschaftlichen Ausrichtung nahm von vornherein die Wissenschaftspublizistik einen wichtigen Stellenwert in der Arbeit des Instituts ein. Schon im ersten Jahr der Existenz wurde eine Reihe von wissenschaftlichen Vorträgen organisiert, die thematisch den eingerichteten Sektionen entsprachen. Außer Referenten aus dem ganzen Land traten auch Wissenschaftler verschiedener Fachgebiete aus Lettland, Finnland und Deutschland auf.[462] Im folgenden Jahr wurde das Vortragsspektrum schon sehr viel enger und konzentrierte sich fast ausschließlich auf die Ukraine und wurde überwiegend durch Mitarbeiter des „Ukrainischen Wissenschaftlichen Instituts“ in Warschau, wie Roman Smał-Stocki und Miron Korduba, bestritten.[463] Die publizistische Tätigkeit des INBEW war auf drei Reihen ausgelegt: eine Buchreihe, ein Bulletin und ein Jahrbuch.

Das Jahrbuch, „Rocznik Instytutu Naukowo-Badawczego Europy Wschodniej“, hatte einen Aufsatzteil und sollte über die Arbeit des Instituts berichten. In dieser Form ist nur ein Band 1933 erschienen. Band zwei aus dem Jahre 1934 hat monographischen Charakter und widmet sich in fünf umfangreichen Beiträgen, von denen zwei von Swianiewicz stammen, der sowjetischen Wirtschaftspolitik, vor allem im Zusammenhang mit dem Fünfjahrplan. Deckblatt und Inhaltsverzeichnis sind sowohl in deutscher als auch französischer Sprache ausgefertigt. Zum Auftakt des Jahrbuches nahm die Redaktion grundsätzlich zu Problemen und der Bedeutung der Forschungen über die Sowjetunion Stellung und verwies vor allem auf die Schwierigkeiten der Quellenlage.[464] Die notwenigen Informationen sind lückenhaft, schwer zugänglich und stark vom „offiziellen Optimismus“ geprägt, der die stalinsche Konzeption der Partei repräsentiert. Auch weist die Entwicklung eine hohe Dynamik aus, so dass die von der polnischen Forschung aufgestellten Hypothesen oft sehr schnell revidiert werden

459 Rocznik Instytutu, T. I, S. 254–256.
460 Dworek: Instytut, S. 32.
461 Rocznik Instytutu, T. I, S. 256.
462 Ebenda, S. 257.
463 Ebenda, S. 259.
464 Rocznik Instytutu, T. II, S. XIII–XVI.

müssen. Damit wiesen die Verfasser auf die wesentlichen methodischen Probleme der wissenschaftlichen Beschäftigung mit der Sowjetunion hin, die gleichzeitig auch die größten Herausforderungen darstellten.[465] Auf den wenigen Seiten dieses Vorwortes erschien es der Redaktion wichtig, die polnische Forschung international zu vergleichen. Potential wurde der russischen Emigration zugeschrieben, in der oftmals ehemalige Mitarbeiter der derzeitig tätigen sowjetischen Funktionäre noch über Kontakte verfügend sehr wohl in der Lage waren, die Arbeitsmethoden und die Psyche der Kommunistischen Führung zu beurteilen. Dem stellte die Redaktion die deutsche Forschung gegenüber: Sie ist außerordentlich aktiv und ihr steht mit drei eigenen Instituten in Berlin, Breslau und Königsberg nicht nur ein großer Apparat zur Verfügung, sondern mit ihren guten Beziehungen zur Sowjetunion in Politik und Wirtschaft auch ein wesentlich besserer Zugang zu relevantem Material. Dieser faktologische Vorteil dürfe jedoch nicht darüber hinwegtäuschen, dass es der deutschen Seite an Verständnis für die russische Psyche und ihre spezifische Andersartigkeit mangele und sie aus dem Interesse wirtschaftlicher Beziehungen heraus tendenziös berichten und urteilen würde. Trotz seines wissenschaftlichen Wertes hinterlässt dieser zweite Band den Eindruck einer wenig konsistenten Publikationspolitik. Er beschließt dann auch das Projekt „Jahrbuch" formal aus finanziellen Gründen.

Die Reihe „Biblioteka Instytutu Naukowo-Badawczego Europy Wschodniej w Wilnie" begann im Jahr 1930 mit der Arbeit „Lenin jako Ekonomista" (Lenin als Ökonom) von Stanisław Swianiewicz und wurde in lockerer Folge mit insgesamt 14 Bänden weitergeführt. Eine zentrale Rolle sollte jedoch die Zeitschrift „Balticoslavica" spielen, die schon im Titel auf den breiten Ansatz des Instituts hinweist und auf eine internationale Wirkung ausgelegt war. Das erste Heft erscheint 1933. Die Redaktion beschreibt den Gegenstand dieses „Biuletyn Instytutu Naukowo-Badawczego Europy Wschodniej w Wilnie" als Fragen der Archäologie, Vorgeschichte, Ethnographie und Philologie der baltischen sowie der benachbarten slawischen Länder Ukraine, Weißrussland und Russland. Inhaltlich will sich die Zeitschrift eindeutig von bereits bestehenden im europäischen Raum abgrenzen und gleichzeitig sprachliche und politische Grenzen überwinden. So enthält der erste Band auch einen Beitrag auf Deutsch und ein französisches Deckblatt. Zwei weitere Ausgaben erscheinen 1936 und 1938; sie setzen die Aufgabenstellung einer stark ethnographisch und linguistisch orientierten Forschung für den baltischen Raum und den historischen Kresy fort.

In der Arbeit des Instituts genossen die Verbreitung von Wissen über Osteuropa und die Bildung einen großen Stellenwert. Gleichzeitig mit der Gründung wurde eine eigene Hochschule geschaffen als „Schule für politische Wissenschaften des INBEW" mit dem Gegenstand der Länder Osteuropas.[466] Im Oktober 1932 erhielt sie das Hochschulrecht zuerkannt und bildete Studenten zu Problemen von Wirtschaft, Staat, Recht und Gesellschaft der Sowjetunion aus. Wenn auch die baltischen Staaten zentraler Inhalt der Lehrveranstaltungen waren, so lag der eindeutige Schwerpunkt des dreijährigen Studiums, das mit dem Diplom abschloss, in der Vermittlung von Wissen über das kommunistische System. Die überlieferten Diplomarbeiten behandeln ausschließlich Themen der wirtschaftlichen und gesellschaftlichen Entwicklung in der Sowjetunion.[467] Ende 1932 studierten 192 Studenten an der

465 Kornat: Bolszewizm, 1, S. 42–46.
466 Rocznik Instytutu, T. I, S. 254, 260.
467 Staatsarchiv Vilnius, Fond 176 (Schule für politische Wissenschaften), 1/1–1/16.

Hochschule, für die 23 Lehrkräfte eingesetzt waren, die vornehmlich von der USB kamen, aber auch in Warschau und Kraków rekrutiert wurden.[468] Die Bereitstellung der Lehrkräfte erfolgte auf Antrag der Universität und bedurfte der Bewilligung durch den Minister.[469]

Für das akademische Jahr 1934/35 wurden bereits 34 Lehrkräfte und 268 Studenten ausgewiesen. Aus dem vom Direktor der „Schule für politische Wissenschaften" Wielhorski vorgelegten Bericht wird eine weitere Spezialisierung auf Fragen der politisch-wirtschaftlichen Entwicklung der Sowjetunion ersichtlich, wofür Sukiennicki und Swianiewicz besondere Kurse mit Unterstützung des MSZ anboten, das im Weiteren auch Stipendien an der Botschaft Polens in Moskau auslobte.[470] Auch werden hier erstmalig Ausbildungsziele und Berufsbilder beschrieben. Das Wissen über den Osten und die östlichen Nachbarn diente danach dem friedlichen Zusammenleben im Osten und mit den Ländern des Ostens. Dementsprechend sollten die Absolventen in den östlichen Wojewodschaften eingesetzt werden oder dem MSZ zur Verfügung stehen. Von dort erwartete man auch zunehmend materielle Unterstützung für die trotz finanzieller Beteiligung der Studenten defizitär arbeitende Bildungseinrichtung.[471]

Ausbildung und Organisation der Hochschule am INBEW waren einmalig in Polen und mit den anderen Schulen für politische Wissenschaften, wie sie in Warschau und Kraków bereits existierten, nicht vergleichbar. Die Studentenschaft war sehr unterschiedlich zusammengesetzt. Ein Großteil war bereits berufstätig als Lehrer oder Staatsangestellter sowie Militärangehöriger.[472] Czesław Miłosz, selbst Hörer an der Hochschule, weiß auch von Mitarbeitern der Abteilung II des Hauptstabes der Armee zu berichten, was nicht bedeutet, dass die Hochschule ein Ausbildungszentrum des Geheimdienstes war.[473] Der Lehrkörper war hochkarätig besetzt. Neben anerkannten Wissenschaftlern der USB, die den Hauptteil der Lehrenden stellten, wie Ehrenkreutz, Wielhorski, Henryk Łowmiański, Sukiennicki, Swianiewicz, Wysłouch, Staniewicz und Zdziechowski, lehrten auch Wissenschaftler aus Warschau, wie Kucharzewski, Aleksander Hertz oder Władysław Studnicki sowie leitende Mitarbeiter von Ministerien wie Wasilewski oder Zygmunt Szempliński vom Wirtschaftsministerium. Letzterer hatte sich durch Arbeiten zum Stalinismus einen Namen in der Forschung zur Sowjetunion gemacht.[474]

Zeigte sich in der studentischen Ausbildung schon augenfällig ein Schwerpunkt auf dem Gebiet der Sowjetunion, so konzentrierten sich hier auch zunehmend die Forschungsschwerpunkte des Instituts. Sicher spiegelt die „Balticoslavica" noch die eigentlich statutengemäße Breite des Gegenstandes wider und berücksichtigt vorwiegend Fragen des baltischen Raumes und auch die monographischen Veröffentlichungen des Institutsverlages bieten eine gewisse Vielfalt. Die Spezialisierung auf die Erforschung des Sowjetsystems ist jedoch so dominant, dass sie das Profil des INBEW eindeutig bestimmte. Mitarbeiter der Juristischen und Huma-

468 Rocznik Instytutu, T. I, S. 261–264. Das Statut der Hochschule und das Studienprogramm sind ebenda, S. I–XIX abgedruckt.
469 Staatsarchiv Vilnius, Fond 175 (USB), 1(I) A, Nr. 805.
470 Sukiennicki: Legenda, S. 38; Kłosowska: Fragmenty, S. 158.
471 Universitätsbibliothek Vilnius, Archiv Zdziechowski (F 33), Dok. 852.
472 Kłosowska: Fragmenty, S. 158.
473 Miłosz: Zaczynając, S. 185.
474 Unter dem Pseudonym Jan Warecki veröffentlicht er in der Zeitschrift „Polityka Narodów" 1937 Heft 1–2, 4 und 5 eine Artikelserie zur stalinschen Herrschaft.

nistischen Fakultät der USB fanden im Institut den idealen Raum für ihre tiefgreifenden Forschungen vor allem zu Fragen von Wirtschaft, Verfassung und politischem System der Sowjetunion und profilierten sich dort zu ausgemachten Spezialisten der Sowjetforschung.

Neben Stefan Ehrenkreutz als intellektueller und organisatorischer Kopf des INBEW wurde Wiktor Sukiennicki zu einer zentralen Figur in Lehre und Forschung des Instituts. Er gehört zu seinen Gründungsmitgliedern und vertritt die erste Generation von Wissenschaftlern, die an der USB studiert haben und dort auch ihre wissenschaftliche Karriere verfolgten.[475] Noch in Russland zur Schule gegangen und durch Aufenthalte an europäischen Universitäten wissenschaftlich profiliert, entwickelte er, wie viele seiner Alterskollegen, ein besonderes Bewusstsein wissenschaftlicher Verantwortung und Befähigung zu neuen, innovativen Zugängen zur Problemstellung, die herkömmliche Grenzen rein disziplinorientierter Forschungsperspektiven zu überwinden versuchten. Mit seiner Tätigkeit im Institut verband sich die Hinwendung zum Gegenstand der Sowjetunionforschung. In diesem für ihn neuen Forschungsfeld fand er eine wissenschaftliche Herausforderung. In seiner linken Orientierung, ohne freilich politisch besonders aktiv zu werden,[476] sah er sich durch die antikommunistischen und für ihn kaum wissenschaftlich fundierten Darstellungen der Sowjetunion in Polen genauso provoziert wie durch das offensichtliche Unverständnis gegenüber den Vorgängen in Russland im gesamteuropäischen Maßstab.[477] Man kann deshalb davon ausgehen, dass seine Forschungen nicht nur aus der Verantwortung als Wissenschaftler heraus zu beurteilen sind, sondern auch als eine Art notwendige Selbstvergewisserung über das Experiment des Sowjetstaates. Hieraus schöpft sich nicht unwesentlich die Ernsthaftigkeit und Tiefe seiner Studien.

In einem seiner grundlegenden Texte zum Rätesystem und der Stalinschen Verfassung aus dem Jahre 1937 beschreibt er seine Motivation als eine Suche nach Antworten auf die Fragestellungen, welche Vorteile Lenin im Rätesystem gegenüber der parlamentarischen Republik sah, wie die leninschen Prinzipien in der UdSSR umgesetzt wurden und schließlich wie sich die leninschen Vorstellungen von den Festlegungen der Verfassung von 1936 unterschieden.[478] Nicht weniger geht es ihm um die Frage nach der Verifizierung und auch Exemplifizierung der marxschen Auffassungen zu Freiheit, Demokratie und Selbstbestimmung im sowjetischen Experiment. Das Ergebnis sind bei Sukiennicki dann auch mehr staatswissenschaftliche als rechtswissenschaftliche Abhandlungen. Am Anfang steht ein aufschlussreicher Text aus dem Jahr 1934 in dem er die marxistisch-leninistische Rechtstheorie untersucht.[479] Darin umreißt er relativ wertungsfrei das Verhältnis der sowjetischen Rechtsauffassung zu den Grundsätzen des Marxismus und kommt zu dem Schluss, dass die Grundlagen der marxistischen Auffassungen zur Rechtsordnung durchaus umgesetzt wurden, indem durch die Abschaffung des Privateigentums das Haupthindernis einer Interessensolidarität in der Gesellschaft beseitigt wurde, das Proletariat als herrschende Klasse

475 Kornat: Wiktor Sukiennicki, S. 38ff; Miłosz: Wyprawa, S. 28.

476 Swianiewicz: Wspomnienia, S. 48–58.

477 Sukiennicki: Ewolucja ustroju, S. 7. (abgedruckt in: Kornat: Polska szkoła, S. 107–195).

478 Ders.: Ustrój radziecki, S. 244. (abgedruckt in: Kornat: Polska szkoła, S. 196–242).

479 Ders.: Marksowsko-leninowska teoria, auszugsweise abgedruckt nach einem Sonderdruck aus dem Jahre 1935 in: Antikomunizm polski, S. 194–202 und hier auch zitiert. Abgedruckt auch bei Kornat: Polska szkoła, S. 289–305.

alleinig in der Lage war, gegenüber der Gesellschaft gerecht zu sein und das Recht als Bestandteil des Klassenkampfes ökonomisch bestimmt wurde.

Auch sieht Sukiennicki Lenin als konsequenten Marxisten, wenn er der Frage des Rechts eine nachgeordnete Rolle im revolutionären Prozess zumisst. Gemäß dem Grundsatz der gesellschaftsökonomischen Bestimmtheit des Rechts änderte sich die Situation durch die „Neue Ökonomische Politik“ (NÖP) und der ihr nachfolgenden Entwicklungsetappe der Sowjetgesellschaft. Die neuen Bedingungen waren deshalb Gegenstand lebhafter Diskussionen unter den kommunistischen Rechtsgelehrten der „Akademie der Wissenschaften“ in Moskau, womit sich Sukiennicki auseinandersetzte. Im Mittelpunkt stand dabei die Frage der Normenbildung und der Exekutive des Rechts. Bei der sich abzeichnenden neuen Rechtskodifizierung in der Sowjetunion existierte weiterhin die Pflicht der herrschenden Klasse zur Unterdrückung der gegnerischen Kräfte, exekutiert durch den staatlichen Apparat. Die Normen entsprechen den gesellschaftlichen Beziehungen, also dem Klassenkampf, und haben politischen Charakter – ein allgemeines Recht gibt es nicht mehr. Es existierte nunmehr das Sowjetrecht, das sich dem Ziel der Errichtung der kommunistischen Gesellschaft unterordnete und zu deren Realisierung die Kommunistische Partei verpflichtet war. Durch die endgültige Abschaffung des Privateigentums war auch das Privatrecht gegenstandslos und es existierte nur noch jenes Recht, das heute als öffentliches Recht bezeichnet wird und dem Stand der Entwicklung von Ökonomie und Gesellschaft anzupassen ist.

Aus dieser Analyse ergaben sich für den Rechtswissenschaftlicher grundsätzliche Probleme und er fragte, wer denn nun die Normen festlegt, wer sie sanktioniert und wie die gesellschaftlichen Organisationen auf Verstöße gegen diese Normen reagieren werden.[480] Das waren die leitenden Problemstellungen, denen sich Sukiennicki in seinen weiteren Arbeiten widmete und worauf er eindeutige Antworten zu geben bemüht war. Es war die Frage nach dem demokratischen Charakter der leninschen Konzeption des Sowjetsystems und letztlich des Sowjetstaates; bezogen auf den Entwicklungsprozess der Sowjetunion verlangte dies eine Antwort darauf, ob die Herrschaft Stalins einen Bruch mit Lenin darstellte oder zumindest in seiner Politik angelegt war.

Die negativen Eindrücke, die er von einer vom MSZ organisierten Reise in die Sowjetunion 1934 mitnahm und die er mit anderen Intellektuellen und Politikern teilte, die in den 30er-Jahren ins Nachbarland reisten,[481] haben seinen kritischen Blick auf die Entwicklung in der UdSSR sicher geschärft,[482] ihn aber nicht in seiner wissenschaftlichen Analyse des Sowjetsystems irritiert. Zunächst galt seine Aufmerksamkeit der Entwicklung des Sowjetrechtes im Zusammenhang mit der neuen Verfassung von 1936. Sukiennicki nahm dabei die Grundgedanken zu den marxistischen Vorstellungen und der Umsetzung durch Lenin auf, die er bereits 1933 formuliert hatte. Noch deutlicher wurde nun jedoch seine positive Bewertung der durch die Organisation der Sowjets gegebenen Möglichkeiten der Mitbestimmung der Massen an der Organisation des Staates und der Rechtsfindung.[483] Gleichzeitig benannte er die für ihn entscheidenden Punkte, die zu einer frühen Abkehr von den leninschen

480 Ebenda, S. 202.
481 Kornat: Wiktor Sukiennicki, S. 57f.
482 Sukiennicki: Legenda, S. 74–81.
483 Sukiennicki: Ustrój, S. 242f.

Grundsätzen, die er in „Staat und Revolution“ formuliert hatte, und schließlich zu ihrer völligen Liquidierung durch die Verfassungskommission 1935 führten.

Im Vordergrund stand für Sukiennicki die Unfähigkeit der Revolution, die neuen Grundsätze gegen den Widerstand des alten Systems durchzusetzen und die Notwendigkeit, durch den Bürgerkrieg sogar auf noch bestehende militärische und bürokratische Strukturen zurückgreifen zu müssen. Daraus entwickelte sich ein Unterdrückungsmechanismus, etwa in der Gestalt der „Gesamtrussischen Außerordentlichen Kommission zum Kampf gegen Konterrevolution, Sabotage und Spekulation“,[484] eine Zentralisierung der Macht und eine Bürokratisierung.[485] Dabei sieht Sukiennicki Lenin zunächst als einen Führer, der sich äußeren Bedingungen beugen musste, sich dabei aber ganz bewusst von eigenen Prinzipien entfernt. Deutlichstes Zeichen ist die Einführung der „Neuen Ökonomischen Politik“. Nach seinem Tod wurde Stalin zur Inkarnation des Bürokratismus und der dementsprechend organisierte Staat wurde zum Garanten für den Aufbau des Sozialismus erklärt. Aus der Diktatur des Proletariats entwickelte sich die Diktatur der Bürokratie.[486] War bei Lenin der Staat ein Hilfsmittel und Übergangsform zur Sicherung der Herrschaft der Massen, so war er bei Stalin ein zentrales Mittel zur Herrschaft über die Massen.[487]

Sukiennicki fasste 1938 seine Erkenntnisse in einer umfassenden Analyse des verfassungsmäßigen Zustandes der Sowjetunion und des Stalinismus in einer zusammen. In ihren Mittelpunkt stellt er das Phänomen der uneingeschränkten Macht und die Einparteienherrschaft, die sich völlig vom Volk entfernt hatte und deren Führung extremer Revolutionäre nur ein „Tröpfchen im Meer“ der Masse war.[488] Der erste Band erschien im Verlag des Instituts und umfasst die Jahre 1917 bis 1931. Das Erscheinen von Band zwei und drei, die bereits zum Druck vorbereitet waren, wurde vom Innenministerium gestoppt. Von der polnischen Zensur konfisziert gingen sie während der sowjetischen Besatzung verloren.[489]

Mit seinem wissenschaftlichen Ansatz der Analyse des Sowjetsystems und trotz seiner grundsätzlichen Kritik der Entwicklung genügte Sukiennicki nicht den offiziellen Ansprüchen einer Auseinandersetzung mit der Sowjetunion und ihm wurde kommunistische Propaganda vorgeworfen. Marian Zdziechowski verließ wegen vermeintlich probolschewistischer Haltung unter Protest die Vorlesung Sukiennickis an der Hochschule des INBEW.[490] Sicher konnte Sukiennicki seine linke Aura nie ganz ablegen und angesichts des vorherrschenden antikommunistischen Duktus in der Publizistik mussten seine Arbeiten wie eine Verteidigungsschrift der Revolution wirken. Ohnehin stand das Institut zunehmend unter Beobachtung des regionalen Sicherheitsdienstes[491] und das nicht nur wegen der angeblich sowjetfreundlichen Veröffentlichungen, sondern auch wegen linker Gruppierungen in der USB, die mit der Gruppe um Henryk Dembiński an der „Schule für politische Wissenschaften“ zu ernsthaften Auseinandersetzungen mit der Staatsmacht führten. Die Gruppe stand zwar vor allem in Verbindung mit dem Sekretär des INBEW und bekannten Wilnoer Poeten Teodor

484 Ebenda, S. 256f.
485 Ebenda, S. 260f.
486 Ebenda, S. 268.
487 Ebenda, S. 280f.
488 Sukiennicki: Ewolucja, S. 7, 103.
489 Kornat: Wiktor Sukiennicki, S. 50f.
490 Sukiennicki: Legenda, S. 39.
491 Swianiewicz: Wspomnienia, S. 61.

Bujnicki (Dorek)[492], der wiederum, wie auch Miłosz, zur linken Literatengruppe „Zagary" gehörte,[493] aber Sukiennicki selbst wurde mit dieser Gruppe eng verknüpft.[494]

Zudem geriet er wegen seiner Haltung zu seinem Assistenten, dem Litauer Pranas Ancevičius (Franciszek Ancewicz) unter Druck, der aufgrund seiner Nähe zu linken Kreisen als Staatenloser 1939 schließlich aus Wilno ausgewiesen wurde.[495] Ancewicz hatte bei Wacław Komarnicki, ebenfalls ein Kenner der Sowjetordnung[496] und Sukiennicki in seinen Auffassungen eng verbunden, 1938 an der Juristischen Fakultät zur stalinistischen Konzeption des Staates promoviert und sich damit als Musterschüler Sukiennickis erwiesen.[497] Sukiennicki stellte sich ganz bewusst gegen den antibolschewistischen Mainstream und sah sich der objektiven Wissenschaft verpflichtet, womit er jegliche politischen oder moralischen Betrachtungsperspektiven ablehnte.[498] Im Nachhinein bezeichnete er diese Position, die er mit anderen Wissenschaftlern des INBEW teilte, als „dritten Weg" des Denkens über das nachrevolutionäre Russland.[499] Er lehnte die gängigen Thesen von der Kontinuität in welcher Form auch immer genauso ab, wie die Verteufelung der bolschewistischen Herrschaft. Das „Böse" war für ihn keine Kategorie staats- oder rechtswissenschaftlicher Beurteilung, genauso wie er es ablehnte, Aussagen über die Zukunft des revolutionären Russland zu treffen oder sich gar am Nihilismus zu beteiligen, was ihm wohl den meisten Groll des etablierten Antikommunismus einbrachte.

Es wäre nun falsch und würde seiner Bedeutung in der Forschungslandschaft zur Sowjetunion nicht gerecht werden, Sukiennickis Wirken auf die Felder juristisch-verfassungsrechtlicher Fragen zu beschränken. Seine Forschungen waren nicht minder ein Beitrag zur Analyse und Bewertung des bolschewistischen Herrschaftssystems in seiner Genese und Wirkung auf die Organisation der Gesellschaft; sie tragen somit auch wesentlich sozialwissenschaftlichen und politologischen Charakter. Sukiennicki fand im INBEW ein Umfeld, in dem er sich mit seinen Anschauungen in Lehre und Forschung entfalten und schließlich seinerseits das offene Milieu des Instituts mitprägen konnte. Hier entwickelte er mit einer ganzen Reihe seiner Kollegen einen interdisziplinären Ansatz zur Erforschung der Sowjetunion, der allerdings außerhalb des Instituts in Politik und Gesellschaft auf wenig Verständnis oder Akzeptanz hoffen konnte. Sukiennicki teilte und repräsentierte wie kaum ein anderer dann auch das Schicksal des Instituts.

1930 eröffnet Stanisław Swianiewicz mit seiner Arbeit „Lenin jako Ekonomista" (Lenin als Ökonom) nicht nur die Schriftenreihe des INBEW, sondern er setzte damit zugleich einen Markstein für die wissenschaftliche Ausrichtung des Instituts und in der Erforschung der politischen Ökonomie der Sowjetunion. Swianiewicz gehörte zur ersten Generation, die sich in ihrer wissenschaftlichen Arbeit fast ausschließlich dem Forschungsgegenstand Sowjetunion widmete. Sein wissenschaftliches Interesse galt der ökonomischen Alternative zum

492 Miłosz: Zaczynając, S. 185f.

493 Korowajczyk: Od kruchty do komuny; Müller-Butz: Nach dem Imperium, S. 43.

494 Sukiennicki: Legenda, S. 67f, 82–91.

495 Kornat: Wiktor Sukiennicki, S. 62; Sukiennicki: Legenda, S. 63.

496 Komarnicki: Nowy ustrój.

497 Ancewicz: Stalinowska koncepcja.

498 Sukiennicki: Ewolucja, S. 11.

499 Ders.: Legenda, S. 83f.

traditionellen Kapitalismus. Das hatte er schon in seiner Dissertation zu Sorel gezeigt. Freilich war dann die Sowjetordnung als ökonomisches Experiment eine noch weit größere Herausforderung, zumal vor dem Hintergrund der Weltwirtschaftskrise die Problemstellung der Fähigkeit des dominierenden Wirtschaftssystems zur Konfliktlösung enorm an Bedeutung gewann. Dieser Frage stellte sich Swianiewicz in aller Konsequenz, was ihn veranlasste, zu untersuchen, wie das theoretische System des Marxismus im sowjetischen Wirtschaftssystem umgesetzt wurde oder anders gesagt wieviel Marxismus in der leninschen Ökonomie steckt, was in der Konsequenz auf die Frage hinauslief, ob der Marxismus als Grundlage eines alternativen Wirtschaftsmodells geeignet ist. Gerade in diesem Abgleich von Theorie und Praxis marxistischen Denkens war Swianiewicz dem theoretischen Ansatz von Sukiennicki sehr nahe und definierte den Forschungsansatz des Instituts damit entscheidend mit.

Swianiewicz bearbeitete das Thema auf drei Ebenen: Zunächst ging es ihm um die Rezeption der marxschen Gedanken zur politischen Ökonomie durch Lenin, den Bestand dieser Gedanken im Prozess der praktischen Wirtschaftspolitik und schließlich um das Verhältnis von Monopolkapital und Industrialisierung.[500] In der Formulierung der Grundlagen der Beziehungen Lenins zum Marxismus berücksichtigte Swianiewicz die russischen Besonderheiten sowie die Tradition des russischen Denkens und der Mentalität, was der in der polnischen Literatur zu Russland virulenten Frage nach der russischen Seele sehr nahekam. Im Gegensatz zur westlichen Rezeption des Marxismus als Methode und Idee trug der Marxismus bei Lenin entsprechend der russischen Psyche und Sehnsucht nach Glaube und Gewissheit geradezu religiösen Charakter. Marxismus bei Lenin war Dogma und alles, was sich dagegen stellte, musste mit Entschiedenheit bekämpft werden.[501] Für Swianiewicz war diese Auffassung nicht nur der Grund für die erbitterten Auseinandersetzungen im revolutionären Lager Russlands, sondern auch die Tendenz Lenins, die russischen Verhältnisse den marxschen Theorien in gewisser Weise anzupassen.

Das machte er an Lenins Buch „Die Entwicklung des Kapitalismus in Russland" fest, worin dieser den wirtschaftlichen Fortschritt des Landes in der zweiten Hälfte des 19. Jahrhunderts zur Grundlage seiner Analyse einer Gleichwertigkeit mit den westeuropäischen Staaten machte und somit die Voraussetzungen einer proletarischen Revolution als gegeben ansah, die nach Marx in einem entwickelten Stadium des Kapitalismus bestehen. Die Errichtung der Diktatur des Proletariats wird dann zwar die Machtverhältnisse ändern, zunächst aber nicht die Produktionsverhältnisse. Das Proletariat sollte mit den Kapitalisten zusammenarbeiten, von ihnen lernen und dann schrittweise, in einem revolutionären, aber insgesamt friedlichen Prozess, die Leitungspositionen übernehmen und die sozialistische Gesellschaft aufbauen.

Nach Swianiewicz ging diese Konzeption der Anwendung des Marxismus unter den konkreten Bedingungen in Russland aus zwei Gründen nicht auf: Erstens war die Masse der arbeitenden Bevölkerung in ihrer anarchischen und destruktiven Psyche nicht zur geregelten Arbeit zu disziplinieren und lehnte darüber hinaus die Zusammenarbeit mit den Fabrikbesitzern ab. Zweitens verhinderten der Bürgerkrieg und die feindliche Haltung der Kapitalisten und Großgrundbesitzer gegenüber der Revolution jegliche Zusammenarbeit.[502] Aus

500 Janiak: Interpretacje, S. 187–202. Rezension in: Osteuropa 6 (1930/31), S. 746f.
501 Swianiewicz: Lenin, S. 4f. (abgdruckt in Kornat: Polska szkoła, S. 387–513).
502 Ebenda, S. 25f.

dieser Situation heraus sah Swianiewicz Lenin eher als Getriebenen, der abseits der marxschen Theorien improvisieren musste. Der Kriegskommunismus war dann deutlichster Ausdruck des Scheiterns eines planvollen Übergangs zum Sozialismus. Auch der zweite Versuch Lenins, diesen durch die Einrichtung der „Neuen Ökonomischen Politik“ zu realisieren, misslang im Wesentlichen aus den gleichen Gründen. Das Fazit für Swianiewicz ist die Feststellung, dass Lenin zwar ein hervorragender revolutionärer Taktiker war, aber „immer weit entfernt von der wirtschaftlichen Wirklichkeit“.[503] Auch missachtete Lenin den von Marx apostrophierten engen Zusammenhang von wirtschaftlichen und politischen Verhältnissen, was sich in der Realität im absolut dominierenden Einfluss der Kommunistischen Partei im Wirtschaftsleben zeigte.

Wenn die Untersuchung Swianiewiczs ganz sicher nicht als eine Abrechnung mit Lenin als Ökonom angelegt war, so wurde doch klar, dass er Lenin nicht als solchen betrachtete und dessen Wirtschaftspolitik zunehmend in einem Zusammenhang mit den Erfordernissen einer siegreichen Revolution sah. Ein Perspektivenwechsel von ökonomischen Grundmustern nach marxschen Vorgaben hin zur Unterordnung wirtschaftlicher Erfordernisse unter macht- und parteipolitische Notwendigkeiten wurde immer offensichtlicher. Das führte nicht nur zu einer relativen Eindeutigkeit der Positionierung der Person Lenins, sondern auch zu einer fruchtbaren Erweiterung des Untersuchungsfeldes weit über die ökonomischen Belange und Verläufe der Entwicklung der Sowjetunion hinaus auf eine Analyse des Herrschaftssystems in ihrer politökonomischen Bedingtheit und damit eine in dieser Form vergleichsweise sehr weitgehende Untersuchung.

Die Suche Lenins nach Konzepten illustrierte Swianiewicz mit den Auseinandersetzungen mit anderen revolutionären Gruppen in Russland vor und nach der Revolution, aber auch mit seiner Rezeption der dem Marxismus verpflichteten Arbeiten aus der Sozialdemokratie. Großen Einfluss hatten hierbei die Schriften von Rosa Luxemburg, aber mehr noch jene von Rudolf Hilferding, die sich mit den Fragen des entwickelten Kapitalismus in den Formen des Monopol- und Finanzkapitals beschäftigten. Nach Swianiewicz spiegelte Lenin diese Verhältnisse respektive dieses Stadium der Entwicklung auf Russland und sah sich vor allem in den Bedingungen des Ersten Weltkriegs bestätigt. Eigentlich ging es Lenin darum, diese konzentrierte und hoch organisierte Form des Kapitalismus als ideale Voraussetzung für eine soziale Umwälzung zu nutzen, die eine Revolution geradezu notwendig machte. Die Auflösung des Kapitalismus als Konkurrenzsystem in hoher Diversität durch stark konzentrierte und deutlich identifizierbare Machtpositionen würde den Umsturz erleichtern, weil jene zentralen Positionen nur noch durch die Kommunistische Partei ersetzt werden müssten. Nach Lenin wurde dieser Prozess zusätzlich durch die extreme Ausformung der entwickelten Stufe des Kapitalismus in Russland befördert, als aus dem Monopol- ein Staatskapitalismus wurde.[504]

Swianiewicz beleuchtete Lenins Wirtschaftspolitik aus einem Blickwinkel des Suchens, der Veränderung und auch der Unstetigkeit. Die ökonomische Konzeption Lenins war letztlich ein Mosaik verschiedener Einflüsse aus dem klassischen Marxismus, der russischen revolutionären Tradition und der modernen Imperialismusforschung. Bei dieser Einschätzung wird einerseits eine kritische Haltung des Autors zum Gegenstand deutlich, andererseits hat sie aber keineswegs herabwürdigenden Charakter. Nach Swianiewicz war sich Lenin sehr

503 Ebenda, S. 36.
504 Ebenda, S. 79ff.

wohl der Schwäche der russischen Wirtschaft bewusst und machte sich über das Bewusstsein des russischen Proletariats keinerlei Illusionen.

Ausgangspunkt und Handlungsmaxime für Lenin waren eine Notwendigkeit und die Gunst der Stunde, die auf einen Handlungszwang hinausliefen. Zu seiner Legitimation zog Lenin den internationalen Charakter der proletarischen Revolution als Weltrevolution heran, in deren Verlauf das gebildete Proletariat der westlichen Länder die russische Revolution unterstützen wird. Russland war dabei nur die Initialzündung und gerade darin sah Swianiewicz wiederum einen Rückgriff Lenins auf die Traditionen der russischen Intelligenz, die Russland seit jeher eine spezielle Rolle in der Welt und einen revolutionären Messianismus zumaßen. Die Widersprüchlichkeit dieses Ansatzes und das Dilemma der russischen Revolution hatte Lenin nach Swianiewicz durchaus erkannt, und er suchte einen Ausweg darin, die bestehenden Defizite durch erhöhten ökonomischen und politischen Druck zu kompensieren, um die wirtschaftlichen Voraussetzungen zur erfolgreichen sozialistischen Revolution im marxschen Sinne in Russland zu schaffen.[505] In der Konsequenz bedeutete das die Notwendigkeit eines starken Staates:[506] Der Staat als exekutives Organ der Diktatur des Proletariats mit uneingeschränkter Macht einzig unter der Kontrolle der Partei bzw. ihrer führenden Gremien oder Personen, der alle Ebenen des Lebens erfasst.

In seinen weiteren Arbeiten im Zusammenhang mit der Industrialisierung und dem Fünfjahrplan schärfte Swianiewicz seine Perspektive auf die Rolle des Staates und seiner totalen Machtausübung zur Realisierung ökonomischer Ziele. In der Analyse der ökonomischen Entwicklung in der Sowjetunion der 30er-Jahre beschreibt er den militärischen Charakter der Planwirtschaft zur Organisierung und Mobilisierung der gesamten Gesellschaft, den Fünfjahrplan als Projekt, dem alles untergeordnet wird.[507] Durch seine frühen Arbeiten zu Sorel und seinen Einfluss auf den italienischen Faschismus sah Swianiewicz gemeinsame Merkmale und Parallelen der Entwicklung bei westeuropäischen Staaten und der Sowjetmacht. Zeitgleich mit seinen Untersuchungen zur Industrialisierung in der Sowjetunion analysierte er die Wirtschaftspolitik Hitlers.[508] Ausgangspunkt für Swianiewicz war die allgemeine Erkenntnis über die Notwendigkeit des Erhalts eines ökonomischen Gleichgewichts im Staat und der Herstellung einer Harmonie in der Gesellschaft zur Machtsicherung. In der liberalen Gesellschaft dominiert dieses Gleichgewicht alle anderen gesellschaftlichen Bestrebungen und Ziele.

Der totale Staat hingegen formuliert konkrete Ziele und bestimmt zu ihrer Realisierung eine Hierarchie. Einem Ziel, das zur Hauptaufgabe erklärt wird, hat sich alles unterzuordnen. Das schließt individuellen Nutzen nicht zwingend aus, sondern der Staat vermittelt die Pflicht und das Gefühl, dass auch die eigenen Zielstellungen den staatlichen nützen müssen. Das trifft erst recht für gesellschaftliche Organe oder Gruppen zu, die durch die Einordnung in die staatlich formulierte Zielstellung dem Volkswohl dienen. Wesentliche Elemente des Funktionsmechanismus dieses totalen Systems sind der Glaube der Teilhabe an einer großen gemeinsamen Sache und die notwendige Opferbereitschaft.[509] Die in verschiedenen Arbeiten

---

505 Ebenda, S. 86f.
506 Ebenda, S. 147.
507 Swianiewicz: Z zagadnień, S. 258; Ders.: Rzut, S. 17 (abgedruckt in: Kornat: Polska szkoła, S. 309–350).
508 Ders.: Polityka gospodarcza, S. 6–11 (abgedruckt in: Antykomunizm Polski, S. 255–258).
509 Ebenda, S. 257f.

zur Sowjetunion bisher unterschiedlich formulierte Totalität wurde durch Swianiewicz Ende der 30er-Jahre deutlich artikuliert. Mit seinen Arbeiten über die Sowjetunion und seiner Studie über Hitlers Wirtschaftspolitik legte Swianiewicz mit dem systemischen Vergleich theoretische Grundlagen zur Erfassung und auch Kategorisierung einer Totalität des modernen Staates in seiner ökonomischen Determiniertheit.

Wenn auch Sukiennicki und Swianiewicz aus unterschiedlichen fachlichen Blickwinkeln über die Sowjetunion arbeiteten und in ihren politischen Anschauungen divergierten, so waren sie doch in ihrem methodischen Herangehen systemrelevant und ihre Arbeiten tragen synthetischen Charakter. Sie wurden mit dem Anspruch geschrieben, Antworten zu geben auf Fragen nach der machtpolitischen Konstruktion des historischen Phänomens sowie insgesamt zur Klärung und Erklärung des gesellschaftlichen Systems Sowjetunion beizutragen. Hier lässt sich eine ganze Reihe von Wissenschaftlern verschiedener Fakultäten der USB einordnen, die am INBEW lehrten und publizierten und in dieser Institution ihre Fachkenntnisse nutzten, um das Herrschaftssystem in der Sowjetunion zu analysieren.

So war die Abhandlung von Witold Staniewicz über die Kollektivierung, die er im zweiten Band des Jahrbuches des INBEW 1934 veröffentlichte, eigentlich nur Mittel zur Darstellung allgemeiner Herrschaftsmechanismen des Sowjetsystems.[510] In den Mittelpunkt stellte Staniewicz die Formung des neuen Menschen, dem eine absolute Opferbereitschaft abgefordert wurde mit dem Mythos der Unvermeidlichkeit für den Sieg des Sozialismus. Diese Analyse war auch deshalb wichtig, weil sich hier nicht irgendein Nachwuchswissenschaftler äußerte, sondern ein wissenschaftliches und politisches Schwergewicht seine ganze Fachkompetenz einbrachte und das Institut einmal mehr als Zentrum der Sowjetunionforschung auswies. Staniewicz war nicht nur zweimal Rektor der USB gewesen, sondern leitete auch den Lehrstuhl für Agrarökonomie und die Fakultät für Landwirtschaft und Kleinökonomie am „Institut für die Ökonomie ländlicher Kleinwirtschaften“ in Puławy. Von 1926 bis 1930 war er Minister für die Agrarreform und entwickelte auch deshalb ein ausgemachtes Interesse für die Umwälzungen auf dem Lande in der Sowjetunion.[511] Wenn sich die Arbeiten am Institut auch auf die Erklärung des Herrschaftssystems konzentrierten, so boten sie doch eine große Bandbreite; sie sind weit entfernt von einer wissenschaftlichen oder gar politischen Normierung und spiegelten die Vielfalt der polnischen Wissenschaftslandschaft.

Bogumił Jasinowski veröffentlichte seine Arbeit zum östlichen Christentum und Russland am Institut[512] und vertrat dort in Lehre und Forschung, ähnlich wie Zdziechowski oder Feliks Koneczny, die Theorie über die Wurzeln des autokratischen Herrschaftssystems des Bolschewismus in der byzantinischen und ostkirchlichen Tradition, deren Maximalismus und Mentalität durch den bolschewistischen Atheismus noch gesteigert wurde. Einen ganz anderen Zugang hatte Seweryn Wysłouch, der das Minderheitenreferat am Institut leitete und auf die Gefahr der sowjetischen Nationalitätenpolitik für Polen hinwies, indem die Sowjetisierung der weißrussischen Gesellschaft in der Sowjetunion das Potential der Einflussnahme auf die weißrussische Minderheit in Polen hat, der man nur durch eine ausgewogene Minderheitenpolitik in Gestalt kultureller Autonomie begegnen kann.[513]

510 Staniewicz: Kolektywizacja.
511 Swianiewicz: Witold Staniewicz.
512 Jasinowski: Wschodnie chrześcijaństwo a Rosja.
513 Wysłouch: Rola Komunistycznej Partii Zachodniej Białorusi.

Der Beitrag Wysłouchs ist sicher nicht unwichtig, obwohl die Nationalitätenfrage oder Minderheitenpolitik im INBEW eine nur marginale Rolle spielte. Es fehlten die Spezialisten und man überließ diese Felder den dafür zuständigen Instituten in Warschau, wohl auch um das eigene Forschungsprofil zu unterstreichen. Zudem vertrat Wysłouch, obwohl Schüler von Ehrenkreutz, mit seinen Auffassungen zur Nationalitätenpolitik den Prometheismus, der im Institut auf geringes Echo stieß. Auch die sowjetische Außenpolitik wurde im Institut wenig beachtet. Eine Ausnahme bildete die Arbeit Bolesław Cyruliński, die sich mit der Außenhandelspolitik im Zeitraum der Weltwirtschaftskrise beschäftigt[514] und insofern von Bedeutung ist, als sie durchaus einen Beitrag zur Erforschung des totalen Herrschaftssystems in der Sowjetunion darstellt. Für den Autor ist die Wirtschaftspolitik während der Weltwirtschaftskrise ein Beleg für die wirtschaftliche Abschottung von der Weltwirtschaft, die Außerkraftsetzung marktwirtschaftlicher Mechanismen und die endgültige Unterordnung unter das ideologische Regime der Kommunistischen Partei. Er setzte sich mit Theorien auseinander, die vor allem von Fabierkiewicz im Warschauer „Institut für Sozialwirtschaft" (Instytut Gospodarstwa Społecznego, IGS) vertreten wurden und die von einer relativen Offenheit des sowjetischen Wirtschaftssystems ausgingen,[515] was letztlich die Möglichkeit einer Konvergenz zuließ. Für Cyruliński war aber gerade die völlige wirtschaftliche Autonomie eines der wesentlichen Voraussetzungen zur Aufrechterhaltung und Festigung der totalen Herrschaft des Staates.[516]

Nur wenige Wochen vor Kriegsausbruch erschien die Dissertationsschrift von Franciszek Ancewicz als erster Band einer neuen Reihe des Instituts „Wileńska Biblioteka Prawno-Społeczna". Diese Untersuchung zur stalinschen Staatskonzeption nimmt die methodologischen Ansätze Sukiennickis auf, geht aber in der Ausformulierung des Totalen der Herrschaft einen entscheidenden Schritt weiter. Während Sukiennicki in der kategorischen Formulierung der totalen Herrschaft eher zurückhaltend war und es auch im Vergleich zu Swianiewicz an Eindeutigkeit fehlen ließ, so sah Ancewicz ohne Wenn und Aber in der leninschen Konzeption der Diktatur des Proletariats die Ursachen für die Entwicklung hin zum totalen System der uneingeschränkten und zentralisierten Macht, die alles und jeden unter Kontrolle hat und alle humanistischen Normen des Rechts ignoriert.[517] Die Ausformung des totalen Staates erfolgte jedoch erst unter Stalin und verband sich mit der Bündelung der gesamten Macht beim bürokratischen Apparat und im Führerkult. In der Beschreibung und Formulierung des Totalen ist Ancewicz wohl Sukiennicki am nächsten. Wie er zog er den Vergleich zu Hitlerdeutschland und prophezeite eine Annäherung beider Staaten auf der Grundlage ihrer Wesensgleichheit.[518]

2.1.3 Konflikte

Die in der zweiten Hälfte der 30er-Jahre am Institut vorgelegten Arbeiten zeugen nicht nur von einem hohen wissenschaftlichen Niveau, sondern auch von einer großen Ausgewogenheit im Erkenntnisdrang über die Vorgänge beim östlichen Nachbarn mit dem Anspruch

514 Cyruliński: Koncesje zagraniczne w ZSRR.
515 Fabierkiewicz: Rosja współczesna.
516 Cyruliński: Koncesje zagraniczne w ZSRR, S. 160.
517 Ancewicz: Stalinowska koncepcja państwa, 2001, S. 45.
518 Swianiewicz: W cieniu Katynia, S. 275.

angewandter Wissenschaften. Das barg unter den Bedingungen sich weiter zuspitzender gesellschaftlicher Verwerfungen einiges Konfliktpotential. Nach dem Tode Piłsudskis kam es zu einer politischen Radikalisierung in Polen, die auch das städtische Milieu Wilnos und die USB erfasste. Nationalkonservative Kreise zeigten zunehmend Sympathie mit der faschistischen Bewegung in Italien und konnten sich eine Annäherung an Deutschland vorstellen. Es kam an der Universität zu antisemitischen Ausschreitungen und zu offenen politischen Konfrontationen in bis dahin nicht gekanntem Ausmaß.

Im Zuge der zeitweiligen Annäherung zwischen Deutschland und Polen nach dem Nichtangriffsvertrag besuchte 1936 auf Einladung von Witold Staniewicz eine Delegation des Königsberger „Instituts für Osteuropäische Wirtschaft“ mit seinem Direktor Theodor Oberländer das INBEW.[519] Swianiewicz hatte im Königsberger Institut Studien zu seinem Buch über die Wirtschaftspolitik Hitlers betrieben. Das MSZ schien diese Aktivitäten jedoch zu missbilligen und verhinderte die Wahrnehmung einer Gegeneinladung durch Oberländer.[520] Inwieweit dazu Einschätzungen von deutscher Seite beigetragen haben, die die „Schule für politische Wissenschaften“ negativ beurteilten, kann nur vermutet werden. In der Zeitschrift „Osteuropa“ war ein Artikel erschienen, der die wichtigsten Elemente der in Polen geäußerten Kritik aufnahm, vor allem hinsichtlich einer wenig strukturierten Lehre und einer zu starken Konzentration auf die Sowjetunion, wodurch „ein Großteil der Hörer dem Kommunismus direkt in die Arme geführt“ würde oder andererseits „die jüdisch kommunistischen Intellektuellen sich hier ihr Rüstzeug holten“, die Schule würde so „zu einer Art Moskauer Propagandazentrale“ und „Hochschule des Bolschewismus“.[521] Im selben Jahr sorgte die linke Gruppierung um Dembiński, der auch Miłosz nahestand[522], in der „Schule für politischen Wissenschaften“ des Instituts für Unruhe und lenkte die ohnehin wachsende Aufmerksamkeit staatlicher Stellen weiter auf sich.[523]

Zum Generalangriff kam es durch den konservativen Kreis um den „Słowo“. Stanisław Cat-Mackiewicz sah das INBEW nicht nur schlecht geführt, sondern auch „Umstürzler“ am Werk und forderte in einem Memorandum an des Außenministerium seine sofortige Schließung.[524] In einem Artikel im „Słowo“ vom 11. Juni 1936 warf er dem Institut eine vordergründige Konzentration auf die Sowjetkunde (sowietoznawstwo) vor, die der bolschewistischen Agitation diene und auf Kosten einer Vermittlung von Wissen über das Vaterland und auch europäische Geschichte und Recht ginge. Dieser Tatbestand trüge wesentlich dazu bei, dass Wilno als Zentrum der kommunistischen Jugend Polens gelte. Auch der Wilnoer Wojewode unterstellte dem Institut kommunistische Tendenzen und der Geheimdienst überwachte fortan die Schule.[525] Das Ministerium für Religion und öffentliche Bildung (MWRiOP) als übergeordnete Institution setzte eine interministerielle Untersuchungskommission ein, die einen Mitarbeiter des MSZ zur allgemeinen Verbandstagung des INBEW

519 Kornat: Instytut, S. 58f.

520 Swianiewicz: W cieniu Katynia, S. 17–20.

521 Osteuropa 12 (1936/37), S. 145.

522 Wawrzyńczyk: Z Dembińskim i Miłoszem; Tomaszewski, Patryk: Uniwersytet, S. 378–386; Filipajtis: Lewica, S. 35ff.

523 Dworek: Instytut, S. 36f.

524 Kornat: Wiktor Sukiennicki, S. 61.

525 Ders.: Polska szkoła, S. 88–93.

am 9. Juni 1936 delegierte.[526] Dieser nahm direkt Bezug auf die Vorwürfe Cat-Mackiewiczs und fragte nach dem Einfluss von sowjetischer Propaganda an der Schule und der Qualität der Ausbildung. Der Direktor des INBEW und der Hochschule sowie Swianiewicz und Sukiennicki verwiesen darauf, dass keines der Mitglieder der Schule in den Gerichtsprozess gegen Dembiński involviert war und man allgemein dem Sowjetsystem kritisch gegenüberstehen würde. Auch sei der Unterricht in jedem Fall von ausgewiesenen Fachkräften nach wissenschaftlichen Standards organisiert, die Wielhorski in seiner Erwiderung als „Professoren Sowjetologen" bezeichnete.[527] Woraufhin Cat-Mackiewicz seine Vorwürfe wiederholte und schließlich seinen Austritt aus dem Verband erklärte. Der Vertreter des MSZ, sichtlich um Ausgleich bemüht, bat die Leitung der Schule um besondere Aufmerksamkeit hinsichtlich sowjetischer Einflussnahme und machte Vorschläge zur Reform der Schule, um zu einer „Normalität" zu finden. Die erhobenen Vorwürfe wurden im Abschlussbericht der Kommission zwar nicht bestätigt,[528] deren Tätigkeit blieb jedoch nicht ohne Folgen: Das Statut des INBEW wurde 1937 geändert. Im Vordergrund standen nunmehr das Gebiet der Zweiten Polnischen Republik und hier vor allem seine östlichen Wojewodschaften, dann die Baltischen Länder und an letzter Stelle wurde die Sowjetunion genannt. Auch die Stundenzahl der Vorlesungen zur Sowjetunion wurde stark reduziert.[529]

Die Lehrkräfte, vor allem jene Wissenschaftler, die sich dem antikommunistischen Mainstream versagten, hatten sich durch ihren offenen Umgang mit der Sowjetunion verdächtig gemacht und das Institut damit eigentlich in eine Situation außerhalb der Grenzen des Tolerierbaren gestellt. Nicht zu trennen sind diese Vorgänge um das Institut von der relativ abrupten Verschlechterung der polnisch-sowjetischen Beziehungen 1936, die einen verhältnismäßig kurzen Zeitraum der Entspannung und des regen wissenschaftlichen Austauschs beendete, der mit der Unterzeichnung des Nichtangriffspaktes im Juli 1932 und dem Beitritt zum Kriegsächtungspakt 1933 begann und mit dem Besuch des Außenministers Józef Beck im Februar 1934 seinen Höhepunkt fand.[530]

Es ist schwer zu beurteilen, wie dieser Tatbestand im Institut reflektiert wurde. Generell war unverkennbar, dass das INBEW empfindlich an Unterstützung staatlicherseits und zudem an allgemeinem Vertrauen verloren hatte. Am deutlichsten bekam das Sukiennicki zu spüren, dem trotz der Unterstützung der Fakultät und seiner unbestreitbaren wissenschaftlichen und didaktischen Leistungen ministeriell konsequent die Ernennung zum ordentlichen Professor verweigert wurde.[531] Andererseits fehlte es auch nicht an Anfeindungen linker Kräfte, die in der „Schule für politische Wissenschaften" eine Ausbildungsstätte für Geheimdienstler sahen und dem INBEW eine antikommunistische Ausrichtung attestierten.[532] Es war allerdings kein Geheimnis, dass an der Hochschule auch Mitarbeiter für die Abteilung II ausgebildet wurden. Eine andere Frage ist, inwiefern es direkte Einflussnahmen und Abhängigkeiten gab. Wielhorski hat das immer bestritten und es gibt auch keine belastbaren Hinweise darauf.[533] Allerdings gehörte

526 Sein Bericht ist abgedruckt in: Polsko-radzieckie, S. 699–709.
527 Ebenda, S. 711.
528 Abgedruckt in: ebenda, S. 711f.
529 Rózewicz: Polsko-radzieckie, S. 131f.
530 Ebenda, S. 133, 283.
531 Kornat: Początki sowietologii, S. 24.
532 Sukiennicki: Legenda, S. 89.
533 Kornat: Początki sowietologii, S. 23–28.

es zum Profil des INBEW, staatlichen Stellen, wie dem Außen- bzw. Innenministerium und der Armee, Analysen und Studien zu erarbeiten, die sicherlich auch dem Geheimdienst als Informationsquelle dienten. Hierbei standen besonders die Entwicklung in Litauen und militärische Aspekte der Entwicklung in der Sowjetunion im Mittelpunkt. Hierzu wurden entsprechende Vereinbarungen getroffen, über die das Institut auch finanzielle Zuwendungen vom der Abteilung II bekam.[534] Ganz davon abgesehen, dass es innerhalb der staatlichen Stellen durchaus unterschiedliche Einstellungen zum INBEW gab, darf bezweifelt werden, dass der Geheimdienst ein großes Interesse daran hatte, sich dieses Instituts stärker zu bedienen. Dazu war seine personelle Ausstattung zu wenig lenkbar und auch die organisatorische Anbindung zu weit entfernt.

Die in der zweiten Hälfte der 30er-Jahre aufgebauten Spannungen erforderten dringlich eine Reaktion aus dem Hause. Im Juni 1939 erschien dann ein Artikel von Swianiewicz in der Zeitschrift „Polityka“ zur Organisation der Forschungen zur Sowjetkunde.[535] Im Januar hatte sich bereits Aleksander Bocheński, der zu den jungen Konservativen zählte und dem „Bunt Młodych“ nahestand, an gleicher Stelle zum INBEW geäußert.[536] Beide Artikel lesen sich wie Arbeitsberichte und wie eine Rechtfertigung, sie boten auch eine Art Arbeitsplan für die Zukunft. Sie lassen den Schluss zu, dass es Kräfte im Institut gab, die eine Reform und eventuelle Neuausrichtung bzw. Reorganisation planten und für notwendig hielten. Bei Bocheński war es einfach ein Plädoyer für das Institut. Er stellte seine Leistungen vor allem auf dem Gebiet der Wirtschafts- und Staatsrechtsforschung heraus und würdigte einzelne Personen, insbesondere Ehrenkreutz und Sukiennicki. Das Institut ist nach Bocheński führend in der Forschung zur Sowjetunion im europäischen Maßstab und es sei außerordentlich bemerkenswert, dass er hier den Begriff der Sowjetologie gebrauche, der damit als Begriff einer eigenständigen Forschungsrichtung das erste Mal in Polen auftaucht. Er nimmt vor allem Ehrenkreutz gegen jegliche Angriffe in Schutz und begründet die vorhandenen Defizite mit der mangelnden finanziellen Ausstattung. Nur durch eine verbesserte personelle Besetzung des Instituts könne man das Primat Prags auf dem Gebiet der slawischen Studien brechen und so eine notwendige Erweiterung der Forschungen zu Nationalitätenfragen im Osten Europas, worin er die größte politische Aufgabe sähe, erreichen.

Swianiewicz betonte zwar auch die Existenzberechtigung des INBEW im Allgemeinen, offerierte aber ein recht konkretes Entwicklungsprogramm des Instituts. An den Anfang stellte er die großen Möglichkeiten, die die Forschungen des Instituts für die Ausarbeitung einer konzeptionellen Ostpolitik bieten. Russland sei für Polen gegenwärtig nicht weniger von Bedeutung als im 16. und 17. Jahrhundert und sollte ohne ideologische Vorbehalte von den besten Wissenschaftlern untersucht werden. Die wichtigsten Forschungsfelder sah er in der Wirtschaft sowie der Außen- und Innenpolitik. Wie Bocheński legte er besonderen Wert auf den Ausbau der Forschungen zur Nationalitätenpolitik: Für ihn eines der größten politischen Probleme der Zukunft des Sowjetstaates, was in Polen kaum beachtet werde. Eine Ausnahme anerkannte er zwar im „Institut für Nationalitätenfragen“ in Warschau und seiner Zeitschrift, aber auch nur bedingt, weil dort der Fokus eher auf das Nationalitätenproblem in Polen gerichtet wird. Swianiewicz warnte davor, die Nationalitätenfrage in der Sowjetunion

534 Potocki: Instytut, S. 214f.
535 Abgedruckt bei Kornat: Polska szkoła, S. 517–523.
536 Abgedruckt ebenda, S. 524–528.

allein als destruktiven Faktor zu betrachten, der zur Zerstörung des Imperiums führen oder auch genutzt werden könnte, und setzte sich damit eindeutig vom Prometheismus ab, ohne ihn zu benennen.

Als Gegenargument führte er die sowjetische Politik zur Schaffung eines „Sowjetvolkes" an, was unbedingt erforscht und berücksichtigt werden sollte. Dazu sei eine größere Koordination mit der Arbeit des „Instituts für Nationalitätenfragen" und des „Ost-Instituts" in Warschau notwendig, wobei er ausdrücklich die Organisation der Forschung im INBEW als Vorbild anführte und ihm zumindest indirekt eine Leitfunktion zumaß. Methodische Vorbilder waren dabei das „Osteuropa-Institut" in Breslau, das „Institut für Osteuropäische Wirtschaft" in Königsberg und das „Institut für Weltwirtschaft" in Kiel. In dem zu schaffenden Forschungsverbund sollte eine hohe Mobilität fester Mitarbeiter herrschen, die ihrerseits über ausreichende Arbeitsbedingungen verfügen, die durch verschiedene Ministerien dauerhaft abgesichert ist. Diese weitreichenden Vorschläge zur landesweiten Organisierung einer Sowjetologie, die eigentlich den immer wieder erhobenen Forderungen an eine Osteuropaforschung entsprachen, waren jedoch schon in den Wind geschrieben. Die zuständigen staatlichen Stellen hatten nicht nur das Interesse an Wilno verloren, auch die Institutionen in Warschau standen zur Disposition und von der Inangriffnahme eines relativ geschlossenen Forschungskonzeptes war man Mitte 1939 so weit entfernt wie nie zuvor.

Das INBEW war zwar nicht die einzige Stelle, die sich mit der Erforschung der Sowjetunion beschäftigte, aber es ist der Ort, an dem bis zum Ende der 30er-Jahre ein Bewusstsein über die Sowjetunion als eigener Forschungsgegenstand entsteht, sich organisiert und schließlich auch als ein solcher formuliert wird. Der Ideengehalt der Sowjetforschung in Wilno vermochte sich in der Wissenschaft und der Öffentlichkeit nicht durchzusetzen und die Wahrnehmung ihrer Erkenntnisse im Polen der Zweiten Republik stehen in keinem Verhältnis zu ihrem wissenschaftlichen Wert und innovativen Gehalt. Das mag mit dazu beigetragen haben, dass neben der sprachlichen Barriere, denn die Bücher wurden nicht übersetzt, die Forschungen im Ausland kaum wahrgenommen wurden.

Das INBEW verweigerte sich konsequent dem antikommunistischen Mainstream und die stark politisch-moralisch geprägten Darstellungen des „Bösen" entsprachen weit mehr dem Zeitgeist und prägten die öffentliche Meinung. Somit spiegelt das Schicksal des Instituts auch die Wirrnisse der Zeit. Es stand nicht nur als kommunistisch verdächtig unter Beobachtung des Staates, sondern wird auch als Dependance des Geheimdienstes diffamiert. In der Zeit der sowjetischen Okkupation wurde das Institut dann als antisowjetische Spionageschule eingestuft.[537]

Die bleibenden Ergebnisse der Forschungsarbeit des INBEW liegen in der wissenschaftlich fundierten Analyse und Darstellung der politischen Ökonomie des Sowjetstaates, seiner rechtlich-verfassungsmäßigen Ordnung und nicht zuletzt des Herrschaftssystems in Gestalt des Stalinismus, womit ein wichtiger Beitrag zur Theorie des Totalitarismus geleistet wurde. In keinem anderen Land und von keiner anderen Initiative wurde das in dieser Qualität erbracht. Was im INBEW geleistet wurde, war nicht nur methodisch ein großer Fortschritt in der Russlandforschung, sondern eröffnete auch neue Dimensionen in der Osteuropaforschung in Polen. Es steht für einen modernen, interdisziplinären Zugang, der sich grundsätzlich von den anderen traditionellen Formen in Polen unterscheidet, innovative Ansätze

---

537 Ebenda, S. 98.

entwickelt, neue Valenzen zulässt und damit einen erheblichen, wenn nicht den entscheidenden Anteil an der Bedeutung der Osteuropaforschung in der Zweiten Republik hat.

2.2 Das Ost-Institut (IW)

2.2.1 Gründungsprozess

Keine andere Institution der Forschung, Bildung und Publizistik zu Fragen des Ostens war so auf eine politische Idee bzw. ein ideologisches Konzept festgelegt und damit an politische Konjunkturen und die Wirksamkeit ihrer Repräsentanten gebunden wie das „Instytut Wschodni“ (Ost-Institut, IW) in Warschau. Ausgangspunkt seiner Gründung war die politische und institutionelle Etablierung des Prometheismus als Handlungsmaxime bestimmender politischer Kreise. Nach der Gründung Polens als Nationalstaat hatte zwar das integrative Staatskonzept gesiegt, der föderale Gedanke blieb jedoch lebendig. In einem permanenten Ringen um politischen Einfluss wurde er in Gestalt des Prometheismus ein tragender Bestandteil sowohl der Debatten um die innere Ordnung der Zweiten Republik als auch bei der Gestaltung der Außenpolitik.

Führende Vertreter des Piłsudski-Lagers entwickelten ein Konzept der Weiterführung des föderalen Gedankens durch die Akzeptanz und Unterstützung nationaler Bestrebungen der unterdrückten Völker im Osten mit dem Ziel der geopolitisch bedingten Absicherung, aber auch machtpolitischen Verankerung Polens im osteuropäischen Raum, verbunden mit der Schwächung und letztlich Zerstörung Russlands als imperiale Großmacht in welcher Form auch immer. Die permanente Gefahr aus dem Osten sollte durch eine enge Bindung der nationalen Bewegungen an Polen eingedämmt werden. Polen als Protektor der nationalen Befreiung mit seinen großen Erfahrungen im Kampf um die Selbstbestimmung sah sich dabei als Motor eines imperialen Großraumprogramms für den Osten als Gegenentwurf zur russischen Herrschaft. Das bedeutete in der regionalen Orientierung und in der Aufgabenstellung eine erhebliche Erweiterung über den europäischen Horizont hinaus und erfasste mindestens die asiatische Dimension Russlands, aber auch im Sinne einer antirussischen Partnerschaft den fern- und nahöstlichen Raum.

Das IW ist mit anderen Institutionen kaum vergleichbar. Gerade deshalb füllte es eine Lücke im breit gefächerten Spektrum der polnischen Osteuropaforschung der Zwischenkriegszeit. Seine prometheistische Aufgabenstellung verfügte ein ausgeprägtes Streben nach internationalen Kontakten und intensivem Austausch von Kenntnissen und verschiedenen Perspektiven auf nationale Entwicklungen und Besonderheiten von Staaten, Regionen und Völkern des Ostens. Gleichzeitig war das IW jedoch durch den hohen Anspruch seines weiten Betätigungsfeldes sowohl in praktisch-politischer wie auch didaktisch-publizistischer Hinsicht von vornherein überfordert. Ausstattung und finanzielle Möglichkeiten standen in einem prekären Verhältnis zueinander und mussten zu einer Verzettelung und Verkürzung von Tätigkeit und Wirksamkeit führen.

Organisatorischer Ausgangspunkt des IW war die Gründung der „Vereinigung zur Annäherung der wiedergeborenen Völker“ (Związek Zbliżenia Narodów Odrodzonych, ZZNO).[538] Diese auf Initiative des Piłsudski-Lagers im Januar 1921 gegründete Vereinigung sollte einem Kennenlernen und einer Zusammenarbeit der Länder und Völker zwischen Baltikum und

538 Kornat: W kręgu, S. 351ff; Werschler: Z dziejów, S. 119–122.

Schwarzem Meer dienen. Praktisch ging es um die Organisierung der nichtrussischen Emigranten aus dem Sowjetreich und ihre Anleitung zur nationalen Selbständigkeit durch Polen. Ein geistiger Vater der Vereinigung war Włodzimierz Wakar, der sich 1919 mit seinem Buch „Związek ludów wyzwolonych“ (Der Verband der befreiten Völker) zu einem Vordenker der Zusammenarbeit souveräner Nationen in dieser Großregion gemacht hatte. Starke Unterstützung fand er bei Tadeusz Hołówko und dem Direktor des „Instituts für Sozialwirtschaft“ (IGS) Ludwik Krzywicki, unter dessen Leitung 1922 erste Studien zur Sozial- und Wirtschaftsverfassung der Sowjetunion veröffentlicht wurden.[539]

Programmatisches Ziel war die Propagierung der Eigenständigkeit der im russischen Reich unterdrückten Völker, die nunmehr im Sowjetreich wiederum an ihrer nationalen Entwicklung gehindert wurden. Ihre Ziele sollten in Polen und im Ausland propagiert werden. Die Völkerschaften wurden in verschiedenen Sektionen gegliedert, wobei eine eigene polnische Sektion unter Leitung von Hołówko eine Art Führungsfunktion wahrnahm. Die Vereinigung machte das Wochenblatt „Przymierze“ (Bündnis), das als „unabhängige Zeitschrift der befreiten Völker“ bereits seit August 1920 erschien, zu ihrem Organ. Leitender Redakteur war Stanisław Siedlecki in enger Zusammenarbeit mit Wakar.[540] In einem programmatischen Artikel umriss Wakar die Aufgaben und Ziele der Verbandes als Propagierung des föderalen Gedankens, in dem eben nicht nationaler Egoismus und Maximalismus zur Erreichung der eigenen Zielstellung führt, sondern nur gemeinsames Handeln und Kooperation den Erfolg bringt und der liegt einzig und allein in der Zerstörung des russischen Imperialismus als dem allgemeinen Feind.[541] Wenn dieses Konzept auf den gemeinsamen Kampf Polens mit eigenständigen Völkern gegen das übermächtige Russland setzte, so musste der Frieden von Riga als große politische Niederlage empfunden werden, wurden dadurch doch die potentiellen Partner, vor allem die Ukrainer, in ihrem Befreiungskampf im Stich gelassen, ja geradezu verraten. Das wog umso schwerer, als es im Prometheismus nicht nur um die Unterstützung und Förderung der nationalen Bewegungen im Kampf gegen Russland ging, sondern in der Zusammenarbeit mit den nichtrussischen nationalen Bewegungen ein wesentlicher Faktor der Sicherung polnischer Staatlichkeit und schließlich der Etablierung Polens als überregionaler Machtfaktor gesehen wurde. Dementsprechend skeptisch äußerte sich Hołówko im „Przymierze“ über den erreichten Status quo,[542] und der politische Verlauf sollte sich auch negativ auf die prometheistischen Aktivitäten auswirken.

Riga folgte dem politischen Pragmatismus des nationalstaatlichen Konzeptes und war wohl der deutlichste Abschied vom föderalen Gedanken. Dennoch blieben die Schwierigkeiten des Umgangs mit den nationalen Bewegungen im Lande, vor allem der ukrainischen nunmehr in Gestalt der Minderheitenfrage, und die Tatsache der Bedrohung durch den östlichen Nachbarn als Grundprobleme erhalten und ließen dem Prometheismus auch weiterhin hinlänglich Bewegungsspielraum. Zunächst jedoch beendete der Verband 1923 relativ ergebnislos seine Arbeit, die Zeitschrift „Przymierze“ wurde bereits im November 1921 eingestellt. Im Juni 1921 hatte Konstanty Skirmunt die Leitung des polnischen Außenministeriums über-

539 Rosja Sowiecka.
540 Mikulicz: Prometeizm, S. 201.
541 Wakar: Z czym idziemy?, S. 4.
542 Hołówko: Skutki w pokoju w Rydze, S. 3–5.

nommen. Er kam aus dem Lager des Pariser „Polnischen Nationalkomitees" und hatte keinerlei Verständnis für die nationalen Bewegungen östlich von Polen, sondern sah allein in einer Normalisierung der Beziehungen zu Sowjetrussland einen Ausweg für die außenpolitischen Probleme des jungen polnischen Staates und diesem Prozess könnten engere Beziehungen zu nationalen Bewegungen auf dem Territorium des Nachbarn nur schaden, die er zudem für unrealistisch hielt. 1923 trat Piłsudski als Chef des Generalstabes zurück, womit dann auch von Seiten des Militärs und vor allem des Abteilung II die nötige Förderung ausblieb.[543]

Die Gründung des ZZNO durch einflussreiche Politiker und Publizisten war sicher eine ambitionierte Handlung zur Fortführung und Weiterentwicklung eines polnischen föderalen Gedankens, ist aber über das Stadium einer Positionierung nicht sichtbar hinausgekommen. Das änderte sich erst mit dem Mai-Umsturz und der Rückkehr Piłsudskis an die Staatsmacht. Bis dahin konnten sich wichtige Funktionäre des Piłsudski-Lagers und Aktivisten des Prometheismus wie Tadeusz Schaetzel, Juliusz Łukasiewicz, Roman Knoll, Wacław Jędrzejewicz und Tadeusz Hołówko im Außenministerium und im Geheimdienst etablieren und wichtige Funktionen, wie etwa des Leiters der Ostabteilung oder der Abteilung II des Generalstabes, übernehmen. Gerade die Ostabteilung des MSZ, deren Gründung maßgeblich von Leon Wasilewski betrieben wurde, spielte bei den Initiativen zur Osteuropaforschung immer eine leitende Rolle und hatte mit einem eigenen sowjetischen Referat eine Art Organisationszentrum für diese Aktivitäten geschaffen.[544] Hołówko war 1925 in das Zentrum des Prometheismus nach Paris gereist und hatte dort direkte Beziehungen aufgenommen. Im selben Jahr wurde die „Prometheistische Liga" (Prometejska Liga) als internationale Organisation mit Filialen in europäischen Hauptstädten gegründet, die die Arbeit der Emigranten koordinieren sollte. Zu ihrem Präsidenten wurde der ukrainische Professor für Slawische Philologie an der Universität Warschau Roman Smał-Stocki gewählt.

Bei all diesen Aktivitäten waren polnische Diplomaten und Politiker involviert. Neben der Tatsache der größeren Entfaltungsmöglichkeiten für die Aktivisten des Prometheismus durch den Mai-Umsturz hatten sich bis dahin auch die Perspektiven über Möglichkeiten und Grenzen dieser Politik verändert. Nach dem Friedensschluss von Riga, dem Sieg des Bolschewismus im Bürgerkrieg und der Gründung der UdSSR musste man von einer gewissen Stabilität des Systems ausgehen, zumindest jedoch damit rechnen, mit der Sowjetunion als Nachbar eine Zeit lang leben zu müssen. Das änderte zwar nichts an den Grundsätzen des Prometheismus, stellte ihn jedoch auf eine eher strategische Linie ein, die eine intensivere Organisierung der Arbeit in der nationalen Frage erforderte und damit verbunden eine Institutionalisierung des Wissens um die Situation in der Sowjetunion und seine Publizierung.[545] Eine Positionierung Polens als Schnittstelle nationaler Bewegungen im Osten und bestimmender Faktor im Kampf gegen die Sowjetunion konnte nur erreicht werden, wenn in und durch Polen auch eine organisatorische Zusammenfassung dieser Kräfte und die Möglichkeiten ihrer Ausbildung und publizistischen Entfaltung erfolgte. Diesen Erfordernissen war zwar durch die Gründung des „Forschungsinstituts für Nationalitätenfragen" (Instytut Badań Spraw Narodowościowych, IBSN) 1921 in Warschau in gewisser

543 Kornat: W kręgu, S. 358.
544 Ders.: Bolszewizm, 1, S. 76–79.
545 Schattkowsky: Prometheismus.

Weise entsprochen worden, nur konzentrierte man sich hier unter dem Direktorat von Hołówko auf die Problemlagen der nationalen Minderheiten im Lande und auf ihre Repräsentation gegenüber dem Ausland, vor allem dem Völkerbund. Es ging jetzt jedoch um weit mehr. Für den aufgelösten ZZNO als Organisationszentrum der Immigration aus der Sowjetunion war bisher kein Ersatz geschaffen; auch fehlte es, wie es der polnische Diplomat Juliusz Łukasiewicz formulierte, allgemein an einer wissenschaftlichen Erforschung des Ostens, dem ein wachsendes Interesse Polens an den östlichen Regionen gegenüberstehen würde, weswegen man unbedingt ein Institut brauche, das Personal für die Arbeit im Osten ausbilden kann.[546] Im September 1925 kam es dann zur Gründung des „Ost-Instituts“ in Warschau in der Form eines unabhängigen Vereins mit dem Recht einer Privatschule und dem Ziel „der Erforschung des gegenwärtigen Lebens der östlichen Völker und Staaten und dem Bekanntmachen Polens mit dem Osten“[547]. In der programmatischen Erklärung zur Gründung des Instituts, unterschrieben unter anderem von Hołówko, Stanisław Korwin-Pawłowski und Siedlecki, wurde unterstrichen, dass Wissensstand, Forschung und Sprachkenntnisse über die Völker und Länder östlich von Polen in keinem Verhältnis zu den durch die internationale Situation Polens gegebenen Notwendigkeiten stehen würden und ein Institut zur Forschung und Bildung über den Osten absolut notwendig sei, denn: „Alle großen Staaten besitzen zahlreiche Ostkundeinstitute. In Paris, in London, in Berlin und Moskau existieren eine ganze Reihe“.[548]

2.2.2 Funktion

Nach der formalen Gründung des Vereins als Träger dauerte es jedoch noch über ein Jahr bis am 12. März 1926 die Statuten des Instituts verabschiedet und eine Leitung gewählt wurde.[549] Das Gründungsdokument unterschrieben hochrangige Vertreter aus Politik und Wissenschaft mit Hołówko an der Spitze.[550] Zum Präsidenten wurde der PPS-Politiker und Piłsudski-Vertraute Senator Stanisław Siedlecki gewählt, der als einer der Organisatoren des Projektes eines Ost-Instituts führender Verfechter des Prometheismus war und die Erfahrungen aus dem ZZNO einbrachte. Ganz auf der Linie von Wasilewski und Hołówko setzte er sich für die Unabhängigkeit der Ukraine und Weißrusslands ein, in enger Partnerschaft mit Polen als gemeinsamem Gegenpol zur Sowjetunion.[551] Die Position des Generalsekretärs übernahm Stanisław Korwin-Pawłowski, der 1922 den „Polnisch-Asiatischen Verein“ (Towarzystwo Polsko-Azjatycki) gegründet hatte und über gute Beziehungen zu muslimischen Ländern verfügte.[552] In die Leitung des IW wurden Vertreter des MSZ und der Abteilung II kooptiert.[553]

---

546 Kornat: W kręgu, S. 368.
547 Wschód 1930, 1, S. 29.
548 Text ist abgedruckt als Aneks VI bei Maj: Działalność, S. 238f.
549 Maj: Instytut, S. 141.
550 Werschler: Z dziejów, S. 228.
551 Siedlecki: Polskie zagadnienie wschodnie, S. 4.
552 Maj: Działalność, S. 31; Korwin, Stanisław: Wspomnienia.
553 Maj: Działalność, S. 36.

Mit der Anerkennung der Rechtsfähigkeit am 10. März 1928 und der offiziellen Bestätigung der Statuten des IW erfolgte auch eine relativ sichere Finanzierung durch das Bildungsministerium, das MSZ, das Innenministerium und den Generalstab.[554] Bis dahin war die Frage der Finanzierung wesentlich ungeklärt und die Existenz des IW gefährdet. Es gab keinen sicheren Etat und das Institut war auf Zuwendungen aus Industrie und privater Hand angewiesen. Das änderte sich erst Ende der 20er-Jahre mit einer festeren Orientierung auf den Prometheismus der führenden politischen Ebenen. Vor allem die engere Koordinierung des MSZ mit der Abteilung II schuf hier neue Möglichkeiten. Innerhalb des Geheimdienstes wurde mit der „Ekspozytura 2“ eine eigene Abteilung unter der Leitung von Edmund Charaszkiewicz geschaffen, die ausschließlich für die prometheistische Arbeit zuständig war und mit entsprechenden Mitteln agieren konnte,[555] von denen das IW ganz wesentlich profitierte. Ihm wurde durch die „Ekspozytura“ eine Schlüsselrolle in der prometheistischen Arbeit zugewiesen.[556]

Das Statut bezeichnete als Ziel der Arbeit des IW „das Studium der östlichen Länder und Völker sowie die Verbreitung von Wissen über sie besonders im Bereich der Sprache, der Geographie, der Kulturgeschichte und politischen Geschichte“. Unter östlichen Ländern waren dabei alle Länder östlich der Grenze des polnischen Staates zu verstehen. Dazu sollte das IW Literatur in einer Bibliothek sammeln, Vorträge organisieren und Schulungen durchführen.[557] Trotzdem Siedlecki auf der Hauptversammlung der Gründungsmitglieder am 10. Dezember 1928 die Aufgabenstellung erläuterte und die Notwendigkeit der Förderung der Freundschaft zwischen den Völkern sowie die Schlüsselrolle Polens bei der Sammlung von Wissen über die Völker des Ostens betonte,[558] blieben Gegenstand und Aufgabe des IW doch insgesamt schwammig und machten einen recht ungeordneten Eindruck. Ein geschlossenes Ausbildungsformat oder gar schlüssiges Forschungskonzept war nicht erkennbar. Es gab keine Hinweise darauf, wie das Institut mit seinen deutlich begrenzten Kapazitäten an Personal und Finanzen den riesigen geographischen Raum bewältigen wollte. Einhergehend mit einer allgemeinen Unzufriedenheit im IW und offensichtlichen Kompetenzstreitigkeiten trat Korwin-Pawłowski auf Druck Hołówkos und des Leiters der Abteilung II, Tadeusz Schaetzel, 1930 zurück.[559] An seine Stelle kam der Historiker und Ukrainespezialist, der Professor der Universität Lwów Olgierd Górka.

Górka wurde zudem Direktor der im November 1931 gegründeten „Schule für Ostkunde“ am Institut. Eine Schulung in Sprache und Landeskunde des europäischen, aber ebenso des Nahen und Fernen Ostens gab es bereits seit 1928. Sie hatte jedoch keineswegs den Charakter eines Studiums. Ein stringentes Studienprogramm konnte nicht umgesetzt werden. Das lag auch daran, dass es einfach schwierig war, kompetentes Personal für die Ausbildung zu bekommen. Gerade was den Fernen und Nahen Osten anging, reichte das Reservoir ausgebildeter Wissenschaftler an den Hochschulen und Universitäten nicht aus und die Lehrenden

554 Wschód-Orient 1933, 7, S. 90.
555 Pepłoński: Wywiad polski, S. 29f.
556 Maj: Działalność, S. 45f.
557 Das Statut ist abgedruckt als Aneks III bei Maj: Działalność, S. 223–228.
558 Abgedruckt als Aneks X bei Maj: Działalność, S. 251–253.
559 Korwin, Stanisław: Wspomnienia, t. 2, S. 51; Maj: Działalność, S. 40, 55.

aus den Reihen der Emigranten konnten die Lücke nicht füllen. Die Anstrengungen zur Realisierung eines Studiums trafen dann auch auf enorme Kritik aus akademischen Kreisen, die prinzipiell die Ausbildungskompetenz der Schule bezweifelten.[560] Das Diplomstudium dauerte drei Jahre und deckte die Bereiche des europäischen Ostens und des Nahen sowie Fernen Ostens ab. Es ging neben der Sprachvermittlung um landeskundliches Wissen und aktuelle Probleme der politischen Entwicklung. Oskar Halecki gab Vorlesungen zu „Polen und der Osten“, Ludwik Kolankowski zu den Tataren, Mojżesz Schorr zu arabischer Literatur, Jan Jaworski zu China, um nur die bekanntesten Experten zu nennen. Zusammen mit Diplomaten, führenden Vertretern des Exils und anderen Kapazitäten der Universität Warschau, wie Marceli Handelsman und Stanisław Arnold, gestalteten sie auch Vorträge über die Länder des Ostens für die Öffentlichkeit.[561] Im Studienjahr 1936/37 unterrichteten 18 Lehrende 80 Studenten, unter denen sich eine Reihe von Offizieren befand, die sich zu Fragen des Nahen und Fernen Ostens qualifizieren sollten. Deren Anwesenheit sicherte zwar die Finanzierung durch die Abteilung II, konnte aber die allgemeinen Existenzprobleme der Hochschule nicht beseitigen.[562]

Zu den strukturbestimmenden und programmatischen Aufgaben des IW gehörte neben der Bildung die Organisierung der Immigration. Hierzu arbeitete das IW eng mit der Warschauer Filiale der „Prometheistischen Liga“ zusammen. Ebenso eng waren die Kontakte zum IBSN und zum „Ukrainischen Forschungsinstitut“ (Ukraiński Instytut Naukowy, UIN). Es herrschte ein reger Austausch von Referenten und Publikationsmöglichkeiten vor und man organisierte gemeinsame Veranstaltungen. Es wurden Freundschaftsvereine gegründet (der polnisch-japanische, polnisch-chinesische, polnisch-kaukasische, polnisch-türkische, polnisch-ungarische, polnisch-iranische oder polnisch-jugoslawische), die im IW ihre Veranstaltungen durchführten.[563] Ab 1933 unterstanden sie jedoch unmittelbar der Ostabteilung des MSZ in enger Koordination mit der „Ekspozytura 2“.[564]

Offiziere des Geheimdienstes leiteten die 1927 gegründete Bibliothek. Zunächst konzentrierte sich die Arbeit auf die Sammlung von Informationen über den Osten durch Regionalabteilungen, ohne dabei eine Spezifik erkennen zu lassen. Übersetzungen wurden angefertigt, Auskünfte gegeben und Kontakte geknüpft. Der Bibliothek wurde eine zentrale Funktion in der Erfassung der orientalischen Literatur in Polen zugewiesen. Innerhalb weniger Jahre gelang es, eine achtbare Sammlung von Büchern und Schriftstücken zu Fragen des Ostens zusammenzustellen, vor allem durch Schenkungen und die Übernahme von Nachlässen. Zu den wissenschaftlichen Aufgaben gehörten die Erstellung einer Bibliographie zur Thematik des Ostens in polnischer Sprache, die Anfertigung von Biographien polnischer Orientalisten sowie die Transkription kaukasischer Sprachen.[565]

Zu einem ganz wesentlichen Element der Tätigkeit des IW entwickelte sich der 1928/29 gegründete „Orientalistische Zirkel der Jugend“ (Orientalistyczne Koło Młodych, OKM).[566] Er

560 Korwin, Stanisław: Wspomnienia, t. 2, S. 41.
561 Wschód 1932, 7–8, S. 136; ebenda 1933, 6, S. 97.
562 Maj: Działalność, S. 92–96.
563 Wschód-Orient 1933, 1, S. 98.
564 Maj: Działalność, S. 79ff.
565 Korwin, Stanisław: Wspomnienia,, t. 2, S. 39.
566 Wschód 1930, 12, S. 31.

war zwar formal eine selbständige Organisation, aber praktisch Bestandteil des IW und persönlich gefördert durch den Generalsekretär des Instituts Korwin-Pawłowski.[567] Charakter und Zielstellung des OKM entsprachen völlig dem Grundanliegen des Prometheismus, der in der organisatorischen Erfassung und Ausbildung der jungen Generation von Emigranten aus der Sowjetunion eine seiner vornehmlichen Aufgaben sah, denn diese würden die Zukunft selbständiger Staaten auf dem Territorium des russischen Reiches gestalten und durch ihre Ausbildung in Polen in späteren Führungspositionen souveräner Staaten einen Faktor fester Beziehungen bilden.[568] In seiner Zielstellung,[569] das Wissen der Jugend über den Osten im Sinne des prometheistischen Gedankens[570] zu vertiefen, entfaltete der OKM von Anfang an eine breite Palette von Initiativen und entwickelte sich unter der Leitung seines Vorsitzenden Włodzimierz Bączkowski zu einer Art Parallelinstitut für die junge Generation. Zunächst war der OKM jedoch nicht unwesentlich in den inneren Konflikt des IW involviert und Bączkowski dürfte durch seine Kritik an der Konzeptionslosigkeit des Generalsekretärs zum Rücktritt Korwin-Pawłowskis beigetragen haben.

In einer Grundsatzerklärung vom 10. Oktober 1931 erläutert Bączkowski die Aufgabenstellungen des OKM und setzt die regionalen Eckpunkte in Asien und Osteuropa, wo die Völker der brüderlichen Unterstützung im Kampf gegen den russischen Imperialismus bedürfen. Aber auch im Nahen und Fernen Osten leben friedliche und unterdrückte Völker, die durch die Sicht auf eine gemeinsame Gefahr „instinktive Freunde Polens" sind. Zu den Grundsätzen der polnischen Politik gehört die „moralische Idee" der Hilfe und Zusammenarbeit mit diesen Völkern. „Wir, die junge Generation, sehen die ethischen und wirtschaftlichen Ruine der kapitalistischen Welt und glauben fest an die Notwendigkeit der Änderung der politischen Ordnung."[571] Dieser radikale Impetus war wohl eher eine Reaktion auf die Weltwirtschaftskrise als ein politisches Programm. Dennoch, wohl auch im Zusammenhang mit der Krise im IW, schenkte der Geheimdienst, allerdings von Anfang an involviert, dem OKM noch mehr Aufmerksamkeit. Der Leiter der „Ekspozytura 2" Charaszkiewicz widmete sich persönlich seiner Arbeit und übernahm die Position des Kurators in engster Abstimmung mit Bączkowski, der über den OKM hinaus auch über die Tätigkeit des IW berichtete.[572]

Zunächst ging es darum, ein Netzwerk zu schaffen, um vor allem unter der akademischen Jugend den prometheistischen Gedanken zu verbreiten. Dazu wurden Außenstellen des OKM in Prag, Paris und Harbin, aber auch in polnischen Universitätsstädten geschaffen. Ein erster Höhepunkt der Arbeit war die Ausrichtung eines Kongresses des OKM in Warschau im Gebäude des IW am 15. und 16. Mai 1932.[573] Hier waren alle führenden Vertreter des Prometheismus und des IW zugegen und der OKM ließ sich als führende Jugendorganisation des Prometheismus bestätigen. Im Mittelpunkt der Referate und Debatten standen die Völker der Sowjetunion und ihr Kampf um eine nationale Selbständigkeit. Hier wiederum nahm die Ukraine eine hervorgehobene Stellung ein. In den Vorträgen und Diskussionen mit den Delegationen der Emigranten stand die Notwendigkeit der Herstellung der staatlichen

567 Bączkowski: Karta XIX, S. 118.
568 Maj: Instytut, S. 141f.
569 Das Statut ist abgedruckt als Aneks IV bei Maj: Działalność, S. 229–234.
570 Z życia Orientalistycznego Koła Młodych, in: Wschód-Orient 1936, 4, S. 63.
571 Abgedruckt als Aneks VII bei Maj: Działalność, S. 240f.
572 Ebenda, S. 102–104.
573 Wschód 1932, 3–4, S. 107–113.

Souveränität dieser Völker auf dem Territorium der Sowjetunion im Vordergrund. Polen kam dabei eine besondere Rolle als Koordinator und Unterstützer zu, weil es auf der Grundlage seiner historischen Erfahrungen am meisten daran interessiert war, durch seine Lage zwischen Deutschland und Russland mit diesen Völkern friedlich zusammenzuleben, und im gemeinsamen Handeln durch eine politische Offensive seine alte Rolle als Großmacht zurückgewinnt.[574]

Die inhaltliche Schwerpunktsetzung des Kongresses verwundert etwas, denn der OKM erschien zunächst sehr stark auf den Nahen und Fernen Osten fixiert, doch die Frage der Nationalitäten auf dem Territorium der Sowjetunion spielte von Anfang an eine große Rolle. Bereits im September 1931 wurde eine eigene „Sowjetologische Sektion" als eine der ersten Abteilungen des OKM geschaffen und damit auch der Begriff der „Sowjetologie" im polnischen Vergleich wohl am frühesten benutzt. Diese Sektion sollte in enger Zusammenarbeit mit Repräsentanten der durch das zaristische und sowjetische Russland unterdrückten Völker Gesellschaft, Politik und Wirtschaft der Sowjetunion kennenlernen. Es gehe darum, ein Zentrum zum Studium des sowjetischen Staates zu schaffen, wie sie in Deutschland, den USA und Japan schon existierten. Dazu waren schon 25 Veranstaltungen organisiert worden mit Vorträgen zu Nationalitätenfragen, der Entwicklung der Wirtschaft (Stanisław Glass) und der Bedeutung der Ukraine für die Sowjetunion.[575] Ein Einfluss der „Ekspozytura 2" auf diese inhaltliche Ausrichtung ist wahrscheinlich. Charaszkiewicz hatte bereits 1930 ein Treffen zwischen dem OKM und Vertretern der ukrainischen Jugend arrangiert. Diese Aktivitäten der Zusammenarbeit nahmen sichtbar zu und konzentrierten sich bald bei Bączkowski. Er sorgte dafür, dass ukrainische und kaukasische Exilanten in der Vorstand des OKM übernommen wurden, zudem wurden ihm alsbald auch alle Belange der Nationalitätenfragen im IW übertragen.[576] Neben der Frage der Ukrainer als östliche Nachbarn und größte Minderheit in Polen maß man dem Kaukasus am ehesten nationales Potential zu, das sich gegen die Konstruktion der Sowjetunion stellen könnte.[577]

Nach dem polnisch-sowjetischen Nichtangriffsabkommen zog sich die offizielle Politik in Gestalt des Außenministeriums zwar aus der Arbeit des IW und auch des OKM zurück, was aber eher dazu beitrug, die Zusammenarbeit mit der „Ekspozytura 2" zu intensivieren. Ab 1934 konnte sich der OKM wieder voll entfalten und in der zweiten Hälfte der 30er-Jahre nahm das Interesse an der Sowjetunion weiter zu. Themen der Nationalitätenpolitik und der Außenpolitik gegenüber dem östlichen Nachbarn dominierten und die Kooperation mit dem UIN wurde durch die Veranstaltung gemeinsamer Vorlesungen zu Geschichte und Fragen der aktuellen Politik in der Ukraine ausgebaut.[578] Weiterhin hielt man aber ein eher defensives Vorgehen für opportun und nahm die sowjetologische Sektion aus dem Programm. Daraus wurde 1935 eine „ideologische Sektion", die sich mit weltanschaulichen Fragen zu beschäftigen hatte und praktisch ausschließlich den Prometheismus propagierte. Es wurden

574 Gasimov: Der Antikommunismus, S. 24ff.
575 Wschód 1932, 7–8, S. 136f.
576 Maj: Działalność, S. 111–115.
577 Bączkowski: Karta XIX, S. 121.
578 Wschód-Orient 1935, 17–18, S. 194.

Vorträge organisiert, die sich mit der Nationalitätenpolitik der UdSSR befassten, ihren antinationalen und imperialen Charakter herausstellten und Aufgaben der Minderheiten in Polen im Kampf um die Befreiung der Völker der Sowjetunion formulierten.[579]

Der Leiter der Sektion Tadeusz Radwański präsentierte den Prometheismus in neuer Schärfe und vergleichsweise aggressiv: Der Prometheismus ist die historische Verpflichtung Polens im Osten, mit allen expansiven und politischen Kräften die Ideale der Freiheit zu vertreten. Es ist die politische Staatsdoktrin und geopolitische Notwendigkeit, den Kampf gegen Russland mit allen Mitteln zu führen und in diesem Kampf steht Polen an vorderster Front. Gegen die Moskauer Macht des „Panrussismus und Panbolschewismus", die alle bedroht, kann Polen nur zusammen mit den unterdrückten Völkern des Ostens bestehen.[580] Nur der Block der Länder zwischen Baltikum und Schwarzem Meer unter maßgeblicher Beteiligung Polens kann der Aggressivität und dem ständig wachsenden Kriegspotential der Sowjetunion widerstehen.[581] Diese Offensive des Prometheismus verbunden mit einer Intensivierung der Zusammenarbeit mit den Exilantengruppen hatte Mitte der 30er-Jahre die volle Rückendeckung der Politik und stellte den funktionalen Höhepunkt des IW und vor allem des OKM dar.

2.2.3 Publizistik

Die rege Publikationstätigkeit des IW erfolgte durch einen eigenen Verlag und verschiedene Zeitschriften. In diesen Zeitschriften bildete sich der Hauptteil der Forschungstätigkeit des Instituts ab. Zunächst war es das „Biuletyn Instytutu Wschodniego" (Bulletin des Ost-Instituts), von dem jedoch 1928/29 nur zwei Nummern erschienen. Es war auch eher für den regierungsinternen Gebrauch gedacht, enthielt zwar einige Abhandlungen zu Problemen der Entwicklung in China, informierte aber vor allem über die Tätigkeit des IW. Im Verlag veröffentlichten Ludwik Widerszal, Marceli Handelsman und Włodzimierz Bączkowski,[582] die auch persönlich hochgradig in der Arbeit des Instituts involviert waren; aber vor allem war er eine Plattform für Autoren der Emigration.[583]

Zum wichtigsten Publikationsorgan wurde die Zeitschrift „Wschód" (Osten). 1930 wurde sie federführend auf Initiative der Ostabteilung des MSZ formal als „Organ der polnischen Jugend zu Fragen der freundschaftlichen Annäherung und sich Bekanntmachen mit den Völkern des Nahen und Fernen Ostens" gegründet. Ihre Bedeutung ging jedoch weit über die Anbindung an den OKM hinaus und sie war das eigentliche Organ des IW. Das MSZ sah in der Zeitschrift die Weiterführung der Anfang der 20er-Jahre herausgegeben Zeitschriften „Przymierze", „Wschód Polski"[584] und „Głos Wschodu", die als ausgesprochene Blätter des Piłsudski-Lagers den Prometheismus propagiert hatten und zusammen mit dem föderalen Gedanken untergegangen waren. In diesem Sinne artikulierte das MSZ die Aufgabenstellung der Zeitschrift auch als die Propagierung der Rolle Polens als Helfer der Befreiung von der

579 Ebenda 1936, 3, S. 99.

580 Radwański: Idea prometejska. Vgl. dazu auch die Polemik Bączkowskis mit den moskalophilen Kräften in Polen „Prometeizm polski a idea słowiańska".

581 Radwański: Potencjal wojenny Z.S.S.R.

582 Kornat: W kręgu, S. 376.

583 Bibliographische Angaben bei Maj: Działalność, S. 66f.

584 Kornat: Bolszewizm, 1, S. 113f.

russischen Unterdrückung.[585] Im redaktionellen Begrüßungsartikel des „Wschód“ wurde die kaukasisch-asiatische Dimension des Ostens in polnischer, englischer und französischer Sprache explizit formuliert und die Zeitschrift in den Dienst der Verständigung und Freundschaft mit der Jugend der asiatischen Staaten gestellt.[586] Die ersten Nummern werden redaktionell von Jerzy Giedroyc geleitet und Bączkowski fungierte als Herausgeber.[587] Ab 1932 erscheint die Zeitschrift dann unter dem Namen „Wschód-Orient“ als Vierteljahresschrift mit Bączkowski als Chefredakteur. Für die Sicherung der ideologischen Linie des Prometheismus sorgten die Artikel von Bączkowski, Glass, Górka und Jędrzejewicz, aber auch Charaszkiewicz publizierte unter dem Pseudonym E. Wiśniowski und stand inhaltlich wie finanziell für die enge Bindung an die „Ekspozytura 2“.

Die Zeitschrift bot Autoren des Exils breiten Raum und war hier sehr offen. Themen der nationalen Entwicklung und der Nationalitätenpolitik sowie der Situation in der Sowjetunion dominierten inhaltlich, aber auch Möglichkeiten der wirtschaftlichen Zusammenarbeit mit dem östlichen Nachbarn wurden beleuchtet und das kulturelle Leben berücksichtigt. In seiner antisowjetischen Positionierung war der „Wschód“ eindeutig und orientierte sich dabei an der Kontinuitätsthese der Sowjetherrschaft als evolutionäres Produkt des russischen imperialen Autoritarismus.[588] Der Vertrieb der Zeitschrift erfolgte vor allem über das Netzwerk des OKM und die polnischen diplomatischen Vertretungen. Die Wirkung war begrenzt und die Schwierigkeiten der Vermittlung des prometheistischen Gedankens im OKM durchaus erkannt. In einem Artikel aus dem Jahre 1935, der ein gewisses Resümee der Arbeit des OKM zieht, beklagte der Autor eine Grundstimmung in der Jugend der östlichen Völker, die ein Verständnis der wahren Probleme des Ostens in Polen bezweifelt. Auch die selbst zugeschriebene Rolle Polens bei den östlichen Völkern fände keine Akzeptanz. Die dominante Rolle würde beim Westen gesehen, der auch über die Stellung Polens entschiede.[589] In dieser Reaktion zeigte sich besonders deutlich das Missverständnis und der genetische Fehler des Prometheismus, der durch die Befürwortung und Förderung der nationalen Bewegungen den nationalistischen Gedanken der nichtstaatlichen Völker unterstützte, welcher in der Konsequenz seiner Entwicklung den Prometheismus aber ablehnen musste. Genau das ist dann auch der Hauptangriffspunkt der politischen Gegner in Polen, vor allem in Gestalt der Nationaldemokratie, die im Prometheismus und damit in der Tätigkeit der IW eine unrealistische und letztlich für Polen schädliche und gefährliche Schwärmerei sahen. Der „Wschód“ war deshalb einigen Anfeindungen ausgesetzt. So beklagte der Chefredakteur der Nationaldemokratischen Zeitschrift „Myśl Narodowa“, dass der „Wschód“ und der OKM zwar den ukrainischen Patriotismus vertreten, aber in der ganzen Zeitschrift kein polnischer Patriotismus zu finden sei.[590]

1932 gründete Bączkowski zusammen Piotr Dunin-Borkowski, der 1927/28 Lwówer Wojewode war, die Wochenschrift „Biuletyn Polsko-Ukraiński“ (Polnisch-Ukrainisches Bulletin, BPU), die sich speziell der ukrainischen Frage und dem Problem der Ukrainer in

585 Maj: Działalność, S. 127.
586 Wschód 1930, 1, S. 1–4.
587 Giedroyc: Autobiografia, S. 47.
588 Gasimov: Der Antikommunismus, S. 21ff.
589 Peda: W urzeczywistnianiu idei O.K.M.
590 Bączkowski: Na marginesie glosów o „Wschodzie“, bes. S. 77; Ders.: Dwutygodnikowi „Zet“ w odpowiedzi.

Polen zuwandte. Die Zeitschrift sah sich als ein geistig-politisches Erbe Tadeusz Hołówkos und zu den ersten Autoren gehörte Leon Wasilewski. Nach der aus finanziellen Gründen notwendig gewordenen Zusammenlegung beider Zeitschriften in einer Redaktion und der Vereinnahmung der ebenfalls von Bączkowski herausgegeben Zeitschrift „Myśl Polska“ entwickelte sich das BPU zum wichtigsten Sprachrohr der polnisch-ukrainischen Beziehungen und des Prometheismus allgemein und bot ukrainischen Aktivisten einen breiten Rahmen publizistischer Tätigkeit. Die Konzentration auf diese Thematik war ministeriell offensichtlich gewollt und zeigte sich vor allem in der finanziellen Benachteiligung des „Wschód-Orient“ gegenüber dem BPU. Inwieweit inhaltliche Unstimmigkeiten oder Kompetenzen in den Ministerien dabei eine Rolle spielten oder es einfach nur eine Frage des Geldes war, ist nicht recht klar. Im Juni 1933 wurde das Blatt vom neu gegründeten „Towarzystwo Polsko-Ukraińskie“ (Polnisch-Ukrainischer Verband) übernommen, dem Siedlecki vorstand[591] und der eng mit dem IBSN und dem UIN zusammenarbeitete. Die Konzeption des Publikationsorgans war auf die Forderung nach der Schaffung eines eigenständigen ukrainischen Staates östlich des Dnepr mit Kiew als Hauptstadt in enger Bindung an Polen sowie auf den Kampf gegen den Kommunismus und das „Moskalophilentum“ unter den Ukrainern ausgerichtet.[592] Gegenstand der Artikel waren somit historisch-politische Abhandlungen über die Ukraine und die polnisch-ukrainischen Beziehungen, vor allem jedoch Analysen der Situation in der Sowjetukraine. Einen besonderen Raum nahm auch die Stellung der ukrainischen Minderheit in Polen ein, verbunden mit der Forderung einer staatlichen Minderheitenpolitik, die eine Kulturautonomie sicherte.[593] Wie schon dem „Wschód“ brachte die eindeutig proukrainische Position dem BPU reichlich Kritik von nationaldemokratischer Seite und rechten Gruppierungen ein, die sich in den entsprechenden Zeitschriften wie „Pax“ oder „Zet“ artikulierte,[594] und rückte das Blatt zunehmend in den Fokus staatlicher Stellen, die den Prometheismus ablehnten.

2.2.4 Konflikte

Für das IW waren nicht nur die zäsuralen außenpolitischen Entscheidungen der Zweiten Republik wichtig, wie die Nichtangriffspakte mit der Sowjetunion und Deutschland oder Regierungswechsel bzw. personelle Veränderungen in der Administration, allein die Präsenz seiner Protagonisten war entscheidend. Mit dem Tod von Hołówko 1931 und Piłsudskis 1935 sowie Wasilewskis 1936 hatte das IW faktisch seine politische Lebensversicherung verloren. Es gab zwar immer wichtige Befürworter, aber das IW war doch nie zu einem festen und unabdingbaren Teil des Systems geworden. Die wechselhafte Konjunktur des Prometheismus als ideologisches Fundament und Daseinsberechtigung endete spätestens mit der Herrschaft der Obristen nach der Piłsudski-Ära, die mit der endgültigen Orientierung auf die polnisch-nationale Lösung des Minderheitenproblems verbunden war.

Das erste Opfer war die finanziell permanent schwindsüchtige Hochschule am IW. Schon Anfang 1935 gab es unübersehbare Anzeichen dafür, dass sich das Ministerium für Religion und öffentliche Bildung (MWRiOP) als wichtigster Geldgeber der Hochschule aus der

591 Walkowiak: „Biuletyn Polsko-Ukraiński“, S. 106f.
592 Bączkowski: Karta XIX, S. 116.
593 Ebenda XXI, S. 4–31.
594 Walkowiak: „Biuletyn Polsko-Ukraiński“, S. 114.

Finanzierung des IW zurückziehen will. 1937 folgte der Angriff auf das BPU als inzwischen wichtigstes Publikationsorgan des IW im Zusammenhang mit der Zuspitzung des Minderheitenkonfliktes im Osten des Landes, der den Einfluss des Militärs erhöhte und eine Politik der Verständigung mit den Ukrainern nunmehr völlig ausschloss. 1938 zog sich das MWRiOP völlig aus der Finanzierung der Hochschule zurück und das MSZ forderte ihre Schließung. Im gleichen Jahr stellte auch das BPU sein Erscheinen ein. Das Biuletyn verfocht in der publizistischen Landschaft Polens am entschiedensten das Konzept einer unabhängigen Ukraine und einer ukrainisch-polnischen (Schicksals-)Gemeinschaft.[595] Das erregte zunehmend Missfallen in bestimmten Kreisen der Sanacja und der Abteilung II. Aber auch die lokalen Behörden in den Kresy, Kirche und Militär meldeten Protest an. Bączkowski und die Gruppe, die sich um das „Biuletyn Polsko-Ukraiński" gebildet hatte, gerieten unter enormen Druck und die publizistischen Beiträge unterlagen zunehmend der Kontrolle durch den Geheimdienst.[596] Ende 1938 schließlich wurde die weitere finanzielle Unterstützung abgelehnt. An ihrer statt erschien nun die Monatszeitschrift „Problemy Europy Wschodniej" (Probleme Osteuropas), die sich politisch mehr zurückhielt und sich intensiver wissenschaftlichen Themen widmete.[597]

Dieser Prozess der Zurückdrängung des Prometheismus spaltete die Mitstreiter des IW und schwächte seine Position endgültig. Während Siedlecki desillusioniert feststellt, dass die Regierung ab 1935 die politische Emigration aus dem Osten nicht mehr als Vertreter der irredentistischen Idee ihrer Länder begreift, sondern sie lediglich als Diversionsmaterial behandelt, das man nur zu bezahlen braucht,[598] schwenkt Bączkowski auf die neue Linie ein und versucht eine revisionistische Taktik des Prometheismus zur Reorganisation des IW zu entwerfen.[599] Dazu bot er der „Ekspozytura 2" fünf Varianten an, die kaum inhaltliche Fragen berührten, ihm aber den Direktorenposten sichern sollten. Auch die bestimmenden politischen Kreise hatten kein Konzept, gingen jedoch von einer direkten Bindung an die Politik des neuen starken Mannes Marschall Edward Rydz-Śmigłys aus, die in der Verteidigung des Staates die allgemeine Hauptaufgabe sah und in der der Prometheismus keinen Platz hatte.[600] Im Mai 1939 wird Jan Kucharzewski zum neuen Präsidenten des IW ernannt. Für Bączkowski blieb die Funktion der Leitung der sozial-politischen Arbeit. Die Ernennung Kucharzewskis könnte auf eine stärkere Orientierung auf Russland und eine Sowjetologie hinweisen, nur stützen die durch das MSZ formulierten Zielstellungen des neu zu organisierenden IW[601] diesen Schluss nicht. Sieht man vom Prometheismus ab, bleibt regional und inhaltlich alles gleich, nur dass nunmehr ein Schwerpunkt in der Beobachtung der deutschen Aktivitäten im Osten gesetzt wird. Die neue Leitung trat mit sichtbaren Maßnahmen in dem, wenn auch nur kurzen, Zeitraum bis zum Ausbruch des Krieges nicht in Erscheinung, nur Bączkowski versuchte Forschungs- und Publikationsprojekte zur Ukrainefrage zu realisieren.

Das IW war Dienstleister der Politik und es als eine Agentur des Geheimdienstes anzusehen, ist nicht übertrieben, was nicht unbedingt bedeutet, dass es für die Mitarbeiter nicht

595 Kowal: Przyczynki, S. 13f.
596 Chojnowski: Koncepcje polityki narodowościowej, S. 185ff.
597 Bączkowski: Sprawa ukraińska, S. 64.
598 Maj: Działalność, S. 147.
599 Bączkowski: Czy prometeizm, S. 134; Ders.: Problem prometejski.
600 Maj: Działalność, S. 150.
601 Ebenda, S. 154.

einen gewissen Gestaltungsraum gegeben hat. Sicher spielte dabei die Frage von Selbstbeschränkung und Konformität der Mitarbeiter, namentlich Bączkowskis, eine entscheidende Rolle, aber gerade das Ende des IW sollte ein Beleg dafür sein, dass eine Verantwortung gegenüber dem Grundanliegen des Prometheismus in seiner innen- und außenpolitischen Dimension gewahrt blieb. Die finanzielle Abhängigkeit war offensichtlich und führende Mitarbeiter wie Bączkowski und Górka standen zudem im Sold der „Ekspozytura 2". Eine unmittelbare konspirative Arbeit war aber die Ausnahme. Der Mitarbeiter des Geheimdienstes Jerzy Niezbrzycki, der als Ryszard Wraga Arbeiten zur Sowjetunion vorgelegt hatte und in der Forschungsliteratur als Osteuropahistoriker und Sowjetologe gehandelt wird,[602] ist nicht repräsentativ. Er fällt weniger durch seine Arbeiten auf, die alle antikommunistischen Argumente unter dem Blickwinkel der militärischen Bedrohung verdichten,[603] als durch seine persönlichen Kontakte zu Giedroyc[604] und Bączkowski[605] und vor allem als Leiter des Referates „Osten" der Abteilung II.[606]

2.2.5 Włodzimierz Bączkowski

Włodzimierz Bączkowski war eine zentrale Figur der Osteuropaforschung der Zwischenkriegszeit.[607] Im Rückblick kann festgestellt werden, dass durch den OKM unter der Leitung von Bączkowski und seine publizistische Tätigkeit das IW seine eigentliche Bestimmung gefunden hatte. Er steht für neue fruchtbare Ansätze der polnischen Osteuropaforschung, die unter den politischen Bedingungen nach dem Mai-Umsturz 1926 und den Erfordernissen der 30er-Jahre eher dem Zeitgeist entsprachen, das Interesse von Gesellschaft und Eliten weckten und nicht zuletzt auf staatliche Förderung hoffen konnten. Bączkowski war im russischen Fernen Osten aufgewachsen und hatte an der Universität Warschau Recht, Anglistik und Orientalistik studiert.[608] In seinen Arbeiten spiegelt sich nicht nur das Bemühen um die theoretische Fundierung und die konzeptionelle Umsetzung des Prometheismus, sondern auch das Dilemma, das sich aus diesem Ansatz für die Behandlung der nationalen Minderheiten im Osten Polens ergab. Dabei stand die ukrainische Frage immer im Vordergrund.

Was Bączkowski deutlich von anderen Theoretikern unterschied, besonders aber von der praktischen Politik, war sein Verständnis für das ukrainische Nationalbewusstsein und die sich daraus ergebenden Konsequenzen für die polnische Politik. Er erkannte wie kaum ein anderer, dass angesichts der Stärke und der offensiven Politik der ukrainischen Nationalbewegung die Realisierung einer Autonomie mit dem Ziel einer Eigenstaatlichkeit unumgänglich war. Die Ukrainer hatten viel von den Polen gelernt und für sich eine „organische Arbeit" realisiert. Eigentlich wussten die polnischen Eliten aus der eigenen Erfahrung des nationalen Kampfes, dass eine abwehrende Haltung gegenüber den nationalen Forderungen der Ukrainer sinnlos war. Vielleicht ist gerade in dieser Erkenntnis aber die starre Haltung der Nationaldemokratie und der Konservativen als gleichsam gewaltsamer Ausweg aus dem

602 Polak: Kpt. Jerzy A. Niezbrzycki.
603 Mazur: Kpt. Jerzy Niezbrzycki, S. 418ff; Bączkowski: Jerzy Niezbrzycki, S. 108ff.
604 Libera, Nowożycki: Jerzy Niezbrzycki; Giedroyc: Autobiografia, S. 108.
605 Bączkowski: Jerzy Niezbrzycki.
606 Kornat: Bolszewizm, 1, S. 89.
607 Kloczkowski: Jak rozwiązać spór polsko-ukraiński?; Cisek: Włodzimierz Bączkowski; Wilk: Sprawy ukraińskie.
608 Kloczkowski: O Włodzimierzu Bączkowskim, S. 8f.

Dilemma zu erklären. Dieser destruktiven Position stellte Bączkowski mit dem Prometheismus ähnlich konsequent eine konstruktive Variante entgegen (nationale versus imperiale Einhegung), als Mittel im Kampf gegen Russland um die ostslawischen „Transitvölker“[609].

Bączkowski und andere hatten damit einen Ansatz formuliert, der durchaus auf Akzeptanz stieß und als Maßstab dienen konnte. Aber gerade weil in der politischen Praxis das Nationalitätenproblem relativ unabhängig von dieser staatlichen Orientierung existierte, verwandte Bączkowski viel Energie darauf, diesen Ansatz weiter theoretisch zu begründen und seine Funktionalität beispielhaft zu belegen. Für ihn war dieses Muster der einzige Weg zur Lösung des nationalen Problems und zur Schaffung einer national einheitlichen Grundlage eines Rechtsstaates, in dem sich alle für die Realisierung des machtpolitischen Programms Polens in Ostmitteleuropa zwischen den Meeren einsetzten. Das Nationalitätenprogramm Bączkowskis war damit gleichzeitig, wie kein anderes, auch ein außenpolitisches Programm, dessen praktischer Ausdruck der Prometheismus war.

Bączkowskis wissenschaftliche und politische Tätigkeit fällt in eine Zeit, in der die Wirkungslosigkeit der bisherigen Nationalitätenpolitik des polnischen Staates immer deutlicher wurde. Einerseits hatte es eigentlich keine Konzeption einer Minderheitenpolitik gegeben, andererseits machte sich gerade die ukrainische nationale Bewegung in den polnischen Ostgebieten zunehmend aggressiver bemerkbar. Darauf reagierte der Staat zwar mit „Pazifizierungsaktionen“, wurde sich aber auch der Notwendigkeit einer stringenten Hinwendung zu den Nationalitätenproblemen bewusst. Wissenschaftliche Institutionen sollten in dieser Frage der Politik zuarbeiten und Publikationsorgane die Kommunikation mit den Vertretern der nationalen Minderheiten verbessern. Das war das Milieu Bączkowskis, in dem er fruchtbar agierte. Wenn man auch nach 1930 eine gewisse Konvergenz der Ansichten zum Nationalitätenproblem feststellen kann, so blieb doch der Prometheismus als Gegenentwurf zum Nationalstaatskonzept der Nationaldemokratie erhalten. In diesem Spannungsfeld fand er jenen Bewegungsspielraum, in dem er seine Vorstellungen über eine Lösung des Ukraineproblems am besten entwickeln konnte.

Unter dem Titel „Nie jesteśmy ukrainofilami“ (Wir sind keine Ukrainophilen) veröffentlichte Bączkowski 1935 im Heft 3 des BPU einen Artikel, der im Grunde eine Verteidigung der Positionen des Piłsudski-Lagers zur Frage des Umgangs mit der ukrainischen Minderheit und der Stellung zu einer ukrainischen Staatlichkeit im Allgemeinen war.[610] Zu diesem Zeitpunkt war Bączkowski bereits einer der führenden Köpfe im Piłsudski-Lager und in der Ukrainefrage als Experte ausgewiesen. Er entwickelte sich sowohl in seiner wissenschaftlich-publizistischen Tätigkeit als auch in seinem politischen Wirken ab 1930 zu einer Schlüsselfigur in den Disputen um die ukrainische Frage.[611] Während die führenden Theoretiker der nationalen Frage, wie Wasilewski oder Hołówko, noch fest in der Tradition der polnischen Sozialdemokratie standen, stellte Bączkowski für sich keine Verbindung mehr zu sozialistischen Ideen her und fand seine feste Orientierung, wenn auch inhaltlich stark von Wasilewski

---

609 Schenke: Nationalstaat und nationale Frage, S. 247.

610 Abgedruckt in: Nie jesteśmy ukrainofilami, S. 141–146 und in: Bączkowski: O wschodnich problemach, S. 43–48.

611 Seine wichtigsten Texte sind in den Sammelbänden „U źródeł upadku i wielkości“ (1938), „Grunwald czy Piławcy“ (1938) und „W obliczu wydarzeń“ (1939) erschienen.

beeinflusst,[612] einzig in der Person Józef Piłsudskis und seinen großpolnischen Vorstellungen.[613] Er steht für das Konzept des Prometheismus, in dem sich das föderative Projekt mit nationalen Vorstellungen verbindet und Polen als Unterstützer nationaler Befreiungsbewegungen vor allem in der Sowjetunion auftritt.

In diesem Konzept sah er das ideale politische Modell für eine dynamische Außenpolitik, die verschiedene Optionen zulässt und vor allen Dingen eine Isolation zwischen zwei überlegenen Feinden im Osten und im Westen vermeidet. Für ihn war der Prometheismus alternativlos und er entwickelte eine der wenigen strategischen Überlegungen dieser Zeit, die das ganze Ausmaß der Gefährlichkeit einer solchen Isolation deutlich machte und die es implizit vermied, einzig in den Westmächten die letzte Chance zu sehen. Das Ziel war, durch eine elastische Politik im Osten, die keine Bündnisvariante ausschloss, eine allgemeine Entlastung zu erreichen, die gegenüber Deutschland den Rücken frei machte. So ist Bączkowskis Artikel im BPU durchaus als Streitschrift zu verstehen und hatte programmatischen Charakter. Oberflächlich betrachtet ist dieser nur wenige Seiten umfassende Text recht unspektakulär. Dennoch ist er repräsentativ für einen permanenten Diskurs zur ukrainischen Frage und der Minderheitenproblematik allgemein, er fasste ihn in gewisser Weise zusammen. Er widerspiegelt die Dramatik dieses Grundkonfliktes der Zweiten Republik und das nicht nur im Spannungsfeld der sich gegenüberstehenden und sich ausschließenden Positionen von Nationaldemokratie und Piłsudski-Lager, sondern in seiner differenzierten Durchsetzung relativ ungeordneter Lösungsansätze. Bączkowski gibt wieder, was eine engagierte Elite abseits des schematischen Lagerdenkens beschäftigte und in einflussreichen Positionen auch zu realisieren versuchte.[614]

Der Vorwurf des Ukrainophilentums war ein gängiges Argument der Nationaldemokratie zur Verunglimpfung jeglicher Politik, die auf eine Verständigung mit den Ukrainern und eine konstruktive Minderheitenpolitik hinauslief. Selbst die Aktivisten einer Nationalitätenpolitik haben sich nie als solche gesehen oder gar bezeichnet. Das dahinter verborgene, rührselige und durch Mitleid verklärte Bild des Ukrainertums wurde vor allem in der ersten Hälfte des 19. Jahrhunderts von Schriftstellern und Künstlern, aber auch dem niederen polnischen Adel im Osten geprägt und entsprang dem solidarischen Verhalten unterdrückter Völker. Es schwächte sich in dem Maße ab, wie die Vorstellung über einen modernen polnischen Staat an Kontur gewann und wurde von den polnischen Eliten der Zweiten Republik nie geteilt. Eigentlich gab es diesen „Gegner" also nicht bzw. spielte er keine Rolle mehr. Das weiß Bączkowski natürlich. Trotzdem verwendete er in seinem Artikel viel Raum darauf, das Ukrainophilentum als nutzlos und schädlich darzustellen. Es war für ihn offensichtlich eine Metapher, um der Schwärmerei die Rationalität des eigenen Handelns entgegenzusetzen. „Wir", das war die Gruppe von Aktivisten zur Lösung der Ukrainefrage, die sich um das BPU geschart hatte, und das Insistieren auf die schwärmerisch-emotionale Haltung wird nur verständlich, wenn man um die Vorwürfe der Irrationalität einer Ukrainepolitik weiß, derer

---

612 Stoczewska: Litwa, Białoruś, Ukraina, S. 8.

613 Bączkowski: Sprawa ukraińska, S. 77.

614 Nicht von ungefähr legte Bączkowski wenige Monate später mit seinem Aufsatz „Zarys podstaw rozwiązania problematu ukraińskiego w Polsce" im „Biuletyn Polsko Ukraiński" 1935, 7, abgedruckt in: O wschodnich problemach, S. 49–73 nach, formulierte hier nochmals seine Grundsätze und berief sich dabei auf die theoretischen Grundlagen von Wasilweski und Hołówko sowie auf die enge Verbundenheit mit Piłsudski (S. 49).

sich diese Gruppe sogar aus dem eigenen Lager ausgesetzt sah. Die Verwahrung gegen ein Ukrainophilentum richtete sich aber vor allem an die Nationaldemokratie und verweist zum einen auf die diametral entgegengesetzten Ansichten zur Nationalitätenfrage und macht zum anderen mit ihrem defensiven Ansatz auf den enormen politischen Druck aufmerksam, der von unterschiedlichen politischen Positionen ausgeübt wurde im Sinne einer für den polnischen Staat und die Polen in den Kresy existentiellen Frage.

Der Artikel meldete nicht nur die Wortführerschaft zum Ukraineproblem an, zudem war er durchaus schon in dem Bewusstsein geschrieben, eine neue Elite führend zu vertreten, die in Praxis und Selbstverständnis die Diskurse zu einer bündigen und wirksamen Aussage brachte, wobei sich sein Autor als Homo politicus par excellence verstand. Davon legt der Text Zeugnis ab und beschreibt eine neue Phase der Ukrainepolitik und des Ukrainediskurses. Die Ursachen sind vielfältig. Sie liegen nicht nur im überfälligen Eingeständnis eines kompletten Scheiterns der Nationalitätenpolitik zusammen mit dem Unvermögen, die durchaus vorhandenen Ansätze einer stringenten Ukrainepolitik in der Praxis umzusetzen, sondern auch in der Konfrontation mit einer zunehmend aggressiven und selbstbewussten ukrainischen Nationalbewegung. Es ist überdies ein grundsätzlicher Perspektivenwechsel, der Außen- und Sicherheitspolitik in den Mittelpunkt rückte und die Dominanz der Nationalitätenproblematik verdrängte. Der Diskurs erlahmte und die Allgegenwart dieser Thematik in den einschlägigen Zeitschriften schwand. Für Bączkowski war das der willkommene Zeitpunkt, seine ohnehin schon hervorgehobene Position in der Ukrainefrage und der Osteuropaforschung endgültig zu verfestigen und sich als politische und intellektuelle Schlüsselfigur zu etablieren. Der Artikel war also zeitlich eindeutig mit Kalkül positioniert. Bączkowski wähnte sich auf der Höhe der Zeit und füllte die Lücke, die durch den Tod Hołówkos und den politischen Rückzug Wasilewskis entstanden war. Indem er sich in ihre Tradition stellte, konnte er die Meinungsführerschaft in der ukrainischen Frage ohne Probleme und mit einer gewissen Berechtigung für sich beanspruchen. Damit reklamierte er auch eine Leitfunktion für das „Ost-Institut“ in Warschau in der Richtungsbestimmung zur Ukrainepolitik und als Scharnier zwischen Politik und Wissenschaft.

Er gerierte sich mit dem Artikel aber ebenso als Sachwalter Piłsudskis, indem er mit seinen Ukrainekonzepten auf das Jahr 1920 zurückgreift, wo sich das Schicksal des föderalen Projektes eigentlich entschied. Das anachronistisch wirkende Rekurrieren auf eine Großukraine wird nur unter den Bedingungen der veränderten internationalen Lage verständlich: Das Wüten des Stalinismus in der Ukraine hatte das Problem der Attraktivität des Sowjetmodells für die ukrainische Nationalbewegung beseitigt. Die scheinbare Normalisierung der deutsch-polnischen Beziehungen und die zunehmende antibolschewistische Propaganda Nazideutschlands wurden nicht nur von Bączkowski, sondern bis in höchste politische Kreise mit einigem Wohlwollen zur Kenntnis genommen und weckten Hoffnungen. Die Protagonisten dieser Politik sahen prometheistische Handlungsmuster auch in der deutschen Politik gegenüber der Ukraine und anderen Nationalitäten der Sowjetunion. Das spricht Bączkowski in seinem Artikel deutlich an und entwickelt daraus Gemeinsamkeiten, die sein Eintreten für eine Großukraine in einem rein imperialen Licht erscheinen lassen, zumal er sie mit den Großmachtvisionen eines Polen zwischen den Meeren direkt in die Traditionen der „Jagiellonischen Idee“ stellt.

Wenn Bączkowski also am Schluss des Artikels schreibt „Wir lieben die Ukraine“, so fügt er an anderer Stelle hinzu: ja, aber nur, wenn sie Polen nützt. Bączkowski verkörpert wie kaum ein anderer den Prometheismus in seinem wissenschaftlichen Anspruch, der politischen Theorie und der praktischen Politik. Er ist der Funktionär des Prometheismus und wird nicht müde, in seinem umfangreichen publizistischen Werk auf die absolute Notwendigkeit der Verständigung mit den Ukrainern in der nationalen Frage hinzuarbeiten, um die Beziehungen des polnischen Staates zu den Kresy zu ordnen und stellt sich gegen polnischen Nationalismus und Imperialismus.[615] Die Ukraine war für ihn der natürliche Partner Polens und die Unabhängigkeit einer Großukraine der Schlüssel zur Befreiung der Völker der Sowjetunion, die mit der Aufteilung Russlands die größte Gefahr für Polen beseitigen würde.[616] Eine Auseinandersetzung mit dem Sowjetsystem erfolgte bei ihm dann auch ausschließlich aus der Perspektive einer Permanenz der Unterdrückung nichtrussischer Völker durch den russischen Imperialismus.

Mitte der 30er-Jahre engagierte sich Bączkowski in der Initiative einer überparteilichen Verständigung auf der Grundlage des antikommunistischen Kampfes und bezeichnete den Prometheismus als wahrscheinlich einzigen politischen Faktor, der die verschiedenen politischen Lager der polnischen Gesellschaft, auch Nationalisten und Radikale, verbinden kann.[617] Dass er 1938 zu einem leitenden Beamten des Planungs- und Aktionsbüros des Marschalls Rydz-Śmigły avancierte, konnte jedoch nicht darüber hinwegtäuschen, dass sein wissenschaftliches Betätigungsfeld bereits enorm eingeschränkt und er auch politisch faktisch kaltgestellt war. Sicher lag ein Hauptgrund dafür in der Ignoranz der Obristen gegenüber einer wissenschaftlichen Begleitung einer Ostpolitik und vor allem einer konstruktiven Politik in der ukrainischen Frage und der Minderheitenpolitik im Allgemeinen. Es ist jedoch als ziemlich sicher anzunehmen, dass die Haltung Bączkowskis zu Deutschland als einem potentiellen Partner einer Ostpolitik nicht mehr in das Konzept der polnischen Außenpolitik der Jahre 1938/39 passte. Seine direkten Kontaktaufnahmen mit führenden Persönlichkeiten der deutschen Außenpolitik und der Ostforschung ließen auf eine Strategie des gleichen, wenn nicht sogar gemeinsamen Handelns im Osten schließen.[618]

Die Machtergreifung Hitlers hatte das Koordinatensystem der polnischen Außenpolitik in Bewegung gebracht. Durch die sich immer klarer abzeichnende antirussische Ausrichtung der deutschen Außenpolitik sah sich der Prometheismus bestätigt und es kam zu einer scheinbar stärkeren Überlagerung von deutschen und polnischen Interessensphären. Vor allem der Nichtangriffspakt von 1934 schuf Möglichkeiten einer Zusammenarbeit, die bis dahin undenkbar waren. Die in seiner Folge eingerichteten gemeinsamen Kommissionen und aufgelegten Projekte in kulturell-wissenschaftlichen Bereichen[619] ermutigten insbesondere das prometheistische Lager, auf Deutschland zuzugehen. Das fiel umso leichter, als die deutsche Ostforschung ohnehin als Vorbild nicht nur für die Institutionalisierung der eigenen Osteuropaforschung angesehen und adaptiert wurde, sondern auch die deutsche Methodik der Forschung als beispielhaft galt. Es waren immer wieder das „Osteuropa-Institut" in Breslau und das „Institut für Ostdeutsche Wirtschaft" an der Universität in Königsberg, die als

615 Bączkowski: U źródeł upadku i wielkości. Vgl. die Polemik von Zygmunt Wojciechowski in seiner Schrift: Między Niemcami a Rosją; Motas: Rosja, S. 29; Krzoska: Für ein Polen, S. 279f.
616 Bączkowski: Prometeizm Polski, S. 234.
617 Lewandowski: „Prometeizm" II, S. 38f.
618 Schattkowsky: Prometheismus, S. 561ff.
619 Ders.: Innen- und außenpolitische Aspekte, S. 37.

Referenzen herangezogen wurden. Sie galten vielfach als Maßstab und Orientierung bei der Institutionalisierung der polnischen Osteuropaforschung.[620] Der polnische Prometheismus machte nicht erst seit 1933 die Existenz eines deutschen Prometheismus aus. Davon hatte er sich in der deutschen Ukrainepolitik vor und nach dem Ersten Weltkrieg überzeugen können und wusste um die Stärke und Unterstützung der ukrainischen Emigranten in Deutschland. An der Frage, ob die zunehmenden Aktivitäten Nazideutschlands unter den Völkerschaften des Sowjetimperiums gegen Russland oder gegen Polen gerichtet seien, schieden sich allerdings nicht nur bei den polnischen Prometheisten die Geister.

Von einer Orientierung auf ein Zusammengehen mit Deutschland im Kampf gegen die Sowjetunion zeugt ein Artikel im „Wschód-Orient" aus dem Sommer 1938, der dort auch in deutscher Sprache abgedruckt wurde.[621] Bączkowski versuchte hier in einer geradezu provokanten Deutlichkeit, die von deutscher Seite „als eine dialektische Anfrage an die deutsche Adresse gewertet wurde",[622] Gemeinsamkeiten deutscher und polnischer Perspektiven auf den Prometheismus und Russland aufzuzeigen: Die Idee des Prometheismus wurde in Deutschland durch die Kräfte einer preußischen romantischen Russlandfreundlichkeit und des „deutsch-russischen Bastardentums"[623] in Gestalt Deutscher aus Russland oder weißrussischer Emigration behindert. Nunmehr würde man am Anfang der Auflösung der Idee einer deutsch-russischen Zusammenarbeit stehen. „Die Keule, die diese versinkende Welt zertrümmert, ist der Nationalsozialismus, welcher den Kommunismus bekämpft, hinter dem das Gesichts des Kominterns, besser noch (…) der *neuen Gestalt des russisch-moskowiter Ausdehnungsstrebens* hervorschaut."[624] Die ideologische Natur des Nationalsozialismus mit dem völkischen Prinzip und dem Nationalitätsgrundsatz steht dem Prinzip des zentralen Staates Russlands entgegen und hat das Potential „Beschützer Europas und dessen Verteidiger vor der Gefahr Russlands und des Kommunismus zu sein". Hitler bricht mit der preußischen Tradition der Russlandfreundlichkeit und erblickt „im Bolschewismus womöglich einen der besten Ausdrücke des seelischen Inhalts Russlands".[625] Bączkowski sah in Deutschland sehr wohl die prometheistische Idee einer Teilung Russlands in Nationalstaaten gegeben. In der Revolution von 1848 wurde nicht nur Polen, sondern auch den unterdrückten Völkern Russlands Sympathie in ihrem Freiheitskampf entgegengebracht. Paul Rohrbach warf in seinem Buch „Woher es kam" aus dem Jahre 1918 der militärischen Führung Versagen im Ersten Weltkrieg vor, weil sie sich nicht auf die Auslöschung der russischen Macht durch Zerlegung dieses Reiches in Nationalstaaten konzentriert. Und schließlich ist es „die hervorragende Persönlichkeit des Alfred Rosenberg", die auf die Nationalitätenfrage im Zusammenhang mit der Bekämpfung Russlands hingewiesen hat und im Bolschewismus den „Sieg der asiatischen Elemente in Russland" sieht. Auch Georg Leibbrandt hat die „russisch-turanische Mischung" als eine Grundlage des Bolschewismus ausgemacht und die Nationalitätenfrage

620 Prace Instytutu Badania Stanu Gospodarczego Ziem Wschodnich, I (1927), 1, S. 14; Kornat: Początki sowietologii, S. 28f; Swianiewicz: W sprawie organizacji badań sowietoznawczych, S. 521.

621 Bączkowski: Betrachtungen.

622 Vgl. die Rezension zum Artikel Bączkowskis unter der Überschrift „Polnischer Revisionismus im Osten" in: Osteuropa 14 (1938/39), S. 231.

623 Bączkowski: Betrachtungen, S. 16.

624 Ebenda, S. 11f.

625 Ebenda, S. 13.

als einen Hauptansatzpunkt im Kampf gegen Russland erkannt.[626] Bączkowski kommt zu dem Schluss, dass eine Vertiefung des Sieges der nationalsozialistischen Revolution die Teilung Russlands in Nationalstaaten befördert und „Deutschland durch die Macht der Verhältnisse" zu einem Faktor wird, „den der polnische politische Gedanke freundschaftlich begrüßt".[627] In einer dem Text angefügten Note führt der Autor weitere Beispiele deutsch-polnischer Gemeinsamkeiten im Russlandbild an. Ein im gleichen Heft ebenfalls auf Deutsch erschienener Auszug aus dem Werk Kucharzewskis soll offenbar die Thesen Bączkowskis bestätigen.[628]

Der Flügel um Bączkowski hielt an seinem Grundkonzept fest und war weiterhin davon überzeugt, dass dieser deutsche Prometheismus mit dem polnischen auf der Grundlage der gemeinsamen antisowjetischen Zielsetzung in Gleichklang zu bringen sei und sich hieraus große Potenzen für die polnische Position ergäben. Eine Einschätzung, die offensichtlich auch vom Geheimdienst geteilt wurde.[629] Im Auftrag des „Ost-Instituts" fuhr Bączkowski im August 1938 nach Berlin und traf dort den Leiter der Ostabteilung des Außenpolitischen Amtes der NSDAP, Georg Leibbrandt, Mitarbeiter des Büros Ribbentrop, und auch Werner Markert von der „Deutschen Gesellschaft zum Studium Osteuropas" (DGSO). Besonders das Gespräch mit Leibbrandt veranlasste Bączkowski, nach seiner Rückkehr einen euphorischen Bericht über die Möglichkeiten der deutsch-polnischen Zusammenarbeit auf der Grundlage eines gemeinsamen Prometheismus zu verfassen.[630] Nur hatte sich die außenpolitische Linie bereits vor diesem Treffen gründlich geändert und die Gespräche sollten sich alsbald als völlig gegenstandslos erweisen.

2.3 Das Forschungsinstitut für Nationalitätenfragen (IBSN)

2.3.1 Institut

Es waren führende Köpfe der PPS und des Piłsudski-Lagers, die das hohe destruktive Potential der Nationalitätenfrage mit seiner geradezu existentiellen Bedeutung für den polnischen Staat erkannten und es als Notwendigkeit erachteten, darauf zu reagieren und Instrumente zu schaffen, dem entgegensteuern zu können. Sicher waren es zunächst die Minderheiten im Lande und ihre nationalen Ambitionen verbunden mit der Frage ihrer Integration in den und ihre Haltung zum polnischen Staat, die einer besonderen Aufmerksamkeit bedurften. Aber auch gegenüber jenen Polen, die nicht auf dem Territorium des neuen Staates lebten, wurden Verpflichtungen gesehen. Schließlich war Polen gezwungen worden, dem Minderheitenschutzvertrag beizutreten, womit die Vertretung polnischer Interessen in der Minderheitenfrage auf internationaler Ebene zu einem nicht unwesentlichen Bestandteil der Außenpolitik wurde, vor allem gegenüber den Nachbarstaaten, wobei es nicht nur darum ging, sich den Verpflichtungen zu stellen, sondern darüber hinaus eine Offensivposition zu erlangen.

---

626 Ebenda, S. 15.
627 Ebenda, S. 17.
628 Ebenda, S. 25–45.
629 Mikulicz: Prometeizm, S. 274ff.
630 Ders., S. 278ff; Lewandowski: Prometeizm II, S. 40ff.

Im Dezember 1921 trafen sich einflussreiche Politiker und Wissenschaftler wie Szymon Askenazy, Marceli Handelsman, Tadeusz Hołówko, Ludwik Krzywicki, Jan Kucharzewski, Stanisław Thugutt, Włodzimierz Wakar und Leon Wasilewski zur Gründung eines Forschungsinstituts für Nationalitätenfragen in Warschau. Klärung und Erklärung der Nationalitätenproblematik, die Kommunikation mit den Minderheiten und der Diskurs in der polnischen Gesellschaft waren die von ihnen formulierten grundlegenden Zielstellungen der Institution. Die wissenschaftliche Erforschung der Situation und der Entwicklung der Minderheiten sollte zur Lösung der Minderheitenprobleme in Polen beitragen. Die politischen Bedingungen in Polen in der ersten Hälfte der 20er-Jahre waren jedoch für die Entwicklung des „Forschungsinstituts für Nationalitätenfragen" (Instytut Badań Spraw Narodowościowych, IBSN) denkbar ungünstig und das Institut stellte seine Tätigkeit nach der Organisierung einiger Vorträge[631] 1923 bereits wieder ein.

Als 1925 durch die Regierung Władysław Grabski eine Expertenkommission zur Minderheitenfrage berufen wurde, der prominente Politiker wie Henryk Loewenherz und Leon Wasilewski angehörten, schienen neue Voraussetzungen gegeben.[632] Anfang 1926 und erst recht nach dem Mai-Umsturz 1926 sahen dann die genannten Protagonisten der Institution gemeinsam mit der Leitung des „Polnischen Verbandes des Völkerbundes" den Zeitpunkt für eine quasi Neugründung gekommen. Die formulierten Ziele des Instituts waren „ausschließlich wissenschaftlich bestimmt": erstens die Erforschung der Nationalitäten in Polen und ihrer kulturellen, wirtschaftlichen, politischen und sozialen Stellung, zweitens die Nationalitätenfrage außerhalb Polens unter besonderer Berücksichtigung der polnischen Minderheit und der Minderheitenpolitik der Nachbarländer und drittens die Minderheitenfrage auf internationaler Ebene.[633] Diese Ziele sollten durch die wissenschaftliche Arbeit auf den Gebieten Statistik, Demographie, Recht und Geschichte verfolgt, Materialien in einem Archiv gesammelt und eine eigene Bibliothek angelegt werden.

Die wissenschaftlichen Ergebnisse sollten in einer Zweimonatsschrift unter dem Titel „Sprawy Narodowościowe" (Nationalitätenfragen) und einer Vierteljahresschrift in französischer Sprache „Question Minoritaires" sowie Einzelveröffentlichungen publiziert werden. Darüber gehörte die Organisierung von Vorträgen, Vorlesungen, Konferenzen und Ausstellungen zu den Aufgaben des Instituts. Als private Vereinigung gehörten ihm 80 Mitglieder an, von denen eine Gruppe ordentlicher Mitglieder das Führungsgremium des Instituts, bestehend aus zehn Personen, berief.[634] In die Leitung wurden der ehemalige Vize-Premier Stanisław Thugutt als Präsident, Marceli Handelsman und Henryk Loewenherz als Stellvertreter sowie Tadeusz Hołówko als Direktor und Stanisław Paprocki als Generalsekretär berufen. Paprocki wurde auch Chefredakteur der „Sprawy Narodowościowe" und als ausgewiesener Fachmann für Nationalitätenfragen hielt er nicht nur den persönlichen Kontakt zu anderen Instituten im In- und Ausland, sondern nahm auch an den Tagungen des Internationalen Minderheitenkongresses sowie an den Verhandlungen des Völkerbundes zu Minderheitenfragen teil.[635] Nach Thugutt wurde Leon Wasilewski Präsident des Instituts und nach dessen Tod 1936 Ludwik Kolankowski. Władysław Wielhorski, der Direktor des INBEW in

631 Nauka Polska V (1925), S. 419.
632 Madajczyk: Dokumenty, S. 152.
633 Nauka Polska VII (1927), S. 340f.
634 Działalność Instytutu, S. 13ff.
635 Osteuropa 12 (1936/37), S. 281f; Stach: The Institute of Nationality Research, S. 160.

Wilno sowie Seweryn Wysłouch aus eben diesem Institut wurden Mitglieder der Leitung. Für die ukrainischen und jüdischen Minderheiten wurden eigene Kommissionen gebildet, die sich in Unterkommissionen speziellen Problemen der Kultur, Wirtschaft und Politik zuwandten.[636]

Das IBSN brachte mit seinen Autoren und Lektoren ein großes Forschungspotential in die polnische Wissenschaftslandschaft ein und setzte es in seiner publizistischen und didaktischen Tätigkeit effektiv um. Die vorgelegten Arbeiten waren der Zielstellung von 1926 entsprechend sehr strukturbestimmt angelegt. Es ging vorderhand um die Erfassung von Problemlagen und nicht um eine politische Agenda von Problemlösungen. Geboten wurden Zustandsbeschreibungen und Strukturanalysen, die ein quellenmäßig gesichertes, äußerst differenziertes Bild der Minderheiten in Polen und ihres politischen, kulturellen und ökonomischen Verhaltens aufzeichneten. Insgesamt entstand in Publizistik und Sammlung ein über die Landesgrenzen hinaus bedeutsamer Fundus zur Nationalitätenproblematik im regionalen, nationalen und internationalen Rahmen. Ein Schwerpunkt der Arbeit war die statistische Erfassung der Bevölkerungsgruppen in Polen und ihre Darstellung auf Karten.

Vor allem in den östlichen Wojewodschaften ging es um die exakte Erfassung der Nationalitätenverhältnisse und der Religionszugehörigkeit. Mit Unterstützung des Ministeriums für die Agrarreform, dessen Minister Witold Staniewicz Mitglied des Trägervereins des Instituts war, wurden zwischen 1928 und 1931 vier Monographien zur Agrarökonomie und der wirtschaftlichen Lage der Ukrainer in den östlichen Wojewodschaften angefertigt und dem Ministerium übergeben. Das Projekt wurde durch den wissenschaftlichen Leiter des Instituts Marjan Świechowski unter Mitarbeit zahlreicher Autoren, unter anderem Włodzimierz Wakar, realisiert.[637] Von den Forschungsergebnissen des IBSN profitierten auch das Innen- und Außenministerium sowie das Militärministerium, die auch die finanzielle Ausstattung des Instituts sicherten.[638] Der Dienstleistungscharakter des IBSN war durchaus fester Bestandteil seiner Arbeit.[639]

Analog hierzu wurde ab 1931 an einer umfassenden Studie zur wirtschaftlichen Lage der Juden in Polen gearbeitet, wozu am Institut eigens ein „Komitee zur Untersuchung der wirtschaftlichen Bedürfnisse der jüdischen Bevölkerung in Polen“ (Komitet dla Zbadania Potrzeb Gospodarczych Ludności Żydowskiej w Polsce) gegründet wurde. In Unterkommissionen wurden zu einzelnen Bereichen des gesellschaftlichen Lebens der Juden in Polen geforscht und bis 1936 zwei Monographien über das jüdische Genossenschaftswesen und das Handwerk vorgelegt.[640]

Neben ethnischen Gruppen nahmen Untersuchungen zu den östlichen Wojewodschaften breiten Raum ein. Ab 1934 kooperierte das Institut eng mit der „Kommission zur wissenschaftlichen Erforschung der Ostgebiete“ (Komisja Naukowych Badań Ziem Wschodnich) und befasste sich in den Folgejahren mit ethnografischen und linguistischen Fragen der Bevölkerung Polesiens. Ähnliche Studien wurden durch die von Seweryn Wysłouch geleitete Außenstelle des IBSN in Wilno für die nordöstlichen Wojewodschaften durchgeführt.[641]

636 Sprawy Narodowościowe 1927, 1, S. 87f.
637 Działalność Instytutu, S. 18–20 mit Inhaltsangabe.
638 Boruta: Instytut, S. 66.
639 Stach: The Institute of Nationality Research, S. 162.
640 Działalność Instytutu, S. 20, 42.
641 Ebenda, S. 21f.

1931 wurde am IBSN das „Nationalitätenseminar“ als Ausbildungsstätte für eingeschriebene Hörer gegründet und durch das Bildungsministerium bestätigt, das die Finanzierung übernahm und Stipendien auslobte. Paprocki stand als Generalsekretär des IBSN bis 1935 auch dem Seminar vor. Es folgte in seiner Lehrplangestaltung den drei Schwerpunkten des Instituts und bot ein anspruchsvolles Programm, das durch ausgewiesene Fachleute wie Wasilewski, Handelsman und Paprocki bestritten wurde, ergänzt durch Arbeiten der Seminaristen.[642] Neben den Veröffentlichungen in den Publikationsorganen sammelten Bibliothek und Archiv Material zur Lage der Polen im Ausland und Dokumente internationaler Gremien zur Minderheitenproblematik, die dann ins Polnische übersetzt wurden. Gerade dieser Materialsammlung wurde große Bedeutung beigemessen.[643] Sie bildete die Grundlage von polnischen Anträgen zur Minderheitenfrage, wozu Vorlagen am Institut unter anderem durch Stanisław Kutrzeba und Wacław Komarnicki erarbeitet wurden.[644]

Die Zusammenarbeit und Kontaktpflege mit anderen Institutionen scheint für das IBSN wichtig gewesen zu sein. Im Land unterhielt es Kontakte zu allen relevanten Forschungsinstituten und Wissenschaftsgesellschaften, dazu kamen zentrale Wissenschaftseinrichtungen in Prag, Kiew, Moskau und Sofia sowie das „Deutsche Auslandsinstitut“ in Stuttgart, das „Institut für Grenz- und Auslandsdeutschtum“ in Berlin[645] sowie das „Institut für Ostdeutsche Wirtschaft“ in Königsberg, das „Osteuropa-Institut“ in Breslau und das „Institut zum Studium der Judenfrage“ in Berlin.[646]

Das Ausbildungsprogramm für die Seminaristen und im Bereich der öffentlichen Vorträge sowie die Tätigkeit von Bibliothek und Archiv deckten die drei Hauptbereiche der Arbeit ausgewogen ab.[647] Anders sieht es im publizistischen Bereich aus. Auf diesem sichtbarsten und auch sicher wirksamsten Feld dominierten eindeutig die Untersuchungen zur ukrainischen und weißrussischen Minderheit, der jüdischen Frage und regional der östlichen Wojewodschaften. Das wurde nicht nur in den markierten Forschungsfeldern und den dazu erschienenen Monographien deutlich, sondern bestimmte auch inhaltlich die beiden Zeitschriften des IBSN. Internationales Minderheitenrecht, die deutsche Minderheit, aber auch die sowjetische Nationalitätenpolitik wurden nur als Nebenschauplätze wahrnehmbar. Das mag zwar angesichts der Bedeutung der deutschen Minderheit in Polen und der sich damit verbindenden permanenten Auseinandersetzung vor dem Völkerbund[648] verwundern, zeugt andererseits jedoch von einer klaren Identifizierung und Eingrenzung des Forschungsfeldes entsprechend den zur Verfügung stehenden Möglichkeiten und der qualitativen Bewertung der ausgewählten Schwerpunkte für die gesellschaftliche Entwicklung in Polen.

Anders gesagt lässt diese Orientierung den Schluss zu, dass die leitenden Kräfte des IBSN in diesen Problemkreisen nicht vordergründig eine Gefahr sahen, sondern eher ein Potential für die Entwicklung Polens in der Auseinandersetzung mit dem östlichen und westlichen Nachbarn und der Legitimation vor den internationalen Gremien. Dafür spricht auch, dass eine prometheistische Ausrichtung des IBSN formal nicht erkennbar wird und es zudem frei

642 Ebenda, S. 23–28.
643 Skrzypek: Kronika Naukowa, S. 143.
644 Działalność Instytutu, S. 29.
645 Ebenda, S. 47f.
646 Boruta: Instytut, S. 77.
647 Działalność Instytutu, S. 42–46 mit einem Verzeichnis der Vorträge.
648 Schattkowsky: Deutsch-polnischer Minderheitenstreit.

von vordergründigem Antisemitismus erscheint, was sich allein in der engen Zusammenarbeit mit jüdischen Wissenschaftlern wie Majer Bałaban, Mojżesz Schorr, Izaak Bornstein und Emanuel Ringelblum zeigt. Natürlich orientierte sich das Institut an der polnischen Staatsraison und war beileibe nicht unpolitisch, aber es verfolgte doch stringent die Linie einer objektiven Analyse der Situation der Minderheiten und ihres Verhaltens, sah sich der Polonia verpflichtet und vertrat die Interessen des polnischen Staates in den relevanten Gremien, wobei ihm eine defensive Rolle zugewiesen war, die es bewusst annahm. Das Institut entwickelt sich mit seiner Arbeit nicht nur „zu einer der bedeutendsten wissenschaftlichen Anstalten Polens“,[649] sondern setzt auch international Maßstäbe.

Diese Orientierung wurde zum Leitfaden der „Sprawy Narodowościowe“ als das wichtigste publizistische Medium des Instituts. In seiner ersten Nummer vom Januar/Februar 1927 wurde im redaktionellen Auftaktartikel darauf hingewiesen, dass nach dem Weltkrieg Nationalstaaten entstanden, die alle mit der Minderheitenfrage konfrontiert sind, die darin besteht, dass diese Minderheiten entweder zur Selbstorganisation tendieren oder im Staat aufgehen. In jedem Fall muss sich der Staat diesem Problem stellen. Um diese Herausforderungen friedlich zu lösen, muss der Staat sie kennen und sich mit ihnen beschäftigen. In Polen wurde zu diesem Zweck das IBSN gegründet, ohne Anspruch Lösungsmöglichkeiten zu bieten oder Doktrinen vorzugeben. Der Zeitschrift geht es einzig darum, allen Lagern Wissen um das Thema der Minderheiten zu geben und dabei allein der Wahrheit zu dienen.[650] Neben einem Aufsatzteil bietet die Zeitschrift Informationen über die nationalen Minderheiten in Polen (Varia, Ukrainer, Weißrussen, Deutsche, Juden, Russen), über die nationale Frage außerhalb Polens (Sowjetukraine, Sowjetweißrussland, Deutschland, Litauen, Rumänien) und über die internationalen Gremien der Minderheitenfrage. Außerdem werden Bücher besprochen und vorgestellt und über die Tätigkeit des IBSN berichtet. Die Aufsätze erscheinen darüber hinaus teilweise als Sonderdrucke im Verlag des IBSN.[651] In den Beiträgen dominierte die Frage der gesellschaftlichen, wirtschaftlichen und politischen Entwicklung der Juden und Ukrainer vor allem in den polnischen Ostgebieten. Auf eine Polemik gegen Minderheiten oder die staatliche Minderheitenpolitik wurde weitestgehend verzichtet und die politische Grundlinie der nationalen Selbstbestimmung der Minderheiten durch die Texte von Hołówko und Wasilewski vorgegeben.[652] Andererseits war das Blatt aber durchaus eine Plattform der Präsentation von Debatten zu Schlüsselfragen der Minderheiten, wie zum Konflikt zwischen ukrainischer Minderheit und orthodoxer Kirche oder der Stellung des Staates zur Organisierung des Judentums.[653]

2.3.2 Intellektueller Diskurs und politische Realität

Die polnische Nationalitätenpolitik und die Konvergenz des Handelns über die Gräben politischer Anschauungen hinweg erschließt sich nur bei einer konsequenten Projektion auf die politische Grundkonstellation des modernen polnischen Staates. Aus seiner außenpolitischen

649 Osteuropa 7 (1931/32), S. 621.
650 Sprawy Narodowościowe 1927, 1, S. 1–2.
651 Ein Verzeichnis in: Sprawy Narodowościowe 1939, 1–2.
652 Wasilewski: Ruski; Ders.: Istotna liczba; Ders.: W sprawie; Łotocki: Leon Wasilewski; Paprocki: Leon Wasilewski; Ders.: S. p. Tadeusz Hołówko.
653 Stach: The Institute of Nationality Research, S. 164–178.

Konstruktion und den historischen Besonderheiten der Staatswerdung entwickelte sich eine spezifische Symbiose von polnischem Volk und Zweiter Republik. Das Hinarbeiten auf die Staatlichkeit durch die organische Arbeit und ihre Realisierung durch die Konstellation internationaler Vereinbarungen am Ausgang des Weltkrieges hatten die kritische Distanz von Volk und Staat bis hin zu einer Art Gleichsetzung minimiert. Die Zweite Republik verkörperte dann in reiner Form das Lebensinteresse des polnischen Volkes. Was dem Staat schadet, musste also bei seiner allgemein wahrgenommenen fragilen Konstruktion unter den Bedingungen des Nachkriegssystems dem Volk schaden und als spezifische Bedrohung der Polen gelten. Hieraus konnte sich sehr leicht eine Kausalkette entwickeln, die jegliche kritische Haltung zum Staat als Angriff auf das Polentum deutete. Auf dieser Grundlage trafen sich die so unterschiedlichen Ansätze in der Nationalitätenfrage und engten den Spielraum für eine konstruktive Nationalitätenpolitik zunehmend ein. So musste auch das Konzept der staatsbürgerlichen Assimilation ins Leere laufen, wenn sie eine Loyalität zum Staat einforderte, ohne eine Verbundenheit mit dem Volk vorauszusetzen.

Im Piłsudski-Lager wurde bei allem hehren Anspruch, klugen Theorien und bisweilen praktischen Handreichungen zu einer ausgewogenen Nationalitätenpolitik durch die Inanspruchnahme kultureller Überlegenheit, historischer Rechte und der Vorteilsnahme für das polnische Volk aus der gewollten Überwindung eines Dilemmas eine Sackgasse, die sich in der praktischen Politik sehr schnell und in der Haltung ihrer Protagonisten nach 1926 allmählich, aber deutlich zeigte. Legitimation des (Nicht-)Handelns und ideologischer Rückzugsraum blieb letztlich das Argument der Überzeugungskraft der kulturellen Leistung der Polen und einer zivilisatorischen Aufgabe, die zur Neutralisierung anderer nationaler Ambitionen führen würde. Auf dieser Grundlage fiel es der praktischen Politik ziemlich leicht, ohne große argumentative Verdrehungen die Loyalität zum Staat nicht als Ergebnis einer Politik zugunsten anderer Nationalitäten einzufordern, sondern als Voraussetzung einer Gleichbehandlung hinzustellen und damit alles möglich bzw. unmöglich zu machen. Zweifellos lagen hier die Gründe dafür, die Minderheitenproblematik im Polen der Zwischenkriegszeit so ausweglos erscheinen zu lassen. Hinzu kam, dass die Frage der staatlichen Sicherheit immer schon ein entscheidender Faktor der Nationalitätenpolitik war, jedoch nach den terroristischen Aktionen der Ukrainer Anfang der 30er-Jahre zum Totschlagargument wurde, dem sich alle Vertreter einer konstruktiven Nationalitätenpolitik unterordneten. Die zeitgenössische Kritik zitiert hierzu oft den stolypinschen Grundsatz „erst Ruhe, dann Reformen".

Dennoch hielten die Protagonisten der Nationalitätenfrage im Piłsudski-Lager am Prinzip der staatlichen Assimilation fest. Sie boten relativ schlüssige Theorien zur Lösung der nationalen Probleme in Polen an, die den Grundsätzen des internationalen Minderheitenrechts entsprachen. Im Gegensatz dazu stand die Nationaldemokratie, die mit ihren platten und phantasielosen, gebetsmühlenartig wiederholten nationalistischen Floskeln den nationalen Konflikt kalkulierte und maßgeblich für die miese außenpolitische Bilanz der Zweiten Republik sorgte. Leute wie Włodzimierz Bączkowski waren es, die Autonomien und eine Eigenstaatlichkeit unter bestimmten Bedingungen befürworteten. Wenn dies unter der Prämisse des Prometheismus geschah, so schließt sich hier nur der Kreis der Gleichsetzung von Volk und Staat und ordnet sich in die außenpolitische Bedingtheit polnischer staatlicher Existenz nach dem Ersten Weltkrieg ein.

Nun war die nationale Frage vor allem in Gestalt des Minderheitenproblems für Polen immer verbunden mit territorialer Souveränität und Integrität. Deutsche, Litauer, Ukrainer und auch Weißrussen hatten „Mutterländer“, und das auch noch als Nachbarn, die entweder direkt territoriale Ansprüche stellten und eine irredentistische Politik betrieben oder bei denen es, wie bei den Ukrainern, innerhalb der Minderheit eine starke Gruppierung gab, die auf eine Eigenstaatlichkeit hinarbeitete. So mussten jegliche Autonomiebestrebungen dem polnischen Staat als erster Schritt zur Loslösung erscheinen, und das nicht zu Unrecht, der dann, und darin war man sich einig, in der bestehenden ethnischen Konstellation des Staates einen Dominoeffekt erzeugt, zumindest jedoch das große Gefahrenpotential, das von den Nachbarn ausging, noch erhöhen und zur militärischen Lösung schwelender Konflikte führen wird. In Verbindung mit der Sicherheitsdoktrin konnte somit jegliche eigenständige nationale Äußerung, und an denen fehlte es zumindest bei den Ukrainern keineswegs, als Gefahr gedeutet werden und als bekämpfungswürdig gelten.

Aus dieser allgemein anerkannt als existentiell empfundenen Problemlage entwickelte sich eine innere Logik und praktische Politik, die das Konzept der Nationaldemokratie tendenziell in eine Vorteilposition brachte. Sie vermittelte damit nicht nur das vermeintlich einfachere Politikmodell, das einem erreichten Grundkonsens entsprach, es korrespondierte auch mit ihrem ohnehin vorhandenen politischen Einfluss und bediente die dominante und letztlich als alternativlos geltende Konzeption des modernen Nationalstaates westlichen Musters. Dagegen mussten alle Vorstellungen des Piłsudski-Lagers als vielleicht gut gemeint, aber undurchführbar erscheinen. Dazu kam, dass ihre Vertreter wenig konsistent auftraten und oft genug allein taktischen Erwägungen folgten. Selbst in jenen Fällen, wo es zur produktiven Umsetzung einer konstruktiven Nationalitätenpolitik kam, wie durch den wolhynischen Wojewoden Henryk Józewski, sorgten spätestens die Forderungen der regionalen Nationalbewegungen und die grundsätzlich ablehnende Haltung der polnischen Bevölkerung in den Kresy für ein konsequentes Scheitern der Bemühungen. Für die praktische Politik, vor allem aber für die Minderheiten im Osten war der als fundamental vorgetragene und zudem in der wissenschaftlichen Literatur immer wieder unterstrichene Unterschied zwischen staatlicher und ethnischer Assimilation kaum auszumachen. Wie auch, wenn der Staat sich als polnisch dominant versteht und das mit der Überlegenheit der polnischen Kultur und zunehmend mit seinem Sicherheitsbedürfnis begründet.

Sicher ist es nicht verkehrt, die grundsätzlichen Positionen in der polnischen Politik zu betonen. Sie waren aber eher Orientierungslinien, mehr auch nicht. Die Kommunikation zwischen den Lagern war ausgeprägt und die Bandbreite der Interpretation der vorgetragenen Anschauungen groß. Einflussreiche Politiker, wie beispielsweise der Außenminister und Ministerpräsident Aleksander Skrzyński, lehnten die nationale Assimilierungspolitik ab, ohne dem Piłsudski-Lager anzugehören; andere wiederum sahen in jeglichem Autonomieprojekt eine direkte Gefährdung des Staates, ohne mit der Nationaldemokratie zu sympathisieren. Als Schlüsselproblem erwies sich überdies, dass der eigene polnische Machtanspruch in Ostmitteleuropa allen föderalen Plänen von vornherein im Wege stand, wenn er sie nicht völlig blockierte und solche Planungen den potentiellen Föderalen unglaubwürdig erschienen. Dazu bedurfte es nicht erst des Friedens von Riga oder der Anerkennung der Ostgrenze 1923. Die Nationaldemokratie nahm eigentlich nur etwas vorweg, zu dem Piłsudski durchaus bereit war. Eine Vorstellung von Nation war dazu nicht notwendig, die hatte er ohnehin nicht. Für föderale Lösungen gab es weder die Rahmenbedingungen, noch hatte Polen die Kraft zu ihrer Verwirklichung.

Für Józef Piłsudski war das föderale Programm eher politischer Pragmatismus, um die Kräfte im Osten zu binden, und kaum zur Lösung der nationalen Frage geeignet. Er hatte nie ein Konzept dafür und eigentlich gar keinen Sinn für Nationalitätenpolitik.[654] Seine Positionen in dieser Frage entsprachen durchaus denen der Nationaldemokratie, wenn auch anders formuliert. Das zeigte sich gerade in der ukrainischen Frage, die immanenter Bestandteil seiner Konzeption einer modernen polnischen Staatlichkeit war. Sie stellte sich nunmehr mindestens in zwei Richtungen: Zum einen war es die Haltung zu einer ukrainischen Nationalbewegung mit eigenem staatlichem Anspruch in Gestalt einer „Großukraine", die große Teile der polnische Kresy einschloss; zum anderen war es der Umgang mit einer ukrainischen Bevölkerung auf dem eigenen Staatsterritorium. Beide Aspekte ließen sich jedoch nicht von den Beziehungen trennen, die der polnische Staat zu Russland eingeht, womit die ukrainische Frage gleichermaßen innen- wie außenpolitische Problemlagen berührte. Die vom historischen Verlauf vorgegebenen Tatsachen machten es allen Beteiligten unmöglich, sich dieser Frage vorbehaltlos zu nähern, ganz abgesehen vom praktischen politischen Handeln, bei dem ein in die Verantwortung genommener Theoretiker angesichts fälliger Problemlösungen seine theoretischen Ansätze dann recht schnell verleugnete oder, wie Leon Wasilewski, sie einem politischen Imperativ opferte, der vor allem in einer russischen Bedrohung gesehen wurde.[655]

Bei allem Bemühen und nachdrücklichem Fordern konnte selbst Hołówko den Widerspruch zwischen Unabhängigkeit und staatlicher Zugehörigkeit zu Polen nicht lösen und bot kein wirkliches Konzept. Auch bei ihm blieb letztlich das Bindeglied und die Lösungsformel der gemeinschaftliche Kampf gegen den gemeinsamen Feind Sowjetrussland.[656] Das setzte allerdings voraus, dass die Ukrainer und die Weißrussen diese Bedrohung genauso empfanden wie die Polen, was zumindest bis zum Ende der 20er-Jahre durchaus bezweifelt werden kann. Was aber noch schwerer wog: Es setzte voraus, dass eine wie immer geartete Bindung an Polen mit den nationalen Ambitionen vereinbart werden kann, oder anders gesagt dass der Regelung der Beziehungen zum polnischen Staat in seinem Interesse Priorität eingeräumt wird. Dieses Konzept konnte so jedoch nicht aufgehen, da es die Grundprinzipien der nationalen Bewegung nach Eigenstaatlichkeit und Souveränität infrage stellte, jede nationale Bewegung desavouiert und sie im Konkurrenzkampf um die Führerschaft im Kampf um die „nationale Sache" politisch liquidiert hätte. Dazu kam ein durch historische Erfahrungen und die erlebte praktische Politik stark ausgebildetes Misstrauen gegenüber dem polnischen Staat, das sich nicht zuletzt aus der Gewissheit um die Großmachtambitionen Polens zumindest im ostmitteleuropäischen Raum nährte, die sich gegen die unmittelbaren Nachbarn richten mussten. Auf dieser Grundlage konnte eine klare Unterscheidung in Freund Polen und Feind Sowjetrussland nicht erbracht werden. In dieser Grundkonstellation lag dann auch der genetische Defekt des Prometheismus, so logisch und hilfreich er erscheinen musste, als das wohl einzige relativ geschlossene Konzept des Umgangs mit der ukrainischen Frage in der Zweiten Polnischen Republik.[657]

654 Pisuliński: Czy Piłsudski był federalistą?
655 Kowal: Przyczynki, S. 11.
656 Hołówko: Metody, S. 104.
657 Bączkowski: Czy prometeizm jest fikcją i fantazją, abgedruckt in: Ders.: O wschodnich problemach, S. 134f.

Der Prometheismus machte Polen als zentrale Figur in der Ukrainefrage noch lange nicht zum Referenzmedium oder zur Berufungsinstanz einer Nationalitätenpolitik. Auch die vielfach in der Literatur vertretene These von der Unlösbarkeit der Minderheitenfrage und des Ukraineproblems während der Zweiten Polnischen Republik[658] eignet sich weder als historische Betrachtungsperspektive noch als Erklärung zeitgenössischer Handlungsmuster und wird dem historischen Phänomen nicht gerecht. Sie übernimmt allzu sehr vorgegebene Denk- und Verhaltensmuster des damaligen Mainstreams und verbleibt in der Enge machtpolitischer Vorgaben einer gewissen Schicksalhaftigkeit, entstanden aus einer Mischung von Unwillen und Unfähigkeit. Wie die Diskurse zeigen, hat es ja nun wirklich analytisch außerordentlich befähigte und durchaus einflussreiche Kräfte gegeben, die das Problem komplex erfasst hatten und eine ganze Palette kluger und machbarer Konzepte erstellten, die zumindest einen Modus Vivendi des Zusammenlebens mit der ukrainischen Bevölkerung und auch anderer Nationalitäten in einer polnischen Staatlichkeit der Zwischenkriegszeit geschaffen hätten.

Trotz aller, zum Teil tiefgründigen, diskursiven Überlegungen zu den mannigfaltigen Aspekten der Minderheitenproblematik und der, vor allem nach 1926, eigentlich vorhandenen politischen Mittel zur Verwirklichung der daraus erwachsenen konstruktiven Ansätze hatte es doch nie wirklich ein staatliches Konzept zu ihrer Umsetzung gegeben. Die Orientierung an Modellen eines gesellschaftlichen oder gar staatlichen Zusammenlebens bleibt immer schemenhaft und lässt letztendlich den ernsthaften Willen zu ihrer Verwirklichung vermissen.

658 Chojnowski: Koncepcja, S. 5; Schenke: Nationalstaat und nationale Frage, S. 239.

IV Zwischen Wissenschaft und Politik: Osteuropa im Diskurs

1 Die Ukraine

1.1 Diskursive Ausgangslage

In allen Phasen der Planung und Gestaltung einer modernen polnischen Staatlichkeit spielte der Umgang mit der Ukraine und den Ukrainern eine tragende Rolle. Die kritischen Reflexionen repräsentieren die fundamentale Bedeutung der ukrainischen Frage für den polnischen Staat. Sie durchdrang nahezu alle Ebenen polnischer Politik und löste teilweise heftige intellektuelle Debatten aus. Das bezog sich naturgemäß zuerst auf die territoriale Dimension eines zu schaffenden Staates im Osten und hatte dort in der Tradition der polnischen Adelsrepublik und des polnisch-litauischen Großreiches klare Präferenzen. Neben dem Territorium stellte sich die ukrainische Frage auch hinsichtlich der Behandlung einer ukrainischen Bevölkerung auf dem polnischen Staatsterritorium und ordnete sich in das Minderheitenproblem der Zweiten Polnischen Republik ein. Und nicht zuletzt spielte die ukrainische Frage eine Rolle bei der Gestaltung der Beziehungen zu Russland und betraf damit ein als existentiell für Polen empfundenes Problem, das ihre exponierte Stellung sowohl in der Innen- wie in der Außenpolitik charakterisierte.

Die Beantwortung der polnischen nationalen Frage erforderte bereits vor dem Ersten Weltkrieg von allen relevanten politischen Lagern eine Positionierung nicht nur zur inneren Verfasstheit des zu errichtenden Staates, sondern auch zu seiner territorialen Gestalt.[1] Das allgegenwärtige tradierte Vorbild der Polnisch-Litauischen Union als Referenzmedium bedingte die Stellungnahme zur Rolle der Kresy und damit zur ukrainischen Frage in seiner staatlichen, ethnischen, aber auch außenpolitischen und damit geopolitischen Dimension. Naturgemäß waren hier vor allem die galizischen Konservativen gefordert, die trotz der zunehmenden Differenzen zwischen ihren Krakauer und Lemberger Vertretern[2] die Ukrainer prinzipiell als Volk anerkannten und ihnen eine selbständige Position zubilligten. Unter dem Aspekt einer gemeinsamen historischen Tradition befürworteten sie ein Zusammenleben, freilich unter Beibehaltung einer polnischen Vorherrschaft. Gerade durch den Blickwinkel des polnisch-litauischen Großreiches sahen sie eine zivilisatorische Mission der Polen im Osten bestätigt und weiterhin als Aufgabe an.[3] Die größte Gefahr konstatierten die Konservativen, vor allem ihre Krakówer Repräsentanten unter dem Historiker und galizischen Vorkriegswojewoden Michał Bobrzyński, in der Stärke der ukrainischen nationalen Bewegung mit ihren moskalophilen Tendenzen. Dieser Gesichtspunkt sollte sich entscheidend auf ihre Stellung zum Ukraineproblem auswirken. So wie den Konservativen der nationale Gedanke

1 Stoczewska: Ukraina i Ukraińcy, S. 39–167.

2 Zum Selbstverständnis der Konservativen vgl. die Texte in: Antologia, S. 17ff, hier besonders den Artikel von Dunin-Borkowski: Konserwatyzm a idea elity rządzącej.

3 Więcej niż niepodległość, S. 29ff; Mich: Problem mniejszości, S. 180ff; Ders.: Obcy, S. 91ff.

fremd war, so lehnten sie auch jeglichen Nationalismus in Form von ethnischer Ausgrenzung oder Assimilation ab.

Hier trafen sie sich mit den Auffassungen der Bauernparteiler (Polskie Stronnictwo Ludowe, PSL),[4] die eine gewisse Selbstbestimmung der Ukrainer durchaus respektierten und zudem alle Arten von Vorherrschaft und zivilisatorischer Missionierung zurückwiesen. Hatte es unter der Führung von Bolesław Wysłouch in der PSL noch sozialutopische Vorstellungen einer Gemeinsamkeit in einem Vielvölkerstaat gegeben, so traten unter dem Einfluss von Stanisław Stojałowski sozialradikale Ideen in den Vordergrund, die jedoch politische Einflüsse der ukrainischen nationalen Bewegung ablehnten und zunehmend Berührungspunkte in antisemitischen Positionen suchten.[5]

Die polnische Nationaldemokratie folgte am konsequentesten jenem „Sacro Egoismo“, der den ethnischen Faktor zu einem Leitprinzip des europäischen Nationalismus machte. Roman Dmowski und Jan Ludwik Popławski hatten „das Polnische“ als Legitimation nationaler Bestrebungen bis zum Ersten Weltkrieg programmatisch durchgesetzt.[6] Ihr Grundkanon bestand darin, dass ein starker polnischer Staat als unabdingbare Voraussetzung für das Überleben des polnischen Volkes angesichts der geopolitischen Bedrohungssituation nur in der Form eines ethnisch homogenen, disziplinierten Volkes bestehen kann.[7] Anderen ethnischen Gruppen im polnischen Staat wurde somit das Recht auf nationale Selbstbestimmung abgesprochen. Sie hatten sich den Interessen des polnischen Volkes unterzuordnen. Den Ukrainern verweigerte die Nationaldemokratie die Anerkennung als eigenes Volk mit nationaler Identität und jegliche Vorstellungen über eine wie auch immer geartete Autonomie schlossen sie aus. Es ist nicht nur diese simple Logik, die zum dominanten Einfluss der Nationaldemokratie im politischen Spektrum Polens führte, sondern gewiss auch die Möglichkeit, das hier verfolgte Nationalstaatsmodell als scheinbar allgemeineuropäisch gültig und bestens erprobt darzustellen.

Nun stehen zwar nationale Fragen bei der Nationaldemokratie weit stärker im Fokus als bei Konservativen und Bauernparteilern, von einem Konzept zur nationalen Frage, das die polnischen Gegebenheiten berücksichtigt, kann jedoch keine Rede sein. Unbestreitbar waren es lediglich die Sozialisten, die schon vor dem Ersten Weltkrieg und erst recht nach der Gründung der Zweiten Republik die einzige Kraft waren, die sich der Bedeutung entsprechend tiefgehend und mit wissenschaftlichem Anspruch der nationalen Frage und vor allem dem ukrainischen Problem gewidmet hat. Für sie stand unbestritten fest, dass die polnische Unabhängigkeit und die Errichtung eines souveränen Staates eng mit der Lösung des ukrainischen Problems verbunden sind und sich nur darüber die internationale Positionierung Polens und vor allem das Verhältnis zu Russland produktiv gestalten lassen.[8]

Frühzeitig legte Leon Wasilewski eine Reihe von Veröffentlichungen vor[9] und profilierte sich rasch zu einem allgemein anerkannten Theoretiker der nationalen Frage und Spezialisten

4 Więcej niż niepodległość, S. 221ff.
5 Stoczewska: Ukraina i Ukraińcy, S. 104ff.
6 Grott: Die nationale (nationaldemokratische) Bewegung in Polen; Wapiński: Idea narodu; Ders.: Z dziejów; Kulak: Kresy.
7 Zur Nationalismuskonzeption Dmowskis vgl. Hausmann: Die politischen Ideen, S. 107ff.
8 Bäcker: Problematyka państwa, S. 28ff.; Koko: W nadziei na zgodę, S. 36ff; Ders.: Polska Partia Socjalistyczna; Michałowski: Problem mniejszości; Śliwa: Kwestia narodowościowa.
9 Wasilewski: Ukraina i sprawa ukraińska; Ders.: O usamodzielnienie Ukrainy.

des Ukraineproblems.[10] Er war nicht nur theoretischer Kopf und Initiator einer innerparteilichen, stringent konstruktiv ausgerichteten, intensiven Beschäftigung mit der ukrainischen Frage, er bestimmte mit seinen Thesen und seiner Person auch den Diskurs zum Ukraineproblem in der Zweiten Republik, nicht zuletzt durch seine hohen Staatsfunktionen, unter anderem als Innen- und Außenminister. Ebenso war Wasilewski aber auch Initiator einer stark osteuropäisch fokussierten Forschung, vor allem in seiner Funktion als Direktor des „Forschungsinstituts für Nationalitätenfragen“ (IBSN).[11] Die PPS (Polska Partia Socjalistyczna) setzte mit den Arbeiten von Leon Wasilewski und Tadeusz Hołówko Maßstäbe in der Frage des Selbstbestimmungsrechtes der Nationen und des Minderheitenrechtes in europäischer Dimension. Von ihr gingen auch Leitmotive und Positionierungen für das Piłsudski-Lager aus,[12] die die Berücksichtigung nicht-polnischer nationaler Ambitionen einforderten, kombiniert mit einem föderalen Projekt und einhergehend mit der Ablehnung rein nationalstaatlicher Vorstellungen und eines Nationalismus, der sich ausschließlich in der Herstellung ethnischer Einheitlichkeit definiert.[13]

Die einflussreichen politischen Lager in Polen stellten sich somit der ukrainischen Frage in sehr unterschiedlicher Intensität und vor allem Kontinuität. Dass es in der zeitgenössischen und forschungsgeschichtlichen Rezeption durchweg zu einem Abgleich sowie einer direkten Zuordnung zu den beiden dominierenden politischen Strömungen kam, ist deshalb nicht ungewöhnlich und durchaus nachvollziehbar. Dennoch, ein föderales Konzept der Sozialdemokratie respektive des Piłsudski-Lagers den integrativen, stringent nationalstaatlichen, an westlichen Modellen orientierten Vorstellungen des nationaldemokratisch-konservativen Lagers gegenüberzustellen, ist nur sehr bedingt geeignet, die Grundpositionen zur nationalen Frage in der Zweiten Polnischen Republik zu beschreiben. Die Kennzeichnung von Konzepten einer staatlichen Assimilation versus einer völkisch-ethnischen Vereinheitlichung kommt der historischen Sachlage schon näher. Nun werden beide Grundkonzeptionen weder in der Theorie noch in der politischen Praxis einheitlich präsentiert oder gar umgesetzt. Vertreter beider Lager finden oft genug zueinander und unter dem Verdikt der Staatsraison eine gemeinsame Sprache.[14] Das heißt nicht, dass sie dadurch ihre prinzipiellen Standpunkte verlassen, dennoch scheuen sie in der politischen Praxis jedes Risiko und zeigen dabei eine erstaunliche Unfähigkeit zu politischer Dynamik.

1.2 Institutionalisierung

In den Debatten zum Ukraineproblem entstehen unter den Stichworten Autonomie und Selbstverwaltung in der konzeptionellen Auseinandersetzung außerordentliche Gedankenführungen, die ernsthaftes Potential zur Lösung drängender Fragen der Nationalitätenpolitik sogar über den polnischen Rahmen hinaus hatten. Neben monographischen Arbeiten sind es

10 Skrzypek: Zagadnienie ukraińskie; Tomczyk: W kręgu.
11 Lipiński: Leon Wasilewski, S. 169ff.
12 Koko: Polska Partia Socjalistyczna i Józef Piłsudski; Serednicki: Marszałek Józef Piłsudski.
13 Brzechczyn: Ukraina, S. 61ff.
14 Henschel, Stach: Nationalisierung und Pragmatismus, S. 171; Schenke: Nationalstaat und nationale Frage, S. 17.

in erster Linie Zeitungen und Zeitschriften, die mehr oder weniger politischen Lagern zugeordnet sind, in denen der Diskurs geführt wurde. „Droga“,[15] „Przegląd Wszechpolski“,[16] „Przegląd Współczesny“, „Czas“[17] und „Słowo“, um nur einige zu nennen, repräsentieren dabei ausdrücklich politische Richtungen, zeigen sich jedoch durchaus offen für andere Meinungen und tragen den Diskurs maßgeblich. Darüber hinaus wurde die Meinungsbildung frühzeitig institutionalisiert. Das IBSN sah in der Ukrainefrage einen Schwerpunkt und führte in der Zeitschrift „Sprawy Narodowościowe“ wissenschaftlich fundierte Dispute. Auch im „Wissenschaftlichen Forschungsinstitut für Osteuropa“ (INBEW) war das Thema Ukraine präsent und das Warschauer „Ost-Institut“ (IW) gab das „Biuletyn Polsko-Ukraiński“ als zentrales Organ der kritischen Meinungsbildung zur polnischen Ukrainepolitik heraus.

Die ukrainische Frage in Gestalt einer eigenen Staatlichkeit hatte sich zwar spätestens mit dem Vertrag von Riga erledigt, doch sie bestand für die Zweite Republik weiter: in Form der ukrainischen Minderheit und ihrem Streben nach gesellschaftlicher Organisation gekoppelt mit der Aufrechterhaltung einer Vision von nationaler Souveränität. Gleichsam als Bestätigung und Formung nationalkultureller Identität stellten die ukrainischen Eliten Forderungen nicht nur nach Möglichkeiten der Pflege der Kultur, sondern auch nach Bildungsmöglichkeiten zur Entwicklung nationaler Führungskräfte. Maßstab waren die Tradition der nationalen Bewegung der Ukrainer in Galizien in der zweiten Hälfte des 19. Jahrhunderts und die Erfahrungen der Staatsbildung am Ausgang des Ersten Weltkrieges. Schon im Juni 1921 entstand im Gefangenenlager Łańcut eine eigene ukrainische Universität. Auch in Kamieniec Podolski gab es kurz nach dem Krieg solche Aktivitäten. 1921 schließlich gründeten ukrainische Exilanten in Wien die Freie Ukrainische Universität, die 1923 nach Prag übersiedelte.[18]

Den ukrainischen Bestrebungen zur Gründung einer eigenen Universität, an der in ukrainischer Sprache gelehrt wird, stand der polnische Staat grundsätzlich ablehnend gegenüber und beobachtete alle Aktivitäten in dieser Richtung sehr aufmerksam. Die ukrainische Minderheit hielt jedoch am Projekt einer Universität fest, wenn schon nicht staatlich gefördert, dann als private Initiative. Ende 1919 versuchte die „Wissenschaftliche Gesellschaft Szewczenko“ in Lwów Vorlesungen in ukrainischer Sprache zu organisieren, was staatlicherseits unverzüglich unterbunden wurde. Daraufhin gingen die Ukrainer in die Illegalität und gründeten 1921 die Ukrainische Untergrunduniversität in Lwów sowie ein Polytechnikum. Beide Unternehmungen wurden 1925 durch polnische Behörden liquidiert.[19] Der Druck von ukrainischer Seite auf den polnischen Staat zur Etablierung einer eigenen Stätte höherer Bildung ließ jedoch nicht nach. Gerade unter den Bedingungen zunehmender Unruhen in der Sowjetukraine im Zusammenhang mit der Kollektivierung und dem stalinschen Terror sowie dem verstärkten Einfluss des Prometheismus in den bestimmenden politischen Kreisen Polens sah man sich zum Handeln veranlasst.

15 Nałęcz: "Droga".
16 Wapiński: "Przegląd Wszechpolski"; Królikowska: Ideologia Historyczna.
17 Stępczyński: Kwestia ukraińska na łamach „Czasu”.
18 Serczyk: Historycy ukraińscy, S. 295f.
19 Stępień: Ukraińskie życie, S. 185ff.

Auf Initiative ukrainischer Aktivisten mit starker Unterstützung polnischer Prometheisten, wie Tadeusz Hołówko, Stanisław Paprocki, Tadeusz Schaetzel und Marceli Handelsman,[20] wurde mit Beschluss des Ministerrates vom 7. Februar 1930 ein „Ukrainisches Wissenschaftliches Institut" (Ukraiński Instytut Naukowy, UIN) gegründet und dem Ministerium für Religion und öffentliche Bildung (MWRiOP) unterstellt,[21] das zusammen mit dem Innenministerium auch die Finanzierung übernahm. Die Gründung des Instituts mit einer engen Bindung an den Staat sollte nicht nur die permanenten und eindringlich vorgebrachten Forderungen der ukrainischen Minderheit nach einem eigenen Bildungs- und Forschungsinstitut befriedigen, sondern auch die nationalen Bestrebungen kontrollieren, die immer deutlicher Autonomieforderungen artikulierten. Die staatlichen Aktivitäten, diese zu konzentrieren und zu lenken, führten so weit, dass es ernsthafte Bemühungen gab, auch die ukrainischen Bildungseinrichtungen in der Tschechoslowakei nach Polen zu holen, was nicht gelang.[22]

Ziele und Aufgaben des Instituts waren in den Statuten festgelegt als die allseitige Erfassung des gesellschaftlichen und wirtschaftlichen Lebens der Ukraine, die Erforschung von Geschichte und Kultur unter Berücksichtigung der gegenwärtigen Verhältnisse (Sprache, Literatur, Philosophie und geistige Strömungen) sowie Forschungen zur Kirchengeschichte. Erreicht werden sollten diese Ziele durch den Aufbau einer Forschungsstätte, die sich der okkupierten Ukraine zuwendet und theoretische Arbeiten zur gesellschaftlich-politischen Ordnung eines unabhängigen Staates verfasst. Die vorgegebene Festlegung auf die Errichtung eines unabhängigen Staates jenseits der bestehenden polnischen Ostgrenze war offensichtlich. Damit sollte von vornherein das gesamte Unternehmen von Souveränitätsvorstellungen auf polnischem Territorium abgehalten werden und dementsprechend geklärt sein, dass diese für die Ukrainer in Polen vom Staat eingerichtete Forschungs- und Bildungsstätte keinesfalls ein Ort der Entwicklung der ukrainischen Minderheit in Polen ist, sondern ausschließlich dem Staatsprojekt auf dem Territorium der bestehenden Sowjetukraine unter polnischer Aufsicht dient. Gerade das stieß auf erhebliche Kritik unter den Exilukrainern, die im UIN allein ein Organ des polnischen Staates zur Beherrschung der ukrainischen Frage sahen, das vom eigentlichen Projekt der ukrainischen Universität ablenken sollte.[23]

Zum Direktor des UIN wurde Aleksander Łotocki ernannt. Er war in führenden politischen Positionen ukrainischer Staatlichkeit am Ausgang des Ersten Weltkrieges tätig und Gefolgsmann des Präsidenten der kurzlebigen Ukrainischen Volksrepublik Symon Petlura, Innenminister der Emigrationsregierung, von 1922 bis 1929 Professor für Kirchenrecht an der Ukrainischen Universität in Prag und danach Professor für Orthodoxe Kirchengeschichte an der Universität Warschau. Er hatte zu Fragen der unierten Kirche gearbeitet und die Entwicklung der Religionspolitik in der Sowjetunion kommentiert.[24] Zum Sekretär des UIN wurde Roman Smał-Stocki, Professor für Slawische Linguistik an der Universität in Warschau und ebenfalls Mitglied der Exilregierung, gewählt. Er leitete darüber hinaus den 1928 auf maßgebliche Initiative der Ukrainer gegründeten Klub „Prometeusz" in Warschau[25] und

20 Smał-Stocki: Ukraiński Instytut Naukowy; Stępien: Ukraińskie życie, S. 193.
21 Sprawy Narodowościowe 1931, 1, S. 85–87; Kolańczuk: Ukraińscy, S. 43ff.
22 Potocki: Ukraiński Instytut, S. 258.
23 Stępien: Ukraińskie życie, S. 198.
24 Łotocki: Ukraiński; Ders.: Zagadnienie.
25 Wiszka: Emigracja, S. 151–155.

repräsentierte diese politische Linie von ukrainischer Seite aus.[26] Leitende Mitarbeiter waren Bohdan Łepki, Professor am Lehrstuhl für Ukrainistik an der Universität Kraków, und der Professor für Ökonomie Walenty Sadowski.[27] Nahezu alle ukrainischen Mitarbeiter des IUN waren mit der Exilregierung verbunden und standen somit der ukrainischen Staatlichkeit unmittelbar zur Verfügung. Die wissenschaftliche Arbeit erfolgte in verschiedenen Kommissionen. Zwischen 1930 und 1935 erarbeitete die „Kommission für Recht“ Studien zum Sowjetrecht in der Ukraine. Im gleichen Zeitraum wurden unter der Leitung von Smał-Stocki in der „Kommission für Geschichte der Literatur“ die Werke von Taras Szewczenko in polnischer Sprache editiert und mit insgesamt 16 Bänden ein international anerkannter, äußerst wichtiger Beitrag für die Literaturgeschichte geleistet.[28] Die „Kommission für die Übersetzung der Heiligen Schrift und liturgischer Bücher“ wurde formal durch den Warschauer Erzbischof und Metropoliten für Polen geleitet, die wissenschaftliche Arbeit unterlag jedoch vor allem Łotocki und ab 1937 Dimytro Doroszenko, der im Verlag des Instituts 1932/33 eine zweibändige Geschichte der Ukraine in ukrainischer Sprache veröffentlicht hatte.[29] Es ging um Übersetzungen verschiedener Liturgien und der Bibel ins Ukrainische, die zusammen mit einer Außenstelle in Łuck bis 1939 geleistet wurde.[30] Ebenfalls unter der Leitung von Łotocki arbeitete die „Kommission zur Erforschung der ukrainischen Nationalbewegung“ und er legte 1936 eine Geschichte des ukrainischen nationalen Denkens vor („Historia ukraińskiej myśli narodowej“). Wichtigstes Projekt war jedoch die Sammlung von Materialien zu den ukrainischen Kosakenführern Iwan Mazepa und Pylyp Orlik, wozu intensive Bestandsaufnahmen in polnischen, österreichischen, deutschen und französischen Archiven erfolgten. Mit großzügiger staatlicher Unterstützung wurden Materialien aus dem Nachlass von Mychajlo Drahomanow angekauft und ein eigenes Archiv angelegt. Darüber hinaus wurden weitere Erinnerungen und Nachlässe von Aktivisten der nationalen Bewegung gesammelt, editiert und publiziert.[31]

1933 wurde dann eine neue „Kommission zur Erforschung der polnisch-ukrainischen Beziehungen“ geschaffen, der man offensichtlich besondere Bedeutung beimaß, weil sie Wissenschaftler und Forschungsgegenstand noch enger an die staatlichen Institutionen band[32] und hochkarätig besetzt war.[33] Marceli Handelsman leitete sie in enger Zusammenarbeit mit Łotocki und Smał-Stocki. Es gab eine philologische Abteilung und eine historische, die von Oskar Halecki zusammen mit Miron Korduba, einem der wichtigsten ukrainischen Historiker der Zwischenkriegszeit, der am Lehrstuhl von Smał-Stocki tätig war, geleitet wurde. Zu den Mitgliedern der Kommission gehörten weiterhin Włodzimierz Bączkowski, Stanisław Arnold und Ludwik Widerszal. Die erste Veröffentlichung der Kommission war 1934 die Arbeit von Leon Wasilewski zur ukrainischen Frage als internationales

26 Kwiecień, Mazur: Przyczynek, S. 89.
27 Potocki: Ukraiński Instytut, S. 259f.
28 Pięc lat istnienia, S. 8f; Łotocki: Badania naukowe.
29 Doroszenko: Narys istorii.
30 Wiszka: Emigracja, S. 259.
31 Sprawozdanie Ukraińskiego, S. 1–22.
32 Osteuropa 12 (1936/37), S. 146.
33 Biuletyn Polsko-Ukraiński 1933, 34/35, S. 13; ebenda 1934, 42, S. 9.

Problem, in der er nachdrücklich den Standpunkt der Eigenständigkeit des ukrainischen Volkes mit dem Recht auf einen Staat vertrat.[34] Bis 1938 erschienen fünf Hefte zur Arbeit der Kommission in französischer Sprache („Bulletin de la Commission pour l'Etude des Problemes Polono-Ukrainiens").

Die Mitglieder der verschiedenen Kommissionen waren allesamt ausgewiesene Fachleute polnischer Hochschulen. Sie veröffentlichten in der Reihe „Praci Ukrainskoho Naukowoho Instytutu" des UIN bis 1939 etwa 50 Bände zu Fragen von Ökonomie, Philologie, Geschichte, Recht und Philologie sowie zu den polnisch-ukrainischen Beziehungen. Dazu kamen ferner Übersetzungen, wie „Pan Tadeusz",[35] und Wörterbücher.[36] Wenn auch die Durchführung eines Ausbildungsprogramms dem Institut nicht gestattet war, so hielten die Mitglieder doch eine Reihe von Vorträgen, die dem Profil der Kommissionen entsprachen. In einer Spezialbibliothek wurden die Schriften zur Ukraine in Geschichte und Gegenwart gesammelt.[37] Das Institut unterhielt Kontakte zu verwandten Institutionen in Sofia und Paris, kooperierte jedoch besonders eng mit dem Nationalitäten- und dem Ost-Institut in Warschau, ebenso wie mit dem „Ukrainischen Staatlichen Zentrum im Exil" (Ukraińskie Centrum Państwowe na Wychodźstwie).[38]

Zweifellos konzentrierte sich die Ukraineforschung in Polen auf das UIN und das war von polnischer Seite auch so gewollt. Exponierte polnische und ukrainische Wissenschaftler versammelten sich hier unter staatlicher Ägide und fanden einen relativ gesicherten Freiraum zur Ukraineforschung. Das UIN war fester Bestandteil der Infrastruktur des intellektuellen Lebens im ukrainischen Exil.[39] Die Ergebnisse sind beachtlich, stehen den anderen ukrainischen Forschungseinrichtungen in Prag, Berlin und Paris[40] in nichts nach und gehen über eine „Pflege der Nationalkultur", die sicher ambitioniert betrieben wurde, weit hinaus. Ähnliche Bedingungen wie im UIN finden sich in Polen nur noch in den universitären Einrichtungen. Smal-Stocki war Professor für Slawistik und durch die Zusammenarbeit mit Korduba an der Warschauer Universität und seine Führungsrolle im UIN breit aufgestellt. Er forschte zur Sprachentwicklung in der Sowjetukraine und stellte mit seinen Thesen zur propagandistischen Beeinflussung der ukrainischen Sprache durch die Sowjetherrschaft eine Kontinuität zur Kulturpolitik des Zarismus her.[41] Korduba war vor allem durch seine Werke zu Bohdan Chmielnicki und anderen Hetmanen führend an Projekten zur ukrainischen Geschichte des UIN beteiligt, in denen es um den Nachweis staatlicher Legitimation auf ukrainischem Territorium ging. Zum Gegenstand der ukrainischen Geschichte war er auch in die Tätigkeit des Historischen Instituts der Universität eingebunden und arbeitete dort mit Halecki zusammen.[42] An der Jagiellonen-Universität in Kraków forschte der ebenfalls in das UIN involvierte Łepki zur ukrainischen Literaturgeschichte.[43]An der Lwówer Universität ist der Lehrstuhl für Ruthenische Sprache und Literatur (Filologia Ruska) ab 1925 von Jan Janów besetzt,

34 Wasilewski: Kwestia ukraińska. Vgl. dazu die Rezension in: Osteuropa 10 (1934/35), S. 182f.
35 Pięc lat istnienia, S. 7f.
36 Wiszka: Prasa emigracji ukraińskiej, S. 197f.
37 Pięc lat istnienia, S. 16–20.
38 Potocki: Ukraińskie Centrum, S. 86.
39 Kornat: W kręgu, S. 380.
40 Andrusiak: Historjografia ruska, S. 63f.
41 Smal-Stockyj: Ukrajinska mowa.
42 Maternicki: Warszawskie środowisko historyczne, S. 39f, 58.
43 Łepki: Ukraina.

der zusammen mit polnischen und ukrainischen Philologen sprach- und kulturwissenschaftliche Fragen der Ukraine untersuchte.[44] 1928 hatte dann Metropolit Andrzej Szeptycki in Lwów eine „Griechisch-Katholische Theologische Akademie" gegründet, in der neben der Priesterausbildung auch geistliche und weltliche Wissenschaftler zur ukrainischen Kulturgeschichte arbeiteten, vor allen Dingen aber geistliche Schriften ins Ukrainische übersetzten.[45] Sie wurde von den Ukrainern in Polen als ihre Hochschule und Ersatz für das gescheiterte Universitätsprojekt angesehen.[46]

Arbeiten außerhalb dieser staatlich subventionierten Formen hatten es erheblich schwerer und funktionierten nur durch Selbstorganisation bzw. in den traditionellen ukrainischen Bildungsvereinen wie „Proswita", der „Szewczenko-Gesellschaft" in Lwów oder dem ebenfalls dort ansässigen „Stauropigischen Institut".[47] Einige Militärs organisierten sich in einer „Militärgeschichtlichen Ukrainischen Vereinigung" (Ukraińskie Towarzystwo Wojskowo-Historyczne) in Kalisz und schrieben Artikel zu den militärischen Konflikten zwischen Polen und den Ukrainern.[48] Historische Arbeiten jenseits der Institutionen beschäftigten sich vor allem mit der ukrainischen nationalen Bewegung und den Problemen der Staatlichkeiten am Ausgang des Ersten Weltkrieges.[49] Aber gerade hier wurde die prinzipiell divergente Perspektive auf die ukrainische Geschichte und Gesellschaft besonders deutlich. Zwar funktionierte die Zusammenarbeit formell und auch die Frage einer ukrainischen Staatlichkeit wurde theoretisch von der polnischen Seite akzeptiert, dennoch waren die Unterschiede in Bewertung und Einordnung der ukrainischen Geschichte fundamental und spitzten sich im Zuge der weiteren Ausformung nationaler Vorstellungen weiter zu.

Die sich gegenüberstehenden Grundpositionen machten sich einerseits an der in der polnischen Historiographie verbreiteten und von Halecki exponiert formulierten These von der „Jagiellonischen Idee" als Idealbild des Zusammenlebens osteuropäischer Völker unter der Herrschaft der Polnischen Krone fest. Dieses Paradigma stieß auf den erbitterten Widerstand ukrainischer Historiker der Zwischenkriegszeit, die in der Tradition des Geschichtsbildes des Nestors der ukrainischen Geschichtswissenschaft Mychajlo Hruschewskyj darin eine Legitimation polnischer Expansion im Osten sahen und eine Delegitimierung ukrainischer Souveränität. Hruschewskyj hatte die These Haleckis von einem Ende der eigenständigen kulturellen Entwicklung des ukrainischen Volkes durch die Union von Lublin 1569 immer entschieden abgelehnt und die ukrainischen Eliten sahen darin nicht nur einen Angriff auf ihre nationalen Rechte, sondern diese Haltung auch durch die Ukrainepolitik der Zweiten Republik zunehmend bestätigt. Gerade in Konfrontation zu den Thesen Haleckis über die kulturhistorische Eigenheit polnischer Geschichte im osteuropäischen Großraum entwickelten ukrainische Historiker und Geographen wie Stepan Rudnyckyj und Wacław Lipiński ihrerseits ein Geschichtsbild der Ukraine zwischen Ost und West. Wiederum auf Hruschewskyj zurückgreifend wurde die Ukraine als eigenständiger Geschichtsraum mit einer soziokulturellen Spezifik dargestellt, die sie von westeuropäischen Mustern genauso unterscheidet wie von der Entwicklung Osteuropas

44 Łużny: Jan Janów.
45 Stępien: Ukraińskie życie, S. 188.
46 Bohoslowna (teologiczna) Akademia.
47 Andrusiak: Historjografia ruska, S. 57f; Hartmann: Hochschulwesen, S. 21.
48 Biuletyn Polsko-Ukraiński 1933, 3, S. 44f; ebenda 1937, 12, S. 139f; Andrusiak: Historjografia ruska, S. 64.
49 Stępień: Ukraińskie życie, S. 203f; Dutkiewicz: Zarys historii, S. 272ff.

und für sich in Anspruch nimmt, was Halecki in seinen Thesen zu Polen als Übergangsraum von West nach Ost formulierte. Indirekt war das nicht weniger als ein Führungsanspruch im ostmitteleuropäischen Raum und das vor allem in der Auseinandersetzung mit Russland; somit war die ukrainische Position in keinster Weise dazu geeignet, ein gemeinsames Geschichtsbild zu entwerfen bzw. eine Zukunftsperspektive harmonischen Zusammenlebens aufzuzeigen.[50] Man fand sich im antirussischen Kontext, was Korduba in seinem Buch zum russischen Imperialismus nachdrücklich unterstrich.[51] Die Propagierung einer ukrainischen Nationalstaatlichkeit als selbständig gegenüber den anderen Nationalitäten in der Sowjetunion und auch als beispielgebend für Bestrebungen, den Verband der UdSSR zu verlassen, war zwar ganz im Sinne des Prometheismus, blieb aber ambivalent und brachte ein gewisses Spannungsverhältnis zur polnischen Obrigkeit mit ein.

1.3 Die Frage nach einer ukrainischen Identität

Die von den verschiedenen politischen Lagern vor der Staatsgründung formulierten Grundpositionen zur ukrainischen Frage wurden auch nach dem November 1918 im Wesentlichen weiter vertreten.[52] Es dominierte ein positiver Grundton, der die Ukrainer als eigenständiges Volk ansah, ihnen selbständige Rechte zuerkannte und in einem Laisser-faire sowie gemeinsamem Handeln die Grundvoraussetzungen zur gedeihlichen Entwicklung des polnischen Staates sah.[53] Eine Ausnahme bildete lediglich die Nationaldemokratie, für die die ukrainische Frage durchaus wichtig war, jedoch als Minderheitenproblem lediglich vorübergehende und unterordnete Bedeutung besaß. Prinzipiell können den politischen Gruppierungen also über den gesamten Zwischenkriegszeitraum, bei aller Unterschiedlichkeit, Bestrebungen zu einer Lösung des Ukraineproblems nicht abgesprochen werden. Einig war man sich in der allgemeinen Kritik an der desaströsen Minderheitenpolitik der Regierung. Dabei standen der Assimilierungsdruck und der permanente Verstoß gegen die verfassungsmäßig gewährleisteten bürgerlichen Grundrechte und die Minderheitenrechte im Mittelpunkt, wohingegen die Nationaldemokratie die inkonsequente Regierungspolitik der Polonisierung kritisierte. Bei der Bestimmung von gesellschaftlicher Positionierung, dem Verhältnis zum polnischen Staat und zum polnischen Volk, wie auch bei der Zuerkennung eigenständiger struktureller und kultureller Entwicklung zeigten sich jedoch schon erste Diskrepanzen. Die Bereitschaft zur aktiven Teilnahme an der Verwirklichung nationaler Selbstbestimmungsrechte der Ukrainer in Polen wurde dann zur Markscheide der Stellungnahme zum Ukraineproblem; auf die Felder praktischer Existenz der Ukrainer in Polen, wie der Autonomie und der kulturellen und ökonomischen Entwicklungsmöglichkeiten, konzentrierten sich auch die Diskurse.

Nachdem 1921 eine ukrainische Staatlichkeit ad acta gelegt war, stellte sich die ukrainische Frage vornehmlich als Problem des Umgangs mit den Ukrainern auf polnischen Staatsterritorium und bettete sich damit in die allgemeine Minderheitenproblematik ein. Die Ukrainefrage wurde damit durch die Konstruktion des Versailler Nachkriegssystems internationalisiert und intensivierte ihre von vornherein immanente außenpolitische Dimension.

50 Zaszkilniak: Recepcja, S. 146ff.

51 Korduba: Rozwój imperializmu.

52 Papierzyńska-Turek: Sprawa, S. 44ff; Torzecki: Kwestia, 111ff; Stoczewska: Ukraina i Ukraińcy, S. 169–351; Schenke: Nationalstaat und nationale Frage, S. 47ff; Schattkowsky: Polnische, S. 188ff.

53 Kawalec: Spadkobiercy, S. 41ff.

Die Diskurse zu diesem Thema waren also nicht mehr nur innenpolitische Debatten um die Behandlung einer anderen Volksgruppe, sondern tangierten unmittelbar die mit großen Ambitionen verfolgte internationale Positionierung Polens und machten das Ukraineproblem zu einem permanenten Reizthema.

Die Anerkennung der Ukrainer als Volk mit eigener Kultur und einem nationalen Bewusstsein verband sich mit der Frage ihrer Bezeichnung. Es war keinesfalls selbstverständlich, die Begriffe „Ukrainer" oder „ukrainisch" zu benutzen, üblich waren eher „Russinen" (Rusiny) oder „russisch". Dabei bedeutete die Verwendung der Begriffe nicht zwingend und in jedem Fall die Leugnung ihrer kulturellen Eigenständigkeit und eine Zuordnung zum russischen Volk oder einer ethnischen Indifferenz. Eine Parlamentsinitiative der ukrainischen Abgeordneten von 1928 zur offiziellen Verwendung der Begriffe „Ukrainer" und „ukrainisch" verlangte jedoch eine Haltung und eröffnete ein weiteres Kapitel des Ukrainediskurses. Die Konservativen bestätigten ihre Auffassung, dass der Name für sie kein Problem darstelle und Russine und Ukrainer für sie gleichbedeutend seien, vor allem unter Berücksichtigung historischer Aspekte. Sie nutzten jedoch die Debatte, um ihren Standpunkt zu untermauern, dass die Bezeichnung von nachgeordneter Bedeutung sei und es um die Anerkennung der zivilisatorischen Mission der Polen gegenüber den Ukrainern ginge, denn nur sie könnten das europäische Kulturniveau vermitteln,[54], womit eine dauerhafte und enge Verbindung, ja eine Abhängigkeit von Polen konstruiert wurde. Diese Überzeugung implizierte jedoch eine Abwertung des Begriffs „Ukraine" und er wurde von den Konservativen zunehmend mit den Bestrebungen der ukrainischen nationalen Bewegung verknüpft. Außerdem suggeriere seine Verwendung eine Nähe zur Sowjetukraine, was der polnischen Staatsraison widerspräche. Jan Bobrzyński formulierte schließlich den protektionistischen Ansatz einer gemeinsamen Verantwortung zum Kampf gegen Sowjetrussland, was letztlich zu einer Ablehnung der offiziellen Verwendung des Begriffs „Ukraine" führte.[55] Verbunden wurde diese Argumentation der Konservativen jedoch mit der erneuten eindeutigen Ablehnung jeglicher Polonisierung der ukrainischen Bevölkerung und dem Protest gegen die Minderheitenpolitik der Regierung.

Roman Dmowski hatte die Nationaldemokratie eindeutig positioniert, den Ukrainern die Qualität nationaler Identität abgesprochen und sah zudem die ukrainische Frage schlechthin als ein Produkt antipolnischer Politik Österreichs.[56] Daran sollte sich im gesamten Zeitraum der Zweiten Republik nichts ändern. Damit war aus dieser Perspektive nicht nur die Frage des nationalen Selbstbestimmungsrechtes gegenstandslos, sondern es wurden darüber hinaus sämtliche nationalen Artikulationen der Ukrainer unmittelbar zu einer Kampfansage an die polnische Staatlichkeit, und dadurch die Existenzbedingungen des polnischen Volkes infrage gestellt. Diese Grundhaltung verlangte nach einer wirksamen legitimatorischen Unterfütterung hinsichtlich der Bewertung und Positionierung der Ukrainer innerhalb der polnischen Gesellschaft und im polnischen Staat, daher nahm die Frage nach einem eigenständigen Charakter des ukrainischen Volkes einen großen Raum im Konzept der polnischen Nationaldemokratie ein.

---

54 Stoczewska: Ukraina i Ukraińcy, S. 206ff.
55 Mich: Publicystyka polityczna, S. 468.
56 Dmowski: Zagadnienia, S. 237.

Hier fand insbesondere Jędrzej Giertych sein Betätigungsfeld, indem er den Ukrainern eine unzureichende Bildungsstufe und ein kaum ausgebildetes nationales Bewusstsein attestierte.[57] Als Beleg einer nationalen Unfähigkeit diente ihm der gescheiterte Versuch der Staatsbildung am Ausgang des Ersten Weltkrieges trotz günstiger Bedingungen und massiver Unterstützung Deutschlands. Diese Beweisführung war angesichts der Politik Piłsudskis gegenüber den ukrainischen Staatsprojekten während des Polnisch-Sowjetischen Krieges nicht unklug gewählt und verfehlte seine Wirkung nicht. Aufgrund des unterstellten geringen nationalen Entwicklungsgrades verweigerte die Nationaldemokratie zudem konsequent die Anerkennung der Bezeichnung „Ukrainer“ und „ukrainisch“. Sie hielten an den Begriffen „Russine“ und „russisch“ fest und sahen in der Volksgruppe lediglich einen Stamm und in der Sprache einen polnischen Dialekt.[58] Gewisse Unterschiede dieser Kleinrussen zu Polen und Russen wurden zwar eingestanden, sie waren aber weit entfernt von einer kulturellen Eigenständigkeit und hatten höchstens folkloristischen Charakter. Für Dmowski waren die Ukrainer ohnehin nur „eine schlechtere Ausführung der Polen“.[59]

Aus dieser Haltung leitete sich eine ganze Argumentationskette ab, die die Stellung der Nationaldemokratie zur Minderheitenfrage maßgeblich bestimmte. Wer wie die Ukrainer den Zeitpunkt der Nationalstaatsbildung verpasst hatte, dem wurden Entwicklungsmöglichkeiten grundsätzlich abgesprochen. Eine Lösung konnte nur in der Assimilation an das Polentum bestehen. Aus der historischen Tradition des polnisch-litauischen Großreiches fällt den Ukrainern bis dahin die Aufgabe eines loyalen Verhaltens zum Staat zu. Alles, was sie davon abhält, vor allem die ukrainische Nationalbewegung, schadet Ukrainern und Polen, ist ohnehin künstlich sowie fremdbestimmt und muss daher mit allen Kräften bekämpft werden.[60] Wenn Wojciech Wasiutyński als weiterer wichtiger Aktivist der Nationaldemokratie in der ukrainischen Frage zwar andere Akzente setzte und den Ukrainern einen höheren Bildungsgrad, wenn auch nur auf polnischem Territorium, zugestand, so ließ er an der Notwendigkeit der Assimilation zur Realisierung des nationalstaatlichen Konzeptes keine Zweifel.[61]

Ein Übriges tat die katholische Kirche. Die starke Bindung der Nationaldemokratie an den polnischen Katholizismus bestimmte auch ihr Verhalten in der ukrainischen Frage. Katholische Kirche und Religion waren für die Nationaldemokratie Leitmedium polnischer nationaler Erziehung und der nationale Gedanke fest in der katholischen Kirche als Nationalkirche verankert. Sie hatte zudem eine entscheidende Funktion im Prozess der Assimilation. Der Kleriker war „Pionier der polnischen Offensive“.[62] Dementsprechend war das Feindbild in Gestalt der griechisch-katholischen Kirche, der unierten Kirche, als Träger des ukrainischen Nationalgedankens fest umrissen und ihr Lwówer Metropolit Andrzej Szeptycki galt als Agent der ukrainischen nationalen Bewegung.

Für die PPS stand außer Frage, dass die Ukrainer ein eigenständiges Volk mit eigener Sprache und Kultur sind und ein Nationalbewusstsein ausgebildet hatten, das sie zur Staatsbildung befähigte. Die Beteiligung an der Diskussion über die Bezeichnung „Ukrainer“ und

57 Giertych: O program polityki kresowej, S. 113.
58 Stoczewska: Ukraina i Ukraińcy, S. 246.
59 Ebenda, S. 260.
60 Radomski: Narodowa Demokracja, S. 17ff.
61 Wasiutyński: Zagadnienie ziem wschodnich, S. 21.
62 Giertych: O program polityki kresowej, S. 130.

„ukrainisch“ war für sie deshalb gegenstandslos. Leon Wasilewski hatte sich schon vor der polnischen Staatsgründung dazu eindeutig positioniert[63] und in seinen Schriften zur Nationalitätenproblematik die Auffassung vom Recht der Ukrainer auf einen eigenen Staat weiter untermauert.[64] Er gab damit die Linie der PPS vor, der die Partei weitestgehend folgte. Wenn es dennoch Diskussionen um den Stand der Nationsbildung gab, so bezogen sie sich auf die regionalen Unterschiede in den östlichen Territorien, änderten jedoch nichts an der grundsätzlichen Position zur ukrainischen Frage.[65] Die besaß im Piłsudski-Lager einen besonderen Stellenwert und wurde hier wohl am stärksten unter außen- und machtpolitischen Aspekten gesehen. Dabei war Wasilewski ein wichtiger Faktor, doch das Piłsudski-Lager sehr heterogen.[66] Eine große Fluktuation ist mindestens durch den Mai-Umsturz 1926 gegeben und diese „Machtergreifung“ schuf eine neue Klientel. Obwohl sich Piłsudski immer weiter von seinen sozialdemokratischen Wurzeln löste und gerade in der Frage der Staatsraison die Auffassungen sich immer weiter voneinander entfernten,[67] war die Bindung Wasilewski an ihn geblieben. Dafür waren wohl weniger alte politische Beziehungen oder das Ansehen der Führungspositionen als alleiniges Bekenntnis zur Person verantwortlich, wofür auch Hołówko und eine ganze Reihe anderer Persönlichkeiten der Sozialdemokratie stehen.[68] Es war eben gerade die machtpolitische Präsenz und die Person Piłsudskis, gekoppelt mit einem breiten politischen Zugang, der diesem politischen Lager eine große Attraktivität einbrachte und ihm eine gewisse Brückenfunktion in der Haltung zur nationalen und speziell der ukrainischen Frage zuwies.[69]

In der Perspektive des Piłsudski-Lagers verschmolzen unter dem Begriff der Staatsraison Staat und Volk zunehmend und sie implementierten diese Haltung im politischen Selbstverständnis der Zweiten Polnischen Republik.[70] In der Erklärung dieser Staatsraison aus der geopolitischen Lage heraus und in der Konstruktion der Abhängigkeit des Volkes vom Staat, die dem Staat eine eindeutige Priorität einräumte, profilierte sich Włodzimierz Bączkowski zu einer Leitfigur. Danach waren alle Bürger des polnischen Staates unabhängig von ihrer ethnischen Herkunft Staatsbürger und damit im politischen Sinne Polen. Positiv betrachtet war das eine Positionierung im Interesse anderer Nationalitäten und richtete sich gegen den etablierten Nationalismus. Ethnos und nationale Frage wurden gleichsam verstaatlicht und eine Hierarchie Staat-Volk-Individuum zur Ideologie gemacht. Die übernationale staatliche Gesellschaft, in der nicht Ethnos, sondern der Bürger zählte, beantwortete die Frage nach der Anerkennung der Ukrainer als Volk quasi von selbst und maß der Bedeutung einer nationalen Bewusstseinslage gleichzeitig eine absolut sekundäre Wertigkeit zu.

---

63 Wasilewski: Die Ostprovinzen.

64 Stoczewska: Litwa, Białoruś, Ukraina, S. 373ff.

65 Wasilewski: Ruski, rusiński czy ukraiński?

66 Paruch: Piłsudczikowska wizja. Vgl. auch die Texte führender Vertreter des Piłsudski-Lagers in: Antologia, S. 51ff.

67 Bäcker: Problematyka, S. 80ff; Piotrkiewicz: Myśl polityczna.

68 Tadeusz Hołówko o demokracji, S. 12.

69 Kulesza: Koncepcje ideowo-polityczne, S. 82ff, 143ff; Paruch: Od konsolidacji, S. 173ff; Madajczyk: Dokumenty.

70 Serejski: Naród czy państwo.

Entsprechend diesem Grundsatz versuchte Bączkowski zusammen mit Marceli Handelsman einen eigenen Nationalismus zu formulieren, der sich von dem der Nationaldemokratie eindeutig unterschied. Für Bączkowski gab es einen positiven Nationalismus, der jenen Staat in den Vordergrund rückt, der für das Volk da ist und dem sich das Volk unabhängig von ethnischen Faktoren im eigenen Interesse unterordnet und in ihm seine Gemeinsamkeit und Zusammengehörigkeit als Staatsvolk findet. Der ethnisch orientierte Nationalismus hingegen, der sich allein auf das Polentum konzentriert und, chauvinistisch belastet, die Volkszugehörigkeit zum Bewertungsmaßstab macht, wie die Nationaldemokratie es praktizierte, war für ihn der negative Nationalismus und für Polen nicht praktikabel. Diese durchaus unterschiedliche Nutzung und Deutung des Begriffs „Nationalismus" in Polen, die bei Bączkowski noch lange nicht endet, verdeutlicht eine breite „innere Perspektive" auf den Nationalismus und stellt die Frage nach seiner Bewertungsmöglichkeit durch die Verwendung von Paradigmen der modernen Nationalismusforschung.

Die soziale Zusammensetzung der polnischen Gesellschaft und mehr noch die Tradition der Bauernbewegung sorgten dafür, dass die Bauernpartei in der praktischen Regierungspolitik der Zweiten Republik einen relativ großen Einfluss besaß. Sie stellte bis zu einem Drittel der Abgeordneten des Sejms, über Jahre hinweg den Premierminister und war in den regionalen Vertretungskörperschaften sehr präsent. Diese politische Potenz stand in keinem Verhältnis zu ihrer konzeptionellen Arbeit und ihre Aufmerksamkeit konzentrierte sich fast ausnahmslos auf die Agrarfrage. Auch die Beurteilung des Ukraineproblems erfolgte aus dieser Perspektive.[71] Sie spielte eine untergeordnete Rolle und einen Fachmann zum Nationalitätenproblem, und speziell zur ukrainischen Frage, wie ihn andere politische Gruppierungen hatten, gab es nicht.[72] Allenthalben Stanisław Thugutt als Führer der linksorientierten Gruppe der PSL „Wyzwolenie",[73] mehrfach Minister und Vizepremier,[74] äußerte sich dazu vor allem im Zusammenhang mit der Agrarreform von 1925 und der Frage der Parzellierungen. Im Parlament trat er öffentlich für die Bezeichnung „Ukrainer" ein, plädierte für eine freie Entwicklung der Kultur, der Sprache und nationale Selbstbestimmung. Er entwickelte dabei eine auffallend sozial geprägte Perspektive, die den polnischen Bauern in Gemeinschaft mit den ukrainischen dem polnischen Großgrundbesitz entgegenstellte. In der Praxis sprach er sich für eine „Politik der kleinen Schritte" aus, die er auch als Mitglied der von Premier Władysław Grabski eingesetzten Nationalitätenkommission (Komisja Czterech, Viererkommission) vertrat und wo er sich durch die Zugeständnisse an die Politik der Nationaldemokraten vielfacher Kritik aussetzte.[75]

Der soziale Aspekt spielte auch bei der Strömung der „Jungen Volkstümler" innerhalb der PSL eine tragende Rolle. Wie Thugutt unterschieden sie zwischen dem Volk, das sich mit den Polen verbindet, und der Führung, die einen negativen Einfluss ausübt, antipolnisch wirkt und von außen, aus Deutschland und Russland, gelenkt wird. Allgemein war in der PSL der Aspekt einer historischen Mission des polnischen Bauern als Erzieher und Kulturbringer

71 Stoczewska: Ukraina i Ukraińcy, S. 309ff.
72 Hemmerling, Łuczak: Miejsce kresów.
73 Jachymek: Myśl polityczna, S. 179ff.
74 Wójcik: Myśl polityczna, S. 5.
75 Ebenda, S. 204; Chojnowski: Koncepcje, S. 37f.

der slawischen Familie dominant.[76] Das rechte Lager in der PSL „Piast" stand von vornherein hinter den Positionen der Nationaldemokraten und die Politik ihres maßgeblichen Repräsentanten und Premiers Wincenty Witos behandelte den Ukrainer offen als „Bürger zweiter Klasse", unterstellte ihm grundsätzlich eine antipolnische Haltung und sah allein in der Stärkung des Polentums die Lösung des Ukraineproblems.[77] „Wyzwolenie" und „Piast" bedienten sich jeweils an den Versatzstücken aus dem Ukrainerepertoire von PPS und Nationaldemokratie. Einig waren sie sich in der Forderung nach einem starken Staat und der Notwendigkeit der Schwächung Russlands, zu programmatischen Präzisierungen kam es nicht und eine innerparteiliche Diskussion blieb aus.

Die Christdemokraten (Chadecy, Chrześcijańska Demokracja) beteiligten sich am Ukrainediskurs nur marginal und ihre Haltung zum Ukraineproblem könnte als Fußnote abgetan werden, wenn nicht durch die klerikale Ausrichtung auf die polnische römisch-katholische Kirche und die damit verbundene personelle Durchsetzung eine enge Bindung an die Nationaldemokraten und die Konservativen sowie eine starke Beachtung durch das Piłsudski-Lager gegeben wäre, wodurch sie in wichtigen Fragen zum Ukraineproblem große Einflussmöglichkeiten hatten.[78] Die Minderheitenfrage nahm durchaus einen wichtigen Platz in ihrem politischen Denken und Handeln ein. Unter Juliusz Makarewicz wurde eine eigene Kommission dafür eingerichtet,[79] die den Ideen der Nationaldemokraten sehr nahestand. Dementsprechend war ihr Ausgangspunkt der nationale Charakter des polnischen Staates mit dem Souverän des polnischen Volkes. In dieser Funktion tritt das polnische Volk den anderen Nationalitäten gegenüber als „Gastgeber" (gospodarz) auf. Das Verhalten der anderen Nationen hatte in der Position des „Gastes" der Entwicklung des „Gastgebers" nicht zu schaden und gemeinsam sollten sie den Staat des polnischen Volkes errichten. Ihren christlichen Grundsätzen folgend räumten sie den anderen Nationalitäten das Recht auf eine eigenständige Entwicklung ein, distanzierten sich zwar vom Nationalismus der Nationaldemokraten, forderten aber eine absolute Loyalität zum polnischen Staat. Noch mehr als bei den Nationaldemokraten standen jedoch die Juden im Fokus der „Chadecy" und die Ukrainer spielten eher eine Nebenrolle. Ihnen gegenüber lief ihr Konzept letztlich auf eine Assimilierung auf der Grundlage der angenommenen Wirkung des höheren kulturellen Niveaus der Polen hinaus.

1.4 Eigenstaatlichkeit und Autonomie

Die Frage nach der Schaffung eines ukrainischen Staates wurde am Ausgang des Ersten Weltkrieges nicht nur durch die ukrainische nationale Bewegung gestellt, sondern war durch die allgemeine Anerkennung des Selbstbestimmungsrechtes der Nationen virulent. Eine Positionierung hierzu, in welcher Form auch immer, war also eine Grundvoraussetzung zur Artikulierung einer Haltung zum Ukraineproblem in allen politischen Lagern.

So wie die Konservativen dem Ukrainertum allein eine kulturelle Funktion zubilligten, sprachen sie ihm jegliche territoriale Dimension ab. Aus ihrer Perspektive hatte es niemals eine Ukraine gegeben, weder als Territorium noch als Staat. So energisch sie sich gegen die Polonisierung stellten, so ausdrücklich lehnten sie alle Projekte einer territorialen Autonomie

76 Stoczewska: Ukraina i Ukraińcy, S. 321.
77 Struve: „Chłopi z chłopami".
78 Więcej niż niepodległość, S. 183ff.
79 Stoczewska: Ukraina i Ukraińcy, S. 336ff.

ab, auch in direkter Konfrontation mit ihren Befürwortern, wie Leon Wasilewski. Neben den historischen Argumenten begründeten sie ihren Standpunkt mit der verbreiteten Auffassung der Unmöglichkeit der eindeutigen Verortung der Ukrainer, den großen quantitativen Unterschieden ihrer Verbreitung in den Kresy, ihres ungleichen Bildungsstandes und des damit verbundenen nationalen Bewusstseins vor allem zwischen den Regionen Ost- und Westgalizien, Polesien und Wolhynien. Schwerer wog für die Konservativen jedoch die Gefahr, die sich mit einer ukrainischen Autonomie für die territoriale Einheit des polnischen Staates verband. Sie sahen die polnischen Lebensinteressen in den Kresy gefährdet und damit die Sicherung des polnischen Besitzstandes als Grundelement der Staatsraison bedroht. Eine Autonomieregelung würde den Ukrainern Möglichkeiten eröffnen, die Rechte der polnischen Bevölkerung zu beschneiden und in der Folge die Loyalität zum polnischen Staat infrage stellen, was wiederum eine Gegenwehr der polnischen Bevölkerung provozieren würde, die eine ganze Region destabilisieren könnte. Schließlich gab es genug Beispiele dafür, dass die extrem nationaldemokratisch orientierte Bevölkerung des Ostens sehr empfindlich auf vermeintliche Zugeständnisse an die ukrainische Bevölkerung reagierte. Zwar akzeptierten die Konservativen formal eine Art Selbstverwaltung, die allerdings immer die absolute Loyalität zum polnischen Staat voraussetzte und letztlich nicht näher präzisiert und ausbuchstabiert wurde.[80]

Ganz anders in dieser Frage positionierte sich der „Bunt Młodych". Er ist zwar dem konservativen Lager zuzurechnen, nahm aber eine so weitgehende Sonderstellung ein, dass seine eigenständige Betrachtung berechtigt erscheint.[81] Diese „Revolte der Jungen" ist durchaus vergleichbar mit anderen Bewegungen der „Jungen" im Europa der Zwischenkriegszeit, die sich aus dem konservativen Lager heraus als Gegenentwurf zu linken Bewegungen verstanden und sich mit eigenen Gesellschaftsvorstellungen von den traditionellen Konservativen absetzten. Ohne sich selbst als solche zu sehen, hegten sie durchaus Sympathien zu faschistischen Bewegungen, vor allem der italienischen. Obwohl personell und organisatorisch noch eng mit den Konservativen verbunden, brach der „Bunt Młodych" doch bewusst mit den Traditionen des polnischen Konservatismus vor 1918.

Er beurteilte die ukrainische Frage einzig aus der Perspektive der Notwendigkeiten des neuen polnischen Staates und seiner außenpolitischen Bedingtheiten, was eine ganze Reihe von Anknüpfungspunkten zu anderen politischen Strömungen schuf und ihn auch für sie inhaltlich öffnete. Sein Bewertungsmaßstab war einzig und allein der starke Staat. Ein starkes Polen mit Großmachtambitionen, ohne die ein Überleben in der aktuellen geopolitischen Konstellation nicht möglich erschien, war mit der Existenz Russlands, in welcher Form auch immer, unvereinbar. Die Zerstörung Russlands war die Zielstellung des „Bunt", womit er auch die Grundpositionen des Konservatismus vertrat und viele Übereinstimmungen zum Piłsudski-Lager fand. Deshalb waren seine Vertreter auch Aktivisten des Prometheismus und spätestens hier verschwimmen die trennenden Konturen zwischen den Lagern fast völlig. In dieser Grundrichtung einig, unterschieden sich die Aktivisten des „Bunt" in der Haltung zur ukrainischen Frage doch elementar von den traditionellen Konservativen. Vorderhand waren die Ukrainer für den „Bunt" Bündnispartner im Kampf gegen (Sowjet-)Russland und diesem

80 Ebenda, S. 208ff.
81 Kowal: Przyczynki, S. 15; Giedroyc: Autobiografia, S. 56–82.

Grundsatz hatte sich die Ukrainepolitik und damit auch die Minderheitenpolitik unterzuordnen. In der Neuauflage der Ukrainepolitik Piłsudskis der Jahre 1919/20 sahen sie einen sinnvollen Ausweg aus der politischen Misere der Zwischenkriegszeit. Deshalb war die Gewinnung der Ukrainer als Partner genauso wichtig und selbstverständlich wie die Anerkennung eines souveränen ukrainischen Staates. Nur eine solche Ukraine konnte im Kampf gegen Russland bestehen und diesen nur in enger Bindung an Polen gewinnen. Das war die simple Logik des „Bunt Młodych". Eine Unterordnung unter die polnischen Interessen würde sich in einem normalen und für beide Seiten nützlichen Prozess durch die kulturelle und machtpolitische Überlegenheit dann von selbst ergeben.[82]

Für Adolf Bocheński, den Redakteur der Zeitschrift „Bunt Młodych", war deshalb jegliche Assimilationspolitik im Sinne einer Polonisierung kompletter Unsinn und im Interesse eines Zusammenlebens in einem Staat überflüssig. Diese Frage würde sich mit einer eigenen ukrainischen Staatlichkeit ohnehin erledigen, wobei sich das Staatsterritorium natürlich auf der russischen Seite befände.[83] Er entwickelte seine Auffassungen in breiter Polemik mit den Vorstellungen ethnischer Vereinheitlichungen bei Giertych und Stanisław Grabski, wobei er eine breite historische Perspektive aufmachte und vor allem internationale Aspekte der europäischen Nachkriegsordnung berücksichtigte. Kernpunkt seiner Aussage war die Erkenntnis, dass ab einer bestimmten Stufe nationaler Entwicklung, die bei den Ukrainern ohne Zweifel erreicht war, der staatliche Druck auf eine Assimilation nur noch zur Stärkung der nationalen Bewegung beitragen kann, was er eindringlich mit Beispielen aus der französischen, deutschen und russischen Geschichte belegte.[84] Die logische Schlussfolgerung konnte für Bocheński deshalb nur in einer staatlichen Politik liegen, die alle Möglichkeiten der kulturellen und auch politischen Entwicklung der nationalen Bewegung nutzt, um sie in das Staatskonzept einzubinden, die polnische Staatlichkeit festigt und überdies den internationalen Normen der „Nationalitätengrundsätze" entspricht.[85] Er entwickelte auf dieser Grundlage wohl am überzeugendsten das Konzept der staatlichen Assimilation, in das er nicht nur die machtpolitischen, sondern auch die kulturellen und ökonomischen Faktoren einbezog.[86] Was nun die territoriale Eigenständigkeit in diesem Konzept betrifft, da bleiben die Vorstellungen diffus, vor allen Dingen was Ostgalizien und Wolhynien anbelangt, keinesfalls aber sollte Lwów ukrainisch werden.

Jan Bobrzyński ging im Sinne der „Jagiellonischen Idee" noch weiter und zeigte sich überzeugt, dass sich die Ukrainer in ihren territorialen Forderungen nicht beschränken ließen und es auf Kosten polnischen Territoriums auf ein großukrainisches Projekt hinauslaufen würde. Da dies jedoch nur mit polnischer Hilfe realisiert werden kann, ist die direkte polnische Einflussnahme in der Zukunft gesichert.[87] Diese enge Partnerschaft gegen Russland steuerte auf die Realisierung eines föderalen Projektes als Kernelement der Vision eines Polen zwischen den Meeren zu. Dabei sah Bobrzyński diesen Prozess als einen rein freiwilligen an, bei dem sich die polnische Überlegenheit als wirksamstes Instrument erweisen

82 Mich: Problem mniejszości, S. 195.
83 Bocheński, Adolf: Polityczne oblicze.
84 Ebenda, S. 149ff.
85 Ebenda, S. 161.
86 Ebenda, S. 166ff.
87 Stoczewska: Ukraina i Ukraińcy, S. 221.

würde. Hier traf er sich mit verbreiteten Grundüberzeugungen anderer politischer Lager: Polen als zivilisatorisches Vorbild westlicher Werte wirkt so stark, dass die Lösung der nationalen Frage im Sinne Polens geradezu ein Selbstläufer ist, vor allem in Konfrontation mit dem bolschewistischen Russland.

In dieser Haltung gab es auch die größten Übereinstimmungen zum konservativen Lager in Wilno um den einflussreichen Herausgeber des „Słowo", Stanisław Cat-Mackiewicz, obgleich hier das ukrainische Problem vornehmlich aus der Perspektive der litauischen Frage betrachtet wurde, was bedeutete, dass im Sinne des historischen Vorbildes des polnisch-litauischen Großreiches zweier Völker für Litauer die weißrussische Frage im Vordergrund stand und die Probleme mit den Ukrainern eher den Polen zugeordnet wurden.[88] Entsprechend ihrer politischen Grundhaltung setzten die Aktivisten des „Bunt" als politisches Instrument zur Realisierung ihrer Konzeptionen auf die Stärkung des Konservatismus in der ukrainischen nationalen Bewegung. Ein Partner schien Anfang der 30er-Jahre in der Person des griechisch-katholischen Bischofs von Stanisłów, Hryhoryj Chomyszyn, gefunden, der sich in dieser Sache aktiv verwendete.[89] Seine Mission blieb jedoch nahezu gänzlich erfolglos und desavouierte ihn weiter in der ukrainischen Gesellschaft. Angesichts der praktischen Regierungspolitik wirkten solche Avancen, auch wenn sie in der Frage einer territorialen oder staatlichen Unabhängigkeit weitestgehende Zugeständnisse zu machen schienen, unglaubwürdig. Einerseits hatte die ukrainische Bewegung bis dahin so viel Selbstvertrauen entwickelt, dass sie solcher, zumal auf schütterer Basis beruhenden Bündnisse nicht mehr bedurfte, andererseits war nach den Pazifizierungsaktionen von 1930/31, die von den Konservativen unterstützt wurden, auch das letzte Vertrauen in die polnische Staatlichkeit und ein Entgegenkommen durch die polnische Gesellschaft verloren gegangen; die einflussreichen Kräfte der ukrainischen nationalen Bewegung setzten generell auf Konfrontation und Alleingang.[90]

Die Möglichkeit eines unabhängigen ukrainischen Staates schloss sich für die Nationaldemokratie kategorisch aus. Auch hier gab Dmowski die Linie vor, indem er erklärte, dass dafür weder ein Territorium zur Verfügung stünde noch aus politischen und ökonomischen Gründen ein Platz für diese Projekt vorhanden wäre, und das nicht nur aus polnischer, sondern auch aus europäischer und sogar weltpolitischer Perspektive.[91] Bei der Nationaldemokratie war die Betonung des internationalen Aspektes des Ukraineproblems am stärksten ausgebildet, womit sie das weitverbreitete Bewusstsein von der existentiellen Abhängigkeit des polnischen Staates von den internationalen Gegebenheiten bediente. Hier wurde nicht nur negiert, sondern gleichzeitig ein Bedrohungspotential aufgebaut und ein Feindbild errichtet, wie bei kaum einer anderen politischen Richtung. Bei Dmowski und großen Teilen der Nationaldemokratie dominierte dabei eine antideutsche Grundhaltung. Danach lagen eine starke ukrainische Minderheit und erst recht ein ukrainischer Staat im ureigenen Interesse

88 Górski: Władza polityczna, S. 127ff; Stanisław Cat-Mackiewicz. Teksty, S. 30ff; Grygajtis: Polskie idee, S. 421ff; Osica: Polityce anachronizmu.

89 Mich: Publicystyka, S. 469; Chojnowski: Koncepcje, S. 187.

90 Chojnowski: Koncepcje, S. 158ff.

91 Dmowski: Świat powojenny, S. 243.

Deutschlands und würden immer ein Instrument im Kampf gegen Polen, aber auch Russland sein.[92]

Das bedeutete, dass die Nationaldemokratie als einzige politische Kraft alle Vorstellungen einer ukrainischen Selbständigkeit auch in der linksufrigen Ukraine, jenseits des Dnepr, also vor allem auf dem Territorium eines wie auch immer gestalteten russischen Staates, ablehnte. Die Disziplinierung und Unterdrückung des Ukraineproblems war für die Nationaldemokratie eine Grundvoraussetzung, um sowohl mit Deutschland als auch mit Russland normale Beziehungen einzugehen. Gerade aus der Erkenntnis der außenpolitischen Dimension der ukrainischen Frage trat die Nationaldemokratie konsequent dafür ein, sie ausschließlich als innenpolitisches Problem zu behandeln.[93] Es verstand sich dann fast von selbst, dass auch die intensiv diskutierten Autonomieprojekte hinsichtlich einer strukturellen und kulturellen Selbständigkeit der Ukrainer innerhalb des polnischen Staates strikt abzulehnen waren und die Nationaldemokratie darin einzig eine Förderung der ukrainischen nationalen Bewegung und eines ukrainischen Separatismus, verbunden mit kommunistischen Umtrieben, sah. Auf diesem Feld entwickelte sich in den 30er-Jahren dann auch die stärkste Polemik der Nationaldemokratie mit anderen politischen Gruppen, vor allem dem Piłsudski-Lager.[94]

Die Anerkennung der Ukrainer als eigene Nation und des Selbstbestimmungsrechtes der Nationen durch die PPS bedingte eine grundsätzlich positive Haltung zur Gründung eines ukrainischen Staates. Leon Wasilewski unterzog deshalb das Scheitern der ukrainischen Staatlichkeit am Ausgang des Ersten Weltkrieges einer eingehenden Analyse und kam zu dem Schluss, dass dafür die internationalen Rahmenbedingungen verantwortlich waren, vor allem das Desinteresse der Siegermächte und nicht die Unfähigkeit der ukrainischen Nationalbewegung.[95] Eine ukrainische Staatlichkeit war bei der PPS allerdings immer Bestandteil des föderalen Projektes, womit sie mit Piłsudski und seiner Ukrainepolitik der Jahre 1919 bis 1921 völlig übereinstimmten. Wie bei Piłsudski wurde auch bei der PPS nie ganz deutlich, in welcher Form sich ukrainische Staatlichkeit und Föderation vereinbaren und konkret umsetzen sollten. Betont wurde allerdings die Anwendung des Prinzips der Freiwilligkeit, deutlich aber auch, dass ein polnisches Patronat diese Konstruktion gegen die imperialen Bestrebungen Russlands und Deutschlands sichern sollte.[96] Ohnehin sah die polnische Sozialdemokratie die größte Gefahr in einer ukrainischen Staatsbildung mit russischer Unterstützung und Tadeusz Hołówko sprach sich 1919 für einen selbständigen ukrainischen und litauisch- weißrussischen Staat in enger Bindung an Polen als bestes Mittel zum Schutz gegen Russland aus und befürwortete das Bündnis Piłsudskis mit Petlura.[97]

Wasilewski und Hołówko lieferten sicher die fundiertesten Analysen und politischen Konzepte zur Nationalitätenfrage und insbesondere zur Lösung des ukrainischen Problems am Ausgang des Krieges, die in der PPS breite Akzeptanz fanden. Dennoch gab es Alternativkonzepte, die die politische Spannbreite in der Partei aufzeigen. Mieczysław Niedziałkowski vertrat das revolutionäre Konzept, wonach die Lösung der nationalen Frage

92 Ebenda, S. 252.
93 Ebenda, S. 273.
94 Chojnowski: Koncepcje, S. 185ff.
95 Stoczewska: Litwa, Białoruś, Ukraina, S. 332ff.
96 Śliwa: Dwa socjalistyczne projekty; Bäcker: Polska Partia Socjalistyczna.
97 Paprocki: S. p. Tadeusz Hołówko.

erst durch die Revolution erfolgen kann und der Sieg des Sozialismus das Nationalitätenproblem quasi von selbst ad acta legen wird. Eher skeptisch gegenüber einer ukrainischen Eigenstaatlichkeit zeigten sich Kazimierz Domosławski und Adam Próchnik. Sie sprechen den Ukrainern zwar die Staatsfähigkeit nicht ab, im Gegenteil, aber sie sehen einen ausgeprägten ukrainischen Nationalismus, der nicht nur zu nationalen Konflikten in Polen, sondern auch zu einer Gegnerschaft zum polnischen Staat führen wird.[98] Während die linksradikale Variante sich bald von selbst erledigt hatte, nahmen die Überlegungen zur Potenz nationaler Konflikte, die sich mit der ukrainischen Frage verbanden, immer größeren Raum in der Partei ein.

Dennoch hielt die PPS an den Grundsätzen Wasilewskis und Hołówkos fest. Als nach dem Frieden von Riga das föderale Projekt zunächst abgehakt schien, sah die PPS weiterhin die Unterstützung der Selbständigkeitsbestrebungen der Ukrainer zur Lösung des nationalen Problems in den Kresy als ihre Hauptaufgabe an und machte die Frage zum Gegenstand tiefgehender theoretischer Erörterungen. Für die praktische Politik bedeutete diese Haltung das Eintreten für eine Autonomie als Weiterführung des föderalen Konzeptes unter nationalstaatlichen Bedingungen. Während das in der internationalen Sozialdemokratie favorisierte Modell der Kulturautonomie als Idealmodell zur Lösung der Minderheitenprobleme wenig Anklang fand, wurde das Projekt der territorialen Autonomie breit diskutiert. Niedziałkowski und Hołówko gingen mit ihren Vorstellungen der Errichtung einer eigenen Provinz am weitesten. Hauptstreitpunkte waren ihre territoriale Dimension, also die Fragen, ob eine Majorität der ukrainischen Bevölkerung notwendig und wo sie denn gegeben sei, und das Problem der Form der Eigenständigkeit. Wie groß sollen die Einflussmöglichkeiten des Staates sein und wie stark die eigene parlamentarische Vertretung in der Provinz?[99] Recht schnell wurde deutlich, dass mit dieser Frage das allgemeine Minderheitenproblem nur verlagert wurde. Gewichtige Einwände kamen aus der Partei mit dem Argument, dass eine solche Separierung den polnischen Besitzstand gefährde und den nationalen Zwist nur weiter fördere. Auch bestünde die Gefahr, dass eine solche territoriale Sonderentwicklung die nationale Bewegung der Ukrainer eher hemmen als unterstützen würde. Beide Protagonisten dieses Autonomieprojektes hielten jedoch an ihren Konzepten fest und sahen darin einzig und allein den sichersten Weg zur Befriedung der nationalen Bedürfnisse der Ukrainer, nationaler Streitigkeiten und der Sicherung der Grenze.

Es kam zu scharfen Kontroversen, die auch ein Hinweis auf das Auseinanderdriften der politischen Gruppierungen in der polnischen Sozialdemokratie waren. Selbst Wasilewski als enger Gefährte Hołówkos zeigte sich zunehmend distanziert und befürwortete eine territoriale Autonomie nur in den ostgalizischen Gebieten mit eindeutiger ukrainischer Mehrheit. Auch bei der Gewährung autonomer Rechte war er eher zurückhaltend. Für eine so weitgehende Autonomie, wie Hołówko sie forderte, war ihm das Konfliktpotential in Ostgalizien einfach zu hoch. Ethnische Verteilung, soziale Unterschiede und konfessionelle Spannungen hatten in der Vergangenheit zu oft zu Auseinandersetzungen geführt, als dass man unter ukrainischen Autonomiebedingungen von einem geregelten Zusammenleben ausgehen könne. Er sah deshalb in einer weiterhin engen Bindung an den polnischen Staat die besten

98 Stoczewska: Ukraina i Ukraińcy, S. 263ff.
99 Śliwa: Dwa socjalistyczne projekty, S. 318.

Voraussetzungen, die Selbständigkeitsbestrebungen der Ukrainer zu realisieren.[100] Inwieweit diese Auffassung schon ein Abrücken von selbst formulierten Grundsätzen war oder Frucht politischer Erfahrungen und ein Einschwenken auf staatspolitischen Pragmatismus, ist schwer zu beurteilen, aber schon zu vermuten, zumal Wasilewski gegenüber den Pazifizierungsaktionen eine recht indifferente Haltung eingenommen hatte, indem er sie zwar nicht begrüßte, aber eine gewisse Notwendigkeit einräumte.[101] Ohnehin hatte in der PPS eine enorme Ernüchterung eingesetzt und sich eine latente Resignation breitgemacht, nachdem sich die großen Hoffnungen, die in den Mai-Umsturz und die Sanacja-Regierung gesetzt wurden, nicht erfüllt hatten. Wasilewski und Hołówko waren zwar Mitglieder des Sachverständigenrates zu den Minderheitenfragen geworden, merkten jedoch recht bald, dass sie auch in dieser Funktion kaum Einfluss ausüben konnten und sich die allgemeine Lage nicht verbesserte.

Eigentlich übernahm das Piłsudski-Lager die Positionierung der PPS zur ukrainischen Selbständigkeit. Włodzimierz Bączkowski, der gerade diese Frage zu einem Kernpunkt seiner Betrachtungen und Untersuchungen machte, unterschied sich von Wasilewski vor allem dadurch, dass er die Herstellung eines unabhängigen ukrainischen Staates aus eigener Kraft für unrealistisch hielt, und durch seine Meinung, dass dieses Projekt allein mit polnischer Hilfe durchzusetzen sei. Grundlage dafür war die Anerkennung der ukrainischen Nation mit dem Recht auf nationale Selbstbestimmung.[102] Bei allem Nachdruck, mit dem diese Staatlichkeit gefordert wurde, ließ Bączkowski jedoch in bester Tradition Piłsudskis nie einen Zweifel daran, dass ihre Realisierung ein fester Bestandteil des großmachtpolitischen Programms Polens und das beste Mittel der Verteidigung vor der russischen Gefahr ist.

Aus der Unterstützung des föderalen Projektes Piłsudskis heraus setzte sich Stanisław Thugutt für eine Territorialautonomie in den Kresy ein, lehnte aber eine eigene Staatsbildung ab. Für ihn, und eigentlich für die gesamte PSL, stand die Staatsraison im Vordergrund und in allen ukrainischen Fragen musste die führende Position des Staates gewahrt bleiben.[103] Für die „Chadecy“ schloss sich die Entstehung eines ukrainischen Staates aufgrund eines wenig ausgebildeten nationalen Entwicklungsgrades aus. Auch einen Autonomiestatus in Ostgalizien lehnten sie ab.[104] Gründe dafür wurden sowohl in der gegebenen ethnischen Mischlage gesehen als auch in der Gefahr einer jüdisch-ukrainischen Annäherung als existentielle Gefahr für Polentum und Staat im Osten.

1.5 Die Minderheitenfrage

Polnische Intellektuelle der Zwischenkriegszeit gehen mit der Zweiten Polnischen Republik zuweilen hart ins Gericht. Leute wie Jerzy Giedroyc, der Herausgeber der Pariser „Kultura“, und Czesław Miłosz, der Literaturnobelpreisträger, sehen in ihren Erinnerungen schwerwiegende Indizien für ein generelles politisches Unvermögen und mangelnde gesellschaftliche

100 Stoczewska: Ukraina i Ukraińcy, S. 273, 282ff.
101 Koko: W nadziei na zgodę, S. 396; Piotrkiewicz: Kwestia ukraińska, S. 106.
102 Bączkowski: Zarys podstaw, S. 49ff.
103 Wójcik: Myśl polityczna, S. 199.
104 Stoczewska: Ukraina i Ukraińcy, S. 338ff.

Reife des modernen polnischen Staates, durchaus untersetzt mit einem Zweifel an der zivilisatorischen Qualität gegenüber dem als klassisch empfundenen Westen.[105] Beide lassen kein gutes Haar an der Nationalitätenpolitik des polnischen Staates der Zwischenkriegszeit.[106] Beide wissen, wovon sie reden, waren sie doch in ihrer beruflichen und schriftstellerischen Tätigkeit eng mit der Politik in den polnischen Ostgebieten befasst und in den intellektuellen Diskurs zum Ukraineproblem eingebunden.

Mit dem nationalen Konzept und der Assimilation als grundsätzliches Mittel seiner Durchsetzung beantwortete die Nationaldemokratie alle Fragen, die sich aus der Existenz von Minderheiten, nicht nur der ukrainischen, ergaben. Nationalitätenprobleme sah die Nationaldemokratie ohnehin allein durch den Versailler Vertrag verursacht und als eine Folge des Minderheitenschutzvertrages. Die Kritik an der Regierung konzentrierte sich deshalb auf die Anerkennung dieser Bestimmungen und den unzulänglichen Druck auf die Assimilierung, wobei das ganze Problem regional ohnehin nur auf Ostgalizien beschränkt sei und in den übrigen östlichen Gebieten völlig ignoriert würde. Zur verbreiteten Akzeptanz und auch einer gewissen Attraktivität der Ansichten der Nationaldemokratie hat sicher beigetragen, dass die Forderung nach Assimilierung keineswegs als Kampfansage formuliert und wahrscheinlich nicht mal so gemeint war. Mit Verweis auf die Bismarck'sche Polenpolitik, in der man eine Art Vorbild sah, sollte die Minderheit konstruktiv in den Aufbau des polnischen Staates einbezogen werden. Denn die Schaffung eines souveränen und kräftigen Staates lag ja im Interesse des gesamten Volkes und wenn staatliche Stabilität nur durch ethnische Vereinheitlichung hergestellt werden kann, so gab es zur Assimilation keine Alternative.

Dass dieser Prozess von Dauer sein kann, bestritt die Nationaldemokratie nicht und lehnte dabei jegliche Gewaltanwendung offiziell ab. Damit war die polnische Nationaldemokratie in der Minderheitenfrage gar nicht so weit entfernt von den grundsätzlichen Positionen des Völkerbundes, der im Minderheitenstatus auch nur einen Übergang zur ethnischen Vereinheitlichung des Nationalstaates sah. Ein Quantum Bewusstsein darüber kann bei der Nationaldemokratie angenommen werden. Beim Thema der Assimilation schwingt neben der staatlichen Notwendigkeit auch stets der missionarische Aspekt in Gestalt der Überzeugung von der Überlegenheit und auch Attraktivität der polnischen Kultur und Gesellschaft mit, die mit der Vermittlung westlicher Werte auch eine übernationale Aufgabe erfülle. Ein eindeutiger Hinweis darauf, dass diese Positionen der Nationaldemokratie als durchaus konstruktiv und entgegenkommend für die Minderheiten aufgefasst wurde, diente die Tatsache, dass dieses Inklusionsangebot exklusiv für alle Minderheiten galt, nur nicht für die Juden. Sie waren ausgeschlossen, ihnen sprach man die Fähigkeit zur Assimilation ab und sie wären es nicht wert, Pole zu werden. „Ein Jude kann nie ein Pole sein" wird dann auch zum Glaubensbekenntnis der Nationaldemokratie.[107]

Eine wichtige Funktion im Prozess der Assimilation nahm das Schulwesen ein. In der Schule sollte die junge Generation von Anfang an auf die polnische Kultur eingeschworen

105 Chwalba spricht in „Polen und der Osten" S. 15 von einem Komplex der „zivilisatorischen Adoleszenz" im Vergleich zu den „älteren" Brüdern aus dem Westen.

106 Giedroyc: Autobiografia, S. 44–49, 52; Miłos: Wyprawa, S. 395f.

107 Stoczewska: Ukraina i Ukraińcy, S. 40.

werden. Als Erziehungsziele wurden deshalb formuliert: Herstellung eines Gemeinschaftsgefühls zum polnischen Volk sowie Stolz auf die polnische Kultur und die Zugehörigkeit zum polnischen Staat.[108] Darin sollten die Primärtugenden liegen, wohingegen die anerzogenen ukrainischen kulturellen Wurzeln zunehmend in den Hintergrund zu treten und allerhöchstens im Bereich rein emotionaler Bindungen zu verbleiben hatten. Entscheidendes Instrument, diesen Prozess zu befördern, war das sogenannte Kresygesetz Władysław Grabskis vom 31. Juli 1924 mit dem Kernelement des utraquistischen Schulsystems.[109] Diese zweisprachigen Schulen sollten nicht nur die rein ukrainischen Schulen verdrängen, sondern vor allem die polnische Dominanz sichern mit dem Ziel der Heranführung an das und schließlich Überführung in das Polentum. Grabski als Ideologe der Nationaldemokratie trat dafür ein, hierbei sehr früh anzusetzen, denn in allen Organisationsformen und Bildungseinrichtungen, die ukrainisch dominiert waren, sah er Mittel der Verhinderung der Assimilation und einen Hort des Ukrainismus und antipolnischer Verschwörungen.[110] So musste auch das von ukrainischer Seite mit großem Nachdruck betriebene Projekt einer ukrainischen Universität in Lwów[111] auf vehemente Ablehnung stoßen.[112] Diese könne nur der Stärkung separatistischer Tendenzen dienen und den Staat schwächen. Von Seiten der Nationaldemokratie vorgebrachte Alternativvorschläge zu Charakter und Ort einer höheren ukrainischen Bildung waren dann auch mit hoher Wahrscheinlichkeit nicht besonders ernst gemeint.

Obwohl diese Gesetzgebung von den Konservativen grundsätzlich positiv bewertet wurde, kritisierten sie die Sprachregelung vor Gericht und den Ämtern. Sie sahen die Gefahr einer Überforderung der polnischen Beamten, die zu Vorteilen für die Ukrainer führen könnte und damit das Gleichheitsprinzip infrage stellt. Andererseits meldeten sie Zweifel an, ob das utraquistische Schulsystem in der Lage sei, den Ukrainern ihre kulturellen Entwicklungsmöglichkeiten zu sichern, vor allem durch Probleme bei der konkreten Verwirklichung der Zweisprachigkeit.[113] Auch hier zeigte sich der „Bunt Młodych" besonders radikal. Einer ihrer Wortführer, Aleksander Bocheński,[114] beklagte die ständige Verringerung ukrainischer Schulen in den Kresy und sah im utraquistischen System eine mögliche Bedrohung der ukrainischen Rechte auf kulturelle Entfaltung und damit die Gefahr, den Zwiespalt zwischen Polen und Ukrainern auszubauen und den Nationalitätenhass zu schüren. Ähnlich wie bei seinem Bruder Adolf Bocheński lag für ihn das Ziel der polnischen Ukrainepolitik in der Realisierung einer loyalen Haltung und einer Zusammenarbeit zur Stärkung des Staates auf einer antirussischen Grundlage, er legte aber den Schwerpunkt seiner Argumentation auf die kulturellen Entwicklungsmöglichkeiten, insbesondere den Ausbau eines eigenen Schulwesens als Voraussetzung kultureller Entfaltung. Wie sein Bruder führte er die Auseinandersetzung in einer scharfen Polemik mit Giertych und Stanisław Grabski und verurteilte die schikanöse staatliche Politik gegenüber den Ukrainern, die sie ihrer elementaren Rechte beraubte. Im Zentrum seiner Auslassungen standen die Forderung nach Gleichberechtigung und die Erkenntnis, dass eine Unterordnung des ukrainischen Volkes unter das polnische bzw.

108 Ebenda, S. 256.
109 Mironowicz: Białorusini, S. 134; Zloch: Polnischer Nationalismus, S. 244ff, 353ff.
110 Papierzyńska-Turek: Sprawa ukraińska, S. 220ff, 257ff; Radomski: Narodowa Demokracja, S. 138ff.
111 Korduba: Kilka dat; Michalewska: Sprawa uniwersytetu.
112 Tomaszewski: Rząd Rzeczpospolitej.
113 Stoczewska: Ukraina i Ukraińcy, S. 204ff.
114 Król: Style, S. 27.

eine bewusst herbeigeführte geringere Bildung keinesfalls im Interesse des polnischen Staates liegt, sondern nur jenen in die Hände spielen würde, die den Staat schwächen wollen und eine gemeinsames Handeln gegen den Feind Russland unterminieren.[115]

Stanisław Łoś setzte sich eher für ein regional differenziertes System ein, das die Bevölkerungsverteilung mehr berücksichtigt, aber nur Sinn ergibt, wenn die Lehrer entsprechend sprachlich qualifiziert sind.[116] Die Perspektive von Łoś war deshalb von besonderem Gewicht, weil er als langjähriger und hochrangiger Mitarbeiter des polnischen Außenministeriums auf allen Beurteilungsebenen der ukrainischen Frage immer den Wirkungsfaktor Deutschland und die Position Polens im Völkerbund im Auge hatte, im „Biuletyn Polsko-Ukraiński" ein relevantes Wort mitsprach und Kontakte zu einflussreichen ukrainischen Politikern unterhielt.[117] Schließlich veröffentlichte er zusammen mit Włodzimierz Bączkowski und Aleksander Bocheński 1938 mit der Publikation „Problem polsko-ukraiński w ziemie czerwieńskiej" (Das polnisch-ukrainische Problem im Gebiet Czerwień) die Auffassungen verschiedener Vertreter eines konservativ-prometheistischen Lagers, das sich bis dahin gegenüber dem traditionellen Piłsudski-Lager relativ verselbständigt hatte.

Grundsätzlich positiv, aber mit großen Bedenken, so lässt sich die Haltung der Konservativen auch zur Frage einer ukrainischen Universität zusammenfassen. Die Bedenken bezogen sich vor allem auf den Ort der Einrichtung, womit sie eine sehr verbreitete Meinung wiedergaben. Einerseits sollte sie sich auf dem Territorium des polnischen Staates befinden, denn nur dort könne sie die Funktion einer höheren Bildung für die Ukrainer im Sinne der polnischen Staatsraison erfüllen. Was bedeutete, dass sie nur hier ausreichend kontrollierbar ist, denn es gab ja eine ukrainische Universität in Prag, wo man generell ein antipolnisches Lernziel als sicher verortete. Andererseits sollte sie auf keinen Fall in Lwów stehen, wo es eine Tradition ukrainischer universitärer Bildung gab und sie von der ukrainischen nationalen Bewegung gefordert wurde. Gerade deshalb befürchtete man hier die Entstehung eines Zentrums radikaler nationaler Bestrebungen und die Förderung separatistischer Tendenzen. Alternativ schlug man eine enge Bindung an die Universitäten in Warschau oder Kraków vor, weil hier die nötige Hilfestellung von polnischer Seite gewährleistet sei. Auch in der Frage der ukrainischen Universität geht der „Bunt" andere Wege. Adolf Bocheński sah in Lwów den idealen Ort und attestierte den Ukrainern das intellektuelle Potential, hier tätig zu werden: Gerade hier böten sich die besten Möglichkeiten der Zusammenarbeit von Polen und Ukrainern im Sinne einer gemeinsamen Zielstellung, die durch das russische Bedrohungspotential gegeben sei.[118]

Da ein Staatskonzept durch die Ukrainer nicht umgesetzt werden konnte, sah die PPS ihre Hauptaufgabe darin, durch eine konstruktive Minderheitenpolitik die kulturelle und gesellschaftliche Entwicklung der Ukrainer zu sichern, sie in ihren staatlichen Bestrebungen zu

115 Bocheński, Aleksander: Problem polityczny.

116 Łoś: O konstruktywną, S. 24.

117 Marszał, Wójtowicz: „Kwestia ukraińska", S. VIII, X, XIV. Łoś ist auch deshalb interessant, weil er sich eingehend mit der Bedeutung der wirtschaftlichen Entwicklung in den Kresy beschäftigte und den Einfluss des polnisch-ukrainisch-jüdischen Verhältnisses im ländlichen Bereich auf die nationalen Verhältnisse analysierte, vgl. seinen Aufsatz „Problem gospodarczy Ziemie Czerwieńskiej".

118 Stoczewska: Ukraina i Ukraińcy, S. 205f.

unterstützen und damit die Voraussetzungen für ein späteres enges Zusammengehen im ostmitteleuropäischen Raum zu schaffen.[119] Obwohl Tadeusz Hołówko anfänglich noch positive Aspekte der Nationalitätenpolitik in der Sowjetunion fand, war für ihn doch einzig Polen der Faktor, der zukünftig für eine unabhängige Entwicklung der Ukrainer garantieren könnte. Wie auch bei Leon Wasilewski war die ukrainische Frage dabei nur ein Bestandteil des allgemeinen Minderheitenproblems Polens.[120] Die PPS teilte nicht nur die verbreitete Kritik an der Nationalitätenpolitik des Staates, sondern ging von einer völligen Konzeptionslosigkeit aus. Hołówko sprach von einer Ignoranz gegenüber den Minderheiten[121] und für Mieczysław Niedziałkowski war es einfach ein „idiotisches System des Bürokratismus", das nur den Vorgaben der Nationaldemokratie gehorchen würde.[122] Die PPS war auch jene Kraft, die am entschiedendsten versuchte, direkt auf die Minderheitenpolitik Einfluss zu nehmen, und forderte im Sejm die Territorialautonomie sowie eine Verbesserung der ökonomischen Lage der Ukrainer durch ihre Berücksichtigung bei der Agrarreform.[123]

Besonderer Kritik unterlag jedoch das Schulgesetz von 1924. In den Augen der PPS zerstörte das utraquistische Schulsystem praktisch das ukrainische Schulwesen und diente ausschließlich der Assimilierung.[124] Hołówko war der Mai-Umsturz Anlass zu einem Rundumschlag und Gelegenheit, den „Augiasstall" der polnischen Minderheitenpolitik gegenüber den Ukrainern endlich auszumisten.[125] Neben der Forderung nach konsequenter regionaler Selbstverwaltung stand dabei das Bildungswesen im Mittelpunkt. Er forderte eine radikale Änderung des Schulwesens zugunsten ukrainischer und weißrussischer Schulen und befürwortete utraquistische Schulen nur in Regionen mit entsprechender ethnischer Struktur, wo sich zwei Schulen nicht lohnten, jedoch die Lehrer in ihrer Sprachkompetenz voll ausgebildet sein müssten.[126] Das sollte ebenso für das höhere Schulwesen gelten. Die PPS unterstützte am stärksten das Projekt einer ukrainischen Universität in Lwów und sah in dieser Stadt die besten Voraussetzungen für eine Hochschulausbildung der Ukrainer und ein Zentrum der ukrainischen Kultur. Gerade weil Lwów eine polnische Stadt sei, böte sie besondere Voraussetzungen für eine weitere Annäherung von Polen und Ukrainern. Hołówko forderte darüber hinaus den Aufbau weiterer ukrainischer Hochschulen und Universitäten.[127] Allein in diesem System sah er die Voraussetzungen nicht nur einer demokratischen Entwicklung gegeben, sondern auch die besten Bedingungen für ein Zusammenleben zugunsten eines starken polnischen Staates in gemeinsamer Front gegen die russische Bedrohung. Diese kulturellen Entwicklungsmöglichkeiten bezog er explizit auch auf die staatlich garantierte Ausübung der Konfession. Orthodoxe und Unierte sollten vor einer Einflussnahme der römisch-katholischen Kirche geschützt werden, wobei er, wie andere Aktivisten der PPS, auf eine schärfere Polemik gegen die polnische Kirche verzichtete und die Konfessionsfragen allgemein nicht

119 Wasilewski: Kwestia ukraińska, S. 134.
120 Ders.: Zadania; Hołówko: Minimalny program.
121 Stoczewska: Ukraina i Ukraińcy, S. 274.
122 Koko: W nadziei na zgodę, S. 111.
123 Ebenda, S. 126.
124 Stoczewska: Ukraina i Ukraińcy, S. 275.
125 Hołówko: Metody i drogi, in: Nie jesteśmy, S. 105.
126 Ebenda, S. 107ff.
127 Stoczewska: Ukraina i Ukraińcy, S. 276.

in den Vordergrund stellte.[128] Ähnlich dem Piłsudski-Lager spielten bei der PPS Kirchen und Religionsfragen eine eher untergeordnete Rolle. Man war sicherlich an der Regelung der Beziehungen zwischen Unierten und Orthodoxen interessiert, richtete aber das Hauptaugenmerk auf die Zurückdrängung des russischen Einflusses. Diese Zurückhaltung kann zudem als Vorsicht gewertet werden, denn eine zu deutliche Parteinahme für die Unierten hätte nicht nur die polnische katholische Kirche auf den Plan gerufen, sondern auch dem Vorwurf Vorschub geleistet, den ukrainischen Nationalisten, die mit den Unierten gleichgesetzt wurden, in die Hände zu arbeiten.

Eine Konsequenz aus der Befürwortung einer ukrainischen Staatlichkeit durch das Piłsudski-Lager war die Forderung nach einer konstruktiven Politik gegenüber der ukrainischen Minderheit. Dazu gehörte die Zuerkennung einer gewissen Autonomie der kulturellen Entwicklung und der Selbstverwaltung. Konkret lief das auf die Anerkennung eines eigenen ukrainischen Schulwesens, die Förderung kultureller Organisationen sowie eine ökonomische Stärkung der Minderheit hinaus. Diese Maßnahmen sollten nicht nur der Befriedung der ukrainischen Minderheit, sondern auch der Festigung der internationalen Position Polens dienen. Die Verwendung und Kultivierung der eigenen Sprache wurde ohne Wenn und Aber befürwortet, gleichzeitig aber die Beherrschung der Staatssprache vorausgesetzt. Als Lernziel sollte das brüderliche Zusammenleben aller Nationalitäten im polnischen Staat gelten und damit eine Atmosphäre der Toleranz geschaffen werden. Schwerpunkte waren die Wertschätzung des Polentums und das entschiedene Vorgehen gegen antipolnische Tendenzen in den ukrainischen Schulen.

Zu klaren Standpunkten und Empfehlungen konnte sich das Piłsudski-Lager jedoch nicht durchringen und die geäußerten Vorstellungen oszillierten dann auch zwischen einer Befürwortung des utraquistischen Schulsystems als Absicherung gegen antipolnische Tendenzen und dem von Wasilewski unterstützten ukrainischen Schulmodell als Grundlage einer eigenständigen kulturellen Entwicklung und nationalen Positionierung.[129] Die Haltung zu einer ukrainischen Universität in Lwów war durchgängig positiv. Einer ihrer stärksten Befürworter war der Wojewode von Lwów (1927/28) und Anhänger des „Bunt", Piotr Dunin-Borkowski. Er sah in dieser Frage unmittelbar staatliche Interessen verwirklicht, indem der wichtigsten ukrainischen Forderung entsprochen wurde. Damit durch die Gründung einer ukrainischen Universität in Lwów nicht eine weitere Verschärfung des nationalen Zwistes eintritt, empfahl er, zunächst polnische Institutionen mit der Wahrnehmung ukrainischer höherer Bildungsaufgabe zu betrauen, wie etwa das „Ossolineum".[130]

Für Dunin-Borkowski war das ein wichtiger Schritt zu der von ihm immer wieder betonten Herstellung von Normalität, um zu einer staatlichen Gemeinsamkeit zu gelangen.[131] Die Loyalität der Ukrainer zur Stärkung des Staates sollte vor allem durch ein Zusammengehen auf regionaler Ebene erreicht werden. Grundlage war die konsequente Anwendung des Prinzips der Freiwilligkeit, eine Maxime, die zu größeren Auseinandersetzungen mit der Nationaldemokratie führte. Wie ernst es dem Piłsudski-Lager mit der Umsetzung dieser Prinzipien war, zeigte das sogenannte „Wolhynische Experiment" des Wojewoden Henryk

128 Hołówko: Metody i drogi, in: Nie jesteśmy, S. 112.
129 Stoczewska: Ukraina i Ukraińcy, S. 303.
130 Dunin-Borkowski: Wytyczne programu, S. 118ff.
131 Ebenda, S. 123.

Józewski[132] und die damit verbundenen administrativen Maßnahmen im Regierungsapparat. Sie sollten dafür sorgen, dass es zu einer konzeptionellen Minderheitenpolitik kommt und der Willkür vor Ort der Boden entzogen wird. Der Aufbau von Institutionen und wissenschaftlichen Einrichtungen, die sich mit dem Minderheitenproblem und der ukrainischen Frage, ja einer Ostpolitik allgemein beschäftigen, gehören in diesen Zusammenhang.[133]. Die damit einhergehende wieder wachsende Betonung der Anerkennung einer nationalen Vielfalt des polnischen Staates war ganz sicher ein wichtiger Schritt auch in Richtung einer gesellschaftlichen Erziehung. Allerdings verlor dieses hehre Ansinnen mächtig an Wirkung, weil es vor allem unter dem pragmatischen Blickwinkel der Konsolidierung des polnischen Staates und der Funktion zur Realisierung der Großmachtvisionen gesehen wurde. Oder anders gesagt, es ging eigentlich nie wirklich um eine Verbesserung der Lage der Minderheiten. Eine konstruktive Minderheitenpolitik oder Ukrainepolitik war immer einem rein funktionalen Prinzip untergeordnet und Bestandteil des Prometheismus. Dieser Ansatz mag auch zur Begründung der Durchsetzungsschwäche konkreter Maßnahmen wie dem „Wolhynischen Experiment“ dienen, das letztlich scheiterte.

Im Zusammenhang mit den Agrarreformen wurden von der PSL-Gruppe „Wyzwolenie“ ebenfalls Schulreformen und regionale Selbstverwaltungen gefordert, gepaart mit harscher Kritik an der Regierungspolitik gegenüber den Minderheiten, die dem polnischen Staat nur schaden würde.[134] Ganz auf der Linie der PPS forderte sie eigene ukrainische Schulen, eine ukrainische Universität in Lwów und ungehinderte Ausübung des Glaubens.[135] Ganz anders „Piast“. Sie sah gerade im utraquistischen Schulsystem eine Verdrängung der polnischen Sprache gegeben und damit einen wesentlichen Grund für den desolaten Zustand des Polentums in den Kresy.[136] Ähnlich positionierten sich die „Chadecy“. Aus ihrer Perspektive würde das utraquistische System einer Assimilierung der ukrainischen Bevölkerung entgegenarbeiten und die polnische Kulturmission behindern. Die Vermittlung der ukrainischen Sprache schade der polnischen Jugend und ermögliche ukrainischen Lehrern eine direkte Einflussnahme auf sie. Das wiederum verbanden die „Chadecy“ mit kommunistischer Gefahr und russischen Umtrieben.[137]

Das zentrale Element bei der Positionierung der Konservativen zum Problem der ukrainischen Minderheit war auf der gesamten Breite des Diskurses und in der Kritik an der Politik des Staates die Sorge um den „polnischen Besitzstand“. Im Mittelpunkt stand die geradezu mythische Verklärung des „polnischen Hofes als Bastion des Polentums in den Kresy“. Der polnische Besitzstand umfasste dabei nicht nur das ökonomische Potential polnischer Wirtschaft im Osten, sondern, und das vor allem anderen, er hatte eine allgemeine kulturelle Dimension und war der eigentliche Träger der polnischen Überlegenheit, wobei der polnische Adel die viel beschworene zivilisatorische Mission übernahm. Das erforderte die Notwendigkeit der Sicherung der Rechtsgrundlagen seiner Existenz und alle notwendigen staatlichen Maßnahmen zum Ausbau seiner ökonomischen Grundlagen. Dabei konstatierten

132 Kęsik: Zaufany Komendanta, S. 60ff; Potocki: Polityka, S. 135ff, S. 203ff; Zloch: Polnischer Nationalismus, S. 351f; Schenke: Nationalstaat und nationale Frage, S. 243ff.

133 Potocki: Idea, S. 208ff.

134 Więzikowa: Stronnictwo Chłopskie, S. 86ff; Jachymek: Myśl polityczna, S. 185.

135 Jachymek: Myśl polityczna, S. 183ff.

136 Stoczewska: Ukraina i Ukraińcy, S. 323.

137 Ebenda, S. 340f.

die Konservativen staatlich verschuldete, katastrophale wirtschaftliche Verhältnisse im Osten und eine zunehmend aggressive Wirtschaftspolitik der Ukrainer. Einen wirksamen Ansatz zur Sicherung des polnischen Besitzstandes sahen die Konservativen vordringlich in der Anwendung und Auslegung der Agrarreformgesetze von 1925. Mit ihrer Hilfe sollte die Übernahme von Grund und Boden aus polnischer Hand durch Ukrainer verhindert und aktiv Einfluss auf die Parzellierung der Güter im polnischen Interesse genommen werden.[138]

Die Nationaldemokratie sah sich nicht nur als Gralshüter des Nationalismus, sondern auch als Erzieher des Volkes. Die materielle Sicherung des Polentums im Osten war dabei vorrangige Aufgabe, wodurch die assimilatorische Wirkung der polnischen Zivilisation gestärkt und die Ukrainer von den Vorteilen einer Zugehörigkeit zum polnischem Volk und Staat überzeugt werden sollten. Giertych entwickelte dazu einen ganzen Aufgabenkatalog für Staat und Gesellschaft im Osten.[139] Ein wesentliches Element war dabei die Rechtssicherung. Gleiches Recht sollte für alle gelten und die Ukrainer ihrer Gleichberechtigung vergewissern. Ebenso sollten die Rechtsinstrumente genutzt werden, um jegliches Aufbegehren gegen den polnischen Staat und Vergehen gegen das polnische Volk zu ahnden und natürlich die ukrainischen nationalen, separatistischen Aktivitäten vor Ort hart, schnell und effektiv zu bekämpfen. Dabei war sich die Nationaldemokratie der Schwächen und Unzulänglichkeiten der polnischen Administration in den Ostgebieten bewusst und forderte eine neue Generation von Beamten, die den Anforderungen gerecht wird.[140] Dass diese Vorschläge sehr positiv aufgenommen wurden und auch in der ukrainischen Minderheit Akzeptanz fanden, verwundert nicht. Die Nationaldemokratie konnte sich unter dem Begriff der Sicherung des polnischen Besitzstandes den Zuspruch breitester politischer Kreise sichern und damit ihre Vorteilposition in der Nationalitätenfrage nicht unwesentlich ausbauen. Dabei betonte sie stets, dass diese neue Generation von Beamten in den Kresy nicht nur strukturelle Aufgaben zu erfüllen habe, sondern direkten Einfluss auf die Polonisierung der Ukrainer ausüben soll und dabei durchaus hart vorzugehen sei.[141]

In der PSL dominierte eine kritische Beurteilung der ökonomischen Situation in den Kresy. Ein Schlüssel zur Lösung der dort herrschenden sozialen und nationalen Probleme war für sie die Agrarreform. „Wyzwolenie" setzte sich für gleiches Recht für alle ein, womit Ukrainer und Weißrussen stärker an den polnischen Staat gebunden werden sollten. Ausdrücklich lehnten sie die Agrarreform als Mittel einer Polonisierung ab. Demgegenüber stand eine durchaus aggressive Haltung von „Piast". Sie konstatierte eine geradezu verheerende Situation des Polentums im Osten und beschwor seine Vernichtung. Für Wincenty Witos führte die Vernachlässigung des polnischen Bauern im Osten zu einer direkten Förderung des Ukrainertums, dem man nur durch eine konsequente Kolonisierungspolitik durch polnische Bauern unter Ausnutzung der Agrarreform begegnen könne.[142] Beide Seiten waren sich einig, was die Kritik an der Regierung anging und sprachen sich gegen die praktizierte Ansetzungspolitik der Armee in den Kresy aus. Dadurch würde der polnische Bauer nur weiter

138 Ebenda, S. 215f.

139 Giertych: O program polityki kresowej. Vgl. dazu auch seine kritische Rückschau: O przyszłości ziem wschodnich.

140 Radomski: Narodowa Demokracja, S. 81.

141 Giertych: O program polityki kresowej, S. 102.

142 Stoczewska: Ukraina i Ukraińcy, S. 325.

geschwächt und die angespannte nationale Situation verschärft, was wiederum dem ukrainischen Nationalismus helfen würde. Nach der Vereinigung beider Richtungen 1931 traf man sich auf der Grundlage der Betonung der Staatsraison und der Notwendigkeit der Stärkung des polnischen Besitzstandes in den Kresy. Die Politik der Sanacja unterlag ständiger Kritik, weil sie das Polentum eigentlich schwächen und die ukrainische nationale Bewegung stärken würde. Letztlich setzte sich die Linie von „Piast“ durch und das Interesse an der ukrainischen Frage sank weiter ab. Die PSL übte sich nunmehr in der Kreation eines eigenen Nationalismus, eines Bauernnationalismus, der sich offiziell von nationalem Hass und Chauvinismus distanzierte und den polnischen Bauern als Kulturträger und tragendes Element polnischer Staatlichkeit konzipierte.[143]

Es ist ja nun nicht so, dass nicht auch von höchster Stelle immer wieder nachdrücklich auf die Bedeutung der ukrainischen Frage und des Minderheitenproblems allgemein hingewiesen wurde. Dabei fehlte es nicht an Deutlichkeit, wenn etwa der Innenminister am 24. Januar 1938 in einer Rede vor dem Sejm eindringlich für die Herstellung normaler Beziehungen zu den Minderheiten plädierte, vor nationalem Hass warnte[144] und dieses Problem als existentiell für die polnische Staatlichkeit beschrieb. Solche Äußerungen machen vor allem nach 1935 den eklatanten Widerspruch zwischen plakativer Anerkennung des Stellenwertes der ukrainischen Frage für den polnischen Staat und der Umsetzung in der politischen Praxis bzw. die Ignoranz gegenüber den Möglichkeiten und Notwendigkeiten zugunsten einer letztlich gewaltsamen (Auf-)Lösung des Problems deutlich.

Nach den zermürbenden Aktionen zu Beginn der 30er-Jahre schienen beide Seiten auch müde der Konfrontation und lenkten scheinbar auf einen Verständigungskurs ein. Anfang 1934 wurde das „Komitee für Nationalitätenfragen“ mit der Aufgabenstellung gegründet, das Verhältnis zu den Ukrainern zu normalisieren.[145] Nach quälend langen Prozeduren und eher geringen Zugeständnissen, wie etwa die Zulassung des Bergriffes „ukrainisch“, schwand das Vertrauen der ukrainischen Vertreter in den Verhandlungspartner sehr schnell, zumal sich das Komitee Fragen zuwandte, die praktisch eher auf eine Polonisierung der Ostgebiete abzielten.[146]

Was mit den Pazifizierungsaktionen begann, wurde mit Kampagnen wie der „Revindikation“ oder der „Wiedergewinnung der Seelen“ konsequent weitergeführt und bildete schließlich den komplexen Zugriff des Militärs auf alle Fragen, die mit den Ostgebieten und den dortigen Minderheitenproblemen zusammenhingen.[147] Damit endeten eigentlich auch der Diskurs und jegliche politische Reflexion um eine konzeptionelle Meinungsbildung zu einer konstruktiven Ukrainepolitik. Die Vereinbarungen zur Fixierung des Status der orthodoxen Kirche wurden unter maßgeblichem Einfluss des Militärs zu ihrer Polonisierung genutzt und die militärischen Strukturen in den Kresy widmeten sich nunmehr intensiv der Organisierung

143 Ebenda, S. 326f.

144 Budurowicz: Polska a problem ukraiński, S. 15.

145 Chojnowski: Koncepcje, S. 206ff.

146 Ebenda, S. 211ff.

147 Benecke: Die Ostgebiete, S. 267ff; Mironowicz: Białorusini, S. 212ff; Schenke: Nationalstaat und nationale Frage, S. 383ff; Stawecki: Następcy Komendanta, S. 199f.

der polnischen Gesellschaft im Sinne der „Stärkung des Polentums“ als politisches Programm und sorgten aktiv für eine Ansiedlung von Militärangehörigen auf parzellierten Stellen.[148]

2 Russland

2.1 Ausgangslage

Russland ist für Polen nicht nur ein entscheidender machtpolitischer Faktor in kriegerischen Auseinandersetzungen um Einflusssphären und Territorien bis hin zu gegenseitigen Ansprüchen auf die Beherrschung des ganzen Landes, sondern es spielt auch eine wesentliche Rolle in den gesellschaftlichen Identitätsdiskursen zivilisatorischer Prägung. Am östlichen Nachbarn arbeiten sich polnische Eliten und Politik in ihrer kulturellen Positionierung zwischen Ost und West ab und es existiert in der polnischen Gesellschaft ein ausgeprägtes Bewusstsein über die Bewertung Russlands als Indikator eindeutiger Selbstbestimmung. Die Vergewisserung über Russland und die Bestimmung der Beziehungen zum östlichen Nachbarn in seinen kulturell-zivilisatorischen wie machtpolitischen Strukturen sind deshalb ein zentrales Element gesellschaftlicher Kommunikation.

In der Hochzeit der Polnisch-Litauischen Union standen für den polnischen Adel der Sarmatismus als Alleinstellungskriterium im europäischen Ost-West-Dualismus im Vordergrund und damit verbunden die Betonung als Vormauer der Christenheit und einer Feindlichkeit gegenüber dem schismatischen Osten. Ausgehend von einer zivilisatorischen Überlegenheit spielte der Gedanke einer Mission gegenüber Russland immer mit.[149] Zudem wurde der zaristische Despotismus kritisiert und seine militante Aggressivität, dennoch kann von einem Antirussismus nicht die Rede sein, eher ist es eine überlegene Saturiertheit, mit der abschätzig auf den Nachbarn geschaut wurde, der eben anders ist.[150] Władysław Aleksander Łubieński, Primas von Polen-Litauen, sah in seiner geographischen Beschreibung der Welt von 1740 den „Moskal“ als signifikant anders als die übrigen Europäer an, der weder menschlich noch politisch sei, sich prügelt und ständig trinkt,[151] womit er die seit der Frühen Neuzeit geprägten und weitverbreiteten Stereotype über Russland mit Nachdruck bestätigte.[152]

Die entscheidende Prägung erfährt das moderne polnische Russlandbild durch die Ereignisse von Teilungen und Aufständen sowie die Vertreter der polnischen Romantik.[153] Eine zweifellos polenfeindliche Politik Russlands und eine sich konsolidierende polnische nationale Bewegung generierten eine antirussische Grundstimmung, die der Beschreibung des östlichen Nachbarn eine klare Linie vorgab. Gleichzeitig steigerten in der zweiten Hälfte des 18. Jahrhunderts die Prozesse zunehmender Entfremdung und Unverständnis den Erklärungsbedarf zu Russland, wohlgemerkt immer auch unter dem Aspekt, einen Ausweg aus der

148 Chojnowski: Koncepcje, S. 226ff.
149 Wapiński: O wpływie, S. 11f.
150 Suleja: Rusofobia, S. 12; Kępiński: Lach i Moskal, S. 16–43.
151 Łubieński: Świat, S. 494.
152 Opacki: Turańsko-asiatyckość Rosji, S. 239ff.
153 Wierzbicki: Groźni i wielcy, S. 21–104.

prekären Situation der polnischen Nation zu finden. Zum Wortführer und Zentrum hierbei wurde die „Große Emigration".[154] Nach dem Novemberaufstand sahen deren führende Vertreter ihre vornehmste Aufgabe darin, für die polnische Sache zu kämpfen, indem sie der Rolle Russlands und seiner politischen und moralischen Verfasstheit sowie seiner Stellung in Europa große Aufmerksamkeit widmeten. Das erfolgte vor allem aus zwei Perspektiven, die dann die Publizistik zu Russland bis in die Zwischenkriegszeit nachhaltig prägen sollten: Zunächst war es die Erklärung Russlands als Aufgabe, um den europäischen Staaten seine Bedeutung und die politische Situation zu verdeutlichen. Das geschah aus dem sicheren Bewusstsein heraus, dass es ein Unwissen, mannigfaltige Fehleinschätzungen, zumindest jedoch einen Informationsbedarf zu Russland gibt und Polen aus seiner intellektuellen Potenz und seinen historischen Erfahrungen, nicht zuletzt aus seiner geopolitischen Lage heraus, am besten in der Lage ist, das zu leisten. Zum anderen war es die Beschreibung Russlands aus den polnisch-russischen Beziehungen heraus, oder besser gesagt aus dem Blickwinkel eines unterdrückten Landes, das seinen Unterdrücker charakterisiert, um die eigene Souveränität wiederherzustellen, also als eine Art Handreichung für die Auseinandersetzung mit dem Gegner.

Beiden Betrachtungsperspektiven war dabei eine gesamteuropäische Sicht immanent, die Russland als Gefahr für die westliche Zivilisation beschreibt.[155] Jetzt wurde das Russlandbild mit jenen Negativstereotypen aufgeladen, die bereits zur Verfügung standen, aber nicht unbedingt einheitlich die Anschauungen bestimmten. Hatte Łubieński im Hinblick auf Russland den asiatischen Faktor noch völlig ausgespart und die fernöstliche Kultur als zivilisatorisch stilbildend für Europa gewürdigt, so wurde nunmehr das asiatische Element zum Nachweis einer Nichtzugehörigkeit zu Europa bis hin zum Zweifel an der Slawizität der Russen mit dem Hinweis auf eine mongolisch-turanische Abkunft angeführt, zumindest jedoch ihren nachhaltigen Einfluss als barbarisch und unzivilisiert.[156] Es fehlte dabei nicht an Extremen. Für den Historiker und Literaturkritiker der frühen Romantik Maurycy Mochnacki war die ethnische Mischung auf russischem Boden eine Organisationsform tatarischer Horden, die unfähig zur Gesellschaftsbildung nur unter einer Despotie regiert werden konnte.[157] Der Ethnograph und führende Vertreter der Emigration Franciszek Henryk Duchiński machte daraus ein geschichtsphilosophisches Konzept, das Feliks Koneczny sehr stark beeinflussen sollte, in dem das indifferente turanische Steppenvolk nicht nur aus dem europäischen und slawischen Kontext getilgt, sondern ihm auch das einheitliche polnisch-litauische Volk als zivilisatorisches Beispiel entgegensetzt wird. Es fehlte bei Duchiński nicht an einer Mystifizierung: mit dem Symbol des Bären für Russland als ewig hungrig und Verkörperung des Bösen, dessen Ziel die Eroberung und Unterjochung Europas ist.[158] Wenn auch nicht so extrem, so wurden diese Deutungsmuster des asiatischen Einflusses und charakterlichen Aggressivität vielfach übernommen und interpretiert, so auch bei Zygmunt Krasiński[159] und Ignacy Kraszewski[160]. Eine der in dieser Hinsicht interessantesten Analysen verfasste einer

154 Łepkowski: Polska, S. 450f.
155 Kuk: Orientacja słowiańska, S. 18, 106; Giza: Polaczkowie, S. 111–142.
156 Nowak, Andrzej: Między caratem a rewolucją, S. 105.
157 Ebenda, S. 134–138.
158 Grabski, Feliks Andrzej: Na manowcach.
159 Nowak, Andrzej: Jak rozbić, S. 180.
160 Czapiewski: Józefa Ignacego Kraszewskiego; Jużwenko: Rosja, S. 34ff.

der Vordenker der polnischen demokratischen Bewegung Henryk Kamieński 1857.[161] Um einen rationaleren Zugang bemüht, zeichnete er ein eher positives Bild der russischen Bevölkerung, die er in einem noch amorphen und bildungsfähigen Zustand sieht, sich aber unter der Herrschaft einer barbarischen Despotie nicht entfalten kann. Ein Ausweg war für ihn ein Zusammenschluss im gemeinsamen Befreiungskampf, wobei er von einer kulturellen Sendungsmission Polens überzeugt war.[162]

Wenn man auch von einer gewissen Stabilität der Bewertungsmuster ausgehen kann, die sich auf den barbarisch-asiatischen Faktor und das Verhältnis von Staat und Volk zumeist unter dem Blickwinkel moralisch-kultureller Kategorisierungen konzentrierten, so standen die Positionierungen zu Russland doch immens unter dem Einfluss der politischen Konjunkturen der Teilungszeit, vor allem natürlich der Aufstände. Desgleichen gab es nach wie vor eine starke Strömung polnischer Slawophilie, die sich zwar auch der Negativstereotype bediente, jedoch eine slawische Gemeinsamkeit nicht verloren gab und an einer Bewunderung russischer Stärke, Geistes- und Durchsetzungskraft und der ursprünglichen Reinheit des Volkes festhielt, wobei ein tiefes Misstrauen gegenüber dem Westen eine nicht unwesentliche Rolle spielte. Hier verwischen sich die Grenzen oftmals bzw. verändern sich mit dem Grad der politischen Gegensätze.[163] So ging Adam Mickiewicz trotz der aufgeladenen politischen Situation in seiner Bewertung Russlands recht moderat zur Sache, wenn er im polnisch-russischen Dissens das Aufeinandertreffen zweier Ideen konstatierte und das russische Herrschaftssystem als teuflische Mischung aus mongolischem Erbe und europäischem Materialismus ansah.[164] In seinen Vorlesungen am 1840 geschaffenen Lehrstuhl für Slawische Literatur an der Pariser Sorbonne betonte er die Rolle Russlands als Vormauer der Christenheit, das Europa vor den asiatischen Horden geschützt und sich somit zum Verbündeten gemacht hat.[165] Er vertrat damit eine Haltung, die durchaus verbreitet war und viele Handlungsoptionen zuließ.

Das slawophile Argument und damit auch, bei aller Betonung der Unterschiede, die Orientierung auf Gemeinsamkeiten und Handlungsmöglichkeiten verloren in dem Maße an Einfluss, wie sich die Unterdrückungspolitik im russischen Teilungsgebiet steigerte und der erreichte mit dem Januaraufstand von 1863, seiner blutigen Niederschlagung und der folgenden offenen Feindlichkeit gegenüber allem Polnischen seinen Tiefpunkt. Der direkte Zugriff auf Kultur und Sprache führte zu einer Vergesellschaftung des Antirussismus und etablierte eine Russophobie als gemeines Haltungsprinzip.[166] Für die erstarkende nationale Bewegung und die mit der Modernisierung verbundenen Gestaltungsprozesse innerhalb der polnischen Gesellschaft war der national geprägte Antirussismus ein legitimes Mittel im Kampf um den polnischen Nationalstaat. Argumentativ hatte die polnische Publizistik schon seit dem Novemberaufstand durch die stark moralisierende Sicht auf Staat und Politik und eine ethnische Perspektive, die auf Charakter und Verhalten abhebt, letztlich eine nationalistische Sicht impliziert, die sich nach 1863 dann auch durchsetzt.

161 Kamieński: Rosja i Europa.
162 Opacki: Barbaria rosyjska, S. 32–65.
163 Wierzbicki: Groźni i wielcy, S. 105–160.
164 Zielińska: Polacy, S. 94, 98.
165 Chwalba: Polen und der Osten, S. 40.
166 Suleja: Rusofobia, S. 17ff; Jużwenko: Rosja, S. 31ff.

Der Russlanddiskurs als unabdingbarer Bestandteil des Kampfes um die Wiederherstellung des polnischen Staates und der Klärung der nationalen Frage war zunächst eine Sache der Literaten und Publizisten, nicht weniger aber auch Gegenstand politischer Strategien. Im Spannungsfeld verschiedener Vorgaben und ihrer Interpretationen entwickelte sich eine personell eng verflochtene Kommunikation zwischen Politik und Publizistik, die auf eine programmatische Fixierung des Russlandbildes ausgerichtet war, um zu einer konzeptionellen Politik gegenüber Russland bzw. einer Ostpolitik allgemein zu gelangen. In der 1892 entworfenen Programmatik der PPS wird der Leitgedanke aus dem Januaraufstand aufgenommen und Russland als Polens Feind Nummer eins bezeichnet. Das Russlandbild war auch hier von Barbarentum, despotischer Herrschaft, Unterdrückung und Fremdheit geprägt. Russland war eine andere Gesellschaft, die sich deutlich nicht nur von der polnischen, sondern auch von der litauisch-ruthenischen unterscheidet, die sich als Partner einer Föderation anbot.[167] Ohne von diesen Bewertungen abzugehen, wahrscheinlich sogar unterstützt durch diese, wurde auf der Grundlage sozialistischer Klassenkampftheorien ein gemeinsamer Kampf der unterdrückten Massen unter polnischer Führung für sinnvoll gehalten, und Józef Piłsudski unternahm um die Jahrhundertwende eine ganze Reihe Versuche zur Kontaktaufnahme mit der russischen revolutionären Bewegung. Letztlich sah er jedoch keinerlei Möglichkeiten der Verständigung und machte im Verhalten der russischen Linken einen für die Großmacht typischen Hochmut und eindeutige paternalistische Tendenzen aus. Während Leon Wasilewski ohnehin wenig Vertrauen in die russischen Revolutionäre hatte und sie für schwach hielt, bestätigte die Revolution von 1905 Piłsudskis Eindrücke zu Chancen einer eventuellen russischen Partnerschaft und zeigte erneut die Stärke des russischen Staates.[168]

In der offenen Feindschaft zu Russland gab es in der Nationaldemokratie als politisch dominierendes Pendant zur PPS kaum Unterschiede, wenn auch Roman Dmowski andere Akzente setzte, wie er sie in seinem Buch „Niemcy, Rosja i kwestia polska“ (Deutschland, Russland und die polnische Frage) 1908 formulierte.[169] Auch er sah in Russland einen asiatisch geprägten Staatstyp, der eine gesellschaftliche Organisation der Massen ablehnt und sie lediglich als Untergebene betrachtet, die wie Leibeigene gehalten werden müssen.[170] Sehr pragmatisch verzichtete die polnische Nationaldemokratie jedoch weitestgehend auf die gängigen Stereotype und konzentrierte sich auf die Herausstellung der Überlegenheit polnischer Kultur, Gesellschaft und Entwicklung im Allgemeinen gegenüber Russland. Kernelement und größter Unterschied zu Piłsudski war der deutsche Faktor, der als nicht minder gefährlich eine große Rolle spielt. Dmowski setzte auf die Abwehr Deutschlands und die strukturelle Schwäche Russlands. Beide Politiker waren davon überzeugt, dass die polnische Frage in einer erwarteten großen Auseinandersetzung gelöst wird und dabei die Haltung zu Russland bestimmt werden muss.

Weltkrieg und Revolution in Russland eröffneten noch einmal Möglichkeiten, auf der Grundlage von politischem Pragmatismus mit Russland zu einer Lösung der polnischen Frage zu gelangen. Es zeigte sich eine gewisse Elastizität in der Haltung zum östlichen Nachbarn, ohne dass jedoch substantielle Veränderungen im etablierten Russlandbild erkennbar

167 Wobec Rosji.
168 Nowak, Andrzej: Rosja, S. 34f.
169 Dmowski: Niemcy.
170 Opacki: Wizerunek Rosji.

wurden. Die Auseinandersetzungen um die polnische Ostgrenze schlossen dieses Zeitfenster endgültig. Im politischen Denken herrschte Einigkeit darüber, dass ein starkes Polen als dominanter Faktor im ostmitteleuropäischen Raum und gleichberechtigter Partner im Mächtekonzert der Nachkriegszeit als Gegenkraft zu Russland geschaffen werden muss. Der Polnisch-Sowjetische Krieg war somit auch eine erste Entscheidungsschlacht in diesem Kapitel historischer Auseinandersetzungen mit dem Nachbarn, eröffnete aber gleichzeitig eine neue Dimension des traditionellen Konfliktes, indem er nicht nur eine machtpolitische, sondern auch eine ideologische Ebene besaß. Auch in der Ablehnung eines Exports der Revolution herrschte Einigkeit in den politisch bestimmenden Lagern, aber in der Frage, wer oder was jetzt der Hauptgegner im Kampf gegen Russland ist, schieden sich die Geister. Für das Piłsudski-Lager blieb das imperiale Russland der Hauptgegner. Der Bolschewismus war nur eine zeitweilige Erscheinungsform, die an der prinzipiellen Gegnerschaft zwischen Polen und Russland nichts änderte. Somit ging es nicht um die Bekämpfung oder Überwindung der bolschewistischen Herrschaft, sondern nach wie vor um die substantielle Schwächung Russlands und seine Zerstörung als Großmacht. Sichtbarster Ausdruck dieser Haltung war die Ablehnung jeglicher Zusammenarbeit mit den russischen Konterrevolutionären, die aus der Sicht Piłsudskis das imperiale Russland nur gestärkt und gefestigt hätte.[171]

Im Gegensatz dazu sah die Nationaldemokratie im Bolschewismus und der revolutionären Bewegung die größte Gefahr und einen Ausweg in der Wiederherstellung des „alten" Russland in enger Anlehnung an die Entente-Mächte in der Hoffnung auf eine Pazifizierung des östlichen Nachbarn. Vor allen Dingen sollten mit einer solchen Lösung auch alle staatlichen Selbständigkeitsbestrebungen an der östlichen Flanke Polens, vor allem der Ukraine, unterbunden werden.[172] Kurz gesagt: Für die einen hatte sich nur die Erscheinungsform des Staates geändert, aber nicht sein prinzipieller, feindlicher Charakter; für die anderen war mit dem Bolschewismus eine völlig neue Dimension der Feindschaft und damit ein Gegner entstanden, der mit dem alten Russland nichts gemein hatte, nur dass er wesentlich gefährlicher war. Daraus leiteten sich unterschiedliche Strategien in der Ostpolitik ab, die allerdings in der Praxis oftmals die erforderliche Stringenz vermissen ließen. Während Piłsudski auf eine sukzessive Schwächung Russlands setzte und mit der Politik des Prometheismus die nationalen Konflikte als Sprengmittel der gesellschaftlichen und staatlichen Ordnung nutzen wollte, orientierte sich die Nationaldemokratie auf den antibolschewistischen Kampf und die Profilierung Polens als Vorreiter des Antikommunismus, womit Polen den Westmächten noch dringlicher als Partner empfohlen werden sollte. Gleichzeitig wurde auf die tief verwurzelten Ängste einer Gefahr aus dem Osten gebaut und die polnische Tradition der Vormauer der Zivilisation erneuert, diesmal im Kampf gegen den Bolschewismus.

Unterschiede und Wirkungen dieser beiden Konzepte erscheinen marginal, zumal die politischen Lager im Antirussismus im Wesentlichen vereint blieben, sie üben aber einen nicht zu unterschätzenden Einfluss auf das politische Denken und die Ausrichtung der Forschung aus. Hinzu kommt, dass die Erfahrungen aus dem Polnisch-Sowjetischen Krieg alle negativen Stereotype zu Russland und seinen Menschen zu bestätigen schienen. Gerade das Barbarische und das Bild von den asiatischen Horden, die sich wieder anschickten, über das zivilisierte Europa herzufallen, wurden zum bestimmenden Element des gesellschaftlichen

171 Kornat: Polen und Sowjetrussland, S. 27f.
172 Nowak, Andrzej: Rosja, S. 38ff.

Diskurses. Antirussismus, oft gleichgesetzt mit Antibolschewismus, wurde nunmehr fest in der nationalen Erzählung verankert, Element nationaler Erziehung und als Verhaltenskodex gesellschaftlich verpflichtend.

2.2 Russlandforschung

Einen aufschlussreichen Einblick in die Russlandforschung sowie ihre Positionierung innerhalb der polnischen Geschichtswissenschaft gab der IV. Allgemeine Kongress Polnischer Historiker im Dezember 1925 in Poznań. Kazimierz Tyszkowski, Kustos im „Ossolineum"-Institut in Lwów und als Mitglied des Vorstandes des Polnischen Historikerverbandes auch Organisator des Kongresses, hielt hier einen Vortrag zur Geschichte Russlands in den Arbeiten polnischer Historiker.[173] Tyszkowski war vor allem in der Wissenschaftsorganisation aktiv und wusste sehr genau um die Probleme der polnischen Geschichtswissenschaft. Darüber hinaus brachte er die fachliche Kompetenz zur Beurteilung der Russlandforschung mit. Er hatte bei Ludwik Finkel in Lwów zu einem frühneuzeitlichen Thema der polnisch-russischen Beziehungen promoviert und dort zudem habilitiert.[174] Er stellt in seinen Arbeiten zwar einen geradezu unversöhnlichen Gegensatz der Kulturen und eine beiderseitige Abneigung fest, die er sowohl im politischen System als auch in der konfessionellen Orientierung begründet sieht, betont dabei aber, dass es von Seiten Moskaus keine spezielle Feindschaft gegen Polen gegeben hat. Dementsprechend ordnet er die kriegerischen Auseinandersetzungen des frühen 17. Jahrhunderts nicht einem besonderen polnisch-russischen Dissens zu, sondern einem allgemeinen Kampf um die Vorherrschaft in Osteuropa, an dem sich auch Schweden beteiligte.[175]

Tyszkowski gab in seinem Diskussionsbeitrag auf dem Historikerkongress einen kritischen Aufriss der Leistungen auf dem Gebiet der russischen Geschichte und entwarf dabei ein erstes Forschungsprogramm zu diesem Gegenstand. Er betonte den politischen Charakter und die generelle Bedeutung der Studien zu Russland: Die Beziehungen zum östlichen Nachbarn sind die wichtigsten und ihre Gestaltung entscheidet über Krieg und Frieden. Deshalb benötigt Polen historische Untersuchungen zu Russland und übernimmt damit eine Aufgabe von allgemeiner länderübergreifender Bedeutung. Nur Polen hat die Erfahrung und das Potential, dem Erklärungsbedarf zu Russland gerecht zu werden. Die Bilanz fällt sehr kritisch aus. Wenn er sich auch gegen die Einschätzung von Aleksander Brückner wehrte, der erklärte, dass Polen die Notwendigkeit der Beschäftigung mit Russland einfach verschlafen habe,[176] so konstatierte er doch erhebliche Defizite. Neben positiven Beispielen aus der Frühen Neuzeit bis in die Zeit der Teilungen hinein, die durchaus Wirkung zeigten und überdies die russische Entwicklung positiv beeinflussten, stellte er doch eine Einseitigkeit der Themenstellung fest, die sich auf die Beziehungen Polens zu Russland konzentrierten; eigentliche Arbeiten zur inneren Entwicklung Russlands blieben dagegen aus.

Eine erste sichtbare Erweiterung des Forschungsfeldes bot die Gründung des „Warschauer Verbandes der Freunde der Wissenschaften" (Towarzystwo Warszawskie Przyjaciół Nauk) mit seinem herausragenden Repräsentanten Stanisław Staszic. Vor allem kam es jetzt zu einer

173 Tyszkowski: Dzieje Rosji.
174 Ders.: Poselstwo; Ders.: Wojna.
175 Filipowicz: Wobec Rosji, S. 93f.
176 Tyszkowski: Dzieje Rosji, S. 2.

engeren Zusammenarbeit mit russischen Wissenschaftlern auf dem Feld der Slawistik, Archäologie und Ethnographie sowie einem Austausch von dem auch Joachim Lelewel profitierte. Durch den Novemberaufstand zerbrachen diese Beziehungen, was der Referent sehr bedauerte, zumal nunmehr Forschungen zu Russland fast ausschließlich durch die Emigration übernommen wurden und stark politisiert, weit ab von einer objektiven Betrachtung durch Hass bestimmt waren. Tyszkowski beklagte ausdrücklich, dass ein Adam Mickiewicz sich nicht den asiatisch-despotischen Stereotypen entzog und dem polnischen Messianismus huldigte, wie auch der im Westen sehr populäre Franciszek Henryk Duchiński mit seinen philosophischen Auslegungen russischer Geschichte. Allein Lelewel sah er in einem positiven Licht mit einem objektiv konstruktiven Beitrag, der aber eher marginal blieb. In der zweiten Hälfte des 19. Jahrhunderts nahm das Interesse weiter ab und Russland wurde allenthalben aus der Perspektive einer polnischen Nationalgeschichte betrachtet.

Bis zum Kongress waren für Tyszkowski lediglich die Arbeiten von Bolesław Dembiński, der 1898 ein Buch zu Russland und die Französische Revolution vorgelegt hatte,[177] Marian Zdziechowski, Jan Kucharzewski und Feliks Koneczny von Bedeutung und stellten eine Ausnahme dar. Bei einer allgemeinen Negativbilanz wog für Tyszkowski noch schwerer, dass es keinerlei Forschungsprogramm zur Geschichte Russland gab und darüber hinaus keine Koordinierung der Arbeiten bzw. ausreichende Kommunikation unter den Wissenschaftlern. Das war Grund genug für ihn, ein umfassendes Themenfeld zu entwickeln, das vor allem Belange der inneren Entwicklung Russlands beinhaltete, die in der bisherigen Forschung kaum Berücksichtigung fanden.[178] Obwohl es nach 1918 eine eindeutige Hinwendung zur bisher vernachlässigten europäischen oder allgemeinen Geschichte gab, so fand Russland dabei kaum Beachtung und von einer Anerkennung der russischen Geschichte als notwendiges eigenes Forschungsfeld konnte keine Rede sein. Eine gewisse Verbitterung wird bei Tyszkowski greifbar, wenn er die erheblichen Versäumnisse vor dem Hintergrund einer sich in westlichen Ländern, vor allem in Deutschland, rasant entwickelnden Forschungslandschaft der Slawistik und Russlandstudien konstatiert. Er forderte deshalb eine Institutionalisierung der Russlandforschung in Polen und eine umfassende Erweiterung der slawistischen Studien, wie sie an der Universität Kraków eingeführt wurden.

Das Fazit Tyszkowskis maß sich an einer hohen Verantwortung, die er der polnischen Geschichtswissenschaft gegenüber der russischen Geschichte zusprach und die allseitig geteilt wurde. Dieser Auftritt war aber auch aufschlussreich für die Stellung des Faches in der polnischen Geschichtswissenschaft. Zunächst äußerte sich mit Tyszkowski ein Historiker zu einer allgemein als wichtig anerkannten Thematik, der nicht unbedingt in die erste oder zweite Reihe der Zunft gehörte. Signifikant war zudem, dass ein solcher Aufriss zur Geschichte Russlands sich nicht wiederholte und auch in den einschlägigen Organen, wie der „Nauka Polska", die Geschichte Russlands, ja sogar die Geschichte Osteuropas als eigenständiges Forschungsfeld nicht gewürdigt wurde.

Der Bericht Tyszkowskis war in seinen grundsätzlichen Feststellungen sicher zutreffend, aber auch lückenhaft; beispielsweise werden die vorhandenen Lehrstühle für Geschichte Osteuropas nicht erwähnt und eine Bezugnahme zur Geschichte Osteuropas im Allgemeinen bleibt aus. Auffällig ist außerdem, dass in der Bilanz jeglicher Hinweis auf Stanisław

177 Dembiński: Rosya.
178 Tyszkowski: Dzieje Rosji, S. 7.

Kutrzeba fehlt. Und das umso mehr, als Tyszkowskis Arbeiten für eine neue Sicht auf die russische Geschichte stehen, die sachorientiert arbeitet, auf jegliche antirussische Attitüden verzichtet und sich willens und in der Lage zeigt, das russisch-polnische Verhältnis aus einer Perspektive solider Forschung auf der Grundlage von Quellen und dem Studium neuer russischer Literatur zu beschreiben. Der Rechtshistoriker und Professor für Polnisches Recht an der Jagiellonen-Universität Stanisław Kutrzeba hatte genau das in seinem Buch „Przeciwieństwa i źródła polskiej i rosyjskiej kultury" (Gegensätze und Quellen polnischer und russischer Kultur) 1916 gefordert.[179] Der Stellenwert, den er der Betrachtung Russlands beimaß, wurde dadurch unterstrichen, dass er im gleichen Jahr eine Schrift zu „Wady i zadania naszej historiografii" (Schwächen und Aufgaben unserer Historiographie) herausgab[180] und als einflussreicher Intellektueller der polnischen Gesellschaft versuchte, richtungsweisend zu wirken. Ohne einen grundsätzlichen kulturellen Gegensatz zwischen Polen und Russland zu leugnen und mit großer Skepsis gegenüber den Möglichkeiten dauernder friedvoller Beziehungen, plädierte er doch für eine objektive Geschichtsbetrachtung und vor allem für die Notwendigkeit der Beschäftigung mit Russland.[181]

In dem Maße wie der moderne nationale Gedanke Raum griff und eine Wiederherstellung polnischer Staatlichkeit bereits im Vorfeld des Ersten Weltkrieges wahrscheinlich wurde, war die Konzentration auf die Darstellung der Nationalgeschichte auch ein patriotischer Akt. Dem stellten sich die Historiker genauso wie die Publizisten und waren sich der Notwendigkeit einer Positionierung zu Russland bewusst. Dabei wurden durchaus unterschiedliche Akzente gesetzt, die sich aber mehr oder minder deutlich artikuliert überwiegend in die dominanten Richtungen des politischen Denkens einordneten. Eine herausragende Rolle spielte dabei die Schule von Szymon Askenazy. Durch seine exponierte Stellung in der polnischen Geschichtswissenschaft und seine Teilhabe an internationalen Debatten zu methodischen Grundfragen historiographischer Arbeit vermochte er, wichtige Impulse für die Beschäftigung mit Russland im Rahmen polnischer Nationalgeschichte und neuerer europäischer Geschichte zu geben.[182] Stark beeinflusst durch die personenorientierte, psychologisierende Sicht Askenazys,[183] entwickelte sein Schüler Władysław Konopczyński eine markante Eigenständigkeit in der Bewertung Russlands. Zwischen 1908 und 1911 legte er ein zweibändiges Werk zu Polen im Siebenjährigen Krieg vor[184] und übernahm 1917 den Lehrstuhl für Geschichte Polens an der Jagiellonen-Universität. In seinen Untersuchungen widmete er der russischen Seite breitesten Raum. In den Mittelpunkt stellte er die handlungsbestimmenden Akteure Elisabeth, Peter III. und Katharina II. und beschreibt ihre Motivationen vor dem Hintergrund des europäischen diplomatischen Geschehens. Entgegen dem polnischen Mainstream in der Bewertung dieser Persönlichkeiten zeigte er sehr viel Verständnis für ihre Politik und versuchte sie aus der russischen Perspektive heraus zu erklären, auch auf der Grundlage bester Kenntnis russischer Forschungsliteratur.[185] Damit setzte er sich klar von der gängigen Sichtweise der Rechtfertigung und Entschuldung polnischer

179 Kutrzeba: Przeciwieństwa.
180 Ders.: Wady.
181 Suleja: Rusofobia, S. 20; Stobiecki: Comparing Polish Historiographie, S. 282f.
182 Filipowicz: Wobec Rosji, S. 111–186.
183 Askenazy: Książe; Ders.: Napoleon a Polska; Ders.: Bonaparty.
184 Konopczyński: Polska.
185 Filipowicz: Wobec Rosji, S. 160ff.

Politik ab. Polen wurde für ihn eher zum Schauplatz europäischer Auseinandersetzungen zwischen Preußen und Habsburg auf der einen und Russland auf der anderen Seite,[186] womit er das Dogma der antipolnischen Politik zumindest relativierte. Einfluss auf diesen Blickwinkel mag das Studium der Rechtswissenschaften an der russischen Universität in Warschau gehabt haben.

Konopczyński war neben den historischen Arbeiten in seiner wissenschaftlichen Tätigkeit als profunder Kenner der polnischen Rechts- und Verfassungsgeschichte ausgewiesen und er wusste um die strukturellen Probleme der polnischen Adelsrepublik. Dabei sparte er nicht mit Kritik an den polnischen Eliten und sah ein eindeutiges Versagen von Herrschaft und Führung in der Zeit schicksalhafter Entscheidungen in Europa. Katharina II. war für ihn eine große Persönlichkeit mit außerordentlichem politischen Geschick. Gerade das machte sie aus seiner Sicht so gefährlich für Polen, weil sie die innere Schwäche Polens genauso erkannte wie seine Bedeutung in der Auseinandersetzung mit den Gegnern im Kampf um die Macht im osteuropäischen Raum.[187] Er nahm sie aber auch explizit aus der Schusslinie einer Hauptverantwortung für den Untergang Polens und betonte ihr Interesse an einer engen Bindung Polens an Russland durch den im Nordischen Krieg festgelegten Protektoratsstatus, an dem sie festhalten wollte.[188] Während Habsburg bei Konopczyński eine eher nachgeordnete Rolle spielte, sah er den Hauptfeind in Preußen und den allergefährlichsten Gegner in der Person Friedrichs II., dessen Ziel von vornherein die Zerschlagung Polens war.[189]

Auch zur inneren Verfasstheit des russischen Staates vermochte Konopczyński interessante Einsichten vermitteln. Aus seiner rechtshistorischen Perspektive machte er durchaus demokratische Ansätze in der Beteiligung der Bojarenschaft an der Macht aus und sah nicht nur hier Parallelen zur polnischen Adelsrepublik, nur werden sie durch den autokratischen Herrschaftsanspruch des Zaren kaum wirksam. Was die gesellschaftliche Verfasstheit Russlands angeht, so war für Konopczyński Russland eine andere, fremde Welt, kaum vergleichbar und kaum begreifbar. Hier teilte er eine verbreitete Meinung, stellte sich aber auch gleich wieder gegen sie, indem er die Herrschaftspersönlichkeiten, die in ihrer politischen Machtgier und Rücksichtslosigkeit allgemein als deutlichster Ausdruck der Fremdheit und zivilisatorischer Rückständigkeit gedeutet wurden, als eben nicht typisch russisch, sondern als Ausdruck von Fortschrittlichkeit und Teilhabe am europäischen Entwicklungsprozess beurteilte.[190] Eine Aussage, die er unter dem Eindruck der Entwicklung in den 20er- und 30er-Jahren relativierte; gerade in der Einschätzung Peters ging er von einem Fortschrittsprozess aus, der unter gewaltsamsten Methoden eines Polizeistaates durchgeführt und zu einer Grundlage der bolschewistischen Herrschaft wurde.[191] Trotz seiner kritischen Haltung zur inneren, vor allem verfassungswirklichen Entwicklung Polens im 17. und 18. Jahrhundert leugnete er keineswegs die Opferrolle Polens im Mächtespiel der Nachbarn, ist aber weder den Pessimisten noch Optimisten zuzuordnen.[192] Wie viele seiner Kollegen mied er eine eindeutige politische Positionierung zu den dominierenden Lagern, machte aber aus seiner Nähe

186 Konopczyński: Polska, cz. 1, S. 60.
187 Ebenda, cz. 2, S. 272ff.
188 Rostworowski, Emanuel: Władysław Konopczyński, S. 229.
189 Konopczyński: Polska, cz. 2, S. 177.
190 Ebenda, S. 309.
191 Konopczyński: Czasy absolutyzmu, S. 308, 311, 313; Wierzbicki: Groźny i wielcy, S. 238–241.
192 Tygielski: Władysław Konopczyński, S. 327.

zur Nationaldemokratie und namentlich Dmowski keinen Hehl, begründet vor allem in einer antideutschen Ausrichtung.[193]

Konopczyński gehört sicher zu den interessantesten Persönlichkeiten polnischer Historiographie, der, obwohl kein Spezialist für russische Geschichte, wichtige Marksteine in der Bewertung des östlichen Nachbarn zu setzen vermochte, die erst viel später in der Russlandforschung und der Darstellung Russlands in der polnischen Nationalgeschichte Wirksamkeit entfalten konnten. Unmittelbaren Einfluss hatte er auf seine Schüler. Józef Feldman, der 1937 den Lehrstuhl für Neuere Geschichte in Kraków übernahm, widmete Russland in seiner Dissertationsschrift zu Polen im Nordischen Krieg[194] und noch mehr in seinem ein Jahr später vorgelegten Buch zur polnischen Ostpolitik im gleichen Zeitraum[195] große Aufmerksamkeit. Wie sein Lehrer stellte er Personen, vor allem die Politik Peters I. im Nordischen Krieg, in ihrer europäischen Dimension in den Mittelpunkt. Allerdings lag er in der Bewertung eher auf der Linie des späten Konopczyński und war Askenazy sehr nahe, zu dem ihm eine enge geistige Verwandtschaft zugeschrieben wird.[196] Peter war für Feldman vor allem ein „Moskauer Despot"[197] und sein Prozess der Öffnung nach Europa keine wirkliche Modernisierung oder Europäisierung, sondern nur die Eröffnung neuer Möglichkeiten der Aggression. Besonders sichtbar wurde das im Nordischen Krieg. Der größte Feind Polens war in dieser europäischen Auseinandersetzung nicht Schweden, sondern das sich entwickelnde Russland.[198] Er sah zwar durchaus einen Unterschied in der antipolnischen Haltung von Preußen, die auf Teilung und Zerschlagung Polens ausgerichtet war, und Russland. Die Protektoratspolitik Peters gegenüber Polen war für ihn jedoch nicht weniger gefährlich, weil sie durch eine schleichende russische Infiltration, wie ein „Polyp",[199] das russische Einflussgebiet bis an die Warthe ausdehnen wollte, einhergehend mit einer Russifizierung des ganzen Landes, die letztlich auf eine Auslöschung Polens abzielte. Ein Ausweg wäre nach Feldman ein Bündnis mit Schweden und der Türkei gegen Russland gewesen, wozu produktive Ansätze im 18. Jahrhundert durch die konsequent antirussische Ausrichtung des „Großen Sejm" gegeben waren.[200]

Wenn sich Feldman in der Bewertung Russlands von seinem Lehrer Konopczyński doch erheblich unterscheidet, so war er ihm in der Darstellung der Rolle Preußens und der polnisch-deutschen Beziehungen sehr nahe. Hier sollte er auch letztlich seine thematische Heimat finden und mit seinen Arbeiten zu Bismarck und Polen in der Geschichtswissenschaft weit über Polen hinaus nachhaltig wirken.[201] In Preußen und namentlich bei Bismarck sah er eine Seelenverwandtschaft im Kampf gegen Fortschritt und Liberalismus sowie einen Gleichklang in einer antipolnischen Politik, die so weit ging, dass Alexander II. Bismarck

193 Rostworowski, Emanuel: Władysław Konopczyński, S. 226ff. Eine Positionierung Konopczyńskis findet sich auch in seiner polemischen Schrift zum Verhältnis von Geschichte und Politik „Umarli mówią", S. 50.
194 Feldman: Polska w dobie wojny.
195 Ders.: Polska a sprawa wschodnia.
196 Piwarski: Józef Feldman, S. 77.
197 Feldman: Polska w dobie wojny, S. 4.
198 Ebenda, S. 16ff.
199 Ebenda, S. 207.
200 Feldman: Polska a sprawa wschodnia, S. 32.
201 Ders.: Bismarck a Polska.

einen Teil Kongresspolens anbot, um diesen permanenten Unruheherd, der sich nicht befrieden ließ, endlich loszuwerden.[202]

In seinen frühen Arbeiten, in denen Russland noch eine große Rolle spielte, zeichnete Feldman ein Bild, das sich kaum von der verbreiteten Betrachtungsweise polnischer Nationalgeschichte unterscheidet und er beteiligte sich damit durchaus an der „Dämonisierung" Russlands in der polnischen Gesellschaft.[203] Wichtig war er aus der historischen Perspektive vor allem deshalb, weil er durch die Bewertung der russischen Zaren seit dem Reformwerk Peters I. einen ganz wesentlichen Beitrag zur Kontinuitätsthese leistete, die besagt, dass sich lediglich die Form der Unterdrückung und der Rahmen des Herrschaftssystems änderten und eigentlich durch moderne Methoden noch verschärften, nicht aber der Inhalt und Charakter der Barbarei und der zivilisatorischen Unterentwicklung.

Sicher wurde durch die stärkere Fokussierung auf Russland in der Nationalgeschichte etwas zur Russlandforschung beigetragen, dies blieb aber im gesamten Russlanddiskurs eher marginal. Im Zentrum standen die Arbeiten zur Geschichte Russlands und hier nahm das mehrbändige Werk von Jan Kucharzewski eine herausragende Rolle ein. Dafür gibt es eine ganze Reihe von Gründen. Der wichtigste ist sicher, dass er mit „Od białego caratu do czernowego" (Vom weißen zum roten Zarentum)[204] eine umfassende neuere Geschichte Russlands vorlegte und allein damit für die Zwischenkriegszeit ein Alleinstellungsmerkmal erfüllt. Auch als Person ist Kucharzewski spannend. Er studierte an der russischen Universität in Warschau Geschichte und Jura, wurde früh Mitglied der Nationaldemokratie und war 1917/18 Ministerpräsident des unter Kontrolle der Mittelmächte errichteten Regentschaftskönigreiches Polen. Danach zog er sich aus der Politik zurück und arbeitete publizistisch.[205] Bis dahin hatte er einige anregende Arbeiten zur polnischen Geschichte des 19. Jahrhunderts verfasst.[206] Kucharzewski war zwar Mitglied der „Warschauer Historischen Gesellschaft", blieb aber lange ohne wissenschaftliche Qualifikation und Rang im etablierten akademischen Milieu (środowisko). Zwischen 1923 und 1935 legt er seine Geschichte Russlands in sieben Bänden vor, die ihn weit über Polen und seine Zeit hinaus in der Geschichtswissenschaft verankern. Was dieses Werk weiterhin interessant macht, ist sein Charakter. Einerseits bediente es nahezu alle negativen Stereotype Russlands und der Autor machte nie einen Hehl aus seiner antirussischen Haltung, andererseits konnte diesem Opus magnum eine hohe wissenschaftliche Qualität nicht abgesprochen werden. Zwar nutzte Kucharzewski die russischen Archive nicht, zeigte sich aber als Kenner gedruckter Quellen und der russischen Fachliteratur. Für Wissenschaft und Publizistik Grund genug, sich ausgiebig daran abzuarbeiten.[207] Um diese Geschichte Russlands entwickelte sich ein eigener Diskurs, der zur Beurteilung der Stellung zu Russland, des Russlandbildes und der Diversität wissenschaftlicher und politischer Positionen sehr aufschlussreich ist.

Kucharzewski erhob mit seiner Abhandlung keinesfalls den Anspruch einer Histoire totale moderner russischer Geschichte, sondern war sich der eingeschränkten Möglichkeiten einer komplexen Abhandlung durch die Unzugänglichkeit der Archive durchaus bewusst.

202 Ebenda, S. 224 (in der Auflage von 1980)
203 Filipowicz: Wobec Rosji, S. 100.
204 Kucharzewski: Od białego caratu do czerwonego.
205 Filipowicz: Wobec Rosji, S. 76f.
206 Maternicki: Historiografia polska XX wieku, S. 151f.
207 Wierzbicki: Groźni in wielcy, S. 162–165.

Auch methodisch ist er nicht besonders originell und setzt eher gängige Schwerpunkte. Wichtig waren dem Autor die Erfassung der Dynamik kultureller Entwicklung, vor allem der „Inteligencja“, und die Auseinandersetzung zwischen Slawophilen, Westlern und Revolutionären. Allgemein begegnete er den russischen Eliten mit wenig Empathie, fand aber lobende Worte für die Westler und Wertschätzung für Alexander Herzen, besonders jedoch für seinen Weggefährten Timofej Granowski.[208] Dabei sah er ihren Verdienst nicht unbedingt in einer revolutionären Ausrichtung, sondern eher in ihrem europäischen Denken und dem Widerstandswillen gegenüber dem Zarismus. Slawophile waren für ihn großrussische Nationalisten und nicht besser als der Zar, und in den Revolutionären sah er eine typische Verkörperung der traditionellen Ideologie des Maximalismus mit sektenartigem Verhalten.[209] „Der slawophile Messianismus gibt dem kommunistischen die Hand“ und die Ideologie der Autokratie ist das Konzept der Diktatur des Proletariats, war dann die Quintessenz Kucharzewskis.[210] Der Bolschewismus also als höchste Form und Erfüllung russischer Herrschaftsphilosophie.[211] Gerade in dieser Frage erreichte er eine große Übereinstimmung mit Marian Zdziechowski.[212]

Zum anderen ging es Kucharzewski um die Erfassung und Herleitung des besonderen Charakters des russischen Absolutismus als Autokratie und die Schilderung der Funktionalität des Unterdrückungsapparates gegenüber der eigenen Bevölkerung und fremder Nationalitäten, vornehmlich der Polen. Augenfällig ist, dass Kucharzewski versuchte, die russische Entwicklung als autochthone zu erklären, ohne freilich eine Einordnung in den europäischen Geschichtsverlauf zu vernachlässigen.[213] Die Wurzeln fand er bereits im 16. Jahrhundert durch die Herrschaft Iwans IV. gelegt,[214] wo sich eine Ideologie des reinen Christentums, der Besonderheit und Selbstgenügsamkeit herausbildete, die sich über alle anderen stellt und elementare Feindschaft generiert.[215] Einem mongolischen Einfluss maß er eher weniger Bedeutung zu[216] und sah die kulturellen Eigenheiten vor allem durch den Einfluss der Orthodoxie und ihrer faktischen Verstaatlichung gegeben.[217] Ebenso stand er einer Theorie der Verwestlichung und Europäisierung Russlands unter Peter I. kritisch bis ablehnend gegenüber und war damit sehr nahe beim späten Konopczyński oder Feldman. Peter I. und Katharina II. waren lediglich neue Personen in einem alten System.[218] Den russischen Expansionismus schrieb er dem niedrigen Zivilisationsgrad sowie dem zutiefst gestörten Verhältnis von Masse und Macht zu, die zu einem permanenten Misstrauen gegenüber jeglicher Selbstorganisation und schließlich Gesellschaftsbildung führte. Angst bestimmte den Geist des Zarentums und seine Herrschaft mit „mechanistischen Mitteln“.[219] In der Konsequenz beschreibt

208 Kucharzewski: Od białego caratu do czerwonego, t. 1, S. 353.
209 Ders.: Od białego caratu do czerwonego, t. 2, S. 144f.
210 Ders.: Od białego caratu do czerwonego, t. 1, S. 417ff.
211 Kornat: Bolszewizm, 1, S. 259–293.
212 Opacki: Między, S. 352ff.
213 Furier: Badania wschodnie, S. 354.
214 Kucharzewski: Od białego caratu do czerwonego, t. 1, S. 2.
215 Wierzbicki: Groźni i wielcy, S. 167.
216 Kucharzewski: Od białego caratu do czerwonego, t. 1, S. 29.
217 Ebenda, S. 17f.
218 Ebenda, S. 81.
219 Ebenda, S. 77.

Kucharzewski dieses repressive System als dysfunktional und den Zustand des Staates als chaotisch. Russland ist faktisch schwach und ohne den Begriff zu benutzen, stellte er ihn als „Koloss auf tönernen Füßen" dar.[220]

Die Reaktion auf Kucharzewski war aus führenden Kreisen der polnischen Historiographie sehr positiv. Marceli Handelsman lobte die „vielbändige, ausgezeichnete Geschichte des neuzeitlichen Russland",[221] Feldman äußerte sich geradezu enthusiastisch[222] und für Władysław Studnicki war es eine äußerst scharfsinnige Arbeit.[223] Leon Wasilewski widmete der Abhandlung eine verhältnismäßig ausführliche Besprechung, die den Zeitraum bis zum Band V erfasst.[224] Dabei ist es nicht so sehr die Übereinstimmung der dort dargelegten Grundpositionen mit den im Piłsudski-Lager vorherrschenden Auffassungen zur russischen Geschichte, sondern es geht um die Wertschätzung einer umfassenden Darstellung des Nachbarn, die so bisher nicht erbracht, aber absolut notwendig war. Wasilewski konstatierte eine große Lücke im Wissen über Russland, die im Generationswechsel zwischen denen, die noch unter der Zarenherrschaft gelebt hatten und der jungen Generation entstanden war, die unter dem Einfluss einer rechten und linken Propaganda zu Russland steht und wo des Wissen um die Geschichte Russlands systematisch verkümmert. Deshalb lobte Wasilewski auch den populärwissenschaftlichen Charakter der Abhandlung auf der Grundlage einer soliden Quellen- und Literaturkenntnis, nahm sie gegen Vorwürfe einer tendenziösen Geschichtsschreibung in Schutz und empfahl sie und noch folgende Bände nachdrücklich der ganzen Gesellschaft zur Lektüre. Besonderen Wert maß Wasilewski der geistesgeschichtlichen Dimension dieser Geschichte Russlands zu, die eindringlich den Zusammenhang von Despotismus, Slawophilentum und Nationalismus verdeutlicht, woraus der fanatische Fremdenhass und Antipolonismus in Russland erwuchs. Unerwartet kritiklos referiert Wasilewski die Passagen zu den Quellen der Revolution in Russland, die Kucharzewski in der Opposition höherer Schichten zur zaristischen Alleinherrschaft und der Orientierung an westlichen Gesellschaftsmodellen sieht, wie auch im „Geist des Umsturzes der unteren Schichten", die immer wieder zu blutigen Aufständen führten. Besonders lobenswert erscheinen Wasilewski die Abschnitte über den russischen Nihilismus, seine destruktive Wirkung über die russischen Grenzen hinaus und die Eindeutigkeit, mit der Kucharzewski mit der Legende einer Zusammenarbeit der russischen und polnischen Bewegung sowie der möglichen Unterstützung der russischen Revolutionäre für die polnische nationale Bewegung aufräumt.

Im Grunde genommen war das Werk Kucharzewskis eine dichte Bestätigung der seinerzeit gängigen Auffassungen zu Russland.[225] Der wirkliche Neuigkeitswert war gering, Umfang und Methode der Darstellung allerdings eindrucks- und wirkungsvoll. Russland wurde als ein Staat und eine Gesellschaft mit hoher Ambivalenz dargestellt, aus der sich eine Unberechenbarkeit und ein hohes Potential genauso ableiten lassen wie eine permanente Bedrohung für Polen und Europa. Seine strukturelle Fremdheit schloss es aus dem europäischen Kulturkreis aus und machte es in einem gewissen Grade unverständlich und unerklärlich.

220 Ebenda, S. 141.
221 Handelsman: Czasy porozbiorowe, S. 309.
222 Feldman: Udział Polski, S. 456; Ders.: Bismarck, S. 222.
223 Studnicki: Jan Kucharzewski.
224 Wasilewski: Od białego caratu.
225 Wierzbicki: Grożni i wielcy, S. 187.

Denn, wie der Titel des Buches schon vermittelt, waren diese gefährlichen und fremden Grundeigenschaften geradezu genetisch angelegt, „modernisierten“ sich lediglich in ihren Erscheinungsformen und wurden dadurch nur noch bedrohlicher. Kucharzewskis Wirkung ist kaum zu unterschätzen. In seinem Werk bündeln sich die lebendigen Traditionen der Russlandperspektiven des 19. und beginnenden 20. Jahrhunderts ebenso, wie sie die politisch stark imprägnierte Haltung der polnischen Politik und Gesellschaft zu Sowjetrussland widerspiegeln. Er verhalf mit seiner historischen Abhandlung der verbreiteten Kontinuitätsthese zu einer gewissen Klassik, die aus kulturmorphologischer Richtung durch Koneczny und die moralisch-ethische Perspektive Zdziechowskis die gängigen Erklärungsmuster bolschewistischer Herrschaft und auch des Kommunismus als System lieferte.

2.3 Bolschewismus und Kommunismus

Der 1918 entstandene polnische Staat übernahm zwar grundsätzliche Bewertungsmuster des östlichen Nachbarn, Russland schuf jedoch durch die Revolutionen von 1917 und die Errichtung der bolschewistischen Herrschaft eine neue Dimension der Auseinandersetzung. Das Bild Russlands war in Polen seit den Teilungen zunehmend durch eine patriotische Perspektive geprägt und der Dissens hatte durchaus schon weltanschauliche Dimensionen, mindestens im Sinne „zweier Ideen“, wie Adam Mickiewicz es formuliert hatte. Der Sieg der Oktoberrevolution und die Festigung der neuen politischen Ordnung in Russland brachte jedoch eine neue Qualität der Herausforderung für die Bewertung Russlands und die Gestaltung der praktischen Politik in Polen.

Das Bedrohungspotential musste umso höher bewertet werden, weil der Export der Revolution nicht nur die Wiederherstellung eines Teilungszustandes, sondern die Zerstörung des gesellschaftlichen Systems und seiner sozialen und intellektuellen Verankerungen bedeutet hätte. Zudem hatte diese Bedrohung der staatlichen Ordnung Polens auch eine innere Dimension, die viel gefährlicher war als die slawophile Affinität vor 1918. Im Land selbst war eine kommunistische Bewegung entstanden, die mit den Klassenbrüdern im Osten die Liquidierung der bestehenden Verhältnisse anstrebte und während des Polnisch-Sowjetischen Krieges zeigte das „Polnische Revolutionäre Komitee“ Bereitschaft und Möglichkeiten auf, die Macht zu übernehmen. Darüber hinaus besaß die Revolution in Russland ein Bedrohungspotential für ganz Europa. Polen hatte in letzter Minute die bolschewistischen Truppen vor Warschau gestoppt und einen weiteren Vormarsch nach Westen verhindert. Es hatte sich damit nicht nur als zuverlässiger Partner Frankreichs in einem „Cordon sanitaire“ zwischen Deutschland und Russland erwiesen, sondern auch seinen traditionellen Anspruch auf die Rolle einer Vormauer der westlichen Zivilisation gegen einen Ansturm aus dem Osten bestätigt.

Natürlich wurde die durch die Revolution im Februar 1917 erzwungene Abdankung des Zaren und damit die formale Beseitigung des Unterdrückungssystems begrüßt, dennoch war die Reaktion verhalten und von einer großen Skepsis gegenüber der Revolution als Ereignis tiefgreifender sozialer und politischer Veränderungen geprägt, die auch in Polen virulent waren und die Frage, was nun kommen wird, offen ließen.[226] Die Unsicherheit gegenüber dem Ereignis Revolution in Russland war jedoch nur von kurzer Dauer und machte mit der Gründung des polnischen Staates einer konsequenten Ablehnung des Umsturzes Platz, die

226 Majewski: Bolszewicy, S. 647–651.

immer mehr Züge einer antibolschewistischen Propaganda annahm. Natürlich wurde die Revolution bei Kommunisten und linken Sozialisten weiterhin begrüßt, aber ihr Einfluss war gering und schwand zunehmend. Außerdem gab es auch hier kritische Stimmen, die den absoluten Machtanspruch und die Einschränkung demokratischer Rechte skeptisch sahen.[227]

Bei der führenden Meinungsbildung stand nicht unbedingt die historische Dimension des Umsturzes im Vordergrund, sondern eher die Bewertung ihrer Erscheinungsformen mithilfe tradierter Muster des polnischen Russlandbildes. Als Quellen dienten Berichte aus den Zentren der Revolution, die durch die Zeitungen interpretiert sich auf die Person Lenin und den Charakter des Bolschewismus konzentrierten. Dabei wurde die Dominanz Lenins betont, der die Zerstörung der staatlichen Ordnung vorantreibt, in allen Bereichen destruktiv wirkt und ein allgemeines Chaos erzeugt, das nur Hunger und Gewalt hervorbringt. Bei Lenin wurde frühzeitig, vor allem in der rechten und katholischen Presse, eine jüdische Herkunft behauptet, die ihn eben für seine Haltung prädestinierte. Dieser jüdische Bezug im Sinne antisemitischer Muster wurde nicht nur zu anderen Aktivisten der kommunistischen Bewegung hergestellt,[228] sondern galt als ein bestimmendes Element des Charakters des Bolschewismus.[229] Im Bolschewismus verkörperten sich aber auch der Antichrist und das asiatische Element als antizivilisatorische Kraft schlechthin.[230] Einen ersten Versuch, den Bolschewismus zu erklären, unternahm der Publizist Stanisław Kempner in der Zeitschrift „Świat“ (Welt) vom 16. Februar 1918. Er sah darin eine Vereinigung verschiedener Völker Russlands mit dem Ziel, wirtschaftliche Veränderungen herbeizuführen, die Privateigentum abschaffen und die Produktion vergesellschaften. Dazu gab es keinen Plan, sondern nur Zerstörungswut. Letztlich lebte im Bolschewismus der alte Geist der zaristischen Herrschaft fort und damit auch das Prinzip der Despotie und der Unfreiheit.[231]

Neben Berichten aus Russland waren es vor allem die Begegnungen der polnischen Bewohner der Kresy mit den bolschewistischen Truppen im Jahre 1918, die das öffentliche Bild maßgeblich prägten.[232] Hierin wurden die Vorurteile über die Bolschewisten nachdrücklich bestätigt: Es dominierte das Bild der raubenden und mordenden asiatischen Horden, die den Vergleich mit dem mongolischen Einfall im Mittelalter nicht scheuen müssten. Diese Metaphern bleiben fest verankert in der Literatur und Publizistik der Zwischenkriegszeit. „Pożoga“, die Feuersbrunst, wurde zum literarischen Leitbild nicht nur dieser Zeit, sondern auch für das Wesen des Bolschewismus in reinster Ausprägung, der für Unmenschlichkeit steht,[233] und durch den Zarenmord nachhaltig bestätigt schien. Diese Beschreibungen wurden zu typologischen Merkmalen der antibolschewistischen Propaganda während des Polnisch-Sowjetischen Krieges und im Kampf gegen die kommunistische Bewegung im Lande, die in der Schlacht um Warschau 1920 einen vorläufigen Höhepunkt fand.

---

227 Zackiewicz: Polska myśl polityczna, S. 38ff.

228 Szymański: Bolszewizm, S. 50f.

229 Lisiak: Obraz bolszewika, S. 387f.

230 Majewski: Bolszewicy, S. 649, 654.

231 Ebenda, S. 656.

232 Dorożyńska: Na ostatniej placówce 1917–1921; Dyboski: Siedem lat w Rosji i na Syberii 1915–21; Kossak-Szczucka: Pożoga; Dunin-Kozicka: Burza od wschodu.

233 Kossak-Szczucka: Pożoga.

Mit dem Frieden von Riga konnte dann ein neuer Abschnitt in der Behandlung Russlands beginnen. Wenn auch fernab von Normalität waren die Beziehungen doch einigermaßen geregelt und das Bestehen der Revolution in Gestalt des sowjetrussischen Staates formal anerkannt. Mehr oder minder gingen beide Seiten in eine Phase relativer Stabilität über und Polen konnte sich im Umfeld des Friedensschlusses der vertraglichen Unterstützung Frankreichs und Rumäniens versichern. Eine direkte Bedrohung durch den östlichen Nachbarn als imperiale Macht oder ideologischer Gegner war also unmittelbar nicht mehr gegeben und das Interesse am Geschehen im „roten Imperium" ließ spürbar nach. Was nicht heißt, dass der Bolschewismus aus dem öffentlichen Blickfeld verschwand. Nach wie vor gab es eine rege Berichterstattung, die sich an den gewohnten Stereotypen der antibolschewistischen Propaganda orientierte.[234] Es wurden unterschiedliche Akzente gesetzt, wobei die konservativ-katholischen Kreise, zentral vertreten in der Katholischen Universität Lublin und mit seinem Protagonisten Ignacy Czuma,[235] den antichristlich-weltanschaulichen Aspekt betonten,[236] die Nationaldemokratie das Bild der „żydokomuna" (Judenkommune) pflegte und das Piłsudski-Lager im „roten Zarentum" die Kontinuität traditionellen, russischen Imperialismus sah.[237]

Einigkeit herrschte jedoch weiter darüber, dass der russische Staat nicht dem europäischen Muster entspricht und seine Bevölkerung eine unpolitische, passive Masse darstellt. Außerdem war die Überzeugung gewachsen, mit dem Sowjetstaat dauerhaft leben zu müssen und dass seine Zerschlagung keinesfalls mehr eine Aufgabe aktueller Politik war. Diese Gewissheit formulierte der Jurist und Vertreter der konservativen Krakówer Schule Władysław Leopold Jaworski als Aufgabe für die Wissenschaft und gilt damit als Begründer der Sowjetwissenschaft. Für ihn war der Sowjetstaat ein Erfahrungsfeld, das es in der bisherigen Geschichte nicht gegeben hat,[238] und er sah allein schon darin eine Herausforderung der Forschung. Denn aus dem Studium des Sowjetsystems erwächst nicht nur die Chance, Erkenntnisse über die Funktion und Form der europäischen Gesellschaft der Zukunft zu gewinnen, sondern auch eine Verpflichtung aufgrund einer Bedrohung durch die Sowjetherrschaft nicht nur für Polen, sondern für ganz Europa.[239]

Diese Einsicht teilten alsbald viele einflussreiche Publizisten über die Parteigrenzen hinweg und Forderungen nach mehr Informationen aus Sowjetrussland und einer objektiven Berichterstattung wurden immer lauter. Weitsichtige Kreise beklagten den Kompetenzverlust zu Russland und befürchteten, den Anschluss in der sachverständigen Deutung der Vorgänge im Sowjetreich zu verlieren. Es wurde sehr aufmerksam beobachtet, dass in den westlichen Ländern das Interesse an einer sich stabilisierenden Entwicklung in Sowjetrussland sprunghaft gewachsen war, wobei es erst einmal zweitrangig erschien, ob dies aus einem Bedrohungsempfinden, wissenschaftlichem Bedarf an der Analyse neuer Strukturen oder einer gewissen Begeisterung für alternative Gesellschaftsmodelle herrührte. Eine ganze Reihe von Veröffentlichungen aus westlicher Feder, die in Polen in Übersetzung erschienen waren,[240]

---

234 Kochanowski, Jerzy: Spojrzenie na Rosję; Pogonowska: Dzikie biesy; Burdziej: „Wielkie błędy perspektywiczne". Weitere Hinweise bei Szlachta: Wstęp, Anm. 28.

235 Kornat: Bolszewizm, 1, S. 101ff.

236 Jeliński: Idee bolszewizmu; Bolszewizm.

237 Zackiewicz: Polska myśl polityczna, S. 180–347; Chwalba: Polen und der Osten, S. 58.

238 Jaworski: Notatki, S. 57.

239 Ders.: Szkice prawnicze, S. 10f.

240 Béraud: Co widziałem; Kautsky: Od demokracji do niewolnictwa; Masaryk: O bolszewizmie; Rosenberg:

hatte von polnischer Seite aus keine Entsprechungen gefunden. Es gab zwar Pressevertreter in Moskau und auch der Informationsaustausch nahm zu, Inhalt und Qualität waren jedoch völlig unzureichend.[241]

So beklagte der namhafte Publizist und Wirtschaftsfachmann aus dem Piłsudski-Lager Stefan Starzyński, der 1924 ein Buch über die Nationalitätenproblematik in Sowjetrussland vorgelegt hatte,[242] in der Zeitschrift „Droga" den geringen Wert der Informationen offizieller polnischer Vertreter in Sowjetrussland.[243] In den Presseorganen der Nationaldemokratie wurde die Passivität polnischer Korrespondenten beklagt, die dazu führt, dass man sich die Informationen von den Deutschen holen muss.[244] Wasilewski beobachtete ein großes Defizit an Wissen über den östlichen Nachbarn bis weit in die Kreise der polnischen Intelligenz hinein.[245] Neben dem Informationsdefizit stand jedoch die Art und Weise der Berichterstattung im Vordergrund der Kritik. Ihr tendenziöser Charakter verhinderte den Zugang zu den nötigen objektiven Informationen. Denn nach wie vor war Russland ein gefährlicher Gegner Polens und nur auf der Grundlage soliden Wissens über den Nachbarn konnten Staat und Gesellschaft sich dementsprechend positionieren und handeln. Stanisław Cat-Mackiewicz brachte es auf den Punkt, wenn er schreibt, dass es keinen Sinn macht, die Bolschewisten immer nur als „Verrückte, Bankrotteure und Dummköpfe" darzustellen, sondern dass es darum geht, den Bolschewismus als Erscheinung zu analysieren und zu untersuchen, was ihn am Leben erhält und warum er eben nicht untergegangen ist.[246] Noch deutlicher wurde der Publizist Tadeusz Teslar in zwei Broschüren, die er 1928 herausbrachte und in denen er deutlich macht, dass gerade die abwertende und negative Berichterstattung über Sowjetrussland besonders schädlich für die polnische Gesellschaft ist, weil sie einerseits zu einer gefährlichen Unterschätzung des Gegners führt[247] und gleichzeitig die so notwendige Entwicklung gegenseitiger Wirtschaftskontakte behindert.[248]

Neben den die publizistische Landschaft dominierenden Beobachtungen, die die gewohnten Bahnen der stereotypen antibolschewistischen Propaganda, eifrig assistiert von der russischen Emigration in Warschau, nicht verließen, entwickelte sich aber auch ein erhebliches wissenschaftliches Interesse an dem, was sich jenseits der Ostgrenze abspielte. Die „Neue Ökonomische Politik" (NÖP) und die tiefgreifenden Veränderungen im Verfassungssystem wurden zum Gegenstand intensiver Untersuchungen. Vor allem Wissenschaftler aus der Ökonomie und der Jurisprudenz erkannten sehr schnell, welche Möglichkeiten und Notwendigkeiten sich aus den Transformationsprozessen im Sowjetreich für Polen ergaben. Schließlich waren fast zeitgleich zwei neue Staaten im osteuropäischen Großraum entstanden, die einander zwar feindlich gesinnt waren, sich aber durch die Unterschiedlichkeit der Systeme doch in einem gewissen Wettbewerb befanden, was innenpolitisch zwar keine substantielle Relevanz besaß, aber von außen schon aufmerksam beobachtet wurde. Zudem konnte sich

---

Bolszewizm. Weitere Angaben bei Zackiewicz: Polska myśl, S. 579, Anm. 586.

241 Piątkowski: Związek Radziecki, S. 4.

242 Starzyński: Zagadnienie narodowościowe.

243 Ders.: Stan gospodarczy, S. 43.

244 Kardasz: Czemu nie patrzymy.

245 Wasilewski: Przedmowa, S. 3.

246 Cat-Mackiewicz: Książka, S. 132.

247 Teslar: Zarys ustroju, S. 9f.

248 Ders.: Czerwona gwiazda, S. 45f.

Polen dem Einfluss von Seiten des östlichen Nachbarn nicht völlig entziehen und wollte, zumindest in der Tendenz, natürlich selbst Einfluss ausüben und zur rechten Zeit bereit sein. Es ging durchaus auch um die Untermauerung der Deutungshoheit zu Russland für Europa: Man sah sich nach wie vor an vorderster Front im Kampf sowie in der Erklärung, Auslegung und Darstellung.

Pionierarbeit zur Analyse der Entwicklung des Sowjetsystems wurde im Warschauer „Institut für Sozialwirtschaft" (Instytut Gospodarstwa Społecznego, IGS) geleistet.[249] Es entstand 1919 aus der Abspaltung einer auf die Arbeiterbewegung orientierten Gruppe von Wissenschaftlern aus dem bereits vor dem Ersten Weltkrieg existierenden „Büro für Soziale Arbeit" (Biuro Pracy Społecznej). Zu den leitenden Mitarbeitern gehörten Tadeusz Szturm de Sztrem und sein erster Direktor Włodzimierz Wakar, später kam Tadeusz Hołówko hinzu. Gegenstand des Instituts war die Erforschung der sozialwirtschaftlichen Bedingungen des Aufbaus eines modernen polnischen Staates. Somit war die Sowjetordnung keinesfalls ein festgelegter Bestandteil des Forschungsprofils, interessierte die Wissenschaftler aber aus der Perspektive neuer und alternativer Möglichkeiten gesellschaftlicher Ordnung.[250] Diese Perspektive machte die Mitarbeiter besonders offen für eine objektive Betrachtung des gesellschaftlichen Gegenmodells im Osten. Der Soziologe, und ab 1921 auch Direktor des IGS, Ludwik Krzywicki und der Ökonom Wacław Fabierkiewicz beschäftigten sich intensiv mit den ökonomischen Aspekten des Sowjetsystems und legten bereits 1922 hierzu eine umfangreiche Studie vor.[251]

Sie unterzogen die Wirtschaftspolitik nach der Oktoberrevolution zwar einer schonungslosen Kritik und sahen im bolschewistischen Voluntarismus, der jegliche ökonomische Gegebenheiten ignorierte und sie seinen Vorstellungen anzupassen versuchte, den direkten Weg in den Untergang, anerkannten aber in der NÖP eine gewisse Lernfähigkeit der Führung und räumten diesem Staatskapitalismus gewisse Erfolgschancen ein. Dabei war für sie die zukünftig entscheidende Frage, ob dieses staatliche System der Organisierung der Arbeit in der Lage sein würde, dem privatwirtschaftlichen Modell in der Produktion ebenbürtig zu sein.[252] Größte Bedenken hatten sie in der Vereinbarkeit von staatskapitalistischer Praxis und kommunistischer Ideologie, was Widerstand nicht nur in der Arbeiterschaft, sondern auch in den neuen Eliten hervorrufen würde sowie in der Einbeziehung der ländlichen Bevölkerung in diesen Prozess.[253]

Neu an diesen Einschätzungen war, dass die Autoren auf der Grundlage des zur Verfügung stehenden Quellenmaterials eine solide wissenschaftliche Untersuchung vornahmen und bei aller Skepsis die Ergebnisse des sowjetischen Experiments offenließen. In der Identifizierung der Hauptproblemlagen bewiesen die Untersuchungen große Weitsicht, wie schon die Entwicklung in den 20er-Jahren zeigt. Fabierkiewicz legte 1926 eine weitere Analyse vor, die auf die Resultate von 1922 Bezug nahm und sie bestätigte.[254] Bei aller weiterhin vorhandenen und sich vertiefenden Widersprüchlichkeit im System sah er doch Fortschritte

249 Szturm de Sztrem: Instytut, S. 6–9, 15.
250 Kornat: Bolszewizm, 1, S. 58–61.
251 Rosja Sowiecka.
252 Ebenda, S. 42f.
253 Ebenda, S. 145–152; cz. 2, S. 213–218.
254 Fabierkiewicz: Rosja współczesna, S. 75–83.

vor allem in der Stabilisierung des Finanzsystems und der Arbeitsorganisation im Staatskapitalismus, was er vorrangig auf die wachsende Akzeptanz von Marktmechanismen zurückführte. Das bedeutete jedoch noch lange nicht, dass er damit dem System eine langfristige Überlebenschance einräumte. Dafür waren die strukturelle Schwäche, der äußere Druck und die Isolierung zu groß, aber für Fabierkiewicz die wirtschaftliche Entwicklung ausreichend, mit dem Nachbarn in engeren wirtschaftlichen Austausch zu treten. Die Wirtschaftsanalysen aus dem IGS gehören fraglos zu den fundiertesten Einschätzungen der sowjetischen Wirtschaftspolitik der Zwischenkriegszeit. Fabierkiewicz wurde nach dem Mai-Umsturz im Kreis von Stefan Starzyński zu einem engen Berater des Sanacja-Regimes und setzte sich nachhaltig für einen stärkeren Eingriff des Staates in die Wirtschaft ein.[255]

Zeitgleich mit den Untersuchungen im IGS erfolgten auch Studien zum Rechts- und Verfassungssystem der Sowjetordnung, die einhellig zu dem Ergebnis gelangten, dass die durchgängige Ideologisierung des Rechtssystems nur zu Willkür und Entrechtung führen kann und auch die scheinbaren Fortschritte, wie die Gleichberechtigung der Frauen, letztlich in ihrer unzureichenden gesetzlichen Fixierung unwirksam sind.[256] Juristen spielten in der Entwicklung einer Sowjetunionforschung eine zentrale Rolle. Nicht nur, weil sie das Sowjetsystem jenseits politisch motivierter Deutungen als strukturelles Problem begriffen, das nur mit wissenschaftlichen Methoden erklärt werden kann, sondern auch weil sie für das Verständnis der Funktionalität des Rechtssystems in der Gesellschaft soziologisch arbeiten mussten und die damit verbundenen Faktoren wie Persönlichkeiten und Machtausübungsmechanismen einzubeziehen hatten.

Erste Arbeiten hierzu legte in enger Anlehnung an Władysław Jaworski der Krakówer Jurist Konstanty Grzybowski vor.[257] Ausgehend vom Diktum der Diktatur des Proletariats sah der Autor in der verfassungsmäßigen Ordnung der Sowjetunion eine institutionalisierte Revolution in Gestalt einer „revolutionären Gesetzlichkeit“,[258] die nichts mit der traditionellen europäischen Rechtsordnung und Rechtsauffassung zu tun hatte. Dementsprechend sind im Gegensatz dazu die verfassungsmäßigen Festlegungen keine festen Werte wie im Westen, sondern passen sich den aktuellen Bedürfnissen der Revolution an, die im Kampf gegen die Bourgeoisie bestehen.[259] Die Bedürfnisse der Revolution wiederum werden von Personen, wie Lenin, situativ festgelegt und unterliegen lediglich der Kontrolle der Partei, die zentral geführt wird. Dieser Kausalzusammenhang kann keine Rechtsordnung im Sinne der Bezeichnung schaffen, sondern nur ein System der Willkür, der die Gesellschaft und die Individuen wehrlos ausgeliefert sind. Das Ergebnis ist ein Unrechtssystem, dessen Funktionalität nur durch eine irrationale Bindung an die Revolution bzw. ihre Vertreter hergestellt wird. Das eschatologische Ziel ist Legitimation der Herrschaft und die Ideologie des Kommunismus wird zum Glaubensbekenntnis. Im Sowjetsystem sah er eine durch Lenin erfolgte Anpassung des Marxismus an die russischen Verhältnisse, die durch die Eigenheiten der Tradition autokratischer Herrschaft in Russland begünstigt werden.[260] Mit seinen Arbeiten unterstreicht

255 Dziewulski: Spór o etatyzm, S. 132–157.
256 Makarewicz: Słowo wstępne; Makowski: Przedmowa; Tylbor: Małżeństwo.
257 Kozub-Ciembroniewicz: System sowiecki.
258 Grzybowski: Ustrój, S. 13.
259 Ebenda, S. 5.
260 Ebenda, S. 11ff.

Grzybowski die Rolle der Juristen in der Etablierung einer Sowjetunionforschung als eigene Wissenschaftsdisziplin und steht zudem mit seinen Auffassungen an vorderster Front des konservativ-katholischen Lagers dieser Forschungsrichtung.

Die durch das IGS durchgeführten, stark auf die Wirtschaftspolitik des Sowjetstaates orientierten Untersuchungen wurden durch die Zeitschrift „Rosja Sowiecka“ aufgenommen. Sie erschien ab 1931 als Informationsblatt für Behörden zweimal im Monat. Ab April 1933 wurde die Zeitschrift alle zwei Monate mit dem Untertitel „Wirtschafts-Informationsbulletin“, das sich mit Fragen der Entwicklung von Gesellschaft und Wirtschaft der UdSSR beschäftigt, in Warschau herausgegeben. Herausgeber und Redakteur war Stanisław Glass.[261] Das Blatt stand dem Piłsudski-Lager nahe, war eng mit Stefan Starzyński, dem damaligen kommissarischen Stadtpräsidenten von Warschau, verbunden und wurde vom Außenministerium alimentiert.[262] Es geht in der Zeitschrift um dichte Informationen für einen begrenzten Kreis Interessierter: Die einzelnen Themen werden überwiegend auf ein bis zwei Seiten redaktionell abgehandelt, im Vordergrund stehen Finanzen, Industrie und Handel mit ihren aktuellen Bezügen zur Gesellschaft. Der Informationsgrad ist hoch und die Beiträge machen einen grundsoliden Eindruck, Themensuche und Aufmachung der Zeitschrift zeugen von hoher Professionalität und Kompetenz, die Informationen zur Wirtschaftspolitik sind sehr detailliert und statistisch belegt.

Von vornherein spielt jedoch die politische Bewertung wirtschaftlicher Prozesse eine große Rolle und diese Artikel sind alles andere als eine rein faktologische Darstellung. So wurden die wirtschaftlichen Großprojekte Anfang der 30er-Jahre als Sieg des linken Flügels der Partei interpretiert und, weil eigentlich nicht finanzierbar, als Rückwendung zum ursprünglichen bolschewistischen Voluntarismus der Revolutionszeit gedeutet. Bei allen Analysen blieb die Schlussfolgerung der Zeitschrift, dass der Widerspruch zwischen Herrschaftssystem und wirtschaftlichem Fortschritt unlösbar ist.[263] Am Anfang jeder Nummer gibt es eine Chronik der wichtigsten Ereignisse des vergangenen Zeitraumes. Zu Beginn war diese Chronik noch wirtschaftlich-gesellschaftlich orientiert, ab Frühjahr 1935 trägt sie die Bezeichnung gesellschaftlich-politisch. Hier deutete sich eine inhaltliche Umorientierung an und der Schwerpunkt lag nunmehr in der Behandlung politischer Themen, vor allem in der Beschreibung ideologisch-administrativer Veränderungen, die sich mit dem Ausbau des totalitären Herrschaftssystems Stalins verbinden.[264] Stalin hatte bis dahin in der Zeitschrift kaum eine Rolle gespielt und fand lediglich als Organisator ohne eindeutige politische Statur Berücksichtigung. Der sich abzeichnende Führerkult war zunächst nicht außergewöhnlich, weil er im bolschewistischen Führungsstil Lenins angelegt war.[265] Das änderte sich jetzt deutlich und die mit seinem diktatorischen Machtanspruch verbundenen Veränderungen rückten in den Mittelpunkt der Analyse.

In den Heften der Jahre 1935/36 wurde die Festigung der Alleinherrschaft Stalins detailliert analysiert und verfolgt: Dieser Prozess geht einher mit der Abwendung von den Idealen der Revolution und ihrer ideologischen Grundlagen und findet seinen vorläufigen Höhepunkt

261 Zackiewicz: Polska myśl polityczna, S. 406–412, 629–633.
262 Kornat: Sowietologia, S. 86.
263 Zackiewicz: Polska myśl polityczna, S. 408.
264 Ders.: Zapomniana, S. 164ff.
265 Rosja Sowiecka 60/61 (1934), S. 13–17, 24f, 29–32.

in der Verfassung von 1936, die den endgültigen Abschied vom Rätesystem festschreibt. Nahezu das gesamte letzte Heft der Zeitschrift vom März/April 1936 widmete sich diesem Thema. Die zentralistische Alleinherrschaft Stalins war nach den Autoren nicht nur im Sowjetsystem, sondern auch im russischen Geist angelegt und erfährt nun im Zusammenspiel von einem gut organisierten Unterdrückungsapparat mit einer professionellen Kaderpartei eine neue Qualität der Machtausübung. Markant für die Perfektionierung der stalinistischen Herrschaft und im Sinne ihrer Festigung ist auch die Neuorientierung der Außenpolitik. Der VII. Weltkongress der Kommunistischen Internationale zeigt deutlich eine Abkehr von der leninschen Strategie der Weltrevolution und die Festlegung einer politischen Linie, die eine Verteidigung der Errungenschaften der Sowjetunion vor wachsender äußerer Bedrohung zur Hauptaufgabe erklärte. Über den Grund, warum die Zeitschrift ihr Erscheinen einstellte, kann nur spekuliert werden. Wahrscheinlich ging die Finanzierung verloren. Nach dem Tod Piłsudskis änderten sich die Koordinaten der Machverhältnisse in der Sanacja-Regierung und die Kräfte des Prometheismus verloren an Einfluss, womit auch ein fundiertes Russlandinteresse schwand. Die Zeitschrift „Rosja Sowiecka“ war eine enorme Leistung. Vergleichbares an analytisch-aktuellen Handreichungen wird sich im europäischen Rahmen und wahrscheinlich auch darüber hinaus in diesem Zeitraum kaum finden.

Eine ähnliche Episode der publizistischen Beschäftigung mit der Sowjetunion war die Zeitschrift „Przegląd Wschodni“. Im Untertitel erklärte sie sich als „Monatsschrift zur Erforschung der sowjetischen Wirklichkeit und der gegenseitigen Beziehungen Polens und der UdSSR“. Wenn auch nicht vergleichbar mit der analytischen Tiefe der „Rosja Sowiecka“ und nicht als „Beamtenblatt“ konzipiert, sondern für den allgemeinen Zugang gedacht, so reihte sie sich doch ein in die sprunghafte Zunahme des Interesses an der Entwicklung in der Sowjetunion, verbunden mit dem Nichtangriffsabkommen und dem Ausbau auch institutioneller Kontakte. Initiator und geistiger Kopf der Zeitschrift war Włodzimierz Wakar. In Russland geboren und polnischer Abkunft beendete er sein Jurastudium an der Petersburger Universität und ging zurück nach Polen, um sich auf dem Gebiet der Bildung intensiv am Projekt der Wiederherstellung des polnischen Staates zu beteiligen. Er legte Publikationen zur Volksbildung und der territorialen Verbreitung der Polen vor, die durchaus als argumentatives Material für die Legitimierung polnischer Ansprüche gelten konnten. Diese Tätigkeit vertiefte er in Warschau während der deutschen Okkupation als Leiter des „Büros für Soziale Arbeit“ (Biuro Pracy Społecznej), wo unter seiner Leitung das dreibändige Werk „Rozwój Terytorialny Nadodowości Polskiej“ (Die territoriale Entwicklung der polnische Nationalität) erarbeitet wurde. Gleichzeitig hielt er Vorlesungen über Demographie an der Handelshochschule in Warschau.

Zum Zeitpunkt der Gründung der Zweiten Republik war Wakar bereits ein angesehener, politisch engagierter Wissenschaftler in vorderster Reihe und er übernahm 1920 dann auch die Leitung des IGS. In den 20er-Jahren veröffentlichte er eine Reihe von Artikeln zu Fragen der Selbstverwaltung, Demographie und Statistik, engagierte sich aber vor allem in der Frage der außenpolitischen Strategien des jungen Polen gegenüber den Nachbarstaaten. Er sah die Gestaltung der Beziehungen äußerst kritisch und plädierte für die Schaffung eines Blockes dieser neuen Staaten als für das Überleben des jungen Polen unabdinglich, gleichsam als Bestandteil polnischer Staatsraison.[266] Anfang der 20er-Jahre hatte Wakar deshalb den

266 Grygajtis: Polskie idee, S. 442.

„Związek Zbliżenia Narodów Odrodzonych" (Verein zur Annäherung der wiedergeborenen Völker) gegründet und die Zeitschrift „Przymierze" (Bündnis) redigiert. Das rückte ihn zwar in die Nähe des Prometheismus und des Piłsudski-Lagers, er blieb aber politisch indifferent. Denn so wie er den Zusammenschluss der neuen Länder befürwortete, setzte er sich auch dafür ein, die Beziehungen zum neuen Russland auszubauen. Hierin sah er sogar eines der wichtigsten Prinzipien der polnischen Außenpolitik. Hierzu hat Polen nicht nur die besten Ausgangsbedingungen, sondern muss die Beziehungen zum östlichen Nachbarn auch nutzen, um die eigene Unabhängigkeit und die wirtschaftliche Prosperität vor der Gefahr aus dem Westen zu sichern, was ihn nun wieder der Nationaldemokratie näherbrachte.

Diese notwendige Verständigung zwischen Sowjetunion und Polen sah Wakar durch die negative Berichterstattung in der polnischen Gesellschaft gefährdet, was ihn zur Gründung der Zeitschrift „Przegląd Wschodni" bewegte.[267] In dem redaktionellen Artikel des ersten Heftes wurde dann auch eine Revision der prinzipiell ablehnenden Haltung in der polnischen Gesellschaft gegenüber der Sowjetunion verlangt und der Objektivismus in der Berichterstattung zur Hauptaufgabe der Zeitschrift erhoben. Die Betrachtung des Nachbarstaates sollte weder durch die schwarze noch durch die rosa Brille erfolgen, sondern objektiv, wodurch ein Beitrag zur Verbesserung und Belebung der Beziehungen geleistet werden kann.[268] Obwohl die Zeitschrift in weiteren Artikeln Standpunkte der Nationaldemokratie bediente, indem sie durch eine Annäherung an die Sowjetunion das Ende von Rapallo und damit die Abschwächung einer deutschen Bedrohung prognostizierte, entwickelte sie jedoch einen unzweifelhaft prosowjetischen Charakter. Besonders deutlich wurde das in der Negierung weltrevolutionärer Ambitionen des Sowjetstaates und der Versuche einer Einflussnahme auf Polen, wie auch in der Betonung des experimentellen Charakters der Wirtschaftsordnung und der neuen Kultur, die nicht schlechter als die westliche sei, sondern anders.

Wakar war bestimmt kein Kommunist, aber aus der Haltung, dem Antibolschewismus im Interesse des polnischen Staates und seiner Überlebensfähigkeit etwas entgegensetzen zu müssen, erscheint die Sowjetunion in einem sehr günstigen Licht. Die Auswahl der Materialien und Themen, die Prozesse der politischen Ordnung und den Stalinismus weitgehend ausklammerten, machen die Beiträge fast kritiklos. Nach dem plötzlichen Tod des noch nicht einmal 50-jährigen Wakar änderten sich die Rahmenbedingungen der Zeitschrift völlig. Es fiel nicht nur der institutionelle Rückhalt weg, sondern offensichtlich auch eine Führung, die sich an den gesellschaftlichen Gegebenheiten und Möglichkeiten orientierte. Nach fast einjähriger Pause erschien die Zeitschrift im Juni 1934 wieder und sah sich genötigt, ihr Anliegen erneut zu formulieren. Es wurde ein Umdenken in der politischen Ausrichtung und auch in der polnischen Gesellschaft gegenüber der Sowjetunion konstatiert, das eine positive Entwicklung und ein gestiegenes Interesse an objektiver Berichterstattung aufzeigt. Die Aufgabe der Zeitschrift sei weiter die Darstellung der sowjetischen Wirklichkeit, Objektivismus und die Arbeit an der polnisch-sowjetischen Annäherung als Beitrag zur Erhaltung des Weltfriedens.[269] Nach dem Tod Wakars wurde der „Przegląd Wschodni" zwar kein Blatt der KPP,

267 W rocznicę, in: Przegląd Wschodni III (1934), 1.
268 Od redakcji, in: Przegląd Wschodni I (1932), 1.
269 Ebenda III (1934), 1.

aber der Einfluss linker Kräfte immer deutlicher.[270] Die 1934 erschienenen Artikel zur Entwicklung in der Landwirtschaft enthalten nicht den kleinsten Hinweis auf die Katastrophen der Kollektivierung und hätten auch aus einer sowjetischen Propagandabroschüre stammen können.[271] So schlägt die Zensur dann recht schnell zu. Das Heft 14 von 1935 erscheint schon als „Ausgabe nach der Konfiszierung" und der dort abgedruckte, verhältnismäßig lange redaktionelle Artikel ist ein Glaubensbekenntnis zum Sowjetstaat.[272] Damit war das Schicksal besiegelt und die Zeitschrift stellte mit Heft 15 ihr Erscheinen ein.

Einen Gegenpol zu den Bemühungen um die wissenschaftliche Bearbeitung und objektive Darstellung der Entwicklung in der Sowjetunion bilden Institutionen mit dem ausgesprochenen Anspruch des Kampfes gegen den Kommunismus. 1928 wurde in Warschau das „Institut der wissenschaftlichen Erforschung des Kommunismus" (Instytut Naukowego Badania Komunizmu) gegründet. Ihr Leiter war der katholische Priester und ehemalige Professor an der Geistlichen Akademie in Petersburg Antoni Kwiatkowski. Mit guten Kontakten zur russischen Emigration und bezahlt vom Außenministerium bestand seine Aufgabe vor allem in der Zusammenstellung von Material über die Verfolgung der Kirchen und Gläubigen in der Sowjetunion und seiner Publizierung sowie in der bibliographischen Erfassung von sowjetischer Literatur über Polen.[273] In enger Zusammenarbeit mit dem Geheimdienst entfaltete das Institut eine rege Propagandatätigkeit durch die Organisation von Vorträgen und die Herausgabe von Broschüren.[274] Kwiatkowski war auch Leitungsmitglied der „Antikommunistischen Verständigung" (Porozumienie Antykomunistyczne),[275] einer ähnlich gelagerten Organisation unter der Leitung von Henryk Glass, einem führenden Funktionär des polnischen Pfadfinderverbandes (Związek Harcerstwa).[276] Ihre Hauptaufgabe sah sie im Kampf gegen die kommunistische Propaganda in Polen und artikulierte sich in ihrer Monatszeitschrift „Walka z Bolszewizmem" (Kampf mit dem Bolschewismus).[277] Mehr als andere Verbände arbeitete sie im antikommunistischen Kampf eng mit ausländischen Verbänden in Frankreich, Italien und Großbritannien in der Anti-Komintern-Bewegung zusammen.[278]

Mit der stärkeren Hinwendung zu einer Erforschung der Sowjetunion in Polen um die Wende zu den 30er-Jahren und der damit einhergehenden Etablierung von Zeitschriften, Publikationsorganen und eigenen Institutionen, die sich diesem Gegenstand widmeten, war nicht nur eine Verwissenschaftlichung der Forschung verbunden, sondern auch eine Konzentration auf Formen und Inhalte des Herrschaftssystems. Hatte es schon zu Beginn der 20er-Jahre eine erste Welle von Untersuchungen zum Bolschewismus gegeben, so rückte nunmehr unter dem Eindruck einer hochgradig anzunehmenden Stabilität des Sowjetstaates sowie der Festigung und dem Ausbau des Stalinismus das Systemische wieder stärker in der Fokus. In den 30er-Jahren wurde eine ganze Reihe kategorischer Untersuchungen vorgelegt, die das Gesellschaftssystem in seiner Abstraktion als Kommunismus untersuchten. Wie auch

---

270 Zackiewicz, Polska myśl polityczna, S. 454.
271 Przeglad Wschodni IV (1935), 9, S. 4–10.
272 Ebenda, 14, S. 1–7.
273 Kornat: Bolszewizm, 1, S. 69.
274 Ders.: Początki, S. 130–132.
275 Ders.: Bolszewizm, 1, S. 72f.
276 Wojdyło: Narodowa Demokracja, S. 20f.
277 Meller: Z dziejów.
278 Kornat: Początki, S. 133f; Szawłowscy: Polish Sowietology, S. 15–17.

in anderen europäischen Ländern wurde der Bolschewismus zunehmend als Erscheinungsform des Kommunismus gedeutet und beherrschte unter der Formel der Schreckensherrschaft und als negatives Leitbild den gesellschaftlichen Diskurs.[279]

Der Antikommunismus besaß in der polnischen Literatur und Publizistik eine Tradition, die eng mit dem Antimarxismus verbunden war, aber durchaus darüber hinausging, Wurzeln bei Thomas Morus und der Französischen Revolution fand, aber solcherlei Gedanken auch bei Joachim Lelewel und sogar bei Adam Mickiewicz ausmachte, die damit das kulturelle Erbe Polens verwarfen.[280] Im Mittelpunkt der Kritik stand der Angriff des Kommunismus auf die Errungenschaften der Kultur. Es war nicht so, dass die Vertreter des Antikommunismus Mitte des 19. Jahrhunderts jegliche Veränderungen ablehnten und nicht auch negative Entwicklungen in Staat und Gesellschaft kritisierten und für ihre Beseitigung oder Verbesserung eintraten, es war die Ablehnung der Revolution und die damit verbundene Zerstörung der bestehenden zivilisatorischen Grundwerte. Bei den frühen Vertretern des polnischen Antikommunismus[281] ist eine gemeinsame Argumentationslinie zu finden, die sich an der Gleichmachung des kommunistischen Projektes fest machte. Im Aufgehen des Individuums in der Masse wurde eine Zerstörung der Normen und der Gemeinschaft gesehen, die durch das politische System, die Familie und die Religion bestimmt wurde. Eine Vergegenständlichung des Individuums gefährdet die geistige Identität und am Ende steht eine Herrschaft von Angst und Schrecken.

Dabei wusste man sehr wohl zwischen Sozialismus und Kommunismus zu unterscheiden. Zwar wurde das sozialistische Projekt auch als ein Angriff auf die tradierte Gesellschaft gewertet, das eine „künstliche Organisation" von Arbeit und Gesellschaft anstrebt, was zur Einschränkung des Privateigentums führt; der Kommunismus jedoch im Sinne von Marx und Engels wurde als die extremste Form dargestellt, denn er vernichtet das Privateigentum und schafft damit die Voraussetzungen für eine völlige Neuordnung des Staates und der gesellschaftlichen Hierarchien. In bestechender Logik wissen diese Autoren nachzuweisen, dass eben gerade diese Gleichmachung zur Eliminierung von Fähigkeit und Leistung führt, die notwendige Diversität der Gesellschaft zerstört und letztlich zur Unterwerfung gegenüber den Machthabern führt.[282]

Für einige Autoren war dieser Zusammenhang von Gleichmachung im Sinne von Unterwerfung und absoluter Staatsmacht im östlichen Despotismus bereits gegeben und aus polnischer Perspektive erschien die zaristische Herrschaft gewissermaßen als Vorbild kommunistischer Ordnungsvorstellungen. Der Nihilismus als treibende Kraft der europäischen Radikalen bildete sich in Russland in seiner extremen Form aus und weiß um die Funktionalität der russischen Herrschaftsform für seine destruktiven Vorstellungen einer Ordnung der Gesellschaft. Deshalb erscheint schon in dieser frühen Phase des Antikommunismus Russland als prädestiniert für einen kommunistisch orientierten radikalen Umschwung. Nach Paweł Popiel, Publizist und Politiker sowie Mitbegründer des Krakówer Konservatismus, sahen die russischen Nihilisten in Russland das auserwählte Land, hier das Paradies zu errichten, das in der Praxis die Hölle sein wird. Für sie war der Nihilismus nicht das Mittel,

279 Faulenbach: Erscheinungsformen des „Antikommunismus", S. 3.
280 Szlachta: Wstęp, S. XVIf.
281 Eine Auswahl an repräsentativen Texten in: Antykomunizm polski, S. 1–72.
282 Szlachta: Wstęp, S. XIIf.

sondern das Ziel: die Zerstörung jeglicher bestehenden gesellschaftlichen, politischen und religiösen Ordnung. In Russlands liegt im Zusammentreffen von revolutionärem Geist und asiatisch-despotischer Prägung die größte Gefahr für die westeuropäische Kultur.[283]

Dieser direkte Russlandbezug wurde nicht von allen geteilt, bildet aber in besonderer Weise den Mittelpunkt der Betrachtungen von Zygmunt Krasiński. Dieser bedeutende polnische Literat der „Großen Emigration“ stand der revolutionären Bewegung besonders kritisch gegenüber und entwickelte geradezu apokalyptische Visionen zur nihilistischen Bedrohung durch politischen Radikalismus und russisches Barbarentum, deren Ziel die Zerstörung der christlichen Ordnung und des traditionellen politischen Systems war. In drastischen Bildern schilderte er die Zukunft unter der kommunistischen Herrschaft, in der es keine Menschlichkeit, keine Individualität und keine Nationalität mehr gibt und das Antichristliche zur Vertierung der Menschen führt. Für ihn bestand kein Zweifel darüber, dass Moskau und die Moskal gemeinsam mit den „Roten Republiken“ den Angriff auf die westliche Zivilisation planen, um dort den Bürgerkrieg zu entfachen und Europa im Blut zu ertränken.[284] Er widmete der kommunistischen Gefahr ein eigenes Poem, in dem er den Kommunismus als reine Tyrannei bezeichnete, die Gesellschaft und Eigentum vernichtet, nur zu Hunger und Not führt und eine Diktatur wie das Moskauer Zarentum bedeutet.[285] Krasiński wurde mit seinen Sentenzen zu einem Stammvater des polnischen Antikommunismus.

Nicht von ungefähr wählte Marian Zdziechowski Krasiński als sein Vortragsthema vor der „Deutschen Gesellschaft zum Studium Osteuropas“ (DGSO) in Berlin im Dezember 1935. Zdziechowski hatte schon 1912 eine Studie zu Krasiński vorgelegt[286] und stellte sich bewusst in seine Tradition. Er fühlte sich gleichsam als Erbe des Antikommunismus à la Krasiński, übernahm die Grundelemente der Bewertung und ordnete sie in das katholisch-moralistische Denkschema seiner Geschichtsphilosophie ein. Damit bildete er eine Brücke zu der Beschäftigung mit der kommunistischen Herrschaft in der Sowjetunion, die den Antikommunismus der 30er-Jahre in Polen ausmachte und breite Bereiche von Wissenschaft und Publizistik erfasste. Dabei lassen sich verschiedene Perspektiven oder gar Paradigmen identifizieren, für die führende Wissenschaftler oder auch Politiker repräsentativ waren. Die stärkere Hinwendung zur Systemanalyse unter dem Titel Kommunismus bedeutete jedoch keinesfalls eine Beschreibung der Vorgänge in der Sowjetunion im Sinne einer sozioökonomischen Gesellschaftsformation, sondern er wurde weiter als bolschewistische Herrschaft in ihren Entwicklungsstadien behandelt und die Begriffe Kommunismus und Bolschewismus wurden komplementär gebraucht. Zwar nahm die Analyse an Tiefe und Qualität vor allem im Vergleich zu den Arbeiten zu Beginn der 20er-Jahre zu,[287] die stärkere Orientierung auf den Kommunismus verblieb aber oftmals in der Rezeption der Selbstbeschreibung des Sowjetstaates. Entsprechend wenig differenziert blieben dann auch die Aussagen darüber, ob der Kommunismus als eine bereits bestehende Form der Herrschaft gesehen wurde oder ein zu erreichendes Ziel.

---

283 Popiel: Choroba wieku, S. 34–36.
284 Krasiński: Polska wobec burze, S. 4f.
285 Ders.: Dzień dzisiejszy.
286 Zdziechowski: Wizja Krasińskiego.
287 Kornat: Die Anfänge, S. 382; Ders.: Początki studiów, S. 94–100.

Eine Ausnahme bildete dabei Florian Znaniecki. Er gilt als ein Vater der polnischen Soziologie, hatte das Fach, wesentlich beeinflusst durch seine Studien und Aufenthalte an führenden Universitäten Westeuropas und den USA, in Polen etabliert, 1921 an der Universität Poznań das Institut für Soziologie gegründet und ab 1931 die erste polnische soziologische wissenschaftliche Zeitschrift (Przegląd Socjologiczny) herausgegeben.[288] Ähnlich wie Koneczny[289] beschäftigte er sich mit großen Zivilisationen, suchte den Befund ihres Erfolges und die kulturellen Einflussfaktoren ihres Niedergangs.[290] Dabei entwickelte er, dem Zeitgeist entsprechend und hier eher Zdziechowski nahe, eine ausgesprochen zivilisationspessimistische Perspektive. Anders als Koneczny ging er jedoch über das System der großen Zivilisationen hinaus und versuchte gesellschaftliche Entwicklungen soziologisch schärfer zu justieren. Dazu benutzte er die Beschreibung und Untersuchung gesellschaftlicher Ordnungen.[291] Aus dieser Perspektive interessierte ihn der Kommunismus. Genauere Vorstellungen darüber sucht man bei ihm allerdings vergeblich. Auch deshalb, weil es Znaniecki nicht um eine Formationsanalyse ging, sondern um die Beschreibung eines Widerparts der normativen zivilisatorischen Entwicklung im Westen als großes Potential des Untergangs. Die grundlegenden Gedanken hierzu formulierte er bereits 1921 in seinem Buch „Upadek cywilizacji zachodniej“ (Der Untergang der westlichen Zivilisation).[292] Für Znaniecki war Bolschewismus eben nicht mit Kommunismus gleichzusetzen. Es sprach dem Bolschewismus die Qualität einer festen Formation ab, wobei er nicht ausschloss, dass der Bolschewismus den Kommunismus anstrebt. Bolschewismus war für Znaniecki kein System, sondern eine Bewegung, und genau das machte ihn so gefährlich für die etablierte Zivilisation des Westens.[293] Er generiert als Bewegung eine hohe Dynamik, kann schnell reagieren und die immer deutlicher werdenden funktionalen Schwächen des westlichen Systems ausnutzen. Das fällt umso leichter, als sich der Bolschewismus als neue innovative Kraft darstellen kann und in einer durch den Krieg erzeugten schweren Systemkrise agiert. Die kulturellen Orientierungsschwächen des Westens und der rapide Verfall notwendiger Legitimation arbeiten ihm in seinen Bemühungen zur Machtentfaltung zu.

Aus diesem Ansatz heraus erfolgen bei Znaniecki die Beschreibung des Bolschewismus und seine kulturzivilisatorische Einordnung. Der Bolschewismus ist Ausdruck und Kraft eines antikulturellen Strebens, dem die westliche Zivilisation gegenwärtig nicht widerstehen kann und das als gesellschaftliche Bewegung alle traditionellen Beziehungen und die soziale Ordnung zerstört. Die Bolschewisierung der Gesellschaft, wie sie in Russland erfolgte, ist in jeder westlichen Gesellschaft möglich. Ziel ist die Beseitigung der „intellektuellen Aristokratie“ durch die Massen durch direkte Einflussnahme mit speziellen politischen Führungskräften, die sich der verschiedensten Formen und Mittel der Propaganda bedienen. Als wesentliche Merkmale dieses Prozesses der Zerstörung bestehender kultureller Werte bezeichnete Znaniecki physische Gewalt, Terror, Anarchie und Amoralität, die dann zum Ende der westlichen Zivilisation führen.[294]

---

288 Broda, Korczak: Komunizm w Rosji, S. 24.
289 Pucek: Pluralizm cywilizacyjny, bes. S. 46–59.
290 Szacki: Znaniecki, S. 174f.
291 Pucek: Pluralizm cywilizacyjny, bes. S. 88–106.
292 Znaniecki: Upadek cywilizacji zachodniej.
293 Broda: Bolszewizm, S. 35.
294 Znaniecki: Pisma filozoficzne, t. 2, S. 1069f.

Bei aller negativen Beurteilung der Entwicklungsprozesse und der Bewertung des Bedrohungspotentials führt die Bolschewisierung nicht zwangsläufig, und das unterscheidet ihn von Zdziechowski, in den Untergang der Zivilisation. Im Gegenteil, Znaniecki wies sehr frühzeitig auf die strukturellen Schwächen des Bolschewismus hin, die einem enormen Erneuerungspotential der westlichen Zivilisation gegenüberstehen. Er prophezeite in der Tendenz dem Bolschewismus sogar den zwangsläufigen Untergang und kommt damit auf seinen Grundgedanken der großen zivilisatorischen Entwicklungstendenzen und, wenn man so will, auf Modelle der Entwicklung zurück. Mit der Zerstörung der Strukturen der alten Gesellschaft nimmt sich auch der Bolschewismus seine Entwicklungsmöglichkeiten und ist zur Unbeweglichkeit verdammt. Eigentlich ist Bolschewismus für Znaniecki ein entwicklungsgeschichtlicher Rückschritt, der eine überkommene Herrschaftsform verfestigt, die die Massen auf lange Dauer nicht befriedigen kann. Wohingegen die sich zwar in einer schweren Krise befindliche alte Gesellschaft schwach und anfällig ist, aber ihren dynamischen Kern behält und, und das vor allem, die Fähigkeit besitzt, den Ausgleich zwischen Masse und Herrschaft dauerhaft zu erneuern. Unter welchen Bedingungen sich nun die wirkenden Kräfte entfalten können, entscheidet über die Zukunft. Hier liegt ein ganz wesentlicher Punkt für die Gesamtbilanz in der Theorie Znanieckis, an dem er mit den Einschätzungen vieler Kollegen konform ging und einen soziologischen Beitrag zur Kontinuitätsthese lieferte. Russland bot eben durch seine historischen Bedingungen tatarischer Prägung und zaristischer Autokratie sowie einer wenig ausgebildeten funktionalen Gesellschaftsstruktur die idealen Voraussetzungen für den bolschewistischen Umsturz, während die westlichen Gesellschaften durch ihre historischen Traditionen in Form der zivilisatorischen Werte den besten Schutz gegen eine Bolschewisierung haben. Das heißt, selbst wenn es zu einer Bolschewisierung des Westens kommt, so wird das nur eine Episode der Geschichte sein.[295]

Sucht man nach der Wirkung Znanieckis, so muss man auf die Schwierigkeiten hinweisen, die Rezeption oder die gegenseitige Wahrnehmung der Publizistik zum Sowjetstaat überhaupt zu erfassen und damit klare Aussagen über die Prozesse der Meinungsbildung treffen zu können. Fest steht jedoch, dass die führenden Politiker und die Repräsentanten der dominierenden politischen Lager dabei eine entscheidende Rolle spielten. Es bedarf keiner weiteren Erklärung, dass Russland immer im Fokus von Piłsudski und Dmowski stand und ihre politischen Konzepte eng mit der historisch-politischen Bewertung des Nachbarn verbunden waren. Bei Roman Dmowski lassen sich signifikante Übereinstimmungen mit den Thesen Znanieckis feststellen und seine Bewertungen zum Sowjetsystem lesen sich wie eine politische Auslegung der sozialwissenschaftlichen Untersuchungen Znanieckis. Wie bei Piłsudski dominierten auch bei Dmowski die Perspektive der Rolle Russlands für die Entwicklung des polnischen Staates und damit der außenpolitische Aspekt. Dennoch schenkte er der inneren Entwicklung der Sowjetunion und der Machtstrukturen große Aufmerksamkeit. Vor allem ging es ihm, wie Znaniecki, um die Begründung der spezifischen Bedingungen für die Revolution in Russland und des inhaltlichen und formalen Bezugs von vor- und nachrevolutionärer Herrschaft. Gerade aus dem Befund, dass aus einer ganz Europa erfas-

295 Broda: Bolszewizm, S. 41–47.

senden Krise nur in Russland die Revolution siegreich hervorging, zog er den Schluss spezifischer, für einen „Europäer geradezu exotischer“[296] Voraussetzungen. Diese sah er im östlichen Charakter von Staat und Volk, vor allem in der despotischen Herrschaft und der politischen Passivität von Volk und Gesellschaft gegeben. Diese östliche Mentalität machte den Umsturz und die Etablierung bolschewistischer Herrschaft in Gestalt von Anarchie und Terror erst möglich und sicherte ihren Bestand. Zwischen zaristischem und bolschewistischem Russland besteht keinerlei Unterschied und der Bolschewismus ist eher noch eine Rückkehr zur Mongolenherrschaft und der bolschewistische Kommissar ist nichts anderes als die rot angestrichene Opritschnina.

Wie bei Znaniecki hat die Sowjetherrschaft nichts mit Kommunismus zu tun und die kommunistische Losung dient lediglich der Verführung der Massen; gleichsam als Camouflage zur Machtergreifung einer nihilistischen Elite.[297] Hier spielten für Dmowski die Juden eine große Rolle, die unter dem Zaren unterdrückt und verfolgt nunmehr ihre große Chance sahen, durch die Zerstörung der alten Herrschaft entscheidenden Einfluss im Staat zu erlangen, um ein blutiges Regime zu errichten. Die Voraussetzung dazu war nach Dmowski die antiintellektuelle Haltung der Bolschewiki, die eine neue jüdische Intellektuelle Elite schuf.[298] So wie Znaniecki sah Dmowski den Untergang der bolschewistischen Herrschaft als genetisch angelegt durch die Unfähigkeit zu wirtschaftlicher Organisation und Desorganisation der staatlichen Macht, die dauerhaft die Massen und die Gesellschaft nicht befrieden kann.[299]

Wo Znaniecki die sozialwissenschaftliche Perspektive bot und Dmowski ihre politische Interpretation, offerierte Jan Kucharzewski mit seinem Werk den historischen Aufriss als ein Handbuch für alle Schichten der Gesellschaft.[300] Er stand Dmowski und der Nationaldemokratie politisch ohnehin sehr nahe und unterstützte die Kontinuitätsthese in all ihren Facetten. Neben den gewohnten Mustern kulturell-mentaler Zuschreibungen, wie der Schwäche und Passivität der Gesellschaft und dem autokratischen Charakter der Herrschaft, legte er ein besonderes Augenmerk auf die handelnden Eliten. Ausgangspunkt für Kucharzewski war die pathologische Geschichte Russlands[301] bis 1917, der er immerhin allein fünf Bände seines siebenbändigen Werkes widmete, und die Feststellung ihrer Fremdheit im europäischen Maßstab. Durch den extremen Charakter der Verfolgung politischer Gegner hatte sich das Zarentum eine gegnerische Intelligenz geschaffen, die im europäischen Vergleich viel bedingungsloser auf die Zerstörung bestehender Werte fixiert war, ohne Rücksicht auf Opfer mit Anarchie und Terror arbeitete und in diesem Sinne die Weltanschauung der Bolschewiki formte.[302] Als repräsentatives Beispiel galt ihm Nikolai Bakunin und sein Handeln auf den europäischen Schauplätzen der Revolution.[303] In den weiten Passagen seines Werkes, die er der Rolle der Juden in Russland und in der Revolution widmete, zeichnete er das Bild einer gewissen Logik des Handelns, die sich mit einer andauernden Tragik verbindet. Einerseits

296 Dmowski: Przewrót, S. 369.
297 Ders.: W kwestii komunizmu, S. 179f; Broda, Korczak: Komunizm w Rosji, S. 99–101.
298 Dmowski: Przewrót, S. 388; Ders.: W kwestii komunizmu, S. 182–184; Wojdyło: Narodowa Demokracja, S. 21–25.
299 Dmowski: Przewrót, S. 116–121.
300 Broda, Korczak: Komunizm w Rosji, S. 136.
301 Kucharzewski: Od białego caratu do czerwonego, t. 6, S. 497.
302 Ders.: Od białego caratu do czerwonego, t. 7, S. 178–181.
303 Broda, Korczak: Komunizm w Rosji, S. 138.

bildeten Verfolgung und Pogrome im zaristischen Russland die Grundlage für die breite Unterstützung der Bolschewiki durch die Juden, andererseits nahm ihnen das politische und wirtschaftliche System alle Grundlagen ihrer Existenz und letztlich auch ihres Glaubens.[304] Auch in dieser Beziehung sah Kucharzewski den Sowjetstaat als konsequente und letztlich logische Fortsetzung des traditionellen Russland. Kommunistische Elemente finden sich laut Kucharzewski lediglich in den organisatorischen Urformen der ländlichen Gemeinde, die dann die Vorbedingungen dafür schufen, relativ zügig ein sozialistisches Wirtschaftssystem aufzubauen.[305] Nach Kucharzewski hatte das jedoch mit den Lehren von Marx nichts zu tun und es fehlten jegliche Voraussetzungen zur revolutionären Umgestaltung im marxschen Sinne. Somit war die Berufung auf Marx und die Selbstdarstellung der Bolschewiki als Erben des Marxismus genauso eine machtpolitische Anmaßung wie die Abstammung der Moskauer Fürsten von den Römischen Kaisern.[306]

Piłsudskis Interesse am Sowjetstaat konzentrierte sich nahezu ausschließlich auf seine machtpolitische Positionierung und die Gestaltung der Beziehungen zu Polen. Zu Innenpolitik und Gesellschaft übernahm er die gängigen Bewertungsmuster: Der Umsturz war eine Folge der östlichen Mentalität, kultureller Zurückgebliebenheit und Folge der zaristischen Herrschaft, wobei bemerkenswert ist, dass er die östliche Mentalität als nicht unbedingt schlechter, sondern eben anders als die westliche beschreibt.[307] Wichtig war ihm dabei die Feststellung, dass diese Revolution und der Sieg des Bolschewismus nur unter den spezifischen Bedingungen in Russland möglich waren, die so im Westen nicht gegeben sind und deshalb für die westlichen Zivilisationen trotz aller auch dort bestehenden revolutionären Bestrebungen ein bolschewistischer Umsturz unmöglich ist. Damit setzte Piłsudski durchaus eigene Akzente. Dieser Befund ist deshalb wichtig, weil er seine Haltung zur Kontinuitätsthese beschreibt. Ohne näher auf die inneren Machtverhältnisse und das Verhältnis von Masse und Führung einzugehen, betonte er den Fortbestand des imperialen Charakters Russlands und damit die Kontinuität der Haltung Russlands zu Polen.[308]

Er lehnte die These von der durch die bolschewistische Herrschaft gewachsenen Bedrohung im Sinne einer Potenzierung durch den ideologischen Faktor ab. Für Piłsudski hatte das zweifellos neue System in Russland aber nichts mit Sozialismus im Sinne der Theorien von Marx bzw. der in Westeuropa herrschenden Vorstellungen über eine Neuordnung der Gesellschaft zu tun. Bolschewismus ist eher ein Gegenentwurf zum Sozialismus und der Kommunismus nicht sein Ziel. In der von Lenin konzipierten Übergangsphase sah Piłsudski das Wesen der neuen Ordnung und seinen Charakter, was das sowjetische Experiment nicht sehr attraktiv machte.[309] Ein Export der Revolution in den Westen hielt er nicht für möglich, die Ausdehnung der Sowjetunion auf der Grundlage ihres russisch-imperialen Charakters aber für sehr gefährlich. Natürlich begrüßte er einen Zusammenbruch der bolschewistischen Herrschaft, lehnte aber gleichzeitig eine damit verbundene Rückkehr zum Ancien Régime als für Polen gefährlichste Variante der Machtveränderungen beim östlichen Nachbarn rundweg ab.

---

304 Kucharzewski: Od białego caratu do czerwonego, t. 6, S. 497f.
305 Ders.: Od białego caratu do czerwonego, t. 7, S. 201f.
306 Ebenda, S. 177.
307 Urbańkowski: Filozofia czynu, S. 65.
308 Piłsudski: Pisma zbiorowe, t. 5, S. 67, 110.
309 Broda, Korczak: Komunizm w Rosji, S. 106f.

Deshalb war Piłsudski auch einer der wenigen, die einen positiven Ausgang der Entwicklung in Russland als denkbar erachteten, indem demokratische Kräfte der russischen Intelligenz, wobei er vor allem auf die Emigranten zählte, eine Entwicklung jenseits von zaristischer Despotie und Bolschewismus in Gang setzen. Grundlage für diese relativ optimistische Perspektive war die Überzeugung, dass das Sowjetsystem keine Überlebenschance hat und an seinem wirtschaftlichen Unvermögen und der permanenten Politik des Terrors scheitert.[310]

Ein entscheidender Wirkungsfaktor war für Piłsudski die Kontinuität Russlands als multinationaler Staat. Wohl wissend um die eigenen Schwierigkeiten bei der Minderheitenpolitik in Polen war er fest davon überzeugt, dass die einzelnen nationalen Bewegungen im sowjetischen Großreich über kurz oder lang die eigene Staatlichkeit und unabhängige Entwicklung mit Macht einfordern würden, dem Moskau bei Gefahr der Selbstzerstörung nicht entsprechen kann und wird und damit den Prozess der Erosion und schließlich des staatlichen Untergangs nicht aufzuhalten vermag. Das Ergebnis wird ein kleinerer russischer und mehrere andere Nationalstaaten mit den Möglichkeiten demokratischer Strukturen sein, mit denen Polen seine Beziehungen gestalten kann.[311] Dass Piłsudski das Zerstörungspotential der nationalen Bewegungen und der nationalen Zersplitterung für den Ausbau der Machtpositionen Polens im ostmittel- und osteuropäischen Raum zu nutzen gedachte, liegt in der Logik seiner Föderationspläne. Hieraus erklärt sich, neben der Erkenntnis über die eigenen elementaren Konfliktfelder in der Nationalitätenproblematik in Polen, die Profilierung einflussreicher Vertreter des Piłsudski-Lagers in Fragen der Theorie und Praxis der nationalen Frage. Führende Köpfe wie Leon Wasilewski und Tadeusz Hołówko entwickelten frühzeitig eine hohe Kompetenz und beobachteten sehr genau die sowjetische Nationalitätenpolitik.[312] In Gestalt des Prometheismus wurde eine eigene politische Strategie entwickelt, die nationalen Bewegungen in der Sowjetunion zu unterstützen und direkt Einfluss auf den Prozess der Zerstörung des Vielvölkerreiches zu nehmen. Mit wechselnder Intensität förderte Piłsudski diese politischen Aktivitäten und hatte im Außenministerium (MSZ), aber vor allem in Gestalt des „Ost-Instituts“ in Warschau und in seinem äußerst kompetenten und umtriebigen geistigen Kopf Włodzimierz Bączkowski einen effektiven politischen wie auch wissenschaftlichen Apparat.313

Die Zweite Polnische Republik war reich an anspruchsvoller politischer Publizistik und stand auf diesem Feld dem hohen Niveau in Europa nach dem Ersten Weltkrieg in nichts nach. Stanisław Cat-Mackiewicz gehörte im Polen der Zwischenkriegszeit zu den scharfsinnigsten und einflussreichsten Publizisten. Er begleitete die Innen- und Außenpolitik aus seiner stringent konservativen Perspektive kritisch und scheute keine Auseinandersetzung mit der Macht. Eine Stellungnahme zur Entwicklung in Sowjetrussland war für ihn geradezu notwendig und er vermochte außerhalb der vorgegebenen Linie des Mainstreams außerordentlich erhellend meinungsbildend zu wirken und innovative Perspektiven zu entwickeln. Obwohl Cat-Mackiewicz sein publizistisches Betätigungsfeld, stark beeinflusst von Piłsudski und Studnicki, vor allem in der Kommentierung der politischen Entwicklung der Zweiten Republik sah und weiter an Grundpositionen eines monarchistisch-konföderativen

310 Piłsudski: Pisma zbiorowe, t. 5, S. 148.
311 Ders.: Pisma zbiorowe, t. 1, S. 91.
312 Wasilewski: Skasowanie Rosji; Stoczewska: Litwa, Białoruś, Ukraina; Werschler: Z dziejów.
313 Schattkowsky: Between Science and Politics.

Projektes festhielt, beobachtete er die Entwicklung in der Sowjetunion aufmerksam. Seine einflussreiche politische Position ermöglichte ihm, im Frühjahr 1931 mit einer Wirtschaftsdelegation in das Nachbarland zu fahren. Seine Eindrücke waren dann unmittelbarer Anlass zu einer tiefgründigen Bewertung des Sowjetsystems unter dem Titel „Myśl w obcęgach. Studia nad psychologią społeczeństwa sowietów" (Denken in der Klemme. Untersuchungen zur Psychologie der Sowjetgesellschaft), die als einer der ersten Gesellschaftsanalysen alsbald zum Klassiker avancierte, zwischen 1931 und 1935 drei Auflagen erlebte und auch über Polen hinaus wahrgenommen wurde.[314] Cat-Mackiewicz ging es um ein Psychogramm der Sowjetgesellschaft und die Beantwortung der Fragen, was den Bolschewismus ausmacht und was an der Realisierung der Macht und der Ordnung von Herrschaft und Gesellschaft neu ist. Die bis dahin vorherrschenden Denk- und Bewertungsmuster einer Kontinuität zaristischer Herrschaftsmechanismen interessierten ihn wenig oder nutzten höchstens als Vergleichsmuster zur Erklärung des Neuen.[315] Auch betonte er den Aspekt der Wahrheitsfindung, denn alle bis dahin in Polen veröffentlichten Berichte, die ein falsches Bild über die Sowjetunion lieferten, hielt er für schädlich, weil sie letztlich der Verharmlosung einer Gefahr aus dem Osten dienten.[316]

Als einer der Ersten identifiziert Cat-Mackiewicz das „Totale" als zentrales Element bolschewistischer Herrschaft, wobei er die Kategorien Sozialismus und Kommunismus weitestgehend ignorierte. In dieser totalen Herrschaft betrachtete er den größten Unterschied zu anderen Gesellschaftsformen, natürlich vor allem zu den westlichen, aber auch im Vergleich zum vorrevolutionären Russland. Hier bestritt er keinesfalls eine Unterdrückung und eine Politik, die eine Revolution provoziert hatte, dennoch sah er die Repressionen des zaristischen Apparates punktuell auf bestimmte Gruppen oder Personen gerichtet, während der Bolschewismus einen allumfassenden Terror entwickelt, der jede Sphäre der Gesellschaft und jedes Individuum erfasst.[317] In seinem analytischen Erfahrungsbericht machte er dieses Phänomen bildhaft an verschiedenen Beispielen deutlich. Am Ende steht ein Befund, der dem Bolschewismus eine geradezu unerbitterliche Logik zu einer totalen Herrschaft nachweist.[318] Neben der Umerziehung der Intelligenz legt der Bolschewismus auch außerordentliches Gewicht auf die Beeinflussung der Jugend, mit dem Ziel der Schaffung einer eigenen Generation, die jegliche Verbindung zur Vergangenheit abbricht und nur in der Welt der Revolution lebt.[319]

Zu einem der wichtigsten Erkenntnisse Cat-Mackiewiczs gehört sicher die Identifizierung des Elementes der Ausnahme als eines der zentralen Mittel zur Durchsetzung der Ziele des Bolschewismus. Die permanente Revolution und die beständige Bedrohung durch innere und äußere Feinde legitimieren das gesamte politische Handeln und erfordern geradezu den tota-

314 Cat-Mackiewicz: Myśl w obcęgach. Eine englische Ausgabe erschien unter dem Titel „Russian Mind in Fetters" London 1931. Der polnische Text ist auszugsweise abgedruckt in: Antikomunizm polski, S. 167–172.

315 Broda, Korczak: Komunizm w Rosji, S. 117.

316 Burdziej: „Wielkie błędy perspektywiczne", S. 136f.

317 Cat-Mackiewicz: Myśl w obcęgach, S. 51, 77.

318 Ebenda, S. 69.

319 Ebenda, S. 91–99.

len Zugriff auf alle und alles, weil eben nur dadurch der Fortbestand der Sowjetunion gesichert werden kann.[320] Ausführlich schilderte Cat-Mackiewicz als Beleg die Kollektivierung, den Kampf gegen die Kulaken und die folgende völlige Entrechtung der ländlichen Bevölkerung. Das bildete die Grundlage der Außerkraftsetzung traditioneller Rechtsnormen wie auch den letzten Zugriff auf persönliches Eigentum. Die Folge war eine moralische Entkernung der Gesellschaft und die Unfähigkeit des Mitgefühls für andere. Gefühl wird lediglich dem System und der Führung entgegengebracht. Genauso wie Cat-Mackiewicz eine Kontinuität zum Zarismus ablehnte und das Neue der Gesellschaft betonte, wehrte er sich aber auch vehement gegen alle Deutungen, die den Bolschewismus als eine lediglich „degenerierte Form des Marxismus" abtaten, denn der propagiert den „Idiotismus" der Abschaffung des Privateigentums, der diese Entwicklung erst möglich machte.[321]

Was außenpolitische Aspekte der Sowjetherrschaft angeht, so stellte Cat-Mackiewicz wiederum eine Analogie zum russischen Imperialismus her und sah eine Bedrohung nicht nur für Polen, sondern für ganz Europa und die westliche Zivilisation. Deshalb rechnete er es den Großmächten auch als kapitalen Fehler an, dass sie nach der Oktoberrevolution nicht viel entschiedener gegen die Sowjetmacht vorgegangen und ihr letztlich auf viel zu vielen Ebenen entgegengekommen waren. Wiederum entgegen verbreiteter Auffassungen in Polen rechnete Cat-Mackiewicz kaum mit der Möglichkeit des Zusammenbruchs des Sowjetsystems aus seiner eigenen Schwäche heraus. Dazu war das System für ihn viel zu sehr elastisch, kann sich sehr schnell mit seiner totalen Herrschaft auf neue Bedingungen einstellen und vermag eben wegen seiner spezifischen Herrschaftsformen ein enormes Potential in der Bevölkerung zu aktivieren. Eine Überwindung der Sowjetherrschaft hielt er letztlich nur in einem langwierigen Zermürbungsprozess wirtschaftlicher und politischer Isolierung durch die Westmächte oder durch militärische Aktionen für möglich. Auf jeden Fall müssten alle Möglichkeiten zur Destabilisierung des Landes genutzt werden.[322] Sein jüngerer Bruder Józef Mackiewicz, weniger politisch aktiv engagiert und als literarischer Publizist sehr auf seine kritische Eigenständigkeit bedacht, knüpfte an diese Argumentation an und spitzte sie in der Frage der Erziehung eines neuen „sowjetischen Menschen", aber vor allem durch die direkte Aufforderung der aktiven Bekämpfung des Sowjetsystems weiter zu. Er wurde nach 1939 zu einem Führer des polnischen Antikommunismus im Exil.[323]

War in einer ersten Phase der Auseinandersetzung mit der Revolution beim östlichen Nachbarn der Maximalismus als Wesen der russischen Gesellschaft zur Erklärung von Ursprung und Machterhalt des Bolschewismus verbreitet, so wurde in den 30er-Jahren das Totale zu einer zentralen Betrachtungsperspektive von Analyse und Deutung der Sowjetunion in den verschiedenen Disziplinen und weltanschaulichen Orientierungen. Cat-Mackiewicz hatte in seiner politisch-publizistischen Situationsanalyse hierzu starke Impulse geliefert.

---

320 Ebenda, S. 12–19.

321 Ebenda, S. 108.

322 Ebenda, S. 175f; Osica: Polityce anachronizmu, S. 130ff.

323 Broda, Korczak: Komunizm w Rosji, S. 129–135; Szlachta: Wstęp, S. XXXII; Lewandowski, Wacław: Das Russland des Józef Mackiewicz.

1933 unternahm Tadeusz Korwin mit einem solchen Ansatz eine sicher quellen- und literaturgestützte fundierte Untersuchung der sowjetischen Staatsordnung.[324] Ausgangspunkt waren für ihn die von Lenin in „Staat und Revolution“ aufgestellten Grundsätze über die Organisierung des revolutionären Staatssystems auf der Grundlage der Diktatur des Proletariats. In diesem Gegenentwurf zum bürgerlichen Staat sah er durch die Rolle der Partei und das zentralistische Prinzip der Herrschaft, die zu einer Aufhebung der Gewaltenteilung führte, bereits wesentliche Voraussetzungen für eine totale Herrschaft gegeben. In der politischen Praxis der Sowjetherrschaft werden die bei Lenin noch vorhandenen gesellschaftlichen Kontrollmechanismen zur Realisierung einer Rechtsstaatlichkeit beseitigt und richteten sich in der Konsequenz sogar gegen die bei Lenin aufgestellten Prinzipien.[325]

Entscheidendes Element war für Korwin die uneingeschränkte Herrschaft der Kommunistischen Partei, die sowohl die legislative als auch die exekutive Macht vereinte. Als elitäre Avantgarde nahm sie für sich in Anspruch, die Interessen des Proletariats als neue herrschende Klasse zu vertreten und durchzusetzen, andererseits eliminierte sie jedoch zügig jeglichen Einfluss der Masse der Gesellschaft auf Politik, Ökonomie und Kultur.[326] Korwin analysierte diesen Prozess durch die Beschreibung der Organisation des staatlichen Machtapparates. Zunächst stellte er fest, dass die neuen legislativen Organe, wie die Sowjets, relativ willkürlich Gesetze erlassen oder kassieren und schon dadurch für eine Rechtsanarchie sorgten. Diese bildete die Grundlage für die Machtausübung der Organe der Partei mit einem direkten Zugriff auf die exekutiven Organe. Eine Schlüsselrolle spielten dabei Armee und Polizei. Die Funktion der Armee wurde vielfach erweitert: Sie dient nicht nur der Verteidigung der Revolution vor Angriffen von außen, sondern ist gleichzeitig eine Institution für die Erziehung der neuen Bürger der Gesellschaft und nimmt Einfluss auf alle Bereiche. Als eine dritte Säule der totalitären Herrschaft bezeichnete Korwin den bürokratischen Apparat, der faktisch für eine Funktionalität des Staates sorgt. Er räumte ein, dass Lenin ihn zwar theoretisch der direkten Kontrolle von Arbeiterräten unterstellt, was aber in der Praxis nie konsequent umgesetzt wurde. Letztlich führte das Korwin wie auch andere Analysten des Sowjetsystems zu der Erkenntnis, dass die von Lenin vorgesehene Einschränkung des individuellen Rechts für die Periode des Übergangs zur endgültigen Herrschaft des Proletariats von der herrschenden Parteielite zum politischen Prinzip gemacht und damit der Ausnahmezustand zum Normativ erhoben wurde. Der Staat schreibt die Rechtsnormen vor, die er gerade benötigt.[327] Nun ist es nicht so, dass Korwin nicht auch neue, kreative Ansätze der sowjetischen Staatsordnung erkennt und würdigt. Vor allem die Nationalitätenpolitik war für ihn ein Beispiel, wie ein multinationaler Staat organisiert werden kann. Eine anfänglich gegebene Gleichberechtigung der Völker hatte durchaus positive Auswirkungen auf ihre Entfaltungsmöglichkeiten und war sicher auch Element der Durchsetzung der Revolution auf diesem riesigen Territorium. Letztlich wurden jedoch auch diese Entwicklungen durch die zunehmend restriktive Gesetzgebung eingeschränkt, die eine weitere Zentralisierung der Macht zum Ziel hatte.[328]

---

324 Korwin, Tadeusz: Podstawy.
325 Janiak: Interpretacje leninizmu, S. 214–221, hier S. 216.
326 Korwin, Tadeusz: Podstawy, S. 10ff.
327 Ebenda, S. 83.
328 Ebenda, S. 236.

Dieser Rekurs auf die Nationalitätenpolitik weist auf einen wichtigen Aspekt der Motivation zu einer Sowjetforschung hin. Schließlich war das Nationalitätenproblem eine zentrale Frage der polnischen Innenpolitik mit hohem destruktivem Potential. Auch wurde im Prometheismus ein wichtiges Werkzeug zur Destabilisierung des Sowjetsystems gesehen mit der weiteren Perspektive der Realisierung eines polnischen Machtfaktors im ostmitteleuropäischen Raum. Die starke Fokussierung auf eine Analyse des Staats-und Herrschaftssystems beim östlichen Nachbarn war sicher auch Ausdruck eines unausgesprochenen Wettbewerbs der Systeme, denn nach wie vor existierten in der politischen Öffentlichkeit Polens durchaus konträre Auffassungen zur Sinnhaftigkeit der bestehenden polnischen Staatsordnung. Das musste nicht bedeuten, die Sowjetherrschaft als Vorbild zu akzeptieren oder gar übernehmen zu wollen, aber immerhin existierte in greifbarer Nähe eine praktizierte Form übernationaler Organisation des Staates, zu der es in Polen bei einflussreichen Eliten Vorstellungen gab und die das letzte Wort hierzu noch nicht als gesprochen ansahen.

Es fehlte allenthalben nicht an Forderungen, quasi zur Entlarvung des Sowjetsystems der platten antikommunistischen Propaganda solide Analysen entgegenzusetzen, deren Glaubwürdigkeit offensichtlich war und die auch das wahrgenommene Defizit an Aufklärung über die Sowjetunion im westeuropäischen Raum bedienten. Der Publizist und Politiker Konstanty Srokowski formulierte diesen Anspruch im „Przegląd Współczesny“ 1926 nachhaltig[329] und legte wenig später ebenda in verschiedenen Beiträgen eine soziologische Studie zu den bolschewistischen Eliten vor.[330] Srokowski beleuchtete das Totale des Bolschewismus unter dem Aspekt der Organisation der Partei und der Herausbildung einer neuen, dem spezifischen Charakter der Partei Lenins entsprechenden Elite. Sie verfügte über die alleinige und uneingeschränkte Macht der Durchsetzung der Diktatur des Proletariats und entwickelte diesem Auftrag entsprechend ein eigenes Bewusstsein der Totalität. Die Organisationsprinzipien des demokratischen Zentralismus und die Verpflichtung der eisernen Disziplin, verbunden mit der totalen Unterordnung unter die Parteibeschlüsse, formten eine Partei als Orden, der den Jesuiten gleich mit einem Glauben versehen sich über alle anderen stellt, sich aller Mittel bedienen darf, um seine Ziele durchzusetzen und überzeugt ist, im Sinne einer höchsten Berufung die Geschichte zu gestalten. Für dieses geradezu aristokratische Verhalten benutzte Srokowski den Begriff „Partiokracja“ als neue Form der politischen Organisation Partei, die nichts mehr gemein hat mit den traditionellen demokratischen Parteien Europas. Lenin und die Bolschewiki hatten dieses Parteienprinzip in Europa eingeführt, das sich unter der absoluten Führung einer Herrschaftsgruppe, im konkreten Fall Stalin, Sinowjew und Kamenew, einen Apparat schuf, der ihre persönliche Herrschaft sicherte, wobei in der Sowjetunion das Politbüro das entscheidende Organ darstellte.

Für Srokowski war dieses Organisationsprinzip der Partei Vorbild für den italienischen Faschismus, genauso wie die Kuo-Min-Tang damit in China das Land zu beherrschen suchte. Sehr ähnlich diesen Auffassungen waren die Arbeiten des Lwówer Publizisten und Professors am Polytechnikum Leopold Caro. Als guter Kenner der Schriften von Marx, Bakunin und Luxemburg ordnete er die Person Lenins in die Gedankenwelt des revolutionären und

329 Srokowski, Kontanty: Do chrakterystyki bolszewizmu, S. 471.
330 Ders.: Elity bolszewicka (III), S. 127–134.

sozialen Umbruchs in europäischen Dimensionen ein.[331] Das ließ ihn nicht nur zu der Erkenntnis einer gewissen Notwendigkeit des autoritären Führungsstils der bolschewistischen Partei kommen, sondern veranlasste ihn folgerichtig zu einem Vergleich mit dem Phänomen des europäischen Faschismus.[332]

Somit war Srokowski mit seiner soziologischen Ausrichtung der Bolschewismusanalyse gewiss nicht der einzige, aber damit, das Organisationsprinzip der bolschewistischen Partei mit einer ausgesprochenen Ausrichtung auf die personengebundene Herrschaft zu verbinden und sie als systemisch für andere totalitäre Bewegungen zu beschreiben, war er sicherlich wegweisend. 1930 wurde er Vizepräsident des Vorstandes des „Polnischen Verbandes zur Erforschung Osteuropas und des Nahen Ostens“ (Polskie Towarzystwo dla Badań Europy Wschodniej i Bliskiego Wschodu) in Kraków. Der Verband war im Vorjahr zur Vertiefung der Kenntnis zu Osteuropa und dem Nahen Osten gegründet worden und unterstützte vor allem wissenschaftliche Publikationen zu diesem Thema,[333] organisierte aber auch Vorträge und Konferenzen vor allem slawistischen Charakters.[334] Neben Tadeusz Hołówko und Jan Kucharzewski war auch Srokowski mit zwei Vorträgen über die „Hauptlinie Stalins“ aufgetreten.[335] In seinen Untersuchungen widmete er sich weiterhin intensiv den bolschewistischen Eliten. 1934 veröffentlichte er ein Buch unter dem Titel „Na Czerwonym Olimpie“ (Auf dem Roten Olymp), worin er über einen Aufenthalt bei bolschewistischen Führungskadern berichtet.[336] In verschiedenen Zeitungsartikeln hatte er seit 1930 bereits relativ positiv über Erfolge bei der Erfüllung des Fünfjahrplanes in der Sowjetunion geschrieben und die gewohnte kritische Distanz vermissen lassen. Die Darstellung der ihn offensichtlich beeindruckenden sowjetischen Führer war dann Anlass zu scharfen Repliken, bei denen der Inhaber des einzigen polnischen Lehrstuhls für Russische Literatur an der Jagiellonen-Universität und Generalsekretär des Vorstandes des „Polnischen Verbandes zur Erforschung Osteuropas und des Nahen Ostens“, Wacław Lednicki, eine wichtige Rolle spielte. Lednicki, der bei Zdziechowski habilitiert hatte und ihm geistig sehr nahestand, rezensierte in einer vom Verband 1935 herausgegebenen Broschüre faktisch das Buch Srokowskis und warf ihm völlige Kritiklosigkeit und geradezu Unterwürfigkeit gegenüber der Sowjetherrschaft vor.[337]

Ob diese Kritik, die Srokowski als einfältigen Publizisten darstellt, der einem Theaterstück aufsitzt, völlig berechtigt war, zumal seine vorhergehenden Analysen der bolschewistischen Eliten keinen Zweifel an einer kritischen Distanz lassen, bleibt schwer zu beurteilen. Sie bezeichnet aber einen symptomatischen Zustand hoher Aufmerksamkeit, die eine objektive, wissenschaftlich fundierte Analyse zwar dringlich einforderte, aber äußerst empfindlich reagierte, wenn eine positive Bewertung der Entwicklung der Sowjetunion und gar eine Zuneigung gegenüber dem System oder auch nur einzelner Erscheinungen geargwöhnt werden konnte. Es herrschte der Verdacht, dass, neben dem linken Spektrum mit seiner grundsätzlichen Bejahung der Revolution und dem Sowjetstaat auch in anderen intellektuellen Kreisen

331 Kornat: Bolszewizm, 1, S. 100f.
332 Caro: Lenin; Ders.: Reformy gospodarcze.
333 Kornat: Początki, S. 135, Anm. 189.
334 Ders.: Bolszewizm, 1, S. 74f.
335 Osteuropa 5 (1929/30), S. 671f.
336 Srokowski, Konstanty: Na Czerwonym Olimpie.
337 Lednicki: „Czerwony Olimp“.

durch eine Neugier gegenüber dem Experiment Sowjetstaat, er am Ende eine gewisse Wirkung entfalten könnte, wie sie sich bei westeuropäischen, vor allem französischen, aber auch englischen Schriftstellern und Publizisten zeigte.

Der junge Warschauer Soziologe Aleksander Hertz verschrieb sich dieser Frage mit hoher Intensität. 1936 und 1937 erschien eine Reihe von Artikeln, die sich verschiedenen Aspekten des Herrschaftssystems in der Sowjetunion widmeten. Die Polemik mit Veröffentlichungen im westlichen Ausland aus dem Jahre 1937 war für ihn nur ein Aufhänger zur Niederschrift einer Zusammenfassung mit Lehrbuchcharakter zur Frage totaler Herrschaft und Führerkult in der Sowjetunion sowie ihrer Wirkungen auf die Entwicklung der europäischen Politik. Herz legte damit die wohl umfangreichste und tiefgründigste Analyse des sowjetischen Herrschaftssystems aus polnischer Feder vor.[338] Konkret ging es ihm „um die Frage der Verantwortung derjenigen, die Macht ausüben, um die Frage der Diktatur eines Einzelnen, um die Methoden, denen sie sich bedient, um die Frage der Machtauffassung selbst, (...) um die Frage des Menschen als Wert an sich, (...) schließlich um die Struktur diktatorischer Herrschaft, um Stalins Herrschaft".[339] Hertz gelingt eine faktenreich belegte sozialpsychologische Studie des Stalinismus, die einerseits einige bereits im polnischen Diskurs bekannte Momente aufnimmt, andererseits aber eine komplexe Synthese darstellt, die aus der Perspektive einer Vertrautheit mit dem Marxismus und den Ideen des Sozialismus zugeneigt[340] an Deutlichkeit eine neue Qualität darstellte und in ihrer Grundbewertung bis heute volle Gültigkeit besitzt.

Als Problemebenen wählt Hertz die systemischen Voraussetzungen, die Entwicklungsbedingungen und schließlich die Einordnung in das Phänomen der totalitären Herrschaft nach dem Ersten Weltkrieg. Er sieht eine nur eingeschränkte Kontinuität in der Machtausübung von Lenin zu Stalin. Zweifellos gab es Vorgaben bei Lenin, die Stalins Herrschaft begünstigten, dennoch benennt Hertz signifikante Unterschiede, vor allem dass Lenin zwar einer Kampfpartei mit eiserner Disziplin vorstand, aber doch bei all ihrer „weitgehenden Militarisierung die grundlegenden, den sozialistischen Parteien eigenen demokratischen Muster bei(-behielt)". „Gewisse kultische Elemente" waren erst schwach ausgebildet und die Autorität der Person „rational begründet".[341]

Interessanterweise liegen für Hertz die Gründe für die verhängnisvolle Entwicklung nicht so sehr in der Person selbst, sondern im Verhalten der Parteieliten, die die Führungsperson mystifizierten, eine Legende der Mission des Parteiführers schufen, um sich dann mit dem Heros zu identifizieren, um auf diese Weise einen Teil seiner mystischen Eigenschaften zu übernehmen. All das musste jedoch noch nicht zwingend zur totalitären Einzelherrschaft führen. Jetzt erst spielt die Spezifik der Person Stalins eine Rolle. Nach dem Tode Lenins treffen die Faktoren der individuellen Machtbestrebungen Stalins auf „Bedingungen, die zu einer weiteren Militarisierung der Partei zwangen, (...) die gewissermaßen die Entstehung der

338 Hertz: Szkice o totalitaryzmie. Auszugsweise abgedruckt unter dem Titel „Aleksander Hertz über Stalins Herrschaft" in: Polen und der Osten, S. 178–190 und hier auch zitiert.

339 Ebenda, S. 180f.

340 Hertz: Wyznanie starego człowieka, S. 58–73; Miłosz: Aleksander Hertz.

341 Aleksander Hertz über Stalins Herrschaft, S. 182.

Institution eines Führers determinierten".[342] Stalin verstand es, das „Gespenst einer Intervention" und später den von Hitler propagierten „antibolschewistischen Kreuzzug" als permanente Bedrohung und Atmosphäre der Angst zu nutzen, um eine Ideologie von der Unentbehrlichkeit „der gewählten Führungspersönlichkeit" zu schaffen. Zur innenpolitischen Untermauerung der Bedrohung wurden alle Aktionen der wirtschaftlichen und politischen Umgestaltung, wie etwa Kollektivierung und Industrialisierung, als Kampf geführt und hatten den Charakter „strategischer Feldzüge", die von einem militärischen Ton begleitet wurden.[343] Versteht man Hertz richtig, so misst er diesem Prozess, an dessen Ende eine autokratische Herrschaft steht, eine gewisse Theatralik bei. Elemente der Inszenierung sind die weitere Mystifizierung Lenins und die Konstruktion des direkten Erben Stalin, wie auch hochdramatische Elemente, so die Auseinandersetzung mit Trotzki, die Moskauer Prozesse und die Festigung der Alleinstellung Stalins durch die Liquidierung der alten Eliten.

Bei allen Unterschieden in der Gesellschaftsordnung zwischen Faschismus und Bolschewismus erkannte Hertz doch große Übereinstimmungen im Charakter der Machtausübung, wobei deutlich wird, dass er die Entwicklung in der Sowjetunion als eine Folge der Herrschaft von Mussolini und Hitler betrachtete, wo „ein Führer (…) der Mittelpunkt eines ritualisierten Kults geworden ist" mit „einer Wechselbeziehung der Entwicklung des Systems in der Sowjetunion und der Entwicklung der Systeme in den faschistischen Staaten".[344]

Hatte sich um die Wende zu den 30er-Jahren insofern ein Paradigmenwechsel vollzogen, als der östliche Nachbar nicht mehr als Russland unter bolschewistischer Herrschaft betrachtet wurde, sondern die Sowjetunion als System zunehmend eigenständiger Gegenstand der Forschung war, so wurde spätestens mit der Machtergreifung Hitlers eine Gegenüberstellung der Machtkonstrukte im Faschismus und im Kommunismus interessant im Sinne einer Gleichheit oder Vergleichbarkeit totaler Machtausübung einzelner Führer als größter Feind demokratischer Entwicklung und menschenwürdigen Daseins. Für Polen war diese Konstellation von besonderer Relevanz, weil hiermit das Trauma der Bedrohung durch Deutschland und Russland sich auf neue und noch gefährlichere Weise darstellte. Dabei blieben die Vielfalt des Ansatzes und die Breite dessen, was man im weitesten Sinne noch als Forschung bezeichnen kann, erhalten und auch in der Sowjetforschung waren weiter traditionelle Bewertungsmuster wirksam, die auf den zivilisatorischen Gehalt hinausliefen.

Im Diskurs über Hitlerismus und Stalinismus wurden dabei durchaus Differenzen gesehen, aber in ihrer Wirkung verschieden gedeutet. Bereits vor der Machtergreifung entwickelte der stark syndikalistisch orientierte Warschauer Althistoriker Kazimierz Zakrzewski die Theorie einer „antiliberalen Revolution" als Reaktion auf demokratische Entwicklungen des 19. Jahrhunderts, die letztlich durch den Krieg völlig infrage gestellt wurde und zu den Erscheinungen des Faschismus und Bolschewismus führte.[345] Der Theologieprofessor und Jesuitenprediger Jan Kanty Rostworowski sah ganz wesentliche Unterschiede zwischen dem stringenten Materialismus des Bolschewismus und der Blut- und Rassentheorie der Nationalsozialisten. In ihrer Grundeinstellung der Ablehnung Gottes und einem negativen Menschenbild waren sie jedoch sehr ähnlich, wenn nicht gleich. Er verglich den Massenterror der Bolschewiki mit dem Angriff

342 Ebenda, S. 184.
343 Ebenda, S. 185.
344 Ebenda, S. 188f.
345 Zakrzewski, Kazimierz: Kryzys demokracji; Ders.: Od Lenina do Hitlera.

auf die Juden und alle systemfeindlichen Kräften in Deutschland, das Wilde und Kulturlose des Bolschewismus mit dem Angriff der Nazis auf kirchliche Einrichtungen, die Unterdrückungsorganisationen Gestapo und sowjetische Geheimpolizei; und kommt zu dem Schluss, dass die Ähnlichkeit oder Gleichheit dieser charakteristischen Faktoren die sehr wohl gegebenen Unterschiede in der zivilisatorischen Entwicklung zwischen Ost und West letztlich nivellieren. Er war sich dabei des Untergangs beider Systeme sicher, warnte aber eindringlich vor der Illusion, dass diese Verschiedenheit zur gegenseitigen Auslöschung führen werde, er hoffte nur, dass die Gesellschaften Kraft finden, diese Katastrophe zu überleben.[346]

Während Rostworowski aus einer moralisch-ethischen Perspektive in der Analyse der vermeintlichen Unterschiede der Systeme eine Wesensgleichheit entdeckte, entwickelten namhafte Rechtshistoriker eine Theorie, die aus einer Verfassungsgleichheit heraus kaum Unterschiede ausmachte.[347] Neben Władysław Jaworski[348] war es Stanisław Kutrzeba, der sich hier eindeutig positionierte. Für ihn war der totale Staat nichts Neues, sondern hatte einige historische Vorbilder, vor allem im Absolutismus. Das Neue sah er lediglich in den Bezugsgrößen, die beim italienischen und deutschen Faschismus mit dem Sowjetregime vergleichbar sind. Es sind definitiv Massenphänomene, die nur unterschiedlich artikuliert werden. In Italien ist es die faktische Gleichsetzung von Masse und Staat, in Deutschland das rassisch definierte Volk und in der Sowjetunion das Proletariat. Die Quellen des Erfolgs sind in jedem Fall das Führerprinzip und die Fähigkeit der Legitimation dieser Einzelperson gegenüber der Masse, womit Kutrzeba durchaus wieder Parallelen zu früheren totalen Herrschaften ausmachte. Ein zentrales Mittel zur Motivation der Gefolgschaft ist die Vermittlung einer Zielstellung für alle. Eines der besten Beispiele war für Kutrzeba hier der Fünfjahrplan in der Sowjetunion. Diese Permanenz in der Zielstellung als verbindendes und verbindliches Element ist aber auch gleichzeitig die Achillesferse dieser Art der totalitären Herrschaft. Die Ziele müssen nicht nur ständig glaubhaft formuliert, sondern auch erlebbar gemacht werden. Die Masse wird zwar durch den Unterdrückungsapparat im Zaum gehalten, kann aber nicht völlig paralysiert werden. Hinzu kommt die unmittelbare Gefolgschaft, die ihrerseits ständig befriedet werden muss. Deshalb war für Kutrzeba ein entscheidendes Element für die Dauerhaftigkeit der Totalität die Schaffung einer neuen Masse, die dem Führerprinzip völlig beipflichtet und nicht auf die Idee kommt, Verläufe und Entwicklungen kritisch zu hinterfragen. In allen diesen totalen Systemen gilt deshalb der Erziehung der Jugend und der Schaffung eines „neuen Menschen“ besondere Aufmerksamkeit.[349]

Was diese Analyse nun so bemerkenswert und weitsichtig macht, ist, dass es nicht um eine Kategorisierung des Bedrohungspotentials für Polen geht, sondern um die Erkenntnis eines machtpolitischen Phänomens der existentiellen Infragestellung der westlichen Zivilisation per se über die wahrgenommenen tradierten Feindbilder und eine ethisch-moralische Ablehnung hinaus. Die Forschungen zur Sowjetunion sind in vielfacher Weise nicht nur ein in ihrer Zeit herausragender Beitrag zur Ergründung der neuen Gesellschaftsformation, sondern vermitteln darüber hinaus grundlegende Erkenntnisse über die moderne Massengesellschaft sowie über Möglichkeiten, Grenzen und Wirkungen des Fortschritts.

346 Rostworowski, Jan Kanty: Sprawozdanie.
347 Kornat: Die Anfänge, S. 389ff.
348 Jaworski: Projekt konstytucji.
349 Kutrzeba: Państwa totalne.

3 Litauen

3.1 Die Union als Gegenstand

Keine andere beziehungsgeschichtliche Frage war so prominent an die Identität des polnischen Staates gebunden wie die Stellung zu Litauen. Sie entschied über die territoriale Dimension des polnischen Großreiches, über seine Staatskonstruktion und gesellschaftliche Verfasstheit. Litauen war eben nicht nur Beziehungsgeschichte in besonderer Art, sondern integraler Bestandteil der Nationalgeschichte, und deshalb als eigenständiger Gegenstand historischer und sozialer Forschung schwer zu fassen bzw. kaum entwickelt.[350]

Litauen wurde vornehmlich aus der Perspektive der Union mit Polen betrachtet oder anders gesagt: Litauische Geschichte ist lediglich ein Beitrag zur Ausbildung eines polnischen Königreiches als dominanter und großmachtpolitischer Faktor. Selbst die Geschichte Litauens bis zur Union von Krewo 1385 wurde überwiegend als Vorgeschichte der Vereinigung behandelt. Eine Ausnahme bildet hier lediglich die Arbeit von Henryk Łowmiański, der sich der Staatsentstehung und inneren Verfasstheit Alt-Litauens widmete und mit seiner differenzierten Betrachtung eigenständiger wirtschaftlicher, politischer und gesellschaftlicher Aspekte neue Wege ging.[351] Aber schon in der Neuzeit erfolgte eine „Gleichsetzung der Traditionen Polen-Litauens allein mit der polnischen nationalen Tradition".[352] Im Problemfeld der Wiederherstellung eines polnischen Staates und seiner historischen Legitimation in der Zweiten Republik spielte diese Perspektive eine zentrale Rolle und musste gerade vor dem Hintergrund der erstarkenden nationalen Bewegung der in den historischen Prozess Litauens involvierten Völker, eben auch der Ukrainer und Weißrussen und ihrer Versuche der Konstruktion einer Nationalgeschichte, die ohnehin bestehenden Reibungspunkte weiter verschärfen.

Auch oder gerade in der Frage Litauens war die Bewertung der Tradition eine politische Vorgabe, in der sich Grundpositionen föderaler oder integrativer Staatsordnung der Zweiten Republik spiegelten, verbunden mit dem Bemühen um die Schlüsselrolle Polens im osteuropäischen Raum und im europäischen West-Ost-Dualismus. Die sich daraus entwickelnden unterschiedlichen Positionierungen nicht nur im Dissens mit anderen Nationalgeschichten, sondern auch in den internen Auseinandersetzungen der polnischen Geschichtswissenschaft konzentrierten sich vorrangig auf die Bewertung der Union für die Geschichte des polnischen Königreiches. Im Mittelpunkt stand die Frage nach dem Charakter des Staates, der staatlich-konstitutiven Verbindung der beiden Herrschaftsräume und ihrer integrativen Faktoren.

Des Weiteren erscheint von großer Bedeutung, wer die treibende Kraft des Vereinigungsprozesses war, stellte Polen oder Litauen, ohne den Begriff zu gebrauchen, den Hegemon des Zusammenschlusses, wobei durchaus die Frage des Zusammenspiels innerer und äußerer Faktoren von Bedeutung war. Wer bestimmte die kulturelle Synthese und damit die gesellschaftliche Entwicklung des neuen Staates. Schließlich ging es auch um die Einordnung der Union in den kultur- und machtpolitischen Kontext Europas in Mittelalter und Neuzeit. Dabei knüpfte die Argumentation oftmals direkt an die Traditionen des 19. Jahrhunderts an. Joachim Lelewel hatte als Stammvater der polnischen Historiographie unter dem Einfluss der Romantik die Perspektive einer engsten Verbindung zur litauischen Geschichte schon im

350 Błaszczyk: Dzieje, S. 9; Gierowski: O nowe ujęcie, S. 9.
351 Łowmiański: Studja; Bardach: Nauka historii, S. 68.
352 Dybaś: Die polnische Historiographie, S. 351.

Sinne einer strikten Einordnung in die Geschichte der Union mit Polen vorgeprägt. Seine Geschichte Litauens und der Rus ist keinesfalls eine eigenständige Geschichte Litauens, sondern eigentlich eine Geschichte Polens und endet 1569 mit der Union von Lublin.[353] Ganz im Tenor von Adam Mickiewicz, für den „ganz Litauen schon Vergangenheit" ist, sah Lelewel im vorchristlichen Litauen kaum eigenständige Entwicklungen, hingegen viele äußere Einflüsse, vor allem von russischer Seite, was Litauen zu einem Feld der kulturellen Auseinandersetzung zwischen Russland und Polen macht.[354]

Konnte die romantische Perspektive Lelewels dem vorchristlichen Litauen durchaus noch positive Züge abgewinnen, so fiel das Urteil zum Ende des 19. Jahrhunderts unter schon nationalen Auspizien erheblich strenger aus. Die Krakówer Schule des polnischen Positivismus mit Michał Bobrzyński kultivierte den Aspekt der polnischen Kulturmission, die den zurückgebliebenen, heidnischen Litauern die westliche Zivilisation brachte, den russischen Einfluss verdrängte und sie sowohl vor der Gefahr aus dem Osten wie auch aus dem Westen durch den deutschen Orden schützte. Die Union von Krewo war nicht nur der entscheidende Schritt für die Zivilisierung der Litauer, sondern eröffnete Polen gleichzeitig die Möglichkeit der Kolonisierung des Ostens.[355] Aleksander Brückner sah aus seiner kulturhistorischen Perspektive im heidnischen Litauen allein Barbarentum und in der Staatsordnung nur russischen Einfluss. Die Polonisierung und damit die Zivilisierung Litauens erreichte nur die Eliten, das Volk hingegen zeigte sich resistent.[356]

Diesen doch eher extremen Deutungen stellten im Vorfeld der Schaffung des neuen polnischen Staates führende Sozialisten wie Bolesław Limanowski und Leon Wasilewski ein Bild der relativen Gleichberechtigung in der Entwicklung entgegen. Sie suchten in ihren Darstellungen Belege für die Selbständigkeit Litauens als Grundlage für das Recht auf einen eigenen Staat. Deshalb spielte hier die Zivilisierungsmission keine Rolle und die zweifellose Polonisierung wurde eher mit Zwang und Unterdrückung verknüpft. Für diese Autoren war die Geschichte der Union ein relativ gleichberechtigter Verlauf der staatlichen Entwicklung zweier Völker, die in enger Verbindung eigene Nationalitäten ausbildeten.[357]

Eine äußerst interessante Alternative zu den vorherrschenden Mustern kulturhistorischer Deutungen lieferte Feliks Koneczny. In seiner Geschichte Polens in der nach nachjagiellonischen Zeit erprobte er faktisch seine kulturkategorischen Muster, die sein Hauptwerk bestimmen sollten, am Beispiel Litauens und kam zu vergleichsweise weitgehenden Aussagen. Für ihn stand die Bedeutung der ersten Union als entscheidender Impuls für Litauen und die Entwicklung des polnischen Königreiches außer Frage, er sah aber andere Voraussetzungen durch die Anerkennung eines eigenständigen litauischen, kulturellen Entwicklungsniveaus gegeben. Es war zwar niedriger bzw. jünger als das polnische, brachte aber eigene Elemente in die Union ein.[358] Gedanken, die wenig kultiviert wurden und später erst bei Łowmiański wieder eine tragende Rolle spielten. Diese Feststellung relativierte die verbreitete Theorie einer polnischen Mission erheblich, zumal es Koneczny nicht um die polnische Kultur ging, sondern um einen

353 Lelewel: Dzieje Litwy i Rusi.
354 Bumblauskas: Polsko-litewskie stosunki, S. 746f; Czarniecka-Haberko: Unie polsko-litewskie, S. 18–70.
355 Bobrzyński, Michał: Dzieje Polski (1972), S. 175–180.
356 Brückner: Polacy i Litwiny, S. 343–392.
357 Limanowski: Historia Litwy; Wasilewski: Litwa i Białoruś.
358 Koneczny: Dzieje Polski za Jagiellonów, S. 45.

Prozess der Verwestlichung, der zudem die staatliche Identität Litauens nicht infrage stellte. Im Gegenteil, sie wurde gefestigt und bildete einen Teil des Gegenentwurfes zum Moskauer Staat, was Koneczny zu einem späteren Zeitpunkt in seiner Frühgeschichte Russlands weiter ausführte.[359] Mehr als bei den anderen Autoren spielten bei ihm die Fragen einer eigenständigen und andauernden gesellschaftlichen Entwicklung Litauens eine Rolle. Die Herausbildung einer eigenen Sprache und Literatur, autonome gesellschaftliche Strukturen und die Verweigerung gegenüber einer Polonisierung beim litauischen Adel bis ins 19. Jahrhundert hinein sind bei Koneczny entscheidende Faktoren für den Beleg der Permanenz litauischer Staatlichkeit, vor dem die Union als rein formalen Akt erscheint.[360]

Die von Koneczny wohl eher beiläufig und als Ergebnis seiner kulturhistorischen Untersuchungen, sicher aber nicht als Ziel seiner Abhandlungen vorgenommene Bewertung der Union wurde zu einem leitenden Paradigma der Litauenforschung der Zweiten Republik. Diese Betrachtungsperspektive bot neben einer machtpolitischen und kulturell-ethnischen die leitenden methodischen Zugänge zur Beantwortung der mit dem Phänomen der Polnisch-Litauischen Union verbundenen Fragestellungen. Sie waren sowohl Produkt einer fachspezifischen Ausdifferenzierung historischer Wissenschaften als auch Erkenntnis über die Notwendigkeit interdisziplinärer Zugänge zur Erklärung komplexer Sachverhalte. Sie scheinen aber vor allem für die Einordnung bestimmter historischer Abläufe in vorgegebene politische Muster und Erwartungen besonders geeignet. Nicht von ungefähr wurde die Bewertung der Union schnell zu einer Domäne rechtshistorischer Erwägungen und die Deutung des Begriffs „applicare“ (anfügen, anschließen)[361] in den Dokumenten der Union von Krewo zu einem Schlüsselproblem. Grundlage bildeten die zum Jubiläum der Union von Krewo 1885/86 von Józef Szujski und anderen vorgelegten Urkunden- und Dokumentenpublikationen.[362]

Wie dieses „Anfügen/Anschließen“ zu verstehen sei, lief schließlich auf die Frage hinaus, ob der Zusammenschluss föderativen oder integrativen Charakter besaß und ihre Beantwortung wirkte sich richtungsweisend auf die Bewertung der Polnisch-Litauischen Union in ihrer staatsrechtlichen, machtpolitischen und sozialkulturellen Entwicklung aus. Schon Bobrzyński hatte in der Union von Lublin von 1569 die Verfestigung eines genetischen Defektes der Vereinigungsbestrebungen gesehen, weil sie das Prinzip einer föderalen Unionsstruktur fortschrieb, die Litauen eine eigene Regierung zubilligte. Für Bobrzyński stellte das einen fundamentalen Widerspruch zum eigentlichen Ziel der Bildung eines zentralen polnischen Einheitsstaates dar, den er im Kontext spätmittelalterlicher europäischer Geschichte als historische Notwendigkeit betrachtete und schuf schließlich die Grundlage für die strukturelle Schwäche und letztlich den Untergang des polnischen Königreiches.[363]

Dieser konsequent integrativen Deutung, die dem modernen Nationalstaatskonzept zuarbeitete, stand die föderative Interpretation entgegen, die Oskar Halecki sicher am prominentesten repräsentierte.[364] Sein Schüler Henryk Paszkiewicz interpretierte das „Applicare“

359 Ders.: Dzieje Rosji od najdawniejszych, S. 54–61.
360 Bumblauskas: Polsko-litewskie stosunki, S. 751f.
361 Bardach: Studia z ustroju, S. 11–67.
362 Zajączkowski: Die Geschichte Litauens, S. 136f.
363 Bobrzyński, Michał: Dzieje Polski (1972), S. 271.
364 Kiaupiene: Oskar Halecki.

ganz im Sinne Haleckis als offenes Bündnis zu beiderseitigem Nutzen, das bei einer eigenständigen Entwicklung Litauens eine polnische Dominanz ermöglichte. „Applicare“ beschreibt für Paszkiewicz die Bedingungen des Übergangs Litauens unter polnische Oberherrschaft ohne besondere Regulierung oder konkrete Verfügungen.[365] Paszkiewicz ging es immer darum, bei aller unbestreitbaren Festigkeit der Union den verpflichtenden Rahmen als offen darzustellen, um den Bewegungsspielraum der Akteure zu betonen. Nutznießer war vor allem Litauen, weil dieser Zusammenschluss und die Bildung gemeinsamer Grenzen Schutz vor dem Deutschen Orden und Unterstützung Polens für die Sicherheit des Staates allgemein versprach, ohne in Abhängigkeit vom einheimischen Adel zu geraten. Gleichzeitig konnte man als Grenzwächter im Osten Polen verteidigen, dessen territoriale Interessen in der Halitischen Rus, Podolien und Wolhynien lagen. Litauen war für Paszkiewicz der Akteur der Union, während Polen kein besonderes Interesse an einer Inkorporierung zeigte.[366] „Applicare“ bot somit für beide Seiten breiten Raum zur Interpretation.[367] Es war ein „künstliches Konzept“, bei dem der litauische Großfürst Jagiełło die Feder führte. Zur Sicherung Litauens und Teilung der Macht zwischen ihm und Jadwiga räumte es eine Vorherrschaft der polnischen Gesellschaft in der Union ein.[368] Diesen Befund bezog Paszkiewicz auch auf die wichtige Frage der Christianisierung. Einerseits baute Polen als Missionar seine gesellschaftliche Vormachtstellung in der Union dadurch in entscheidendem Maße aus, andererseits wurde Litauen vor der Missionierung durch den Deutschen Orden geschützt. Litauen erhielt Zugang zu Rom und der westlichen Zivilisation, konnte den russischen Einfluss zurückdrängen und sicherte sich in der Konsequenz eine eigenständige Entwicklung. Das waren Faktoren, die Paszkiewicz immer wieder betont, um den für ihn rein pragmatischen Charakter des Zusammenschlusses zu belegen.[369] Obwohl das ganze Konstrukt der Union, die in Krewo ihren ersten rechtlichen Rahmen bekam, beiderseitig hoch ambivalent blieb und gegenseitiges Misstrauen ein ständiger Begleiter des Zusammenschlusses war, zog er doch eine im Ganzen positive Bilanz und sah in Krewo den Grundstein für die polnisch-litauische Großmacht gelegt.[370]

Mit dieser Feststellung erweist sich Paszkiewicz als gelehriger Schüler Haleckis, wenn er auch insgesamt eine wesentlich rationalere Sicht auf die Union entwickelte. Die Idealisierung des polnisch-litauischen Staatsmodells als Vorbild für Europa und Gegenentwurf nationalstaatlicher Konzepte sucht man bei Paszkiewicz vergeblich, auch die ausgemachte Personifizierung der Handlungsstränge, die sich bei Halecki auf Jadwiga und ihr Königtum konzentrieren, sind bei ihm weniger ausgeprägt und ohnehin nimmt er hier eine eher konträre Position ein, indem er die Litauer als Akteure und letztlich handlungsbestimmend sieht. Jadwiga war für Halecki die alles entscheidende Figur. Zwar fällt die Vollendung der Union in die Zeit nach ihrer Regierung, aber sie setzte den Markstein von 1385 als Ausgangspunkt der „Vereinigung Polens mit Litauen“.[371]

365 Paszkiewicz: W sprawie inkorporacji, S. 15.
366 Ders.: O genezie, S. 258, 261, 342f.
367 Ebenda, S. 15–19.
368 Ebenda, S. 226f.
369 Ebenda, S. 260.
370 Czarniecka-Haberko: Unie polsko-litewskie, S. 226ff.
371 Halecki: Dzieje Unii, t. I, S. 114f.

Halecki findet in dieser Glorifizierung Jadwigas nur eine Entsprechung beim Krakówer Historiker Wacław Sobieski, der so wie Halecki auch die Freiwilligkeit und Gutwilligkeit des Bündnisses betonte.[372] Der Schwerpunkt bei Halecki ist viel deutlicher als bei Paszkiewicz auf die Vereinigung der beiden Staaten und die Einheit im gemeinsamen Staatsverband ausgerichtet. „Applicare" steht für ihn dann auch für die Übernahme des litauischen Staates durch die polnische Krone. Ohne die Hindernisse und Widersprüchlichkeiten des Vereinigungsprozesse bis zur Union von Lublin zu leugnen, gerade diesem Abschnitt widmete er breiten Raum, bilden sich doch frühzeitig Elemente des gegenseitigen Vertrauens, einer „zwischenstaatlichen Bande" und einer „heimlichen Liebe" zweier „zusammengeschweißter Völker" heraus, die einerseits für die Einheit stehen, aber andererseits auch eine Eigenständigkeit Litauens bewahren.[373] Dabei spielte der Aspekt der Bedrohung beider Staaten durch Türken, Tataren und Russen eine ausschlaggebende integrative Rolle. Dass Polen hier eine missionarische Mission als Vormauer der Christenheit und der westlichen Zivilisation gegenüber einer Bedrohung aus dem Osten erfüllte, stand für Halecki in keiner Phase des Vereinigungsprozesses außer Frage.

Die eher kritische oder besser gesagt nüchtern relativierende Einschätzung zu Krewo teilte Paszkiewicz mit dem Wilnoer Rechtshistoriker Jan Adamus, der darin eine Vereinbarung mit wenig verpflichtendem und eher improvisatorischem Charakter, auf keinen Fall jedoch eine auf Dauer ausgerichtete rechtliche Fixierung gemeinsamer Staatsbildung sah. Krewo war für Adamus lediglich ein Ausgangspunkt für einen 200-jährigen Prozesses der Regelung staatsrechtlicher Verhältnisse einer Inkorporation.[374] Sich auf die Wissenschaftlichkeit des rechtlichen Standpunktes berufend polemisierte er auf dem VI. Historikerkongress Polens in Wilno 1935 scharf gegen die subjektiven Deutungen der Vereinbarungen durch die Geschichtswissenschaft, die nur zu Fehlurteilen geführt hätten. Die Positionierung verschiedener Lager der Historiker, die einerseits die Vereinbarung als Grundlage der Inkorporation sehen und der anderen, die das leugnen, waren nach Adamus durch die Quellen nicht gestützt und nicht in der Lage, die rechtlichen Fragen zu klären.[375]

Mit Władysław Konopczyński nahm sich einer der profiliertesten Historiker zur polnischen Geschichte der Frühen Neuzeit dem Problem der Union an.[376] Er integriert sie völlig in die Geschichte des polnischen Königreiches und lässt keinen Platz für Erörterungen einer eigenen Geschichte Litauens. Selbst stark rechtshistorisch ambitioniert stellt er sich ganz in die Tradition Bobrzyńskis und der Krakówer Schule. Die Union war für ihn die Inkorporation Litauens in das polnische Königreich in verschiedenen Stufen von der Personalunion in Krewo bis zur Realunion in Lublin.[377] Methodisch verfolgte er den machtpolitischen Ansatz einer Erklärung durch eine äußere Bedrohung an den Grenzen beider Staaten zwischen Baltikum und Schwarzem Meer und dem Bewusstsein über die Notwendigkeit der Schaffung eines starken einheitlichen Staates im europäischen Machtgefüge. Somit war die Lubliner

372 Sobieski: Historja Polski, S. 88; Czarniecka-Haberko: Unie polsko-litewskie, S. 237–240.
373 Czarniecka-Haberko: Unie polsko-litewskie, S. 214ff.
374 Adamus: Państwo Litewskie, S. 15.
375 Ders.: O prawnopaństwowym, S. 176.
376 Dybaś: Die polnische Historiographie, S. 352.
377 Konopczyński: O idei Jagiellońskiej, S. 82.

Union durchaus ein Erfolg, brachte Polen aber erhebliche Hypotheken für die weitere Entwicklung. Wie Bobrzyński hielt er den faktischen Fortbestand zweier Staaten für außerordentlich schädlich und der positiven Entwicklung des Königreiches hinderlich. Den Hauptgrund sah Konopczyński darin, dass sich Polen und Litauen sowohl kulturell als auch strukturell fremd blieben und sich Litauen als Staat und Gesellschaft einer notwendigen Assimilation beständig verweigerte. Hinzu kam, dass dieser Prozess durch Polen nur halbherzig betrieben wurde und auch die Missionierung der katholischen Kirche verblieb in der Wirkung auf die Bevölkerung im Stadium der Oberflächlichkeit. Die westlichen Kultureinflüsse „verwässerten" in den Weiten des Ostens und eine Integration in Europa war letztlich nicht möglich.[378] Hauptkritikpunkt für Konopczyński war jedoch eine Fehlleitung polnischer Expansion durch die Verbindung mit Litauen nach Osten und die völlige Vernachlässigung einer Westexpansion, wodurch Möglichkeiten territorialer Eroberungen von Rügen, Stettin oder Danzig und damit auch die Einschränkung deutschen Vordringens nach Polen ausgeschlagen wurden.[379]

Eine zentrale Figur in der Geschichtsschreibung zur Union wurde Ludwik Kolankowski, der in die polnische Historiographie als Historiker der Jagiełłonen einging.[380] Er bildet die sichtbarste Brücke zwischen historischer Bewertung der Akteure und rechtshistorischer Deutung der Vereinbarungen. Ganz im Sinne von Adamus misst er dem Vertrag von Krewo eher wenig Bedeutung zu und schenkt auch seinem Zustandekommen eher geringe Aufmerksamkeit, deutet ihn aber als juristischen und praktischen Akt der Vereinigung.[381] Die Initiative hierzu legt er breit an und findet verschiedene Interessengruppen auf beiden Seiten involviert, vor allem den kleinpolnischen Adel.[382] Jagiełło war zwar nicht treibende Kraft für Krewo, sprach aber das maßgebliche Wort zu seiner Realisierung. Für ihn steht der Vereinigungsprozess im Mittelpunkt, den er durch die Jagiełłonen gestaltet sieht.[383] Kolankowski orientierte sich an der Person Jagiełłos, die er, in der Methode nicht weniger als Halecki mit seiner Fixierung auf Jadwiga, nicht nur als zentrale Persönlichkeit der Vereinigungsprozesse darstellt, sondern auch ausgiebig als Herrscher würdigt, der von vornherein als polnischer König das Wohl des neuen Reiches im Auge hatte und sich als Herrscher europäischen Formats zeigte.[384] Für Kolankowski lag die Inkorporierung Litauens in das polnische Reich in der Logik der Königswürde Jagiełłos und der weitere Fortbestand Litauens war deshalb eine rein formale Angelegenheit, die nichts am polnischen Charakter der Konstruktion der Union änderte.[385] Sich ausdrücklich auf Stanisław Kutrzeba berufend sah er gerade in dieser Einheit und ihrem polnischen Charakter die Funktion der Polnisch-Litauischen Union im Kampf zwischen Ost und West.[386] Die Union war sowohl Grundlage der zivilisatorischen Rolle

378 Ebenda, S. 82f.
379 Konopczyński: Polityka zagraniczna, S. 196.
380 Nowak, Zenon: Rola Ludwika Kolankowskiego; Oliński: Osobowości, S. 151ff.
381 Kolankowski: Dzieje, S. 67.
382 Ebenda, S. 30f.
383 Kolankowski: Jagiellonowie i Unja, S. 5.
384 Kempa: Ludwik Kolankowski, S. 145f.
385 Kolankowski: Dzieje, S. 34, 117.
386 Ders.: Jagiellonowie i Unja, S. 3.

Polens im Osten als auch entscheidender Faktor der Abwehr einer westlichen Expansion Moskaus.[387]

Der VI. Historikerkongress in Wilno hatte sich Litauen zum Schwerpunkt gemacht und bot den ausgewiesenen Fachleuten des Landes eine Bühne zur Darstellung ihrer verschiedenen Ansichten und Standpunkte zur Union.[388] Somit war der Kongress auch eine Bilanz der Forschung, die sich hier nahezu erschöpfend positionierte. Es wurde deutlich, dass die Konzentration auf die staatsrechtlichen Aspekte eine rationalere Sicht befördert hatte, die romantische Perspektive relativierte und den nationalistischen Ansatz entschärfte. Der rechtshistorische Ansatz orientierte darauf, die Herausbildung der Union als einen Prozess zu betrachten, der mit Krewo seinen Anfang nahm und sich in Lublin vollendete. Dabei gewann die These an Einfluss, dass die Vereinbarungen von Krewo als eher taktisches Unternehmen behandelt wurden, die unter rein pragmatischen Gesichtspunkten relativ ergebnisoffen waren und sich erst mit einer inneren und äußeren Konsolidierung verfestigten. Die Beurteilung der Akteure in diesem Prozess war nach wie vor umstritten, genauso wie sich die These hielt, dass die Union ein bewusster, planvoller, strategischer Akt zur Etablierung eines Großreiches zwischen Ost und West war. Auf unterschiedlichen Wegen und mit verschiedenen Gewichtungen, die vor allem in der Zuweisung der Akteure lagen, trafen sich die Experten letztlich in der Bewertung der Polnisch-Litauischen Union als für die Geschichte beider Länder entscheidenden und herausragenden Prozess.

Im Vordergrund stand dabei die Geschichte des polnischen Königreiches und alle vorgetragenen Perspektiven über das Weiterbestehen des litauischen Staates und eine eigenständigen Entwicklung liefen in der Konsequenz auf die Union als Prozess der Inkorporation Litauens in das polnisch Königreich hinaus und bedienten damit die These von der polnischen Dominanz im Staatenverbund. Vor diesem Hintergrund waren Fragen der Gewichtung von Personen oder Interessengruppen wie auch das Problem der kulturellen Identität der verschiedenen Ethnien des Königreiches eher individuelle Blickwinkel, die das Gesamtbild vielmehr stützten als es zu formen. Auch die Fundamentalkritik der Krakówer Schule verblasste vor dem Bild der Union als Erfolgsmodell für die imperiale Größe des polnischen Königreiches und seine brüderliche Verbundenheit. Denn diese steht Opinio communis für die historische Errungenschaft der Verwestlichung und einer christlichen Kulturmission mit friedfertigen Mitteln. Sie ist entscheidender Bestandteil des Kampfes zwischen Ost und West und bietet als Vormauer der Christenheit Schutz der lateinischen Zivilisation.

3.2 Die politische Dimension historischer Bewertung

Die historische Verbindung Polens mit Litauen war in den gesellschaftlichen Diskursen nicht nur durch die Frage der Verfasstheit und politischen Konstruktion des neuen Staates in föderaler oder nationaler Form präsent, sondern ist Bestandteil der Selbstvergewisserung und der Identitätsfindung der Zweiten Republik. Das Befragen der Tradition war ein wichtiges argumentatives Werkzeug der Auseinandersetzung mit der Innen- und Außenpolitik der Regierung und der unterschiedlichen politischen Gruppierungen. Hier mischte sich die Stellung zur Geschichte des polnischen Königreiches mit der politischen Realität der Zwischenkriegszeit. Praktisch wird die Frage gestellt, wie sich diese Tradition in die moderne Staatlichkeit

---

387 Ders.: Dzieje, S. 18, 49f.

388 Bumblauskas: Polsko-litewskie stosunki, S. 753; Zajączkowski: Die Geschichte, S. 141f.

integrieren lässt oder ob Alternativen möglich bzw. notwendig sind. Dabei ging es nicht nur darum, den Staat als integratives oder föderales Projekt zu begreifen respektive um die Gestaltung der Beziehungen zu Litauen und den ethnischen Minderheiten. Die ganze Bandbreite des durch die Forschung gebotenen Zugangs auf die Polnisch-Litauische Union stand zur Verfügung, die sich nicht auf die Staatskonstruktion beschränkte, sondern die Stellung im europäischen Großraum erfasste und die Frage der Sicherung von Beständigkeit betrachtete. Deshalb ist es nicht verwunderlich, dass sich der Gedanke der Union und der dazugehörigen Aspekte in die Gestaltung des gesellschaftlichen Klimas der Zweiten Republik einbrachten.

Trotzdem der föderale Gedanke durch die Gründung von zwei Nationalstaaten faktisch erledigt war, die Schaffung von Mittellitauen die Beziehungen beider Staaten auf Dauer gestört sowie jegliches Vertrauensverhältnis zerstört hatte[389] und durch den Frieden von Riga auch als Projekt im politischen Denken seine Leitfunktion verloren hatte, galt doch die Tradition des polnisch-litauischen Staates bestimmten politischen Gruppierungen mit einflussreicher Anhängerschaft weiter als Grundorientierung und Bewertungsmuster. Immerhin stand Józef Piłsudski als einflussreichster Politiker bis zu seinem Tode, wenn auch nicht aktiv, aber doch ad personam, für den föderativen Gedanken. Im weitesten Sinne könnten deshalb auch der Prometheismus mit seinem Bezug auf die freiheitlichen und demokratischen Traditionen gegenseitiger Verbundenheit dazu gerechnet werden,[390] wie auch die Versuche Leon Wasilewskis und Tadeusz Hołówkos zur Regelung der Nationalitätenfrage mit dem „Wolhynischen Experiment" Henryk Józewskis als sichtbarsten Ausdruck. Sogar die Nationaldemokratie erhob mit ihrem nationalen Projekt Anspruch auf die Großmachttradition der polnischen Krone. Unmittelbar jedoch waren es die Konservativen, die am Gedanken der Union festhielten, den direkten Bezug zum historischen Vorbild suchten und denen die historische Forschung als Berufungsinstanz galt. Konservative Historiker der Krakówer Schule, die auf dem Gebiet der Geschichte der Union profiliert waren, wie Michał Bobrzyński, Stanisław Kutrzeba oder Witold Kamieniecki, hatten die Idee einer Staatenunion für die polnische Außenpolitik interpretiert.[391] Hierbei ging es um die Verarbeitung der kritischen Haltung zur Konstruktion der Polnisch-Litauischen Union, die zur strukturellen Schwächung des polnischen Königtums beigetragen hatte und weshalb in einem zukünftigen Bündnis sowohl die Eigenständigkeit Polens als auch seine Führungsposition garantiert werden müsse, wobei die Sicherung der Bedrohung aus dem Osten im Vordergrund stand.

Die historische Perspektive auf die Union erfuhr ihre diskursive Referenz bei den Wilnoer Konservativen um die Zeitung „Słowo". Auch in dieser Frage erwies sich Stanisław Cat-Mackiewicz als Speerspitze der Argumentation. Er war in seiner Haltung zur polnischen Außenpolitik in Warschau wohlbekannt, ohne dass er jedoch jemals sichtbaren Einfluss auf die praktische Politik ausübte.[392] Als bekennender Monarchist[393] fand er Bündniskonstruktionen als imperiales Programm der Realisierung einer polnischen Vorherrschaft am besten in einem polnischen Königtum umgesetzt. Seine Umwertungen des Unionsgedankens trugen fasst

389 Łossowski: Stosunki, S. 138.

390 Grygajtis: Polskie idee, S. 435–442.

391 Bobrzyński, Michał: Wskrzeszenie, S. 182ff; Kutrzeba: Nasza polityka zagraniczna, S. 8–11, 31–36, 49–58, 78–84, 11–117; Kamieniecki: Polityka bałtyka.

392 Swianiewicz: W cieniu Katynia, S. 15.

393 Cat-Mackiewicz: Ruch monarchiczny w Polsce; Górski: Władza polityczna, S. 282–285.

nationalistische Züge und brachten ihn tendenziell, weil er die Nationaldemokratie prinzipiell ablehnte, in die Nähe Piłsudskis. Seine Haltung zu Litauen und die des „Słowo" allgemein waren litauenfeindlich.[394] Um die Konstruktion einer Union, die er als unerlässlich zur Verwirklichung eines polnischen großmachtpolitischen Programms betrachtete, das wiederum essentiell für den Bestand des polnischen Staates in der gegebenen geopolitischen Situation war, ranken sich dann Überlegungen einer Einhegung Litauens.[395] Wie kann Litauen für Polen so ungefährlich wie möglich einbezogen werden? Damit lag er völlig auf der Linie der Krakówer Positivisten und ihrer negativen Beurteilung der Rolle Litauens in der Geschichte der Union. Nach den Staatsgründungen und der Einvernahme des Wilnoer Gebietes war für Cat-Mackiewicz das Unionsprojekt eine strategische Aufgabe polnischer Außenpolitik. Anfang 1922 hielt er alle Unionsbestrebungen für undurchführbar. Die Beziehungen nicht nur beider Staaten, sondern auch der Bevölkerungen waren so schlecht, dass an eine Gemeinsamkeit nicht zu denken war. In einer ganzen Reihe von Artikeln im „Słowo", in denen er immer nur vom „Kaunaser Litauen" spricht, stellte er den Staat als instabiles Vehikel äußerer Kräfte dar, als Brücke des Bolschewismus nach Deutschland. Dieses Litauen ist ein Feind Polens in den Grenzen der alten Rzeczpospolita und eine Gefahr für Polen. Sein Hauptziel ist die Vereinnahmung des Wilnoer Gebietes. Seine Aggressivität beweist es durch eine nationalistische Politik gegenüber der polnischen Bevölkerung, deren Assimilation erzwungen wird und deren Eigentum der Staat konfisziert.[396]

Auch das von Cat-Mackiewicz im März 1927 im „Słowo" vorgestellte Programm zur litauischen Frage[397] war in einem recht abwertenden Ton gehalten. Die Litauer Eliten waren für Cat-Mackiewicz lediglich „russische Hofschranzen",[398] besessen von Machtgier und einem imperialistischen Habitus, die es auf Wilno und Grodno abgesehen haben. Der litauische Patriotismus ist letztlich reiner Imperialismus und bei einer Auseinandersetzung Polens mit wem auch immer wird Litauen Polen angreifen.[399] Dem Maximalismus der litauischen Regierung kann polnischerseits nur durch eine „bewaffnete Einnahme Litauens" begegnet werden.[400] Dazu fehlen Polen jedoch jegliche Möglichkeiten. Um nun aber praktisch zum Ziel zu kommen, das in der Herstellung einer staatlichen Union als einzige Voraussetzung für Polen, um alte Größe zurückzuerlangen, bestand, sollte nach der Formel „umstürzen und aufnehmen" gehandelt werden: Den Einfluss auf Litauen so ausbauen, dass sie keine Politik gegen Polen betreiben können. Gleichzeitig muss jedoch die Eigenständigkeit des litauischen Staates unter dem Dach einer „dynastischen Union"[401] gefördert werden. Sicher war diese Argumentation nicht immer schlüssig, aber sie läuft in der Konsequenz bei aller föderativen Rhetorik darauf hinaus, Litauen und auch die weißrussische Frage als eine Frage der polnischen Innenpolitik zu behandeln.[402]

394 Czapiewski: Koncepcje polityki zagranicznej na łamach „Słowa", S. 135.
395 Górski: Władza polityczna, S. 125–137.
396 Grygajtis: Polskie idee, S. 422.
397 Cat-Mackiewicz: Realny program.
398 Ebenda, S. 103.
399 Ebenda, S. 105.
400 Ebenda, S. 107.
401 Ebenda, S. 108.
402 Grygajtis: Polskie idee, S. 424.

Obgleich Cat-Mackiewicz die Grundpositionen der Wilnoer Konservativen repräsentierte, so stellte er doch, gerade mit seinem Stil, ein radikale Seite dieser Gruppierung dar, was auch seine Wirksamkeit in der Öffentlichkeit als „Wilnoer Wölfchen“[403] ausmachte. Nicht weniger eloquent, aber doch erheblich defensiver fiel die Positionierung von Adolf Bocheński[404] aus. Er war dichter an der „Jagiellonischen Idee“ und ihrer Idealisierung durch Halecki.[405] Beeinflusst von Władysław Studnicki und der Ostpolitik Piłsudskis[406] stand für ihn die Verbindung mit den Völkern der alten Rzeczpospolita als Instrument der Verteidigung vor dem Feind Russland im Vordergrund. Das friedliche Zusammengehen mit souveränen Ukrainern, in denen er Polens natürliche Partner im Osten sah,[407] sollte im Interesse aller einen Block gegen Russland bilden und eine Politik generieren, die eine machtpolitische Verbindung zwischen Russland und Deutschland ausschließt. Aus dieser Perspektive spielte bei Bocheński Litauen kaum eine Rolle. Er zeigte einen anderen Weg als Cat-Mackiewicz auf, ohne jedoch konkrete Konzepte zu entwickeln. Er verlangte lediglich eine Anerkennung des Rechtes der Ukrainer und Weißrussen auf autonome Entwicklung und sah eine Vereinigung mit Polen als Angebot zur Assimilation.[408] Damit lag er nicht nur außerhalb der Zeit, die längst über das nationale Projekt dieser Völker entschieden hatte, sondern positionierte sich auch gegen die von der Regierung ausgeübte Praxis der Minderheitenpolitik

Nach dem Mai-Umsturz rief die scheinbare Rückbesinnung auf die föderalen Projekte der Staatsgründung die Historiker der Union erneut auf den Plan. Kamieniecki wiederholte 1929 seine Grundpositionen zu einer Union und sah sie durch die Projekte zur Nationalitätenpolitik von Hołówko und das Erstarken des linken Piłsudski-Lagers auf den Weg gebracht. Für ihn bestand die „Jagiellonische Idee“ aktuell in der Schaffung eines politischen Systems, das auf freiwilliger Basis die Territorien zwischen Karpaten und Baltikum an den polnischen Staat bindet.[409] Gemeinsame Interessen und wirtschaftliche Zusammenarbeit sollten das einigende Element darstellen und Grundlage der Anerkennung einer unterschiedlichen nationalen Struktur und ihrer autonomen Entwicklung bilden. Schließlich beschwor Kamieniecki die junge Generation, an die „Jagiellonische Idee“ zu glauben und wie die „Vorväter den Weg von den Jagiellonen zu Mickiewicz und Krasiński“ zu gehen.[410]

Auch Halecki ergreift 1937 nochmals das Wort zur „Jagiellonischen Idee“.[411] Nun schon unter den Bedingungen der Sanacja, wo der Unionsgedanke endgültig getilgt wurde und auch die Vertreter föderaler Gedanken zügig aus leitenden Positionen entfernt wurden. Halecki hielt an seinen Grundpositionen der Bewertung und der historischen Bedeutung der Polnisch-Litauischen Union fest. Bereits im Jahre 1920 hatte er konzeptionelle Ideen zur Realisierung des Projektes entwickelt[412] und schloss jetzt an diese an. Im Gegensatz zu vielen seiner Kollegen zeigte er sich zu einer nüchternen politischen Analyse sehr wohl in der Lage und kam

403 Jaruzelski: Cat, S. 7.
404 Grygajtis: Polskie idee, S. 445f, 453.
405 Kosicka-Pajewska: Polska, S. 93–98.
406 Ebenda, S. 19ff.
407 Bocheński, Adolf: Między, S. 45–65.
408 Ebenda, S. 133.
409 Kamieniecki: Ponad zgiełkiem, S. 24.
410 Ebenda, S. 37ff.
411 Halecki: Idea Jagiellońska.
412 Halecki: Granica, 1, 2.

zu dem Schluss, dass bei aller Bedeutung der Union und der Verbindung der polnischen, litauischen und ruthenischen Lande in einem gemeinsamen staatlichen Organismus in der bestehenden Situation polnisch-litauischer Auseinandersetzungen jegliche Voraussetzungen zu ihrer Verwirklichung fehlen.

Litauisches Gegenstück, oder besser gesagt litauische Entsprechung der Wilnoer Konservativen waren die „Krajowcy". Entstanden ist die Bewegung Anfang des Jahrhunderts als „Polnische Demokratische Partei in Litauen" (Polskie Stronnictwo Demokratyczne w Litwie). Während des Weltkrieges formte sich daraus eine eigene Gruppierung Wilnoer Demokraten,[413] die sich im August 1915 in einem Memorandum an das „Naczelny Komitet Narodowy" (Oberste Nationalkomitee) wandten. Autor dieses Grundsatzdokuments der „Krajowcy" war Michał Römer. Es ging um die Positionierung polnischer Eliten in Litauen zur Frage der Wiederherstellung des polnischen Staates und um die staatliche Organisierung der Völkerschaften auf dem Territorium des historischen polnisch-litauischen Staates.[414] Orientiert am historischen Vorbild und wohl wissend um die Brisanz der nationalen Frage forderten die „Krajowcy" eine Unterordnung der nationalen Gruppeninteressen unter die Interessen der Bevölkerung des Landes. Damit war das historische Litauen als Großherzogtum gemeint als eigenständiger Bestandteil der Polnisch-Litauischen Union. Auf diesem Gebiet leben Litauer, Polen und Weißrussen, die eine staatlich-kulturelle Einheit gebildet haben. Diese sollte wiederhergestellt werden, wobei keine ethnische Gruppe eine Minderheit bildet, sondern jede sich gleichberechtigt entwickeln kann. Sie sind durch die gemeinsame Geschichte der staatlich-kulturellen Entwicklung auf dem Territorium des Großherzogtums verbunden und schöpfen hieraus ihre staatliche Identität.[415] Eine Gemeinsamkeit würde sich ohnehin faktisch aus der geopolitischen Situation ergeben, die in der Notwendigkeit der Abwehr russischer und deutscher Aggression besteht.[416]

Zum Sprachrohr der „Krajowcy" wurde die „Gazeta Krajowej" und der „Przegląd Wileński",[417] geführt durch eine Gruppe von Aktivisten um Römer, Jan Piłsudski (der jüngere Bruder des Marschalls) und Witold Abramowicz. Ab 1915 stellten sie die Losung von einem „unabhängigen, historischen Litauen" auf, worunter sie eine litauisch-weißrussische Staatlichkeit verstanden. Erst nach der Umsetzung dieser Forderung sollte die Frage einer Verbindung mit Polen erörtert werden. Die Form des Bündnisses war ein nachgeordnetes Problem, der Grundsatz der Gleichheit aber Bedingung. Praktisch bedeutet das die Unterordnung der nationalen Interessen der Polen in Litauen unter die der litauischen Staatlichkeit. Diese Haltung machte den Hauptunterschied zu den Föderalisten aus, die in der Schaffung der Union die Hauptaufgabe sahen und die Frage der staatlichen Konstruktion als sekundär betrachteten bzw. die Form davon abhängig machten, wie sie die polnische Vorherrschaft, am besten als Königswürde, garantiert. Beide verband die „Jagiellonische Idee", sie trennt die staatliche Präferenz und die Vorstellungen über ethnische Identität und ihre kulturelle Verankerung. Gemeinsamkeiten und Unterschiede spiegelten die unterschiedliche Interpretation der Geschichte der Polnisch-Litauischen Union, waren aber auch nicht von politischen

413 Bardach: O dawnej, S. 265.
414 Miknys: Wilno, S. 60.
415 Das Memorandum ist abgedruckt in: Zeszyty Historyczne 1970, 17, S. 56–127.
416 Miknys: Stosunki polsko-litewskie, S. 124ff.
417 Jurkiewicz: Rozwój, S. 226–234.

Orientierungen zu trennen. Die intellektuelle Verbindung der „Krajowcy" mit der polnischen Sozialdemokratie ist offensichtlich.[418] Dem stand der Konservatismus des Grundbesitzes mit monarchistischen Ambitionen gegenüber. Ihre Betonung des polnisch-kulturell-ethnischen Faktors wurde durch die „Krajowcy" relativiert, indem sie in den Polen in Litauen vor allem den polonisierten litauischen und weißrussischen Adel wahrnahmen, der sich zwar an der polnischen Krone orientierte, aber ein litauisches staatliches Bewusstsein ausbildete. Schließlich sehen sich die „Krajowcy" selbst als bestes Beispiel für diese These. Eine wissenschaftlich ambitionierte Begründung für diese Auffassungen hatte Römer bereits in seinem Buch zur Geschichte Litauens als unabhängiger Staat geliefert, in dem er die Staatsbürgerschaft als bestimmendes Element benennt, die über der polnischen Individualität steht, sie aber weiter zulässt.[419]

Das Programm der „Krajowcy" war der Versuch, auf der Grundlage eines historischen Bewusstseins des Großfürstentums Litauen als Teil der Union mit Polen und der „Jagiellonischen Idee" einen souveränen litauischen Staat zu schaffen, der wesentlich tradierte Elemente aufnimmt und sich mit der Erzählung der Gleichheit legitimiert. In der historischen Begründung war er dem Ansatz der Föderalisten ähnlich, aber in seinem Konzept genauso realitätsvergessen und falsch wie der konservative. Die „Krajowcy" blieben immer eine elitäre Gruppe. Sie stießen auf Interesse, konnten aber nie Massen binden.[420] Was sie eher bekannt machte, war die Gegnerschaft, die sie erzeugten. Die Staatsgründungen, die polnische Besetzung des Wilnoer Gebietes und schließlich der Frieden von Riga brachte sie zwischen alle Fronten erfolgreicher und erfolgloser nationaler Bestrebungen. Das waren Entscheidungssituationen, denen sich die Aktivisten stellen mussten. Die „Krajowcy" spalteten sich, was ihrer von vornherein gegebenen Differenziertheit folgte. Eine Gruppe blieb in Wilno, arrangierte sich mit dem Konstrukt Mittellitauen und sah darin eine Form der Verwirklichung ihrer Vorstellungen, die andere blieb auch, ging aber in die Opposition. Michał Römer wechselte nach Litauen und wurde als Mykolas Romeris Professor an der Universität in Kaunas.[421] Dort hielt er an seiner Formel der „polnisch sprechenden Litauer"[422] fest, denen er sich selbst zuordnete.[423] Er hatte im Frühjahr 1919 durch Vermittlung zwischen Piłsudski und der Litauischen Regierung noch versucht, politisch Einfluss zu nehmen und weitere Konflikte zu verhindern. Als Professor, vor allem jedoch als Rektor der Universität in Kaunas war Römer am Zustandekommen von Kontakten zu polnischen Wissenschaftlern und an der Organisierung einer wissenschaftlichen Kommunikation maßgeblich beteiligt. Henryk Łowmiański und Henryk Paszkiewicz konnten zwischen 1929 und 1934 die Universität mehrmals besuchen und auch Oskar Halecki war 1930 zu Gast. Unter den Bedingungen einer faktischen Kontaktsperre zwischen den Ländern waren solche Aktivitäten nur durch außergewöhnlichen persönlichen Einsatz zu realisieren und in den politischen Konsequenzen schwer einzuschätzen.[424]

Eine intellektuelle und elitäre Aufnahme erfuhr der Gedanke der „Krajowcy" in der Stefan-Batory-Universität. Hier gründete sich 1929 der „Klub Włóczęgów Seniorów". Er sah sich in

418 Bardach: O dawnej, S. 269–272.
419 Römer: Litwa, S. 96f; Sawicki: Stosunki.
420 Bardach: O świadomości, S. 262.
421 Hernik: W kręgu, S. 100f.
422 Sawicki: Michał Römer, S. 143; Miłosz: Wyprawa, S. 40.
423 Sawicki: Od dwuszczebłości, S. 131–138.
424 Bardach: Z dziejów, S. 374–379.

der Tradition einer gleichnamigen studentischen Vereinigung aus dem Jahre 1918, die für eine Eigenständigkeit des litauischen Staates eintrat. Geistige Köpfe waren mit Seweryn Wysłouch, Stanisław Swianiewicz und Władysław Wielhorski Mitarbeiter des „Wissenschaftlichen Forschungsinstituts für Osteuropa" (INBEW). Der Klub stellte sich in die direkte Tradition der „Krajowcy" und forderte eine eigene Staatlichkeit für Litauen unabhängig von Polen. Vor allen Dingen stand der Kampf gegen jeglichen Nationalismus und die Herstellung völliger Gleichberechtigung der ethnischen Gruppen im Mittelpunkt.[425] Hier ging es weniger um politische Wirksamkeit, sondern eher um historische Reminiszenzen von Wissenschaftlern an den jagiellonischen Gedanken und das Festhalten an Traditionen als Idealbild einer Staatlichkeit, die durch die vermeintlichen Tugenden einstiger Großmacht in der Lage ist, in den geopolitischen Bedingungen der Nachkriegszeit zu bestehen.

4 Kresy

Kresy ist ein unsteter geographischer Begriff.[426] Ursprünglich markiert er das östliche Grenzgebiet des polnisch-litauischen Reiches und beschreibt den Raum der Auseinandersetzungen mit Tataren, Russen, Kosaken und Osmanen.[427] Er ordnet sich mit seinen historischen Landschaften im Lauf der Geschichte der Polnisch-Litauischen Union in unterschiedlicher Intensität zu und passt sich dem Wandel staatlicher Ideen und gesellschaftlicher Bedürfnisse an. In der polnischen Romantik werden die Kresy als Erinnerungsort mit der zentralen Funktion der Rückbesinnung auf einstige polnische Großmacht im gesellschaftlichen Bewusstsein verankert.

Dabei gilt das Poem „Mohort" von Wincenty Pol von 1854 als Ausgangspunkt der Verbindung der Kresy mit einer Liebe zum Vaterland und der Heroisierung polnischen Opfermutes.[428] Genauso wird jedoch hier bereits die Dichotomie der Kresy betont: einerseits als fester und wichtiger Bestandteil des Königtums, ohne den Polen nicht existenzfähig ist, und andererseits ihr ausgeprägt eigenständiger, ja bisweilen fremder Charakter, der einen speziellen Beitrag zur staatlichen Identität leistet, wo ein besonderer Geist[429] herrscht und der einer besonderen Betrachtung und Behandlung bedarf. Alle diese Merkmale werden in den Standardwerken polnischer Nationalliteratur der Teilungszeit zum Mythos stilisiert und die Kresy als Land polnischer Ritterlichkeit und als Arkadien, in dem Milch und Honig fließen, beschrieben. Der Kresy-Mythos in der Teilungszeit ist zentrale Aussage der Trilogie von Henryk Sienkiewicz sowie im Versepos „Pan Tadeusz" von Adam Mickiewicz und findet sich ebenso in der Poesie von Juliusz Słowacki und Józef Ignacy Kraszewski.[430]

Zunächst waren es die südöstlichen Kresy, der Grenzraum an Dnepr und Dnister, die aus der Tradition des militärischen Grenzraumes übernommen werden, wo die Funktion als

425 Hernik: W kręgu, S. 105f.
426 Kwaśniewski: Polskie kresy, S. 1.
427 Kieniewicz: Kresy, S. 3.
428 Kolbuszewski: Legenda, S. 60f; Raths-Pietrucien: Kresy, S. 6f.
429 Chrzanowski: Kresy, S. 18f.
430 Kolbuszewski: Legenda, bes. S. 49, 55, 59ff, 66; Benecke: Die Kresy, S. 261f.

antemurale christianitatis schon im 16. Jahrhundert im Vordergrund steht.[431] Im Zusammenhang mit den Aufständen 1830/31 und 1863/64 sowie der differenzierteren Sicht auf Inhalt und Form einer zu schaffenden Staatlichkeit und nicht unwesentlich beeinflusst von der uneinheitlichen Bewertung der Teilungsmächte, kommt es zu einer Unterscheidung von südöstlichen Kresy (Kresy Południowo Wschodnie), die den polnischen Grenzraum zur Ukraine umfassen und vor allem Galizien meinen, und den nordöstlichen Kresy (Kresy Północno-Wschodnie), die den litauisch-weißrussischen Grenzraum beinhalten. Schließlich erfährt der Kresy-Begriff in der zweiten Hälfte des 19. Jahrhunderts eine Erweiterung auf die polnischen Westgebiete (Kresy Zachodnie).[432] Der Dichter Jan Zachariasiewicz verlagert angesichts der Germanisierungspolitik in seinem Roman „Na kresach" von 1860 die Kresy vom „Dnepr und den ukrainischen Steppen an Warthe und Netze".[433] Der Kresy-Begriff verdichtete sich damit auf die Funktion von Widerstand und Abwehr des Feindes. Eine Sicht, die gerade die nationale Bewegung zum Ende des 19. Jahrhunderts bedient, in der sich bereits die unterschiedlichen Konzeptionen föderaler Staatlichkeit zeigen,[434] und die zunächst zu einer territorialen Verallgemeinerung des Kresy-Begriffs führt.[435]

War in der Romantik und auch noch im Positivismus die Perspektive auf die Kresy vom Paradigma der Union als freiwilliger Zusammenschluss staatspolitischen Charakters geformt, in dem kulturelle Unterschiede nachgeordnete Bedeutung besaßen,[436] so machte sich Ende des 19. Jahrhunderts eine ethnisch-national geprägte polnische Perspektive deutlich bemerkbar, die das Bild der Kresy und die Stellung zu den östlichen Regionen wesentlich beeinflussen sollte.[437] Zu ihrem Wortführer wurde der Vordenker der polnischen Nationaldemokratie Jan Ludwik Popławski. Er stellte den ethnischen Faktor in den Mittelpunkt und nahm den Gedanken der Kresy als Grenzregionen sowohl im Osten als auch im Westen auf, die beide über das staatliche Schicksal Polens entscheiden.[438] Aus seiner ethnozentristischen Perspektive konnte Polen nur dort als Staat entstehen, wo Polen leben und Polnisch gesprochen wird. In den Ost-Kresy waren die Polen unter diesem Gesichtspunkt eine Minderheit und die Ostgebiete verloren damit an Wert, in den westlichen Regionen hingegen wurden die Polen unterdrückt und das polnische Bewusstsein war als Folge deutscher Germanisierungspolitik nur nicht ausreichend ausgebildet.

Diese nationaldemokratische Sicht wurde ausschlaggebend davon bestimmt, dass sie in Deutschland den Hauptfeind polnischer Staatlichkeit sah und damit die potentiellen westlichen Territorien Polens zum vordringlichen Aktionsraum machte. 1903 schrieb Popławski, dass der polnische Staat durch die Abtretung der litauischen und weißrussischen Gebiete an Russland freie Hand gegenüber Preußen hätte, um sich die westlichen Gebiete für Polen zu sichern. Im Osten könne man gegen die nationalen Bestrebungen nur wenig ausrichten und eine Abtretung an Russland würde einen Anschluss an Polen perspektivisch nicht grundsätzlich verhindern. Deutlicher wurde Roman Dmowski, der die litauische Nationalbewegung

431 Beauvois: Mit, S. 94f; Kolbuszewski: Kresy jaka kategoria, S. 180f.
432 Ciesielski: Kresy, S. 7.
433 Fras: Kresy, S. 8f; Kolbuszewski: Kresy jaka ketgoria, S. 186f, 193.
434 Suleja: Kresy, S. 168f; Tomaszewski: Kresy, S. 100.
435 Wrzesiński: Kresy, S. 120.
436 Eberhardt: Kresy, S. 31.
437 Wapiński: Narodowa Demokracja, S. 56.
438 Kulak: Kresy, S. 188; Fras: Kresy, S. 10; Smołka: Kresy, S. 36f.

nicht wirklich ernst nahm, die weißrussische ignorierte und die ukrainische für gefährlich hielt, weshalb letztere bekämpft werden muss. Die Vereinnahmung der Ostgebiete war für ihn eine Pflicht, die sich selbstverständlich mit der Polonisierung der Kresy verbindet. Gleichzeitig sprachen sich die Sozialdemokraten für das Recht der östlichen Nationen auf Selbstbestimmung bis hin zur eigenen Staatsbildung aus und fixierten das in ihrem Grundsatzprogramm von 1892. Aber auch sie sehen die Verbindung mit Polen in einem föderativen Projekt als möglich und sogar erstrebenswert an, womit für sie die Kresy ein Element der demokratischen Entwicklung des zu schaffenden polnischen Staates wurden.[439]

Während des Krieges entstand eine ganze Reihe von Veröffentlichungen, die mit geographisch-statistischen Argumenten die Zugehörigkeit der Kresy zum polnischen Staat belegen sollten. Neben den Arbeiten von Eugeniusz Romer war es vor allem das Buch von Adam Krzyżanowski und Kazimierz Kumaniecki, das eine wichtige Rolle spielte und den historischen Osten als Stammländer Polens beschreibt.[440] 1916 brachte Leon Wasilewski diesen Standpunkt in seinem Buch „Die Ostprovinzen des alten Polenreiches" bündig zum Ausdruck. Es ist nicht weniger als ein Lehrbuch zur polnischen Geschichte aus der östlichen Dimension des Staates heraus. Als Meistererzählung konzipiert gab Wasilewski eine Deutung der Kresy vor, die als Blaupause für eine Nationalgeschichte eines neuen polnischen Staates dienen konnte und über politische Lagergrenzen sowie historiographische Paradigmen hinweg genug Anknüpfungspunkte für eine allgemein gesellschaftliche Akzeptanz bot. Wenn auch das Buch, mitten im Krieg in deutscher Sprache erschienen, als eine Art Handreichung und Argumentationsgerüst für die Mittelmächte als potentiell siegreiche Seite für einen polnischen Staat in der östlichen Dimension von 1772 zu verstehen war, tat dieses Anliegen seiner Bedeutung keinen Abbruch. Der Autor vermeidet es, den geführten Nachweis einer historischen und kulturellen Zugehörigkeit der Kresy zu Polen mit territorialen Forderungen zu verbinden, was die Solidität der Arbeit nur unterstreicht.

Es gibt keine vergleichbare Abhandlung über die Kresy, die so umfangreich und tiefgründig mit wissenschaftlichem Anspruch eine interdisziplinäre Perspektive sozialwissenschaftlicher Forschung entwickelte. Schon in der Einleitung klopft Wasilewski die Grundpositionen vom polnischen Volk als „geschlossener Masse" fest, die seit sehr alter Zeit „an ein und derselben Stelle" siedelte und mit den „Nachbarstämmen zu einer Nation" verschmolzen und den Ausgangspunkt eines „räumlichen Wachstums" bildeten.[441] Die Arbeit ist stark historisch angelegt und legitimiert das polnische Staatsterritorium von 1772 vor allem in seiner östlichen Dimension. Was die Westgebiete angeht, so bleibt Wasilewski vage, kommt den Mittelmächten spürbar entgegen, ohne freilich den möglichen Interpretationsraum historischer Fakten zu verlassen. So findet er im „raschen Vorrücken der deutsch-polnischen Sprachgrenze nach Osten" und der damit verbundenen Germanisierung und deutschen Kolonisation eine Entsprechung in der seit dem 13. Jahrhundert ansetzenden „Tendenz der Ausbreitung nach Osten" und einer Verfestigung der „ostwärts gerichtete(n) Expansionstendenz Polens" sowie dem offiziellen Verzicht auf polnische Westgebiete.[442] In diesem Zeitraum verschob sich der „Schwerpunkt der gesamten Politik Polens nach Osten". Damit verband

439 Kieniewicz: Kresy, S. 9; Suleja: Kresy, S. 169f.
440 Krzyżanowski, Kumaniecki: Statystika Polski.
441 Wasilewski: Die Ostprovinzen, S. 7.
442 Ebenda, S. 10f.

sich Christianisierung und polnische Kolonisation als ein Prozess des kulturellen Fortschritts, der in der Verbindung mit Litauen und schließlich mit der Union von Lublin seinen Abschluss fand: „Kraft dieser Union wurden Podlachien und die südruthenischen Provinzen Litauens dem unmittelbaren Besitz der Krone Polens einverleibt.“[443] Diese Expansion verschärfte den „Gegensatz zum Rivalen im Osten, dem Moskowiterstaat“: „Mit der Zeit wurde Russland d e r Feind Polens, der Feind schlechthin, dessen Abwehr alle Kraft in Anspruch nahm.“[444] Explizit formuliert Wasilewski zu einem deutschen „Drang nach Osten“ einen polnischen, der sich sowohl auf günstige politische als und ökonomische Bedingungen gründete.[445] Produkt dieser „nationalen Expansion des Polentums“ war eine umfassende Polonisierung Litauens und Rutheniens.[446] Am Ende der einleitenden Bemerkungen macht Wasilewski unumwunden klar, dass es in seiner Abhandlung darum geht, dem deutschen Publikum zu zeigen, dass in den Kresy „die äußersten Vorposten des europäischen Westens den ersten Vorposten Asiens gegenüberstehen“ und hier der „Gegensatz zwischen Polentum und Russentum die Grundlage alles Bestehenden ist“.[447]

Das Buch gehört beileibe nicht zu den zahlreichen Broschüren, die den Kriegsmächten territoriale Rechte verdeutlichen sollten. Wasilewski unternimmt auf 365 Seiten eine Analyse der Entwicklung Litauens, Weißrusslands, Ostgaliziens, der Ukraine, Podlachiens und der historischen Landschaft Chełm, wobei er mit umfangreichem statistischen Material zur sprachlichen und konfessionellen Entwicklung argumentiert und die damit verbundenen historischen Vorgänge der Konsolidierung des polnischen Königreiches und seiner Auseinandersetzung mit Russland beleuchtet. Insgesamt bestätigt der Text die in der Einleitung formulierten Grundthesen von der Einheit des polnischen Königreiches in einer ethnischen Vielfalt, die sich in der Konstruktion der Polnisch-Litauischen Union entfalten konnte, wobei die polnische politische und kulturellen Dominanz gleichzeitig den entscheidenden Faktor zivilisatorischer Entwicklung bildete. Der gesamte Prozess war verbunden mit der Auseinandersetzung mit Russland, wobei Polen als Schutzfaktor der permanent bedrohten östlichen Gebiete auftritt und gleichzeitig die Funktion der *antemurale christianitatis* Westeuropas wahrnimmt. Dabei stellt Wasilewski den aktuellen Bezug zur historischen Entwicklung her und macht gleichsam eine Perspektive einer für alle Seiten sinnvollen Ordnung nach dem Krieg auf.

Großen Raum nimmt dabei die Darstellung der Beziehung Polens zu Litauen ein, die er vor allem durch die Verhältnisse in den östlichen Gebieten zu erklären versucht. Dieser brüderliche Bund (unia fraterna) fand mit der Union von Lublin in einem langen historischen Prozess seinen Abschluss. Diese Vereinigung war nach Wasilewski die einzige Chance Litauens zu überleben. Einerseits war das Land allein nicht in der Lage, gegen das aufstrebende Moskauer Reich zu bestehen, andererseits war der kulturelle Einfluss der Weißrussen so groß, dass es das Litauische immer weiter zurückdrängte. Polen sicherte nach 1569 die formale Eigenständigkeit Litauens in der Union und neutralisierte den kulturellen weißrussischen Einfluss dadurch, dass man sich sprachlich mit den Weißrussen erheblich näher stand als mit den Litauern, wobei auffällt, das Wasilewski den Weißrussen eine entscheidende

443 Ebenda, S. 12.
444 Ebenda, S. 13f.
445 Ebenda, S. 15.
446 Ebenda, S. 17.
447 Ebenda, S. 19.

Funktion in der Verbindung Polens mit den östlichen Gebieten beimisst. Die rechtliche Angleichung, die Kirchenunion und damit verbunden auch die Besserstellung der Bevölkerung Podlachiens und Wolhyniens sicherten den festen Verbund mit diesen östlichen Regionen.[448] „Durch die Union erreichte das polnische Reich den Gipfel seiner Machtentfaltung, der polnischen Kultur aber wurden ausgedehnte Territorien zugänglich, wo sie einen siegreichen Wettkampf mit der ruthenischen Sprache und Sitte begann, welche bisher in Litauen dominiert hatte."[449]

Nach tiefgreifenden Russifizierungsprozessen in der Teilungszeit entdeckt Wasilewski einzig bei den Litauern und Ukrainern nennenswerte Anzeichen einer Nationsbildung. Die übrigen Gebiete des Ostens der polnischen Krone waren für ihn „ethnographisches Rohmaterial".[450] Selbst bei den Litauern befindet sich das Nationalbewusstsein in manchen Bevölkerungskreisen noch im „Nebelfleckstadium". Die nationale Bewegung war kaum in der Lage, ein eigenes Programm zu entwickeln und führt in ihrem „polnischfeindlichen Fanatismus" einen „Polenvernichtungsfeldzug", während die polnische Seite ein Angebot zur Fortführung der Union als gleichberechtigte Staaten gemacht hatte.[451] Bei den Ruthenen findet Wasilewski regional große Unterschiede und kaum einen Einfluss der ukrainischen nationalen Bewegung in Polesien, Podlachien und Podolien. Ein Grund dafür war die starke Präsenz der Polen in diesen Gebieten und deren kultureller Einfluss, der während des Krieges sprunghaft zunahm.[452]

Den ukrainischen Anspruch auf Wolhynien, Podlachien und Chełm lehnt Wasilewski grundsätzlich ab.[453] Allerdings billigt er dem „Ukrainertum" eine eigenständige Entwicklung und eine ausgebildete nationale Bewegung zu. Ursprünglich zur polnischen Krone gehörig nahm es nach der freiwilligen Angliederung an Russland durch Bohdan Chmielnicki 1654 eine russische und eine polnisch geprägte Entwicklung. Den polnisch-ukrainischen Dissens sieht Wasilewski vor allem in der österreichischen Nationalitätenpolitik in Galizien begründet, die den Konflikt zur Machtsicherung schürte, wodurch die Auseinandersetzungen bis zum Ausbruch des Krieges beständig zunahmen und schließlich zu dem ausgemacht polenfeindlichen Charakter der Nationalbewegung der Ukrainer führten.[454] Wenn Wasilewski auch ein vor allem durch Taras Szewczenko formuliertes Nationalbewusstsein mit einer deutlichen historischen Legitimation konstatiert, so sieht er doch eine Spaltung der nationalen Bewegung in eine Russlandorientierung und eine Eigenstaatlichkeit,[455] die für ihn die ukrainische Frage in der gegenwärtigen Situation des anhaltenden Krieges als im Wesentlichen offen erscheinen lässt; und damit war auch die Zugehörigkeit der polnischen Ostgebiete ungeregelt. Obwohl stark eingefärbt durch eine Parteinahme für das Selbstbestimmungsrecht der Nationen, so hielten Wasilewski und andere führende Politiker des PPS an den 1916 formulierten Grundpositionen zu den Kresy fest und suchten sie mit ihren Vorstellungen einer föderalen Staatskonstruktion zu vereinbaren.

---

448 Ebenda, S. 26, 37, 40, 47f, 58, 88f.
449 Ebenda, S. 52.
450 Ebenda, S. 83.
451 Ebenda, S. 110ff, 140, 143.
452 Ebenda, S. 183.
453 Ebenda, S. 187.
454 Ebenda, S. 218, 249, 268.
455 Ebenda, S. 346, 362f.

In der Zweiten Republik verkürzte sich der Begriff der Kresy nach dem Frieden von Riga auf die administrative Struktur der östlichen Wojewodschaften Wilno, Nowogródek, Polesien und Wolhynien, die lediglich nur noch einen Torso der überkommenen Kresy darstellten.[456] Zugleich zog sich der Begriff Kresy aus dem offiziellen Sprachgebrauch zurück und diese Wojewodschaften galten fortan als „polnische Ostgebiete“ (ziemie wschodnie). Allein in der Literatur wurde der Kresy-Mythos fortgeschrieben und hielt an den territorialen Dimensionen der Adelsrepublik fest, behandelte also auch jene Gebiete, die nicht mehr zum Staatsgebiet der Zweiten Republik gehörten. Dabei bediente man sich moderner Formen der Darstellung, die sich auf regionale Besonderheiten, ländliches Leben, die Dramatik der Aufstände, aber auch Gegenwartsprobleme konzentrierten.[457] Daraus ergab sich eine gewisse Arbeitsteilung: Die Literatur hält den Mythos der Kresy in der Gesellschaft wach und dient damit weiter dem Geist des nationalen Aufbauwerkes der Zweiten Republik und insbesondere seiner sicherheitspolitischen Interessen. Sie wird abgekoppelt von der Beschäftigung mit den östlichen Wojewodschaften, die sich als ausgesprochene Problemzonen erweisen, in denen sich alle Konflikte des neuen Polens bündeln und der Staat sich zunehmend hilflos, ja sogar desinteressiert zeigt. Hier treffen zwei Perspektiven aufeinander, die sich eigentlich ausschließen bzw. miteinander konkurrieren, sich aber in der zur Staatsdoktrin erklärten Behandlung der Kresy als Grenzregion und unabdingbarer Bestandteil polnischer staatlicher Existenz treffen und ergänzen.[458]

Diese doppelte Perspektive hegte die Problemlagen in gewisser Weise ein und gab der kritischen Betrachtung des polnischen Ostproblems einen größeren Freiraum, belegt aber auch das insgesamt indifferente Erscheinungsbild der Kresy. Er wird als diffuser Großraum wahrgenommen, der sich nur wenig als eigenständiger Forschungsgegenstand eignet.[459] Hinzu kam die gesellschaftliche Wahrnehmung des polnischen Ostens als schlechterer Landesteil, eben „Polen B“.[460] Gerade die konservative Publizistik, allen voran die Brüder Mackiewicz, schürte beständig die generelle Abneigung gegenüber diesem Osten als Region der zivilisatorischen Rückständigkeit und gesellschaftlichen Wertlosigkeit, dem negativen Stereotyp des Ostens, der nun einmal uneuropäisch ist.[461] Damit einher ging ein wachsendes Interesse an den westlichen Kresy[462] als ein Produkt der Vorstellung von der territorialen Geschlossenheit des neuen Staates in der Synthese der Ideologien von Roman Dmowski und Józef Piłsudski und fand seine prägnante Formulierung in den Theorien von den „polnischen Mutterländern“ von Zygmunt Wojciechowski.[463] Ergänzt wurde diese Perspektive durch eine von Publizisten und auch von Historikern wie Szymon Askenazy vertretene Auffassung von

456 Eberhardt: Kresy, S. 35; Benecke: Die Ostgebiete, S. 2; Milewski: Kresy, S. 7–9.
457 Hadaczek: Kresy, S. 5, 13; Kolbuszewski: Kresy, S. 79ff; Kosman: O kresach, S. 73; Beauvois: Mit, S. 100f; Benecke: Die Kresy, S. 264, Anm. 8; Uliasz: Idee regionalizmu, S. 121ff.
458 Tomaszewski: Kresy, S. 107.
459 Dobrzyńska-Rybicka: Z socjologii. Ein Befund, der auch von der neueren Forschung geteilt wird: Sadowski: Pogranicze polsko-białoruskie.
460 Kieniewicz: Kresy, S. 12.
461 Czaplejewicz: Kresy, S. 42ff. Hier besonders bei Stanisław Cat-Mackiewicz in: Dom Radziwiłłów, S. 237 und Józef Mackiewicz in: Bunt rojstów, S. 191f. Vgl. auch Miłosz: Wyprawa, S. 395ff; Surynt: „Das Land“.
462 Wapiński: Kresy, S. 33.
463 Krzoska: Für ein Polen, S. 203 ff.

der engen Verbindung östlicher und westlicher Kresy als Nexus von Verlust, der die polnische Existenz bestimmen würde: Wenn die Deutschen die Grenze bei Zbąszynek überschreiten, werden die Russen bei Baranowicz folgen.[464]

Die nach 1918 erfolgte Hinwendung zu den westlichen Grenzgebieten fand in seiner konzentrierten Arbeit zunächst keine Entsprechung für die Ostgebiete. 1922 wird zwar ein „Institut zur Erforschung der Ostgebiete der Republik Polen“ (Instytut do Badania Ziem Wschodnich Rzeczypospolitej Polskiej) mit Sitz in Warschau gegründet;[465] der Aufgabenstellung zur Erforschung der Geschichte, Kunst und Kultur dieses Ostens, verbunden mit einem anspruchsvollen publizistischen Programm, dem eine Reihe Historiker verpflichtet wurde, kam es jedoch mit nur wenig Erfolg nach. 1927 gab das Institut seine Arbeit auf, weil die Mitarbeiter sich auf „anderen Feldern“ betätigten.[466] Auch der Versuch zur Gründung eines „Wolhynischen Instituts“ schlug fehl.[467] Darüber hinaus gründeten sich einige Organisationen und Vereinigungen, die sich speziell den Ostgebieten widmeten, wie der „Verein zur Verteidigung der Ostgebiete“ (Stowarzyszenie Obrońców Kresów Wschodnich), die „Vereinigung Kresy-Wacht“ (Towarzystwo Straży Kresowej) oder der „Polnische Kresy-Verband“ (Polski Związek Kresowy)[468] sowie der „Verband der Aufsicht über die Kresy“ (Towarzystwo Opieki nad Kresami).[469]

Sie waren jedoch mehr oder weniger aggressiv auf die Polonisierung ausgerichtet und stellten sich konsequent gegen alle nationalen Bestrebungen der Minderheiten im Osten. Der „Verband zur Verteidigung der Ostgebiete“ (Towarzystwo Obrony Ziem Wschodnich), der die Zeitschrift „Polska Wschodnia“ 1930 bis 1933 und 1939 herausgab, nahm hierbei eine Vorreiterrolle ein. In seinem Programm vom Sommer 1930 formulierte er als Hauptaufgabe „die Festigung des polnisch-nationalen und staatlichen Gedankens unter dem Volk und den polnisch-slawischen Stämmen der östlichen Kresy“, ihren Schutz vor fremdem Nationalismus und den Erhalt polnischen Besitzstandes, um durch die Sicherung der polnischen Gesellschaft die Ostgebiete für Polen zu erhalten. Darin fand er breiteste Unterstützung über die Parteigrenzen hinweg.[470] Dies sollte durch publizistische Tätigkeit und Aufklärung über den Osten genauso geschehen wie durch die Organisierung von Fahrten in die östlichen Wojewodschaften.[471]

Anders sah es bei der 1934 gegründeten „Kommission zur wissenschaftlichen Erforschung der Ostgebiete“ (Komisja Naukowych Badań Ziem Wschodnich) aus, die direkt beim Ministerrat angebunden war. Die Kommission organisierte Studien zu Strukturfragen der östlichen Wojewodschaften als Regionalforschung zu Ostpolen, die vor allem Fragen der demographischen Entwicklung und staatlichen Einflussnahme auf die Entwicklung von Handel und Kleingewerbe zum Gegenstand hatten.[472] Die Forschungsstelle vermochte jedoch kein eindeutiges

464 Wapiński: Świadomość polityczna, S. 265.
465 Nauka Polska IV (1923), S. 406.
466 Nauka Polska VII (1927), S. 287ff.
467 Wyrobisz: Polskie, S. 41.
468 Hadaczek: Kresy, S. 5, Anm. 2.
469 Bartoszewicz, Joachim: Znaczenie, S. 38.
470 Hemmerling, Łuczak: Miejsce kresów, S. 221.
471 Polska Wschodnia 1 (1930), S. 1ff.
472 Nauka Polska 22 (1937), S. 239f; Potocki: Instytut, S. 215.

Profil zu entwickeln und litt unter ständiger Unterfinanzierung.[473] Letztlich teilte sie das gleiche Schicksal wie das „Komitee für Nationalitätenfragen beim Präsidium des Ministerrates" (Komitet do Spraw Narodowościowych przy Radzie Ministrów), dem es zuarbeiten sollte und wurde alsbald aufgelöst.[474]

Auch Mitarbeiter des „Instituts für die Ökonomie ländlicher Kleinwirtschaften" (Zakład Ekonomiki Drobnych Gospodarstw Wiejskich) in Puławy legten unter der Leitung ihres Direktors Franciszek Bujak[475] und seinem Nachfolger Witold Staniewicz[476] Arbeiten zur wirtschaftlichen Entwicklung östlicher Regionen vor. Wie die Kommission arbeitete es mit dem INBEW und der USB in Wilno zusammen, die im weitesten Sinne auch den polnischen Osten im Blickfeld hatten. Staniewicz initiierte an seinem Lehrstuhl an der USB eine umfassende Arbeit über die Wojewodschaft Nowogródek,[477] die sich auf die Darstellung der geographischen Gegebenheiten und wirtschaftlichen Besonderheiten konzentrierte. Auch diese Arbeit war, wie vergleichbare aus den genannten Institutionen, rein wirtschaftlich-strukturell angelegt und ließ Fragen der nationalen Gliederung und der sich daraus ergebenden Probleme nahezu unberücksichtigt.[478] Man gewinnt den Eindruck, dass diese Arbeiten bewusst „unpolitisch" erstellt waren und absichtlich den gesamten Komplex der Nationalitätenfragen und der Minderheitenproblematik ausklammerten.

Eine gewisse Sonderstellung nimmt das 1925 gegründete „Institut zur Erforschung der wirtschaftlichen Verhältnisse der Ostgebiete" (Instytut Badania Stanu Gospodarczego Ziem Wschodnich) ein. Es war eng an das „Museum für Industrie und Landwirtschaft" in Warschau gebunden und konzentrierte sich auf rein wirtschaftliche Fragen. Im Zentrum der Aufmerksamkeit des Instituts stand die Politik des Regionalismus im Sinne der Berücksichtigung nicht nur der besonderen Bedeutung der Ostgebiete für den polnischen Staat, sondern auch ihrer Spezifik. Ihre Erforschung bildete die Grundlage einer Förderung, die der Angleichung der Lebensverhältnisse dienen sollte und dadurch den polnischen Osten enger und dauerhaft in das Staatsgebilde integriert. In einem Leitartikel zur Tätigkeit und Aufgabenstellung des Instituts konstatierte der Generalsekretär des Instituts Stanisław Orsini-Rosenberg die strukturelle Rückständigkeit des polnischen Ostens, der mit seiner ethnischen Mischlage gefährliche separatistische Tendenzen entwickeln und zum Feld bolschewistischer Aktivitäten und imperialer Ansprüche Russlands werden kann. Eine den konkreten Bedingungen entsprechende Wirtschaftspolitik kann eine dauerhafte Bindung zwischen Staat und Gesellschaft im Osten herstellen. Dazu ist eine staatliche Regulierungspolitik der kapitalistischen Wirtschaft, zu der Polen sich bekennt, genauso wichtig wie die Unterordnung der lokalen unter die allgemeinen Bedürfnisse.

Letztlich wird in dem Artikel die Prosperität des polnischen Ostens als Garant der Stabilität des Staates gesehen. Orsini-Rosenberg registrierte für Polen einen enormen Nachholbedarf auf dem Gebiet der Regionalforschung zu Wirtschaftsfragen und führte als Beispiele Institutionen in Großbritannien und Frankreich an. Mit Nachdruck vergleicht er die Tätigkeit

473 Ormicki: Życie gospodarcze, S. 179–189, 269.
474 Schenke: Nationalstaat und nationale Frage, S. 404f.
475 Shelton: The Democratic Idea, S. 187f.
476 Swianiewicz: Witold Staniewicz, S. 20.
477 Odlanicki-Poczobutt: Województwo Nowogródzkie.
478 Ballerstedt: Raumforschung, S. 754ff.

und Aufgabenstellung des Instituts mit den deutschen Institutionen wie dem „Osteuropa-Institut“ in Breslau, dem „Wirtschaftsinstitut für Russland und die Oststaaten“ und dem „Institut für Ostdeutsche Wirtschaft“ in Königsberg.[479]

Das Institut beschäftigte sich in sechs Sektionen mit verschiedenen Bereichen der Wirtschaft des Ostens und brachte die Zeitschrift „Prace Instytutu Badania Stanu Gospodarczego Ziem Wschodnich” (Arbeiten des Instituts zur Erforschung der wirtschaftlichen Verhältnisse der Ostgebiete) heraus. Es erscheinen 1927/28 vier Nummern mit jeweils französischen Zusammenfassungen mit dezidierten Untersuchungen, beispielsweise zur Melioration.[480] Auf seiner Eröffnungstagung im März 1926 referierten Witold Staniewicz zu Fragen der wirtschaftlichen Entwicklung der Ostgebiete und Leon Wasilewski zu den Nationalitätenproblemen in den östlichen Wojewodschaften. Im gleichen Jahr wurde auch eine Außenstelle in Wilno gegründet.[481] Mitglieder des Instituts waren Vertreter der Selbstverwaltungen östlicher Kreise, Körperschaften, die sich mit den Ostgebieten beschäftigten, und Privatpersonen aus Wirtschaft und Politik, unter ihnen Stefan Ehrenkreutz, Władysław Studnicki und Witold Staniewicz.[482] Im vierten und letzten Heft aus dem Jahre 1928 wurde ein umfängliches Manuskript vom leitenden Mitglied des Instituts Stanisław Gorzuchowski zur Frage der polnisch-litauischen Grenze veröffentlicht. Hier wurde der Autor doch schon sehr politisch und stellte eindringlich die Bedeutung der Grenzregionen zu Litauen nicht nur für die Sicherheit des polnischen States heraus, sondern belegte mit wirtschaftlich-administrativen Argumenten die innere Verbundenheit des polnischen und litauischen Staates.[483] Gleichzeitig plädierte er energisch für eine Stärkung des polnischen Bauerntums im Osten und verwies auf seine Memoranden an das Landwirtschaftsministerium aus den Vorjahren. Auf einer Vorstandssitzung im November 1928 machten sich bereits Unstimmigkeiten im Vorstand bemerkbar und Schwierigkeiten der Finanzierung wurden deutlicher.[484] Danach verliert sich auch diese Aktivität zur Erforschung der polnischen Ostgebiete.

Der Osten als Strukturproblem erscheint Wissenschaft und Publizistik wenig attraktiv und erfuhr in seiner Darstellung kaum Unterstützung vom Staat. Die Entwicklung der östlichen Wojewodschaften eignete sich kaum als Beispiel oder Beleg einer erfolgreichen Politik der Integration von Region und Bevölkerung. Hinzu kam, dass die „Kresy-Forschung“ durch andere Felder von Publizistik und Forschung kompensiert oder aufgenommen wurde. Die Kresy waren durch ihre geopolitische Lage Bestandteil der Beschäftigung mit Litauen und der „Jagiellonischen Idee“; sie gehörten zum breiten Feld der Russlandforschung und der Auseinandersetzung mit der ukrainischen Frage und machten schließlich einen zentralen Punkt in der regionalen Fixierung der *antemurale christianitatis*-Funktion für die polnisch-staatliche Identität und die westlich-lateinische Zivilisation im Allgemeinen aus. Die Rest-Kresy in Gestalt der östlichen Wojewodschaften bildeten schließlich das Zentrum des Nationalitätenkonfliktes und waren allein dadurch ständig präsent in publizistischen Erörterungen der Zweiten Republik sowie zentraler Gegenstand der Konflikte etablierter politischer Lager.

479 Orsini-Rosenberg: Instytut.
480 Prace Instytutu I (1927), 1.
481 Ebenda, S. 75f.
482 Prace Instytutu II (1928), 4, S. 127f.
483 Gorzuchowski: Studja, bes. S. 4–6.
484 Prace Instytutu II (1928), 4, S. 126.

Einigendes Moment in der Haltung zu den Ostgebieten blieb der geopolitische Aspekt, zu dem die Theorien von Wacław Nałkowski und Eugeniusz Romer zum Übergangsraum und den fehlenden natürlichen Grenzen im Osten nach wie vor wirkten und der staatliche Maßnahmen zur Sicherung dieses für den polnischen Staat essentiell bedeutenden Grenzraumes einforderte. Die Aufmerksamkeit konzentrierte sich deshalb auf eine innere Stabilisierung der Ostgebiete. Entsprechend der politischen Orientierung sollte diese durch strukturelle Reformen, Festigung des Polentums oder eine Politik des Ausgleichs und der Verständigung erfolgen. Einig war man sich in der Publizistik darüber, die östlichen Kresy als Problemfall anzusehen.

Der ehemalige Wojewode von Wolhynien Stanisław Srokowski stellte kurz nach seiner Abberufung als achter Wojewode innerhalb von drei Jahren fest, dass „die Verhältnisse in unseren östlichen Wojewodschaften sich bis heute leider nicht zum Besseren gewandelt haben“ und erhob in seiner fundierten Situationsanalyse geradezu Anklage gegen den sich immer offener zeigenden Widerspruch zwischen den gestellten Aufgaben im Osten und den dort existierenden realen Möglichkeiten.[485] Er sah die Ostgebiete in besonderer Weise mit dem Wesen des Staates verbunden. Leider fehlte jeglicher Plan zur notwendigen Sanierung der östlichen Wojewodschaften und die Publizistik schrieb über die Kresy ohne gesichertes Material oder aufbereitete Studien. Seine kundige und beispielhafte Kritik erwuchs aus der unmittelbaren Erfahrung praktischer Tätigkeit im Osten und der Grundüberzeugung, dass diese Gebiete weiterhin äußerst gefährdet waren. In ihrer inneren Verfasstheit waren sie mit dem polnischen Staat eben nicht organisch verbunden, weder aus der Geschichte heraus noch durch ihre ethnische Zusammensetzung.

Darüber hinaus lagen sie weiterhin im imperialen Fokus Russlands, woran auch der Frieden von Riga nichts geändert hatte. Dem standen eine enorme kulturelle Leistung Polens in diesen Regionen gegenüber und die Gewissheit, dass sie für die Existenz des polnischen Staates und noch mehr für die polnischen Großmachtambitionen unerlässlich sind. Srokowski war sich sicher, dass ohne eine gezielte Politik des Staates, die die regionalen Besonderheiten der östlichen Gebiete berücksichtigt und das auch in einer administrativen Sonderstellung und energischen Fördermaßnahmen artikuliert, die östlichen Wojewodschaften verloren gehen werden und das mit allen Konsequenzen für den Staat.[486] Falsche Einschätzungen und fehlerhafte Politik gegenüber dem Osten resultieren für Srokowski vor allem aus Ignoranz und Desinteresse am eigenen Osten, was sich in der gängigen politischen Literatur niederschlägt.

Srokowski polemisiert namentlich gegen das Buch des Ökonomen und nationaldemokratischen Politikers Stanisław Grabski aus dem Jahre 1923[487] und sieht hier die Hauptversäumnisse verdeutlicht. Vor allem die Ignoranz Grabskis gegenüber den Ukrainern in ihrer Kultur und ihrem Glauben und ihre Reduzierung auf antipolnisches Verhalten beschreibt Srokowski als schwerwiegenden Fehler. Bei einem Zugehen auf die Ukrainer und dem Verzicht auf provokantes Verhalten der Behörden würde man ihnen keinen Grund zum Kampf geben. Gerade diese Politik treibe die Ukrainer immer weiter in der Hände der Nationalisten und der Russen.

---

485 Srokowski, Stanislaw: Uwagi, S. 327. Der Text ist auch als Broschüre 1925 in Kraków erschienen. Hier wird aus dem Artikel im „Przegląd Współczesny“ zitiert.

486 Ebenda, S. 329.

487 Grabski, Stanisław: Uwagi.

Die von Grabski formulierten Einschätzungen bestimmen nach Srokowski die Publizistik und zudem die Informationen, mit denen der Sejm arbeitete.[488] Er warnt davor, die Rolle Polens im Osten aus der historischen Perspektive zu betrachten und das idealisierte Bild des rechtschaffenden und mutigen Polen auf die Gegenwart zu übertragen. Ganz davon abgesehen, dass er diese Rolle ohnehin bezweifelt, fehle es den Polen im Osten nicht nur an Masse, sondern auch an Qualität. Die Rolle einer führenden gesellschaftlichen Kraft hätten bereits die Juden übernommen; Behauptungen, die der Autor anschaulich zu belegen weiß.[489] Sie übernehmen zunehmend wirtschaftliche Schlüsselpositionen und auch die Ukrainer organisieren auf der Grundlage nationaler Verbände eigenständige Strukturen, die sich dem polnischen Einfluss entziehen und den polnischen Besitzstand unterminieren. Hinzu kommt der Aufbau eines eigenen Schul- und Bildungswesen, das Raum für antipolnische Agitation bietet. Die Grundlage für diese negative Entwicklung schafft der polnische Staat selbst, indem er eine im Wesentlichen dysfunktionale Administration zulässt, die von inkompetenten und korrupten Beamten dominiert wird, die sich über die realen Verhältnisse nicht informieren. Das trägt weiter zur Entfremdung der Bevölkerung bei und schürt das ohnehin verbreitete Misstrauen in den Staat. Nicht weniger Schuld trägt die katholische Kirche, die durch ihre ablehnende Haltung gegenüber den Orthodoxen und Unierten die Bevölkerung verprellt.

Srokowski beklagt an vielen Stellen seiner Ausführungen die mangelnde Information und das Unwissen über die östlichen Wojewodschaften und fragt danach, warum es zu diesen wichtigen Regionen keine Forschung gibt oder Institutionen, die sich ausschließlich damit beschäftigen, Pläne der Förderung zu entwickeln oder beratend tätig zu sein, wie es in Deutschland, England und Frankreich selbstverständlich ist. Er sieht einen solchen Bedarf nicht nur für den Osten Polens, sondern ebenso für Ostpreußen und das Baltikum.[490] Ein Vorhaben, für das er sich stark engagierte und das er auch zum Erfolg führte, als er 1925 erster Direktor des „Baltischen Instituts“ in Toruń wurde.[491] Für Srokowski bleibt die Situationsanalyse der östlichen Wojewodschaften eine Negativbilanz nicht ohne Bitternis und Angst um den Osten. Sie erscheinen letztlich trotz aller Beschwörungen historischer Verbindungen und Unverzichtbarkeit doch als Fremdkörper in der Zweiten Republik. Srokowski fragt, warum die „Jagiellonische Idee“ in den Schubladen der Historiker verschwunden ist und keine praktische Anwendung im Sinne einer „inneren Expansion des Staates“ realisiert wird, wobei er dafür plädiert, sie in ihrer neuen und realen Konstitution zu begreifen und zu akzeptieren.[492] Das kann erreicht werden durch die Stärkung des Polentums, eine Autonomisierung der Regionen, die Stärkung der nichtpolnischen, aber propolnischen Kräfte und die gezielte wirtschaftliche Förderung. Srokowski wurde dabei nicht müde, weiter konkrete Vorschläge zur Autonomisierung und differenzierteren Betrachtung der östlichen Wojewodschaften zu unterbreiten.[493]

Obgleich eher als Fundamentalkritik an der Arbeit der bisherigen „linken Regierungen“ gedacht, wurden Srokowskis Ansätze auch von nationaldemokratischer Seite geteilt. Senator

---

488 Srokowski, Stanisław: Uwagi, S. 334. Eine Ausnahme sieht der Autor in dem Buch von Konstanty Srokowski: Sprawa narodowościowa.

489 Ders.: Uwagi, S. 337.

490 Ebenda, S. 343f.

491 Szostakowska: Stanisław Srokowski, S. 49.

492 Srokowski, Stanisław: Uwagi, S. 345.

493 Ders.: Podział.

Joachim Bartoszewicz zog in seinem Buch zur politischen Bedeutung der östlichen Kresy für Polen schon 1923 eine kritische Bilanz und forderte ein stärkeres Engagement des Staates.[494] Władysław Studnicki hatte bereits 1920 aus der Perspektive des Wilnoer konservativen Lagers eine Position zu den Kresy formuliert und in der Vereinnahmung Wolhyniens und Podoliens einen durch die Geschichte gerechtfertigten Prozess gesehen. Die Zugehörigkeit zum neuen polnischen Staat wird allen Bewohnern nützen und die polnische Kultur dieser reichen, um die durch die russische Herrschaft vernachlässigten Regionen zur Blüte zu bringen und ihnen eine eigene kulturelle Entfaltung zu gewähren.[495] Anfang 1923 präzisierte er seine Auffassungen zur Politik in den Kresy und forderte eine Polonisierung unter Berücksichtigung der Unterschiede der dort beheimateten Nationalitäten. Die Weißrussen sollten zur Assimilierung an die Polen aufgefordert werden, während man den national entwickelten Ukrainern nur durch Druck begegnen könne. Allgemein sei die Gefahr des Separatismus gegeben und damit die Möglichkeit der Schwächung der östlichen polnischen Flanke zum Nutzen Sowjetrusslands. Studnicki wurde zu einem der wichtigsten Unterstützer des Projektes von Stanisław Cat-Mackiewicz zum Ausbau der Kresy als „Vorrussland“ (przedrosja).[496]

Ausgangspunkt dieser Überlegungen war die Etablierung Polens als dem Westen gleichberechtigter Staat, dessen Wertigkeit vor allem darin besteht, dass er alle Expansionen aus dem Osten abwehren kann.[497] Dazu benötigt Polen einen territorialen Riegel, der sich durch besondere Festigkeit und Zuverlässigkeit Russland in den Weg stellt. Die Kresy sollten als Vorrussland diese Aufgabe erfüllen. Ähnlich wie bei Studnicki sollten die Weißrussen staatlich assimiliert werden und sich der polnischen Kultur annähern. Die Ukrainer hielt er dazu für ungeeignet. Vehement stellte sich Cat-Mackiewicz jedoch gegen die zwanghafte Assimilierung durch die Nationaldemokraten und verfolgte weiter den Ansatz der Föderation.[498] In seinem zu „Vorrussland“ vorgelegten Programm spielte Weißrussland die entscheidende Rolle. Hier sollte ein autonomes Territorium entstehen, das in enger Verbindung mit dem polnischen Staat eine selbstbestimmte Funktion als Bollwerk gegen Russland bildet. Aus Sicht Cat-Mackiewiczs wäre damit die nationale Frage für die Weißrussen genauso gelöst wie das Problem der Sicherung des Grenzraumes auch aus der Sicht der westlichen Länder. Grundlage des Zusammengehens von Polen und Weißrussen wäre ihre gemeinsame Geschichte, die höherstehende Kultur Polens sowie der Antibolschewismus.[499]

Das Projekt „Vorrussland“ spiegelte die politisch unterlegte Breite der erwogenen Möglichkeiten einer Positionierung zum und des polnischen Ostens wider, unterstreicht aber auch die allgemeine Anschauung über die Kresy als Produkt polnischer Ostexpansion und machtpolitischen Verfügungsraum, der als Puffer im Osten funktional akzeptiert ist, aber national fremd bleibt. Kritik und Erwägungen Srokowskis zu den Kresy erfahren am ehesten durch die Vordenker in der PPS eine produktive Umsetzung. Vor allem in der Zeitschrift „Droga“[500] wurde sich bemüht, eine politische Linie des Piłsudski-Lagers zu den polnischen Ostgebieten

494 Bartoszewicz, Joachim: Znaczenie; Ders.: Sprawa kresów.

495 Studnicki: Ziemie wschodnie, bes. S. 8, 13f. Seine Argumentation wiederholt Studnicki in seinem 1953 erschienen Buch „Das östliche Polen“.

496 Studnicki: Polska polityka narodowościowa.

497 Cat-Mackiewicz: Problemat kresowy.

498 Grygajtis: Polskie idee, S. 432–435.

499 Cat-Mackiewicz: Przedrosja.

500 Nałęcz: „Droga“.

zu entwerfen. Wie Srokowski und andere Autoren ging man von einer völligen Konzeptionslosigkeit aller Parteien zu den Kresy aus[501] und versuchte, eigene Standpunkte zu formulieren. Fast zeitgleich mit Srokowski wurden erste Grundsätze ausgearbeitet, die einen schnellen Ausweg aus dem im Osten herrschenden Chaos durch ein umfangreiches staatliches Sanierungsprogramm forderten.[502] In groben Umrissen wurden Grundlagen einer Sonderbehandlung der östlichen Regionen skizziert, die ihrer nationalen und wirtschaftlichen Spezifik gerecht werden. Die Forcierung der Selbstverwaltung und ein finanzielles Förderprogramm standen neben der Anerkennung der kulturellen Eigenheiten der Ostgebiete im Vordergrund. Ziel war die Stärkung der Ostgebiete, um der Nationalitätenpolitik Sowjetrusslands Paroli bieten zu können. Ohnehin sind diese entwickelten Programme nur verständlich vor dem Hintergrund einer gleichzeitig vor allem von Leon Wasilewski, Tadeusz Hołówko und Piotr Dunin-Borkowski auch im „Droga" geführten Debatte über die polnische Nationalitätenpolitik und die sich daraus ableitenden Notwendigkeiten in den Kresy. Das erste wirkliche und im politischen Spektrum der Zweiten Republik einzige Entwicklungsprogramm für die Kresy, das alle wirtschaftlichen, administrativen und kulturellen Erfordernisse berücksichtigte, wurde vom „Wilnoer Büro für politische Arbeit" im „Droga" Anfang 1925 veröffentlicht.[503]

In der polnischen Nationaldemokratie profilierte sich Jędrzej Giertych als führender Vertreter einer jungen Generation mit einer Arbeit über die Kresy und wurde schnell zum einflussreichen Ideologen des rechten politischen Flügels.[504] Anhand seines politischen Programms zu den Kresy[505] entwickelte er seine Grundauffassungen über den zentralisierten Staat und die Demokratie als den Staat schwächenden Faktor und tendierte damit schon stark zu totalitären Anschauungen der europäischen Nachkriegszeit. Die von ihm recht propolnisch ausgelegten Bevölkerungsstatistiken waren für Giertych ohnehin nur „primitive Argumente", die nicht darüber entscheiden können, dass die Polen als „Herren der Ostgebiete" anerkannt werden müssten. Der Text ist bestimmt vom Gedanken des polnischen Herrenvolkes, das durch sein kulturelles Aufbauwerk den Osten eigentlich erschlossen hat und sich schon deshalb über die anderen erhebt, die kein nennenswertes „selbständiges Schöpfertum" entwickelt hatten und letztlich rohes „ethnographisches Material" darstellten. Allein eine kleine Gruppe würde sich aus diesen anderen Völkern gegen Polen wenden, nicht nur eine Abtrennung betreiben, sondern auch die Ausrottung (wytępienie)[506] der Polen und jeglicher kultureller Spuren der Verbundenheit mit Polen anstreben. Den Begriff „ausrotten" benutzt der Autor, wohl in Anlehnung an Bismarcks Äußerungen zu den Polen aus dem Jahre 1861, im Text nochmals in deutscher Sprache.[507] Die Ostgebiete sind fester Bestandteil des Vaterlandes und jegliche Überlegungen einer Abtretung indiskutabel. Das Programm, das Giertych aus diesen Feststellungen ableitete, ist denkbar einfach: Keinerlei Verständigung mit den anderen Nationalitäten, ihrer Aggressivität kann nur mit Kampf und Unterdrückung begegnet

501 Uzdowski: O program stronnictw.
502 Wasilewski: Sprawa kresów wschodnich; Hołówko: Minimalny program.
503 Wileński Biuro Prac Politycznych.
504 Majchrowski: Polska myśl polityzna, S. 86f.
505 Giertych: O program. Auszugsweise abgedruckt unter dem Titel „Über das Programm ..." in: Polen und der Osten.
506 Giertych: O program, S. 8.
507 Ders.: Über das Programm, S. 155.

werden.[508] Schon die Tatsache, dass diese Politik praktisch nicht durchführbar erscheint und man die einheimische Bevölkerung braucht, ließ Giertych letztlich dafür plädieren, die Massen von ihren Wortführern zu trennen und sie in einer „großen Arbeitsanstrengung des gesamten Volkes“ für das Polentum zu gewinnen.[509]

In den historischen Reflexionen zu den Kresy spielte weiterhin der Antemurale-Faktor eine Schlüsselrolle. Bogumił Jasinowski erneuerte auf der Grundlage seiner Studien zum östlichen Christentum[510] auf einem Kongress in Lwów 1935 diesen Aspekt als wesentlichen emotionalen Faktor polnischer Identität.[511] Seine Ausführungen sind ein Traktat der polnischen Erinnerungskultur und ordnen die Kresy in die großen europäischen Kulturströme ein. Im Vordergrund steht die große Zeit der Expansion des polnisch-litauischen Großreiches, in der sich die Dynamik der polnischen Geschichte nachdrücklich an der Ostgrenze zeigte. Die eigentliche Bedeutung der Kresy, speziell der südöstlichen, für das nationale Bewusstsein schöpft sich aus der Perspektive der Teilungszeit, in der die Erinnerung im besonderen Kontrast zur Gegenwart steht und ein wertvolles Element des Festhaltens am staatlichen Gedanken sowie Kraftquelle der Wiedererlangung einstiger Größe ist. Diese Erinnerung verbindet sich nicht nur mit einer ethnischen Expansion und einem kulturellen Schaffen, sondern auch mit einer „großen Idee“, derer jedes Volk bedarf. Diese Idee war für Polen die Rolle als „Vormauer der Christenheit“ (*antemurale christianitatis*). Sie realisierte sich in Rotrussland, Wolhynien, Podolien und der Ukraine in der Auseinandersetzung mit der „muselmanischen Welt“. Polen nahm die „allgemeineuropäische“ Aufgabe einer „Kresy-Wacht“ (straż kresowa) wahr und wurde in der Augen des Westens und der ganzen Welt zum Wächter der *respublica christiana*.[512]

Für Jasinowski ist es vor allem Joachim Lelewel, der mit seiner historischen Parallele der Rolle Polens in den Kresy und Spaniens im Kampf mit den Sarazenen diese Erinnerung ins 19. Jahrhundert hineingetragen und die Rolle der Kresy als festen Bestandteil des nationalen geistigen Erbes verankert hat. Zusammen mit den Literaten Henryk Sienkiewicz und Stefan Żeromski hatte er dafür gesorgt, dass dieser wichtige Teil der polnischen Geschichte nicht verloren ging, sondern seine Bedeutung im 19. Jahrhundert noch gewachsen war und zum wichtigen Träger des Nationalstolzes in der Teilungszeit wurde. Trotz der mehr oder minder ausgeprägten ethnischen Unterschiede in den Kresy hatte sich dort doch gerade unter den Bedingungen der Unterdrückung ein Bewusstsein der Gemeinsamkeit im Kampf herausgebildet, das unter der Adelsdemokratie innere Festigung und Führung erfuhr und einen eigenen „polnischen Stil“ (styl polski)[513] schuf, der den Geist der Kresy ausmachte. Jasinowski konstatierte jedoch einen Bedeutungsverlust der Kresy in der gegenwärtigen gesellschaftlichen Wahrnehmung und einen gewissen Revisionismus in der Erinnerung. Er verortete diese Erscheinung in einer Generation, die polnische Geschichte aus der Perspektive der wiedererlangten Unabhängigkeit betrachtet, umso mehr sah er es als Aufgabe an, die Kresy fest im nationalen Bewusstsein zu fixieren.

508 Ebenda, S. 154.
509 Ebenda, S. 156.
510 Jasinowski: Wschodnie chrześcijaństwo.
511 Ders.: Podstawowe znaczenie.
512 Ebenda, S. 215.
513 Ebenda, S. 219.

Dieser Appell der Rückbesinnung ist auch vor dem Hintergrund der zunehmenden Konflikte in den Kresy zu bewerten, die sowohl Ausdruck staatlicher Unfähigkeit und Unwillens waren, aber ebenso das gesellschaftliche Desinteresse und den Eindruck einer genetischen Zurückgebliebenheit im Osten förderten.[514] Die Diskussion um die Kresy hielt weiter an und konzentrierte sich zunehmend auf die Möglichkeiten und Notwendigkeiten des Umgangs mit der nationalen Bewegung, vor allem der Ukrainer, und den mit der Nationalitätenfrage ebenso verbundenen sowjetischen Einfluss.[515] Es ist festzustellen, dass selbst bei den Vertretern des Piłsudski-Lagers der konkrete Gegenstand Kresy bzw. die Ostgebiete immer weiter in den Hintergrund rückten und die sich dort zeigenden Problemlagen wirtschaftlicher und administrativer Art eine auf das ganze Land bezogene allgemeine Erörterung erfuhren und zudem dic Nationalitätenfrage im Osten in wachsendem Maße als polnisches Minderheitenproblem wahrgenommen wurde. Damit schwand auch weiter das Interesse an Analysen der realen Situation und kam einer Verweigerungshaltung gleich, womit sich spätestens nach 1935 der politische Stil gegenüber den Kresy mehr in Richtung Giertych als Wasilewski oder Srokowski bewegte.[516]

514 Wapiński: O wpływie, S. 17f.
515 Wasilewski: Z zagadnień kresów; Ders.: Kilka uwag; Uzdowski: Wschodnie niebezpieczeństwo; Hołówko: Metody.
516 Benecke: Die Ostgebiete, S. 267–286.

V Wirkung und Rezeption

1 Paradigmen einer Osteuropaforschung

Seit dem Ende des 19. Jahrhunderts entstanden im europäischen Rahmen Institutionen, die sich Osteuropa im Sinne der slawischen Welt widmeten, wobei die territoriale und machtpolitische Dimension Russlands im eigentlichen Interesse der Forschung stand. Der Bedarf an Informationen über Russland in seiner politischen Bedeutung und Fremdheit war groß.[1] In Großbritannien ist es zunächst Liverpool mit seiner Slawistik und ab 1915 die „School of Slavonic and East European Studies“ in London, die Forschungszentren bildeten.[2] In den USA wird ein „Zentrum für Geschichte Osteuropas“ an der Columbia Universität geschaffen und eine Reihe anderer Universitäten und Bildungszentren vermittelten Wissen über Russland.[3] Nach dem Ersten Weltkrieg bekommt Paris ein „Institut für Slawische Studien“ und es erscheint die Zeitschrift „Le Monde Slave“.[4] In Rom gründet sich 1920 ein „Osteuropa-Institut“.[5] In Prag entsteht ein „Slawisches Institut“ und an den Universitäten in Lemberg, Czernowitz und Prag gab es schon vor dem Weltkrieg Lehrstühle, die sich mit der Geschichte Osteuropas befassten.[6]

In Deutschland arbeiteten schon um die Jahrhundertwende Institutionen und universitäre Lehrstühle, die der Geschichte Osteuropas gewidmet waren und in der Praxis von Lehre und Forschung fast ausschließlich Russland zum Gegenstand hatten.[7] Sie bildeten die Ausgangslage für eine Entwicklung, die Deutschland nach dem Ersten Weltkrieg zum anerkannten Zentrum europäischer Osteuropaforschung machten. Neben den etablierten Lehrstühlen zur Geschichte Osteuropas in Berlin, Leipzig und Hamburg kamen das „Osteuropa-Institut“ in Breslau und das „Institut für Ostdeutsche Wirtschaft“ an der Universität in Königsberg. In Berlin entstanden, vor allem getragen von Emigranten, das „Ukrainische Wissenschaftliche Institut“ und das „Russische Wissenschaftliche Institut“.[8] Osteuropäische Geschichte und Osteuropaforschung waren, wenn auch durch die Wissenschaft stiefmütterlich behandelt,[9] personell und institutionell doch unzweifelhaft anerkannter Bestandteil der Wissenschaftslandschaft und konnten ihr Potential in der Weimarer Republik entwickeln.

---

1 Troebst: Sonderweg.
2 Morison, Seton-Watson: Osteuropaforschung; Szawłowski, Terlecka: Western Research, S. 147–160.
3 Dallin: Osteuropaforschung, S. 11f; Osteuropa I (1925/26), S. 435–437, 548.
4 Osteuropa I (1925/26), S. 728–731, 437.
5 Kornat: Polska szkoła, S. 534f.
6 Stökl: Das Studium, S. 5; Osteuropa I (1925/26), S. 544ff; ebenda III (1927/28), S. 602–606.
7 Zernack: Osteuropa, S. 14f; Stökl: Zum Selbstverständnis; Dahlmann: Die deutsche Osteuropahistoriographie, S. 21, 23f.
8 Osteuropa I (1925/26), S. 124–127; Voigt: Russland, S. 153.
9 Kleßmann: Osteuropaforschung, S. 355.

In dieser Tatsache besteht ein großer Unterschied zu der am ehesten vergleichbaren Entwicklung der Forschung in Polen, wo es eben nicht zur Herausbildung eines anerkannten eigenen Faches Osteuropäische Geschichte oder Osteuropaforschung kam. Es kann davon ausgegangen werden, dass es bei den Protagonisten der polnischen Osteuropaforschung kein gereiftes Selbstverständnis dafür gab, Osteuropahistoriker oder Osteuropaforscher zu sein. Es darf sogar bezweifelt werden, dass sich eine solche Selbstbeschreibung bis 1939 entwickelt hat. Selbst die Russlandspezialisten in Polen verorteten sich eher von ihren klassischen Fachgebieten her als Historiker, Literaturwissenschaftler oder Soziologen und auch die „Sowjetologen“ aus Wilno blieben in ihrem Selbstverständnis Juristen oder Ökonomen. Ganz abgesehen von der Eigenart eines tradierten akademischen Selbstverständnisses, das dazu diente, die polnische Wissenschaft als nationales Produkt in der Staatsgeschichte zu verankern, war diese Selbstsicht auch Folge des Bewusstseins einer osteuropäischen Existenz bzw. Identität, die Osteuropa als Gegenstand der Nationalgeschichte zu berücksichtigen hat und aus dieser Perspektive die eigene Position vor allem zu Russland, zu Osteuropa und zum Westen als kulturgeschichtliche Referenz beschreiben muss.

Somit bot die Osteuropaforschung der Zweiten Polnischen Republik eine Vielzahl von Perspektiven, fachlichen Bewertungen und methodischen Ansätzen. Das betraf nicht nur den Bereich der Wissenschaft, sondern auch die Publizistik entwickelte, oft abhängig von ihren politischen Provenienzen, eine relativ mannigfaltige Breite an Anschauungen und Deutungen des Ostens. Dennoch zeigten sich in Wertigkeit und Akzeptanz der Angebote Grundmuster einer Vereinheitlichung, die eigene Paradigmen bildeten und sich mit transnationalen Tendenzen vergleichen lassen bzw. die sie mit dem europäischen Zeitgeist teilten.

1.1 Was ist Osteuropa?

Was ist Osteuropa? Die Klärung dieser Problematik hatte für den jungen polnischen Nationalstaat Priorität. Ausgangslage war die Fragestellung nach einer gemeinsamen slawischen Geschichte, die im Gedanken des Panslawismus ihren politischen Ausdruck fand. Aus diesem Projekt der slawischen Einheitlichkeit, immer auch verstanden als Gegenentwurf zum romanisch-germanischen Westen, entwickelte sich vor dem Hintergrund erstarkender nationaler Bewegungen die Diskussion um die Differenziertheit und schließlich die kulturell-staatliche oder auch nur ethnisch-regionale Eigenständigkeit slawischer Völker, die in der Konsequenz nach dem Charakter und der territorialen Existenz eines Osteuropa fragte. In der Bestimmung des Osteuropabegriffs und der Fassung eines Osteuropaparadigmas lag somit eine ganz entscheidende Voraussetzung nationaler Selbstbestimmung und Selbstfindung potentieller osteuropäischer Staatlichkeiten nach dem Ersten Weltkrieg und gerade die polnische Wissenschaft und Publizistik stellte sich diesem Problem mit hoher Zielstrebigkeit. Vor allem polnische Historiker und Geographen übernahmen die Aufgabe, den etablierten europäischen West-Ost-Dualismus kulturhistorisch und regional so zu bestimmen, dass er eine differenzierte Perspektive auf die Existenz der neuen Staaten, vor allem Polen, im Verhältnis zu Westeuropa und Russland zuließ. Polnische Wissenschaftler setzten damit einen epochalen Markstein für die Geschichte Osteuropas als Fach und die europäische Kulturgeschichte allgemein.

Im Grunde ging es um das Aufsuchen und Beschreiben der kulturellen Identität des Übergangsraumes von West- nach Osteuropa mit dem Ziel seiner territorialen sowie machtpolitischen Identifizierung. Den Grundstock zu einer Theorie des Übergangsraumes, die erst nach dem Zweiten Weltkrieg durch den Begriff „Ostmitteleuropa“ endgültig ausformuliert wurde, legte Oskar Halecki mit seinen Studien zur Polnisch-Litauischen Union und ihrer Beschreibung als osteuropäisches Großreich mit christlich-lateinischen Grundwerten. Mit seinen Theorien vermittelte Halecki eine zentrale Botschaft christlich-abendländischer Wertigkeiten, indem er die polnisch-litauische Staatlichkeit als Bund freiwilligen Zusammenschlusses darstellte und die damit verbundene „Jagiellonische Idee“ faktisch zum verwirklichten Grundgedanken europäischer Freiheitlichkeit mit katholisch-christlichem Fundament charakterisierte und dieses Modell auf den Übergangsraum projizierte mit Beispielwirkung für Osteuropa. So wie Halecki den Übergangsraum als westeuropäisch geprägt beschrieb, so verankerte er ihn auch in, oder besser gesagt als Osteuropa und setzte ihn deutlich von den Regionen ab, die östlich davon liegen und sich grundsätzlich mit dem russischen Herrschaftsbereich verbinden. Die sozialen und ethischen Errungenschaften, die sich mit dem zivilisatorischen Prozess der polnisch-litauischen Staatsbildung verknüpften, ließen sich in Analogie zum Verwestlichungsprozess im Zuge von Christianisierung auch als Mission der Verbreitung westeuropäischer Werte wie Rechtssicherheit und Selbstbestimmung oder als soziale Schichtungsprozesse deuten, die Polen zugeschrieben wurden. Polnisches Handeln erhält damit eine europäische Dimension, die Polen eine zentrale gestaltende Rolle im osteuropäischen Raum zuwies.[10]

Halecki beantwortete die Frage nach Osteuropa eigentlich durch die Beschreibung eines innerosteuropäischen Abgrenzungsprozesses. Er fragte nach der Grenze zwischen dem polnischen Königreich und Russland und versuchte sie sowohl kulturell-ethnisch als auch territorial zu beantworten. Die Antwort fand Halecki schließlich im hoch- und spätmittelalterlichen Prozess der Teilung der Kiewer Rus, mit dem sich sowohl die staatliche Assimilation des westlichen Teils im Königreich Polen wie auch des östlichen im Moskauer Reich verbindet. Der nun einsetzende kulturelle Wandel des westlichen Teils durch den Anschluss an den christlich-lateinischen Westen einerseits und des östlichen an den byzantinisch-orthodoxen Osten andererseits verfestigte die Teilung Osteuropas. Halecki grenzte die Entwicklung Russlands aus der europäischen Geschichte zwar nicht völlig aus, bestimmte aber ein Anderssein, das die Einbeziehung in die europäische Entwicklung als Norm zivilisatorischen Fortschritts nicht mehr zulässt. An diesem Modell des Auseinanderdriftens historischer Entwicklungsprozesse in der Kiewer Rus verortete Halecki nicht nur Osteuropa, sondern sah hier auch den Ursprung der Rivalität zwischen Polen und Russland.

Der innerfachliche Diskurs zur Frage „Was ist Osteuropa?“, in dem Halecki schließlich sein Konzept etablierte, wurde vor allem auf den internationalen Historikerkongressen der Zwischenkriegszeit in Brüssel (1923), Oslo (1928) und Warschau (1933) geführt. Von polnischer Seite ist es nicht allein Halecki, der konzeptionell erheblichen Einfluss ausübte, sondern es gibt eine ganze Reihe prominenter polnischer Historiker, wie Marceli Handelsman, Stanisław Zakrzewski oder Kazimierz Tymieniecki, die entsprechend ihrer fachlichen Spezialisierung sozialhistorisch oder rechtsgeschichtlich argumentierten und damit den Stellenwert der Fragestellung in Polen und einen Anspruch auf Deutungshoheit verdeutlichten. In einer vielschichtigen Debatte wurde der tschechische Historiker Jaroslaw Bidlo, der die

10 Vgl. Kap. III 1.1.1

Frage nach Osteuropa zunächst dominierte, zunehmend verdrängt und der polnische Standpunkt zum Übergangsraum und damit zum Gliederungsentwurf Osteuropas in den 30er-Jahren ein hoch anerkanntes Paradigma in der internationalen Osteuropaforschung.

Das Angebot Haleckis geht grundlegend vom Einflussbereich der Antike aus, deren zivilisatorische Errungenschaften das Entwicklungstempo und Entwicklungsniveau europäischer Regionen und Staaten bestimmten. Westeuropa als Ausgangspunkt initiierte einen dynamischen Entwicklungsprozess, in dem Polen in einem Übergangsraum zu Osteuropa zentral positioniert ist. Polen nahm die zivilisatorischen Impulse vielfach, vor allem durch die Christianisierung, auf und transportierte sie durch die territoriale Expansion des polnisch-litauischen Reiches weiter nach Osteuropa. Dieser Prozess der Europäisierung erfasste zwar auch Russland, entfaltete hier aber unter den Bedingungen der dortigen Herrschaftsbildung nur wenig Einfluss und wurde durch die Fremdherrschaft der Mongolen wieder zurückgedrängt. Damit ist Russland zwar nicht völlig aus Europa ausgeschlossen, entwickelt aber eine hochgradige Eigenständigkeit als eurasischer Raum.

Der polnische Standpunkt zu Osteuropa wurde in vielen Punkten von deutschen Historikern geteilt. Otto Hoetzsch pflichtete auf dem Warschauer Kongress 1933 der polnischen Position einer engen kulturellen Verbindung Polens als Teil Osteuropas zum Westen bei. Dissens blieb im Folgenden stets in der Frage eines „Kulturgefälles“. Halecki sah im westlichen Einfluss immer einen kulturell-gesamteuropäischen, was bedeutet, dass er sich gegen den deutschen Einfluss als bestimmenden Faktor historischer Entwicklung im Osten Europas wehrte und die Eigenständigkeit betonte. Für Hoetzsch und andere deutsche Osteuropahistoriker stand auch die europäische Zugehörigkeit Russlands außer Zweifel, so dass es zwar in der Frage des Charakters eines Übergangsraumes große Übereinstimmung gab, aber von deutscher Seite Osteuropa doch weiterhin aus dominant russischer Perspektive definiert wurde. Mit diesem Erkenntnisstand und Diskussionsergebnis wurde Mitte der 30er-Jahre eine Diskussion zu Osteuropa eigentlich beigelegt. Das Interesse konzentrierte sich weiter auf die Frage des Übergangs- oder Zwischenraums, vor allem seiner territorialen Ausdehnung.

Die Frage „Was ist Osteuropa?“ wurde von der deutschen Geschichtswissenschaft bis in die Nachkriegszeit hinein notabene nicht gestellt. In ihrer östlichen Perspektive dominierte Russland als machtpolitischer Faktor, der die östliche Dimension Europas abdeckt,[11] und nachgeordnet die Existenz eines Slawentums. Auch an der Diskussion um die Frage nach einer „Slawischen Geschichte“ bzw. der slawischen Wechselseitigkeit, die von osteuropäischen Historikern im Zusammenhang mit dem Gedanken des Panslawismus mit Vehemenz geführt wurde, waren die deutschen Spezialisten nur marginal beteiligt und betrachten sie vornehmlich aus rein politischer Perspektive nationaler Sammlung.

Erste Impulse zur Klärung kamen von Wirtschaftstheoretikern und Geographen und verbanden sich mit dem Begriff „Mitteleuropa“, der zwangsläufig nach einer geographischen Abgrenzung Osteuropas fragt.[12] Diese Mitteleuropa-Visionen aus dem Ersten Weltkrieg waren physisch-geographisch bestimmt, haben aber engsten Bezug zu territorialen Vorstel-

---

11 Hoetzsch: Deutschland und Russland, S. 1.

12 Pfitzner: Die Geschichte Osteuropas, S. 54ff.

lungen deutscher Vormachtstellung und Kriegszielen und werden in der Forschung als Wegbereiter der Ostforschung gesehen.[13] Ihre Protagonisten, wie Hugo Hassinger[14] und Albrecht Penck, schrieben dem Begriff bereits kulturhistorische Dimensionen zu und Penck sah bereits eine Kulturmächtigkeit dieses „Zwischeneuropa", das sich bis an den „warägischen Grenzsaum" zwischen Schwarzem und Weißem Meer erstreckt.[15]

Die Zwischeneuropa-Erwägungen laufen auf die Fixierung eines Übergangsraumes von West- nach Osteuropa hinaus, sie blieben aber sehr vage und waren im Hinblick auf Osteuropa nur als Hinweise auf seine Existenz zu werten. Auch der kulturhistorische Ansatz von Ernst Troeltsch, der dem abendländischen Kulturkreis einen byzantinisch-ostslawischen gegenüberstellte und damit den Theorien von Feliks Koneczny sehr nahekam, gab keine Theorie zu Osteuropa her und sah die Regelung der Beziehungen zueinander als permanenten Prozess an, der wiederum von einer wachsenden abendländischen Beeinflussung Russlands ausging.[16] Zwar gab es von den Deutschen zum Problemkreis einer Geschichte Osteuropas bis zum Auftreten Haleckis in Brüssel 1923 kein fundiertes Konzept und auch an der sich anschließenden Debatte nahmen deutsche Historiker nur mittelbar teil, dennoch werden Übereinstimmungen von Gedankengängen und Deutungsmuster vor allem hinsichtlich der Bestimmung eines Übergangsraumes und der Gegenüberstellung von lateinischem Westen und byzantinisch-slawischem Osten deutlich. Von deutscher Seite ist eher eine Konzentration auf die Westgrenze Osteuropas festzustellen oder anders gesagt auf die Frage, wie weit der lateinische Einfluss im Osten Europas reicht. Otto Hoetzsch ging diesem Problem unter Berücksichtigung einer hohen Eigenständigkeit dieses „Kontinentes" nach und zog die Westgrenze an der Elbe.[17] Allerdings hatte er, und das zunehmend, nie einen Zweifel darüber aufkommen lassen, dass Russland Teil des europäischen Kulturkreises ist und setzte sich damit deutlich von polnischen Positionen ab, wie auch von Theodor Schiemanns Auffassung über einen asiatischen Sonderweg Russlands.[18]

Die deutsche Perspektive wurde hier bereits im Sinne eines zivilisatorischen Einflusses auf den Osten Europas sichtbar. Nach deutlicher formulierte es Dietrich Schäfer, der zwar die Scheidelinie Stettin-Triest wählte, aber die deutsche Rolle als Vermittler zwischen Ost und West betonte.[19] Albert Brackmann baute diese Argumentation aus, indem er einerseits das Kulturgefälle herausstellte, gleichzeitig aber alles jenseits der Elbe historisch gesehen als ethnisches Mischgebiet bezeichnete, in dem nicht nur slawische Stämme lebten. Die hier angelegte Kulturträgertheorie wurde von Hermann Aubin in seinen Schriften zu Osteuropa[20] theoretisch fundiert und „die Ausbreitung des deutschen Staats- und Volksbodens im Osten zu einem Ereignis gesamtabendländischen Wertes erhoben".[21] Damit war der lange vorgezeichnete Paradigmenwechsel im Fach Osteuropäische Geschichte vollzogen, der dann die Ostforschung unter den Bedingungen der nationalsozialistischen Herrschaft endgültig

13 Rössler: „Wissenschaft und Lebensraum", S. 49–63.
14 Hassinger: Das geographische Wesen Mitteleuropas, S. 437ff.
15 Penck: Politisch-geographische Lehren des Krieges.
16 Troeltsch: Der Historismus, S. 694ff.
17 Hoetzsch: Staatsbildung: Ders.: Rußland, S. 3.
18 Chickering: Nachklänge, S. 18.
19 Schäfer: Osteuropa, S. 2–5.
20 Aubin: Die Ostgrenze des alten deutschen Reiches.
21 Pfitzner: Die Geschichte Osteuropas, S. 72.

etablierte, die traditionelle Osteuropaforschung inhaltlich und auch personell verdrängte[22] und die Russland-Forschung in Deutschland bis 1937 faktisch liquidierte.[23]

Josef Pfitzner, Professor an der deutschen Universität in Prag, unternimmt von deutscher Seite aus in seiner umfassenden Analyse der Forschungen zum Gegenstand der Osteuropäische Geschichte aus dem Jahre 1934 schließlich den Versuch, „Osteuropa zur Zeit seiner Entstehung als Kultur- und Geschichtseinheit räumlich zu begrenzen".[24] Seine Thesen lassen eine hochgradige Übereinstimmung mit den Theorien von Halecki und Handelsman erkennen und stellen letztlich eine Zusammenfassung der Debatte dar, die im Ergebnis von Halecki bestimmt wurde. Die Eckpunkte werden mit der Grenzziehung Elbe-Saale-Böhmerwald-Traun-Adriaostufer gesetzt, inklusive der Problematik einzelner Regionen an der Südgrenze. Der Unterschied zu Westeuropa wird auch nicht in ethnischen, sondern einzig kulturhistorischen Tatbeständen gesehen und damit endgültig Abschied genommen von einer Geschichte Osteuropas als Geschichte des Slawentums.

Die osteuropäische Geschichte wird dargestellt als Ablauf der Beeinflussung Osteuropas durch die antik-abendländische Kultur bei eigenständiger Entwicklung der dort ansässigen Gesellschaften, die eine territoriale Dynamik Osteuropas bedingt. Der asiatische Einfluss auf Russland wird zwar nicht geleugnet, aber der europäische Charakter als dominant gesehen. Wie Halecki blieb Pfitzner in dieser Frage jedoch ambivalent und lässt eine Eindeutigkeit vermissen, er sah aber letztlich die Frage durch die Grundannahme des weiteren Voranschreitens des abendländischen Einflusses auf Russland geklärt. Auch in der Forderung, die Geschichte Osteuropas vornehmlich aus der Perspektive der Geschichte osteuropäischer Staatlichkeiten zu betrachten, pflichtete er Halecki bei.

1.2 Zivilisatorische Kategorisierung und kulturhistorische Verortung

Ausgangspunkt einer zivilisatorisch-kategorischen Betrachtungsperspektive Osteuropas war die Dichotomie von Slawizität und asiatisch-byzantinischer Prägung. Im Mittelpunkt stand dabei Russland mit einem imperialen Charakter autoritärer Staatlichkeit und großer territorialer Dynamik. Marian Zdziechowski[25] und Feliks Koneczny[26] erwiesen sich in der Zwischenkriegszeit als führende Vertreter kulturhistorischer Perspektiven auf Osteuropa und erlangten mit ihren geschichtsphilosophischen Paradigmen großen Einfluss auf Forschung und Publizistik in Polen und setzten internationale Maßstäbe. Beide präsentierten zwar keine eindeutigen Vorstellungen im Sinne eines geschlossenen Konzeptes über Osteuropa als eigenständigen historisch-geographischen Großraum oder stellten Überlegungen zu einer Gliederung und Strukturierung Europas an wie Halecki, sie entwickelten jedoch eingängige Modelle zur Erklärung der Entwicklung des Raumes östlich von Polen und eines methodischen Vergleichs zwischen Ost- und Westeuropa. Dabei diente ihnen vor allem Russland als Projektionsfläche kulturhistorischer Überlegungen zum Phänomen der Zivilisation. Beiden war dabei

22 Haar: Osteuropaforschung, S. 42ff; Petersen, Kusber: Osteuropäische Geschichte, S. 292ff.
23 Haar: Osteuropaforschung, S. 47.
24 Pfitzner: Die Geschichte Osteuropas, S. 76–85.
25 Vgl. Kap. III 1.2.2.1
26 Vgl. Kap. III 1.2.2.2

eine gesamteuropäische Sicht immanent, die stark von der polnischen Romantik geprägt Russland als Gefahr für die westliche Zivilisation beschreibt.[27]

Nach Koneczny war die russische Staatsentstehung mit zwei entscheidenden zivilisatorischen Begegnungen verbunden: Waräger aus dem skandinavischen Raum verbanden sich im Hochmittelalter am Dnepr mit slawischen Stämmen und bildeten die Stammesgemeinschaft der Russinen, von den sich die Ostslawen abspalteten. Es entstanden zwei unabhängige Staatsgebilde: das Kiewer und das Moskauer Russland. Wegweisender Impuls für den Staatscharakter, und genau genommen auch eine eindeutige ethnische Differenzierung, war der Mongoleneinfall. Unterordnung, Unfreiheit und das Streben nach Eroberung bestimmten von nun an den weiteren Gang der Geschichte Moskaus. Staat und Gesellschaft entwickelten sich im Kampf gegen die Tatarenherrschaft, wobei sich der asiatische Charakter des Staates weiter verfestigte. Bei Iwan III. sieht Koneczny dann auch alle wesentlichen Elemente einer „turanischen Zivilisation" als gegeben und gleichsam als Grundlage der Herrschaft. Der prägende Einfluss jener mythischen Turkvölker aus dem zentralasiatischen Raum zeigte sich im mystifizierten Charakter von Herrschaft und Glauben, der absoluten Unterwerfung, dem Fehlen von Individualität und Bürgerlichkeit und letztlich der Unfähigkeit zur Veränderung. Mit diesen zivilisatorischen Eigenschaften, besser gesagt Besonderheiten, nahm das Moskauer Russland nicht mehr an der europäischen Geschichte teil. An diesem Prinzip änderte auch der anwachsende byzantinische Einfluss nichts, der mit dem Untergang des byzantinischen Reiches und dem Ausbau des Moskauer Machtanspruchs einherging. Koneczny betrachtet in dieser byzantinisch-tatarischen Synthese, die sich noch mit walachischen Elementen verbindet, eher eine „Karikatur" kultureller Mischung, die sich vornehmlich in autokratischen Formen des Herrscherkultes offenbarte, wie das Streben nach einem Zarentitel und die Gründung der Herrschaftslegende als Erbe der byzantinischen Krone und Bewahrer des Christentums als „drittes Rom". Koneczny leugnet zwar nicht einen wachsenden westlich-zivilisatorischen Einfluss auf Russland, findet aber dadurch keinen substantiellen Verwestlichungsprozess in Gang gesetzt oder eine Mischung der Zivilisationen. Bei den Reformen Peters I. ging es lediglich um die Übernahme technischer Innovationen mit dem Ziel der militärischen Stärkung. Auch die Einführung des bäuerlichen Organisationsprinzips der „Mir" bedeutete letzten Endes eine Kollektivierung unter staatlichem Druck mit typisch asiatischem Charakter.

Dem pflichtete Władysław Konopczyński aus seiner rechtshistorischen Perspektive bei, der Peters Fortschrittsprojekt unter gewaltsamsten Methoden eines Polizeistaates durchgeführt sah, das damit zu einer Grundlage der bolschewistischen Herrschaft wurde.[28] Für seinen Schüler Józef Feldman war Peter vor allem ein „Moskauer Despot"[29] und sein Prozess der Öffnung nach Europa keine wirkliche Modernisierung oder Europäisierung, sondern nur die Eröffnung neuer Möglichkeiten der Aggression. Durch die Bewertung der russischen Zaren seit dem Reformwerk Peters leisteten beide Historiker einen ganz wesentlichen Beitrag zur Kontinuitätsthese, dass sich nämlich nur die Form der Unterdrückung und der Rahmen des Herrschaftssystems änderten und durch moderne Methoden noch verschärften, keinesfalls aber der Inhalt und Charakter der Barbarei und der zivilisatorischen Unterentwicklung.

27 Kuk: Orientacja słowiańska, S. 18, 106; Giza: Polaczkowie, S. 111–142.
28 Konopczyński: Czasy absolutyzmu, S. 308, 311, 313; Wierzbicki: Groźny i wielcy, S. 238–241.
29 Feldman: Polska w dobie, S. 4.

Die in seinen Texten zu Russland entworfenen Charakterbilder der turanischen, byzantinischen und lateinischen Zivilisation erweiterte Koneczny zu einer Theorie einer allgemeinen Geschichte der Zivilisation. Dabei rückten der unüberbrückbare Gegensatz zwischen turanischer und lateinischer Zivilisation sowie die Frage der Beziehungen zwischen ihnen immer mehr in den Mittelpunkt. Zum entscheidenden Element wurden der Bezug zum Materiellen und der Gegensatz von Personalisiertem und Kollektivistischem. Allein die lateinische Zivilisation realisiert jene ethischen Qualitäten, die zur geistigen Emanzipation und freien Entwicklung des Individuums führen, die Selbstorganisation der Gesellschaft ermöglichen und bietet damit jene Voraussetzungen, um einen Prozess der nationalen Sammlung als Grundmuster gesellschaftlicher Dynamik in Gang zu bringen. Koneczny entwickelte ein Tableau verschiedener Kulturen und Zivilisationen, die sich auf dem Kontinent herausbildeten, überlagerten und einen Verdrängungskampf führten. Damit verbunden waren die Entstehung von Staaten und die Schaffung einer europäischen Ordnung. Grundelemente waren die antiken Kulturen und asiatisch-orientalische Einflüsse, die zu einer Synthese, aber auch zu einer Auseinandersetzung zwischen Ost und West führten. In der Wissenschaft über die Zivilisation sah er die höchste Form der Erklärung von Geschichte und stellte sie der Faktographie des Positivismus entgegen. Die Zivilisation war für Koneczny die „Methode zur Ordnung der Lebensgemeinschaft“.[30] Dabei spielen politische oder ethnische Kriterien keine Rolle. Regulierender Faktor dieses Wertesystems sind die herrschenden Rechtsnormen, die über die reinen Kodifizierungen hinaus das Verhältnis zwischen Privatheit und Öffentlichkeit institutionalisieren.

Eine geopolitische Dimension gewinnt diese Auffassung dadurch, dass Koneczny ein genetisches Bestreben der niederen Zivilisation konstatierte, die höherstehende zu unterwerfen, um sich ihre Errungenschaften anzueignen, allerdings nicht zur Fortentwicklung, sondern, wie er es in seinen Büchern zur russischen und polnischen Geschichte beschrieb, um ihre archaischen Lebens- und Herrschaftsformen zu konservieren. Übersetzt auf den europäischen Ost-West-Dualismus bedeutet das den permanenten Angriff der turanischen, byzantinischen und auch jüdischen Kultur auf den lateinischen Westen. Der Ost-West-Konflikt erhält in dieser geschichtsphilosophischen Deutung damit eine schicksalhafte, weltgeschichtliche Dimension. Es liegt in der expansiven Natur der Zivilisationen, dass dieser Konflikt eigentlich nicht lösbar ist. Er kann nur eingedämmt werden, indem die lateinische Zivilisation als Referenzsystem sich in seiner ethischen Konstitution festigt, den Angriffen erwehrt und kulturell-zivilisatorisch auf andere Zivilisationen einwirkt. Es bleibt dabei aber immer bei dem Prinzip, dass die Zivilisationen untereinander nicht kompatibel sind. Die Kultur muss einheitlich sein, alles andere bezeichnete Koneczny als Schwindel. Viele Länder Europas haben andere Kulturen oder „Halbkulturen“ zugelassen und damit einen gefährlichen Zustand herbeigeführt, der Europa in eine Zivilisationskrise geführt hat. Daraus kann es nur einen Ausweg geben: Europa muss sich von allem trennen, was nicht zur klassisch-christlichen Kultur gehört. Einzig die Institution der katholischen Kirche ist in der Lage, den Wertekodex der lateinischen Zivilisation im Sinne einer Ethik zu ordnen und eine Stabilität herzustellen, quasi als letzte Instanz, die über deren Sinnhaftigkeit entscheidet. In allen Prozessen der Schwächung der katholischen Kirche durch Konfessionalisierung oder Laizität erkannte Koneczny

30 Koneczny: O wielości cywilizacji, S. 154, 318.

deshalb die größte Gefahr für Europa, weil damit die Kräfte der Reinhaltung der Zivilisation schwinden und fremden Einflüssen größere Möglichkeiten geben.

Gerade in diesem Zusammenhang wurde Polen von Koneczny besondere Bedeutung beigemessen und als lateinisch-christlicher Vorposten in einem andauernden Prozess zivilisatorischer Auseinandersetzung verortet. Das bringt Koneczny nahe an Halecki heran. Was Halecki durch seine kulturgeographische Konstruktion beabsichtigte, erreichte Koneczny durch sein Zivilisationsparadigma: Polen wird aus einer historischen Peripherie ins Zentrum der modernen europäischen Geschichte gerückt, mit allen sich daraus ergebenden Ableitungen in einem Denksystem, das in der Zwischenkriegszeit durch geopolitische Vorgaben und machtpolitische Interessenvertretung gezeichnet ist, in dem Polen einen historisch-zivilisatorisch berechtigten Platz einnehmen soll. Somit wird die polnisch-litauische Expansion nach Osten zum zivilisatorischen Akt mit einer gewissen Notwendigkeit, zumindest jedoch Logik. Ein wesentliches Ergebnis dieser Expansion war die Schaffung einer ruthenischen Nationalität und die Entstehung eines „neuen Russland" im südöstlichen Bereich des ostslawischen Raumes durch die Einführung polnischer Rechtsnormen und der Einflussnahme lateinischer Kultur, dem eine polnische Besiedelung vorangegangen war. Dieser Prozess wurde durch die Kosakenkriege abgebrochen. Die tatarische Abkunft der Kosaken stand für Koneczny außer Frage. Erneut verschaffte sich die turanische Kultur die Vorherrschaft in diesem Raum und suchte die enge Bindung an Moskau.

Die Revolution war zwar Gegenstand kritischer Betrachtung, aber keineswegs ein zentraler Punkt der wissenschaftlichen Erörterungen Konecznys. Das Modell der Zivilisation ist die Evolution und ihr klassischer Ausdruck die lateinische Zivilisation. Die Revolution ist ein zeitweiliges, störendes Ereignis, das nicht in die zivilisatorische Gesamtkonzeption passt und grundsätzlich schädlich für die Entwicklung ist, weil hier ein „extremer Rationalismus" oder „politischer Rationalismus" die Oberhand gewinnt. Für die lateinische Zivilisation liegt die größte Gefahr einer Revolution in ihrem Bestreben nach Auflösung des Gleichgewichts zwischen privatem und öffentlichem Recht. Jede Revolution strebt eine Einschränkung des privaten Rechts und eine Dominanz des öffentlichen an, womit eine Vorherrschaft des Staates über die Gesellschaft zwangsläufig verbunden ist. Das schränkt nicht nur die Möglichkeiten der gesellschaftlichen Selbstverwaltung und ihrer eigenständigen Entwicklung ein, sondern begrenzt auch die persönliche Handlungsfreiheit jedes Einzelnen. In der Quintessenz bedeutet das einen Zustand der Kollektivierung und allgemeinen Vermassung, der zu einem gefährlichen Universalismus führt und mit einer Entchristlichung verbunden ist, die das Ende der lateinischen Zivilisation signalisiert. Die russische, bolschewistische Revolution ist dabei noch eine Überhöhung und Ausdruck des Angriffs des niederen turanischen Elements auf die höher gestellte Zivilisation mit dem Ziel der Aneignung ihrer Errungenschaften, die mit ihrer Zerstörung einhergeht.

Marian Zdziechowskis Anschauungen waren geprägt von der Überzeugung einer historischen Führungsrolle der russischen Slawophilie in Osteuropa, deren messianistischer Anspruch durch einen asiatisch beeinflussten Despotismus überlagert wird, der andere slawische Völker unterdrückt, allgemeine Ungleichheit beschert und letztlich die Weltherrschaft anstrebt. Seine Bewertungsmaßstäbe waren konsequent an der katholischen Moralphilosophie orientiert und seine Perspektive westeuropäisch bestimmt. In der westlichen Zivilisation verortete er die entscheidenden Impulse für die Entwicklung osteuropäischer Entwicklung und betrachtete deshalb russische Geschichte immer im Vergleich von autochthonen Gegebenheiten und äußeren Einflüssen. Dabei folgte er weitestgehend den zunehmenden kulturpessimistischen Strömungen Westeuropas und nahm bewusst Bezug auf Oswald Spenglers kulturmorphologischen Thesen zu einem westeuropäischen Katastrophismus, den Koneczny nie geteilt hat. Einig waren sich beide dagegen in der Einschätzung, dass der Westen nicht in der Lage ist, den Osten Europas und insbesondere Russland richtig zu beurteilen und vor allem die Gefahr unterschätzt, die aus dem Osten droht. In seinen Werken bis zum Ersten Weltkrieg entfaltete Zdziechowski ein eigenständiges, auf der Grundlage literaturkritischer Studien beruhendes, kulturpessimistisches Psychogramm der Zeit. Ausgangspunkt war ihm dabei die Entchristlichung und Materialisierung des Denkens und Lebens bei Feuerbach und Hegel, die Anarchie und Revolution provozierten und in der französischen Revolution ihren ersten Höhepunkt fanden. Durch Nietzsches Egozentrismus wurde diese Geisteshaltung schließlich zur Gefahr für die ganze Menschheit.

Diese Perspektive verdichtete sich bei Zdziechowski vor dem Ersten Weltkrieg dann mit der Annahme der Existenz des „Bösen" zum Leitmotiv seiner Weltanschauung. Dabei wurde er von führenden russischen Intellektuellen, mit denen er in regem Austausch stand, bestätigt und fand durch seinen konsequent katholischen Ansatz großen Rückhalt in der polnischen Gesellschaft und im Wilnoer Konservatismus eine geistig-politische Heimat. Der Weltkrieg war für Zdziechowski logische Folge des Niedergangs westlicher Zivilisation und die russische Revolution Bestätigung der Existenz des „Bösen". Hierauf konzentrierte er nunmehr fast seine gesamte Tätigkeit und entwickelte Vorstellungen über den Bolschewismus und Russland, die großen Einfluss auf die Osteuropaforschung in Polen und vor allem die Forschungen über die Sowjetmacht hatten.

Seine Geschichtsphilosophie fußt auf der festen Annahme, dass die im Westen angelegte Agonie der Zivilisation im Osten ihre Erfüllung findet und von dort aus nunmehr ein allgemeines und essentielles Bedrohungspotential entfaltet. Russland bot durch seine kulturgeschichtlichen Voraussetzungen eine günstige Basis für die Entfaltung des „Bösen". Somit war Russland nicht durch seine geschichtlichen Voraussetzungen genuin Ausgangspunkt der zivilisatorischen Katastrophe des Bolschewismus, sondern eher Opfer eines Prozesses, der im Westen seinen Ausgang nahm. Hieraus leitete Zdziechowski auch seine kulturgeographische Perspektive ab, indem er Russland eine gewisse europäische Zugehörigkeit zubilligte, sie aber auf die negativen Einflüsse der Materialisierung reduzierte und deshalb der Auffassung zuneigte, Russland als eigenständigen eurasischen Raum zu betrachten. Er erkannte zwar den Faktor asiatischer Entwicklungszüge der Herrschaft an, lehnte aber die Auffassung über die russische Revolution als Produkt asiatischer Bedingungen ab. Es war ein schleichender Prozess, der mit der Öffnung Russlands gegenüber Europa unter Peter I. begann und in dessen Ergebnis der Modernisierung und der Überhöhung des Individuums die hierarchischen Elemente der Machtausübung in Russland zunehmend unfähig wurden, eine Verbindung mit der Gesellschaft einzugehen und damit den Nährboden für die Revolution bildeten. Die Orthodoxie war dabei durch ihre Nähe zur Macht im Gegensatz zur lateinisch-katholischen Kirche unfähig, eine vermittelnde Funktion zu übernehmen. Sie wurde ihrer Rolle keinesfalls gerecht, denn nach Zdziechowski sind es allein Glaube und Kirche, die dem „Bösen" entgegenstehen können.

Der Nihilismus der russischen Westler und Anarchisten war für Zdziechowski geistiger Ausgangspunkt eines hemmungslosen Maximalismus und inhumanen Handelns, die die

Revolution von 1917 zu einer Katastrophe unbändiger Gewalt und Grausamkeit machte. Revolution und Terror waren dabei nicht typisch russisch, das hatte es auch in Frankreich gegeben, aber die Dimension der Grausamkeit der Oktoberrevolution und des Bolschewismus war eben nur in Russland möglich. Daraus schöpfte Zdziechowski seine Thesen zu Bolschewismus und Herrschaft, die er zunehmend in enger Beziehung mit dem Phänomen des Kommunismus behandelte und damit Leitlinien zu seinem Wesen formulierte, die allgemeine Anerkennung fanden. Im Projekt des „Neuen Menschen“ wurde nach Zdziechowski das Individuum zur Machine gemacht und über das Instrument des Kollektivs direkt und unbeschränkt Macht ausgeübt. Die Folge sind gesellschaftliche Apathie, Barbarei und die Zerstörung aller humanistischen Werte. Zdziechowski war einer der Ersten, der dem Kommunismus quasireligiösen Charakter zuschrieb. Darin sah er nicht nur einen Ersatz oder eine funktionale Erscheinungsform, sondern eine existentielle Voraussetzung des Machterhalts.

Trotzdem Zdziechowski den neuen und anderen Charakter des Sowjetstaates betonte, hielt er doch in den Fragen der Machtausübung und des Maximalismus an der These von einer Kontinuität bzw. kausalen Verhaftung des bolschewistischen Systems in russischer Tradition fest. Gerade in dieser Frage nimmt das mehrbändige Werk von Jan Kucharzewski „Od białego caratu do czernowego“ (Vom weißen zum roten Zarentum)[31] eine herausragende Rolle ein. In der Sicht auf den Bolschewismus als höchste Form und Erfüllung russischer Herrschaftsphilosophie[32] erreichte er eine große Übereinstimmung mit Zdziechowski. In seinem Werk bündeln sich die lebendigen Traditionen der Russlandperspektiven des 19. und beginnenden 20. Jahrhunderts ebenso, wie sie die politisch stark imprägnierte Haltung der polnischen Politik und Gesellschaft zu Sowjetrussland widerspiegeln. Er verhalf mit seiner historischen Abhandlung der verbreiteten Kontinuitätsthese zu einer gewissen Klassik, die aus kulturmorphologischer Richtung durch Koneczny und die moralisch-ethische Perspektive Zdziechowskis die gängigen Erklärungsmuster bolschewistischer Herrschaft und des Kommunismus als System lieferte.

Kucharzewski und Zdziechowski setzten den Stellenwert der Religion in ihren Zivilisationskonzepten sehr hoch an. Eigentlich ist die Frage von Glauben und Kirche der Dreh- und Angelpunkt ihrer Geschichtsphilosophie. Sowohl die bei Kucharzewski mehr ausgeprägte konfessionell-kirchliche Perspektive als auch die bei Zdziechowski vorherrschende katholische Morallehre und christliche Ethik wurden von der Masse der Publizisten und Wissenschaftler, die sich mit Osteuropa beschäftigten, aufgenommen und in unterschiedlicher Intensität reflektiert.[33] Bei Bogumił Jasinowski stehen diese Fragen im Zentrum des Schaffens. Den Anschauungen von Zdziechowski sehr nahe unternahm er eine Erklärung der Psyche russischer Orthodoxie und der Ostkirche allgemein aus dem Vergleich mit der lateinischen Kirche und entwarf das Bild der engen staatlichen Verbundenheit als entscheidendes Element einer Prädestination Russlands für Materialisierung und schließlich Bolschewisierung[34] und gilt als ein wichtiger Vertreter der Kontinuitätstheorie.[35]

---

31 Kucharzewski: Od białego caratu do czerwonego.

32 Kornat: Bolszewizm, 1, S. 259–293.

33 Kawalec: Spór.

34 Kornat: Wstęp, S. XXIV–XXVII, XLII–XLVIII; Filipowicz: Wobec Rosji, S. 97; Broda, Korczak: Komunizm w Rosji, S. 41–47.

35 Kornat: Die Anfänge, S. 387.

In den Bemühungen einer „Sinngebung der russischen Geschichte“[36] finden sich bei den deutschen Russlandhistorikern große Gemeinsamkeiten mit Grundpositionen und kulturhistorisch-zivilisatorischen Perspektiven polnischer Osteuropahistoriker und Publizisten. Im Mittelpunkt standen dabei in Deutschland die Beschreibung einer „russischen Idee“ oder eines „russischen Geistes“ im Sinne der geistig-moralischen Verfassung Russlands, um daraus Charakter von Volk und Staatlichkeit und ihrer Entwicklung abzuleiten. Dabei waren Fremdheit und Andersartigkeit die zentralen Kategorien,[37] zu denen Erklärungen innerer Bedingungen und äußerer Einflüsse gesucht wurden. Ohne auf die zivilisatorischen Kategorisierungen eines Koneczny oder mystischen Modelle rigider Fortschrittskritik wie bei Zdziechowski zu rekurrieren, werden doch Muster gemeinsamer Perspektiven deutlich, die paradigmatischen Charakter tragen und für den slawischen Raum als allgemeine Wesensmerkmale des Slawentums durchaus verbreitet waren.[38]

So sind es die prägenden Elemente von oberflächlicher Christianisierung bei der Staatsentstehung in einer „normannischen“ Periode, die durch die tatarische Fremdherrschaft in einem entscheidenden Zeitraum staatlicher Entwicklung und den byzantinischen Einfluss eine autoritäre Herrschaftsform herausbildeten, die den russischen Staat in besonderer Weise formten und ihn aus einer in hohem Maße einheitlich angenommenen Entwicklung nach westeuropäischen Muster herausnahmen. Die Andersartigkeit zeigte sich in einem unüberbrückbaren Gegensatz von Volk und Herrschaft, der durch die Herrschaftsnähe der Orthodoxie nicht überwunden werden konnte. Die Folge dieser staatlichen Verfasstheit waren Unterdrückung, Gewalt und Fremdenfeindlichkeit, besonders dem Westen gegenüber. Die Grundmuster dieser staatlichen Konstitution führten zur frühen gesellschaftlichen Erstarrung, der Unfähigkeit zur Dynamik und schließlich zum Zurückbleiben im Vergleich zum westlichen Europa mit den Folgen weiterer Entfremdung. Dabei war wie in Polen der Einfluss russischer Philosophen wie Nikolai Berdjajew wichtig und nahm durch die Emigration nach der Revolution weiter zu.[39]

Durch den weitestgehenden Verzicht auf soziale Untersuchungen konzentrierte sich die Russlandgeschichtsschreibung in Deutschland auf Machtpolitik und Herrscherpersönlichkeiten und traf in ihrer Bewertung recht genau auf polnische Auffassungen. Der bestimmende deutsche Russlandhistoriker Karl Stählin beschrieb in seinem Standardwerk zur russischen Geschichte[40] den historischen Prozess als Ablauf von Herrschaftsepochen mit den relativ gleichen Herrschaftsmethoden, die Gesellschaft und Staat kaum Dynamik einräumten, was nicht bedeutete, Russland geistige Größe und Macht abzusprechen. Sie bleiben aber isoliert und nehmen an der „eigentlichen“ europäischen Entwicklung nicht teil. Das Anderssein wurde von der deutschen Seite zwar in Merkmalen ähnlich beschrieben wie in Polen, jedoch fällt es den Historikern schwer, aus ihrer dominanten Perspektive des Vergleichs mit dem Westen Russland zu positionieren und die allgegenwärtige Frage nach „Russland und Europa“ schlüssig zu beantworten. Der in Polen geläufige Ausweg des Eurasismus wurde abgelehnt, weil man diese Ferne von Europa nicht akzeptieren wollte und vor allem diese als

36 Voigt: Russland, S. 219–233.
37 Kusber: Die Kontinuität der Fremdheit.
38 Pfitzner: Die Geschichte Osteuropas, S. 34ff.
39 Voigt: Russland, S. 222f.
40 Stählin: Geschichte Russlands.

irrational empfundene räumliche Perspektive russischer Emigranten unannehmbar war.[41] Im Endeffekt wurde Russland aus Europa zwar nicht ausgegrenzt und durchaus in enge Beziehung zu West- und Mitteleuropa gesetzt, aber in der Betonung der Andersartigkeit weitestgehend alleingestellt.[42]

Ein weiterer wesentlicher Punkt, in dem sich deutsche und polnische Perspektiven treffen, ist das Verhältnis von Macht und Masse. Einer unter markanten Herrscherpersönlichkeiten zum Großreich expandierenden, despotischen Macht steht die bäuerliche Masse gegenüber. Diese reagiert auf den wachsenden Widerspruch mit Anarchie und Gewalt, die sich zügig auf eine kleine Schicht der Intelligenz überträgt und von ihr in Gestalt der frühen sozialistischen Strömungen in Konfrontation mit der Macht ausgetragen wird. Dieser Prozess der Zerrüttung wurde durch die wirtschaftliche Entwicklung rasant gefördert, die in keinem Verhältnis zur imperialen Ausbreitung Russlands stand und zu einem für Europa untypischem Missverhältnis führte, das Russland aus der modernen europäischen Entwicklung ausschloss.[43] Diese Deutung läuft auf das Stigma der „russischen Sphinx" hinaus und diente schließlich zur Erklärung eines geradezu gesetzmäßigen Untergangs.[44] Hier knüpfte dann vielfach die Deutung der Revolution in Russland als Ereignis mit ihrem speziellen Charakter an.

Der imperiale und genetisch raumgreifende Charakter der russischen Herrschaft ist ein Kontinuum, das in der polnischen wie in der deutschen Perspektive als ein Grundmerkmal des Russischen schlechthin betont wurde. Hatte Theodor Schiemann, mit dem sich die Geschichte Osteuropas an der Berliner Universität etablierte, als deutsch-baltischer Historiker noch russischen Panslawismus und Russifizierung als unmittelbare Existenzangst erlebt[45] und die „russische Gefahr" in seinen Schriften im Ersten Weltkrieg thematisiert,[46] so rückte Russland als permanente Bedrohung nach dem Krieg, sicher auch unter den politischen Auspizien einer möglichen oder sogar notwendigen Partnerschaft, eher in den Hintergrund und spielte bei Otto Hoetzsch schon kaum eine Rolle. Hier zeigte sich einer der markantesten Unterschiede zu Polen, wo Russland in gleich welcher Form nicht nur als Bedrohung schlechthin empfunden und dargestellt wurde, sondern dieses polnische „Angstpotential" eines der größten Triebkräfte der Beschäftigung mit Russland war. Dieser Aspekt des Unmittelbaren ist ein nicht zu unterschätzender Faktor bei der Bewertung der Zugänge zu Russland und Osteuropa.

1.3 Revolution und Bolschewismus

Polen hatte nicht nur per se ein besonderes Interesse an Russland, sondern, wie es im polnischen Außenministerium hieß, es war faktisch von Geburt her zum Sowjetkenner berufen.[47] Bei der führenden Meinungsbildung stand in den 20er-Jahren nicht unbedingt die historische Dimension des Umsturzes im Vordergrund, sondern eher die Bewertung ihrer Erscheinungsformen mithilfe tradierter Muster des polnischen Russlandbildes. Als Quellen dienten Berichte aus den Zentren der Revolution, die durch die Zeitungen interpretiert sich auf die

41 Voigt: Russland, S. 228; Pfitzner: Die Geschichte Osteuropas, S. 82.
42 Stählin: Geschichte Russlands, Bd. 1, S. 14.
43 von Eckardt: Kontinuität, S. 755; Ders.: Russland, S. 32.
44 Salomon: Aus den letzten Jahren, S. 9.
45 Stökl: Das Studium, S. 7.
46 Kusber: Die Kontinuität der Fremdheit, S. 263.
47 Kornat: Bolszewizm, 2, S. 250.

Person Lenin und den Charakter des Bolschewismus konzentrierten. Dabei wurde die Dominanz Lenins betont, der die Zerstörung der staatlichen Ordnung vorantreibt, in allen Bereichen destruktiv wirkt und ein allgemeines Chaos erzeugt, das nur Hunger und Gewalt hervorbringt. Bei Lenin wurde frühzeitig, vor allem in der rechten und katholischen Presse, eine jüdische Herkunft behauptet, die ihn eben für seine Haltung prädestinierte. Dieser jüdische Bezug im Sinne antisemitischer Muster wurde nicht nur zu anderen Aktivisten der kommunistischen Bewegung hergestellt,[48] sondern galt als ein bestimmendes Element des Charakters des Bolschewismus.[49]

Im Bolschewismus verkörperten sich aber auch der Antichrist und das asiatische Element als antizivilisatorische Kraft schlechthin.[50] Akzente wurden durch den Antibolschewismus als Doktrin gesetzt, wobei die konservativ-katholischen Kreise, zentral vertreten in der Katholischen Universität Lublin und mit seinem Protagonisten Ignacy Czuma,[51] den antichristlich-weltanschaulichen Aspekt betonten,[52] die Nationaldemokratie das Bild der „żydokomuna" (Judenkommune) pflegte und das Piłsudski-Lager im „roten Zarentum" die Kontinuität traditionellen, russischen Imperialismus sah.[53] Einigkeit herrschte jedoch weiter darüber, dass der russische Staat nicht dem europäischen Muster entspricht und seine Bevölkerung eine unpolitische, passive Masse darstellt.

Für eine Verwissenschaftlichung der Perspektive auf Sowjetrussland setzte sich der Jurist und Vertreter der konservativen Krakówer Schule Władysław Leopold Jaworski ein und gilt damit als Begründer einer Sowjetwissenschaft. Für ihn war der Sowjetstaat ein Erfahrungsfeld, das es in der bisherigen Geschichte nicht gegeben hat,[54] und er sah allein schon darin eine Herausforderung der Forschung. Denn aus dem Studium des Sowjetsystems erwächst nicht nur die Chance, Erkenntnisse über die Funktion und Form der europäischen Gesellschaft der Zukunft zu gewinnen, sondern auch eine Verpflichtung aufgrund einer Bedrohung durch die Sowjetherrschaft nicht nur für Polen, sondern für ganz Europa.[55] Auch Jaworskis Ansatz war kulturkritisch-modernistisch bestimmt und er sah es ähnlich wie Zdziechowski geradezu als Paradox der Geschichte an, dass sich die moderne Kultur des Westens am konsequentesten im russischen Osten Europas verwirklichte und dort in Gestalt des Bolschewismus seine negative Erfüllung fand.[56]

Es waren neben Publizisten aus dem Bereich der Wissenschaften weniger Historiker als vielmehr Juristen und Ökonomen und später vor allem Soziologen, die sich den Forschungen zur Sowjetunion widmeten. Die „Neue Ökonomische Politik" (NÖP) und die tiefgreifenden Veränderungen im Verfassungssystem wurden zum Gegenstand intensiver Untersuchungen. Fachleute der Ökonomie und der Jurisprudenz erkannten sehr schnell, welche Möglichkeiten und Notwendigkeiten sich aus den Transformationsprozessen im Sowjetreich für Polen ergaben. Schließlich waren fast zeitgleich zwei neue Staaten im osteuropäischen Großraum

48 Szymański: Bolszewizm, S. 50f.
49 Lisiak: Obraz Bolszewika, S. 387f.
50 Majewski: Bolszewicy, S. 649, 654.
51 Kornat: Bolszewizm, 1, S. 101ff.
52 Jeliński: Idee bolszewizmu; Bolszewizm.
53 Zackiewicz: Polska myśl polityczna, S. 180–347; Chwalba: Polen und der Osten, S. 58.
54 Jaworski: Notatki, S. 57.
55 Ders.: Szkice prawnicze, S. 10f.
56 Ders.: Notatki, S. 64.

entstanden, die einander zwar feindlich gesinnt waren, sich aber durch die Unterschiedlichkeit der Systeme doch in einem gewissen Wettbewerb befanden, was innenpolitisch zwar keine substantielle Relevanz besaß, aber von außen schon aufmerksam beobachtet wurde. Zudem konnte sich Polen dem Einfluss von Seiten des östlichen Nachbarn nicht völlig entziehen und wollte, zumindest in der Tendenz, natürlich selbst Einfluss ausüben und zur rechten Zeit bereit sein. Es ging allemal auch um die Untermauerung des Erklärungsanspruchs zu Russland für Europa: Man sah sich nach wie vor an vorderster Front in der Deutungshoheit des Sowjetphänomens.

Der Soziologe Ludwik Krzywicki und der Ökonom Wacław Fabierkiewicz beschäftigten sich intensiv mit den ökonomischen Aspekten des Sowjetsystems und legten bereits 1922 hierzu eine umfangreiche Studie vor.[57] Sie unterzogen die Wirtschaftspolitik nach der Oktoberrevolution zwar einer schonungslosen Kritik und sahen im bolschewistischen Voluntarismus, der jegliche ökonomische Gegebenheiten ignorierte und sie seinen Vorstellungen anzupassen versuchte, den direkten Weg in den Untergang, anerkannten aber in der NÖP eine Lernfähigkeit der Führung und räumten diesem Staatskapitalismus gewisse Erfolgschancen ein. Dabei war für sie die zukünftig entscheidende Frage, ob dieses staatliche System der Organisierung der Arbeit in der Lage sein würde, dem privatwirtschaftlichen Modell in der Produktion ebenbürtig zu sein.[58]

Studien zum Rechts- und Verfassungssystem der Sowjetordnung kamen einhellig zu dem Ergebnis, dass die durchgängige Ideologisierung des Rechtssystems nur zu Willkür und Entrechtung führen kann und auch scheinbare Fortschritte, wie die Gleichberechtigung der Frauen, letztlich in ihrer unzureichenden gesetzlichen Fixierung unwirksam sind.[59] Juristen spielten in der Entwicklung einer Sowjetunionforschung deshalb eine zentrale Rolle, weil sie das Sowjetsystem jenseits politisch motivierter Deutungen als strukturelles Problem begriffen, das nur mit wissenschaftlichen Methoden erklärt werden kann, und weil sie für das Verständnis der Funktionalität des Rechtssystems in der Gesellschaft soziologisch arbeiten mussten, also die damit verbundenen Faktoren wie Persönlichkeiten und Machtausübungsmechanismen einzubeziehen hatten. Erste Arbeiten hierzu legte in enger Anlehnung an Jaworski der Krakówer Jurist Konstanty Grzybowski vor[60] und kam zu dem Schluss, dass ausgehend vom Diktum der Diktatur des Proletariats und der situativen Festlegung des Rechts nach den aktuellen Bedürfnissen der Revolution keine Rechtsordnung im Sinne der Bezeichnung geschaffen wird, sondern nur ein System der Willkür entstehen kann, dem die Gesellschaft und die Individuen wehrlos ausgeliefert sind. Im Sowjetsystem sah er eine durch Lenin erfolgte Anpassung des Marxismus an die russischen Verhältnisse, die durch die Eigenheiten der Tradition autokratischer Herrschaft in Russland begünstigt wurden.[61]

Hier werden bereits alle Schlüsselprobleme benannt, die bei der Analyse der Herrschaftsform des Bolschewismus und der Funktionalität der Sowjetgesellschaft im Rahmen einer sich formierenden Sowjetunionforschung in Polen im Mittelpunkt standen. In den 30er-Jahren wurden eine ganze Reihe kategorischer Untersuchungen vorgelegt, die das Gesellschaftssystem in

57 Rosja Sowiecka.
58 Ebenda, S. 42f.
59 Makarewicz: Słowo wstępne; Makowski: Przedmowa; Tylbor: Małżenstwo.
60 Kozub-Ciembroniewicz: System sowiecki.
61 Ebenda, S. 11ff.

seiner Abstraktion als Kommunismus untersuchten. Wie auch in anderen europäischen Ländern gerierte sich der Bolschewismus zunehmend als Erscheinungsform des Kommunismus und beherrschte unter der Formel der Schreckensherrschaft und als negatives Leitbild den gesellschaftlichen Diskurs. Diese Argumentationslinien finden sich schon im 19. Jahrhundert bei den frühen Vertretern des polnischen Antikommunismus.

Die stärkere Hinwendung zur Systemanalyse unter dem Titel Kommunismus bedeutete jedoch keinesfalls eine Beschreibung der Vorgänge in der Sowjetunion im Sinne einer sozioökonomischen Gesellschaftsformation, sondern er wurde weiter als bolschewistische Herrschaft in ihren Entwicklungsstadien behandelt und die Begriffe Kommunismus und Bolschewismus wurden komplementär gebraucht. Eine Ausnahme bildete dabei Florian Znaniecki, der als ein Vater der polnischen Soziologie gilt. Ähnlich wie Koneczny[62] beschäftigte er sich mit großen Zivilisationen, suchte den Befund ihres Erfolges und die kulturellen Einflussfaktoren ihres Niedergangs.[63] Auch Znaniecki ging es nicht um eine Formationsanalyse, sondern um die Beschreibung eines Widerparts der normativen zivilisatorischen Entwicklung im Westen. Für Znaniecki war der Bolschewismus eben nicht mit Kommunismus gleichzusetzen. Er sprach dem Bolschewismus die Qualität einer festen Formation ab, wobei er nicht ausschloss, dass der Bolschewismus den Kommunismus anstrebt. Bolschewismus war für Znaniecki kein System, sondern eine Bewegung, und genau das machte ihn so gefährlich für die etablierte Zivilisation des Westens.[64] Die kulturellen Orientierungsschwächen des Westens und der rapide Verfall notwendiger Legitimation arbeiten ihm in seinen Bemühungen zur Machtentfaltung zu. Die Bolschewisierung der Gesellschaft, wie sie in Russland erfolgte, ist in jeder westlichen Gesellschaft möglich. Ziel ist die Beseitigung der „intellektuellen Aristokratie“ durch die Massen durch direkte Einflussnahme spezieller politischer Führungskräfte, die sich den verschiedensten Formen und Mitteln der Propaganda bedienen.

Die Revolution in Russland war aus der Perspektive deutscher Forschung und Publizistik ein fernes Ereignis und damit, das mag paradox klingen, wurde es nicht unbedingt in Verbindung zu Deutschland gebracht oder als Gefahr betrachtet. Die unmittelbare Wertung war ohnehin enorm beeinflusst durch die politische Perspektive des Krieges, die durch den Sturz der Regierung in Russland auf die Neutralisierung eines Kriegsgegners hoffen konnte. Die Revolution wurde fast völlig eingebettet in die Gesamtbeurteilung der Geschichte Russlands und damit eben auch in ihre Fremdheit und Andersartigkeit. Die Oktoberrevolution wurde als etwas typisch Russisches gesehen, als nationales Phänomen und von vornherein mit dem Bolschewismus gleichgesetzt. Eine differenziertere Sicht wie in Polen, wo die Revolution als Ereignis, das zum Sturz des Zaren führte und damit potentiell das Ende des Despotismus und der Bedrohung für Polen bedeutete, und die Analyse des Bolschewismus als Herrschaftsform nachgeordnet wurde, spielte in Deutschland keine tragende Rolle. Die Literatur über Revolution und Bolschewismus war zunächst durch ideengeschichtliche Erklärungsversuche geformt, die den historischen Verlauf in der Besonderheit der russischen Geschichte suchten. Erinnerungen und persönliche Erlebnisse prägten sehr stark das öffentliche Bild, wobei die in Deutschland verlegte Exilliteratur großen Einfluss auf die Deutung eines Katastrophismus

62 Pucek: Pluralizm cywilizacyjny, bes. S. 46–59.
63 Szacki: Znaniecki, S. 174f.
64 Broda: Bolszewizm, S. 35.

hatte. Auffällig ist die starke Konzentration auf die Rolle einzelner Personen, die das revolutionäre Geschehen markierten, wobei Lenin eine herausragende Rolle zugeschrieben wurde. Die Bewertung der sowjetischen Literatur in den einschlägigen Zeitschriften war relativ neutral[65] und zeigte sogar, so bei Erdmann Hanisch,[66] dem Herausgeber der „Jahrbücher für Kultur und Geschichte der Slaven", eine gewisse Parteinahme. Immerhin ist die Edition von Schriften Lenins und Veröffentlichung von Darstellungen der Revolution durch bolschewistische Funktionäre ansehnlich.

Auch die einschlägigen Zeitschriften boten eine Plattform für Funktionäre aus der Sowjetunion.[67] Das Breslauer „Osteuropa-Institut" und das „Wirtschaftsinstitut für Russland und die Oststaaten" legten umfangreiche Studien zur wirtschaftlichen Entwicklung vor, die sehr um objektive Einschätzungen bemüht waren.[68] Bei allen „typisch russischen" Voraussetzungen, die für eine Revolution gerade in Russland gegeben waren, wie die Herrschaftsform, der Charakter der bäuerlichen Masse und die anarchischen Tendenzen der Intelligenz, spielten doch äußere Einflüsse als auslösende oder sogar entscheidende Faktoren bei der Einschätzung eine wesentliche Rolle. Werner Sombart sah im Bolschewismus die Grundgedanken von Marx verwirklicht und trotz aller Einschränkungen durchaus Potential einer sozialistischen Entwicklung.[69] Er formulierte Ansichten, mit denen er konträr zu den Schriften der Exilrussen stand, aber in der westlichen Intelligenz jenseits des Kommunismus nicht alleine war.

Unter den Russlandhistorikern war es Karl Stählin, der ebenfalls die inneren Bedingungen Russlands im „zentralen Despotismus" als Voraussetzungen ansah. Westliche Einflüsse und der Krieg als Anlass schufen dann die Ausgangslage der Revolution.[70] Insgesamt ist Stählin jedoch in der Bewertung der Revolution ambivalent und eine tiefergehende Analyse des Bolschewismus bleibt auch bei diesem Fachmann für die russische Geschichte aus,[71] so dass die deutsche Forschung den in England, Frankreich und den USA vorgelegten Gesamtdarstellungen zur Revolutionsgeschichte nichts Entsprechendes entgegenzusetzen hatte.[72] Auch Hoetzsch erfasste die Revolution lediglich als Ereignis, wenn auch von epochalem Charakter. Hier trafen sich die Interpretationen und ordneten sie in den historischen Gesamtzusammenhang der russischen Geschichte ein, der durch ein wachsendes Spannungsverhältnis in der Gesellschaft gekennzeichnet ist, die jeglichen Zusammenhalt vermissen lässt und in einer historischen Logik mit bestimmter Notwendigkeit zur Katastrophe führen muss. Der auslösende Moment war dann der Krieg als schicksalhaftes Ereignis.[73] Diese Deutung der historischen Kontinuität war negativ belegt und führte unweigerlich zur Bewertung der Revolution als „Tiefpunkt"[74] der Entwicklung.

Im Zusammenhang mit der fehlenden gesellschaftlichen „Kohäsion" und der ideengeschichtlichen Behandlung russischer Geschichte wurde auch die Frage nach der Rolle der

65 Hurwicz: Die Literatur über den Bolschewismus.
66 Hanisch: Aus der Literatur.
67 Vgl. Reisner: Die Diktatur des Proletariats.
68 Hanisch: Aus der Literatur, S. 232ff.
69 Sombart: Sozialismus.
70 Stählin: Die russische Revolution; Ders.: Geschichte Russlands, Bd. 1, S. 14.
71 Voigt: Russland, S. 166–182.
72 Ebenda, S. 185.
73 Stählin: Die russische Revolution, S. 104; Hurwicz: Geschichte.
74 Voigt: Russland, S. 193.

russischen Intelligenz gestellt. Ihr besonderer oder besser gesagt eigenartiger Charakter wird in der Literatur fast durchgängig erwähnt, doch bei Hans-Jürgen Seraphim, der sich in der zweiten Hälfte der 20er-Jahre verstärkt Russland und dem Bolschewismus zuwandte, erfuhr dieser Aspekt eine besondere Betonung. Ihm ging es um die Darstellung der russischen Intelligenz als traditionell abgeschlossene Kleingruppe, die nur kurz mit dem Marxismus in Verbindung kommt, kaum eigene Ideen entwickelt, sich aber vor allem als handlungsunfähig erweist und keinerlei Verbindung zum Volk herstellt. Diese Einordnung der russischen Intelligenz kann nun als Grundmuster für die Etablierung einer bolschewistischen Führungsschicht dienen, die nur sich selbst sieht und die Macht über das Volk als Herrschaftsinstrument betrachtet. Das Volk wird durch Seraphim fast völlig neutralisiert und allein die Intelligenz als destruktiver Faktor identifiziert, die den Bolschewismus ausformte. Dass der Bolschewismus so nur in Russland entstehen konnte, belegte er darüber hinaus mit der „agrare(n) Struktur der sarmatischen Tiefebene“.[75]

Seraphim war nicht unbedingt durch umfangreiche oder tiefgründige Studien zur Sowjetunion in Erscheinung getreten, ist aber deshalb wichtig, weil er beispielhaft mit Paradigmen arbeitete, die einen Wandel in der deutschen Osteuropaforschung verdeutlichen und inhaltlich den Übergang zur Ostforschung markieren, den er auch personell bezeichnet. Das war weit mehr als eine weitere Stufe der Politisierung der deutschen Osteuropaforschung, sondern ein Paradigmenwechsel, der eine Entwissenschaftlichung der traditionellen Osteuropaforschung bedeutete, sie schließlich verdrängte[76] und als eigenes Fach dann nach 1933 die Forschung inhaltlich und auch institutionell dominierte.[77] In einem Zeitraum, in dem die Forschungen zur Sowjetunion in Polen ihre Blüte erlebten, wurden sie in Deutschland immer weiter zurückgedrängt. Ohne bis 1933 ein stringentes Forschungsprofil auszubilden, wurde die Sowjetunion nun zum Feld ideologisch-völkischer Propaganda mit der Betonung des Bedrohungspotentials.[78] Sowjetforschung in der Weimarer Republik wurde als „Zustand der Verwahrlosung und wissenschaftlichen Gewissenlosigkeit“ diffamiert und der Sowjetstaat war nunmehr einzig und allein unter dem Aspekt des Staates „einer fremdrassigen Clique“ zu betrachten.[79] Es blieben zwar gewisse Freiräume in der historischen Russlandforschung,[80] für wissenschaftliche Erkenntnisse über das Sowjetsystem waren sie aber faktisch nutzlos.

1.4 Das „Totale“

War in einer ersten Phase der Auseinandersetzung mit der Revolution beim östlichen Nachbarn der Maximalismus als Wesen der russischen Gesellschaft zur Erklärung von Ursprung und Machterhalt des Bolschewismus verbreitet, so wurde in den 30er-Jahren das „Totale“ zu einer zentralen Betrachtungsperspektive von Analyse und Deutung der Sowjetunion verschiedener Disziplinen und weltanschaulicher Orientierungen.

---

75 Seraphim: Geistige und ökonomische Grundlagen, S. 417.
76 Oberländer: Historische Osteuropaforschung, S. 21.
77 Mühle: Der europäische Osten, S. 115f; Ders.: „Ostforschung“.
78 Camphausen: Die wissenschaftliche, S. 367–374; Hausmann: Die Geisteswissenschaften, S. 712ff. Beispielhaft Gurian: Der Bolschewismus als Weltgefahr; Ders.: Der Bolschewismus.
79 Petersen, Kusber: Osteuropäische Geschichte, S. 295.
80 Bei Camphausen: Die wissenschaftliche, S. 248–315 wird das am Beispiel der „Jahrbücher für Geschichte Osteuropas“ verdeutlicht.

Als einer der Ersten identifizierte Stanisław Cat-Mackiewicz das „Totale“ als zentrales Element bolschewistischer Herrschaft, wobei er die Kategorien Sozialismus und Kommunismus weitestgehend ignorierte. In dieser totalen Herrschaft betrachtete er den größten Unterschied zu anderen Gesellschaftsformen, natürlich vor allem zu den westlichen, aber auch im Vergleich zum vorrevolutionären Russland. Hier bestritt er keinesfalls eine Unterdrückung und eine Politik, die eine Revolution provoziert hatte, dennoch sah er die Repressionen des zaristischen Apparates punktuell auf bestimmte Gruppen oder Personen gerichtet, während der Bolschewismus einen allumfassenden Terror entwickelt, der jede Sphäre der Gesellschaft und jedes Individuum erfasst.[81] Er kam schließlich zu einem Befund, der dem Bolschewismus eine geradezu unerbitterliche Logik zu einer totalen Herrschaft nachweist.[82] Zu einem der wichtigsten Erkenntnisse Cat-Mackiewiczs gehört sicher die Identifizierung des Elementes der Ausnahme als ein entscheidendes Mittel zur Durchsetzung der Ziele des Bolschewismus. Die permanente Revolution und die beständige Bedrohung durch innere und äußere Feinde legitimieren das gesamte politische Handeln und erfordern geradezu den totalen Zugriff auf alle und alles, weil eben nur dadurch der Fortbestand der Sowjetunion gesichert werden kann.[83]

Hatte Cat-Mackiewicz mit seiner politisch-publizistischen Situationsanalyse starke Impulse gesetzt, so unternahm 1933 Tadeusz Korwin mit einem solchen Ansatz eine sicher quellen- und literaturgestützte Untersuchung der sowjetischen Staatsordnung.[84] Ausgangspunkt waren für ihn die von Lenin in „Staat und Revolution“ aufgestellten Grundsätze über die Organisierung des revolutionären Staatssystems auf der Grundlage der Diktatur des Proletariats. In diesem Gegenentwurf zum bürgerlichen Staat sah er durch die Rolle der Partei und das zentralistische Prinzip der Herrschaft, die zu einer Aufhebung der Gewaltenteilung führt, bereits wesentliche Voraussetzungen für eine totale Herrschaft gegeben. Aus dieser Feststellung heraus kam Korwin wie auch andere Analysten des Sowjetsystems zu der Erkenntnis, dass die von Lenin vorgesehene Einschränkung des individuellen Rechts für die Periode des Übergangs zur endgültigen Herrschaft des Proletariats von der herrschenden Parteielite zum politischen Prinzip gemacht und damit der Ausnahmezustand zum Normativ erhoben wurde. Der Staat schreibt die Rechtsnormen vor, die er gerade benötigt.[85]

Der Publizist und Politiker Konstanty Srokowski beleuchtete das Totale des Bolschewismus unter dem Aspekt der Organisation der Partei und der Herausbildung einer neuen, dem spezifischen Charakter der Partei Lenins entsprechenden Elite.[86] Sie verfügte über die alleinige und uneingeschränkte Macht der Durchsetzung der Diktatur des Proletariats und entwickelte diesem Auftrag entsprechend ein eigenes Bewusstsein der Totalität. Die Organisationsprinzipien des demokratischen Zentralismus und die Verpflichtung der eisernen Disziplin, verbunden mit der totalen Unterordnung unter die Parteibeschlüsse, formten eine Partei als Orden, der den Jesuiten gleich mit einem Glauben versehen sich über alle anderen stellt, sich aller Mittel bedienen darf, um seine Ziele durchzusetzen und überzeugt ist, im Sinne einer höchsten Berufung die Geschichte zu gestalten. Für dieses geradezu aristokratische Verhalten benutzte Srokowski den

81 Cat-Mackiewicz: Myśl w obcęgach, S. 51, 77.
82 Ebenda, S. 69.
83 Ebenda, S. 12–19.
84 Korwin, Tadeusz: Podstawy.
85 Ebenda, S. 83.
86 Srokowski, Konstanty: Elity bolszewicka (III); Lednicki: Konstanty Srokowski; Kornat: Bolszewizm, 1, S. 92–102.

Begriff „Partiokracja" als neue Form der politischen Organisation Partei, die nichts mehr gemein hat mit den traditionellen demokratischen Parteien Europas. Für Srokowski war dieses Organisationsprinzip der Partei Vorbild für den italienischen Faschismus, genauso wie die Kuo-Min-Tang damit in China das Land zu beherrschen suchte.

Der Vergleich der Herrschaftsformen von Bolschewismus und Faschismus unter dem Aspekt des Totalen nimmt in den 30er-Jahren in der polnischen Forschung immer schärfere Konturen an. Leopold Caro als guter Kenner der Schriften von Marx, Bakunin und Luxemburg ordnete die Person Lenins in die Gedankenwelt des revolutionären und sozialen Umbruchs in europäischen Dimensionen ein[87] und schlussfolgerte eine gewisse Notwendigkeit des autoritären Führungsstils der bolschewistischen Partei, die er ebenfalls im europäischen Faschismus ausmachte.[88] Der junge Warschauer Soziologe Aleksander Hertz verschrieb sich dieser Frage mit hoher Intensität. 1936/1937 erschien eine Reihe von Artikeln, die sich verschiedenen Aspekten des Herrschaftssystems in der Sowjetunion widmeten und die wohl umfangreichste und tiefgründigste Analyse aus polnischer Feder darstellen.[89] Hertz gelingt eine faktologisch reich belegte sozialpsychologische Studie des Stalinismus,[90] die einerseits einige bereits im polnischen Diskurs bekannte Momente aufnimmt, andererseits aber eine komplexe Synthese darstellt, die aus der Perspektive einer Vertrautheit mit dem Marxismus und den Ideen des Sozialismus an Deutlichkeit eine neue Qualität darstellte und in ihrer Grundbewertung bis heute volle Gültigkeit besitzt. Stalin verstand es, das „Gespenst einer Intervention" und später den von Hitler propagierten „antibolschewistischen Kreuzzug" als permanente Bedrohung und Atmosphäre der Angst zu nutzen, um eine Ideologie von der Unentbehrlichkeit „der gewählten Führungspersönlichkeit" zu schaffen. Zur innenpolitischen Untermauerung der Bedrohung wurden alle Aktionen der wirtschaftlichen und politischen Umgestaltung, wie etwa Kollektivierung und Industrialisierung, als Kampf geführt und hatten den Charakter „strategischer Feldzüge", die von einem militärischen Ton begleitet wurden.[91] Bei allen Unterschieden in der Gesellschaftsordnung zwischen Faschismus und Bolschewismus erkannte Hertz doch große Übereinstimmungen im Charakter der Machtausübung, wobei deutlich wird, dass er die Entwicklung in der Sowjetunion als eine Folge der Herrschaft von Mussolini und Hitler betrachtete.[92] Nur wenige Wochen vor Kriegsausbruch legte Franciszek Ancewicz eine Untersuchung zur stalinschen Staatskonzeption vor,[93] zog er den Vergleich zu Hitlerdeutschland und prophezeite eine Annäherung beider Staates auf der Grundlage ihrer Wesensgleichheit.[94]

Was diese in der polnischen Forschung umfänglich, vor allem auch im INBEW, betriebene Analyse des „Totalen" nun so bemerkenswert und weitsichtig macht, ist, dass es nicht um eine Kategorisierung des Bedrohungspotentials für Polen ging, sondern um die Erkenntnis eines machtpolitischen Phänomens der existentiellen Infragestellung der westlichen Zivilisation per se über die wahrgenommenen tradierten Feindbilder und eine ethisch-moralische Ablehnung hinaus. Die Forschungen zur Sowjetunion sind in vielfacher Weise

87 Kornat: Bolszewizm, 1, S. 100f.
88 Caro: Lenin; Ders.: Reformy.
89 Hertz: Szkice o totalitaryzmie; Kornat: Bolszewizm, 1, S. 127–132.
90 Hertz über Stalins Herrschaft, S. 180f.
91 Ebenda, S. 185.
92 Ebenda, S. 188f.
93 Ancewicz: Stalinowska koncepcja.
94 Swianiewicz: W cieniu Katynia, S. 275.

nicht nur ein in ihrer Zeit herausragender Beitrag zur Ergründung der neuen Gesellschaftsformation, sondern vermitteln darüber hinaus grundlegende Erkenntnisse über die moderne Massengesellschaft sowie über Möglichkeiten, Grenzen und Wirkungen des Fortschritts.

Fundierte Analysen zum Bolschewismus und seinem Herrschaftssystem sind in der deutschen Forschung eher selten. Alexander Kulischer unternahm aus eigener Erfahrung heraus den Versuch einer wissenschaftlichen Deutung und kam zu dem Ergebnis, dass die bolschewistische Ordnung keinerlei theoretische Grundlagen im Marxismus hat und auch nichts mit Sozialismus zu tun hat. Für ihn ist der Bolschewismus eine reine Umverteilungswirtschaft unter den Bedingungen von Krieg und purer Not; er ist damit keine Weltanschauung, sondern lediglich ein Kampf um Vorherrschaft. Zu Recht wurde diese vereinfachende Sicht kritisiert,[95] aber er kam zu Schlussfolgerungen, die den Ergebnissen tiefgreifender polnischer Forschung zum Charakter der Herrschaftsform des Bolschewismus ziemlich nahe sind. Für Kulischer ist Bolschewismus nichts Neues, sondern eine Wiederholung oder besser gesagt ein Rückfall in Abhängigkeitssysteme der Zarenzeit. Die Funktionärskader sind der „neue Adel", die für sich eine neue geschlossene Herrenklasse bilden und damit genauso weit entfernt vom Volk sind, wie es die Despotie war.[96]

Neben Studien zur Wirtschaftspolitik aus Königsberg und bei Otto Hoetzsch in Berlin[97] waren Untersuchungen zur Gesetzgebung ein Schwerpunkt der deutschen Forschungen zur Sowjetunion, die vornehmlich am „Osteuropa-Institut" in Breslau vorgenommen wurden. Den Fachleuten, die hier am Werke waren, ging es vornehmlich um die Analyse von Daten und Informationen, die praktisch verwertbar waren, weniger um eine politische Wertung oder gar kategorische Einordnung. Somit steht auch nicht die Dekonstruktion des Herrschaftsmechanismus besonders im Blickfeld oder die Beschreibung der Totalität der Machtausübung, geschweige denn vergleichende Überlegungen zum Charakter gesellschaftlicher Umbrüche oder „Revolutionen" nach dem Ersten Weltkrieg, wie sie in Polen, durchaus auch in kritischer Selbstreflexion spätestens seit der Mitte der 30er-Jahre praktiziert wurden.

Angesichts der Faschisierung in Deutschland wird hier ein pragmatisches Desinteresse deutlich, das einen systemischen Vergleich scheute und die „totale Herrschaft" zunehmend als Reizwort empfand. In einem als richtungsweisend zu verstehenden Vortrag vor der „Deutschen Gesellschaft zum Studium Osteuropas" im Februar 1934[98] verpflichtete Werner Markert dazu, das Studium Osteuropas als politische Aufgabe zu begreifen, als Fachmann der Aufgabe zur Verfügung zu stehen und sich aus der Fragestellung deutscher Probleme heraus dem Osten zu widmen, wobei auf Volks- und Siedlungsformen besondere Aufmerksamkeit zu legen ist. Bemerkenswert ist, dass er, auf Goebbels verweisend, vom „Abrücken von der Idee des faschistischen totalen Staates" spricht, der „den Weg frei für eine Politik im Sinne einer föderativen Neuordnung Europas" macht.[99] So sucht man dann auch bei aller antibolschewistischen Stoßrichtung Studien zum totalen Charakter des Herrschaftssystems des Bolschewismus vergebens.

Vor diesem Hintergrund sind drei Aufsätze in der Zeitschrift „Osteuropa" bemerkenswert. Eher zurückhaltend, aber in der Aussage doch eindeutig analysierte der Fachanwalt für Russisches

95 Hurwicz: Die Literatur, S. 155.
96 Kulischer: Das Wesen des Sowjetstaates.
97 Haar: Osteuropaforschung, S. 39.
98 Markert: Das Studium Osteuropas.
99 Ebenda, S. 397 (im Druck hervorgehoben).

Recht Heinrich Freund das Zivilrecht in der Sowjetunion und kam zu dem Schluss, dass trotz Diktatur des Proletariats unter dem Druck wirtschaftlichen Notstandes und Übergangs zur Neuen Ökonomischen Politik die Zivilgesetzgebung sich dem freien Markt angepasst hatte, der Gesellschaft relativen Freiraum gab und insgesamt einen Kompromiss darstellt. Erst mit dem Sieg Stalins auf dem XV. Parteitag „Ende 1927 tritt die Revolution in eine neue Phase“[100] ein. Mit der einsetzenden Entkulakisierung und der damit verbundenen Gesetzgebung wurde das Zivilgesetzbuch faktisch ausgehebelt und der Willkür der Staatlichkeit unterworfen. Mit der Erklärung der Rechtlosigkeit einer bestimmten Schicht wurde ein Prozess der Willkür eingeleitet, der die Macht in die Hände einzelner, letztlich aber zentral gelenkter Organisationen legt. Den Abbau des Zivilrechts sah der Verfasser als Produkt der Herrschaft des Planprinzips. Es bildeten sich staatliche Strukturen, die abseits vom Zivilrecht eine neue „Rechtsdisziplin“[101] schufen, die auf die direkte staatliche Einwirkung ausgerichtet sind.

Wesentlich deutlicher wurde Gerhard von Tevenar in einem Beitrag zum Verhältnis von Partei und Staat. Er plädierte für ein Herangehen „an die staatliche Struktur des großen Ostreiches“ aus der Perspektive „unserer jungen politischen Wissenschaft“. Alle bisherigen „fachwissenschaftlichen Abhandlungen“ hielt er für Apologetik, die „den politischen Machtwillen eines jungen, nichteuropäisch bestimmten Volkes (nicht) zu sehen vermochte“.[102] Wenn Max Weber im Hinblick auf Russland von einem Scheinkonstitutionalismus sprach, so müsse man heute in der Sowjetunion von einer Scheinexistenz der geschriebenen Sowjetverfassung und einer Inkongruenz von Verfassung und Verfassungsgesetz sprechen. Der Aufsatz ist einer der ganz wenigen Orte, wo nicht nur das Totale der Herrschaft formuliert, sondern auch ein Vergleich mit der Parteienherrschaft in Italien und Deutschland vorgenommen wird. Der Autor erhob der Vorwurf, dass die unbestrittene Herrschaft der Partei in der Sowjetunion sich nicht in der Verfassung findet und damit illegalen Charakter trägt, wohingegen der „faschistische Staat“ und auch der nationalsozialistische durch ihre Verfassungsgesetzgebung der „staatstragenden Partei einen privilegierten Ort rechtlicher Verankerung zugewiesen“ haben. Damit existieren „in Russland keinerlei staatrechtliche Normen, die das Ineinandergreifen der Organismen von Partei und Staat mit Gesetzeskraft regeln“.[103]

Tevenar benannte alle wesentlichen Elemente totalitärer Herrschaft in der Sowjetunion, die wir auch in den polnischen Analysen finden. Es geht um den „neuen Menschen“ als Erziehungsprinzip zum russischen Sozialismus, den „privilegierten Stand einer Führungselite“, das „sich Einfügen in den Willensplan der Führung“ und schließlich um den „woshdj“ als „eindeutigen Leiter von Partei und Staat“ (das Wort Führer wird nicht benutzt), der in der Person des „Stählernen“ deutlich hervortritt. Der Autor analysierte die Struktur des Herrschaftssystems in Form der direkten, persönlichen Einflussnahme der Partei auf den Staatsapparat, der entscheidend ist, aber wiederum keinerlei Rechtsfixierung erfahren hat. Er zitierte dazu die „Gazeta Polska“ mit einer Wertung des 17. Parteitages: „Verparteilichung des Staates – Verstaatlichung der Partei“.[104] Großen Raum widmete Tevenar der russischen Geschichtskontinuität des bolschewistischen Staates. In den Mittelpunkt stellte er dabei die

100 Freund: Die Zukunft, S. 698.
101 Ebenda, S. 709.
102 Tevenar: Partei und Staat in der UdSSR, S. 259.
103 Ebenda, S. 260.
104 Ebenda, S. 264.

Herrschaft des Großrussentums im absoluten Zarenstaat, die sich in der bolschewistischen Parteihierarchie fortsetzt. Wie Peter der Große wollten Lenin und Stalin als sein Nachfolger die „russische Geschichte forcieren".[105] Wesentliche Instrumente des Bolschewismus sind dabei Technik und Modernität. Werkzeuge zu ihrer Durchsetzung sind der totale Verwaltungsstaat mit einem totalen Erziehungsanspruch, der das gesamte Leben politisiert, das Individuum auslöscht und die Kategorie des Werktätigen als „Homogenisierungsbegriff" einführt, der den „totalen Arbeitsstaat" schafft als Grundlage unbeschränkter Herrschaft und unbegrenzten Zugriffs auf die Gesellschaft.

Der Beitrag von Walther Biehahn im gleichen Heft der Zeitschrift „Osteuropa" kann als Ergänzung zum Artikel von Tevenar gesehen werden. Er führte den Gedanken der Kontinuität großrussischer Herrschaft fort, wobei es vor allem um den Anteil des Marxismus an der Fortsetzung einer russischen Geschichtstradition geht.[106] Zunächst war es dem Autor wichtig klarzustellen, dass Russen allein nicht in der Lage gewesen wären, die Revolution durchzuführen, sondern es dazu äußerer Kräfte bedurfte. Der Marxismus hatte einen ideengeschichtlichen Einfluss, aber vor allem „das Judentum" brachte jenen konstruktiven Faktor ein, der die Revolution erst möglich machte. Auf Hans Kohn verweisend stellte Biehahn den Kommunismus als Säkularisierung des jüdischen Glaubens dar,[107] der durch die Diaspora die Weltrevolution anstrebt. Andererseits ist der Marxismus nur ein Beiwerk, den die russischen Revolutionäre nie voll akzeptiert oder auch praktiziert haben, sondern sich nur gewisser Elemente bedienten, um eben die Herrschaft der Großrussen zu sichern. Die ideologische Grundlage bildete der „Leninismus". Mit seiner Theorie vom Klassenkampf und seinem Klassenbezug kann er jegliche Probleme staatlicher Differenzen und nationaler Divergenzen erklären und lösen. Mit der Auflösung der Klassengegensätze kann der Bolschewismus direkt Einfluss auf die Verhältnisse in anderen Ländern ausüben und legitimieren. Vor allem jedoch, und darum geht es dem Autor, hat das Großrussentum in Gestalt des Bolschewismus alle Argumente auf seiner Seite, die zaristische Herrschaft über die anderen Nationalitäten auf dem russischen Staatsterritorium fortzuführen.[108] Die Revolution löste den Klassenantagonismus und damit die nationale Frage. Die Nationalität spielte jetzt keine Rolle mehr und die Großrussen fördern durch ihr kulturelles und politisches Engagement bei den anderen Völkern ihre Entwicklung und sichern sich damit ihre Herrschaft. Sie handeln wie einst Witte oder Stolypin und jeder, der sich dem entgegenstellt ist Nationalist oder vertritt die „bourgeoise Reaktion". In dieser einfachen Logik lag für den Verfasser der Schlüssel zur Sicherung der Herrschaft nach russischem autoritären Muster und es war ihm wichtig zu betonen, dass die Nationalitätenpolitik „nicht und unter keinen Umständen Pflege des nationalen Volkstums" bedeutet.[109]

1.5 Deutsche Kontakte

Von deutscher Seite wurde die polnische Osteuropaforschung mit einiger Aufmerksamkeit beobachtet, was allerdings eher ein Nebenprodukt einer stringenten Perspektive auf Polen war. Bilanziert man die Intensität der Rezeption polnischer Forschungsergebnisse zu Osteuropa durch die deutsche Wissenschaft, so kann nicht davon gesprochen werden, dass diese

105 Ebenda, S. 267.
106 Biehahn: Marxismus.
107 Kohn: Der Nationalismus, S. 8f.
108 Biehahn: Marxismus, S. 502ff.
109 Ebenda, S. 505.

in besonderer Weise im Fokus stand oder auf die eigene Ausrichtung und Bewertungen nennenswerten Einfluss hatte. Sicher war Oskar Halecki durch seine den deutschen nahestehenden Überlegungen zu Osteuropa und vor allem seine Tätigkeit in internationalen Organisationen präsent,[110] insgesamt jedoch ordneten sich die Kontakte doch eher den schlechten Beziehungen der Länder unter und entsprachen nur wenig den durch die Kompetenzen gegebenen Möglichkeiten,[111] zumal die Grundpositionen zum Fach sich in beiden Ländern sehr ähnelten. War in Polen die Beschäftigung mit der historischen Position des Landes im osteuropäischen Großraum faktisch nationale Aufgabe, hat sich das Fach Osteuropäische Geschichte in Deutschland von Anfang an politisch betätigt und politische Publizistik zu Russland und Osteuropa als integrales Betätigungsfeld gesehen. Zum anderen war der fachübergreifende Zugang auf Osteuropa in beiden Ländern, mehr oder weniger deutlich formuliert, von Anfang an Forschungspraxis und methodisches Leitmotiv.[112]

Nach der Unterzeichnung des Nichtangriffspaktes von 1934 intensivierten sich die Kontakte. Die in seiner Folge eingerichteten gemeinsamen Kommissionen und aufgelegten Projekte in kulturell-wissenschaftlichen Bereichen[113] ermutigten vor allem das prometheistische Lager, auf Deutschland zuzugehen. Das fiel umso leichter, als die deutsche Ostforschung ohnehin als Vorbild nicht nur für die Institutionalisierung der eigenen Osteuropaforschung angesehen und adaptiert wurde, sondern auch die deutsche Methodik der Forschung als beispielhaft galt.[114] Es sind immer wieder das „Osteuropa-Institut“ in Breslau und das Königsberger „Institut für Ostdeutsche Wirtschaft“, die als Referenz herangezogen werden. Sie gelten vielfach als Maßstab und Orientierung bei der Institutionalisierung der polnischen Osteuropaforschung.[115] Stanisław Swianiewicz hatte 1929/30 einige Monate im Breslauer „Osteuropa-Institut“ gearbeitet und dort Material für sein Buch „Lenin jako Ekonomista“ (Lenin als Ökonom“ gesammelt). Er beschrieb wenig später Aufbau und Arbeit des Instituts ausführlich in der Zeitschrift „Nauka Polska“,[116] hob die Möglichkeiten des Instituts kraft seiner Ausstattung hervor und betonte seine Spitzenposition in der Forschung zu Osteuropa. Ähnlich äußerte er sich nach seinem Aufenthalt in Königsberg 1936, wo er zu seinem Buch über die Wirtschaft unter Hitler arbeitete.[117] Es ist davon auszugehen, dass in den entsprechenden deutschen Institutionen die Ergebnisse der Osteuropaforschung in Polen sehr wohl zur Kenntnis genommen wurden.[118] In der Zeitschrift „Osteuropa“ erschienen 1936/37 ausführliche Berichte über die Entwicklung der polnischen Geschichtswissenschaft, insbesondere der polnischen Osteuropaforschung und ihrer Institute[119] und es entwickelten sich

110 Bömelburg: Oskar Halecki.
111 Krzoska: Nation und Volk; Białkowski: Die Souveränität Polens, S. 119ff; Guth: Between Confrontation and Conciliation.
112 Voigt: Otto Hoetzsch, S. 306.
113 Schattkowsky: Innen- und außenpolitische Aspekte, S. 37.
114 Kornat: Polska, S. 101.
115 Ders.: Początki sowietologii, S. 28f; Swianiewicz: W sprawie organizacji, S. 521.
116 Nauka Polska XIII (1930), S. 191–194.
117 Swianiewicz: W cieniu Katynia, S. 20.
118 Kornat: Instytut, S. 59.
119 Osteuropa 12 (1936/37), S. 142–149, 204–209, 280–283, 355–360. Ebenda, S. 503–511 ist ein Artikel des Direktors des Józef Piłsudski Instituts in Warschau, Major Dr. Wacław Lipiński, über „Die Organisation der Forschung über die neuste Geschichte Polens“ abgedruckt.

auch direkte Kontakte.[120] Oskar Halecki und Marian Zdziechowski hielten Vorträge vor der „Deutschen Gesellschaft zum Studium Osteuropas“ in Berlin und Włodzimierz Bączkowski war auf deutscher Seite ein geschätzter Fachmann für die Fragen Osteuropas, seine Bücher waren bekannt und man teilte seine Positionen.[121]

Grundlage dieser gemeinsamen Aktivitäten waren die Fachkompetenz und die Forschungstätigkeiten der Osteuropa- und Minderheiteninstitute in Polen. Bestimmte Bereiche dieser Forschung, namentlich jene mit dem Prometheismus verbundenen, fanden kurz vor Ausbruch des Zweiten Weltkrieges in ihrem Osteuropaparadigma einen gewissen Gleichklang mit deutschen Institutionen der Ostforschung und gerieten so in eine gefährliche Nähe zu Ostplanungen des Nationalsozialismus.[122] Von einer polnischen Ostforschung kann jedoch keine Rede sein. Selbst Prometheismus und Messianismus geben das inhaltlich nicht her und werden außerdem als Forschungsprogramm weder formuliert noch praktiziert. Bei den von der deutschen Ostforschung eindeutig verfolgten Fragestellungen der Volks- oder Kulturbodenforschung werden zwar bei der polnischen Westforschung Parallelen gesehen und an der Person Zygmunt Wojciechowski festgemacht,[123] oder Ähnlichkeiten bei der polnischen Ostsee-Historiographie festgestellt,[124] doch die Osteuropaforschung in Polen war anders justiert. Ganz davon abgesehen, dass die wesentlichen methodischen Ansätze der deutschen Ostforschung, wie Volks- oder Raumparadigmen, kaum entwickelt waren,[125] hatten sie vor allem einen grundsätzlich defensiven Charakter. Während die deutsche Ostforschung mit dem historischen Nachweis einer deutschen Präsenz im Osten eine legitimatorische Funktion gegenüber dem Ostraum zu erfüllen hatte,[126] und damit ein „dezidiert ‚deutsches‘ Unternehmen“[127] ist, war die Osteuropaforschung in Polen, wenn auch hoch politisiert, eher ein Regulativ der Beziehungen zu den unmittelbaren östlichen Nachbarn, stützte einen Schutzmechanismus gegenüber dem russischen Imperialismus und entwickelte eine gesamteuropäische Perspektive, die der polnischen Positionierung und Selbstbestimmung im osteuropäischen Raum diente.

2 (Nach)Wirkungen und Schicksale

Der deutsche Überfall auf Polen zerschlug nicht nur den polnischen Staat, sondern auch die Wissenschaftsstrukturen und machte allen nationalen Aktivitäten einer Osteuropaforschung ein Ende. Wissenschaftler und Publizisten, die auf diesem Gebiet gearbeitet hatten, gingen ins Exil, waren im Untergrund tätig oder wurden Opfer des deutschen und sowjetischen Terrors. Am 15. Dezember 1939 wurde das INBEW in Wilno nach hoffnungslosen Versuchen,

120 Kornat: Instytut, S. 59; Burkert: Die Ostwissenschaften, S. 274ff.
121 Burkert: Die Ostwissenschaften, S. 423, 426, 661, 663.
122 Ebenda, S. 280.
123 Piskorski: „Deutsche Ostforschung“; Jaworski, Rudolf: Deutsche Ostforschung; Hackmann: Strukturen, S. 230, 241ff; Krzoska: Für ein Polen.
124 Zernack: Imperiale Erfahrungen, S. 71.
125 Hackmann: *Volksgeschichten*, S. 190; Piskorski: Volksgeschichte; Ballerstedt: Raumforschung im polnischen Osten.
126 Mühle: Für Volk und deutschen Osten, S. 3; Ders.: „Ostforschung“; Hackmann: Deutsche Ostforschung, S. 29, 38.
127 Müller: Bilder, S. 380.

es weiterzuführen, endgültig geschlossen. Sämtliche Unterlagen seiner Tätigkeit und die Bibliothek wurden in die Sowjetunion verbracht[128] und es gibt bis heute keine nennenswerten archivalischen Hinterlassenschaften dazu in Vilnius. Die politischen Verhältnisse in der Volksrepublik Polen machten die Fortsetzung der institutionalisierten Osteuropaforschung oder auch nur das Anknüpfen an die Traditionen der Zwischenkriegszeit nach dem Ende des Zweiten Weltkrieges unmöglich. Somit bleibt die Osteuropaforschung der Zweiten Republik ein nationales Unikat. Dabei steht seine eigentliche Bedeutung in keinem Verhältnis zu seiner Rezeption und auch Wirksamkeit.

Nun ist die Frage nach Wirkung und Einfluss wissenschaftlicher Erkenntnisse allgemein schwer zu beurteilen. Forschung-Rezeption-Beratung-Umsetzung ist keine Kausalkette zwingender Notwendigkeit. Das gilt nicht nur im hier behandelten Fall einer Osteuropaforschung, sondern ist ein generelles Problem. Allein schon deshalb, weil diese Faktoren sich nicht durch eine unmittelbare Reaktion messen lassen, etwa durch sichtbares politisches Handeln oder die Bildung von gesellschaftlichen Gruppen. In einer hoch organisierten und kommunikativen Gesellschaft wie der modernen Nation kann die Einflussnahme von Erkenntnis vielfältige Formen annehmen, die sehr sublim wirken und im Ergebnis oftmals kaum noch eine direkte Herleitung zulassen. Dem nachzugehen, wäre sehr spekulativ, weshalb die Frage der Wirkung in der vorliegenden Arbeit auf dem Feld des direkten Nachweises oder seiner diskursiven Verarbeitung verbleibt.

Ein Hauptgrund dafür, dass die polnische Osteuropaforschung und vor allem die Sowjetologie trotz ihrer unzweifelhaften Leistungen so wenig international rezipiert wurden, wird in der wissenschaftlichen Literatur in der Sprachbarriere gesehen.[129] Es gibt zwar in verschiedenen Veröffentlichungen deutsche, englische oder französische Zusammenfassungen sowie auch fremdsprachige Beiträge, doch der wissenschaftliche Extrakt ist ausschließlich in polnischer Sprache vorhanden. Andererseits ist die Bewertung der Forschungsergebnisse sehr stark von der Nachkriegsperspektive geprägt, die durch die Rolle der Sowjetunion als Großmacht, die Blockbildung und den Kalten Krieg ein geradezu sprunghaftes Anwachsen des Interesses an allem, was jenseits des Eisernen Vorhangs vor sich geht, entwickelte und damit sogar existentielle Fragen verbindet.

Natürlich war das Interesse am Osten und vor allem am revolutionären Russland auch nach dem Ersten Weltkrieg groß, doch nicht vergleichbar mit dem nach 1945 entstehenden Forschungspotential an Osteuropa-Instituten und universitären Stätten der Forschung zur Sowjetunion und den osteuropäischen Staaten in Westeuropa und Amerika, das geradezu eine „Wissenschaftsindustrie“[130] hervorbrachte. Für die geringe Akzeptanz der polnischen Forschung dürfte zudem nicht unwichtig gewesen sein, dass die Zweite Polnische Republik aus der Perspektive des Westens zwar ein Staat war, mit dem man sich verbunden fühlte, vor allem im Kampf gegen den Kommunismus, der aber doch lange nicht den Stellenwert besaß, den er sich zumaß, wobei er selbst unter dem Stigma einer östlichen Geringschätzung und zivilisatorischen Ferne litt. Er war eben einfach nicht so wichtig, um ihn gänzlich wahrzunehmen oder gleichberechtigt zu behandeln und damit fehlte auch ein Zutrauen, das sich auf sein intellektuelles Potential bezog.

---

128 Jegelevičius: Rok 1939, S. 384ff.

129 Repräsentativ dafür Kornat: Bolszewizm, 2, S. 285.

130 Bromke: Polak, S. 175.

Schließlich war der Zeitraum der Existenz der Zweiten Republik einfach zu kurz, um das vorhandene große geistige Potential voll entfalten zu können.[131] Die Wahrnehmung und Wirkung im Lande selbst war recht zweifelhaft und die Akzeptanz des Gegenstandes Osteuropaforschung mit einiger Unsicherheit verbunden. Das lag nicht allein an den andauernden finanziellen Schwierigkeiten, sondern war ebenso ein Produkt indifferenter politischer Haltungen, die in der Osteuropaforschung, bei aller prinzipiellen Anerkennung der Notwendigkeit und des Nutzens, doch immer auch eine mögliche Einflussnahme sowjetischer Ideologie wie auch die Akzeptanz nationaler Ansprüche anderer östlicher Nationalitäten argwöhnten.

Die von den zeitgenössischen Osteuropaforschern angestellten Überlegungen zur internationalen Wirkung ihrer Arbeit fallen ebenfalls verhalten aus. Sie begründeten ihre bescheidene Bilanz, vor allem mit Blick auf die deutsche Osteuropa- und Ostforschung, mit dem Hinweis auf die beschränkten Mittel, den restriktiven Zugang zu Quellen und Material und die gegebenen Sprachbarrieren. Dennoch wirft Ausmaß und Qualität der Osteuropaforschung ein bezeichnendes Licht auf den Stellenwert der Zweiten Republik als Wissenschaftsstandort. Er wird in Ausstrahlung, Rezeption und internationaler Präsenz immer noch unterschätzt. Seine Beachtung und Bewertung leidet, zumindest aus deutscher Perspektive, unter dem nach wie vor gegebenen Primat Politischer und Beziehungsgeschichte, was den Blick auf andere Ebenen verstellt.

Die Forschungsliteratur zum Gegenstand der polnischen Osteuropaforschung ist sich zumindest hinsichtlich ihrer sowjetologischen Dimension einig, dass in der Zweiten Polnischen Republik ein Potential geschaffen wurde, dass in Materialsammlung, Analysefähigkeit und Publikationstätigkeit ein Erfolgsmodell war. Ausgehend von dem politischen Konzept des Prometheismus entwickelte sich eine eindrucksvolle und äußerst effektive Forschungslandschaft zu Fragen Osteuropas. Sicher waren die durch die politische Machtkompetenz der Protagonisten des Prometheismus bereitgestellten Mittel ein nicht zu unterschätzender Faktor. Dennoch beförderte diese politische Grundorientierung eine produktive Grundlage, innovative Fragestellungen zu formulieren, neue Formen der Forschung und der Wissensvermittlung zu etablieren und einen längerfristig international prägenden Wissenschaftsstandard zu entwickeln. Als politisches Konzept erdacht, hat der Prometheismus zwar die polnische Ostpolitik sowohl hinsichtlich der Haltung zur ukrainischen oder weißrussischen Frage in ihrer innenpolitischen und außenpolitischen Dimension als auch die Russlandpolitik und die Frage der Völker der Sowjetunion kaum nachhaltig beeinflusst. Der Prometheismus hat aber den Ostdiskurs bestimmt oder sogar dominiert und seine größte Wirksamkeit durch seinen Informations- und Erkenntnisbedarf entwickelt, der eine besondere Form der Verbindung von Politik und moderner Forschung schuf. Ohne sein personelles und institutionelles Engagement wäre die beeindruckende Bilanz institutioneller Etablierung, der Bestimmung produktiver Forschungslinien und effektiver Kommunikationsstrukturen der Osteuropaforschung in dieser relativ kurzen Zeit undenkbar gewesen. Damit hat die polnischen Osteuropaforschung Strukturen, Inhalte und Methoden vorgegeben, die im internationalen Maßstab im Eigentlichen erst nach dem Zweiten Weltkrieg eine Blüte erfuhren.

Daran ist Polen als Land gar nicht und personell nur peripher beteiligt. Eine gewisse inhaltliche und auch personelle Fortführung fand die Tätigkeit von IW und INBEW in Gestalt der „Reduta". Nach Abzug der Anders-Armee nach Italien 1943/44 verblieb ein Restkontingent

131 Sauerland: Suche nach Ordnung, S. 140.

polnischer Truppen im Mittleren Osten und unterhielt dort eine Kultur- und Propagandaabteilung. Als auch diese Anfang 1946 nach Großbritannien abgezogen wurde, beschloss ihre Führung, eine Forschungsinstitution am Standort zu belassen, die sich Fragen der Propagierung polnischer Interessen, Studien zum Mittleren Osten und der Beziehungen Polens zu den dortigen Ländern widmen sollte. Das Institut für den Nahen und Mittleren Osten „Reduta" wurde als eigenständige Institution gegründet und legte auf einer offiziellen Versammlung am 27. März 1947 in den Statuten fest, sich mit der Herausgabe von Publikationen über Polen und die Großregion zu beschäftigen. Die Gründung eigener Unternehmen, die diesem Gegenstand verpflichtet sind, sollte den finanziellen Bestand des Instituts sichern. Sein Sitz war zunächst Jerusalem und später Beirut. Zum Generalsekretär der „Reduta" wurde Włodzimierz Bączkowski ernannt, der auch wesentlich für die Verwaltung der Finanzen zuständig war.[132] Das Institut sammelte Materialien der polnischen Flüchtlinge im Nahen Osten, baute die Polonika in den Bibliotheken von Jerusalem auf und gab die Zeitschrift „Sprawy Bliskiego i Środkowego Wschodu" (Fragen des Nahen und Mittleren Ostens) heraus. Stanisław Kościałkowski publizierte Schriften zu Polen und über die Beziehungen Polens zu Ländern im arabischen Raum. Von Anfang an spielte in der Tätigkeit des Instituts jedoch die russische Frage eine wichtige Rolle, vor allen Dingen unter dem Gesichtspunkt der Unterscheidung zwischen einem russischen und einem nichtrussischen Osten und der Bedrohung sowohl der Christen als auch der Muslime durch den russischen Imperialismus.[133] Gerade die Lage der Muslime in der Sowjetunion stieß auf Interesse in den Ländern des Mittleren und Nahen Ostens, was das Institut zu berücksichtigen hatte.

1950 wurde das Institut als Institut Wschodni „Reduta" (Ost-Institut) nach London verlegt. In Beirut blieb nur eine Außenstelle. Nunmehr rückte die Sowjetologie in den Mittelpunkt der Arbeit und Analysen der Situation in der Sowjetunion und der Beziehungen zu den Ländern Ostmitteleuropas bildeten den Schwerpunkt der Arbeit. Weitere Außenstellen wurden in Washington und Ottawa geschaffen. Die Außenstelle in Paris übernahm Jerzy Niezbrzycki alias Ryszard Wraga (ab 1959 in Washington) und die in München Stanisław Paprocki.[134] Auch Władysław Wielhorski spielte in den leitenden Gremien des Instituts ein wichtige Rolle. Zwischen 1948 und 1953 brachte das Institut die viel beachtete Zeitschrift „The Eastern Quarterly" heraus. In ihr publizierten Bączkowski, Paprocki, Wraga und andere polnische Publizisten, die mit der Osteuropaforschung verbunden waren, zu Fragen der Entwicklung in der Sowjetunion. Die Zeitschrift war aber genauso offen für Themen anderer östlicher oder osteuropäischer Länder, wozu sich zumeist führende Vertreter des Exils äußerten. Neben der Bibliothek und der publizistischen Tätigkeit wurde das Lehrangebot zu Fragen der Sowjetunion ein wichtiges Betätigungsfeld des Instituts. Unter der Leitung von Paprocki wurden Kurse von Vorlesungen und Seminaren angeboten, wobei seine Erfahrungen aus der Tätigkeit als Direktor des IBSN in Warschau und die Lehrtätigkeit im IW eine wichtige Rolle spielten. Als Lehrende finden sich hier einige wichtige Vertreter der Osteuropaforschung der Zwischenkriegszeit ein, wie Paszkiewicz, Sukiennicki, Wielhorski,

132 Habielski: Życie społeczne, S. 99f. Vgl auch den Brief Bączkowskis vom 28. Juni 1988 in: Wilk: Sprawy ukraińskie, Anhang.

133 Wolański: Kierunki, S. 172f.

134 Rocznik Polskiego Towarzystwa Naukowego na Obczyźnie 10 (1959–1960), S. 130f.

Wraga oder Cat-Mackiewicz.[135] Gerade in dieser lehrenden und sicher auch propagandistischen Tätigkeit gleichsam als Plattform der Kommunikation zu Fragen der Sowjetunion und des Ostens im weitesten Sinne bestand dann auch die Bedeutung der „Reduta“. An die Qualität und Effektivität der Osteuropaforschung Polens der Zwischenkriegszeit konnte sie jedoch in keiner Weise anschließen.

Die „Reduta“ blieb wichtiger Flucht- und Sammelpunkt des polnischen wissenschaftlichen Exils der Osteuropaforschung. Darüber hinaus sind die Schicksale von Werk und Person sehr unterschiedlich: Der erste Präsident des „Ost-Instituts“ in Warschau und Senator Stanisław Siedlecki beging am 17. September 1939, nachdem er die Nachricht vom Einmarsch der Roten Armee in Polen erhalten hatte, Selbstmord.[136] Ludwik Widerszal wurde in den Wirren des Warschauer Aufstandes ermordet[137] und Kazimierz Chodynicki stirbt 1941 an den Folgen seiner Haft im Warschauer Gefängnis Pawlak. Marceli Handelsman starb im März 1945 im KZ Dora Mittelbau. Stefan Ehrenkreutz wurde sowohl von deutschen als auch sowjetischen Organen verhaftet und erlag im Juli 1945 den Folgen der dabei erlittenen Martyrien.[138]

Die Person Stanisław Swianiewiczs verbindet sich vor allem mit dem Massenmord an polnischen Offizieren und Eliten im Wald von Katyn. Schon auf dem Weg nach Katyn wurde er im April 1940 aus dem Zug geholt, wohl wegen seiner Veröffentlichungen zu Hitlers Wirtschaftspolitik, die ihn als Spezialisten brauchbar machten.[139] Nach dem Krieg war er einer derjenigen, die sich publizistisch mit dem Massenmord beschäftigten. Er emigrierte in die USA und konnte dort seine Studien zur Industrialisierung in der Sowjetunion fortsetzen, beriet die UNO zu Fragen der Entwicklungspolitik und war ab 1964 Professor für Ökonomie an der Universität in Halifax. 1974 wurde er Ehrendoktor der Universität von Montreal. Er starb 1997 in London. Seine Arbeit zur sowjetischen Industriepolitik fand einige Aufmerksamkeit vor allem dadurch, dass er hierbei ethische und soziale Fragen erörterte, die sich nicht nur auf das Gesellschaftssystem bezogen, sondern auch allgemein Probleme der Wirkung von ökonomischem Fortschritt und Zivilisation berührten.[140]

Wie die meisten anderen polnischen Wissenschaftler und ehemaligen Mitarbeiter des INBEW entging auch Wiktor Sukiennicki nicht der Inhaftierung und Verfolgung, kam aber 1941 wieder auf freien Fuß. Mit der Anders-Armee ging er in den Iran und arbeitete an verschiedenen Orten im Nahen Osten mit Kościałkowski und auch Swianiewicz zusammen.[141] Nach dem Krieg hielt er Vorlesungen an der polnischen Rechtsfakultät der Universität in Oxford und ging 1959 in die USA, wo er in Stanford an der Hoover-Universität zu den Ländern Ostmitteleuropas im Ersten Weltkrieg arbeitete. Zur Sowjetunion veröffentlichte er einige Überblicksarbeiten in Paris und in der dortigen „Kultura“.[142] Sukiennicki starb 1983 in Kalifornien.[143] Władysław Wielhorski blieb bis zur Schließung des INBEW sein Direktor und

135 Wolański: Kierunki, S. 179.
136 Maj: Działalność, S. 159.
137 Zahorski: Ludwik Widerszal, S. 49.
138 Kornat: Polska szkoła, S. 99.
139 Swianiewicz: W cieniu Katynia, S. 7.
140 Swianiewicz: Forced Labour.
141 Ders.: Wspomnienia, S. 64.
142 Kornat: Wiktor Sukiennicki, S. 68.
143 Miłosz: Dwa pożegniania.

wurde dann mit der Begründung inhaftiert, dass er ein Institut geleitet hätte, das für die Spionage gegen die Sowjetunion verantwortlich wäre.[144] 1941 kam auch er wieder frei, emigrierte nach London und war dort bis zu seinem Tode 1967 an der „Reduta" tätig.

Jan Kucharzewski ging nach New York und gründete dort zusammen mit Oskar Halecki das „Polish Institute of Arts and Science".[145] Sein Monumentalwerk zur russischen und sowjetischen Geschichte wurde zwar nach dem Krieg ins Englische übersetzt, hinterließ in der Wissenschaftslandschaft zu Russland und der Sowjetunion jedoch kaum Spuren.[146] Ähnlich erging es der Trilogie von Henryk Paszkiewicz zur mittelalterlichen und frühneuzeitlichen russischen Geschichte („The Origins of Russia", 1954; „The Making of Russian Nation", 1963 und nach seinem Tode herausgegeben „Rise of Moscow's Power", 1983). Er baute nach dem Krieg in London die Polnische Universität im Exil auf, wo er den Lehrstuhl für Mittelalterliche Geschichte übernahm.[147]

Oskar Halecki konnte in den USA seine beachtliche Karriere der Zwischenkriegszeit fortsetzen und galt schon bald nach Kriegsende als internationale Koryphäe auf dem Gebiet der Europäischen und Osteuropäischen Geschichte. Er erlangte einige Berühmtheit durch seine Forschungen und Publikationen zur territorialen Gliederung Europas, vorrangig aber durch seine Theorie zu Ostmitteleuropa (East Central Europe), womit er den Begriff endgültig in der historisch-geographischen Lexik etablierte. Sein Bekanntheitsgrad verschaffte ihm eine ausgezeichnete Startposition im amerikanischen Exil, wo er ab 1944 an verschiedenen universitären Einrichtungen hauptsächlich in New York tätig war. Halecki nutzte seine Stellung, um im Sinne eines demokratischen Nachkriegseuropas zu wirken und propagierte intensiv den Gedanken eines souveränen polnischen Staates als zentrales und stabiles Element einer Antemurale-Funktion gegenüber Russland. Mit seiner Beschreibung des Übergangsraumes zu Osteuropa und der Kategorisierung europäischer Großregionen fasste er eine vor allem nach dem Ersten Weltkrieg viel diskutierte Idee räumlicher Gliederungen Europas und eines europäischen Dualismus bündig zusammen und markierte sich damit fest in der internationalen Geschichtsschreibung zu Osteuropa. Seine Bücher „The Limits and Divisions of European History" (London/New York 1950; „Europa. Grenzen und Gliederung seiner Geschichte", Darmstadt 1957) und „Borderlands of Western Civilisation" (New York 1952; „Grenzraum des Abendlandes. Eine Geschichte Ostmitteleuropas", Salzburg 1957) sowie schließlich „The Millenium of Europe" (Notre Dame, Ind. 1963; „Das europäische Jahrtausend", Salzburg 1966) sind Standardwerke historisch-politischer Literatur.

Einige der Osteuropaforscher kehrten nach Polen zurück. Henryk Łowmiański übernahm an der Universität in Poznań den Lehrstuhl für Geschichte Osteuropas an dem Chodynicki tätig war und beschäftigte sich dort mit Fragen slawischer Frühgeschichte.[148] Witold Staniewicz kam 1956 und erhielt einen Lehrstuhl für Ökonomie an der Universität in Poznań. Seweryn Wysłouch wurde 1945 repatriiert und als Professor an der Juristischen Fakultät in Wrocław berufen. Beide arbeiteten recht erfolgreich, setzten aber in keiner Weise ihre

144 Wielhorski: Wspomnienia, S. 38.
145 Morawiec: Oskar Halecki, S. 219.
146 Nowak, Andrzej: ZSRR, S. 107.
147 Tyszkiewicz: Profesor Henryk Paszkiewicz, S. 166.
148 Labuda: Dzieło, S. 245f.

Studien zur Sowjetunion fort. Ludwik Kolankowski wurde 1945 Gründungsrektor der Universität in Toruń. Feliks Koneczny war bis zu seinem Tode 1949 an der Jagiellonen-Universität in Kraków tätig und beschäftigte sich in seinem letzten Lebensabschnitt vornehmlich mit Fragen der regionalen Selbstverwaltung. In Großbritannien erschienen, protegiert durch Jędrzej Giertych und gefördert durch die Roman Dmowski-Gesellschaft, 1962 sein Werk zur Typologie der Zivilisationen („On the Plurality of Civilisations") und eine Studie zum Judentum („Synopsis of the Jewish Civilisation", London 1975).[149] Auch Stanisław Cat-Mackiewicz kam 1956 zurück nach Polen. Warum gerade dieser erzkonservative Antikommunist in die Volksrepublik Polen ging, ist nicht ganz klar. Immerhin hatte er es in der Londoner Exilregierung bis zum Außenminister gebracht. In der Literatur wird vermutet, dass gerade in seinem Konservatismus ein Grund liegt.[150] Ein kommunistisches Polen war ihm immer wichtiger als gar kein Polen. Das Exil in London wurde ihm zunehmend fremd und aus seiner Sicht entfernten sich die Exilpolen dort immer weiter von den wirklichen Problemen Polens. In einer Tätigkeit in seinem Heimatland sah Cat-Mackiewicz dann wohl eher eine sinnvolle Aufgabe. In Warschau nutzte er neue Möglichkeiten der publizistischen Entfaltung in den vorgegebenen engen Grenzen.

Włodzimierz Bączkowski starb als letzter der alten Garde im Jahre 2000. Er ging nach seiner Tätigkeit im Nahen Osten und als Generalsekretär der „Reduta" 1955 in die USA und war dort in der Bibliothek des Kongresses in Washington tätig. Seine publizistische Tätigkeit beschränkte sich auf eine Broschüre zu Russland im geschichtlichen Überblick („Rosja Wczoraj i Dziś"), die 1946 noch in Jerusalem erschien und ins Englische übersetzt wurde, zu Russland und der ukrainischen Frage[151] sowie einige Artikel im „Niepodległość", Jahrbuch des Piłsudski-Instituts in New York, in dessen Vorstand er tätig war. Von seiner einstigen Wirkung weit entfernt und auch nach 1990 in seiner Heimat kaum gewürdigt,[152] pflegte er weiter Kontakt zur ukrainischen Emigration und wirkte für eine polnisch-ukrainische Verständigung. Er hielt an der Überzeugung fest, dass eine unabhängige Ukraine die Voraussetzung für die Herstellung eines souveränen und sicheren polnischen Staates ist.[153]

Ein Großteil der polnischen Osteuropaforscher und Publizisten, die den Krieg überlebten und weiter wissenschaftlich arbeiten konnten, stellten ihr Wissen in den Dienst verschiedenster Institutionen und trugen zur Entwicklung einer modernen Osteuropaforschung und der Etablierung einer Sowjetologie nach dem Zweiten Weltkrieg im internationalen Maßstab bei. Nur wenigen kam jedoch die Positionierung und Würdigung zu, die ihnen entsprechend ihrer Tätigkeit und ihrer Leistungen in der polnischen Osteuropaforschung der Zwischenkriegszeit zugestanden hätte.

149 Biliński: Feliks Koneczny, S. 179.
150 Górski: Władza, S. 331.
151 Bączkowski: Sprawa ukraińska, abgedruckt in: Ders.: O wschodnich problemach, S. 74–97.
152 Giedroyc: Świadectwa.
153 Interview mit Bączkowski am 15. April 1995 in Washington, abgedruckt in: Bączkowski: O wschodnich problemach, S. 209–213, hier bes. 210.

Quellen- und Literaturverzeichnis

Ungedruckte Quellen

Litauisches Zentrales Staatsarchiv Vilnius

Fond 175 (Uniwersytet Stefana Batorego)
1(I) A, 805; 5 (V B), 100.

Fond 176 (Szkoła Nauk Politycznych)
1/1–1/16.

Universitätsbibliothek Vilnius

Archiv Zdziechowski (F 33)
Dok. 59, 852.

Literatur

Adamowicz, Zbigniew: Mniejszości narodowe w polskiej myśli politycznej XX wieku, Lublin 1992.
Adamus, Jan: Najnowsza literatura o akcie krewskim, in: Wiadomości Studium historii prawa litewskiego, t. I, Wilno 1938, S. 273–316.
–O prawnopaństwowym stosunku Litwy do Polski, in: Pamiętnik VI Powszechnego Zjazdu Historyków Polskich w Wilnie 17–20 września 1935 r., t. I: referaty, Lwów 1935.
–Państwo Litewskie w latach 1386–1398, Wilno 1932.
–Z zagadnień prawa litewskiego, Lwów 1926.
Aleksander Hertz über Stalins Herrschaft, in: Polen und der Osten, S. 178–190.
Ancewicz, Franciszek: Stalinowska koncepcja państwa na tle ewolucji ustrojowej Związku Socjalistycznych Republik Sowjeckich, Wilno 1939, Lublin 2001, abgedruckt in: Kornat: Polska szkoła, S. 277–288.
Andrusiak, M.: Historjografia ruska (ukraińska) w latach 1921–1930, in: Kwartalnik Historyczny XLVIII (1934), S. 57–64.
Antologia polskiej myśli politycznej okresu rozbiorów, red. Gregor Radomski, Witold Wojdyło, Toruń 2010.
Antykomunizm polski. Tradycje intelektualne. Wybór tekstów źródłowych, pod red. Bogdana Szlachty, Kraków 2000.
Ash, Mitchell: Wissenschaft und Politik als Ressourcen für einander, in: Wissenschaften und Wissenschaftspolitik, S. 32–51.
–Wissenschaftswandlungen und politische Umbrüche im 20. Jahrhundert – was hatten sie miteinander zu tun?, in: Kontinuitäten und Diskontinuitäten, S. 19–37.
Askenazy, Szymon: Bonaparty a Legiony, Warszawa 1918.
–Napoleon a Polska, t. 1, 2, Warszawa 1918.

–Książe Józef Poniatowski 1763–1813, Warszawa 1905.
Aubin, Hermann: Die Ostgrenze des alten deutschen Reiches. Entstehung und staatsrechtlicher Charakter, in: Historische Vierteljahresschrift 28 (1933), S. 225–272.

Babicz, Józef: Wincenty Pol. Metodologiczne założenia jego geografii i wpływ Rittera na ich ukształtowani, in: Studia i materiały z dziejów nauki polskiej. Seria C, Historia nauk matematycznych, fizykochemicznych i geologiczno-geograficznych 4 (1961), S. 105–139.
Babrzyński, Dariusz: Między racjonalizmem i mistyczyzmem. Problem przestrzeni etycznej w poglądach filozoficznych Mariana Zdziechowskiego, Olsztyn 1999.
Baczkowski, Krzysztof: Oskara Haleckiego jagiellońska wizja dziejów, in: Oskar Halecki i jego wizja Europy, tom 1, S. 56–77.
Bäcker, Roman: Dzieje eurazjatyzmu, in: Między Europą a Asią, S. 29–45.
–Ewolucja eurazjatyzmu. Od futurystycznego postsłowianofilstwa do „nacjonalistycznego" totalitaryzmu, in: Między Europą a Asią, S. 47–61.
–Polska Partia Socjalistyczna wobec postulatu autonomii terytorialnej Galicji Wschodniej, in: Polska i Ukraina, S. 397–408.
–Problematyka państwa w polskiej myśli socjalistycznej lat 1918–1948, Toruń 1994.
–Marian Zdziechowski wobec bolszewickiej Rosji. Pomiędzy widmem zagłady a anty-katastrofizmem, in: Filozofia na Uniwersytecie Stefana Batorego, S. 180–192.
–Między chłodną analyzą a gorącym potępieniem. Polskie oceny międzywojennego eurazjatyzmu, in: Oblicza wschodu w kulturze polskiej, S. 255–271.
–Między rewolucyjnym konserwatyzmem a totalitaryzmem. Dylematy oceny międzywojennego eurazjatyzmu, in: Emigracja rosyjska, S. 59–78.
–Międzywojenny eurazjatyzm. Od intelektualnej kontrakulturacji do totalitaryzmu?, Łódź 2000.
Ballerstedt, Kurt: Raumforschung im polnischen Osten, in: Osteuropa XII (1936/37), S. 754–756.
Baluk, Walenty: Koncepcje polityki narodowościowej Ukrainy. Tradycje i współczesność, Wroclaw 2002.
Balzer, Oswald: Z zagadnień ustrojowych Polski, Lwów 1915.
Barbaszyński, Dariusz: Mesjanizm polski w ocenie Mariana Zdziechowskiego, in: Filozofia na Uniwersytecie Wileńskim, S. 133–138.
–W obliczu końca – wileńskie refleksje Mariana Zdziechowskiego, in: Filozofia na Uniwersytecie Stefana Batorego, S. 134–152.
Bardach, Juliusz: Nauka historii ustroju i prawa litewskiego w Wilnie w latach 1920–1939, in: Lithuania 4 (13) (1994), S. 63–76.
–O dawnej i niedawnej Litwie, Poznań 1988.
–O świadomości narodowej Polaków na Litwie i Białorusi w XIX–XX wieku, in: Między Polską etniczną a historyczną, S. 225–272.
–Studia z ustroju i prawa Wielkiego Księstwa Litewskiego XVI–XVIII w., Warszawa 1970.
–Z dziejów polsko-litewskich stosunków naukowych w dwudziestoleciu międzywojennym, in: Przegląd Wschodni IV (1997), 2 (14), S. 365–379.
Bartoszewicz. Henryk: Prometeizm Romana Knolla, in: Ruch prometejski, S. 159–170.
–Roman Knoll – między walką o wolność narodów a dyplomacją, in: Przegląd Wschodni XII (2013), 3 (47), S. 537–553.
–Roman Knoll wobec spraw niepodległości ukrainy 1917–1921. Z dziejów prometeizmu polskiego, in: Polska i jej wschodni sąsiedzi, red. A. Andruszewicz, t. 6, Rzeszów 2005, S. 11–30.
Bartoszewicz, Joachim: Sprawa kresów wschodnich, in: Przegląd Wszechpolski II (1923), 3, S. 161–169.
–Znaczenie polskich kresów wschodnich dla Polski, Warszawa 1924.
Bączkowski, Włodzimierz: Betrachtungen über die deutsche Russlandpolitik, in: Wschód-Orient IX (1938), 3, S. 9–20.
–Czy prometeizm jest fikcją i fantazją?, in: Problemy Europy Wschodniej I (1939), abgedruckt in: Ders.: O wschodnich problemach Polski, S. 119–136.

–Dwutygodnikowi „Zet" w odpowiedzi, in: Wschód-Orient VI (1935), 3, S. 41–43.
–Grunwald czy Piławce?, Poznań 1938.
–Jerzy Niezbrzycki (R. Wraga) 1902–1968, in: Niepodległość XXIII (1990), S. 99–124.
–Karta historii stosunków polsko-ukraińskich. Biuletyn Polsko-Ukraiński, in: Niepodległość XIX (1986), S. 116–129; XXI (1988), S. 4–31.
–Na marginesie głosów o „Wschodzie", in: Wschód 9–10 (1932), S. 76–79.
–O wschodnich problemach Polski. Wybór pism, oprac. Paweł Kowal, Wrocław 2005.
–Problem prometejski, in: Wschód-Orient IX (1938), 1, S. 1–9.
–Prometeizm na tle epoki. Wybrany fragmenty historii ruchu, in: Niepodległość XVII (1984), S. 28–54.
–Prometeizm polski a idea słowiańska, in: Wschód-Orient VII (1935/36), 4–1, S. 1–16.
–Sprawa ukraińska w międzywojennej polskiej publicystyce, in: Kultura 1952, 7/57–8/58, S. 64–84.
–U źródeł upadku i wielkości, Warszawa 1935.
–W obliczu wydarzeń, 1939.
–Zarys podstaw rozwiązania problematu ukraińskiego w Polsce, in: Biuletyn Polsko-Ukraiński 1935, 7, abgedruckt in: Ders.: O wschodnich problemach Polski, S. 49–73
Beauvois, Daniel: Mit „kresów wschodnich", czyli jak mu położyć kres, in: Polskie mity polityczne, S. 93–105.
Benecke, Werner: Die Kresy – ein Mythos der polnischen Geschichte, in: Politische Mythen im 19. und 20. Jahrhundert, S. 257–266.
–Die Ostgebiete der Zweiten Polnischen Republik. Staatsmacht und öffentliche Ordnung in einer Minderheitenregion 1918–1939, Köln 1999.
Béraud, H.: Co widziałem w Moskwie, Poznań 1926.
Berenda-Czajkowski, Stanisław: Dni grozy i łez: opowieść polskich kresów (pamiętniki polskie), Warszawa 2001.
Bezat, Piotr: Teoria cywilizacji Feliksa Konecznego, Krzeszowice 2002.
Białkowski, Błażej: Die Souveränität Polens. Zum deutsch-polnischen Historikerdialog, in: Osteuropa 55 (2005), 3, S. 113–124.
Bidlo, Jaroslav: Ce qu'est l'histoire de l'Orient Européen, quelle en est l'importance, et quelles furent ses étapes, in: Bulletin, Tome VI, Fascicules 1–2 (1934), S. 11–73.
–Historicky vyvoj Slovanstw, in: Slovanstwo (1912), S. 3–131.
–O historii Slovanstwa jako celku, in: Česky časopis historicky 17 (1911), S. 143ff.
Biegański, Stanisław: Henryk Paszkiewicz (1897–1979), in: Teki Historyczne 1988/89, 19, S. 331–337.
Biehahn, Walther: Marxismus und Russentum im Bolschewismus, in: Osteuropa X (1934/35), S. 492–507.
Bieńkowski, Wiesław: Die polnischen wissenschaftlichen Institutionen zwischen der Revolution von 1905 und dem Ersten Weltkrieg, in: Wegenetz europäischen Geistes, S. 157–177.
Biliński, Piotr: Feliks Koneczny (1862–1949). Życie i działalność, Warszawa 2001.
–Feliks Koneczny jako badacz dziejów Rosji i Europy Wschodniej, in: Studia z dziejów Rosji i Europy Środkowo-Wschodniej XXXVIII (2003), S. 227–246.
–Władysław Konopczyński. Historyk i Polityk II Rzeczypospolitej (1880–1952), Warszawa 1999.
Bizeul, Yves: Politische Mythen, in: Politische Mythen im 19. und 20. Jahrhundert, S. 3–14.
Bladocha, Bronisław: Myśl polityczna Mariana Zdziechowskiego wobec katastrofy Rosji, in: Emigracja rosyjska, S. 261–280.
Błachowska, Katarzyna: Rus a Moskwa w koncepcji Oskara Haleckiego, in: Oskar Halecki i jego wizja Europy, tom 3, S. 108–123.
Błaszczyk, Grzegorz: Dzieje stosunków polsko-litewskich od czasów najdawniejszych do współczesności, T. 1: Trudne początki, Poznań 1998.
Błoński, Jan: Sarmatismus – zur politischen Adelskultur, in: Deutsche und Polen, S. 127–133.
Bobrzyński, Jan: Jeszcze raz ... Na temat bloku państw środkowo-wschodniej Europy, in: Nasza Przyszłość. Wolna Trybuna Zachowawczej Myśli Państwowej 1933, 2.

Bobrzyński, Michał: Dzieje Polski w zarysie, Warszawa 1879, 1972.
–Wskrzeszenie państwo polskiego, t. 2, Kraków 1925.
Bocheński, Adolf: Aktualność idei jagiellońskiej, in: Bunt Młodych 1937, 3–4, abgedruckt in: Historia i polityka, wstęp i wybr. M. Król, Warszawa 1988.
–Między Niemcami a Rosją, Warszawa 1937, 1994.
–Polityczne oblicze asymilacji narodowej, in: Droga XIV (1935), 6, abgedruckt in: Nie jesteśmy, S. 147–168.
Bocheński, A., Łoś, S., Bączkowski, W.: Das polnisch–ukrainische Problem in Rot-Russland, Berlin 1938.
Bocheński, Aleksander: Instytut Naukowo-Badawczy Europy Wschodniej w Wilnie, in: Polityka, 10 stycznia 1939 r., abgedruckt in: Marek Kornat: Polska szkoła, S. 524–528.
–Problem polityczny Ziemi Czerwieńskiej, in: Bocheński, Łoś, Bączkowski: Problem polsko-ukraiński, abgedruckt in: Nie jesteśmy, S. 169–210.
Bocheński, A., Łoś, S., Bączkowski, W.: Problem polsko-ukraiński w ziemie czerwieńskiej, Warszawa 1938.
Boehme, Erich: Marian Zdziechowski, in: Osteuropa XIV (1938/39), S. 149–150.
Bömelburg, Hans-Jürgen: Oskar Halecki i historiografia niemieckojęzyczna, in: Oskar Halecki i jego wizja Europy, tom 1, S. 208–222.
–Die polnisch-ukrainischen Beziehungen 1922–1939. Ein Literatur- und Forschungsbericht, in: Jahrbücher für Geschichte Osteuropas 39 (1991), 1, S. 81–102.
–Zwischen imperialer Geschichte und Ostmitteleuropa als Geschichtsregion: Oskar Halecki und die polnische "Jagiellonische Idee", in: Vergangene Größe und Ohnmacht in Ostmitteleuropa, S. 99–133.
Bohoslowna (teologiczna) Akademia i Bohoslowne Towarzystwo we Lwowie, in: Sprawy Narodowościowe 1938, 6, S. 644–646.
Bohun, Michał: Kontrrewolucja kulturalna Mikołaja Bierdiajewa, in: Panorama myśli kontrrewolucyjnej, S. 73–88.
Bokajlo, Wiesław: Polnische Konzepte einer europäischen Föderation. Zwischen den „Vereinigten Staaten von Europa“ und dem konföderalen Mitteleuropa (1917–1939), in: Vision Europa. Deutsche und polnische Föderationspläne des 19. und frühen 20. Jahrhunderts, hrsg. von Heinz Duchhardt und Małgorzata Morawiec, Mainz 2003, S. 85–116.
Bokiej, Andrzej: Cywilizacja łacińska. Studium na podstawie dorobku historiozoficznego Feliksa Konecznego, Legnica 2000.
Bolszewizm, Lublin 1938.
Bonamour, Jean: Osteuropaforschung in Frankreich, in: Internationale Osteuropaforschung, S. 58–67.
Boratyn, Norbert: Prometeizm i koncepcja federalistyczna Józefa Piłsudskiego, in: Dawna Rosja i Rosjanie we współczesnych badaniach polskich, Pułtusk 2012, S. 123–134.
Boruta, Mirosław: Instytut Badań Spraw Narodowościowych (1921–1939). Z dziejów polskich badań naukowych nad problematyką etniczną, in: Przegląd Polonijny XI (1985), 2, S. 63–79.
–Polacy o i dla niepodległości wschodnich sąsiadów Rzeczypospolitej, Kraków 1995.
–Wolni z Wolnymi, Równi z Równymi. Polska i Polacy o niepodległości wschodnich sąsiadów Rzeczypospolitej, Kraków 2002.
Borzym, Stanisław: O historiozofii Mariana Zdziechowskiego, in: Panorama polskiej myśli filozoficznej, Warszawa 1993, S. 213–231.
Brächter, Sabine: Messianismus – Grundstrukturen einer Geisteshaltung, exemplifiziert anhand des Marxismus und des polnischen Messianismus, 12.04.18, http://www.mythos–magazin.de, S. 1–19.
Briesewitz, Gernot: Raum und Nation in der polnischen Westforschung 1918–1948, Osnabrück 2014.
Broda, Marian: Bolszewizm – diagnoza Floriana Znanieckiego, in: Sprawy Wschodnie 2003, 2–3, S. 35–50.
Broda, Marian, Kurczak, Justyna, Waingartner, Przemysław: Komunizm w Rosji i jego polskie interptretacje, Łódź 2006.
Bromke, Adam: Polak w świecie, 1995.
Bruch, Rüdiger vom: Einführung, in: Wissenschaften und Wissenschaftspolitik, S. 25–31.

Bruch, Rüdiger vom, Pawliczek, Aleksandra: Einführung: Zum Verhältnis von politischem und Wissenschaftswandel, in: Kontinuitäten und Diskontinuitäten, S. 9–17.
Brückner, Aleksander: Polacy i Litwiny. Język i literatura. Polska i Litwa w dziejowym stosunku, Kraków 1914.
Brzechczyn, Krzysztof: Ukraina w koncepcjach federacyjnych Leona Wasilewskiego, in: Zagadnienie rosyjskie, S. 57–68.
Brzeziński, Andrzej M.: Oskar Halecki a Liga Narodów. Poglądy i działalność, Łódź 2016.
–Oskar Halecki – rzecznik krajów Europy Środkowej i Wschodniej w Komisji Międzynarodowej Współpracy Intelektualnej Ligi Narodów (1922–1925), in: Studia z dziejów Rosji i Europy Środkowo-Wschodniej XLVIII (2013), S. 141–156.
–Oskar Halecki – sekretarz Komisji Międzynarodowej Instytucie Współpracy Intelektualnej Ligi Narodów (1922–1924), in: Kwartalnik Historii Nauki i Techniki 55 (2010), 1, S. 7–35.
Brzeziński, Bartłomej: Kilka uwag o problemie „prawosławności“ myśli Mikołaja Bierdiadjewa, in: Sprawy Wschodnie 2003, 1 (2), S. 77–86.
–Zarys problematyki Poznania Boga w myśli filozoficzno-religijnej Mikołaja Bierdiajewa i refleksji prawosławnej, in: Sprawy Wschodnie 2002, 1, S. 95–107.
Budurowicz, Bohgdan: Polska a problem ukraiński w latach 1921–1929, in: Zeszyty Historyczne 66 (1983), S. 15–47.
Bujak, Franciszek: Nauka i społeczeństwo, in: Nauka Polska III (1920), S. 64–74.
–Przedmowa, in: Kwartalnik Historyczny LI (1937), S. I–VII.
–Wieś a totalizm, in: Wieś i Państwo II (1939), S. 88–96.
Bulletin d'Information des Sciences Historiques en Europe Orientale, Tome I (1928)–Tome 9 (1939).
Bumblauskas, Alfredas: Polsko-litewskie stosunki cywilizacyjne. Przemiany w stanowiskach historiograficznych obu narodów, in: Przegląd Wschodni V (1999), 4 (20), S. 745–762.
Burdziej, Bogdan: „Wielkie błędy perspektywiczne“. Obraz Rosji Sowieckiej w polskim reportażu literackim lat trzydziestych XX wieku, in: Polska polityka wschodnia w XX wieku, studia pod red. Mieczysława Wojciechowskiego, Zbigniewa Karpusa, Włocławek, Toruń 2004, S. 129–161.
Burkert, Martin: Die Ostwissenschaften im Dritten Reich. Teil I: Zwischen Verbot und Duldung. Die schwierige Gratwanderung der Ostwissenschaften zwischen 1933–1939, Wiesbaden 2000.
Burzacka, Irena: Ideał a rzeczywistość. O krytyce moralistycznej Mariana Zdziechowskiego, Warszawa 1982.
Buszko, Jòzef: Historycy „szkoły krakowskiej“ w życiu politycznym Galicji, in: Spór o historyczną szkolę, S. 191–207.
–Organisatorische und geistig-politische Umwandlungen der Universitäten auf polnischem Boden in der zweiten Hälfte des 19. Jahrhunderts, in: Wegenetz europäischen Geistes, S. 132–145.

Camphausen, Gabriele: Die wissenschaftliche historische Russlandforschung im Dritten Reich 1933–1945, Frankfurt/M 1990.
Caro, Leopold: Lenin. Człowiek i dzieło, in: Ekonomista 29 (1929), 2, S. 103–114.
–Reformy gospodarcze i społeczne faszyzmu, Warszawa 1933.
Cat-Mackiewicz, Stanisław: Dom Radziwillów, Warszawa 1990.
–Książka moich rozczarowań, Warszawa 1939.
–Myśl w obcęgach. Studia nad psychologią społeczeństwa sowietów, Warszawa 1931.
–Problemat kresowy, in: Słowo 8.10.1922.
–Przedrosja, in: Słowo 28.2.1923.
–Realny program w sprawie litewskiej, in: Stanisław Cat-Mackiewicz: Teksty, S. 103–108.
–Ruch monarchiczny w Polsce, in: Stanisław Cat-Mackiewicz: Teksty, S. 48–51.
Charkiewicz, Walerian: Nekrologia Sp. Marian Zdziechowski, in: Kwartalnik Historyczny LII (1939), S. 178–181.

Chickering, Roger: Nachklänge: Der Ort der osteuropäischen Geschichte in der deutschen Geschichtswissenschaft um 1900, in: Hundert Jahre Osteuropäische Geschichte, S. 11–19.
Chodynicki, Kazimierz: Feliks Koneczny: Litwa a Moskwa w latach 1449–1492, tom drugi dziejów Rosji, recenzja, in: Kwartalnik Historyczny XLIV (1930), S. 386–408.
–Kościół prawosławny a Rzeczpospolita Polska. Zarys historyczny 1370–1632, Warszawa 1934.
–Polemyka z F. Konecznym, in: Kwartalnik Historyczny L (1936), S. 587ff.
Chojnowski, Andrzej: Koncepcja polityki narodowościowej rządów polskich w latach 1921–1939, Wrocław 1979.
–Kwestia mniejszości narodowych a bezpieczeństwo państwa w myśli politycznej Narodowej Demokracji i Sanacji, in: Na warsztatach historyków polskiej myśli politycznej, S. 217–222.
Chołoniewski, Antoni: Duch dziejów Polski, Kraków 1918.
Chrzanowski, Tadeusz: Kresy czyli obszary tęsknot, Kraków 2001.
Chwalba, Andrzej: Polen und der Osten. Tausend Jahre Nachbarschaft, in: Polen und der Osten, S. 12–75.
Ciesielski, Stanisław: Kresy Wschodnie – dynamika przemian narodowościowych, in: Kresy wschodnie II Rzeczypospolitej: przekształcenie struktury narodowościowej: 1931–1948, pod red. Stanisława Ciesielskiego, Wrocław 2006, S. 7–12.
Cisek, Janusz: Oskar Halecki. Historyk Szermierz Wolności, Warszawa 2009.
–Włodzimierz Bączkowski, in: Eurazja 1997, 1, S. 89–91.
Conrad, Benjamin: Der Geograph und die Grenzen. Eugeniusz Romers Einfluss auf Polens Staatsgrenzen, in: Vermessene Welt, S. 89–96.
–Umkämpfte Grenzen, umkämpfte Bevölkerung. Die Entstehung der Staatsgrenzen der Zweiten Polnischen Republik, Stuttgart 2014.
Cyruliński, Bolesław: Koncesje zagraniczne w ZSRR, Wilno 1935.
Czapiewski, Edward: Józefa Ignacego Kraszewskiego myślenie o Rosji, in: Zagadnienie rosyjskie, S. 23–42.
–Koncepcje polityki zagranicznej konserwatystów polskich w latach 1918–1926, Wrocław 1988.
–Koncepcje polityki zagranicznej Polski na łamach „Słowa" w latach 1922–1927, in: Kwartalnik Historii Prasy Polski 17 (1978), 3.
Czaplejewicz, Eugeniusz: Kresy i Europa, in: Przegląd Humanistyczny 3 (1992), S. 41–50.
Czerniecko-Haberko, Anna: Unie Polsko-Litewskie w historiografii polskiej, Toruń 2013.
Cziczerin, in: Słowo 7.10.1922.
Ćuk, Aleksander: Marian Zdziechowski a nacjonalizmie, in: Marian Zdziechowski 1861–1938. W 70 rocznicę śmierci, S. 85–92.

Dahlmann, Dittmar: Die deutsche Osteuropahistoriographie in der Zwischenkriegszeit, in: Hundert Jahre Osteuropäische Geschichte, S. 21–35.
Dallin, Alexander: Osteuropaforschung in den Vereinigten Staaten, in: Internationale Osteuropaforschung, S. 11–36.
de Lazari, Andrzej: O mentalnościowych korzeniach eurazjatyzmu, in: Między Europą a Asią, S. 101–118.
de Laval, Paweł: Katedry Historii Uniwersytetu Stefana Batorego, in: Z dziejów Almae Matris Vilnensis, S. 56–60.
Dembiński, Bolesław: Rosya a rewolucja francuska, Lwów 1893.
Deutsch-polnische Erinnerungsorte, hrsg. von Hans Henning Hahn und Robert Traba, Paderborn 2012ff.
Deutsche Ostforschung und polnische Wissenschaft im Spannungsfeld von Wissenschaft und Politik. Disziplinen im Vergleich, hrsg. von Jan M. Piskorski u.a., Osnabrück, Poznań 2002.
Deutsche und Polen. 100 Schlüsselbegriffe, hrsg. von Ewa Kobylińska u.a., München, Zürich 1992.
Dmowski, Roman: Niemcy, Rosja i kwestia polska, Lwów 1908.
–Polityka polska i odbudowanie państwa, Warszawa 1925.
–Przewrót, Warszawa 1934.
–Świat powojenny i Polska, Warszawa 1931.
–W kwestii komunizmu (1933), in: Antykomunizm polski, S. 177–184.

–Wybór pism, red. Roman Wapiński, Warszawa 1990.
–Zagadnienia Środkowo- i Wschodnioeuropejskie (1917r.), in: Roman Dmowski, Wybór pism, S. 229–241.
Dobrzyńska-Rybicka, Ludwika: Z socjologii „kresów“, in: Strażnica Zachodnia 1925, 4–6, S. 138–150.
Doroszenko, Dimytro: Narys istorii Ukrainy, Warszawa 1931/32.
Dorošenko, D.: Die osteuropäische Geschichte auf dem VII. Internationalen Historikerkongreß in Warschau, in: Zeitschrift für osteuropäische Geschichte 8 (NF 4) (1934), S. 77–87.
Dorożyńska, Elżbieta: Na ostatniej placówce 1917–1921. Dziennik z życia wsi podolskiej, Warszawa 1925.
Dubicki, T., Kuczyński, K.A.: Bibliografia prac drukowanych Stefana Marii Kuczyńskiego w układzie chronologicznym za lata 1924–1988, in: Studia i Materiały do Historii Wojskowości 1988, S. 17f.
Duchiński, Henryk: Zasady dziejów Polski i innych krajów słowiańskich i Moskwy, in: Ders.: Pisma, t. 2, Rapperswyl 1902.
Dunin-Borkowski, Stanisław: Konserwatyzm a idea elity rządzącej, in: Antologia, S. 39–46.
–Wytyczne programu zbliżenia polsko-ukraińskiego, in: Droga 1931, 5, abgedruckt in: Nie jesteśmy, S. 115–125.
Dunin-Kozicka, Maria: Burza od wschodu, Kraków 1925.
Dutkiewicz, Józef: Szymon Askenazy i jego szkoła, Warszawa 1958.
–Zarys historii historiografii polskiej, t. III, Łódź 1959.
Dworaczyk, Adam: O odrodzenie łacińskiego zachodu. Feliksa Konecznego okcydentalna wizja dziejów Polski, in: Sprawy Wschodnie 2006, 1–2 (11–12), S. 111–118.
Dworek, Roman: Instytut Europy Wschodniej (1930–1939), in: Europa. Pisma Instytutu Europy Wschodniej, Warszawa 1987, 1, S. 6–21.
–Instytut Europy Wschodniej (1930–1939), in: Libertas. Kwartalnik społeczno-polityczny, 12 (1988), S. 26–47.
Dybaś, Bogusław: Die polnische Historiographie und der polnisch-litauische Staatsverband – multinationales Erbe und polnische Geschichtsschreibung, in: Zeitschrift für Ostmitteleuropa-Forschung 53 (2004), S. 351–362.
Dyboski, Roman: Siedem lat w Rosji i na Syberii 1915–21, Kraków 1922.
Działalność Instytutu Badań Spraw Narodowościowych 1921–1936, Warszawa 1936.
Dzieje polskiej myśli politycznej, Wrocław 2000.
Dziewulski, Kazimierz: Spór o etatyzm 1919–1939. Dyskusja wokół sektora państwowego w Polsce międzywojennej, Warszawa 1981.

Eberhardt, Piotr: Główny fazy rozwoju ukraińskiej myśli geopolitycznej, in: Studia z dziejów Rosji i Europy Środkowo-Wschodniej XLII (2007), S. 221–237.
–Kresy – granicy, terytorium, ludność polska, in: Europa nieprowincjalna, S. 29–65.
–Polska i jej granice. Z historii polskiej geografii politycznej, Lublin 2004.
–Słowiańska geopolityka. Twórcy rosyjskiej, ukraińskiej i czechosłowackiej geopolityki oraz ich koncepcje ideologiczno–terytorialne, Kraków 2017.
–Twórcy polskiej geopolityki, Kraków 2006.
Eckardt, Hans von: Kontinuität der russischen Wirtschaftspolitik von Alt-Moskau bis zur Union der S.S.R., in: Archiv für Sozialwissenschaften und Sozialpolitik 55 (1926), S. 754–768.
–Russland, Leipzig 1930.
Eckel, Jan: Deutsche Geschichtswissenschaften 1870–1970. Institutionelle Entwicklungen, Forschungskonzeptionen, Selbstwahrnehmung, in: Neue Politische Literatur 51 (2006), 2–3, S. 353–395.
Eckert, Roman: Instytut Naukowo-Badawczy Europy Wschodniej w Wilnie, in: Spotkania (Niezależne pismo młodych katolików) 16 (1981), S. 108–119.
Ehrenkreutz, Stefan: Stan badań nad Statutami litewskimi, in: Ateneum Wileńskie II (1924), S. 289–349.
Emigracja rosyjska. Losy i idee, pod red. Romana Bäckera i Zbigniewa Karpusa, Łódź 2002.
Encyklopedia nauk politycznych, t. 2, Warszawa 1937.

Europa nieprowincjalna. Przemiany na ziemiach wschodnich dawnej Rzeczypospolitej (Białoruś, Litwa, Łotwa, Ukraina, wschodnie pogranicze III Rzeczypospolitej Polskiej) w latach 1772–1999, praca zbiorowa pod red. Krzysztofa Jasiewicza, Warszawa 1999.
Europas Platz in Polen. Polnische Europakonzeptionen vom Mittelalter bis zum EU-Beitritt, hrsg. von Claudia Kraft und Katrin Friedrich, Osnabrück 2005.
Expert Cultures in Central Eastern Europe. The Internationalization of Knowledge and the Transformation of Nation States since World War I, ed. by Martin Kohlrausch, Katrin Steffen and Stefan Wiederkehr, Osnabrück 2010.

Fabierkiewicz, Wacław: Rosja współczesna. Odbudowa gospodarcza, Warszawa 1926.
Faulenbach, Bernd: Erscheinungsformen des „Antikommunismus“. Zur Problematik eines vieldeutigen Begriffs, in: Jahrbuch für Historische Kommunismusforschung 2011, S. 1–13.
Feldman, Józef: Bismarck a Polska, Warszawa 1938, 1980.
–Polska a sprawa wschodnia 1709–1714, Kraków 1926.
–Polska w dobie wojny północnej 1704–1709, Kraków 1925.
–Udział Polski w badaniach nad historią nowożytną, in: Kwartalnik Historyczny LI (1937), S. 454–467.
Filipajtis, Eugeniusz: Lewica akademicka w Wilnie, Białystok 1965.
Filipowicz, Mirosław: Oskar Halecki a Rosja, in: Oskar Halecki i jego wizja Europy, tom 1, S. 151–164.
–Wobec Rosji. Studia z dziejów historiografii polskiej od końca XIX wieku po II wojnę światową, Lublin 2000.
Filozofia na Uniwersytecie Stefana Batorego, pod red. Józefa Pawlaka, Toruń 2002.
Filozofia na Uniwersytecie Wileńskim, pod red. Ryszarda Jadczaka i Józefa Pawlaka, Toruń 1997.
Forst de Battaglia, Otto: Polnische Zeitschriften, in: Osteuropa VI (1930/31), S. 210–218.
Fras, Zbigniew: Kresy i pogranicza, in: Kresy i pogranicza, S. 7–11.
Fratczak, Anna: Feliks Koneczny o państwie i wartościach, Kraków 2003.
Freund, Heinrich: Die Zukunft des Zivilrechts in der Sowjetunion, in: Osteuropa III (1927/28), S. 695–719.
Furier, Andrzej: Badanie Wschodnie w Polsce i na świecie, in: Przegląd Wschodni XII (2012), 2 (46), S. 343–372.

Garewicz, Jan: Messianismus, in: Deutsche und Polen, S. 152–160.
Garniewicz, Janusz: Wileński ośrodek historyczny, Diss., Poznań 1977.
Gasimov, Zaur: Der Antikommunismus in Polen im Spiegel der Vierteljahresschrift *Wschód* 1930–1939, in: Jahrbuch für Historische Kommunismusforschung 2011, S. 15–30.
–Między Warszawą, Paryżem a Stambulem. Myśli o prometeizmie w ideowej przestrzeni międzywojennej Europy, in: Ruch prometejski, S. 327–338.
Gasimov, Zaur, Lemke Duque, Carl Antonius: Oswald Spengler als europäisches Phänomen. Die Kultur-und Geschichtsmorphologie als Auslöser und Denkrahmen eines transnationalen Europadiskurses, in: Oswald Spengler als europäisches Phänomen, S. 7–14.
Gawor, Leszek: Nauka o wielości cywilizacji Feliksa Konecznego jako historiozofia, in: Filozofia na Uniwersytecie Stefana Batorego, S. 194–211.
–O wielości cywilizaji. Filozofia społeczna Feliksa Konecznego, Lublin 2002.
–Zagłady cywilizacji europejskiej a proces historyczny według Mariana Zdziechowskiego, in: Marian Zdziechowski 1861–1938. W 70 rocznicę śmierci, S. 61–68.
Geschichte Osteuropas. Zur Entwicklung einer historischen Disziplin in Deutschland, Österreich und der Schweiz 1945–1990, hrsg. von Erwin Oberländer, Stuttgart 1992.
Giedroyc, Jerzy: Autobiografia na cztery ręce, Warszawa 1999.
–Świadectwa. Włodzimierz Bączkowski, in: Eurazja 1997, 1, S. 89.
Gierowski, Józef Andrzej: O nowe ujęcie dziejów Rzeczypospolitej polsko-litewskiej, in: Polska – kresy – Polacy, S. 7–14.

Giertych, Jędrzej: O program polityki kresowej, Warszawa 1932.
–O przyszłość ziem wschodnich Rzeczypospolitej, Londyn 1946.
–Über das Programm einer Ostgebietspolitik, in: Polen und der Osten, S. 152–156.
Gieysztor, Aleksander: Dziejepisarstwo w Wilnie międzywojennym, in: Lithuania 4 (13) (1994), S. 57–62.
–Środowisko historyczne Warszawy w okresie międzywojennym, in: Nauka i szkolnictwo wyższe w Warszawie, Warszawa 1987, S. 88–106.
Giza, Antoni: Polaczkowie i Moskale. Wzajemny ogląd w krzywym zwierciadle (1800–1917), Szczecin 1993.
Gorzuchowski, Stanisław: Studja nad granicą polsko-litewską, in: Prace Instytutu Badania Stanu Gospodarczego Ziem Wschodnich II (1928), 4, S. 2–118.
Górczynski, Wit: Historycy wileńscy okresu II Rzeczypospolitej w świetle kart dokumentacyjnych, in: Środowiska historyczne II Rzeczypospolitej, t. II, Warszawa 1987, S. 147–173.
–Historycy wileńscy w okresie II Rzeczypospolitej. Ogólna charakterystyka środowiska, in: Wiadomości Historyczne 2003, 4, S. 209–219.
Górny, Maciej: Das ethnographische Motiv in den polnischen Föderationsplänen des 19. Jahrhunderts, in: Option Europa, Deutsche. Polnische und ungarische Europapläne des 19. und 20. Jahrhunderts, hrsg. von Włodzimierz Borodziej u.a., Bd. 1, Göttingen 2005, S. 187–204.
–„Futurystyczna geografia". Rola geografów w kształtowaniu granic Europy Środkowo Wschodniej i Połódniowo Wschodniej w latach 1914–1920, in: Studia z dziejów Rosji i Europy Środkowo Wschodniej XLVIII (2013), S. 117–139.
Górski, Artur: Ku czemu Polska szła, Warszawa, Kraków 1918.
–Władza polityczna w myśli Stanisława Cata-Mackiewicza, Kraków 1999.
Grabowski, Tadeusz: Jeden z najbardziej świetlanych duchów słowiańszczyzny (S. p. Marian Zdziechowski), in: Ruch Słowiański IV (1939), 6–7, S. 93–102.
Grabski, Feliks Andrzej: Na manowcach myśli historycznej. Historiozofia Franciszka H. Duchińskiego, in: Perspektywy przeszłości. Studia i szkice historiograficzny, Lublin 1983, S. 222–278.
–Orientacje polskiej myśli historycznej. Studia i rozważania, Warszawa 1972.
–Zarys historii historiografii polskiej, Poznań 2000.
Grabski, Stanisław: Uwagi o bieżącej historycznej chwili Polski, Warszawa 1923.
Grott, Bogumił: Die nationale (nationaldemokratische) Bewegung in Polen 1886–1996: Ihre wichtigsten Ideen und religiösen Grundlagen, in: Österreichische Osthefte 41 (1999), 3/4, S. 427–444.
Grünberg, Karol: Polskie koncepcje federalistyczne 1864–1918, Warszawa 1971.
Grünberg, Karol, Sprengel, Bolesław: Trudne sąsiedztwo. Stosunki polsko-ukraińskie w X–XX wieku, Warszawa 2005.
Grygajtis, Krzysztof: Polskie idee federacyjne i ich realizacja w XIX i XX w., Częstochowa 2001.
Grzybowski, Konstanty: Ustrój Związku Socjalistycznych Sowieckich Republik. Doktryna i konstytucja, Kraków 1929.
Gumowska, Eugenia: Moje studia prawnicze na Uniwersytecie Stefana Batorego, in: Z dziejów Almae Matris Vilnensis, S. 104–109.
Gurian, Waldemar: Der Bolschewismus. Einführung in Geschichte und Lehre, Freiburg/Br. 1932.
–Der Bolschewismus als Weltgefahr, Luzern 1935.
Guth, Stefan: Between Confrontation and Conciliation. German-Polish Historiographical Relations and the International Congresses of Historians in the 1930s, in: Storia della Storiografia 47 (2005), S. 113–160.
Gzella, Jacek: Między sowietami a niemcami. Koncepcje polskiej polityki zagranicznej konserwatystów wileńskich zgrupowanych wokół "Słowa" (1922–1939), Toruń 2011.
–Myśl polityczna Władysława Studnickiego na tle koncepcji konserwatystów polskich (1918–1939), Toruń 1993.
–Publicystka Władysława Studnickiego na łamach wileńskiego „Słowa" (1922–1939), in: Z dziejów prasy konserwatywnej. Twórcy i działa, pod red. Bogdana Borowicka i Włodzimierza Micha, Lublin 2012, S. 73–97.

–Zaborcy i sąsiedzi Polski w myśli społeczno-politycznej Władysława Studnickiego (do 1939 roku), Toruń 1998.

Haar, Ingo: Osteuropaforschung und „Ostforschung“ im Paradigmenstreit: Otto Hoetzsch, Albert Brackmann und die deutsche Geschichswissenschaft, in: Hundert Jahre Osteuropäische Geschichte, S. 37–54.

Habielski, Rafał: Dokąd nam iść wypada? Jerzy Giedroyc od „Buntu Młodych“ do „Kultury“, Warszawa 2006.

–Życie społeczne i kulturalne emigracji, Warszawa 1999.

Hackmann, Jörg: Deutsche Ostforschung und Geschichtswissenschaft, in: Deutsche Ostforschung und polnische Wissenschaft, S. 25–45.

–Strukturen und Institutionen der polnischen Westforschung (1918–1960), in: Zeitschrift für Ostmitteleuropa-Forschung 50 (2001), 2, S. 230–255.

–*Volksgeschichten* als Konzept der Geschichtswissenschaft in Osteuropa? Anmerkungen zum Vergleich von Historiographien, in: Historische West- und Ostforschung in Zentraleuropa zwischen dem Ersten und dem Zweiten Weltkrieg – Verflechtung und Vergleich, hrsg. von Matthias Middell und Ulrike Sommer, Leipzig 2004, S. 179–201.

Hadaczek, Bolesław: Kresy w literaturze polskiej XX wieku, Szczecin 1993.

–Male ojczyzny kresowe w literaturze polskiej XX wieku, Szczecin 2003.

Halecki, Oskar: Der Begriff der Osteuropäischen Geschichte, in: Jahrbücher für osteuropäische Geschichte 9 (1935) S. 1–21.

–Die Beziehungen der Habsburger zum litauischen Hochadel im Zeitalter der Jagiellonen, in: Mitteilungen des Instituts für Österreichische Geschichtsforschung 1915, 4, S. 595–660.

–Borderlands of Western Civilization, New York 1952.

–De consolatione historiae (Antoni Chołoniewski: Duch dziejów Polski, Kraków 1917), in: Przegląd Powszechny 138–139 (1918), S. 20–32.

–Dzieje Unii Jagiellońskiej, t. I: W wiekach średnich, Kraków 1919.

–Dzieje Unii Jagiellońskiej, t. II: W XVI-ym wieku, Kraków 1920.

–Ekspansja i tolerancja, in: Przyczyny upadku Polski, Kraków 1918.

–Europa. Grenzen und Gliederung seiner Geschichte, Darmstadt 1957.

–Geografia polityczna ziem ruskich Polski i Litwy 1240–1569, in: „Sprawozdania z posiedzeń Towarzystwa Naukowego Warszawskiego“, Wydz. 1 i 2, Warszawa 1917, 8, S. 5–24.

–Granica z r. 1772 a nasz program obecny (1), in: Wschód Polski I (1920), 3, S. 1–6.

–Granica z r. 1772 a nasz program obecny (2), in: Wschód Polski I (1920), 4, S. 1–11.

–Grenzraum des Abendlandes. Eine Geschichte Ostmitteleuropas, Salzburg 1957.

–Hat Russland historische Rechte auf Galizien, in: Polen. Wochenschrift für polnische Interessen 1915, 22, S. 218–221.

–Historia polityczna Polski, Cz. 2, Warszawa 1923.

–Idea Jagiellońska, in: Kwartalnik Historyczny LI (1937), 1–2, S. 486–510.

–Komisja współpracy umysłowej, in: Przegląd Powszechny IV (1923), S. 27–54.

–L’histoire de l’Europe orientale. Sa division en epoquese, son milieu geographique et ses problémes fontamentaux, in: La Pologne au V e congrès, S. 73–94.

–La division de l’histoire en périodes chronologiques, in: La Pologne au VI e congrès.

–Le problème de l’Union des Eglises, in: La Pologne au VI e congrès.

–Liga Narodów, Poznań 1920.

–Litwa Rusi i Żmudź jako części składowe wielkiego księstwa litewskiego, Kraków 1916.

–Misja dziejowa Polski, in: Kurier Wileński 19.07.1937.

–Das Nationaltäten-Problem im alten Polen, Krakau 1916.

–Ostatnie lata Świdrygiełły i sprawa wołyńska za Kazimierza Jagiełłończyka, Kraków 1915.

–Pierwsze tysiąclecie katolickiej Polski, Roma 1966.

–Podziały geograficzne: dwie Europy Środkowe, abgedruckt in: Cisek: Oskar Halecki, S. 193–207.
–Polen und der Weltfrieden, in: Polen. Wochenschrift für polnische Interessen 1915, 12, S. 300–305; 13, S. 339–342.
–Polens Ostgrenze im Lichte der Geschichte Ostgaliziens, des Chelmer Landes und Podlachiens, Wien 1918.
–Potrzeby nauki polskiej w dziedzinie historji, in: Nauka Polska X (1929), S. 266–275.
–Przyłączenie Podlasia, Wołhynia i Kijowszczyzny do Korony w r. 1569, Kraków 1915.
–Qu'est que l'Europe Orientale, in: Bulletin, Tome VI, Fascicules 1–2 (1934), S. 82–93.
–Świat słowiański, Europa Wschodnia, Europa Środkowa, abgedruckt in: Cisek: Oskar Halecki, S. 208–214.
–The Limits and Divisions of European History, London, New York 1950.
–Unia Lubelska, Kraków 1916.
–Unia Polski z Litwą a Unia Kalmarska, in: Studia historyczne ku czci S. Kutrzeby, t. 1, Kraków 1938, S. 217–232.
–Warum Polen unterging? Auszug aus einem Vortrage, in: Berichte des Forschungsinstitut für Osten und Orient, t. 1, Wien 1916, S. 1–6.
–Wcielenie i wznowienie państwa litewsko przez Polskę 1386–1401, in: Przegląd Historyczny 21 (1917/18), S. 1–77.
–Wschodnie granice Polski, Warszawa 1919.
–Wschód europejski, Polska a Rosja, abgedruckt in: Cisek: Oskar Halecki, S. 166–178.
Handelsman, Marceli: Avant-propos, in: Bulletin, Tome I, Fascicules 1–2, Varsovie 1928, S. 5–8.
–Czasy porozbiorowe 1795–1918, in: Kwartalnik Historyczny LI (1937), S. 303–326.
–Féodalité et féodalisation dans l'Europe Occidentale, in: La Pologne au V e congrès, S. 95ff.
–Monde Slave ou Europe orientale?, in: Bulletin, Tome III (1930), 124–131.
–Nauka – funkcja społeczna, in: Nowiny Naukowe 1925, 3, S. 3ff.
–Quelques remarques sur la définition de l'histoire de l'Europe Orientale, in: Bulletin, Tome VI, Fascicules 1–2 (1934), S. 74–81.
Hanisch, Erdmann: Aus der Literatur über die russische Revolution und den Bolschewismus, in: Jahrbücher für Kultur und Geschichte der Slaven I (1925), II, S. 222–234.
Hartmann, Karl: Hochschulwesen und Wissenschaft in Polen. Entwicklung, Organisation und Stand 1918–1960, Frankfurt/M, Berlin 1962.
Harwood, Jonathan: Forschertypen im Wandel 1880–1930, in: Wissenschaften und Wissenschaftspolitik, S. 162–168.
Hassinger, Hugo: Das geographische Wesen Mitteleuropas nebst einigen grundsätzlichen Bemerkungen über die geographischen Naturgebiete Europas und ihre Begrenzung, in: Mitteilungen der geographischen Gesellschaft Wien 60 (1917), S. 437–493.
Hauser, Przemysław: Der Piłsudski-Mythos. Entstehung und Fortdauer einer Legende, in: Mythen in Geschichte und Geschichtsschreibung, S. 160–170.
Hausmann, Frank-Rutger: Die Geisteswissenschaften im „Dritten Reich", Frankfurt/M 2011.
Hausmann, Kurt Georg: Die politischen Ideen Roman Dmowskis. Ein Beitrag zur Geschichte des Nationalismus in Ostmitteleuropa vor dem Ersten Weltkrieg, 3 Bde., Kiel 1968.
Hein-Kirchner, Heidi: Antemurale Christianitatis – Grenzsituation als Selbstverständnis, in: Hans Hecker (Hrsg.): Grenzen. Gesellschaftliche Konstitutionen und Transfigurationen, Essen 2006, S. 129–147.
–Der Piłsudski-Kult und seine Bedeutung für den polnischen Staat 1926–1939, Marburg 2002.
Hejnosz, Wojciech: S.P. Prof. Oswald Balzer jako Historyk praw słowiańskich, in: Ruch Słowiański VI (1933), S. 53–56, 156–157.
Hemmerling, Zygmunt, Łuczak, Aleksander: Miejsce kresów i słowiańskich mniejszości narodowych w koncepcjach ruchu ludowego, in: Między Polską etniczną a historyczną, S. 209–224.
Henschel, Christhardt, Stach, Stephan: Nationalisierung und Pragmatismus. Staatliche Institutionen und Minderheiten in Polen 1918–1939, in: Zeitschrift für Ostmitteleuropa-Forschung 62 (2013), 2, S. 164–186.
Hernik, Jagoda: W kręgu krajowców polskich, in: Wież 1991, 10, S. 98–108.

Hertz, Aleksander: Szkice o totalitaryzmie, Warszawa 1994.
–Über Stalins Herrschaft, abgedruckt in: Polen und der Osten, S. 178–190.
–Wyznanie starego człowieka, Londyn 1979.
Hettling, Manfred: Volk und Volksgeschichten in Europa, in: Volksgeschichten im Europa der Zwischenkriegszeit, hrsg. von Manfred Hettling, Göttingen 2003, S. 7–37.
Hilckman, Anton: Feliks Koneczny und die Vergleichende Kulturwissenschaft, in: Saeculum 3 (1952), S. 571–602.
Historia Nauki Polskiej, red. Bohgdan Suchodolski, tom V 1918–1951, cz. I, Wrocław 1992.
Historycy o Historii (I): Od Adama Naruszewicza do Stanisława Kętrzyńskiego 1775–1918, zebrał, wstępem i komentarzem opatrzył Marian Henryk Serejski, Warszawa 1963.
Historycy o Historii (II) 1918–1939, zebrał, wstępem i komentarzem opatrzył Marian Henryk Serejski, Warszawa 1966.
Hoetzsch, Otto: Begriffsbestimmung und Periodisierung der osteuropäischen Geschichte, in: Zeitschrift für osteuropäische Geschichte 8 (NF 4) (1934), S. 88–102.
–Deutschland und Russland. Ein Wort zur Einführung, in: Osteuropa I (1925/26), S. 1–8.
–Rußland, o.O. 1917.
–Staatsbildung und Verfassungsentwicklung in der Geschichte des germanisch-slawischen Ostens, in: Zeitschrift für osteuropäische Geschichte I (1910/11), S. 363–412.
Hołówko, Tadeusz: Kwestia narodowościowa w Polsce, Warszawa 1922.
–Metody i drogi sanacji stosunków we wschodniej Galicji i województwach wschodnich, in: Droga V (1926), 6–7, S. 46–58, abgedruckt in: Nie jesteśmy ukrainofilami, S. 103–113.
–Minimalny program polityki polskiej we wschodniej Galicji i na t. zw. „kresach", in: Droga III (1924), 10, S. 4–17.
–Skutki w pokoju w Rydze, in: Przymierze 1920, 16, S. 3–5.
Hundert Jahre Osteuropäische Geschichte. Vergangenheit, Gegenwart und Zukunft, hrsg. von Dittmar Dahlmann, Stuttgart 2005.
Hurwicz, Elias: Die Literatur über den Bolschewismus, in: Osteuropa I (1925/26), S. 144–157.
–Geschichte der jüngsten russischen Revolution, Berlin (1922).

Idea niepodległości i suwerenności narodowej w polskiej myśli politycznej XIX i XX wieku, red. Jerzy Maternicki, Warszawa 1989.
Internationale Osteuropaforschung. Organisation, Finanzierung und Politikbezug, hrsg. von Arnold Buchholz, Berlin 1982.
Iwaszkiewicz, Janusz: Kodeks Napoleona a Księstwo Warszawskie po 1809 roku, Warszawa 1914.

Jabłonowski, Władysław: Dookoła sfinksa (Studia o życiu i twórczości narodu rosyjskiego), Warszawa 1910.
Jachymek, Jan: Myśl polityczna Polskiego Stronnictwa Ludowego „Wyzwolenie" 1918–1931, Lublin 1982.
Jaczewski, Bohdan: Polityka naukowa państwa polskiego w latach 1918–1939, Wrocław 1978.
–Życie naukowe w Polsce odrodzonej, in: Życie naukowe w Polsce w drugie połowie XIX i w XX wieku. Organizacje i instytucje, red. Bohdan Jaczewski, Wrocław 1987, S. 206–234.
Jadacki, Jacek Juliusz: Wileński środowisko filozoficzne 1920–1945, in: Ruch filozoficzny L (1993), 4, S. 385–411.
Jagodziński, Z.: Nestor historików emigracyjnych, in: Tydzień Polski, 4 (1999), II.
Janiak, Jan: Interpretacje Leninizmu w polskiej publicystyce politycznej 1918–1939, Warszawa 1987.
Jaruzelski, Jan: Cat, in: Stanisław Cat-Mackiewicz, S. 5–19.
–Stanisław Cat-Mackiewicz 1896–1966, Warszawa 1987.
Jasinowski, Bogumił: Podstawowe znaczenie Kresów południowo-wschodnich w budowie polskiej psychiki i świadomości narodowej. Zjazd Naukowy im. Ignacego Krasickiego we Lwowie 8–10 czerwca 1935, Lwów 1936, Księga Referatów, 2, S. 214–220.

–Wschodnie chrześcijaństwo a Rosja na tle rozbioru pierwiastków cywilizacyjnych Wschodu i Zachodu, Wilno 1933.
Jasnowski, Józef: Mikołaj Czarny Radziwiłł (1515–1565). Kanclerz i marszałek ziemski i Wielkiego Księstwa Litewskiego, wojewoda wileński, Warszawa 1939.
–Piotr z Goniadza. Życie, działalność i pisma. Studium z dziejów ruchu religijnego w Polsce w drugiej połowie XVI wieku, in: Przegląd Historyczny 1935, 1.
Jaworski, Leopold Władysław: Notatki, Kraków 1929.
–Projekt konstytucji, Kraków 1928, auszugsweise abgedruckt in: Antykomunizm polski, S. 137–142.
–Szkice prawnicze. Z ustawodawstwa bolszewickiego, in: Czasopismo Prawnicze i Ekonomiczne XIX (1921), 2, S. 9–16.
Jaworski, Rudolf: Die polnische Westforschung zwischen Politik und Wissenschaft, in: Polen nach dem Kommunismus, hrsg. von Erwin Oberländer, Stuttgart 1993, S. 94–104.
–Deutsche Ostforschung und polnische Westforschung in ihren historisch-politischen Bezügen, in: Deutsche Ostforschung und polnische Wissenschaft, S. 11–23.
Jegelevičius, Sigitas: Rok 1939 – rabunek archiwów wileńskich, in: Przegląd Wschodni IV (1997), 2 (14), S. 381–394.
Jeliński, Edward: Idee bolszewizmu w katolickiej myśli filozoficzno-społecznej Drugiej Rzeczpospolitej, in: Oblicza wschodu w kulturze polskiej, S. 231–245.
Jędrzejczyk, Dobiesław: U źródeł polskiej myśli geopolitycznej, in: Problematyka geopolityczna, S. 15–28.
Jokubaitis, Alvydas: Wyobraźnia filozoficzna Mariana Zdziechowskiego, in: Marian Zdziechowski 1861–1938. W 70 rocznicę śmierci, S. 53–59.
Jureit, Ulrike: Wissenschaft und Politik. Der lange Weg zu einer Wissenschaftsgeschichte der „Ostforschung", in: Neue Politische Literatur 55 (2010), 1, S. 71–88.
Jurkiewicz, Jan: Rozwój polskiej myśli polityczej na Litwie i Białorusi w latach 1905–1922, Poznań 1983.
Jurkowski, Roman: Z dziejów Towarzystwa Przyjaciół Nauk w Wilnie 1907–1939, in: Zapiski Historyczne 1986, 4, S. 113–135.
Jużwenko, Adolf: Rosja w polskiej myśli politycznj lat 1864–1918, in: Polska i jej sąsiedzi (Polska myśl polityczna XIX i XX wieku, pod red. Henryka Zielinskiego, t. 1), Wrocław 1975, S. 27–65.
Jużwenko, Adolf, Wrzesiński, Wojciech: Modernisierung und Neugestaltung des polnischen nationalen Lebens im russischen und preußischen Teilungsgebiet im 19. und zu Beginn des 20. Jahrhunderts, in: Modernisierung und nationale Gesellschaft im ausgehenden 18. und im 19. Jahrhundert, hrsg. von Werner Conze, Berlin 1979, S. 125–146.

Kakarenko, Antoni: O przewrócenie mitu państwowego: recepcja dziedzictwa jagiellońskiego w środowisku Klubu Włóczęgów Seniorów w Wilnie w latach trzydziestych XX wieku, in: Polacy i sąsiedzi – dystanse i przenikanie kultur, pod red. Romana Wapińskiego, cz. III, Gdańsk 2002, S. 121–131.
–Od „Kaziuka" do Maritain`a, czyli o młody inteligencji wileńskiej lat trzydziestych i jej stosunku do różnic o odrębności narodowościowych na przykładzie środowisk seniorów „Akademickiego Klubu Włóczęgów" oraz „Porozumienia Akademickich Katolickich Stowarzyszeń" (PAKS), in: Polacy i sąsiedzi – dystanse i przenikanie kultur, pod red. Romana Wapińskiego, cz, I, Gdańsk 2000, S. 127–149.
Kalembka, Sławomir: Ziemie wschodnie Rzeczypospolitej w myśli politycznej polskiej lat 1831–1870, Toruń 1990.
Kamieniecki, Witold: Polityka bałtyka, in: Przegląd Współczesny 1–2 (1922), S. 265–281.
–Ponad zgiełkiem walk narodowościowych. Idea jagiellońska, Warszawa 1929.
Kamieński, Henryk: Rosja i Europa. Polska. Wstęp do badań nad Rosją i Moskalami, Paryż 1857.
Kardasz, J.: Czemu nie patrzymy na wschód, in: Kurier Lwowski, 7.01.1925, S. 2.
Karpiński, Wojciech: Samotność Zdziechowskiego, in: Ders.: Cień Metternicha. Szkice, Warszawa 1982, S. 220–232.

Kasperavicius, Algis: Archiwum Mariana Zdziechowskiego, in: Z dziejów Almae Matris Vilnensis, S. 260–263.
–Koncepcje i wizje polityczne Mariana Zdziechowskiego, in: Lithuania 1994, 4, S. 149–159.
Kautsky, Karl: Od demokracji do niewolnictwa państwowego. Odprawa Trockiemu, Lwów 1922.
Kawalec, Krzysztof: Spadkobiercy niepokornych. Dzieje polskiej myśli politycznej, Wrocław 2000.
–Spór o rolę religii w życiu społecznym w polskiej myśli politycznej lat 1918–1939, in: Polska – kresy – Polacy, S. 125–140.
Kempa, Tomasz: Ludwik Kolankowski jako badacz dziejów Wielkiego Księstwa Litewskiego i Jagiellonów z perspektywy współczesnej polskiej historiografii, in: Ludwik Kolankowski. Dzieło i życie, S. 131–150.
Kępiński, Andrzej: Lach i Moskal. Z dziejów stereotypów, Warszawa, Kraków 1990.
Kęsik, Jan: Zaufany Komendanta. Biografia polityczna Jana Henryka Józewskiego 1892–1981, Wrocław 1995.
Kiaupiene, Jurate: Oskar Halecki, badacz dziejów Wielkiego Księstwa Litewskiego, a historiografia litewska, in: Oskar Halecki i jego wizja Europy, tom 3, S. 124–128.
Kieniewicz, Stefan: Kresy. Przemiany terminologiczne w perspektywie dziejowej, in: Przegląd Wschodni I (1991), 1, S. 3–13.
Kleßmann, Christoph: Osteuropaforschung und Lebensraumpolitik im Dritten Reich, in: Wissenschaft im Dritten Reich, hrsg. von Peter Lundgreen, Frankfurt/M 1985, S. 350–383.
Kloczkowski, Jacek: Jak rozwiązać spór polsko-ukraiński? Publicysta Włodzimierza Bączkowskiego z lat trzydziestych, in: Narody i historia, pod red. Arkadego Rzegockiego, Kraków 2000, S. 207–238.
Kloczkowski, Jacek, Kowal, Paweł: O Włodzimierzu Bączkowskim, in: Włodzimierz Bączkowski: O wschodnich problemach, S. 7–24.
Kłoczowski, Jerzy: Europa Środkowowschodnia w historiografii krajów regionu, Lublin 1993.
–Konzepcja Europy Środkowo–Wschodniej Oskara Haleckiego w kontekście przemian politycznych ostatniego stulecia i lat bieżących, in: Oskar Halecki i jego wizja Europy, tom II, S. 200–217.
–Oskar Halecki (1891–1973), in: Nation and History, S. 429–442.
–Oskar Halecki i jego walka o miejsce Polski w Europie, in: Z dziejów polityki i dyplomacji polskiej, Warszawa 1994, S. 397–406.
Kłosowska, Nika: Fragmenty wspomnień, in: Zeszyty Historyczne 103 (1993), S. 154–170.
Kobylińska, Ewa: Sterben für das Vaterland. Polnische Figuren in Literatur und Malerei, in: Jahrbuch des Deutschen Polen-Instituts, Bd. 7, Wiebaden 1996, S. 71–97.
Kochanowski, Jan Karol: O potrzebach nauki polskiej w zakresie historii, in: Nauka Polska I (1918), S. 225–236.
–Trzy odczyty o Polsce, Warszawa, Kraków 1918.
Kochanowski, Jerzy: Paradoxe Erinnerungen an die Kresy, in: Politische Mythen im 19. und 20. Jahrhundert, S. 267–278.
–Spojrzenie na Rosję, Warszawa 1994.
Kohlrausch, Martin, Steffen, Katrin, Wiederkehr, Stefan: Expert Cultures in Central Eastern Europe. The Internationalization of Knowledge and the Transformation of Nation States since World War I – Introduction, in: Expert Cultures in Central Eastern Europe, S. 9–30.
Kohn, Hans: Der Nationalismus in der Sowjetunion, Frankfurt/M 1931.
Koko, Eugeniusz: Polska Partia Socjalistyczna i Józef Piłsudski wobec kwestii ukraińskiej w latach 1918–1920. Próba porównania stanowisk, in: Dzieje Najnowsze 21 (1989), 1, S. 27–40.
–Polska Partia Socjalistyczna wobec kwestii ukraińskiej w latach 1918–1939 (ze szczególnym uwzględnieniem okresu kształtowania się zasadniczych koncepcji do 1925), in: Polska – Polacy – mniejszości narodowe, S. 343–356.
–W nadziei na zgodę: Polski ruch socjalistyczny wobec kwestii narodowościowej w Polsce (1918–1939), Gdańsk 1995.
–Wolni z wolnymi: PPS wobec kwestii ukraińskiej w latach 1918–1925, Gdańsk 1991.

Kolańczuk, Aleksander: Ukraińscy emigranci polityczni w życiu naukowym, kulturowym, społecznym i gospodarczym w II RP, Przemyśl 2019.
Kolankowski, Ludwik: Dzieje Wielkiego Księstwa Litewskiego za Jagiellonów, t. I: 1377–1499, Warszawa 1930.
–Jagiellonowie i Unja, Lwów 1936.
Kolbuszewska, Jolanta: Mutacja modernistyczna w historiografii polskiej (przełom XIX i XX wieku), Łódź 2005.
–Konecznego koncepcja dziejów Rosji, in: Feliks Koneczny dzisiaj, pod red. J. Skoczyńskiego, Kraków 2000, S. 191–197.
Kolbuszewski, Jacek: Kresy, Wrocław 2000.
–Kresy jaka kategoria aksologiczna, in: Przegląd Powszechny 1987, 11, S. 179–194.
–Legenda kresów w literaturze polskiej XIX i XX w., in: Między Polską etniczną a historyczną, S. 47–95.
Komarnicki, Wacław: Nowy ustrój państwowy Związku Sowietów, in: Rocznik Prawniczy Wileński 10 (1938), 4, S. 169–208.
Koneczny, Feliks: Czem jest a czem nie jest kwestja Słowiańska? (Odpowiedź na ankietę „Ruchu Słowiańskiego"), in: Ruch Słowiański 1928/29, 6, S. 375–381.
–Do metodologii nauki cywilizacji, in: Pamiętnik VI Powszechnego Zjazdu Historików Polskich w Poznaniu (6–8 grudnia 1925).
–Dzieje Polski za Jagiellonów, Kraków 1903.
–Dzieje Rosji do roku 1449, t. 1, Warszawa 1917.
–Dzieje Rosji od najdawniejszych do najnowszych czasów, Poznań 1921.
–Kościół jako polityczny wychowawca narodów, Warszawa 1930.
–Litwa a Moskwa w latach 1449–1492. Dziejów Rosji tom drugi, Wilno 1929.
–Napór Orientu na Zachód, in: Kultura i cywilizacja, Lublin 1937.
–O pierwotnej polskości Ziemi Chelmińskiej i Rusi Czerwonej, Warszawa 1920.
–O wielości cywilizacji, Kraków 1935.
–On the Plurality of Civilisations, London 1962.
–Polemyka z K. Chodynickim, in: Kwartalnik Historyczny L (1936), S. 175ff.
–Polen zwischen Ost und West, in: Polen und der Osten, S.133–138.
–Polska między wschodem a zachodem, 1928.
–Polska w kulturze powszechnej, Kraków 1918.
–Polskie Logos a Ethos. Roztrząsania o celu i znaczeniu Polski, t. 1, 2, Poznań 1921.
–Propaganda zgody z Rosją, in: Świat Słowiański 1 (1905), t. 2, X, S. 272ff.
–Rozmnażanie bolszewizmu, in: Myśl Narodowa 1930, 32, S. 497ff.
–Rozwój moralności, Lublin 1938.
–Sfinks rosyjski, in: Przegląd Powszechny 138–139 (1918), S. 5–19.
–Sprawa słowiańska a Polska, in: Świat Słowiański 4 (1908), t. 2, X, S. 866ff.
Konopczyński, Władysław: Czasy absolutyzmu 1648–1788, in: Wielka historia powszechna, t. 5, cz. 2, Warszawa 1938.
–Liberum veto: studyum porównaczo-historyczne, Warszawa, Kraków 1918.
–Mrok i świt: studya historyczne, Warszawa 1911.
–O idei Jagiellońskiej, in: Ders.: Umarli mówią.
–O wartości naszej spuścizny dziejowej, in: Historycy o historii (I), S. 596–611.
–Polityka zagraniczna, in: Ders.: Przyczyny upadki Polski.
–Polska w dobie wojny siedmioletnej, cz. 1: 1755–1758, Kraków, Warszawa 1909, cz. 2: 1759–1763, Warszawa, Kraków 1911.
–Przyczyny upadki Polski, Warszawa 1918.
–Umarli mówią. Szkice historyczno polityczne, Poznań 1929.

Kontinuitäten und Diskontinuitäten in der Wissenschaftsgeschichte des 20. Jahrhunderts, hrsg. von Rüdiger vom Bruch u.a., Stuttgart 2006.

Kontrwywiad II RP (1914) 1918–1945 (1948), Tom II, pod red. Zbigniewa Nawrockiego, Warszawa 2014.

Kontrwywiad II RP (1914) 1918–1945 (1948), Tom III, pod red. Zbigniewa Nawrockiego, Warszawa 2015.

Korczak, Lidia: Oskara Haleckiego i Henryka Paszkiewicza spojrzenie na Litwę i Rus, in: Oskar Halecki i jego wizja Europy, tom 3, S. 98–107.

Korduba, Miron: Kilka dat z dziejów dążeń społeczeństwa ukraińskiego do uzyskania własnego uniwersytetu, in: Biuletyn Polsko-Ukraiński 1934, 4, S. 1–4.

–Rozwój imperializmu rosyjskiego, Warszawa 1935.

Kornat, Marek: Die Anfänge der polnischen Sowjetologie (1917–1939), in: Ideengeschichte als politische Aufklärung. Festschrift für Wolfgang Wippermann zum 65. Geburtstag, hrsg. von Stefan Vogt u.a., Berlin 2010, S. 380–398.

–Bogumił Jasinowski (1883–1969) i jego interpretacja bolszewizmu (wstęp), in: Bogumił Jasinowski: Wschodnie chrześcijaństwo a Rosja, Kraków 2002, S. VII–LVI.

–Bolszewizm, totalitaryzm, rewolucja, Rosja. Początki sowietologii i studiów nad systemami totalitarnymi w Polsce (1918–1939), 1, Kraków 2003.

–Bolszewizm, totalitaryzm, rewolucja, Rosja. Początki sowietologii i studiów nad systemami totalitarnymi w Polsce (1918–1939), 2, Kraków 2004.

–Historyk Europy Środkowo-Wschodniej. Oskar Halecki (1891–1973) w nauce i życiu Polski, in: historyk v promenach doby a prostredi 20. stoleti, Brno 2009, S. 315–341.

–Instytut Naukowo-Badawczy Europy Wschodniej w Wilnie (1930–1939) i jego wkład w rowów polskiej sowietologii, in: Kwartalnik Historyczny CVII (2000), S. 43–89.

–Oswald Spengler in der Wahrnehmung polnischer Intellektueller (1918–1939), in: Oswald Spengler als europäisches Phänomen, S. 41–65.

–„Pesymizm" czy „optymizm"? Oskar Halecki a spór o wartość dziejowej spuścizny przedrozbiorowej Rzeczypospolitej w historiografii polskiej, in: Oskar Halecki i jego wizja Europy, tom 2, S. 67–90.

–Początki sowietologii w II Rzeczypospolitej. Geneza, dzieje i dorobek Instytutu Naukowo-Badawczego Europy Wschodniej w Wilnie (1930–1939), in: Zeszyty Historyczne 134 (2000), S. 3–119.

–Początki studiów sowietologicznych i wschodoznawczych w Polsce (1919–1939). Ośrodki, czasopisma, badacze, in: Polski Przegląd Diplomatyczny 2002, 5 (9), S. 89–158.

–Polen und Sowjetrussland (1917/18–1939). Versuch einer neuen Interpretation, in: Zwischen (Sowjet-) Russland und Deutschland, S. 13–55.

–Polska Odrodzona czy państwo nowe? Zagadnienie ciągłości i zerwania w dziejach porozbiorowych, in: Na szlakach niepodległej. Polska myśl polityczna i prawna w latach 1918–1939, pod red. Macieja Marszała i Mirosława Sadowskiego, Wrocław 2009, S. 31–43.

–Polska szkoła sowietologiczna 1930–1939, Kraków 2003.

–Profesor Oskar Halecki w życiu politycznym Polski i na forum międzynarodowym, in: Oskar Halecki i jego wizja Europy, tom 3, S. 232–281.

–Sowietologia i studia wschodoznawcze w Polsce międzywojennej, in: Zeszyty Historyczne 140 (2002), S. 39–101.

–W kręgu ruchu prometejskiego. Związek zbliżenia narodów odrodzonych (1921–1923) i Instytut Wschodni w Warszawie (1925–1939), in: Politeja 2 (2004), S. 349–391.

–Wiktor Sukiennicki (1901–1983) – prawnik, sowietolog, historyk, in: Zeszyty Historyczne 137 (2001), S. 35–75.

Korowajczyk, Włodzimierz: Od kruchty do komuny – wileńskie manowce Henryka Dembińskiego, in: Arcada 45 (2002), S. 135–142.

Kortus, Bronisław: Der polnische Westgedanke und die Geographie, in: Deutsche Ostforschung und polnische Wissenschaft, S. 239–259.

Korwin, Stanisław: Wspomnienia, t. 1, 2, Warszawa 1966.

Korwin, Tadeusz: Podstawy ustrojowe Związku Sowieckiego. Studium polityczno-prawne, Warszawa 1933.

Kosicka-Pajewska, Aleksandra: Polska między Rosją a Niemcamy. Koncepcje polityczne Adolfa Bocheńskiego, Poznań 1992.

Kosman, Marceli: O kresach w historii i legendzie. Studia i szkice z dziejów polskiej granicy wschodniej, część pierwsza, Poznań 2011.

–Uniwersytet Wileński, Lublin 1981.

Kossak-Szczucka, Zofia: Pożoga. Wspomnienia z Wołynia 1917–19, Warszawa 1922.

Kościałkowski, Stanisław: Marian Zdziechowski jako uczony, myśliciel i człowiek, in: Alma Mater Vilnensis. Studia i szkice przygodne z historii i z jej pogranicza z literature, Londyn 1956, S. 136–151.

Kotlarski, Grzegorz: Między rusofilią a rusofobią. Myśl historyczna Mariana Zdziechowskiego, in: Oblicza wschodu w kulturze polskiej, S. 185–210.

Kowal, Paweł: Przyczynki do dziejów „sprawy ukraińskiej“ w Polsce, in: Nie jesteśmy ukrainofilami, S. 9–26.

Kowalczyk, J.: Bibliografia prac prof. dr. Władysława Tomkiewicza, in: Biuletyn Historii Sztuk 1992, 4, S. 129–137.

Kowalski, Mariusz: Przedsionek Europy. Miejsce Polski w systemie geopolitycznym nowożytnej Europy. Rozwój myśli geograficzno-politycznej, in: Studia nad Geopolityką XX wieku, pod red. Piotra Eberhardta, Warszawa 2013, S. 235–262.

Kozłowski, Michał: Oskar Halecki i jego uczniowie. Wzajemne relacje po latach, in: Oskar Halecki i jego wizja Europy, tom 3, S. 42–77.

Kozub-Ciembroniewicz, Wiesław: System sowiecki w analyzach Konstantego Grzybowskiego, in: Studia nad faszyzmem i Zbrodniami Hitlerowskimi XXV (2002), S. 123–136.

Kraft, Claudia, Steffen, Katrin: Europas Platz in Polen, in: Europas Platz in Polen, S. 7–30.

Krasicki, Jan: Eschatologia i mesjanizm. Studium światopoglądu Mariana Zdziechowskiego, Wrocław 1994.

–W obliczu zła: Marian Zdziechowski i jego rosyjsce mistrzowie, in: Oblicza wschodu w kulturze polskiej, S. 211–230.

–Zdziechowski a Rosja, in: Marian Zdziechowski 1861–1938. W 70 rocznicę śmierci, S. 37–52.

Krasiński, Zygmunt: Dzień dzisiejszy, in: Antykomunizm polski, S. IX.

–Polska wobec burzy, in: Antykomunizm polski, S. 1–7.

Kresy – dekonstrukcja, pod red. Krzysztofa Trybusia, Poznań 2007.

Kresy i pogranicza. Historia, kultura, obyczaje, red. Zbigniew Fras, Andrzej Staniszewski, Olsztyn 1995.

Kresy północno-wschodnie Drugiej Rzeczypospolitej. Stan i badań, pod red. Jana Jerzego Milewskiego, Białystok 1993.

Kresy wschodnie II Rzeczypospolitej: przekształcenie struktury narodowościowej: 1931–1948, pod red. Stanisława Ciesielskiego, Wrocław 2006.

Król, Marcin: Style politycznego myślenia. Wokół „Buntu Młodych“ i „Polityka“, Paryż 1979.

Królikowska, Maria: Ideologie historyczna „Przeglądu Wszechpolskiego“, in: Przegląd Humanistyczny 1987, 6, S. 41–57.

Kruszyński, Marcin: Wydział Wschodni Ministerstwa Spraw Zagranicznych a idea rozbicia Rosji Radzieckiej w latach dwudziestych XX wieku, in: Ruch prometejski, S. 149–158.

Krzemiński, Adam: Der Mythos der Nation und seine Rituale in der Republik Polen, in: Politische Mythen und Rituale, S. 143–151.

Krzoska, Markus: Deutsche Ostforschung – polnische Westforschung. Prolegomena zu einem Vergleich, in: Zeitschrift für Ostforschung 52 (2003), 3, S. 398–419.

–Ein Wissenschaftler zwischen Elfenbeinturm und Öffentlichkeit. Der Lemberger Rechtshistoriker Oswald Balzer (1858–1933), in: Beruf und Berufung. Geschichtswissenschaft und Nationsbildung in Ostmittel- und Südosteuropa im 19. und 20. Jahrhundert, hrsg. von Markus Krzoska und Hans Christian Maner, Münster 2005, S. 217–238.

–Für ein Polen an Oder und Ostsee. Zygmunt Wojciechowski (1900–1955) als Historiker und Publizist, Osnabrück 2003.
–Nation und Volk als höchste Werte: Die deutsche und die polnische Geschichtswissenschaft als Antagonisten in der Zwischenkriegszeit, in: Nationalismus und nationale Identität in Ostmitteleuropa, S. 297–312.
–Die polnische Geschichtswissenschaft in der Zwischenkriegszeit, in: Zeitschrift für Geschichtswissenschaft 42 (1994), 5, S. 430–436.
–Slawische Rückkehr in den Westen. Polens Grenzen im Werk Zymunt Wojciechowskis, in: Osteuropa 55 (2005), 3, S. 101–112.
Krzyżaniakowa, Jadwiga: Polen als *antemurale* Christianitatis. Zur Vorgeschichte eines Mythos, in: Mythen in Geschichte und Geschichtsschreibung, S. 132–146.
Krzyżanowski, Adam, Kumaniecki, Kazimierz: Statystika Polski, Kraków 1915.
Księga ku czci Oskara Haleckiego. Wydana w XXV-lecie jego pracy naukowej, Warszawa 1935.
Kucharzewski, Jan: Od białego caratu do czerwonego, t. 1: Epoka Mikołaja I, Warszawa 1923; t. 2, cz. 1: Geneza maksymalizmu, cz. 2: Dwa światy, Warszawa 1924; t. 3: Lata przełomu. Romanow, Pugaczew czy Pestel, Warszawa 1928; t. 4: Wyzwalanie ludów, Warszawa 1931; t. 5: Terroryści, Warszawa 1931; t. 6: Rządy Aleksandra III. Ku reakcji, Warszawa 1933; t. 7: Tryumf reakcji, Warszawa 1935.
Kuczyński, Stefan: Ziemie czernihowsko-siewierskie pod rządami Litwy, Warszawa 1936.
Kuderowicz, Zbigniew: Das philosophische Ideengut Polens, Bonn 1988.
Kuk, Leszek: Orientacja słowiańska w myśli politycznej Wielkiej Emigracji (do wybuchu wojny krymskiej). Geneza uwarunkowania podstawowe koncepcje, Toruń 1996.
Kulak, Teresa: Jan Ludwik Popławski. Biografia polityczna, Wrocław 1994.
–Kresy w myśli politycznej Jana Ludwika Popławskiego, in: Między Polską etniczną a historyczną, S. 187–208.
–Wpływ myśli politycznej Jana Ludwika Popławskiego na kształtowanie się Romana Dmowskiego jako polityka i ideologia, in: Myśl polityczna Romana Dmowskiego, Warszawa 2009, S. 21–36.
Kulesza, Władysław: Koncepcje ideowo-polityczne obozu rządzącego w Polsce w latach 1926–1935, Wrocław 1985.
Kulischer, Alexander: Das Wesen des Sowjetstaates, Berlin 1921.
Kusber, Jan: Expertenkulturen im Wandel. Osteuropaexperten und Politik im 20. Jahrhundert, in: Vermessene Welt, S. 59–66.
–Die Kontinuität der Fremdheit. Russland als das „Andere" in historischer Perspektive, in: Osteuropa 2013, 2–3, S. 257–268.
Kusz, Paulina: Jan Stanisław Łoś wobec kwestii ukraińskiej. Analiza myśli społeczno-politycznej, Lublin 2010.
Kutrzeba, Stanisław: Charakterystyka państwowości polskiej, Kraków 1916.
–Kongres, traktat i Polska, Warszawa 1919.
–Les origenes et le caractère du parlamentarisme au Moyen Age, in: La Pologne au V e congrès.
–Nasza polityka zagraniczna, Kraków 1923.
–Nauka a państwo, in: Nauka Polski III (1920), S. 83–97.
–Polska odrodzona 1914–1921, Kraków 1921.
–Państwa totalne. Światła – cienie – przyszłość, Kraków 1937, S. 3–16, abgedruckt in: Antykomunizm polski, S. 221–227.
–Przeciwieństwa i źródła polskiej i rosyjskiej kultury, Lwów 1916.
–Wady i zadania naszej historiografii, Kraków 1916.
Kuzma, Erazm: Mit orientu i kultury zachodu w literaturze XIX i XX wieku, Szczecin 1980.
Kwaśniewski, Krzysztow: Polskie kresy wschodnie a Deutsche Ostmarken, in: Przegląd Zachodni 1999, 3, S. 1–28.
Kwiecień, Marcin, Mazur, Grzegorz: Przyczynek do dziejów ruchu prometejskiego w Polsce, in: Zeszyty Historyczne 136 (2001), S. 87–109.

La Pologne au V e congrès international des sciences historiques Bruxelles 1923, Varsovie 1924.

La Pologne au VI e congrès international des sciences historiques Oslo 1928, Varsovie 1930.

Labuda, Gerhard: Dzieło życiowe Henryka Łowmiańskiego, in: Rocznik Historyczny LII (1986), S. 245–251.

Lednicki, Wacław: „Czerwony Olimp“, in: Ders.: Przyjaciele Moskale, S. 33–42.

–Droga do Rosji, Warszawa 1932 (Sonderdruck aus „Kultura“ Nr. 17 und 18).

–Konstanty Srokowski o wodzach bolszewizmu, in: Przegląd Współczesny 48 (1934), S. 299–306.

–Przyjaciele Moskale, Kraków, Warszawa 1935.

–Zdziechowski – rusycysta, in: Ders.: Przyjaciele Moskale, S. 3–29.

Lelewel, Joachim: Dzieje Litwy i Rusi aż do unii z Polską, Paryż 1839.

Lemberg, Hans: Mitteleuropa und Osteuropa. Politische Konzeptionen im Spiegel der Historikerdiskussion der Zwischenkriegszeit, in: Mitteleuropakonzeptionen in der ersten Hälfte des 20. Jahrhunderts, hrsg. von Richard G. Plaschka, Wien 1995, S. 213–220.

Lepki, Bohdan: Ukraina. Zarys literatury. Podręcznik informacyjny, Warszawa, Kraków 1930.

Lewandowski, Józef: Federalizm. Litwa i Białoruś w polityce obozu belwederskiego (IX 1918–IV 1920), Warszawa 1962.

–Imperializm słabości. Kształtowanie się koncepcji polityki wschodniej piłsudczyków 1921–1926, Warszawa 1967.

–„Prometeizm” – koncepcja polityki wschodniej piłsudczyzny, in: Biuletyn Wojskowej Akademii Politycznej. Seria Historyczna, t. I, IV (1958), z. 2/12, S. 100–137; t. II, V (1959), z. 1/14, S. 31–52.

Lewandowski, Wacław: Das Russland des Józef Mackiewicz, in: Zwischen (Sowjet–) Russland und Deutschland, S. 169–183.

Libera, Paweł: II Rzeczpospolita wobec ruchu prometejskiego, Warszawa 2013.

–Ewolucja ruchu prometejskiego w okresie międzywojennym, in: Ruch prometejski, S. 219–244.

–Z dziejów „Buntu Młodych” i „Polityki”. Listy Aleksandra i Adolfa Marii Bocheńskich do Stanisława Łosia (1931–1939), in: Studia z dziejów Rosji i Europy Środkowo-Wschodniej XLVIII (2013), S. 327–350.

Libera, Paweł, Nowożycki, Bartosz: Jerzy Niezbrzycki (Ryszard Wraga) – Jerzy Giedroyc dzieje trudnej współpracy, in: Kontrwywiad II RP, Tom II, S. 437–448.

Limanowski, Bolesław: Historia Litwy, Warszawa, Kraków 1917.

Lipiński, Wacław: Leon Wasilewski jako organizator i badacz najnowszej historii Polski, in: Niepodległość 1937, 16, S. 164–179.

–Stan badań nad najnowszą historią Polski, in: Niepodległość 1938, 2, S. 161–172.

Lisiak, Henryk: Obraz Bolszewika w oczach polaków w pierwszych latach odradzającej się II Rzeczypospolitej (1918–1920), in: Oblicza wschodu w kulturze polskiej, S. 383–394.

Ludat, Herbert: Die polnische Geschichtswissenschaft. Entwicklung und Bedeutung, in: Ders.: Slaven und Deutsche im Mittelalter, Köln, Wien 1982, S. 154–202.

Ludwik Kolankowski: Dzieło i życie – indywidualny przypadek historiograficzny, red. Piotr Oliński, Wojciech Piasek, Toruń 2017.

Ludwik Kolankowski 1882–1982. Materiały sesji w stulecie urodzin, pod red. Andrzeja Tomczaka, Toruń 1983.

Łazuga, Waldemar: Michał Bobrzyński. Myśl historyczna a działalność historyczna, Warszawa 1982.

Łepki, Bohdan: Ukraina. Zarys literatury. Podręcznik informacyjny, Warszawa, Kraków 1930.

Łepkowski, Tadeusz: Polska – narodziny nowoczesnego narodu: 1764–1870, Warszawa 1967.

Łossowski, Piotr: Stosunki polsko-litewskie w latach 1921–139, in: Przyjażnie i antagonizmy. Stosunki Polski z państwami sąsiednimi w latach 1918–1939, pod red. J. Żarnowskiego, Wrocław 1977.

Łoś, Stanisław: O konstruktywną politykę na Rusi Czerwonej, Warszawa 1932.

–Problem gospodarczy Ziemi Czerwieńskiej, in: Problem polsko-ukraiński w Ziemi Czerwieńskiej, abgedruckt in: Nie jesteśmy, S. 211–228.

–Sprawa ukraińska we wspomnieniach, korespondencji i publicystyce. Wybór pism. red. nauk. dokonali, wstępem i przypisami opatrzyli Maciej Marszał i Sylwia Wójtowicz, posł. Marek Łoś, Kraków 2012.

Łotocki, Aleksander: Badania naukowe nad twórczością Szewczenki, in: Przegląd Współczesny 56–57 (1936), S. 14–21.
–Leon Wasilewski w sprawie ukraińskiej, in: Sprawy Narodowościowe 1936, 6, S. 580–584.
–Ukrainski dzerelacerkownogo prawa, Warszawa 1931.
–Zagadnienie religijne w ZSRR, in: Przegląd Współczesny 41 (1932), S. 288–310.
Łowmiański, Henryk: Studja nad początkami społeczeństwa i państwa litewskiego, t. 1, 2, Wilno 1931/32.
–„Wschody" miast litewskich, in: (1) Ateneum Wileńskie (1923), S. 398–466; (2) (1924), S. 1–30.
Łubieński, Władysław: Świat we wszystkich swoich częściach, Wrocław 1740.
Łukasiewicz, Sławomir: Oskar Halecki jako federalista, in: Oskar Halecki i jego wizja Europy, tom 1, S. 184–194.
Łużny, Ryszard: Jan Janów: Warsztat historyczno-kulturowy filologa-językoznawstwcy, in: Krakowskie Zeszyty Ukrainoznawcze 1–2 (1993), S. 295–300.

Maciejewska, Wanda: Jadwiga Królowa Polska (monografia historyczna), Kraków 1934.
Maciejewski, Marek: Federacyjne koncepcje piłsudczyków u zarania Drugiej Rzeczypospolitej, in: Na szlakach niepodległej. Polska myśl polityczna i prawna w latach 1918–1939, pod red. Macieja Marszała i Mirosława Sadowskiego, Wrocław 2009, S. 139–158.
Mackiewicz, Józef: Bunt rojstów, Warszawa 1990.
Madajczyk, Czesław: Dokumenty w sprawie polityki narodowościowej władz polskich po przewrocie majowym, in: Dzieje Najnowsze 4 (1972), 3, S. 137–169.
Maj, Ireniusz Piotr: Działalność Instytutu Wschodniego w Warszawie 1926–1939, Warszawa 2007.
–Instytut Wschodni w Warszawie – Zarys działalności, in: ANALECTA XI (2002), S 141–153.
–W służbie koncepcji prometejskiej – Instytut Wschodni w Warszawie, in: Ruch prometejski, S. 201–218.
Majchrowski, Jacek M.: Polska myśl polityczna 1918–1939. Nacjonalizm, Warszawa 2000.
Majewski, Piotr: Bolszewicy w oczach Polaków, in: Przegląd Wschodni V (1999), 4 (20), S. 645–677.
Makarewicz, Juliusz: Słowo wstępne, in: Kodeks republik sowieckich, Warszawa 1926.
Makowski, Wacław: Przedmowa, in: Kodeks karny Rosji Sowieckiej 1927, Warszawa 1928.
Małłek, Janusz: Ludwik Kolankowski a uniwersytety polskie, in: Ludwik Kolankowski 1882–1982, S. 35–45.
Manteuffel, Tadeusz: Konferencja Historików Państw Wschodnich Europy i Słowiańszczyzny w Warszawie, in: Kwartalnik Historyczny XLI (1927), S. 715–717.
–Uniwersytet Warszawski w latach 1915/16–1934/35. Kronika, Warszawa 1936.
–Z prac Federacji Towarzystw Historycznych Wschodniej Europy, in: Kwartalnik Historyczny XLII (1928), S. 202–204.
Marian Zdziechowski 1861–1938. W 70 rocznicę śmierci, praca zbiorowa pod red. Jana Skoczyńskiego i Artura Wrońskiego, Kraków 2009.
Marjan Zdziechowski, in: Ateneum Wileński XIII (1938), 2, S. VI–XXIV.
Markert, Werner: Das Studium Osteuropas als wissenschaftliche und politische Aufgabe, in: Osteuropa IX (1933/34), S. 395–401.
Masaryk, Tomáš: O bolszewizmie, Warszawa 1923.
Marszał, Maciej, Wójtowicz, Sylwia: „Kwestia ukraińska" w myśli politycznej Jana Stanisława Łosia 1918–1939, in: Stanisław Łoś, S. VII–XXI.
Maternicki, Jerzy: Geografia historiograficzna II Rzeczypospolitej, in: Środowiska historyczne II Rzeczypospolitej, t. 4, Warszawa 1990, S. 9–52.
–Historiografia polska XX wieku, t. 1: Lata 1900–1918, Wrocław 1982.
–Idee i postawy. Historia i historycy polscy 1914–1918, Warszawa 1975.
–Infrastruktura warszawskiego środowiska historycznego 1918–1939, in: Przegląd Humanistyczny 1990, 5–6, S. 17–39.
–Józef Szujski wobec tzw. Idei jagiellońskiej, in: Historia XIX i XX wieku. Studia i szkice ofiarowane H. Jabłońskim, Wrocław 1979, S. 41–55.

–Michał Bobrzyński wobec tzw. idei jagiellońskiej. Ewolucja poglądów i jej uwarunkowania, Warszawa 1979.
–Warszawskie środowisko historyczne w okresie II Rzeczypospolitej, Rzeszów 1999.
–Wielokstałtność historii. Rozważania o kulturze historycznej i badaniach historiograficznych, Warszawa 1986.
Materski, Wojciech: Polska i ZSRR na przełomie lat dwudziestych i trzydziestych XX wieku, in: Adam D. Rotfeld, Anatolij W. Torkunow: Białe plamy, czarny plamy. Sprawy trudne w relacjach polsko-rosyjskich (1918–2008), Warszawa 2010, S. 85–107.
Mazur, Grzegorz: Kpt. Grzegorz Niezbrzycki (1902–1968), in: Kontrwywiad II RP, Tom II, S. 416–424.
Mazurek, Sławomir: Wątki katastroficzne w myśli rosyjskiej i polskiej 1917–1950, Wrocław 1997.
Meller, A.: Z dziejów akcji antykomunistycznej w Polsce. Miesięcznik „Walka z Bolszewizmem" w latach 1927–1931, in: Historia i Polityka 2008, t. VII, S. 42–56.
Mędrzecki, Włodzimierz: Województwo wołyńskie 1921–1939. Elementy przemian cywilizacyjnych, społecznych i politycznych, Wrocław 1988.
Mich, Włodzimierz: Obcy w polskim domu. Nacjonalistyczne koncepcje rozwiązania problemu mniejszości narodowych 1918–1933, Lublin 1994.
–Problem mniejszości narodowych w myśli politycznej polskiego ruchu konserwatywnego (1918–1939), Lublin 1992.
–Publicystyka polityczna „Naszej Przyszłości" 1930–1939, Lublin 2009.
Michalewska, Krzysztofa: Sprawa uniwersytetu ukraińskiego w latach 1848–1914, in: Studia Historyczne XXVII (1984), 1 (104), S. 35–60.
Michałowski, Stanisław: Problem mniejszości narodowych w myśli politycznej Polskiej Partii Socjalistycznej, in: Mniejszości narodowe w polskiej myśli politycznej XX wieku, red. J. Jachymek, Lublin 1992, S. 122–144.
Między Europą a Asią. Idea Rosji – Eurazji, pod red. Stefana Grzybowskiego, Toruń 1998.
Między mitem a rzeczywistością. Kresy Wschodnie w XIX i XX wieku, pod red. Adriany Dawid i Joanny Łusek, Bytom, Opole 2017.
Między Polską etniczną a historyczną. Polska myśl polityczna XIX i XX wieku, pod red. W. Wrzesińskiego, t. VI, Wrocław 1988.
Miknys, Rimantas: Stosunki polsko-litewskie w wizji politycznej krajowców, in: Zeszyty Historyczne 104 (1993), S. 123–129.
–Wilno i Wileńszczyzna w koncepcjach Michała Römera i krajowców, in: Europa nieprowincjalna, S. 57–65.
Mikulicz, Sergiusz: Prometeizm w polityce II Rzeczypospolitej, Warszawa 1971.
Milewski, Jan Jerzy: Kresy północno-wschodnie Drugiej Rzeczypospolitej – próba zdefinowania, in: Kresy północno-wschodnie Drugiej Rzeczypospolite, S. 7–17.
Miłosz, Czesław: Abecadło Miłosza, Kraków 1997.
–Aleksander Hertz, Cracow 2000.
–Dwa pożegnania, in: Kultura 6/429 (1983), S. 43–51.
–Prywatne obowiązki, Olsztyn 1990.
–Religijność Zdziechowskiego, in: Ders.: Legendy nowoczesności, Kraków 2009, S. 105–123.
–Wyprawa w dwudziestolecie, Kraków 1999.
–Zaczynając od moich ulic, Wrocław 1990.
Mironowicz, Eugeniusz: Białorusini i Ukraińcy w polityce obozu piłsudczykowskiego, Białystok 2007.
Moczulski, Leszek: Geopolityka. Potęga w czasie i przestrzeni, Warszawa 2000.
–Polska pomiędzy Niemcami a Rosją. Mit geopolityczny a rzeczywistość, in: Problematyka geopolityczna, S. 55–83.
Morawiec, Małgorzata: *Antemurale christianitatis*. Polen als Vormauer des christlichen Europa, in: Jahrbuch für Europäische Geschichte 2 (2001), S. 249–260.

–Oskar Halecki (1891–1973), in: Europa-Historiker. Ein biographisches Handbuch, hrsg. von Heinz Duchhardt u.a., Bd. 1, Göttingen 2006, S. 215–239.
Morison, J.D., Seton-Watson, G.H.N.: Osteuropaforschung in Großbritannien, in: Internationale Osteuropaforschung, S. 37–57.
Motas, Maciej: Rosja w myśli politycznej Zygmunta Wojciechowskiego, in: Rosja w polskiej myśli politycznej XX–XXI wieku, pod red. Arkadiusza Lewandowskiego, Witolda Wojdyły, Grzegorza Radomskiego, Toruń 2013, S. 27–43.
Mühle, Eduard: Der europäische Osten in der Wahrnehmung deutscher Historiker. Das Beispiel Hermann Aubin, in: Traumland Osten. Deutsche Bilder vom östlichen Europa im 20. Jahrhundert, hrsg. von Gregor von Thum, Göttingen 2006, S. 110–137.
–Für Volk und deutschen Osten. Der Historiker Hermann Aubin und die deutsche Ostforschung, Düsseldorf 2005.
–„Ostforschung". Beobachtungen zu Aufstieg und Niedergang eines geschichtswissenschaftlichen Paradigmas, in: Zeitschrift für Ostmitteleuropa-Forschung 46 (1997), 3, S. 317–350.
Müller, Michael G.: Bilder und Vorstellungen der Ostforschung von der Geschichte Polens in der Frühen Neuzeit, in: Zeitschrift für Ostmitteleuropa-Forschung 46 (1997), 3, S. 376–391.
Müller, Tim: Reform und Rationalität. Der Erwartungshorizont der Moderne und die Verwissenschaftlichung des Politischen im Kalten Krieg. Neuere Beiträge zur Ideen- und Wissenschaftsgeschichte, in: Mittelweg 36, 20 (2011), 3, S. 65–80.
Müller-Butz, Martin: Nach dem Imperium. Zur Entstehung und zum Ende des Wilnaer *sowjetoznawstwo* aus erfahrungsgeschichtlicher Perspektive, in: Nordost-Archiv 23 (2014), S. 23–47.
Myśli wybrane Jana Kucharzewskiego („Od białego caratu do czerwonego", tom II, str. 114–116), in: Wschód-Orient 1938, 3, S. 21–30.
Mythen in Geschichte und Geschichtsschreibung aus polnischer und deutscher Sicht, hrsg. von Adelheid von Saldern, Münster 1996.

Na posterunku wileńskim, in: Słowo 1.8.1922.
Na warsztatach historyków polskiej myśli politycznej, red. Henryk Zieliński, Wrocław 1980.
Nałęcz, Daria: "Droga" jako platforma kształtowania się ideologii piłsudczików, in: Przegląd Historyczny 66 (1975), 4, S. 589–608.
Nałkowski, Wacław: Terytorium Polski historycznej jako indywidualność historyczna, Warszawa 1912.
–Materiały do geografii ziem dawnej Polski, t. I, Warszawa 1913.
Nasze cele i dążenia, in: Ruch Słowiański I (1928), Lwów 1930, S. 1–5.
Nation and History. Polish Historians from the Enlightenment to the Second World War, Toronto.
Nauka Polska, jej potrzeby, organizacja i rozwój. Rocznik kasy pomocy dla osób pracujących na polu naukowym imienia doktora Józefa Mianowskiego, tom I, Warszawa 1918–tom XXIV, Warszawa 1939.
Nie jesteśmy ukrainofilami: polska myśl polityczna wobec Ukraińców i Ukrainy: antologia tekstów, pod red. Pawła Kowala, Jana Ołdakowskiego, Moniki Zuchniak. Wrocław 2002.
Niederhäuser, Emil: Szkoły historyczne a polityka w Europie wschodniej do 1945 r., in: Kwartalnik Historyczny XCV (1988), S. 103–134.
Nikodem, Jarosław: Jadwiga Andegaweńska w Oskara Haleckiego koncepcji Europy Środkowo-Wschodniej, in: Oskar Halecki i jego wizja Europy, tom 3, S. 129–140.
Nowak, Andrzej: Jak rozbić rosyjskie imperium? Idee polskiej polityki wschodniej (1733–1921), Kraków 1999.
–Między caratem a rewolucją. Studium politycznej wyobraźni i postaw Wielkiej Emigracji wobec Rosji 1831–1849, Warszawa 1994.
–Przez Ukrainę i Kaukaz na Petersburg: początek drogi do koncepcji prometejskich w polskiej myśli politycznej, in: Ruch prometejski, S. 11–24.
–Rosja w polskiej myśli politycznej XX wieku – materiał do refleksji, in: Dzieje Najnowsze 29 (1997), 1, S. 33–47.

–ZSRR jako przedmiot badań historycznych, in: Dzieje Najnowsze 26 (1994), 1, S. 103–111.
Nowak, Zenon Hubert: Spór o zakres tematyki litewskiej VI Powszechnego Zjazdu historyków Polskich w Wilnie (17–20 września 1935 r.), in: Zapiski Historyczne VI (1986), 4, S. 137–145.
–Rola Ludwika Kolankowskiego w historiografii polskiej, in: Ludwik Kolankowski 1882–1982, S. 15–31.

Oberländer, Erwin: Historische Osteuropaforschung im Dritten Reich, in: Geschichte Osteuropas. Zur Entwicklung einer historischen Disziplin, S. 12–30.
Oblicza wschodu w kulturze polskiej, pod red. Grzegorza Kotlarskiego i Marka Figury, Poznań 1999.
Odlanicki-Poczobutt, Michał: Województwo Nowogródzkie, Wilno 1936.
Oliński, Piotr: Osobowości Jagiellonów w opiniach Ludwika Kolankowskiego, in: Ludwik Kolankowski. Dzieło i życie, S. 151–161.
Olszewski, Henryk: Ideologia Rzeczypospolitej – przedmurza chrześcijańska, in: Czasopismo Prawno-Historyczne XXXV (1983), 2, S. 1–19.
Olschowsky, Heinrich: Der Mythos des auserwählten Volkes bei Adam Mickiewicz. Literarische Stiftung und politische Funktion, in: Geschichtliche Mythen in den Literaturen und Kulturen Ostmittel- und Südosteuropas, hrsg. von Eva Behring, Ludwig Richter und Wolfgang F. Schwarz, Stuttgart 1999, S. 87–97.
–Samartismus, Messianismus, Exil, Freiheit – typisch polnisch?, in: Deutsche und Polen, S. 279–288.
Opacki, Zbigniew: Barbaria rosyjska. Rosja w historiozofii i myśli politycznej Henryka Kamieńskiego, Gdańsk 1993.
–Doświadczenie Wschodu i Zachodu w biografii intelektualnej Mariana Zdziechowskiego, in: Marian Zdziechowski 1861–1938. W 70 rocznicę śmierci, S. 25–36.
–Konserwatyzm Mariana Zdziechowskiego „pierwszym sumienie potem państwo", in: Myśl konserwatywna 2/3 (1998), S. 13–33.
–Marian Zdziechowski a emigracja rosyjska, in: Emigracja rosyjska, S. 245–260.
–Marian Zdziechowski i Stanisław Cat-Mackiewicz. Meandry współpracy publiczno-politycznej w latach 1927–1938, in: Z dziejów prasy konserwatywnej. Twórcy i działa, pod red. Bogdana Borowicka i Włodzimierza Micha, Lublin 2012, S. 151–162.
–Marian Zdziechowski zmagania z Rosją, in: Polacy i Rosjanie, pod red. Tadeusza Epstcina, Warszawa 2000, S. 181–194.
–Mariana Zdziechowskiego idea kontrrewolucji, in: Panorama myśli kontrrewolucyjnej, S. 89–100.
–Między filozofią historii a polityką. Niemcy w myśli Mariana Zdziechowskiego, in: Filozofia na Uniwersytecie Stefana Batorego, S. 154–178.
–Między uniwersalizmem a partykularyzmem: myśl i działalność społeczno-polityczna Mariana Zdziechowskiego 1914–1938, Gdańsk 2006.
–Rosja w myśli Mariana Zdziechowskiego – płaszczyzny porozumienia i wrogości, in: Sprawy Wschodnie 2003, 2–3, S. 23–33.
–Rosjanie w poszukiwaniu własnej tożsamości koncepcja eurazjatyzmu, in: Rosja – Polska – Bałkany w XVIII–XX wieku, pod red Antoniego Gizy, Szczecin 1998, S. 301–315.
–Środowisko naukowe USB w Wilnie wobec polsko-litewskiego sporu terytorialnego o Wileńszczyżnie w latach 1919–1922, in: Polacy i sąsiedzi – dystanse i przenikanie kultur, pod red. Romana Wapińskiego, część II, Gdańsk 2001, S. 177–204.
–Turańsko-azjatyckość Rosji w polskiej i rosyjskiej myśli społeczno politycznej XIX–XX wieku, in: Zagadnienie rosyjskie, S. 239–252.
–W kręgu Polski, Rosji i słowiańszczyzny. Myśl i działalność społeczno-polityczna Mariana Zdziechowskiego do 1914, Gdańsk 1996.
–Wizerunek Rosji w publicystyce politycznej Romana Dmowskiego do 1914 roku, in: Przegląd Humanistyczny 1990, 12, S. 65–74.
Ormicki, Wiktor: Życie gospodarcze Kresów Wschodnich, Kraków 1929.
Orsini-Rosenberg, Stanisław: Instytut Badania Stanu Gospodarczego Ziem Wschodnich, in: Prace Instytutu Badania Stanu Gospodarczego Ziem Wschodnich I (1927), 1, S. 5–14.

Osica, Janusz: Polityce anachronizmu. Konserwatyści wileńskiej grupy „Słowa" 1922–1928, Warszawa 1982.
Oskar Halecki i jego wizja Europy, pod red. Małgorzaty Dąbrowskiej, tom 1, Warszawa, Łódź 2012; tom 2, Warszawa, Łódź 2014; tom 3, Warszawa, Łódź 2014.
Osko, Aleksandra: Koło historyków – słuchaczy Uniwersytetu Stefana Batorego w Wilnie w latach 1923–1939. Organizacja i działalność, in: Przegląd Wschodni XI (2010), 41, S. 101–121.
Das Osteuropa-Institut in Wilna, in: Osteuropa XII (1936/37), S. 142–145.
Oswald Spengler als europäisches Phänomen. Der Transfer der Kultur- und Geschichtsmorphologie im Europa der Zwischenkriegszeit 1919–1939, hrsg. von Zaur Gasimov und Antonius Lemke Duque, Göttingen 2013.

Paczos, Sebastian: Państwo i naród w myśli politycznej polskich konserwatistów do 1939 roku, Kraków 2009.
Paduszek, Konrad: Jerzy Niezbrzycki – oficer i historyk Oddziału II SG WP, in: Kontrwywiad II RP, Tom II, S. 425–436.
Pajewski, Janusz: Węgierska polityka Polski w połowie XVI wieku (1540–1571), Kraków 1932.
Pamiętnik IV Powszechnego Zjazdu historyków Polskich w Poznaniu (1925 r.), 2 t, Lwów 1925–1927.
Pamiętnik V Powszechnego Zjazdu historyków Polskich w Warszawie 28 listopada do 4 grudnia 1930 r., 2 t, Lwów 1930–1931.
Pamiętnik VII Powszechnego Zjazdu historyków Polskich w Wrocławiu 19–22 września 1948, 2 t, Warszawa 1948.
Panorama myśli kontrrewolucyjnej. Praca zbiorowa. Redakcja naukowa Jacek Bartyzel, Pułtusk, Toruń 2007.
Papierzyńska-Turek, Mirosława: Sprawa ukraińska w Drugiej Rzeczypospolitej 1922–1926, Kraków 1979.
Paprocki, Stanisław Józef: Leon Wasilewski jako badacz zagadnień narodowościowych, in: Sprawy Narodowościowe 1936, 6, S. 569–580.
–S. p. Tadeusz Hołówko wobec problemów narodowościowych, in: Sprawy Narodowościowe 1931, 4–5, S. 381–398.
Paradowski, Ryszard: Eurazjatyckie imperium Rosji. Studium idei, Toruń 2001.
–Metodologiczne i metafizyczne problemy eurazjatyckiej kulturologii, in: Emigracja rosyjska, S. 47–58.
Paruch, Waldemar: Od konsolidacji państwowej do konsolidacji narodowej. Mniejszości narodowe w myśli politycznej obozu piłsudczykowskiego (1926–1939), Lublin 1997.
–Piłsudczykowska wizja Rzeczypospolitej a warunki a możliwości jej realizacji (1926–1939), in: Wizja i Realia. Studia nad realizacją polskiej myśli politycznej XX wieku, red. Waldemar Paruch, Krystina Trembicka, Lublin 2002, S. 23–44.
Paszkiewicz, Janusz: Litwa a Moskwa w XIV i XV wieku, Warszawa 1933.
–O genezie i wartości Krewa, Warszawa 1938.
–Polityka ruska Kazimierza Wielkiego, Warszawa 1925.
–Regesta Lithuaniae ab origine usque ad Magni Ducatus cum Regno Poloniae unionem, t. 1, Varsowiae 1930.
–The Making of the Russian Nation, London 1963.
–The Origin of Russia, New York 1954.
–The Rise of Moscow's Power, New York 1983.
–W sprawie inkorporacji Litwy do Polski w latach 80. XV w., Warszawa 1938.
Pawlak, Józef: Bogumił Jasinowski – badacz cywilizacji wschodniochrześcijańskiej, in: Filozofia na Uniwersytecie Stefana Batorego, S. 254–274.
–Feliks Koneczny – Profesor Uniwersytetu Stefana Batorego (1919–1929), in: Filozofia na Uniwersytecie Wileńskim, S. 151–154.
–Stosunek Mariana Zdziechowskiego do panazjatyzmu i eurazjatyzmu, in: Między Europą a Asią, S. 119–125.
Peda, Wacław: W urzeczywistnianiu idei O.K.M., in: Wschód-Orient 1935, 17–18, S. 192–196.
Penck, Albrecht: Politisch-geographische Lehren des Krieges, in: Meereskunde 106 (1915).
Pepłoński, Andrzej: Wywiad polski na ZSRR 1921–1939, Warszawa 1996.

Petersen, Hans-Christian, Kusber, Jan: Osteuropäische Geschichte und Ostforschung, in: Kulturwissenschaften und Nationalsozialismus, Stuttgart 2008, S. 289–311.
Pfitzner, Josef: Die Geschichte Osteuropas und die Geschichte des Slawentums als Forschungsprobleme, in: Historische Zeitschrift 150 (1934), 1, S. 21–85.
Piątkowski, Leszek: Związek Radziecki w publicystyce polskiej 1922–1928. Społeczeństwo, polityka, gospodarka, Lublin 1992.
Pięc lat istnienia Ukraińskiego Instytut Naukowego 1930–1935, Warszawa 1935.
Piłsudski, Józef: Pisma, Mowy, Rozkazy, t. 7, Warszawa 1931.
–Pisma zbiorowe, t. 1, 2, 5, Warszawa 1932.
Piotrkiewicz, Teofil: Kwestia ukraińska w Polsce w koncepcjach piłsudczyzny 1926–1930, Warszawa 1981.
–Myśl polityczna Związku Naprawy Rzeczypospolitej wobec kwestii ukraińskiej (1926–1930), in: Przegląd Historyczny 70 (1978), 2, S. 285–300.
Piotrowski, Bernhard: Eugeniusza Romera koncepcja polski rdzennej, in: Przegląd Zachodni 1985, 1, S. 40–69.
Piskorski, Jan M.: „Deutsche Ostforschung" und „Polnische Westforschung", in: Berliner Jahrbuch für Osteuropäische Geschichte 1 (1996), S. 379–389.
–Volksgeschichte à la polonaise. Vom Polonozentrismus im Rahmen der sogenannten polnischen Westforschung, in: Volksgeschichten im Europa der Zwischenkriegszeit, hrsg. von Manfred Hettling, Göttingen 2003, S. 239–271.
Pisuliński, Jan: Czy Piłsudski był federalistą? – Dylematy polskiej historiografii, in: Biuletyn Ukrainoznawczy 11 (2005), S. 111–126.
–Prometeizm – problemy i pytania historiograficzny, in: Ruch prometejski, S. 91–103.
Piwarski, Kazimierz: Józef Feldman (1899–1946), in: Kwartalnik Historyczny LIV (1947), S. 77–86.
Podraza, Antoni: Polens Platz in Europa, in: Geschichtsschreibung zwischen Wissenschaft und Politik. Deutschland – Frankreich – Polen im 19. und 20. Jahrhundert, hrsg. von Heiner Timmermann, Saarbrücken 1987, S. 179–190.
Pogonowska, Ewa: Dzikie biesy. Wizja Rosji w antybolszewickiej poezji polskiej lat 1917–1932, Lublin 2002.
Pol, Wincenty: Historyczny obszar polski, Kraków 1869.
–Pieśń o ziemi naszej oraz lyriki wybrane, red. Roman Zawiliński, Kraków (1920).
Polacy i sąsiedzi – dystanse i przenikanie kultur, red. Roman Wapiński, t. I, Gdańsk 2000; t. II, Gdańsk 2001; t. III, Gdańsk 2003.
Polaczkówna, Helena: Działalność Oswalda Balzera na polu słowianoznawstwa, in: Ruch Słowiański II (1929), S. 116–121.
Polak, Bogusław: Kpt. Jerzy A. Niezbrzycki (Wraga) 1902–1968. Sowietolog czy oficer wywiadu?, in: Kontrwywiad II RP, Tom II, S. 398–415.
–Cywilizacje a moralność w myśli Feliksa Konecznego, Lublin 2001.
Polen und der Osten. Texte zu einem spannungsreichen Verhältnis, hrsg. von Andrzej Chwalba, Frankfurt/M 2005.
Politische Mythen im 19. und 20. Jahrhundert in Mittel- und Osteuropa, hrsg. von Heidi Hein-Kirchner und Hans Henning Hahn, Marburg 2006.
Politische Mythen und Rituale in Deutschland, Frankreich und Polen, hrsg. von Ives Bizeul, Berlin 2000.
Polska i jej wschodni sąsiedzi w XX wieku. Studia i materiały ofiarowane prof. dr. Hab. Michałowi Gnatowskiemu w 70-lecie urodzin, red nauk. Hanna Konopka, Daniel Boćkowski, Białystok 2004.
Polska i Ukraina: sojusz 1920 roku i jego następstwa, red. nauk. Zbigniew Karpus, Waldemar Rezmer, Emilian Wiszka, Toruń 1995.
Polska – kresy – Polacy. Studia historyczna, red. Stanisław Ciesielski, Wrocław 1994.
Polska – Polacy – mniejszości narodowe, red. E. Grzeskowiak-Łuczak, Wrocław 1992.
Polskie mity polityczne XIX i XX wieku, pod red. Wojciecha Wrzesińskiego, Wrocław 1994.

Polskie Towarzystwo Historyczne 1886–1986: zbiór studiów i materiałów, red. Stefan K. Kuczyński, Wrocław 1990.
Polsko-radzieckie stosunki kulturalne 1918–1939. Dokumenty i materiały, Warszawa 1977.
Popiel, Paweł: Choroba wieku, in: Antykomunizm polski, S. 31–41.
Popławski, Jan Ludwik: Nasz demokratyzm, in: Przegląd Wszechpolski 6 (1900), 3, S. 129–138.
–Nasze siły. Kraje zabrane, in: Przegląd Wszechpolski 8 (1902), 6, S. 425–433.
–Polska współczesna, in: Ders.: Szkice literackie i naukowe, Warszawa 1910, S. 203–314.
–Sprawa ruska, in: Przegląd Wszechpolski 7 (1901), 12, S. 709–717.
Potocki, Robert: Idea restytucji Ukraińskiej Republiki Ludowej (1920–1939), Lublin 1999.
–Instytut Naukowo-Badawcze Europy Wschodniej w Wilnie (1930–1939), in: Przegląd Zachodni 2000, 2, S. 211–219.
–Polityka państwa polskiego wobec zagadnienia ukraińskiego w latach 1930–1939, Lublin 2003.
–Ukraiński Instytut Naukowy w Warszawie (1930–1939) – jego wkład do nauki i kultury ukraińskiej i polskiej, in: Warszawskie Zeszyty Ukrainoznawczy 6–7 (1998), S. 257–266.
–Ukraińskie Centrum Państwowe na Wychodźstwie (1926–1933), in: Przegląd Wschodni V (1998), 1 (17), S. 79–101.
Prace Instytutu Badania Stanu Gospodarczego Ziem Wschodnich I–IV, Warszawa 1927–28.
Problematyka geopolityczna ziem polskich, pod red. Piotra Eberhardta, Warszawa 2008.
Pucek, Zbigniew: Feliks Koneczny: Teoria pluralizmu cywilizacyjnego, in: Szkice z historii socjologii polskiej, praca zbiorowa pod red. Kazimierza Z. Sowy, Warszawa 1983, S. 155–188.
–Pluralizm cywilizacyjny jako perspektywa myśli socjologicznej (Na przykładzie poglądów F. Konecznego i F. Znanieckiego), Kraków 1990.
Puszkow-Bańka, Agnieszka: Polska i Polacy w myśli narodowej demokracji na przełomie XIX i XX wieku (Jan Ludwik Popławski, Zygmunt Balicki, Roman Dmowski), Kraków 2013.

Radomski, Grzegorz: Narodowa Demokracja wobec problematyki mniejszości narodowych w Drugiej Rzeczypospolitej w latach 1918–1926, Toruń 2001.
Radwański, Tadeusz: Idea prometejska na tle geopolityki Polski, in: Wschód-Orient 1935/36, 4–1, S. 17–21, abgedruckt in englischer Sprache ebenda, S. 21–23.
–Potencjal wojenny Z.S.S.R. a problem prometeuszowski, in: Wschód-Orient 1936, 4, S. 1–5.
Radzik, Ryszard: Ewolucja narodowa społeczności kresów wschodnich, in: Kultura i Społeczeństwo 1991, 2, S. 57–72.
Raths-Pietrucien, Urszula: Kresy wschodnie: dawne „małe ojczyzny" Polaków, Toruń 2006.
Reisner, M.: Die Diktatur des Proletariats im Arbeiter- und Bauernstaat, in: Osteuropa II (1926/27), S. 649–663.
Rhode, Gotthold: Drei polnische Historiker – drei Persönlichkeiten der Zeitgeschichte. Zum Tode von Marian Kukiel, Oskar Halecki und Stanisław Kot, in: Jahrbücher für Geschichte Osteuropas 24 (1976), 4, S. 526–546.
Rocznik Instytutu Naukowo-Badawczego Europy Wschodniej, T. I, Wilno 1933, T. II, Wilno 1934.
Römer, Michał: Litwa. Studium o odrodzeniu narodu litewskiego, Lwów 1908.
Rössler, Mechthild: „Wissenschaft und Lebensraum". Geographische Ostforschung im Nationalsozialismus. Ein Beitrag zur Disziplingeschichte der Geographie, Berlin, Hamburg 1990.
Roman Dmowski. Wybór pism, red. Roman Wapiński, Warszawa 1990.
Romer, Eugeniusz: Czy Polska jest krajną przejściową? Odpowiedź na wywody Hanslika, in: Ziemia 1 (1910), S. 241–243.
–Geograficzne położenie ziem polskich, in: Geografia fizyczna ziem polskich i charakterystyka fizyczna ludności, Warszawa 1912.
–Geograficzno-statystyczny Atlas Polski, Warszawa, Kraków 1916.
–Die Nationalitäten in Chelm und Podlachien, in: Polen. Wochenschrift für polnische Interessen 169 (1918), S. 359–365.

–Pamiętnik paryski 1918–1919, red. A. Garlicki, R. Swietek, Wrocław 1989.
–Pamiętniki. Problemy sumienia i wiary, Kraków 1988.
–Polska i Polacy, Kraków 1916.
–Polska. Ziemia i państwo, Kraków, Lwów 1917.
–Przyczyny upadku Polski. Praca zbiorowa, Kraków 1918.
–Przyrodzone podstawy Polski historycznej, Lwów 1912.
–Warunki geograficzne, in: Przyczyny, S. 25–45.
–Ziemia i państwo. Kilka zagadnień geopolitycznych, Lwów, Warszawa 1939.
Rosenberg, Artur: Bolszewizm, głód, śmierć !!!, Warszawa 1923.
Rosja Sowiecka pod względem społecznym i gospodarczym, t. 1, cz. 1: Polityka przemysłowa, finansowa i agrarna Rosji Sowieckiej; cz. 2: Polityka w zakresie wymiany i aprowizacji. Polityka robotnicza Rosji Sowieckiej, pod red. L. Krzywickiego, Warszawa 1922.
Rostworowski, Emanuel: Władysław Konopczyński jako historyk, in: Spór o historyczną szkolę krakowską, S. 209–231.
Rostworowski, Jan Kanty: Sprawozdanie z ruchu religijnego, naukowego i społecznego. Bolszewizm i Hitlerizm, in: Przegląd Powszechny 208 (1935), S. 424–427, abgedruckt in: Antykomunizm polski, S. 184–187.
Róziewicz, Jerzy: Polsko-radzieckie stosunki naukowe w latach 1918–1939, Wrocław 1979.
–Z dziejów międzynarodowych kontaktów naukowych Polski w latach 1919–1939, in: Problemy Polonii Zagranicznej 9 (1975), S. 339–378.
Ruch prometejski i walka o przebudowę Europy Wschodniej (1918–1940). Studia i szkice pod red. Marka Kornata, Warszawa 2012.
Rüsen, Jörn: Historische Vernunft. Grundzüge einer Hermeneutik I: Die Grundlagen der Geschichtswissenschaft, Göttingen 1983.
Rutkowski, Jan: La genèse du régime de la corvée dans l'Europe Centrale depuis la fin du Moyen Age, in: La Pologne au VI e congrès, S. 211–217.
Rutkowski, Tadeusz Paweł: Oskar Halecki a warszawskie środowisko historyczne, in: Oskar Halecki i jego wizja Europy, tom 2, S. 91–109.
Ryś, Grzegorz: Chrześcijaństwo jako klucz interpretacyjny historiozofii Oskara Haleckiego, in: Oskar Halecki i jego wizja Europy, tom 1, S. 9–15.
Rzymowski, Wincenty: W walce i burzy. Tadeusz Hołówko na tle epoki, Warszawa 1933.

Sadowski, Andrzej: Pogranicze polsko-białoruskie. Tożsamość mieszkańców, Białystok 1995.
Salamon, Maciej: Oskar Halecki na Uniwersytecie Jagiellońskim (1909–1918), in: Oskar Halecki i jego wizja Europy, tom 1, S. 16–35.
Salomon, Richard: Aus den letzten Jahren des russischen Kaisertums, in: Jahrbücher für Kultur und Geschichte der Slaven 2 (1926), S. 9–18.
Sauerland, Karol: Suche nach Ordnung und Freude in der Vielheit. Der staatspolitische Hintergrund der philosophischen Debatten im Polen der zwanziger und dreißiger Jahre, in: Europäische Wissenschaftskulturen, S. 123–141.
Savickij, Piotr: Eurazjanyzm jako koncepcja naukowa, in: Balticoslavica I (1933), S. 25–41.
Sawicki, Jan: Michał Römer a problemy narodowościowe na ziemiach byłego Wielkiego Księstwa Litewskiego, Toruń 1998.
–Od dwuszczebłowości do dwoistości litewsko-polskiej. Świadomość narodowa Michała Römera, in: Wilno i kresy Północno-Wschodnie, T. 1, Białystok 1996, S. 127–138.
–Stosunki między Polakami i Litwinami w przeszłości i na początku XX wieku w ujęciu Michała Römera, in: Studia z dziejów polskiej myśli politycznej, t. VI, Toruń 1998, S. 121–151.
Sawicki, Piotr: Eurazjanizm I. Ideje i drogi literatury eurazyjskiej, in: Przegląd Powszechny XII (1933), t. XLV, S. 288–309.

–Eurazjanizm II. Eurazjanizm jako intencja dziejowa, in: Przegląd Powszechny XII (1933), t. XLVI, S. 95–112.
Schäfer, Dietrich: Osteuropa und wir Deutschen, Berlin 1924.
Schattkowsky, Ralph: Between Science and Politics. Włodzimierz Bączkowski and the Polish Eastern European Research, in: History and Politics. Remembrance as Legitimation, ed. by Katarzyna Kącka and Ralph Schattkowsky (cgs-studies Vol. 6), Newcastle 2017, S. 231–247.
–Deutsch-polnischer Minderheitenstreit nach dem Ersten Weltkrieg, in: Zeitschrift für Ostmitteleuropa-Forschung 48 (1999), 4, S. 524–545.
–Innen- und außenpolitische Aspekte des deutsch-polnischen Nichtangriffsabkommens vom 26. Januar 1934, in: Deklaracja polsko-niemiecka o niestosowaniu przemocy z dnia 26 stycznia 1934 r. z perspektywy Polski i Europy w siedemdziesiątą rocznicę podpisanie. Studia pod redakcją Mieczysława Wojciechowskiego, Toruń 2005, S. 22–39.
–Polnische Ukrainediskurse der Zwischenkriegszeit, in: Zeitschrift für Ostmitteleuropa-Forschung 66 (2017), 2, S. 180–212.
–Prometheismus und Osteuropaforschung in der Zweiten Polnischen Republik, in: Zeitschrift für Ostmitteleuropa-Forschung 61 (2012), 4, S. 519–565.
Schenke, Cornelia: Nationalstaat und nationale Frage. Polen und die Ukrainer in Wolhynien (1921–1939), Hamburg 2004.
–Polnische Ukrainepolitik in Wolhynien 1921–1939, in: Zeitschrift für Ostmitteleuropa-Forschung, 62 (2013), 2, S. 273–291.
Schweiger, Alexandra: Polens Zukunft liegt im Osten. Polnische Ostkonzepte der späten Teilungszeit (1890–1918), Marburg 2014.
Semkowicz, Władysław: Organizacja pracy naukowej, in: Nauka Polska III (1920), S. 109–118.
Seraphim, Hans–Jürgen: Geistige und ökonomische Grundlagen des Bolschewismus, in: Jahrbuch für Gesetzgebung, Verwaltung und Volkswirtschaft im Deutschen Reiche 52 (1928), S. 417–452.
Serczyk, Władysław: Historycy ukraińscy w Polsce międzywojennej, in: Środowiska historyczne II Rzeczypospolitej, t. II, red. Jerzy Maternicki, Warszawa 1987, S. 292–307.
Serednicki, Anton: Marszałek Józef Piłsudski a Ukraina, in: Biuletyn Polsko-Ukraiński 8 (2002), S. 55–84.
Serejski, Marian: Naród a państwo w polskiej myśli historycznej, Warszawa 1973.
–Naród czy państwo, in: Kwartalnik Historyczny LXXX (1973), S. 324–335.
Shelton, Anita Krystyna: The Demokratic Idea in Polish History and Historiography: Franciszek Bujak (1875–1953), New York 1989.
Siedlecki, Tadeusz: Polskie zagadnienie wschodnie, in: Przymierze 1921, 18–19, S. 4–11.
Siemieński, Józef: Ustrój Rzeczpospolitej Polskiej: wykład syntetyczny, Warszawa 1915.
Skoczyński, Jan: Idee historiozoficzne Feliksa Konecznego, Kraków 1991.
–Koneczny. Teoria cywilizacji, Warszawa 2003.
–Pesymizm filozoficzny Mariana Zdziechowskiego, Wrocław 1983.
–Wartość pesymizmu. Studia i szkice o Marianie Zdziechowskim, Kraków 1994.
Skrzypek, Józef: Kronika Naukowa, in: Niepodległość 1937, 1, S. 137–146.
–Zagadnienie ukraińskie w pracach Leona Wasilewskiego, in: Niepodległość 1937, 16, S. 193–201.
Sławęcka, Ewa: Literatura i kultura rosyjska w działalności krakowskiego Klubu Słowiańskiego (1901–1914), in: Slavia Orientalis XX (1971), 3, S. 281–298.
Smal-Stockyj, Roman: Ukrajinska mowa w sowjetskij Ukrajini, Warszawa 1936.
Smał-Stocki, Roman: Ukraiński Instytut Naukowe w Warszawie (1930–1935), in: Pion 32 (97) (1935), 10, VIII, S. 6.
Smoleński, Jerzy: Potrzeby historii polskiej, in: Nauka Polska I (1918), S. 237–242.
Smoleński, Władysław: Naród polski w walce o byt, 1915.
Smołka, Leonhard: Kresy – dylemat Wschodu i Zachodu w myśli i polityce polskiej, in: Kresy i pogranicza, S. 33–45.
Sobieski, Wacław: Historja Polski, Kraków.

Sochaniewicz, Kazimierz: Nauka Polska a Wschód, in: Wschód Polski I (1920), 5, S. 27–29.
Solak, Zbigniew: Marian Zdziechowski i Klub Słowiański, in: Studia Historyczne 1987, 2, S. 219–239.
–Między Polską a Litwą. Życie i działalność Michała Römera 1880–1920, Kraków 2004.
Sombart, Werner: Sozialismus und soziale Bewegung, Jena 1919.
Spór o historyczną szkolę krakowską. W stulecie Katedry Historii Polski UJ 1869–1969, red. Celina Bobińska, Kraków 1969.
Spór o historyczną szkolę. W stulecie Katedry Historii Polski UJ 1869–1968, red. Celina Bobińska i Jerzy Wyrozumski, Kraków 1972.
Sprawozdanie Przedstawiciela Ministerstwa Spraw Zagranicznych T. Perkowskiego z ogólnego zebrania Stowarzyszenia Instytutu Naukowo-Badawczego Europy Wschodniej w Wilnie, in: Polsko-radzieckie stosunki kulturalne, S. 699–712.
Sprawozdanie Ukraińskiego Instytutu Naukowego 13 III 1935–15 I 1939, Warszawa 1939.
Sprawy towarzystwa, in: Kwartalnik Historyczny XVII (1928), S. 204–205.
Srebrakowski, Alexander: Klub Włóczęgów Seniatorów w Wilnie (Próba zarysu historii), in: Polska – kresy – Polacy, S. 163–169.
Srokowski, Konstanty: Do chrakterystyki bolszewizmu, in: Przegląd Współczesny 19 (1926), S. 471ff.
–Elita bolszewicka (III). Studium socjologiczny, in: Antykomunizm polski, S. 127–134.
–Na Czerwonym Olimpie, Lwów, Warszawa 1934.
–Sprawa narodowościowa na kresach wschodnich, in: Przegląd Współczesny 8 (1924), S. 175–204.
–Sprawa narodowościowa na kresach wschodnich, Kraków 1924.
Srokowski, Stanisław: Podział administracyjny państwa i zagadnienie ustrojowe Polskiego Wschodu, in: Przegląd Współczesny 33 (1930), S. 339–371.
–Uwagi o Kresach Wschodnich, in: Przegląd Współczesny 32 (1924), S. 327–350.
Stach, Stephan: The Institute of Nationality Research (1921–1939). A Think Tank für Minority Politics in Poland?, in: Religion in the Mirror of Law. Eastern European Perspectives from the Early Modern Period till 1939, ed. by Yvonne Kleinmann, Frankfurt/M 2015, S. 149–179.
Stählin, Karl: Geschichte Russlands von den Anfängen bis zur Gegenwart, Bd. 1–4.2, Berlin, Leipzig 1923–1939.
–Die russische Revolution, in: Schriften der Deutschen Gesellschaft für Politik an der Universität Halle-Wittenberg, Bonn, Leipzig 1920, 1, S. 99–125.
Staliunas, Darius: Wilno czy Kowno? Problem centrum narodowego Litwinów na początku XX w., in: Nacjonalizm a tożsamość narodowa w Europie Środkowo-Wschodnie w XIX i XX w. Nationalismus und nationale Identität in Ostmitteleuropa im 19. und 20. Jahrhundert, hrsg. von Bernhard Linek, Kai Struve, Opole, Marburg 2000, S. 259–267.
Stammler, Heinrich A.: Europa – Russland – Asien. Der „eurasische" Deutungsversuch der russischen Geschichte, in: Osteuropa 12 (1962), 8/9, S. 521–528.
Staniewicz, Witold: Kolektywizacja rolnictwa Rosji Sowieckiej, in: Rocznik Instytutu Naukowo-Badawczego Europy Wschodniej w Wilnie, T. II (1934), S. 117–169.
Stanisław Cat-Mackiewicz. Teksty, wybrał, opracował oraz wstępnym poprzedził Jerzy Jaruzelski, Warszawa 1990.
Starzyński, Stefan: Stan gospodarczy Związku Sowieckiego, in: Droga V (1926), 3–4, S. 42–51.
–Zagadnienie narodowościowe w Rosji Sowieckiej, Warszawa 1924.
Statut Stowarzyszenia Instytutu Naukowo-Badawczego Europy Wschodniej, Warszawa 1930.
Stawecki, Piotr: Następcy Komendanta. Wojsko a polityka wewnętrzna Drugiej Rzeczpospolitej w latach 1935–1939, Warszawa 1969.
Stępczyński, Radosław: Kwestia ukraińska na lamach „Czasu" w latach 1930–1933, in: Stosunki polsko-ukraińskie, S. 109–128.
Stępień, Stanisław: Ukraińskie życie naukowe w Drugiej Rzeczypospolitej, in: Polska-Ukraina. Osaczuk, Lublin 2007, S. 181–212.

Stobiecki, Rafał: Comparing Polish Historiography on the Petersburg Empire: Second Republic – People's Republic – Exile, in: Vergangene Größe und Ohnmacht in Ostmitteleuropa, S. 281–300.
–Oskar Halecki jako historyk cywilizacji?, in: Oskar Halecki i jego wizja Europy, tom 2, S. 124–144.
Stoczewska, Barbara: Litwa, Białoruś, Ukraina w myśli politycznej Leona Wasilewskiego, Kraków 2009.
–Ukraina i Ukraincy w polskiej myśli politycznej. Od końca XIX wieku do wybuchu II wojny światowej, Kraków 2013.
Stökl, Günther: Osteuropa – Geschichte und Politik, in: Rheinisch-Westfälische Akademie der Wissenschaften, Vorträge, G 238, S. 13–29.
–Das Studium der Geschichte Osteuropas von den Anfängen bis 1933, in: Geschichte Osteuropas. Zur Entwicklung einer historischen Disziplin, S. 3–11.
–Zum Selbstverständnis des Faches Osteuropäische Geschichte, in: Jahrbücher für Geschichte Osteuropas 32 (1984), 4, S. 481–487.
Stosunki polsko-ukraińskie. Historia i pamięc, pod red. Joanny Marszałek–Kawy i Zbigniewa Karpusa, Toruń 2008.
Struve, Kai: „Chłopi z chłopami" albo „Ziemia polska dla Polaków". Das Verhältnis des *ruch ludowy* zu Weißrussen und Ukrainern bis 1939, in: Grzegorz Kotlarski, Marek Figura (Hrsg.): Oblicza Wschodu w kulturze polskiej, Poznań 1999, S. 99–122.
Strzelczyk, Jerzy: Die Piasten – Tradition und Mythos in Polen, in: Mythen in Geschichte und Geschichtsschreibung, S. 113–131.
Studia z dziejów historiografii polskiej od końca XIX wieku po II wojnę światową, Lublin 2000.
Studnicki, Władysław: Jan Kucharzewski, historyk, socjolog, in: Droga XIV (1935), S. 925–935.
–O przymierze z Niemcami, in: Słowo 21.4.1934.
–Das östliche Polen, Kitzingen/Main 1953.
–Polska polityka narodowościowa, in: Słowo 24.2.1923.
–Przeciwko Rosji czy przeciwko Żydom, in: Słowo 13.4.1923.
–Rosja sowiecka w polityce światowej, Wilno 1932.
–Tryumf czy żałoba, in: Słowo 23.3.1923.
–W razie wojny z Rosją, in: Słowo 15.3.1924.
–W sprawie stosunku politycznego Polski do jej ziem wschodnich, Warszawa 1919.
–Wobec grozy położenia. Międzynarodowe stanowisko Polski, Warszawa 1920.
–Ziemie wschodnie, Warszawa 1920.
Suchanek, Lucjan: Rosja – Europa – Azja. Eurozjaniści, ich poprzednicy i kontynuatorzy, in: Między Europą a Asią, S. 9–28.
Sukiennicki, Wiktor: Ewolucja ustroju Związku Socjalistycznych Republik Radzieckich w świetle oficjalnych publikacji władzy radzieckiej, t. I, Wilno 1938.
–Legenda i rzeczywistość. Wspomnienia i uwagi o dwudziestu latach Uniwersytetu Stefana Batorego w Wilnie, Paryż 1967.
–Marksowsko-leninowska teoria prawa, in: Wileński Przegląd Prawniczy VI (1935), 51, S. 145–153, 196–202, auszugsweise abgedruckt nach einem Sonderdruck aus dem Jahre 1935 in: Antykomunizm polski, S. 194–202 und hier auch zitiert.
–Podstawa obowiązywania Prawa Narodów. Studium prawnicze, in: Rocznik Prawniczy Wileński III (1929).
–Ustrój radziecki a konstytucja stalinowska, in: Ruch Prawniczy, Ekonomiczny i Socjologiczny XVII (1937), 2, S. 243–283.
Suleja, Włodzimierz: Kresy wschodnie w myśli politycznej polskiej irredenty w okresie popowstaniowym (1864–1914), in: Między Polską etniczną a historyczną, S. 167–186.
–Rusofobia po polsku, in: Zagadnienie rosyjskie, S. 11–22.
Suleja, Włodzimierz, Wrzesiński, Wojciech: Spory o narodową i społeczną funkcję historyków polskich, in: Polskie Towarzystwo Historyczne 1886–1986, S. 147–169.

Surynt, Izabela: "Das Land der Wildnis, Sümpfe und Gewässer". Zur Konstruktion des Ostens in den Reportagen von Józef Mackiewicz, in: Zwischen (Sowjet-) Russland und Deutschland, S. 143–167.
Swianiewicz, Stanisław: Forced Labour and Economic Development. An Enquiry into the Experience of Social Industrialisation, 1964.
–Lenin jako Ekonomista, Wilno 1930.
–Polityka gospodarcza Niemiec hitlerowskich, Warszawa 1938.
–Psychiczne podłoże produkcji w ujęciu Jerzego Sorela, in: Czasopismo Prawnicze i Ekonomiczne 24 (1926), S. 149–232.
–Rzut oka na zasadnicze problemy sowieckiej polityki gospodarczej, in: Rocznik Instytutu Naukowo-Badawczego Europy Wschodniej w Wilnie, T. II (1934), S. 1–47.
–The University of Wilno in Historical Perspective, in: The Polish Review XXVII (1982), S. 29–64.
–U.S.B. w perspektywie historycznej, in: Zeszyty Historyczne 55 (1981), S. 95–106.
–W cieniu Katynia. Warszawa 1990.
–W sprawie organizacji badań sowietoznawczych, in: Polityka 18 czerwca 1939, S. 2, abgedruckt in: Kornat: Polska szkoła sowietologiczna, S. 517–523.
–Witold Staniewicz, in: Kultura 236 (1967), 6, S. 11–25.
–Wspomnienia o Wiktorze Sukiennickim, in: Zeszyty Historyczne 66 (1983), S. 48–69.
–Wschodnio-Europejski Instytut we Wrocławiu, in: Nauka Polska VIII (1930), S. 191–194.
–Z zagadnień sowieckiego przemysłu ciężkiego, in: Rocznik Instytutu Naukowo-Badawczego Europy Wschodniej w Wilnie, T. II (1934), S. 252–288.
Szacki, Jerzy: Znaniecki, Warszawa 1986.
Szawłowscy, Ryszard i Hanna: Polish Sovietology 1918/19–1939, in: The Polish Review XVII (1972), 3, S. 3–36.
Szawłowski, Richard, Terlecki, Hanna: Western Research on Russia until 1939: I: Development up to 1914, in: Canadian Slavonic Papers 9 (1967), 2, S. 145–169.
Szczerbiński, M., Wieczorek, W., Wasilewski. K.: Profesor Józef Jasnowski (1906–2009): Szkic do portretu nestora historyków polskich, in: Problemy historii wojskowości w kraju i na obczyźnie po wrześniu 1939 roku, Gorzów Wielkopolski 2010, S. 11–16.
Szelągowski, Adam: Dzieje powszechne i cywilizacyi, t. 1–4, Warszawa 1913/14.
–Wschód i Zachód. Zagadnienia z dziejów cywilizacji, Lwów 1912.
–Wzrost państwa polskiego w XV-XVI w. Polska na przełomie wieków średnich i nowych, Lwów 1904.
Szełkowski, Waldemar: Klub Włóczęgów Wileńskich, Wilno 1999.
Szlachta, Bogdan: Wstęp, in: Antykomunizm polski, S. IX–XLVII.
Szostakowska, Małgorzata: Stanisław Srokowski (1872–1950). Polityk, dyplomata, geograf, Olsztyn 1999.
Szpoper, Dariusz: Konserwatyści wileńscy II Rzeczypospolitej wobec nacjonalizmu i Narodowej Demokracji, in: Myśl konserwatywna 2/3 (1998), S. 73–90.
–Sukcesorzy Wielkiego Księstwa. Myśl polityczna i działalność konserwatystów polskich na ziemiach litewsko-białoruskich w latach 1904–1939, Gdańsk 1999.
Szturm de Sztrem, Tadeusz: Instytut Gospodarstwa Społecznego 1920–1944. Przyczynek do historii instytucji naukowo-społecznych w Polsce, Warszawa 1959.
Szymański, A.: Bolszewizm, Poznań, Warszawa 1920.

Śliwa, Michał: Dwa socjalistyczne projekty autonomii terytorialnej dla Ukraińców w II Rzeczypospolitej, in: Polska i jej wschodni sąsiedzi, red. A. Andrusiewicz, Rzeszów 1997, S. 315–332.
–Kwestia narodowościowa w polityce i programach socjalistów polskich w okresie Drugiej Rzeczypospolitej, in: Dzieje Najnowsze 15 (1983), 1–2, S. 107–128.
Śreniowska, Krystyna: Stanisław Zakrzewski. Przyczynek do charakterystyki prądów ideologicznych w historiografii polskiej 1893–1936, Łódź 1956.
Środowiska historyczne II Rzeczypospolitej, 5 t., red. Jerzy Maternicki, Warszawa 1986–1990.

Święcicki, Andrzej: Uniwersytet Stefana Batorego w Wilnie w latach 1919–1939 i jego dziedzictwo dzisiaj, in: Spotkania (Niezależne pismo młodych katolików) 15 (1978), S. 56–63.
–Wydział prawa i nauk społecznych Uniwersytetu Stefana Batorego i jego spuścina, in: Z dziejów Almae Matris Vilnensis, S. 94–103.

Tadeusz Hołówko o demokracji, polityce i moralności życia politycznego, wstęp, wybór i oprac. Andrzej Chojnowski, Warszawa 1999.
Tarkowski, Mikolaj: Główny kierunki pracy badawczej profesorów wydziału prawa i nauk społecznych Uniwersytetu Stefana Batorego w Wilnie (1919–1939), in: Przegląd Wschodni XI (2011), 4 (44), S. 795–805.
Tazbir, Janusz: Od antemurale do przedmurza, dzieje terminu, in: Odrodzenie i reformacja w Polsce XXIX (1984), S. 167–184.
–Polska przedmurzem Europy, Warszawa 2004.
–Polskie przedmurze chrześcijańskiej Europy. Mity a rzeczywistość historyczna, Warszawa 1987.
–Spory o przedmurze, in: Ders.: Pożegnanie z XX wiekiem, Warszawa 1999, S. 111–134.
Teslar, Tadeusz: Czerwona gwiazda. Prawda o Sowietach i komunizmie, Warszawa 1928.
–Zarys ustroju władz państwowych ZSRR, Warszawa 1928.
Tevenar, Gerhard von: Partei und Staat in der UdSSR, in: Osteuropa X (1934/35), S. 259–268.
Tomaszewski, Jerzy: Kresy wschodnie w polskiej myśli politycznej XIX i XX w., in: Między Polską etniczną a historyczną, S. 97–118.
–Ojczyzna nie tylko Polaków. Mniejszości narodowe w Polsce w latach 1923–1929, Kraków 1989.
–Rząd Rzeczpospolitej Polski wobec projektu utworzenia uniwersytetu ukraińskiego we Lwowie, in: Ukraińska myśl polityczna w XX wieku. Zeszyty Naukowe UJ, 1088, Prace Historyczne, zeszyt 103, Kraków 1993, S. 115–124.
–Rzeczpospolita wielu narodów, Warszawa 1985.
Tomaszewski, Patryk: Uniwersytet Stefana Batorego w Wilnie w Latach 1919–1939. Studium z dziejów organizacji i postaw ideowych studentów, Toruń 2018.
Tomczyk, Ryszard: W kręgu publicystyki polityczna-historycznej – Leon Wasilewski i sprawa ukraińska. Zarys problemu, in: Biuletyn Ukrainoznawczy 5 (1999), S. 37–45.
Tomkiewicz, Władysław: Jeremi Wiśnowiecki (1612–1651), Warszawa 1933.
–Ograniczenie swobód kozackich w roku 1638, in: Kwartalnik Historyczny XLIV (1930), 1, 2, S. 125–175.
–Ukraina między Wschodem i Zachodem, Warszawa 1938.
Torzecki, Ryszard: Kwestia ukraińska w Polsce w latach 1923–1929, Kraków 1989.
Traba, Robert: "Kresy" oder "Atlantis des Nordens"? Neue polnische Diskussionen über die Mythologie des Ortes, in: Interfinitimos. Jahrbuch zur deutsch-polnischen Beziehungsgeschichte 2005, 3, S. 52–60.
Tradycje i współczesność. Księga pamiętkowa Instytutu Historycznego Uniwersytetu Warszawskiego 1930–2005, Warszawa 2005.
Troebst, Stefan: „Intermarium" und „Vermählung mit dem Meer": Kognitive Karten und Geschichtspolitik in Ostmitteleuropa, in: Mental Maps, hrsg. von Christoph Conrad (Geschichte und Gesellschaft 28 (2002), 3, S. 435–469.
–Sonderweg zur Geschichtsregion. Die Teildisziplin Osteuropäische Geschichte, in: Zeit im Spiegel. Das Jahrhundert der Osteuropaforschung (Osteuropa 63 (2013), 2–3), S. 55–80.
Troeltsch, Enst: Der Historismus und seine Probleme I, in: Gesammelte Schriften, Bd. III (1922), S. 694ff.
Tyburski, Włodzimierz: Myśl etyczna na Uniwersytecie Wileńskim (1919–1945), in: Filozofia na Uniwersytecie Stefana Batorego, S. 46–82.
Tygielski, Wojciech: Władysław Konopczyński (1880–1952), in: Nation and History, S. 320–335.
Tylbor, Stanisław: Małżeństwo w prawie Rosji Sowieckiej, Warszawa 1928.
Tymieniecki, Kazimierz: L'histoire sociale de l'Europe orientale au Moyen Age, in: La Pologne au VI e congrès, S. 233ff.

–Przeszłość „Drang nach Osten" i jego przyczyny, in: Strażnica Zachodnia II (1923), 4–5, S. 193–207.
–Uwagi o niektórych potrzebach historji w Polsce i o warunkach jej dalszego rozwoju, in: Nauka Polska II (1919), S. 148–172.
Tyrowicz, Marian: Lwowski ośrodek historyczny w okresie międzywojennym (1918–1939). Garść wspomnień, in: Przegląd Humanistyczny 29 (1985), 3/4, S. 83–89.
Tyszkiewicz, Jan: Profesor Henryk Paszkiewicz (1897–1979), in: Tradycje i współczesność, S. 165–167.
Tyszkowski, Kazimierz: Dzieje Rosji w opracowaniu historyków polskich, in: Pamiętnik IV Powszechnego Zjazdu historyków polskich w Poznaniu 6–8 grudnia 1925, Lwów 1925, S. 351–359 (1–8).
–Poselstwo Lwa Sapiehy w Moskwie, Lwów 1927.
–Wojna o Smoleńsk 1613–1615, Lwów 1932.
–Zadanie polskiej nauki historycznej w zakresie dziejów rosyjskich, in: Ruch Słowiański VI (1933), S. 141–145.

Uliasz, Stanisław: Idee regionalizmu na ziemiach wschodnich II Rzeczypospolitej. Nadzieje i obawy, in: Wilno i kresy północno–wschodnie, T. IV, Białystok 1996, S. 115–129.
–Literatura Kresów – kresy literatury. Fenomen kresów wschodnich w literaturze polskiej dwudziestolecia międzywojennego, Rzeszów 1994.
–O literaturze Kresów i pograniczu kultur: rozprawy i szkica, Rzeszów 2001.
Urbańkowski, Bohdan: Filizofia czynu. Światopogląd Józefa Piłsudskiego, Warszawa 1988.
Uzdowski, Marian: „Eurazjanizm". Nowa idea w rosyjskim ruchu przeciwkomunistycznym, Warszawa 1928.
–O program stronnictw w kwestji kresów, in: Droga II (1923), 2–3, S. 39–44.
–Sprawa eurazji, in: Droga 7/1 (1928), 4, S. 398–401.
–Wschodnie niebezpieczeństwo, in: Droga V (1926), 2, S. 11–23.

Vergangene Größe und Ohnmacht in Ostmitteleuropa. Repräsentationen imperialer Erfahrung in der Historiographie seit 1918, Leipzig 2007.
Vermessene Welt. Osteuropaexperten im 20. Jahrhundert (Osteuropa 67 (2017), Themenheft 1–2).
Velychenko, Stephen: National History as Cultural Process. A Servey of the Interpretations of Ukrain's Past in Polish, Russian and Ukrainian Historical Writing from the Earliest Times to 1914, Alberta 1992.
Voigt, Gerd: Otto Hoetzsch 1876–1946. Wissenschaft und Politik im Leben eines deutschen Historikers, Berlin 1978.
–Russland in der deutschen Geschichtsschreibung 1843–1945, Berlin 1994.

Wakar, Włodzimierz: Z czym idziemy?, in: Przymierze 1920, 8, S. 4–6.
Walicki, Andrzej: Mesjanistyczne koncepcje narodu i późniejsze losy tej tradycji, in: Idee i koncepcje narodu w polskiej myśli politycznej czasów porozbiorowych, pod red. Janusza Gockowskiego i Andrzeja Walickiego, Warszawa 1977, S. 84–107.
–Zarys myśli rosyjskiej. Od oświecenia do renesansu religijno-filozoficznego, Kraków 2005.
Walkowiak, Anna: „Biuletyn Polsko-Ukraiński" 1932–1938 jako głos w kwestii ukraińskiej, in: Sprawy Wschodnie 2005, 2–3 (9–10), S. 103–115.
Wandycz, Piotr S.: East European History and its Meaning – the Halecki – Bidlo – Handelsman debate in: Kiraly Bela Emlekkönyv. Haboru es tarsadolom war. War and Society, ed. by Jonas Pal, Budapest 1992, S. 308–321.
–Historiography of the Countries of Eastern Europe: Poland, in: American Historical Review 97 (1992), 4, S. 1011–1025.
–O dwóch historykach (M. Kukiel i O. Halecki), in: Zeszyty Historyczne 32 (1975), S. 61–65.
–O historycznej tożsamości Europy Środkowo-Wschodniej, in: Ders.: O czasach dawniejszych i bliższych. Studia z dziejów Polski i Europy Środkowo-Wschodniej, Poznań 2009, S. 128–136.

–Oskar Halecki i jego koncepcja Europy Sròdkowo Wschodniej, in: Rocznik Instytutu Europy Środkowo Wschodniej 5 (2007), S. 45–51.
–Oskar Halecki i jego wpływ na miejsce Polski w Europie, in: Polityka wschodnia Polski. Uwarunkowania, Koncepcje, Realizacja, red. Andrzej Gil i Tomasz Kapuśniak, Lublin, Warszawa 2009, S. 145–150.
Wapiński, Roman: Endecja koncepcja granic Polski w latach 1918–1921, in: Zapiski Historyczne 33 (1968), 3, S. 193–216.
–Endecja koncepcja polityki wschodniej w latach II Rzeczypospolitej, in: Studia z dziejów ZSRR i Europy Środkowej V (1969), S. 55–101.
–Endecja koncepcja polityki wschodniej w latach 1917–1921, Gdańsk 1967.
–Endecja wobec kwestii ukraińskiej i białoruskiej, in: Słowianie w dziejach Europy, Poznań 1974, S. 301–308.
–Historia polskiej myśli politycznej XIX i XX wieku, Gdańsk 1997.
–Idea narodu w myśli społecznej i politycznej endecji przed rokiem 1918, in: Idee i koncepcje narodu w polskiej myśli politycznej czasów porozbiorowych, Warszawa 1977, S. 222–245.
–Kresy. Alternatywa czy zależność? in: Między Polską etniczną a historyczną, S. 9–45.
–Miejsce ziem wschodnich Rzeczypospolitej przedrozbiorowej w polskiej świadomości politycznej lat 1864–1918, in: Polska – kresy – Polacy, S. 53–60.
–Narodowa Demokracja 1893–1939. Z studiów nad dziejami myśli nacjonalistycznej, Wrocław 1980.
–O wpływie dziedzictwa dawnej Rzeczpospolitej na postrzeganie wschodu, in: Oblicza wschodu w kulturze polskiej, S. 9–19.
–Polska i mały ojczyzny Polaków. Z dziejów kształtowanie się świadomość narodowej XIX i XX wieku po wybuchu II wojny światowej, Wrocław 1994.
–„Przegląd Wszechpolski" (1895–1905, 1922–1926), in: Na warsztatach historyków polskiej myśli politycznej, S. 79–93.
–Świadomość polityczna w Drugiej Rzeczypospolitej, Łódź 1989.
–Z dziejów tendencji nacjonalistycznych. O stanowisko Narodowej Demokracji wobec kwestii narodowej w latach 1893–1939, in: Kwartalnik Historyczny LXXX (1973), S. 817–844.
Wasilewski, Eugeniusz: O istocie i sposobach funkcjonowania dobra według Feliksa Konecznego i Mariana Zdziechowskiego, in: Filozofia na Uniwersytecie Stefana Batorego, S. 212–222.
Wasilewski, Leon: Istotna liczba Ukraińców w Polsce, in: Sprawy Narodowościowe 1927, 3, S. 227–236.
–Józef Piłsudski jakim go znałem, Warszawa 1935.
–Kilka uwag w sprawie polityki ukraińskiej w Galicji wschodniej, in: Droga IV (1925), 9, S. 37–39.
–Kwestia ukraińska jako zagadnienie międzynarodowe, Warszawa 1934.
–Litwa i Białoruś, Warszawa 1912.
–O usamodzielnienie Ukrainy, in: Nie jesteśmy ukrainofilami, S. 93–99.
–Od białego caratu do czerwonego, in: Niepodległość 1932, 1 (12), S. 142–152.
–Die Ostprovinzen des alten Polenreichs (Lithauen u. Weißruthenien, die Landschaft Chelm, Ostgalizien, die Ukraina), Krakau 1916.
–Polska dla Polaków czy Polska dla wszystkich obywateli, Warszawa 1925.
–Przedmowa, in: Starzyński, Stefan: Zagadnienie narodowościowe w Rosji Sowieckiej, Warszawa 1924.
–Ruski, rusiński czy ukraiński, in: Sprawy Narodowościowe 1927, 4, S. 388–392.
–Skasowanie Rosji, in: Antykomunizm polski, S. 124–126.
–Sprawa kresów i mniejszości narodowych w Polsce, Warszawa 1925.
–Ukraina i sprawa ukraińska. Fragmenty, in: Nie jesteśmy ukrainofilami, S. 73–92.
–Ukraińska sprawa narodowa, 1925.
–W sprawie stosunków narodowościowych na Kresach Wschodnich, in: Sprawy Narodowościowe 1927, 5–6, S. 503–508.
–Wschodnia granica Polski, in: „Bellona" 1925, 17, S. 125–137.
–Z zagadnień kresów, in: Droga IV (1925), 8, S. 25–30.
–Zadania polskiej polityki narodowościowej, in: Droga II (1923), 4, S. 24–44.

Wasilewski, Witold: Marian Zdziechowski wobec myśli rosyjskiej XIX i XX wieku, Warszawa 2005.
Wasiutyński, Wojciech: Zagadnienie ziem wschodnich, Warszawa 1936.
Wawrzyńczyk, Stanisław: Z Dembińskim i Miłoszem na Uniwersytecie Wileńskim, in: Arcada 45 (2002), S. 143–158.
Wegenetz europäischen Geistes. Wissenschaftszentren und geistige Wechselbeziehungen zwischen Mittel- und Südosteuropa vom Ende des 18. Jahrhunderts bis zum Ersten Weltkrieg, hrsg. von Richard Georg Plaschka und Karlheinz Mack, Wien 1983.
Weiss, Tomasz: Marian Zdziechowski 1861–1938, in: Obraz literatury polskiej XIX i XX w., Ser.5, t. 4, Kraków 1977, S. 39–68.
–Od pozytywizmu do mesjanizmu – ewolucja ideowa M. Zdziechowskiego, in: Z historii filozofii pozywistycznej w Polsce. Ciągłość i przemiany, Wrocław 1972, S. 241–250.
Wereszycki, Henryk: Leon Wasilewski jako historyk socjalizmu polskiego, in: Niepodległość 1937, 15, S. 180–192.
Werschler, Iwo: Stanowisko T. Hołówki wobec kwestii mniejszości słowiańskich w Drugiej Rzeczypospolitej (1918–1927), in: Dzieje Najnowsze 12 (1980), S. 41–60.
–Z dziejów obozu belwederskiego. Tadeusz Hołówko, życie i działalność, Warszawa 1984.
Wesołowska, Ewa Roberta: Marian Zdziechowski o społecznej roli religii i kościołów chrześcijańskich, in: Filozofia na Uniwersytecie Wileńskim, S. 139–149.
Wiederkehr, Stefan: Die Eurasische Bewegung. Wissenschaft und Politik in der russischen Emigration der Zwischenkriegszeit und im postsowjetischen Russland, Köln u.a. 2007.
Wielhorski, Władysław: Wspomnienia z przeżyć w niewoli sowieckiej, Londyn 1965.
Wierzbicki, Andrzej: Grożni i wielcy. Polska myśl historyczna XIX i XX wieku wobec rosyjski despotii, Warszawa 2001.
–Naród – państwo w polskiej myśli historycznej dwudziestolecia międzywojennego, Wrocław 1978.
–Spory o polską duszę. Z zagadnień charakterologii narodowej w historiografii polskiej XIX i XX w., Warszawa 2010.
–Wokół ducha dziejów Polski. Spory o ocenę dziejów narodowych w historiografii polskiej 1917–1919, in: Kwartalnik Historyczny XXVIII (1971), S. 840–856.
–Wschód i Zachód w koncepcjach dziejów Polski. Z dziejów polskiej myśli historycznej w dobie porozbiorowej, Warszawa 1984.
Więcej niż niepodległość. Polska myśl polityczna 1918–1939, red. Jan Jachymek, Waldemar Paruch, Lublin 2001.
Więzikowa, Alicja: Stronnictwo Chłopskie (1926–1931), Warszawa 1963.
Wileński Biuro Prac Politycznych. Memoriał w sprawie kresów, in: Droga IV (1925), 1, S. 17–50.
Wilk, Ewa: Sprawy ukraińskie w twórczości Włodzimierza Bączkowskiego, Praca Magisterska, UMK, Toruń 1989.
Wilkiewicz, Zbigniew: Die großen nationalen Mythen Polens, in: Politische Mythen und Rituale in Deutschland, S. 59–72.
Winiarski, Bohdan: Międzynarodowość sprawy polskiej, Piotrogród 1917.
Wissenschaften und Wissenschaftspolitik: Bestandsaufnahmen zu Formationen, Brüchen und Kontinuitäten im Deutschland des 20. Jahrhunderts, hrsg. von Rüdiger vom Bruch und Brigitte Kaderas, Stuttgart 2002.
Wiszka, Emilian: Emigracja ukraińska w Polsce 1920–1939, Toruń 2005.
–Prasa emigracji ukraińskiej w Polsce 1920–1939, Toruń 2001.
Witold Staniewicz, in: Kultura 236 (1967), 6, S. 11–25.
Wizja i Realia. Studia nad realizacja polskiej myśli politycznej XX wieku, red. Waldemar Paruch, Krystina Trembicka, Lublin 2002.
Wobec Rosji. U źródeł polityki wschodniej PPS 1892–1904, in: Polska i kraje Europy Środkowo-Wschodniej XIX–XX wiek, Warszawa 1995, S. 77–91.

Wojciechowski, Zygmunt: Między Niemcami a Rosją. Z powody książek Adolfa Bocheńskiego „Niemcami a Rosja" i Włodzimierza Bączkowskiego „Grunwald czy Pilawce?", Poznań 1938.
Wojdyło Witold: Kwestia ukraińska w myśli społeczno-politycznej obozu narodowo-demokratycznego w Drugiej Rzeczypospolitej, in: Polska i Ukraina, S. 359–370.
–Narodowa Demokracja wobec idei bolszewizmu 1918–1939, in: Rosja w polskiej myśli politycznej XX–XXI wieku, pod red. Arkadiusza Lewandowskiego, Witolda Wojdyły, Grzegorza Radomskiego, Toruń 2013, S. 13–25.
Wojtak, Richard: The Promethean Movement in Interwar Poland, in: East European Quarterly 18 (1984), 3, S. 273–278.
Wojtasik, Janusz: Tradycje unijne I Rzeczypospolitej w polskiej myśli politycznej do 1918 roku, in: Rzeczpospolita Obojga Narodów i jej tradycje, red. Marek Wagner, Janus Wojtasik, Siedlce 2004, S. 197–210.
Wolański, Marian: Kierunki działalności i funkcje Instytutu Wschodniego „Reduta", in: Przegląd Wschodni V (1998), 1/17, S. 171–182.
Wołodźko, Krzysztof: Marian Zdziechowski – filozof czasu katastrofy, in: Marian Zdziechowski 1861–1938. W 70 rocznicę śmierci, S. 93–101.
Woyciechowski, L. S.: Polska a Eurazja, in: Droga 7/1 (1928), 2, S. 153–174.
Wójcik, Alicja: Myśl polityczna Stanisława Augusta Thugutta (1873–1941), Lublin 1992.
Wrzesiński, Wojciech: Kresy czo pogranicze? Problem ziem zachodnich i północnych w polskiej myśli politycznej XIX i XX w., in: Między Polską etniczną a historyczną, S. 119–165.
Wszendyrówny, Andrzej: Ekspozytura Nr 2 Oddziału II Sztabu Głównego Wojska Polskiego, in: Ruch prometejski, S. 171–200.
Wyrobisz, Andrzej: Polskie Towarzystwo Historyczne i losy polskiej regionalistyki, in: Polskie Towarzystwo Historyczne 1886–1986, S. 35–55.
Wysłouch, Seweryn: Białorusini na ziemie wileńskiej, in: Wilno i ziemie Wileńska, t. I, Wilno 1930.
–Rola Komunistycznej Partii Zachodniej Białorusi w ruchu narodowym Białorusinów w Polsce, in: Rocznik Instytutu Naukowo-Badawczego Europy Wschodniej, T. I (1933), S. 174–240.

Z dziejów Almae Matris Vilnensis. Księga pamiątkowa ku czci 400-lecia założenia i 75-lecia wskrzeszenia Uniwersytetu Wileńskiego, Kraków 1996.
Z perspektywy dziejów, in: Słowo 3.8.1922.
Zackiewicz, Grzegorz: Polska myśl polityczna wobec systemu radzieckiego 1918–1939, Kraków 2004.
–Zapomniana karta polskiej sowietologii – biuletyn „Rosja Sowiecka" (1931–1936), in: Polska i jej wschodni sąsiedzi, S. 161–168.
Zagadnienie rosyjskie. Myślenie o Rosji: Oglądy i obrazy spraw rosyjskich, praca zbiorowa pod red. Michała Bohuna i Janusza Gockowskiego, Kraków 2000.
Zahorski, Andrzej: Ludwik Widerszal (1909–1944), in: Tradycje i współczesność. Księga pamiętkowa Instytutu Historycznego Uniwersytetu Warszawskiego 1930–2005, Warszawa 2005, S. 43–49.
Zajączkowski, Stanisław: Die Geschichte Litauens bis 1386 in der polnischen Geschichtsschreibung der letzten 20 Jahre, in: Jahrbücher für Geschichte Osteuropas 4 (1939), S. 136–148.
Zakrzewski, Kazimierz: Kryzys demokracji, Warszawa 1930.
–Od Lenina do Hitlera, Warszawa 1931.
Zakrzewski, Stanisław: Historjografja Polska wobec wskrzeszenia państwa, Lwów 1924.
–Ideologia ustrojowa. Krytyka sądów Balzera, Kutrzeby i Chołoniewskiego, Lwów 1918.
–Kultura historyczna, in: Historycy o historii (I), S. 508–544.
–Zagadnienia historyczne, Lwów 1908.
–Zachód i wschód w historji polskiej, in: Ders.: Zagadnienia historyczne, S. 109–195.
Zarys historii historiografii polskiej, T. III (1900–1939), red. Józef Dutkiewicz, Krystina Śreniowska, Łódź 1959.

Zaszkilniak, Leonid: Recepcja dorobku Oskara Haleckiego w historiografii ukraińskiej, in: Oskar Halecki i jego wizja Europy, tom 2, S. 145–160.
Zbiór dokumentów pplk. Edwarda Charaszkiewicza, oprac., wstęp, przypisy G. Mazur, M. Kwiecien, A. Grzywacz, Kraków 2000.
Zdziechowski, Marian: Byron i jego wiek. Studia porównawczo-literackie, T. I, Kraków 1894; T. II, Kraków 1897.
–Chateaubriand i Napoleon, Wilno 1932.
–Czerwony terror, in: Czerwony terror, Warszawa 1989, S. 1–28.
–Eurazjatyzm rosyjski, in: Ders.: Europa, S. 274–290.
–Europa, Rosja, Azia. Szkice polityczno-literackie, Wilno 1923.
–„Lui et moi". Z przeszłości i teraźniejszości, in: Przegląd Współczesny 17 (1926), 47, S. 428–437.
–Mesjaniści i Słowianofile. Szkice z psychologii narodów słowiańskich, Kraków 1888.
–Nacjonalizm w Rosji, in: Wybór pism, S. 351–360.
–Niemcy. Szkic psychologiczny, in: Przegląd Filozoficzny 38 (1935) S. 97–125.
–O okrucieństwie, Kraków 1928.
–Od Petersburga do Leningrada, Wilno 1934.
–Odrodzenie Chorwacji w w. XIX, Kraków 1902.
–Pesymizm jako siła twórcza, in: Przegląd Współczesny 19 (1926), S. 171–181.
–Pesymizm, romantyzm a podstawy chrześcijaństwa, t. 1 Kraków 1914; t. 2 Kraków 1915.
–Problem religijny w Rosji (Z powodu książki prof. Jasinowskiego), in: Przegląd Filozoficzny 37 (1934), S. 182–199.
–Renesans a rewolucja, in: Wybór pism, S. 236–258.
–Tragedia Węgier a polityka Polska, Kraków 1920.
–Tragiczna Europa. W obronie liberalizmu, in: Wybór pism, S. 449–465.
–Trzy światy. Europa, Rosja, Azja, in: Wybór pism, S. 361–384.
–U opoki mesjanizmu. Nowe szkice z psychologii narodów słowiańskich, Lwów 1912.
–W obliczu końca, Wilno 1938.
–Węgry i dookoła Węgier. Szkice polityczno-literackie, Wilno 1933.
–Widmo przyszłości, Wilno 1939.
–Wizja Krasińskiego. Ze studiów nad literaturą i filozofią polską, Kraków 1912.
–Wpływy rosyjskie na duszę polską, Kraków 1920.
–Wybór pism. Wstęp, wybór i redakcja Marian Zaczyński, Kraków 1993.
–Wychowanie a religia, in: Wybór pism, S. 180–194.
–Zygmunt Krasiński (Odczyt wygłoszony w Berlinie 11 grudnia 1935 r., powtórzony w Wilnie w przekładzie polskim), Wilno 1936.
Zeit im Spiegel. Das Jahrhundert der Osteuropaforschung (Osteuropa 63 (2013), Heft 2–3).
Zernack, Klaus: Imperiale Erfahrungen in der Ostseeregion im Spiegel der Historiographie des 20. Jahrhunderts: Die polnische Perspektive, in: Vergangene Größe und Ohnmacht in Ostmitteleuropa, S. 63–73.
–Osteuropa. Eine Einführung in seine Geschichte, München 1977.
Zielińska, Marta: Polacy, Rosjanie, Romantyzm, Warszawa 1998.
Zierhoffer, August: Eugeniusz Romer, in: Dziewięć wieków geografii polskiej. Wybitni geografowie polscy, Warszawa 1967, S. 297–359.
Zloch, Stephanie: Polnische Europa-Ideen und Europa-Pläne zwischen den beiden Weltkriegen. Europa-Debatten im Zeitalter des Nationalismus, in: Europas Platz in Polen, S. 157–180.
–Polnischer Nationalismus. Politik und Gesellschaft zwischen den beiden Weltkriegen, Köln 2010.
Znaniecki, Florian: Pisma filozoficzne, t. 2, Warszawa 1991.
–Upadek cywilizacji zachodniej. Szkic z pogranicza filozofii kultury i socjologii, Poznań 1921.
Zwischen (Sowjet-) Russland und Deutschland. Geschichte und Politik im Schaffen von Józef Mackiewicz (1902–1985), hrsg. von Krzysztof Ruchniewicz und Marek Żybura, Osnabrück 2012.

Żukowski, Przemysław M.: Uniwersytety we Lwowie, Krakowie i Wilnie na naukowej drodze Ludwika Kolankowskiego. Życie naukowe Ludwika Kolankowskiego do 1939, in: Ludwik Kolankowski. Dzieło i życie, S. 41–100.

Życie naukowe w Polsce w drugiej połowie XIX i w XX wieku. Organizacje i instytucje, pod red. Bogdana Jaczewskiego, Wrocław 1987.

Żytkowicz, Leonid: Moje wspomnienia o profesorach historii Uniwersytetu Stefana Batorego, in: Z dziejów Almae Matris Vilnensis, S. 61–64.

–Wileński oddział Polskiego Towarzystwo Historycznego 1925–1939, in: Zapiski Historyczne 1986, 4, S. 9–26.

Żywiołek, Artur: Mesjanski *logos* Europy: Mariana Zdziechowskiego i Stanisława Brzozowskiego dyskursy o kulturzy zachodu, Częstochowa 2012.

Personenverzeichnis

Abramowicz, Witold 132, 254
Adamus, Jan 128, 247 f.
Alexander II. 215
Ancewicz, Franciszek (Pranas Ancevičius) 140, 145, 289
Arcybaschew, Michail 119
Arnold, Stanisław 132, 155, 182
Askenazy, Szymon 16, 56, 60, 169, 212, 214, 261
Aubin, Hermann 274

Bakunin, Nikolai 120, 123, 233, 239, 289
Bałaban, Majer 172
Balzer, Oswald 19, 22, 60, 127
Bartoszewicz, Joachim 266
Bączkowski, Włodzimierz 10, 41, 156–168, 174, 182, 188 f., 196, 199, 234, 294, 297, 300
Beck, Józef 147
Berdjajew, Nikolai 119 f., 125, 281
Bidlo, Jaroslav 71–75, 77–80, 82, 272
Biehahn, Walther 292
Bismarck, Otto von 197, 214 f., 217, 268
Bobrzyński, Jan 83, 186, 192
Bobrzyński, Michał 15, 17, 21, 177, 244, 246, 248, 250
Bocheński, Adolf 83, 93, 96, 192, 198 f., 252
Bocheński, Aleksander 93, 96, 148 f., 198 f.
Bornstein, Izaak 172
Brackmann, Albert 274
Brückner, Aleksander 210, 244
Bujak, Franciszek 15 f., 20, 50 f., 60, 75, 132, 262
Bujnicki, Teodor 140
Byron, George Gordon 113

Caro, Leopold 238, 289
Cat-Mackiewicz, Stanisław 8, 93 f., 116, 130, 133, 146 f., 193, 221, 234–236, 250–252, 260, 266 f., 288, 298, 300
Charaszkiewicz, Edmund 154, 156 f., 159
Chodynicki, Kazimierz 98, 104 f., 110, 298 f.
Chołoniewski, Antoni 22, 66, 91
Chmielnicki, Bohdan 183, 259
Chomyszyn, Hryhoryj 193
Coudenhove-Kalergi, Richard Nikolaus 124
Cyruliński, Bolesław 145
Czuma, Ignacy 220, 283

Danilewski, Nikolaj 29
Dembiński, Bolesław 211
Dembiński, Henryk 130, 139, 146
Długosz, Jan 25
Dmowski, Roman 16, 31 f., 87, 93, 178, 186 f., 193, 208, 214, 231 f., 257, 261, 300
Domosławski, Kazimierz 195
Doroszenko, Dimytro 182
Dostojewski, Fjodor 43
Drahomanow, Mychajlo 182
Duchiński, Franciszek Henryk 100, 206, 211
Dunin-Borkowski, Piotr 133, 159, 185, 201, 267

Ehrenkreutz, Stefan 127 f., 130, 133, 136 f., 145, 148, 263, 298
Elisabeth I. 212
Engels, Friedrich 228

Fadejew, Rostislaw 29
Fabierkiewicz, Wacław 145, 222 f., 284
Feldman, Józef 214–217, 276
Feuerbach, Ludwig 114, 279
Finkel, Ludwik 210
Forstreuter, Kurt 112
Freund, Heinrich 291
Friedrich II. 213

Giedroyc, Jerzy 96, 159, 162, 196
Giertych, Jędrzej 187, 192, 198, 203, 267–269, 300
Glass, Henryk 227
Glass, Stanisław 157, 159, 224
Gorzuchowski, Stanisław 263
Górka, Olgierd 154, 159, 162

Górski, Artur 22
Grabski, Stanisław 192, 198, 265
Grabski, Władysław 169, 189, 198
Granowski, Timofej 216
Grzybowski, Konstanty 223 f., 284
Gutkowski, Mieczysław 134

Halecki, Oskar 11, 16, 20 f., 32, 35, 56–58, 60–70, 72–74, 76–91, 109, 112, 116, 124 f., 128, 155, 182–185, 245–248, 252, 254, 272–275, 278, 293 f., 299
Handelsman, Marceli 21, 40, 51, 54, 56, 60, 73–75, 77–79, 88 f., 155, 158, 169, 171, 181 f., 189, 217, 272, 275, 298
Hanisch, Erdmann 75, 286
Hassinger, Hugo 273
Haushofer, Karl 29
Hegel, Georg Wilhelm Friedrich 114, 124, 279
Hertz, Aleksander 136, 240 f., 289
Herzen, Alexander 118, 120, 123, 216
Hilferding, Rudolf 142
Hitler, Adolf 94, 124, 143 f., 146, 166 f., 241, 289, 293, 298
Hoetzsch, Otto 79, 80, 273 f., 282, 286, 290
Hołówko, Tadeusz 6, 8, 38, 40 f., 151–154, 160, 163–165, 169, 172, 175, 179, 181, 188, 194–196, 200, 222, 234, 239, 250, 252, 267
Horthy, Miklós 117
Hruschewskyj, Mychajlo 29, 85, 184

Iwan III. 100, 102, 276
Iwan IV. 131, 216
Iwaszkiewicz, Janusz 98

Jadwiga 90, 246 f., 249
Jagiełło 246, 248 f.
Janów, Jan 183
Jasinowski, Bogumił 121–123, 144, 268, 280
Jasnowski, Józef 89 f.
Jaworski, Jan 155
Jaworski, Władysław Leopold 220, 223, 242, 283 f.
Jędrzejewicz, Wacław 132 f., 152, 159
Józewski, Henryk 41, 174, 202, 250

Kamieniecki, Witold 250, 252 f.
Kamenew, Lew 238
Kamieński, Henryk 207
Katharina II. 103, 212 f., 216
Kayserling, Hermann 124
Kempner, Stanisław 219
Knoll, Roman 39, 152
Kochanowski, Jan Karol 22, 48 f.
Kohn, Hans 292
Kolankowski, Ludwik 98, 133, 155, 170, 248 f., 299
Komarnicki, Wacław 140, 171
Kamieniecki, Witold 250, 252 f.
Koneczny, Feliks 10f., 14, 35, 77, 98–112, 115–118, 122, 125, 127 f., 144, 206, 211, 218, 230, 245, 274–281, 285, 300
Konopczyński, Władysław 16, 20 f., 91, 212–214, 216, 247 f., 276
Korduba, Miron 79, 134, 182 f., 185
Korwin, Tadeusz 237, 288
Korwin-Pawłowski, Stanisław 153 f., 156
Kościałkowski, Stanisław 98, 297 f.
Krasiński, Zygmunt 124, 206, 229, 253
Kraszewski, Józef Ignacy 206, 256
Krzywicki, Ludwik 151, 169, 222, 284
Krzyżanowski, Adam 257
Krzyżanowski, Bronisław 132 f.
Kucharzewski, Jan 133, 136, 161, 168 f., 211, 215–218, 232 f., 239, 280, 299
Kuczyński, Stefan 90
Kulischer, Alexander 290
Kumaniecki, Kazimierz 257
Kutrzeba, Stanisław 16, 19 f., 22, 48, 51, 73, 171, 212, 242, 249 f.
Kwiatkowski, Antoni 227

Lamprecht, Karl 106
Lednicki, Wacław 112, 115, 130 f., 133, 239
Lelewel, Joachim 15, 25, 68, 71, 127, 211, 228, 244, 269
Leibbrandt, Georg 168
Lenin, Wladimir Iljitsch 111, 121, 123, 129, 135, 137–143, 219, 223 f., 233, 237–241, 282–286, 288 f., 292 f.
Limanowski, Bolesław 244
Lipiński, Wacław 184
Lukinich, Emeric (Imre) 77, 82
Luxemburg, Rosa 142, 239, 289
Loewenherz, Henryk 169

Łepki, Bohdan 182 f.

Łoś, Stanisław 8, 96, 199
Łotocki, Aleksander 181 f.,
Łowmiański, Henryk 111 f., 127, 136, 243, 245, 255, 299
Łubieński, Władysław Aleksander 205 f.
Łukasiewicz, Juliusz 152 f.

Maciejewska, Wanda 90
Mackiewicz, Józef 236, 261
Makarewicz, Juliusz 190
Manteuffel, Tadeusz 75
Markert, Werner 168, 290
Marx, Karl 95, 121, 141 f., 228, 233, 238, 286, 289
Masaryk, Tomáš Garrigue 115
Mazepa, Iwan 182
Mereschkowski, Dimitri 119
Mereschnikow, Dimitri 114
Meysztowicz, Aleksander 116
Mickiewicz, Adam 36, 113, 131, 207, 211, 218, 228, 244, 253, 256
Miłosz, Czesław 96, 126, 130, 136, 140, 146, 196
Mochnacki, Maurycy 206
Montesquieu, Charles de 106
Morus, Thomas 228
Mussolini, Benito 129, 241, 289

Nałkowski, Wacław 26–28, 30, 35, 64, 264
Naumann, Friedrich 28
Niedziałkowski, Mieczysław 195, 200
Nietzsche, Friedrich 114, 279
Niezbrzycki, Jerzy 162, 297
Novak, J. B. 75
Nowodworski, Witold 98

Oberländer, Theodor 146
Orlik, Pylyp 182
Orsini-Rosenberg, Stanisław 263

Pajewski, Janusz 90
Paprocki, Stanisław 133, 169, 171, 180, 297
Partsch, Joseph 28
Paszkiewicz, Henryk 89 f., 246 f., 255, 297, 299
Petlura. Symon 181, 194
Penck, Albrecht 28 f., 57, 74, 274
Peter I. 90, 103, 110, 118, 131, 214–216, 276, 279, 292
Peter III. 212 f.
Pfitzner, Josef 80, 112, 275
Piłsudski, Jan 253 f.
Piłsudski, Józef 15, 32, 38 f., 41, 54 f., 88, 91 f., 98, 105, 115 f., 129, 146, 152 f., 160, 164 f., 174 f., 187 f., 192, 194, 196, 208 f., 225, 231, 233 f., 250–252, 260
Pol, Wincenty 24–27, 29, 255
Popiel, Paweł 229
Popławski, Jan Ludwik 30 ff., 178, 256 f.
Próchnik, Adam 195
Puschkin, Alexander 131
Pypin, Aleksander 114

Radwański, Tadeusz 158
Radziwiłł, Mikołaj 90
Ranke, Leopold 81
Ratzel, Friedrich 26 f., 57
Rehman, Antoni 25 f.
Ringelblum, Emanuel 172
Ritter, Karl 25
Robespierre, Maximilien de 111
Römer, Michał (Mykolas Romeris) 91 f., 253 f.
Rohrbach, Paul 167
Romer, Eugeniusz 20, 26–30, 56–58, 64, 68, 257, 264
Rosenberg, Alfred 168
Rostworowski, Jan Kanty 242
Rozwadowski, Jan 133
Rudnyckyj, Stepan 29, 184
Rutkowski, Jan 75 f., 83
Rydz-Śmigły, Edward 161, 166

Sadowski, Walenty 182
Sawicki, Piotr 44 f.
Schäfer, Dietrich 73, 274
Schaetzel, Tadeusz 39, 152, 154, 180
Schiemann, Theodor 274, 282
Schmid, Heinrich Felix 75
Schorr, Mojżesz 155, 172
Semkowicz, Władysław 51
Seraphim, Hans-Jürgen 286 f.
Siedlecki, Stanisław 151, 153 f., 160 f., 298
Siemieński, Józef 22
Sienkiewicz, Henryk 256, 269
Sinowjew, Grigori 238
Skirmunt, Konstanty 152
Skłodowska-Curie, Maria 87
Skrzyński, Aleksander 174

Sławek, Walery 55
Słowacki, Juliusz 113, 256
Smał-Stocki, Roman 40, 134, 152, 181–183
Smoleński, Jerzy 49
Smoleński, Władysław 35
Sobieski, Wacław 15, 247
Solowjow, Wladimir 114
Sombart, Werner 286
Sorel, Georges 129, 141, 143
Spengler, Oswald 106, 114, 124, 279
Srokowski, Konstanty 238 f., 288 f.
Srokowski, Stanisław 264–267, 269
Stachiewicz, Julian 40
Stalin, Josef 123, 138 f., 145, 224 f., 238–241, 289, 291 f.
Stählin, Karl 281, 286
Staniewicz, Witold 129 f., 133, 136, 144, 146, 170, 262 f., 299
Starzyński, Stefan 221, 223 f.
Staszic, Stanisław 211
Stojałowski, Stanisław 178
Stolypin, Piotr 173, 292
Studnicki, Władysław 8, 16, 94 f., 124, 136, 217, 235, 252, 263, 266
Suess, Eduard 42
Sukiennicki, Wiktor 128–130, 134, 136–141, 144 f., 147 f., 297 f.
Swianiewicz, Stanisław 97, 129 f., 133–136, 140–149, 255, 293, 298
Szelągowski, Adam 16–18, 35
Szempliński, Zygmunt 136
Szeptycki, Andrzej 184, 187
Szewczenko, Taras 180, 182, 184, 260
Szturm de Sztrem, Tadeusz 222
Szujski, Józef 15, 21, 81, 245

Świechowski, Marjan 170

Taine, Hippolyte 113
Teslar, Tadeusz 221
Tevenar, Gerhard von 291 f.
Thugutt, Stanisław 8, 169 f., 189, 196
Tokarz, Wacław 56, 88
Tolstoi, Lew 114
Tomkiewicz, Władysław 90
Torquemada, Tomás de 111
Towiański, Andrzej 113
Toynbee, Arnold 111
Troeltsch, Ernst 73, 274
Trubeckoj, Nikolaj 114
Trubeckoj, Sergej 114
Tschitscherin, Boris 114
Tymieniecki, Kazimierz 49 f., 53, 76, 88, 272
Tyszkowski, Kazimierz 131, 210–212

Uzdowski, Marian 44

Wakar, Włodzimierz 151, 169 f., 222, 225–227
Wasilewski, Leon 6, 8, 38 f., 41, 90, 93, 133, 136, 152 f., 160, 163–165, 169–172, 175, 178 f., 182, 188, 191, 194–196, 200 f., 208, 217, 221, 234, 244, 250, 257–260, 263, 267, 269
Wasiutyński, Wojciech 187
Weber, Max 291
Widerszal, Ludwik 75, 158, 182, 298
Wielhorski, Władysław 96, 133 f., 136, 147 f., 170, 255, 297 f.
Wilson, Woodrow 116
Winiarski, Bohdan 82
Witos, Wincenty 190, 203
Witte, Sergej 292
Wojciechowski, Zygmunt 6, 33, 54, 261, 294
Woyciechowski, L. S. 44
Wysłouch, Bolesław 178
Wysłouch, Seweryn 128, 133 f., 136, 144 f., 170 f., 255, 299

Zachariasiewicz. Jan 256
Zakrzewski, Kazimierz 241
Zakrzewski, Stanisław 14–16, 18, 21, 35, 272
Zakrzewski, Wincenty 99
Zawadzki, Władysław 129
Zdziechowski, Marian 10 f., 45 f., 94–96, 99, 112–127, 131, 133, 136, 139, 144, 211, 216, 218, 229–231, 239, 275, 278–281, 283, 294
Znaniecki, Florian 230–232, 285

Żeligowski, Lucjan 92
Żeromski, Stefan 269

Deutsches Historisches Institut Warschau
Quellen und Studien

35: Martin Faber

Sarmatismus

Die politische Ideologie des polnischen Adels im 16. und 17. Jahrhundert

2018. 526 Seiten, gb
170x240 mm
ISBN 978-3-447-10956-7
⊙E-Book: ISBN 978-3-447-19713-7 *je € 88,– (D)*

Die Adligen in der polnisch-litauischen Republik der frühen Neuzeit waren davon überzeugt, im besten Staat der Welt zu leben. Sie gingen davon aus, dass fast alle anderen Länder von Tyrannen beherrscht wurden und dass nur sie selbst die einzigartige „polnische Freiheit" besaßen. Um ihre Privilegien zu bewahren, entwickelten sie eine Mentalität, die die polnischen Aufklärer am Ende des 18. Jahrhunderts als „Sarmatismus" bezeichneten, benannt nach dem antiken Volk der Sarmaten, das der polnische Adel als seine Vorfahren betrachtete. Nach der sarmatischen Ideologie galt jede Veränderung im Staat als schädlich, und mit dem „Liberum Veto", dem Einstimmigkeitsprinzip im Reichstag, wurde ein politisches Instrument entwickelt, das Reformen der Verfassung und der Gesellschaft tatsächlich so gut wie unmöglich machte. Das Gemeinwesen wurde dadurch immer mehr gelähmt und geschwächt, viele sahen die künftigen Teilungen Polens bereits voraus, doch die Mehrheit der Adligen hielt weiter an dieser Ideologie fest.
Martin Faber bietet mit seiner Studie erstmals einen umfassenden Einblick in den Sarmatismus, in seine Entstehung und Entwicklung, gesellschaftlichen Voraussetzungen und Inhalte und seine historischen Wirkungen. Es werden neue Einblicke in die Rolle Polens in der Zeit vor den Teilungen und in Europa präsentiert, die das Verständnis für die Geschichte Polens um einen entscheidenden Aspekt erweitern.

36: Sébastien Rossignol

Maiestas principum

Herzogsurkunden als Medien der Herrschaftsrepräsentation in Schlesien, Pommern und Pommerellen

(1200–1325)

2019. XII, 446 Seiten, 9 Abb., 1 Karte, 24 Tabellen, Ln
170x240 mm
ISBN 978-3-447-11176-8
⊙E-Book: ISBN 978-3-447-19840-0 *je € 89,– (D)*

Mittelalterliche Herrscherurkunden wurden in der historischen Forschung seit Heinrich Fichtenau als Medien fürstlicher Propaganda verstanden. Betrachtet wurden dabei besonders die Vermittlung von visuellen Eindrücken durch die Urkunden oder die Darstellung verschiedener Aspekte von Herrschaft und Autorität in spezifischen Bestandteilen, vor allem in den Arengen der Urkundenformulare.
Die vorliegende Studie von Sébastien Rossignol widmet sich der in der Forschung bisher vernachlässigten Rekonstruktion von Rezeptionsvorgängen bei mittelalterlichen Urkunden. Repräsentation wird hier als ein Kommunikationsprozess verstanden, der nur sinnvoll realisiert werden kann, wenn mehrere Kommunizierende am Vorgang partizipieren. Die Frage, warum und auf welche Weise, von wem und für wen mittelalterliche Urkunden zur Repräsentation von Herrschaft verwendet wurden, bildet den Fokus der vorliegenden Studie. Untersucht werden dabei die Intitulationes, die Arengen und die, in Peter Rücks Worten, „visuelle Rhetorik" der Herrscherurkunden Schlesiens, Pommerns und Pommerellens bis zum Anfang des 14. Jahrhunderts. Um den Repräsentationsvorgang herauszustellen wird die Konzipierung von Repräsentationsmitteln, deren Botschaft und deren zeitgenössische Wahrnehmung sozial und kulturell kontextualisiert.

Veröffentlichungen des Deutschen Polen-Instituts Darmstadt

34: Dieter Bingen, Marek Hałub, Matthias Weber (Hg.)

Mein Polen – meine Polen

Zugänge und Sichtweisen

2016. XXIV, 358 Seiten, gb
150x225 mm
ISBN 978-3-447-10593-4
⊙E-Book: ISBN 978-3-447-19502-7 *je € 29,– (D)*

In der Anthologie werden Essays von über 40 prominenten Persönlichkeiten aus Deutschland veröffentlicht, die aufgrund ihres privaten und beruflichen Lebenslaufs eine Affinität zu Polen haben. Die Autorinnen und Autoren aus unterschiedlichen gesellschaftlichen Bereichen, insbesondere der Politik, Wissenschaft, Kultur und Religion, schildern ihre individuellen Zugänge zu Polen und ihre Beziehungen zu den polnischen Nachbarn. Dabei stehen allgemeine Reflexionen über Polen, persönliche Beziehungen zu dortigen Partnern oder Freunden oder auch Gedanken zu den deutsch-polnischen Beziehungen im Vordergrund. Es wird spürbar, was Polen und die Polen für die Autorinnnen und Autoren subjektiv bedeuten. Der Paradigmenwechsel in der Wahrnehmung Polens wird verdeutlicht und lässt den deutsch-polnischen Gedächtnisrahmen hervortreten. Die Bedeutung Polens für Deutschland und die Deutschen wird unterstrichen. Damit leistet die Anthologie auch einen Beitrag zur Weiterentwicklung einer guten nachbarschaftlichen Zusammenarbeit beider Länder. Ein Geleitwort von Bundesaußenminister Dr. Frank-Walter Steinmeier und ein Beitrag von Prof. Hubert Orłowski, der ein ähnliches, polnische Stimmen über Deutschland und die Deutschen enthaltendes Werk herausgegeben hat, führen in den Band ein.
Parallel zur deutschen Ausgabe der Anthologie erscheint eine polnische Ausgabe im Warschauer Verlag AKCENT. Das Buch ist ein gemeinsames Projekt des Deutschen Polen-Instituts Darmstadt, des Instituts für Germanistik der Universität Wrocław/Breslau und des Bundesinstituts für Kultur und Geschichte der Deutschen im östlichen Europa in Oldenburg.

35: Jörg Hackmann, Peter Oliver Loew (Hg.)

Verflechtungen in Politik, Kultur und Wirtschaft im östlichen Europa

Transnationalität als Forschungsproblem

2018. 212 Seiten, 4 Abb., 1 Tabelle, br
170x240 mm
ISBN 978-3-447-10991-8
⊙E-Book: ISBN 978-3-447-19716-8 *je € 29,– (D)*

Verflechtungen sind ein Teil politischer, kultureller und wirtschaftlicher Realität in Geschichte und Gegenwart. Dabei kommt dem östlichen Europa mit seinen vielfältigen kulturellen, nationalen oder konfessionellen Überlagerungen eine besondere Rolle zu. Die einzelnen Wissenschaftsdisziplinen haben sich bislang in unterschiedlichem Maß der Herausforderung transnationaler Forschungen im östlichen Europa gestellt.
Der von Jörg Hackmann und Peter Oliver Loew herausgegebene Sammelband wirft einen übergreifenden Blick auf die Forschungslandschaft: 13 Autorinnen und Autoren stellen methodische Konzepte und Beispiele praktischer Anwendung vor – in Geschichtswissenschaft, Kunstgeschichte, Sprachwissenschaft, Soziologie, Politikwissenschaft, Religionsgeschichte, Wirtschaftsgeschichte und Literaturwissenschaft. In der abschließenden Untersuchung wird zudem als Beitrag zu transnationaler Geschichtsschreibung über die Schulbuchrevision in Deutschland, Frankreich und Polen, ihre Akteure und Methoden berichtet.